DICTIONNAIRE

D'ÉLECTRICITÉ & DE MAGNÉTISME

Τὸ γὰρ ἀεικίνητον, ἀθάνατον· τὸ δ' ἄλλο κινοῦν, καὶ ὑπ' ἄλλου κινούμενον, παῦλαν ἔχον κινήσεως, παῦλαν ἔχει ζωῆς.

PLATON, *Phèdre.*

Nam quod semper movetur æternum est, quod autem motum affert alicui, quodque ipsum agitatur aliunde, quando finem habet motus, vivendi habeat finem necesse est.

CICÉRON, *Songe de Scipion.*

La force dont est pourvu un corps ne peut dans aucun cas être annihilée (8 thermidor an X).

J.-M. MONTGOLFIER, *Note sur le bélier hydraulique.*

DICTIONNAIRE

D'ÉLECTRICITÉ & DE MAGNÉTISME

ÉTYMOLOGIQUE, HISTORIQUE, THÉORIQUE, TECHNIQUE

AVEC LA SYNONYMIE FRANÇAISE, ALLEMANDE ET ANGLAISE

PAR

Ernest JACQUEZ

Chargé du service de la Bibliothèque scientifique et administrative
de la Direction générale des Postes et des Télégraphes,
Officier d'Académie.

NOUVELLE ÉDITION

Entièrement refondue et considérablement augmentée.

PARIS

LIBRAIRIE C. KLINCKSIECK

11, RUE DE LILLE, 11

1887

PRÉFACE

DE LA PREMIÈRE ÉDITION

Il y a quatre-vingt-trois ans que Volta a inventé sa pile et il faudrait déjà une véritable encyclopédie pour comprendre, dans une étude suivie, les différentes expressions de la science électrique. A quelle limite, en effet, s'arrête l'électricité? Où commence un phénomène de chaleur?... de lumière?... d'affinité chimique? Distinguées seulement par les sens de l'homme aidé parfois de quelques instruments, toutes ces divisions ne viennent-elles pas se résumer dans une manifestation unique, le mouvement, propriété essentielle de la matière? et l'électricité n'est-elle pas l'une des expressions de la science par excellence, la mécanique? Nous avons cependant cherché, dans l'essai du Dictionnaire que nous offrons aujourd'hui au public, à créer un cadre répondant autant que possible aux divisions admises dans les sciences et à n'insérer que les renseignements intéressant directement l'électricité et ses applications.

En considérant combien de travaux intéressants sont publiés à l'étranger, nous avons pensé qu'on n'accueillerait pas avec trop d'indifférence la synonymie allemande et anglaise qui accompagne chaque terme d'électricité, alors même que parfois ces mots ne donnent lieu à aucun développement.

Le côté historique n'a pas été négligé. Chaque fois que nous l'avons pu, nous avons recherché, comparé les textes originaux, et assuré notre opinion relativement aux auteurs et aux dates des différentes découvertes, en contrôlant les indications données par les historiens de l'électricité, Priestley, abbé Mangin, Becquerel, De la Rive, Hœfer, Poggendorff, Heller, Hoppe, Albrecht, E. Netoliczka, etc.

Certaines expressions, qui n'ont donné lieu qu'à une définition et un exposé succinct de notre part, ayant cependant été l'objet de recherches intéressantes, nous avons accompagné notre texte de renvois bibliographiques contenant la liste des livres où ces questions sont développées.

Nous ferons remarquer que nous n'avons jamais envisagé que les questions de principe pour les différentes machines ou appareils que nous avons décrits, en laissant de côté les dispositions plus ou moins avantageuses, sous lesquelles ils ont constitué des applications distinctes.

Enfin, nous n'avons pu rester indifférent devant la formation défectueuse de certains mots dont les radicaux violent, par leur assemblage, toutes les règles de la philologie. Nous avons cru devoir signaler ces *lapsus linguæ* chaque fois que nous en avons trouvé l'occasion.

Ernest JACQUEZ.

Septembre 1883.

PRÉFACE

DE LA DEUXIÈME ÉDITION

La nouvelle édition du *Dictionnaire d'Électricité et de Magnétisme* que nous publions, quoique conçue suivant le même plan que la première, en diffère toutefois à un point tel qu'on peut la regarder comme un ouvrage entièrement nouveau. Il n'est pas d'article, quelque peu intéressant, qui n'ait été remanié, précisé au point de vue historique ou développé sous le rapport technique. Plus de quatre cents expressions nouvelles y ont été insérées et tous ces différents éléments ont été rapprochés les uns des autres par des renvois qui lient les divers articles en les complétant l'un par l'autre.

Nous avons également introduit une courte notice biographique concernant les principaux électriciens anciens et modernes, et nous avons indiqué les sources bibliographiques où l'on peut retrouver leurs travaux. Fidèle à la méthode suivie dans la première édition, nous avons fait notre possible pour fournir, à chaque article important, l'indication des ouvrages spéciaux traitant cette question plus à fond. Finalement nous avons établi un vocabulaire en deux parties des termes allemands-français et anglais-français, qui sont déjà compris dans le corps de l'ouvrage, après leur synonyme français. En un mot, nous n'avons rien épargné pour que cette nouvelle édition soit accueillie par les électriciens avec la même faveur que la première, et si, par les indications que nous fournissons aux esprits chercheurs, nous sommes arrivé à faciliter leurs travaux, notre but modeste est atteint.

Ernest JACQUEZ.

Septembre 1887.

ADDENDUM

Page 56 : **CAPACITÉ électromagnétique d'une bobine.** — Sous ce nom, introduit par W. Thomson, Maxwell a entendu le facteur qui, multiplié par la différence de potentiel aux bornes, donne la quantité d'électricité fournie par l'extracourant, de même que la capacité d'un condensateur multipliée par la force électromotrice donne la charge totale, c'est-à-dire la quantité d'électricité.

La capacité électromagnétique de selfinduction d'une bobine est $\left(\frac{L}{r(r+r')}\right)$ le quotient du coefficient de selfinduction par le produit de la résistance de la bobine par cette résistance, augmentée de la résistance externe. Lorsque la bobine est en court circuit, la capacité est maximum et égale au quotient du coefficient de selfinduction par le carré de la résistance. (*Philosophical Magazine*, 1853 et 1862, t. XXIV, p. 161.)

ERRATA

Page 70, *ligne* 7 : **COEFFICIENT d'induction mutuelle**..... La formule théorique *exprimant la valeur maximum* du coefficient d'induction mutuelle de deux circuits de *m* et *n* tours lorsque la surface correspondante est S est $4\pi S \times m n$.....

Page 96, *ligne* 2 : **CUIVRE**..... Sa conductibilité rapportée à celle du *mercure* est 59,52.

Page 130, *ligne* 23 : **ÉLECTROLYSE**..... Lire $\frac{3600}{g}(eI + rI^2)$ au lieu de $\frac{3600}{9}(eI + rI^2)$.

Page 202, *ligne* 18 : **JACK Knive.** Lire **JACK Knife.**

A

Signes abréviatifs : S = Synonyme — t. = tome — p. = page — Ch. de fer = Chemin de fer — $\sqrt{\ }$ = racine.

ABATAGE. Saison d'abatage des poteaux télégraphiques[1] (***Wadelzeit, Fällzeit*** — **Season for felling trees for poles**). En France, le moment propice admis pour cette opération s'étend de novembre à mars, c'est-à-dire hors sève.

ABSOLU. (Voir *Unité.*)

ABSORPTION électrique[2] (***Elektrische Absorption*** — **Electrification, Soakage**). Phénomène qu'on observe sur un câble isolé à l'une des extrémités, l'autre étant mise en communication avec la pile. Une boussole, introduite dans le circuit, accuse d'abord, 1° par une forte déviation, la période de charge, puis 2° par une déviation moindre, le courant de perte. Mais, si l'on prolonge l'envoi du courant, on remarque une troisième période, caractérisée par la diminution lente de la déviation de la boussole, qui semble indiquer une augmentation de résistance. Cette période, qui dure près d'une heure, et qui provient de ce que l'établissement de la charge met un temps assez long pour se manifester, est très importante dans la mesure de l'isolement d'un câble. On mesure l'isolement d'un câble généralement trois minutes après l'envoi du courant, mais on n'a pas le courant vrai de perte et, dans ce cas, l'isolement observé est inférieur à l'isolement réel. Ce phénomène est connu sous les noms d'*Absorption électrique, Électrification* ou *Extra-résistance.*

ACCOUPLEMENT des machines dynamoélectriques. (Voir *Dynamoélectrique-Machine*).

ACCOUPLEMENT des piles. (Voir *Groupement des piles.*)

---

1. Bouquet de la Grye et Dupont, *Les bois indigènes et étrangers*, p. 223. — Douglas, *Manual of telegraph construction*, p. 120. — *Archiv für Post und Telegraphie*, 1832, p. 615.

2. Raynaud, *Recherches expérimentales sur les lois de Ohm et leurs applications aux essais des câbles électriques sous-marins.* — Kempe, *Handbook of electrical testing*, p. 232. — *Telegraphic Journal*, t. 1, p. 136, 234.

ACCUMULATEUR électrique[1] (*Ansammler, Accumulator* — **Accumulator, Storage battery**). M. Gaston Planté a fait connaître, en 1860, et développé, dans une importante série de recherches publiées de 1860 à 1879 (Voir *Comptes rendus de l'Académie des Sciences, Annales de chimie et de physique*) les moyens d'*accumuler* et de *transformer* l'énergie voltaïque, à l'aide de couples et de batteries secondaires à lames de plomb, de manière à obtenir des effets temporaires d'intensité et de tension, supérieurs à ceux d'une pile primaire donnée. Par l'opération que M. Planté a désignée sous le nom de *formation* (Voir ce mot), il est parvenu à *emmagasiner* le travail chimique d'une pile primaire, de façon à avoir, pour ainsi dire, de l'électricité en réserve, qu'on peut dépenser à son gré dans un temps plus ou moins long et alors seulement qu'on en a besoin. M. Planté a fait ressortir les analogies qui existent entre ses couples secondaires et les appareils qui servent, en mécanique, à l'accumulation des forces, tels que les accumulateurs hydrauliques, les réservoirs d'air comprimé, les ressorts, etc.; se plaçant à ce point de vue, il a été conduit à en déterminer le *rendement*, c'est-à-dire le rapport du travail électrochimique restitué par la décharge au travail électrochimique dépensé pendant la charge. Il a trouvé que ce rendement était égal à $\frac{88}{100}$ ou $\frac{89}{100}$, et en a conclu « qu'un couple secondaire à lames de plomb, bien *formé*, constituait un véritable *accumulateur* du travail de la pile voltaïque. » (Voir Gaston Planté, *Recherches sur l'électricité*, § 91, 92, Paris, 1879.) Ces termes d'*accumulateur, d'accumulation* et d'*emmagasinement* (storage) de l'énergie voltaïque employés pour la première fois par M. Planté, sont aujourd'hui généralement adoptés.

L'accumulateur ou couple secondaire de M. Planté est simplement composé d'une ou plusieurs paires de lames de plomb de grande surface, enroulées en spirales ou disposées en séries de lames planes, verticales et parallèles, immergées dans de l'eau acidulée au 1/10 par l'acide sulfurique et préalablement *formées* ou préparées, en les faisant traverser par le courant d'une pile primaire, successivement dans les deux sens, de manière à produire et à faire pénétrer, jusque dans l'épaisseur des lames de plomb, des couches de peroxyde de plomb et de plomb divisé ou spongieux, développées par voie électrolytique et aussi épaisses que possible.

La force électromotrice de l'accumulateur ainsi constitué est de deux volts et demi, dans les premiers instants seulement, à cause des produits suroxygénés formés aux dépens de l'eau lors de l'électrolyse, et qui se réduisent promptement, même

---

1. Planté, *Recherches sur l'électricité*. — H. de Parville, *Électricité et ses applications*, p. 179. — *Lumière électrique*, 1881, t. II, p. 2; t. VII, p. 332. — *L'Électricien*, t. I, p. 229 et 270. — Hospitalier, *Formulaire pratique de l'électricien*, 1886, p. 188. — *Philosophical Magazine*, juillet 1882. — Niaudet, *Traité de la pile*, 3e édition, p. 335. (Hospitalier, *Notice sur les accumulateurs au point de vue industriel*.)

lorsque le circuit n'est pas fermé, et de deux volts environ, d'une manière assez constante, pendant presque toute la durée du reste de la décharge. La quantité d'électricité emmagasinée peut être de 61,000 coulomb par kilogramme de plaques de plomb.

Cet appareil est susceptible d'un très grand nombre d'applications. M. Planté en a indiqué les principales et on les a réalisées sur une grande échelle, dans ces derniers temps. De concert avec A. Niaudet, il a montré que les accumulateurs pouvaient être chargés par une machine dynamoélectrique de Gramme et que, par réversibilité, la même machine, fonctionnant comme moteur, pouvait être mise en mouvement par la décharge des accumulateurs. On a appliqué ce résultat à la traction des voitures de tramways et à la navigation électrique. (*Comptes rendus de l'Académie des Sciences*, t. LXXVI, 19 mai 1873.) Avec des batteries de 20 à 40 accumulateurs, M. Planté a obtenu l'arc voltaïque, et on produit aujourd'hui facilement, à l'aide de ces batteries, l'illumination des lampes à incandescence d'Édison, de Swan, etc... M. Planté a indiqué également l'emploi des accumulateurs pour servir de *régulateur* ou de *volant,* dans le cas où cela peut être nécessaire (*Comptes rendus de l'Académie des Sciences*, t. LXXVII, 18 août 1873), et en a fait des applications à la galvanocaustie. M. Achard les a appliqués aux freins électriques, et M. Trouvé, à l'éclairage des cavités obscures du corps humain.

M. Planté a employé en outre ses couples secondaires pour *transformer* la tension d'une pile primaire en les chargeant simultanément en quantité et en les déchargeant en tension, et a obtenu ainsi, à l'aide d'une force électromotrice de trois volts, des courants électriques de haute tension (2,000 à 4,000 volts), qui lui ont permis de découvrir des phénomènes d'un grand intérêt.

M. Faure, en 1881 (*Comptes rendus de l'Académie des Sciences*), a cherché à perfectionner l'accumulateur de M. Planté et à abréger l'opération de la formation en recouvrant les lames de plomb de couches de minium ou d'oxydes de plomb. MM. Sellon et Wolckmar ont perforé les lames et y ont fait pénétrer ces oxydes par pression. Un grand nombre d'autres modifications de l'accumulateur Planté ont été proposées par MM. d'Arsonval, Epstein, Desmond Fitzgerald, Julien, de Kabath, Khotinsky, de Meritens, de Montaud, Nézeraux, E. Reynier, Schulze, Swan, Tamine, Brush, Somzée, Sutton, etc... Mais toutes ces modifications reposent sur le même principe, l'emploi de lames de plomb immergées dans l'eau acidulée par l'acide sulfurique, successivement oxydées et réduites par le courant primaire, et ne dispensent pas de recourir, pendant un temps plus ou moins long, à la *formation* électrochimique préalable, telle que l'a indiquée M. Planté; car le peroxyde de plomb formé par voie électrolytique et le plomb réduit de la même manière peuvent seuls donner la force électromotrice requise pour les accumulateurs.

D'intéressants travaux et ouvrages sur les accumulateurs ont été publiés, dans ces dernières années, de 1881 à 1886, par MM. G. F. Barker, Crova et Garbe, Frankland, Gladstone et Tribe,

Hauck, Paget Higgs, Hospitalier, Geere Howard, Oliver Lodge, W. Preece, E. Reynier, Tamine, Thomson et Houston, H. Tresca,... (Voir *Electrical review, Electrician, l'Electricien, la Lumière électrique, Electrotechnische Zeitschrift, etc.*). Des indicateurs de l'état de charge et de décharge des accumulateurs ont été imaginés par MM. Elwell et Parker, Sellon, etc, d'après les travaux mentionnés ci-dessus.

ACCUSÉ de réception (***Empfangsanzeige*** — **Acknowledgment of receipt of message**). Dépêche télégraphique reproduisant un accusé de réception d'une dépêche expédiée antérieurement.

ACCUSÉ de réception (***Empfangsbescheinigung*** — **Printed recept form**). Imprimé sur lequel l'accusé de réception est libellé dans le service télégraphique.

ACIER. Fil d'acier cuivré. (Voir *Fil compound.*)

ACTINOÉLECTRICITÉ (mot hybride de ἀκτίς, rayon; électricité) ***Actinoelektricität*** — **Actinoelectricity**). La lumière et la chaleur, en traversant un cristal de roche incolore, y produisent, sur les six arêtes du prisme, des pôles électriques alternativement positifs, puis négatifs. Cette source électrique a été désignée sous le nom de *actinoélectricité.*

ACTION à distance (***Wirkung aus der Ferne*** — **Action at a distance**). Les différentes hypothèses relatives à la génération et à la propagation de l'électricité peuvent se diviser en deux classes : les unes admettent une action à distance, c'est-à-dire une influence des corps les uns sur les autres, sans tenir compte des molécules des substances intermédiaires ; parmi celles-ci on range les hypothèses de Symmer, Franklin (Voir ces mots), de Weber, Neumann et Edlund (Voir WIEDEMANN, *Galvanismus und Electromagnetismus,* t. II, p. 559 et suiv.). La deuxième classe n'admet qu'une propagation et un développement de molécule à molécule et comprend les théories de Maxwell, de Lorenz et celle des tourbillons de Hankel. Faraday a de même rejeté toute action à distance, dans sa théorie de l'induction, en admettant une polarisation dans les molécules intermédiaires. (Voir *Théorie.*)

ACTION cataphorique (κατά en bas, φέρω je porte) (S. *Endosmose électrique*) (***Elektrische Endosmose, Cataphorische Wirkung*** —**Electric osmose ou endosmose**). (Reuss, Porret, Quincke, Crosse.) Déplacement d'un liquide à travers une membrane poreuse, sous l'influence de l'électricité et dans le sens du courant. (Voir *Endosmose électrique.*)

ACTION chimique[1] (***Chemische Action*** ou ***Wirkung*** — **Chemical action**). Faraday (1834) a formulé les lois suivantes, pour les actions chimiques qui sont produites dans un circuit : 1° Les actions chimiques produites dans les diverses parties d'un circuit, y compris la pile, sont équivalentes, et les poids des corps simples, séparés par un même courant, sont constamment entre eux comme les équivalents chimiques de ces corps

1. FARADAY, *Experimental researches on Electricity*, t. I, passim.

et proportionnels à la quantité d'électricité qui passe dans un temps donné.

ACTION chimique. Lois du dégagement de l'électricité dans les actions chimiques : 1° *Dans les combinaisons,* les corps qui s'unissent à l'oxygène, ou ceux qui jouent le rôle de base, prennent l'électricité négative, tandis que l'oxygène ou les corps qui jouent le rôle d'acide prennent l'électricité positive ; 2° *Dans les décompositions chimiques,* l'électricité se distribue d'une manière inverse : les corps qui jouent le rôle de base emportant l'électricité positive en se séparant des composés, et ceux qui jouent le rôle d'acide emportant l'électricité négative.

ACTION secondaire (*Électrochimie*) (***Secundäre Action, Secundäre Wirkung*** — **Secondary action**). Résultat d'une action chimique prolongeant et modifiant une action électrolytique. Ainsi, dans l'électrolyse des sels de potasse et de soude, le métal qui se rend au pôle positif décompose l'eau par suite d'une *action secondaire* et apparaît à l'état d'oxyde. Dans certains cas, la nature de l'électrode positive étant la même que celle du métal du sel, ce dernier se trouve ainsi reconstitué par *action secondaire,* aux dépens du métal de l'électrode positive et la dissolution reste constamment saturée.

ACTIVITÉ (*Exploitation télégraphique*) — (***Dienstdepesche*** — **Service message**). Vieux mot ayant servi à désigner les dépêches d'accusé de réception dans le service télégraphique aérien.

ACTIVITÉ (ou puissance)[1] (***Effect*** — **Activity, Power, Rate of doing work**). Un même travail pouvant être exécuté avec des vitesses variables, il devient nécessaire, pour comparer les taux de dépense d'énergie, d'introduire l'élément du temps dans l'évaluation du travail exécuté ; de même qu'on l'a fait pour l'unité industrielle kilogrammètre-seconde. Sir William Thomson a défini cette dernière expression complexe par le mot *activity.* On a recours souvent en français à l'expression « puissance. »

ACTIVITÉ UNITÉ C. G. S. d'activité. L'unité d'activité est la puissance ou l'activité capable de produire un erg en une seconde. Ses dimensions sont $[ML^2T^{-3}]$.

ACTIVITÉ UNITÉ pratique d'activité. (Voir *Watt.*)

ADHÉRENCE électrique[2] (***Elektrisches Ankleben*** — **Electric adherence**). M. Stroh a étudié le fait suivant, qui avait été observé avant lui : Deux pièces métalliques, juxtaposées et traversées, aux points de contact, par un courant, offrent une adhérence marquée, produite par une fusion au contact, même avec les courants les plus faibles. (Voir *Soudure électrique.*)

AEPINUS (Ulrich Theodor). — Professeur mecklembourgeois, né à Rostock, le 13 décembre 1724, et mort à Dorpat, le 10 août 1802. Il inventa la disposition du condensateur simple à diélectrique d'air qui porte son nom et proposa une nouvelle théorie de

---

1. Gray, *Absolute measurements in electricity and magnetism*, p. 46.
2. *Journal of the Society of telegraph engineers*, 1880.

l'électricité, publiée dans son livre : *Tentamen theoriae electricitatis et magnetismi,* Petersburg, 1759. Ses travaux sont contenus dans différentes brochures publiées de 1756 à 1791 à Berlin, Saint-Pétersbourg et Leipzig.

AFFINITÉ chimique[1] (***Chemische Verwandtschaft*** — **Chemical affinity**). Dans le mode d'action de l'affinité chimique qui est une source de mouvement, on observe toujours un dégagement électrique en même temps qu'une manifestation calorifique et souvent lumineuse. Cette énergie électrique provenant des actions chimiques est celle qu'on utilise dans les piles (Voir *Chimique, Théorie chimique*) et, par réversibilité, on détermine un phénomène d'affinité chimique sous l'influence d'un phénomène électrique dans les piles secondaires et les procédés de l'électrolyse. (Voir cette expression.)

AFFLUX (*ad*, vers, *fluo*, je coule) (Nollet) — ***Einströmung, Einströmen*** — **Afflux**). Mot employé, par Nollet, pour désigner le mouvement du fluide électrique vers un point. Il est pris souvent dans un sens vague, ne présupposant aucune théorie, et est commode pour l'explication de certains phénomènes d'électricité.

AFFLUX. Point d'afflux (***Einströmungspunkt*** — **Point of afflux**). Point par lequel le fluide est censé pénétrer dans un milieu.

AGOMÈTRE[2] (ἄγω je conduis, μέτρον mesure) (***Agometer*** — **Agometer**). Appareil destiné à mesurer les conductibilités ou les résistances comme le diagomètre. (Voir ce mot.)

AGOMÈTRE à mercure (Müller) (***Quecksilberagometer*** — **Mercury agometer**). Rhéostat dans lequel la résistance du fil métallique est remplacée par celle d'une colonne de mercure.

AIGRETTE électrique[3] (***Elektrischer Büschel*** — **Electric brush**). Phénomène lumineux violacé, observé pour la première fois par Gray, en 1734, se produisant aux deux pôles avec quelques variantes et un bruissement particulier. La succession rapide des aigrettes prouve que chacune d'elles ne laisse échapper qu'une quantité très faible de l'électricité du conducteur.

AIGRETTE de papier (***Papierbüschel*** — **Paper tassel, Toy-head**). Expérience dans laquelle différentes lanières de papier rassemblées en balai s'écartent les unes des autres, sous l'influence de l'électricité dont elles sont chargées, et constituent une sorte d'aigrette.

AIGUILLE aimantée (***Magnetnadel*** — **Magnetised needle**). Losange très allongé, en acier aimanté, monté, en son centre de gravité, sur pivot vertical, et dont la diagonale la plus grande se dirige suivant la ligne des pôles magnétiques terrestres.

---

1. Grove, *Corrélation des forces physiques.*

2. Du Moncel, *Étude sur les courants électriques*, p. 150. — Wiedemann, *Galvanismus und Electromagnetismus*, t. I, p. 230.

3. Mascart, *Électricité statique*, t. II, p. 122. — Cazin, *Étincelle électrique*, p. 99. — Spottiswoode, *The electrical discharge, its form and its fonction.*

AIGUILLE folle (*Schwingende Nadel* — **Vibrating needle, Whirling needle**). Pour diverses causes, parmi lesquelles celles qui sont connues tiennent à l'activité variable du magnétisme terrestre, l'aiguille aimantée éprouve parfois des déviations subites et désordonnées qui font dire qu'elle est folle.

AIGUILLE compensée (*Compensierte Nadel* — **Compensated needle**). Aiguille magnétique soustraite à l'action du magnétisme terrestre, au moyen d'un aimant disposé en dessus ou en dessous, à une distance convenable et de telle sorte que les pôles opposés d'un même côté soient de même nom.

AIGUILLE électroscopique (*Elektrische Nadel* — **Straw needle electroscope**) (Gilbert). Petite tige conductrice, isolée, suspendue par son centre de gravité et pouvant servir d'électroscope.

AIGUILLE tripolaire (Ferrini) (*Tripolare Nadel* — **Tripolar needle**). Système d'aiguilles astatiques pourvues, aux deux extrémités, de deux pôles semblables, un pôle opposé se trouvant au milieu.

AIGUILLE d'Hauy (*Hauy'scher Nadel* — **Hauy's needle**). Hauy se servait, comme électroscope, d'un morceau de spath, inséré à l'extrémité d'une tige qu'il suspendait en son centre de gravité. Le spath s'électrisait positivement, par la pression des doigts, et pouvait servir de point de comparaison pour reconnaître l'espèce d'électrité des corps qu'on en approchait.

AILETTE métallique du Replenisher[1] (*Messingbogen* — **Carrier**). Pièce conductrice et isolée, destinée à tourner dans un champ électrique, à s'y électriser par induction et à céder son électricité à un ressort qu'elle rencontre dans sa course, avant de sortir du champ.

AILETTE. Axe de l'ailette métallique du Replenisher (*Dreher* — **Turning vertical shaft**). Pièce d'ébonite portant les ailettes et leur communiquant un mouvement de rotation.

AIMANT[2] (*Magnet* — **Magnet**). Ce mot dériverait, par le latin *adamas*, fer, acier, diamant, du grec ἀδάμας, indomptable. Au moyen âge *adamas* était devenu synonyme de *magnes*, de même qu'on y rencontre *aimant* avec la valeur de *diamant* (Provençal : *adiman*, *aziman*) ; c'est un oxyde de fer ($Fe^3 O^4$) ayant la propriété d'attirer le fer et les corps magnétiques.

AIMANT. Pierre d'aimant (*Magneteisenstein*, *Magnetkies* — **Natural loadstone (leading-stone), Natural magnet**). Aimant naturel qu'on trouve en Suède, Norwège, dans l'île d'Elbe et aux États-Unis ; les anciens l'avaient trouvé en Macédoine et en Asie Mineure, aux environs de la ville de Magnésie, d'où est venu le

---

1. W. Thomson, *Papers on electrostatics and magnetism*, p. 270, 331.

2. H. Martin, *La Foudre, l'Électricité et le Magnétisme chez les anciens*. — Hœfer, *Histoire de la Physique*, p. 210. — Poggendorff, *Geschichte der Physik*, p. 40. — A. Heller, *Geschichte der Physik*, t. I, p. 391. — *Philosophical Magazine*, 1861, 2e sem., p. 360. — Urbanitzki, *Elektricität und Magnetismus im Alterthume*.

mot *magnes* et *magnétisme*, ainsi que Lucrèce le dit dans son *De natura rerum*, ch. VI, vers 907 :

> Quem magneta vocant patrio de nomine Graii,
> Magnetum quia sit patriis in finibus orfus.

AIMANT permanent (***Bleibender Magnet*** — **Permanent magnet**). Barreau d'acier auquel on a communiqué la puissance magnétique qu'il conserve.

AIMANT composé de plusieurs barreaux aimantés (***Zusammengesetzter Magnet*** — **Fagot magnet, Compound magnet**). Aimant qu'on nomme parfois faisceau magnétique.

AIMANT plat en lames (***Bandmagnet*** — **Plate magnet**).

AIMANT lamellaire ou **feuilleté**[1] (***Lamellarmagnet, Lamellenmagnet, Blättermagnet*** — **Laminated magnet, Lamellar magnet**). Jamin ayant reconnu que la force portative d'une lame augmente avec l'épaisseur, a obtenu des aimants puissants en aimantant à saturation différentes lames minces d'acier et en les assemblant avant d'enlever les armures.

AIMANT normal ou **limite**[2] (***Normalmagnet, Grenzmagnet*** — **Normal magnet**). Aimant lamellaire Jamin, formé d'un nombre de lames lui créant une intensité maximum.

AIMANT mégapolaire[3] (mot hybride et mal opposé au suivant). μέγας grand, πόλος pôle). (***Megapolarer Magnet*** — **Megapolar magnet**). Nom donné par Jamin aux aimants longs, dans lesquels il y a un espace neutre entre les courbes admises par Coulomb, pour les intensités magnétiques.

AMANT brachypolaire[3] (βραχύς, court, πόλος pôle) (***Brachypolarer Magnet*** — **Brachypolar magnet**). Nom donné par Jamin aux aimants courts, dans lesquels les surfaces polaires ne suffisent plus à l'épanouissement de toutes les files, et où les plus courtes disparaissent.

AIMANT métripolaire[3] (composé mal fait, μέτριος modéré, πόλος pôle) (***Metripolarer Magnet*** — **Metripolar magnet**). Nom donné par Jamin aux aimants ayant une grandeur moyenne, sans être excessive, et compris entre les aimants mégapolaires et les aimants brachypolaires.

AIMANT moléculaire[4] (***Molecularmagnet, Elementarmagnet*** — **Molecular magnet**). Molécule de fer magnétique ou d'acier dans laquelle on envisage deux pôles.

---

1. Scoresby (*Annales de Chimie et de Physique*, v. LXIX, 1838), était arrivé d'une manière moins élégante et plus empirique que Jamin à un résultat analogue. Genus de Venlo aurait, paraît-il, fait les mêmes découvertes en 1768. — *Annales de Chimie et de Physique*, 1838, p. 106. — *Philosophical Magazine*, 1re série, 1873, p. 76 et 432. — *Comptes rendus de l'Académie des Sciences*, 1875 et 1876, 1er sem.

2. Gordon, *Traité d'électricité et de magnétisme*, t. I, p. 321. — *Telegraphic Journal*, t. I, p. 159.

3. Jamin, *Cours de physique de l'École Polytechnique*, t. IV, 2e fasc., p. 328.

4. Wiedemann, *Galvanismus und Electromagnetismus*, t. II, p. 85.

AIMANT écrivant (*Schreibmagnet* — **Writing magnet**). Palette du récepteur télégraphique polarisé de Siemens.

AIMANT en fer à cheval (*Hufeisenmagnet* — **Horseshoe magnet**). Barreau aimanté, recourbé en forme de fer à cheval, de manière que les deux pôles soient rapprochés et qu'il en résulte une modification dans la forme du champ magnétique. Les lignes de force unissant les deux pôles étant raccourcies, le champ de force est diminué, comme dimensions, mais augmenté proportionnellement en intensité. On regarde Bazin (Voir ce mot), comme l'inventeur de cette disposition avantageuse [1]. Le Dr Rosenberger en attribue le mérite à Johann Dietrich de Bâle [2]. La force portante des aimants en fer à cheval est $a\sqrt[3]{P^2}$. P est le poids de l'aimant et a un facteur constant qui, pour les aimants de Häcker, était égal à 10.

AIMANT campanulé (*Glockenmagnet* — **Bell shaped magnet**). Aimant en forme de cloche.

AIMANT à miroir (*Magnet mit einem Spiegel* — **Magnet carrying a mirror**). Petit aimant très léger portant un miroir pour recevoir un rayon lumineux fixe. L'image de ce rayon, en se déplaçant sous l'influence du mouvement de l'aimant et du miroir, amplifie considérablement la grandeur des déviations magnétiques sur un écran gradué éloigné.

AIMANT de Galilée (*Galilee'scher Magnet* — **Magnet of Galilée**). Galilée observa un aimant qui attirait de loin et repoussait de près un même pôle d'une aiguille aimantée. Jamin a reproduit cette particularité, en dissolvant, dans un acide, un acier dans lequel il avait superposé des aimantations contraires, et dont les actions dominaient successivement, suivant la distance.

AIMANT équivalent (*Gleichbedeutender Magnet* — **Equivalent magnet**). L'intensité du courant d'aire infiniment petite a étant i, $M = \lambda\mu$, le moment magnétique d'un petit aimant planté normalement au centre du courant, avec son pôle nord à gauche du courant, l'aimant est équivalent au courant $si\ ia = \lambda\mu$. (Voir *Ampère formule d'* —.)

AIMANT lumineux (*Lichtmagnet* — **Light magnet**). Combinaison phosphorescente des métaux alcalins avec le soufre ou l'acide sulfurique. On lui donne le nom d'aimant lumineux à cause de certaines propriétés analogues à celles des aimants qu'il possède, entre autres, celle de perdre momentanément son pouvoir phosphorescent sous l'influence de la chaleur.

AIMANTATION [3] (*Magnetisirung* — **Magnetisation**). Opération par laquelle on communique les propriétés magnétiques au fer par des procédés artificiels. — On peut aimanter un morceau de

---

1. BRISSON, *Principes de physique*, t. III, p. 226 (an VIII).
2. ROSENBERGER, *Die Geschichte der Physik*, vol. II, p. 207.
3. *Journal de physique*, vol. VII. — MAXWELL, *Treatise on electricity and magnetism*, vol. II, p. 87.

fer temporairement, ou un morceau d'acier d'une manière durable. — Dans le premier cas, la polarisation s'effectue par l'influence d'un aimant, d'un courant, ou par l'action de la terre. Dans le second cas, l'action de la terre est à peu près nulle (Voir *Force coercitive*) et on n'a recours qu'aux méthodes de *touche* (Voir ce mot), ou à l'électromagnétisme (Voir le mot *Électroaimant* et *Polarisation*). L'aimantation est accompagnée de différents phénomènes physiques, tels que l'allongement du barreau (Joule 1842), sous l'influence d'une bobine qui l'entoure et sa contraction dans le sens transversal; dans aucun cas on n'observe de modification de volume du corps. Page avait observé, en 1837, que l'aimantation, la désaimantation et la modification de l'état magnétique d'un aimant provoquaient des vibrations au sein de la tige sur laquelle on opérait. MM. Morrian (1844), Gassiot (1853), Delezenne, de la Rive, Du Moncel, se sont particulièrement occupés de cette question. La chaleur[1] détruit l'aimantation, ainsi que l'avait déjà remarqué Gilbert, et les aciers contenant une très petite quantité de manganèse s'aimantent d'une quantité très faible.

AIMANTATION. Intensité d'aimantation (*Magnetisirungsintensität* — **Strength of magnetisation**). On appelle intensité d'aimantation, en un point, le quotient du moment magnétique d'un élément de volume par le volume lui-même, ou, en d'autres termes, la valeur du moment par unité de volume. Les phénomènes du magnétisme peuvent être exprimés en fonction de cette quantité seule.

AIMANTATION par influence (*Magnetisirung durch Vertheilung* — **Magnetisation by induction**). Orientation ou polarisation magnétique produite par une induction magnétique provenant de source diverse.

AIMANTATION lamellaire (*Lamellare Magnetisirung* — **Lamellar magnetisation**). On dit que l'aimantation est lamellaire, quand un aimant peut être divisé en feuillets magnétiques fermés ou ayant leur contour limitatif sur la surface de l'aimant.

AIMANTER (*Magnetisiren* — **To magnetise**). Communiquer les propriétés magnétiques par un procédé quelconque.

AIMANTER par les méthodes de la touche (*Streichen, Durch Streichen magnetisiren* — **To magnetise by contact**). Aimanter par des frictions convenables au moyen d'aimants avec ou sans l'aide d'aimants fixes. (Voir *Touche*.)

AIMANTER. Susceptibilité de s'aimanter (*Magnetisirbarkeit* — **Susceptibility of being magnetised, Magnetisability**). Propriété du fer, du nickel, du cobalt, d'acquérir les propriétés magnétiques. (Voir *Magnétique*.)

AIMANTER. Susceptible de s'aimanter (*Magnetisirbar* — **Capable of being magnetised**). Qui peut être aimanté.

ALBUMINE (*Eiweissstoff* — **Albumine**). Les dissolutions d'albu-

---

1. Berson, *De l'influence de la température sur l'aimantation*, 1886.

mine se coagulent sous l'influence de l'électricité. Dans les tissus animaux, sous l'influence d'intensités puissantes, il se passe un phénomène de coagulation à l'anode et de liquéfaction à la cathode.

ALDINI (**Giovanni**). Physicien italien et neveu de Galvani, né le 16 avril 1762, à Bologne, et mort à Milan, le 16 janvier 1834. Il soutint la théorie de son oncle dans de nombreuses brochures ou mémoires, de 1794 à 1819.

ALEXANDRE (**Jean**). Fils naturel, dit-on, de Jean-Jacques Rousseau, né à Paris et mort à Angoulême, en 1831 ou 1832. D'après un rapport de Delambre et une note du préfet de la Vienne, il serait l'inventeur, en 1802, d'un télégraphe à cadran, qu'il fit fonctionner à cette époque d'une manière satisfaisante devant les membres d'une commission spéciale. Malgré cette sanction de sa découverte, il ne put, dans la suite, attirer l'attention publique sur son appareil dont il a emporté le secret dans la tombe. (Voir *Annales télégraphiques, 1859. Un télégraphe de l'an X de la République.*)

ALIGNEMENT des poteaux télégraphiques (***Stangenflucht, Richtung der Stangenlinie*** — **Alinement of telegraph poles**). Direction d'une longueur rectiligne de poteaux. (*Constructions télégraphiques.*)

ALLOCATION kilométrique (*Exploitation télégraphique*) (***Meilengeld*** — **Allowance by distance**). Allocation proportionnelle au nombre de kilomètres.

ALLOCATION par dépêche (***Depeschentantieme*** — **Allowance by message**). Allocation proportionnelle au nombre des dépêches télégraphiques. (*Exploitation télégraphique.*)

ALLUMOIR de lampe par l'électricité (***Elektrischer Zündapparat*** — **Electric lamp lighter**). Dans le système de M. Reynier, un électroaimant, placé dans le socle d'une lampe, peut être mis en communication avec une petite pile, au moyen d'un bouton sur lequel on presse légèrement pour l'extinction de la lampe, ou pendant un temps plus long pour l'allumage. Dans le premier cas, l'électroaimant déplace une tige qui appuie sur un soufflet dont le bec est dirigé contre la mèche de la lampe et l'éteint; dans le second cas, dès que le soufflet est abaissé, le courant traverse et échauffe un fil de platine qui est amené auprès de la mèche et enflamme les gaz qui se dégagent.

ALSTONIA scholaris. Le Dr Ondaatjie, médecin à Ceylan, avait proposé le suc de cette plante comme un succédané de la gutta-percha.

ALTÉRATION d'une dépêche (***Verstümmelung einer Depesche*** — **Alteration of a message**). Altération du fait de l'employé ou de l'appareil dans la transmission télégraphique.

ALTERNAT dans le service télégraphique (***Richtungswechsel*** — **Alternate transmission of messages from both ends of the line**). Transmission alternative des dépêches télégraphiques dans un sens, puis dans l'autre. On peut procéder par unités sur les fils peu occupés et par séries sur les lignes chargées.

ALTERNATIVE voltiane[1] (*Voltaische Alternative* — **Volta's alternation**). Volta a observé qu'une grenouille, qui ne se contracte plus par le passage de l'électricité, dans une certaine direction, se contracte encore par le passage du même courant, en sens opposé, et on a donné le nom d'alternative voltiane à ce phénomène.

ALUMINIUM (*Aluminium* — **Aluminium**). Métal qui, à cause de sa légèreté et de sa tenacité, semble destiné à d'utiles applications comme conducteur électrique. Sa conductibilité, rapportée à celle du mercure, est de 32, 66, et sa résistance spécifique de 2,945 microohms.

AMALGAME (*Amalgam* — **Amalgam**). Alliage de mercure.

AMALGAMER (Voir *Zinc*) (*Amalgamiren* — **To amalgamate**). Pour amalgamer les zincs des piles télégraphiques, on les décape, puis on les plonge dans le mercure et on les frotte avec une brosse. Cette opération grossière produit un résultat pratique suffisant, quoique incomplet.

AMALGAMER. Action d'amalgamer (*Amalgamiren* — **Amalgamation**).

AMBRE[2] (*Bernstein* — **Amber**). Substance isolante qui devient électrique par le frottement. Cette propriété de l'ambre (en grec ἤλεκτρον), était connue des anciens, et c'est du mot ἤλεκτρον qu'on a tiré *electricitas*, électricité, qui a été employé pour la première fois par Robert Boyle. (Voir ce mot.)

AME de câble. (Voir *Câble, Ame de câble.*)

AMIANTE (*Amianth* — **Asbestos, Amianthus**). M. Geoffroy est arrivé à tresser, autour des fils métalliques, un tissu d'amiante incombustible qui les isole et les rend incapables de communiquer un incendie, même lorsque le courant est suffisant pour les fondre.

AMMÈTRE. Abréviation de Ampèremètre. (Voir ce mot.)

AMORCE[3]. **Vérification des amorces électriques** (*Prüfung der elektrischen Zünder* — **Testing of electric fuses**). L'explosion d'une amorce au moyen de l'électricité a lieu par suite d'un phénomène de chaleur produit au sein d'un mélange explosif, soit par l'incandescence d'un fil de platine, soit par la production d'une étincelle que le courant électrique fait naître. Le téléphone ne fonctionnant qu'avec des courants d'une intensité excessivement faible a été employé pour vérifier le circuit des amorces sans provoquer d'explosion accidentelle. MM. Ducretet, de Place et Bassée Crosse ont imaginé des appareils dans ce but. Le téléphone parle bruyamment ou reste muet dans le cas

---

1. Matteucci, *Electrophysiologie*, p. 45.

2. Thalès de Milet (600 ans avant J.-C.) connaissait les propriétés attractives de l'ambre sur les corps légers. — Hœfer, *Histoire de la physique*, p. 299. — A. Heller, *Geschichte der Physik*, t. I, p. 153. — Poggendorff, *Geschichte der Physik*, p. 32. — H. Martin, *La foudre, l'électricité et le magnétisme chez les anciens*, p. 95.

3. *Lumière électrique*, t. XX, p. 456. — *Génie civil*, t. X, p. 187.

de dérangement, par suite de court circuit ou d'isolement complet. Un circuit en bon état accuse, au contraire, par un petit bruit, une légère conductibilité de la substance explosive.

AMORCER (*Anstecken, Anregen* — **To give a small initial charge to one of the two armatures**). Communiquer à l'une des armatures de la machine de Holtz une quantité d'électricité initiale destinée à produire l'induction et à provoquer la succession des phénomènes générateurs de l'électricité dans cette machine. (Voir *Machine à influence de Holtz.*)

AMORCER ou s'amorcer[1] (*Angehen, Sich Anregen, Sich in Thätigkeit setzen* — **To prime itself**). Une machine dynamoélectrique est amorcée ou s'amorce lorsque, pour une vitesse donnée, le circuit est constitué de manière que le courant provenant de l'induit passe dans les électroaimants inducteurs et les aimants.

AMORTISSEMENT des oscillations de l'aiguille du galvanomètre (*Dämpfung der Oscillationen der Magnetnadel* — **Damping of oscillations of magnetised needle**). On amortit généralement le mouvement d'une aiguille magnétique (ou d'un cadre de fil traversé par un courant) en profitant des courants d'induction produits par ce mouvement sur les conducteurs voisins; ces courants réagissent ensuite sur le système qui leur a donné naissance et en arrêtent les oscillations dans le champ considéré. (Exemple : Aiguille des galvanomètres, Bobine de récepteur à syphon, Bobine du galvanomètre apériodique de M. Deprez.)

AMORTISSEUR. (Voir *Modérateur.*)

AMPÈRE (André-Marie). Physicien et mathématicien français, né à Lyon, le 22 janvier 1775, et mort, le 10 juin 1836, à Marseille; il est le créateur de l'électrodynamique. Ses rapports les plus remarquables sont insérés, soit dans les publications de l'Académie des sciences ou dans les Annales de physique et de chimie, aux dates ci-après, et comprennent : *Mémoire sur l'action mutuelle de deux courants électriques* (1820). — *Recueil d'observations électrodynamiques*, 1822. — *Exposé méthodique des phénomènes électrodynamiques*, 1823. — *Théorie des phénomènes électrodynamiques uniquement déduite de l'expérience*, 1826. — *Sur l'état magnétique des corps qui transmettent un courant d'électricité* (Annales de chimie et de physique, 1821). — *Description d'un appareil électrodynamique*, 1821-1824 (id). — *Détermination de la formule qui représente l'action mutuelle de deux portions infiniment petites de conducteurs voltaïques*, 1822. — *Lettre à Faraday, sur l'électromagnétisme*, 1823. — *Théorie mathématique des phénomènes électromagnétiques* (Académie des sciences, 1827). — *Sur l'action mutuelle d'un aimant et d'un conducteur voltaïque*, 1828. — *Sur les piles sèches de M. Zamboni*, 1825. — On lui doit le solénoïde et différents appareils destinés à démontrer expérimentalement ses découvertes.

---

1. S. Thompson, *Machines dynamoélectriques.*

AMPÈRE. Formule d'Ampère (*Ampere'sches Formel* — **Ampere formula**). Ampère a calculé la loi élémentaire des actions dynamiques de l'électricité, et l'expression qu'il en a donnée peut se déduire de la formule de Laplace (Voir ce mot). R étant la distance des centres des deux éléments I et I' de longueur K et K', φ l'angle de leurs directions, ω et ω' leurs angles avec la droite qui joint leurs centres, la force exercée est $F = \frac{II' \, KK'}{R^2}$ (2 Cos. φ — 3 Cos. ω Cos. ω').

AMPÈRE[1] (*Ampere* — **Ampere**). Nom du physicien français, adopté par le Congrès des électriciens pour désigner l'unité pratique d'intensité de courant. L'ampère est égal à 1/10 de l'unité électromagnétique C. G. S. d'intensité. Dimensions $M^{\frac{1}{2}} L^{\frac{1}{2}} T^{-1}$ L'unité C. G. S. d'intensité est celle d'un courant qui, traversant un circuit de 1 centimètre de longueur roulé en forme d'arc de 1 centimètre de rayon, exerce une force de 1 dyne sur un pôle magnétique d'une unité placée à son centre.

AMPÈRE. Théorie d'Ampère (*Ampere'sche Theorie* — **Ampere's theory of magnetism**). Ampère formula, en 1820, une théorie des phénomènes magnétiques différente de celle de Coulomb, et ramena toutes les manifestations magnétiques à des effets de courants. Il suppose que les molécules des aimants sont entourées de petits courants circulaires, perpendiculaires à l'axe de l'aimant et tous dirigés dans le même sens, suivant l'aimantation. Ces courants existent dans toutes les substances magnétiques, mais orientés dans toutes les directions, leurs actions extérieures se détruisent donc. L'aimantation a pour effet de leur donner les directions qu'ils possèdent dans les aimants.

AMPÈRE. Table d'Ampère (*Ampere'sches Gestell* — **Ampere's table**). Système de communications, fixes et mobiles, disposées sur une table et qui ont été employées par Ampère pour ses expériences d'électrodynamique. (Voir *Electrodynamique.*)

AMPÈRE-HEURE (*Ampere-Stunde* — **Ampere hour**). Nom sous lequel on indique la quantité d'électricité développée, dans une heure, par un courant de un ampère. Un ampère-heure vaut 3,600 coulomb.

AMPÈRE-TOUR (*Amperewindung* — **Ampere turn**). La force magnétique, variant comme le nombre des tours de fil magnétisant, et comme le courant exprimé en ampères, qui le traverse, s'exprime par le produit des ampères par les tours, qu'on traduit par l'expression composée actuellement en usage *Ampère-tour*.

AMPÈREMÈTRE[2] (*Amperemeter* — **Amperemeter**). Appareil dû à différents inventeurs (MM. Marcel Deprez, Carpentier, Ayrton,

---

1. *Congrès international des électriciens*, Paris, 1881. — *Reports on electrical standards.*

2. *Électricien*, t. III, p. 33, 560 ; IV, p. 10, 71, 122, 155.

Perry et W. Thomson, etc.); il est destiné à fournir en ampères et en multiples et sous-multiples d'ampère l'intensité d'un courant dans un circuit, au point de vue industriel. (Voir *Mètre.*)

ANALOGUE[1] (ἀνά selon, λόγος raison, théorie) (***Analoger Pol*** — **Analogous pole**). Nom du pôle qui, dans un corps pyroélectrique, devient positif quand la température s'élève, et négatif quand elle s'abaisse.

ANÉLECTRIQUE[2] (ἀ privatif, ἤλεκτρον [ambre d'où] électricité). (***Symperielektrisch*** — **Non-electric**). Nom donné par Desaguliers aux corps n'accusant aucune trace d'électricité, par le frottement, lorsqu'ils ne sont pas isolés. Gilbert les appelait *non-electricus.*

ANÉMOGRAPHE électrique (ἄνεμος vent, γράφω j'inscris). (***Elektrischer Windbeschreiber*** — **Electric anemograph**). Appareil destiné à fournir, grâce à un enregistreur électrique, la direction, la durée, la force du vent. Les principaux sont ceux de Wheatstone, Du Moncel, Salleron, Hervé Mangon, Hardy, Hough et Baily. (Voir Du Moncel, *Applications de l'électricité, IV.* — Gerland, *Die Anwendung der Elektricität bei registrirendem Apparaten.*)

ANÉMOMÉTROGRAPHE électrique. (Voir *Anémographe électrique.*)

ANÉMOSCOPE électrique (ἄνεμος vent, σκοπέω j'observe). ***Elektrischer Anemoskop, Windstärkemesser.*** —**Electric anemoscope**). Appareils destinés à fournir, grâce à un enregistreur électrique, la direction et la force du vent.

ANIONS (ἀνά en haut, ἰών allant) (***Anionen*** — **Anions**). Mot employé par Faraday, en 1834, pour désigner les produits électrolytiques dégagés au pôle positif.

ANNEAU de Priestley[3] (***Priestley'scher Ring*** — **Priestley's ring**). Anneau provenant de décharges électriques, produisant des traces de fusion d'apparence circulaire, sur une surface métallique.

ANNEAU de Nobili[4] (***Nobili'scher Ring*** — **Nobili's ring**). En versant une solution de sulfate de cuivre, sur une surface métallique en communication avec le pôle négatif d'une pile dont le pôle positif est relié à une pointe qu'on plonge verticalement dans le liquide, la plaque se recouvre, par l'électrolyse, de dépôts légers, concentriques à l'électrode positive et qu'on nomme *anneaux de Nobili.*

ANODE (ἄνω en haut, ὁδός route) (***Anode*** — **Anode**). Mot employé en 1834, par Faraday, pour désigner l'électrode positive.

---

1. S. Thompson, *Lessons in electricy and magnetism*, p. 64. — De La Rive, *Traité d'électricité*, t. II, p. 462.

2. *Philosophical Transactions.* Londres, 1739.

3. Priestley, *Histoire de l'électricité*, t. III, p. 328. — Mascart, *Électricité statique*, t. II, p. 160.

4. *Annales de chimie et de physique*, 2e série, t. XXXIV, p. 280 et 419.

ANSE galvanique (*Galvanische Schneideschlinge* — **Galvanic loop**). Galvanocautère, formé comme le serre-nœud, d'un fil de platine en forme de boucle que l'on rétrécit de plus en plus, et dans lequel on fait passer un courant qui l'échauffe. On s'en sert pour enlever les tumeurs et les parties morbides.

ANTILOGUE[1] (ἀντίλογος, contradictoire de ἀντί contre, λόγος raison, théorie). (*Antiloger Pol* — **Antilogous pole**). Nom du pôle qui devient négatif, dans un corps pyroélectrique, quand la température s'élève, et positif quand elle s'abaisse.

ANTINOME (ἀντί à l'opposé, νόμος loi)[2]. Expression qui, dans la classification des électroaimants, admise par Nicklès, signifiait *à pôles de nom contraire*.

ANTIPHONE (ἀντί contre, φωνή bruit) (*Antiphon* — **Antiphone**). M. Paros d'Altona a appelé antiphone, une sorte de bouchon destiné à isoler des bruits extérieurs, l'oreille dépourvue de téléphone dans la recherche des fuites d'eau. (Voir *Hydrophone*.)

ANTOZONE[3] (ἀντόζων, ἀντί contre, à l'opposé, ὄζω avoir de l'odeur) (*Antozon* — **Antozon**). Schœnbein, dans la théorie de la formation de l'ozone, introduit l'hypothèse de l'existence, de deux constituants de l'ozone, l'un qu'il appelle *antozone* ou ozone positif, et l'autre *ozone* négatif.

APÉRIODIQUE (ἀ privatif, περίοδος période) (*Aperiodisch* — **Dead beat, Aperiodic**). Se dit d'un galvanomètre dans lequel les oscillations de l'aiguille sont amorties. (Voir *Galvanomètre*.)

APPAREIL télégraphique à aiguille[4] (*Nadelapparat* — **Needle instrument**). Appareil dans lequel les signaux sont produits, sous l'influence d'un courant variable comme direction, par des déviations d'une aiguille aimantée verticale, à gauche ou à droite d'un point de repère. Le premier télégraphe théorique à aiguille fut celui d'Ampère (1820). Les principaux appareils à aiguille sont ceux de Cooke, de Wheatstone (1837).

APPAREIL télégraphique français[4] (*Französischer Staatstelegraph* — **French needle instrument or angle indicator**). Premier appareil télégraphique, mis en jeu par l'électricité, dont on se soit servi en France sur les lignes télégraphiques de l'État (1845). Les signaux n'étaient autres que ceux de l'appareil Chappe.

APPAREIL télégraphique à cadran[4] (*Zeigerapparat, Buchsta-*

---

1. S. Thompson, *Lessons in electricity and magnetism*, p. 64. — De La Rive, *Traité d'électricité*, t. II, p. 462.

2. Nicklès, *Les Électroaimants et l'adhérence magnétique*, 1860.

3. *Philosophical Magazine*, 1858, 2e série, p. 178. — Wiedemann, *Galvanismus und Electromagnetismus*, t. I, p. 532. — Schœnbein, *Verh. der Basler Ges.*, 1856. — Mousson, *Physik auf Grundlage der Erfahrung*, t. III, p. 467.

4. *Mémoire* d'Ampère, 1820. — Du Moncel, *Applications de l'électricité*, t. III. — Zetzsche, *Handbuch der electrischen Telegraphie*, t. I. — Prescott, *Electricity and the electric telegraph*. — Schellen, *Der electromagnetische Telegraph*. — Blavier, *Télégraphie électrique*. — Culley, *Handbook of electrical telegraphy*.

benapparat — Dial instrument). Appareil dans lequel les signaux sont des lettres ou des chiffres, et dont le manipulateur, commandé par une manivelle, envoie une émission de courant pour chaque déplacement circulaire de la manivelle correspondant à un signal. A l'autre station, un électroaimant règle, au moyen de sa palette, le déroulement d'un mouvement d'horlogerie et la rotation d'une aiguille devant un cadran reproduisant les mêmes signaux que ceux du manipulateur. La palette de l'électroaimant, par son mouvement de va-et-vient, lors de l'émission du courant, au départ, ne laisse défiler le mouvement d'horlogerie que d'un espace angulaire correspondant à un signal. Le manipulateur au départ et le récepteur à l'arrivée conservent donc un mouvement et une position identiques pour chaque signal. Les plus connus sont ceux de Breguet (dont nous venons de donner le principe), de Siemens, de Kramer, de d'Arlincourt.

APPAREIL Morse à pointe sèche[1] (***Stiftschreiber, Reliefschreiber*** **— Morse embosser**). Appareil inventé par Morse, en 1837. (Voir, pour les recherches de Morse, JAMES REID, *The Telegrah in America.*) Il se composait, pour le récepteur, d'un électroaimant attirant une armature montée sur une palette oscillant autour d'un axe. Cette palette, qui était rappelée en arrière par un ressort, lorsqu'il ne passait pas de courant dans l'électroaimant, portait, à son extrémité opposée à l'armature, une pointe à vis dite *sèche*, qui venait appuyer contre une bande de papier mise en mouvement par un rouage d'horlogerie et y gaufrer des signaux d'un alphabet spécial formé de points et de traits. Quant à l'organe de l'appareil destiné à transmettre des courants longs ou brefs, correspondant aux traits ou aux points, c'était un simple interrupteur formé d'une tige mobile en son milieu, autour d'un axe en relation avec la ligne télégraphique. En temps ordinaire, il s'appuyait par l'une de ses extrémités sur une plaque en communication avec l'électroaimant du poste, dans la position de réception et, en basculant autour de son axe, venait au contraire toucher l'enclume où aboutissait la pile, lorsque le télégraphiste pressait sur cette clef ou manipulateur pour mettre la pile en communication, par la ligne, avec la station éloignée.

APPAREIL Morse à molette[2] (***Blauschreiber*** **— Morse ink writer**). Les signaux Morse primitifs exigeaient une force assez puissante pour être gaufrés dans le papier. Pour remédier à cet inconvénient, on substitua à la pointe sèche d'abord un tire-lignes, puis une molette, mise en mouvement par le mécanisme d'horlogerie, sur laquelle un tampon imprégné d'encre oléique

---

1. DU MONCEL, *Applications de l'électricité*, t. III. — ZETZSCHE, *Handbuch der electrischen Telegraphie*, t. I. — PRESCOTT, *Electricity and the electric telegraph.* — SCHELLEN, *Der electromagnetische Telegraph.* — BLAVIER, *Télégraphie électrique.* — CULLEY, *Handbook of electrical telegraphy.*

2. HOUZEAU, *Le télégraphe Morse.* — MICHAUT et GILLET, *Leçons élémentaires de télégraphie électrique.* — DU MONCEL, *Applications de l'électricité*, t. II. — *Annales télégraphiques*, 1858.

frottait constamment. La palette n'eut dès lors plus qu'à soulever le papier contre la molette pour obtenir, suivant le cas, des traits ou des points. C'est encore le système employé actuellement. Le perfectionnement de la molette a été inventé, en 1856, par Thomas John et perfectionné par Digney (1857). (Voir *Molette*.)

APPAREIL télégraphique Estienne[1] (***Estienne'scher Doppelschreiber* — Estienne's telegraph instrument**). M. Estienne a introduit, dans l'appareil Morse, différents perfectionnements importants d'où résultent un rendement plus considérable et une notable économie de papier. Adoptant le système d'Herring, il a modifié le sens dans lequel les signaux s'inscrivent et obtenu mécaniquement, par une émission de courant toujours de même durée, un trait ou un demi-trait (répondant au trait ou au point de l'alphabet ordinaire) côte à côte et transversalement sur la bande. Chaque signal pouvant en outre être tracé plus ou moins épais, il résulte de cette variante une faculté de permutation qui peut augmenter le nombre des signaux alternatifs. Ces deux signaux élémentaires (trait et demi-trait) sont obtenus au moyen de courants positifs et négatifs de même durée et produits par deux plumes dont l'encrage se fait au moyen d'une lanière de peau et par capillarité. Différents côtés ingénieux de ce système en ont fait un appareil d'avenir pour les lignes à trafic moyen.

APPAREIL Hughes[2] (***Hüghe'scher Druckapparat* — Hughes' type printer**). Appareil imprimeur, inventé en 1856, remplissant des fonctions délicates et multiples, dans lequel les problèmes de mécanique, au premier abord fantastiques, ont été résolus avec le génie original qui caractérise les inventions de M. Hughes. Cet appareil peut, au moyen d'une seule émission de courant, pour chaque signal, imprimer toutes les lettres de l'alphabet et tous les chiffres. Il se compose d'un clavier permettant, par une simple pression et l'émission de courant qui en résulte, de produire un signal qui s'*imprime* au vol, par un choc du papier contre une roue des types animée d'un mouvement synchronique très rapide dans les deux stations en correspondance. Toutes les opérations sont exécutées par l'énergie du mouvement d'horlogerie, sous la simple influence du soulèvement, au moment voulu, de la palette d'un électroaimant polarisé. Ces opérations diverses sont, par exemple, l'établissement du synchronisme (Voir *Régulateur*), la conservation de ce synchronisme, par correction, pour l'impression (Voir *Came correctrice*), le jeu de l'impression (Voir *Came d'impression*), l'inversion des caractères de la roue des types (Voir *Inverseur, Levier*). — Toutes ces fonctions sont accomplies mécaniquement et sont le résultat d'une vue d'ensemble admirablement combinée et exécutée avec la perfection la plus irréprochable.

---

1. *Lumière électrique*, t. XXI.

2. Borel, *Traité du télégraphe Hughes*. — Fariou, *Dérangements de l'appareil Hughes*.

APPAREIL multiple Meyer[1] (*Meyer's vierfacher Apparat* — **Meyer's multiple apparatus**) (1871). Meyer, frappé des nombreux instants pendant lesquels une ligne télégraphique reste inoccupée par le courant, dans l'intervalle des signaux, et reprenant l'idée émise par M. Rouvier, en 1860 (*Annales télégraphiques* 1860, p. 51), a voulu en augmenter le rendement par la division du temps. Pour cela deux *distributeurs*, aux deux stations en correspondance, formés d'une manivelle en relation constante avec la ligne, tournent, d'un mouvement synchronique, en appuyant successivement, sur plusieurs contacts, fixes, séparés, en communication avec les appareils. Pendant une fraction de temps, déterminée par la vitesse de rotation et l'épaisseur des contacts, un appareil est en communication avec le manipulateur du poste opposé et peut recevoir une transmission. On peut donc, en utilisant plusieurs fractions de temps, successivement pour plusieurs appareils, recevoir, par exemple, quatre transmissions, par le même fil, pendant le temps où l'on n'en n'aurait reçu qu'une seule, avec le système ordinaire; les signaux transmis sont ceux de l'alphabet Morse, le manipulateur est un clavier composé de huit touches.

APPAREIL Munier (*Munier'scher Apparat* — **Munier's instrument**). M. Munier a inventé un appareil qu'on peut appeler Hughes multiple à émissions successives. n appareils Hughes sont mis successivement en communication avec la ligne par l'intermédiaire d'un distributeur qui comporte n secteurs plus les intervalles qui sont nécessaires pour séparer les secteurs, assurer la correction, et dont l'ensemble équivaut au moins à un secteur. Chaque secteur est divisé en 28 parties et le distributeur entier par conséquent en $\frac{1}{28(n+1)}$ parties. Le distributeur et les appareils tournent à la même vitesse. La transmission est d'ailleurs indépendante de la vitesse de l'appareil, dont les 28 touches sont reliées électriquement aux 28 divisions du secteur. Pour la réception, chaque appareil est muni d'un dispositif spécial dit compensateur (Voir ce mot) qui est la partie essentielle du système et grâce auquel le temps divisé en $\frac{1}{28(n+1)}$ au départ, se trouve multiplié par $n+1$ au poste d'arrivée et revient ainsi à la division ordinaire du Hughes en 28mes, ce qui permet de ne rien changer aux organes d'impression. C'est donc comme si l'on recevait dans un appareil, tournant à une vitesse V, les transmissions effectuées par un appareil animé d'une vitesse V $(n+1)$. Pour diverses causes, on ne peut faire les combinaisons. Le rendement du système est d'environ 0,98 lettre par appareil et par tour. (Voir *Bulletin de la Société internationale des Électriciens*, t. III, p. 150. — *Annales télégraphiques*, 3e série, t. XIII, p. 435.)

APPAREIL Wheatstone[2] (*Wheatstones Apparat* — **Wheatstone's**

---

1. MEYER, *Transmission multiple à récepteurs indépendants et uniformes.*
2. CAREME et RAYNAUD, *Appareil Wheatstone.* — LE TUAL, *Appareil Wheatstone.*

automatic apparatus) (1858). Appareil à composition préalable dont les signaux, formés de points sur deux lignes, correspondent, suivant la position réciproque de ces points, les uns au-dessous des autres ou suivant des lignes inclinées, aux points et aux traits de l'appareil Morse. Ces signaux sont perforés, au départ, dans une bande de papier, au moyen d'un petit instrument spécial ; puis cette bande, étant mise dans l'appareil, est entraînée et passe devant des pièces qui, suivant la disposition des trous, envoient une série convenable de courants positifs ou négatifs pour agir à l'arrivée sur un électroaimant à armature polarisé qui reproduit les caractères Morse par le mouvement de son armature et sa palette. Les inégalités de charge sont compensées, sur les lignes de grande capacité, par l'emploi de courants réduits ou compensateurs.

APPAREIL Baudot[1] (***Mehrfacher Buchstabendrücker, Typenmultiplex*** — **Baudot's type printer**). L'appareil Baudot (1874) est fondé sur deux principes féconds : l'un, la division du temps, déjà appliquée par Meyer, et l'autre l'emmagasinement du travail à l'arrivée. De nombreux organes concourent à la reproduction d'un caractère, mais chaque organe a son rôle bien défini. Il en résulte que le travail de chaque organe est très simplifié, peu considérable et beaucoup plus sûr.

1° Un manipulateur à clavier sert à la préparation des signaux formés au moyen de 5 éléments utilisés séparément ou combinés 2 à 2, 3 à 3, etc. ;

2° Un distributeur (Voir ce mot) recueille successivement ces divers éléments de courant et les transmet dans le même ordre sur la ligne ;

3° Cinq électroaimants sont disposés pour les recevoir, le même électroaimant recevant toujours le même élément ;

4° Les armatures de ces cinq électroaimants reproduisent mécaniquement la combinaison de départ transmise par les touches du clavier ;

5° Un dernier organe appelé traducteur vient *reconnaître* cette combinaison et provoquer l'impression du caractère correspondant. Toutes ces opérations sont très distinctes et le manipulateur peut préparer un deuxième signal avant que l'impression du premier soit effectuée. (Voir *Traducteur*.)

Les appareils peuvent être duplexés et on réalise avec eux le problème de la transmission multiple avec organes indépendants, réunissant ainsi aux avantages de la division du travail ceux que procure la division du temps.

APPAREIL Caselli[2] (***Caselli's chemischer Apparat*** — **Caselli's chemical instrument**). Appareil électrochimique inventé en 1859 et dont on s'est servi en France, de 1865 à 1869, pour le service

---

1. *Lumière électrique*, 1881-1882. — CULLEY, *Télégraphie électrique* (Traduction Bardonnaut et Berger), p. 544.—*Electricien*, 1882.—*Journal of the Society of Telegraph Engineers*, t. VIII, 443. — *Télégraphe imprimeur de M. E. Baudot.* Notice descriptive, 1885.

2. DU MONCEL, *Applications de l'électricité*, t. III , p. 302. — BOUSSAC, *Précis de télégraphie.*

télégraphique entre Paris et Lyon. — Une feuille de papier de plomb sur laquelle on écrit une dépêche ou on dessine un croquis, avec de l'encre isolante, est étendue sur la surface extérieure d'un demi-cylindre conducteur. Une tige de fer, animée d'un mouvement d'oscillation autour de l'axe du cylindre, frotte contre la surface de ce dernier. A chaque demi-oscillation, la tige se déplace, dans le sens de l'axe du cylindre, d'une légère quantité et parcourt ainsi la longueur d'une génératrice. Chaque fois que la tige touche le papier conducteur, en relation avec la terre, le courant du circuit de la ligne, sur lequel elle est installée en dérivation, traverse ce papier et va à terre au départ. Au contraire, ce même courant passera dans la ligne et ira à l'autre station, dès que la tige de fer touchera l'encre isolante de la dépêche. Le courant, arrivant à l'autre station sur une feuille de papier imprégnée de cyanure de potassium et placée sur un cylindre mu d'un mouvement synchronique avec le cylindre transmetteur, reproduira en bleu (bleu de prusse) tous les points du papier où se trouvait de l'encre isolante. La dépêche est donc reproduite sous l'apparence de hachures bleues. Le mouvement synchronique des deux tiges est obtenu par deux pendules réglés électriquement.

Meyer était arrivé, en 1865, à la solution du problème de la transmission automatique, par un procédé électromagnétique. (Voir *Helice Meyer.*)

APPAREIL à double pointe (Stœhrer) (***Doppelstiftapparat*** — **Double style instrument**). Appareil combiné en vue de diminuer la perte de temps provenant de l'emploi de plusieurs traits ou points pour un seul signal de l'alphabet Morse.

APPAREIL harmonique[1] (***Harmonischer Apparat*** — **Electroharmonic telegraph**). (Bell, P. Lacour, Varley, E. Gray.) Système au moyen duquel des diapasons électroharmoniques, accordés individuellement l'un avec l'autre aux deux extrémités d'une même ligne, trient les dépêches par l'*accord* des vibrateurs en correspondance. On peut ainsi obtenir théoriquement, par le même fil, autant de transmissions simultanées qu'une oreille exercée peut distinguer de nuances dans les sons de la gamme. On est arrivé à fixer ces signaux acoustiques et à les rendre compréhensibles, grâce à un alphabet conventionnel.

APPAREIL pour transmettre la Bourse (***Börsendrücker*** — **Exchange telegraph instrument ou Stock indicator**). Appareils de système spécial, en vue de la communication de la bourse, d'un bureau central à différentes stations chez des abonnés.

APPAREIL[2] **destiné à la transmission double dans le même sens** (***Doppelsprechapparat*** — **Diplex instrument**). (Voir *Diplex.*)

APPAREIL[2] **destiné à la transmission double dans les deux sens** (***Gegensprechapparat*** — **Duplex instrument**). (Voir *Méthode.*)

---

1. *Annales télégraphiques*, 1877, p. 97.

2. CANTER, *Der technische Telegraphendienst.* — CULLEY, *Manuel de télégraphie* (Traduction Bardonnaut et Berger), p. 335.

APPAREIL. Communication dans les appareils (*Apparatverbindungen* — **Electric connections in an instrument**). Communications électriques appropriées des divers organes des appareils.

APPAREIL. Salle des appareils télégraphiques (*Apparatzimmer* — **Telegraphic instrument room**). Pièce spécialement aménagée d'un bureau télégraphique où sont les appareils et où aboutissent les lignes qu'il dessert.

APPAREIL. Mettre sur appareil (*Auf Apparat legen* — **To switch in speaking instrument**). Établir au commutateur les communications entre la ligne et les appareils.

APPAREIL d'induction à curseur (Du Bois Reymond). (*Schlittenapparat* — **Slide induction instrument**). Appareil d'induction dans lequel la bobine induite, mobile sur un chariot, peut se déplacer et régler l'intensité du courant induit par son éloignement du circuit inducteur.

APPAREIL de contrôle du jeu des aiguilles (*Ch. de fer*). (*Elektrischer Weichencontrolapparat* — **Controling system for railway switches**). Divers systèmes électriques employés par les compagnies pour s'assurer, grâce à un signal acoustique ou optique (pendant le jour) que les aiguilles sont convenablement disposées.

APPUI télégraphique [1] (*Stütze* — **Telegraphic support**). Pièce servant à fixer aux poteaux les isolateurs des lignes télégraphiques aériennes.

APPUI cornier (*Winkelstütze* — **Corner support**). Appui télégraphique placé au sommet d'un angle formé par la ligne télégraphique.

ARAGO (Dominique-François-Jean). Savant français, né à Estagel (Pyrénées-Orientales), le 26 février 1786, et mort le 2 octobre 1853, à Paris. Il s'occupa de sujets très variés en physique et fut associé à Ampère, en différentes circonstances. En électricité, on lui doit le principe de l'électroaimant (20 septembre 1820) et le magnétisme de rotation. Ses œuvres ont été réunies en 17 volumes par J.-A. Barral, mais ses recherches sur l'électricité ont été originairement insérées dans les *Mémoires de l'Institut* 1820, 1824, 1825 et 1826, et les *Annales de physique et de chimie*.

ARAIGNÉE électrique de Franklin [2] (*Elektrische Spinne* — **Franklin's electric spider**). Expérience d'électricité statique relative à l'attraction et à la répulsion électrique. (S. Tombeau de Mahomet.)

ARC de clôture (*Schliessungsbogen* — **Closing arc**). Conducteur fermant un circuit ouvert entre deux points qu'il relie.

ARC voltaïque (*Voltaischer Bogen* — **Voltaic arc**). Humphry

---

1. Rother, *Der Telegraphenbau*, p. 98. — Ludewig, *Der Bau der Telegraphenlinien*, p. 82.

2. *Œuvres de Franklin*, lettre II, p. 3. (Traduction française Barbeu-Dubourg.)

Davy observa, en 1802 [1], que deux morceaux de charbon, reliés aux deux pôles d'un générateur électrique puissant, donnent lieu à un arc lumineux, lorsque après les avoir tenus en contact, on les éloigne. Dans ce cas, la lumière provient, d'une part, de l'échauffement des électrodes qui se désagrègent lors de la séparation et sont transportées du pôle positif qui se creuse au pôle négatif où elles s'accumulent. Dans cet état de *convection*, au sein du milieu gazeux devenu conducteur lui-même, par suite de la température élevée qui y est produite, ces particules solides, devenues incandescentes, émettent la lumière principale, mais le milieu gazeux lui-même emprunte un éclat relativement moindre aux particules solides. La forme de la partie lumineuse entre les charbons est celle d'un arc, par suite de la courbure qu'y produit le courant d'air ou de gaz chauffé tendant à s'élever sous l'influence de la haute température. La couleur de l'arc dépend du milieu gazeux où il se produit. Dans l'air, il projette une lumière bleuâtre due aux vapeurs d'oxyde de carbone. Dans les gaz impropres à la combustion, les électrodes des charbons ne brûlent pas, mais se désagrègent, l'éclat en est moindre. L'intensité lumineuse de l'arc électrique a été trouvée par Fizeau et Foucault, égale à la moitié de celle du soleil (Voir *Lampe à arc voltaïque*). Quant à l'intensité calorifique, elle serait, d'après M. Rosetti, de 3900° au maximum au charbon positif et de 3150° au charbon négatif. (Voir *Température de l'arc voltaïque.*)

ARÉOMÈTRE électrique de M. de Lalande. (Voir *Mètre, Ampèremètre* et *Voltmètre de M. de Lalande.*)

ARÉOMÈTRE électrique de Leroy et d'Arcy. (Voir *Electroscope à flotteur.*)

ARGENT (*Silber* — **Silver**). L'argent est le plus conducteur de tous les métaux. Sa conductibilité est 58,23, par rapport à celle du mercure, lorsqu'il est à l'état écroui et 63,24, lorsqu'il est recuit. La résistance spécifique est, dans le premier cas, 1,652 microohms, et 1,521 microohms dans le deuxième. La quantité pour 100, dont sa résistance varie, par degré centigrade, est de 0,277.

ARGENTURE galvanique (*Galvanische Versilberung* — **Electro-silvering**). L'argenture galvanique se produit, d'après les procédés galvanoplastiques ordinaires, en se servant d'une électrode soluble en argent, au pôle positif, et d'un bain composé d'un litre d'eau distillée contenant en dissolution 100 gr. de cyanure de potassium et 10 gr. de cyanure d'argent. L'inventeur de l'argenture galvanique est Richard Elkington (1840). (Voir *Ch. Christofle, Histoire de la dorure et de l'argenture électrochimiques. — Fontaine, Electrolyse.*)

---

1. La plupart des traités de physique et d'électricité attribuent une date absolument fausse et variant de 1801 à 1813, à la découverte de l'arc électrique. C'est en 1802 que Davy découvrit l'arc. et c'est en 1810 qu'il en fit l'expérience devant les membres de la Royal Institution. Il est à noter que Étienne-Gaspard Robertson fit la même observation sur l'arc électrique, à peu près dans le même temps, à Paris, en 1802. — *Journal de physique*, 1re série, t. VIII, p. 257 et t. X, p. 456.

ARGYROMÉTRIQUE (ἄργυρος argent, μετρικός qui concerne la mesure). Balance argyrométrique[1]. (*Galvanoplastische Wage* — **Argyrometric scale**). Appareil imaginé par M. Roseleur et destiné à arrêter le passage du courant, dans un bain d'argent (ou d'un autre métal), lorsque les objets suspendus au pôle négatif ont été recouverts de la couche de métal voulue, et produisent, par leur poids, une bascule du fléau de la balance qui rompt le circuit.

ARLINCOURT (**Comte Ludovic d'**). Le comte d'Arlincourt, né en 1838 et décédé à Paris en 1884, est l'auteur d'un appareil télégraphique imprimeur à échappement qui est resté longtemps en usage sur les chemins de fer, d'un appareil autographique et d'un relais propre aux translations sur les longues lignes aériennes et souterraines.

ARMATURE d'un aimant artificiel (*Bewaffnung, Armirung, Armatur, Anker* — **Keeper of an artificial magnet**). Pièce de fer doux mise en contact avec les pôles des aimants, pour en maintenir l'activité par la décomposition magnétique qu'elle éprouve. Les armatures, imaginées vers le milieu du XVIIIe siècle, ont été étudiées, comme forme, par Muschenbrœk, qui adopta la disposition actuelle.

ARMATURE de l'électroaimant (*Anker des Elektromagnetes* — **Armature or keeper of an electromagnet**). Pièce de fer doux attirée par l'aimantation momentanée de l'électroaimant et rappelée en arrière par une force antagoniste, dès que l'aimantation a cessé.

ARMATURE. Demi-armature d'un électroaimant (*Halbanker* — **Half armature**). Petite semelle de fer doux qu'on adapte à chacun des pôles d'un électroaimant.

ARMATURE. Sans armature. Relais sans armature de Siemens. (Voir *Relais*.)

ARMATURE d'un condensateur (*Belegung* — **Plate of a condenser**). Plaques conductrices entre lesquelles on place un diélectrique; la disposition en a été étudiée, au début, par le Dr Bevis, qui a fait adopter les armatures en feuilles d'étain pour l'armature extérieure de la bouteille de Leyde.

ARMATURE intérieure d'une bouteille de Leyde (*Innere Belegung* — **Internal coating of a Leyden jar**). Feuilles de clinquant remplissant la bouteille; on a aussi employé simplement de l'eau. C'est Watson qui employa l'armature en feuilles d'étain, remplacée plus tard par des feuilles d'or.

ARMATURE extérieure d'une bouteille de Leyde (*Aeussere Belegung* — **Outer coating of a Leyden jar**). Feuille d'étain collée sur l'extérieur de la bouteille. (Voir *Armature d'un condensateur*.)

ARMATURE d'un câble (*Aeussere Umhüllung eines Kabels* —

---

1. ROSELEUR, *Guide pratique du doreur, de l'argenteur et du galvanoplaste*, p. 263.

Iron sheating (**or armour of a cable**). Enveloppe de fils de fer ou d'acier, destinée à protéger un câble contre les dangers extérieurs, provenant, en mer, des ancres de navires, des frottements sur les galets ou les rocs des côtes, etc. (Voir *Câble*.)

ARMATURE de la machine de Holtz (*Papierbelegung* — **Paper armature**). Lamelles de papier disposées dans les fenêtres de cet appareil et jouant le rôle d'inducteurs.

ARMATURE de Siemens ou **bobine de Siemens** (*Siemens'cher Induktor, Cylinderinduktor* — **Siemens's longitudinal armature, Siemens's bobbin**). Bobine imaginée en 1854, par Werner Siemens, et formée d'un long cylindre de fer doux évidé de chaque côté, parallèlement à l'axe, de sorte que la section transversale ressemble à un double T. Le fil de cuivre, garni d'un isolant, est enroulé longitudinalement dans les gorges ainsi creusées. Cette bobine étant mise en mouvement dans un champ magnétique intense, forme le circuit induit d'une machine dynamo-électrique et a, sur la machine Gramme, l'avantage d'offrir une moindre longueur de fil inerte, n'ayant de résistance inutile que celle du fil aux extrémités du fer doux.

ARMILLE. Réflecteur à armilles (dans la lampe de Mersanne) (*Zonenreflektor* — **Circular louvre-like reflector**). Réflecteur composé d'armilles ou abat-jour qui réfléchissent toute la lumière sans qu'aucun rayon soit intercepté.

ARMURE d'un aimant naturel (*Eiserne Fassung* — **Armature of a natural magnet**). Plaques de fer qui enserrent l'aimant et s'aimantent au contact.

ASCENSEUR électrique[1] (*Elektrischer Aufzug* — **Electrical lift**). Système de M. Siemens pour élever une charge à une certaine hauteur, en se servant de l'électricité comme moteur. Une plate-forme porte une machine dynamoélectrique à laquelle des fils amènent le courant. Cette machine dynamoélectrique agissant sur une roue dentée qui engrène avec une crémaillère, s'élève ou s'abaisse en entraînant avec elle la plate-forme et les charges ou les personnes qu'elle supporte.

ASPHALTE[2]. **Recouvrir un câble d'asphalte** dans les lignes souterraines d'un certain système (*Ein Kabel asphaltiren* — **To coat a cable with asphalt**).

ASPHALTE. Action de recouvrir un câble d'asphalte (*Asphaltirung* — **Act of coating a cable with asphalt**). Opération que l'on fait subir aux câbles souterrains et sous-marins dans certains cas.

ASSISTENT (*Assistent* — **Assistent**). Qualificatif en Allemagne, des employés des Postes et des Télégraphes, qui proviennent de l'armée.

ASSOCIATION des éléments d'une pile (*Verbindung der Elemente einer Batterie* — **Grouping of the cells of a battery**). Les

---

1. *Lumière électrique*, t. II, p. 507.
2. Ludewig, *Der Bau von Telegraphenlinien*, p. 283.

éléments peuvent être associés de deux manières, en quantité et en tension (Voir ces mots). Dans le premier cas, on observe un courant proportionnel, en quantité, à la surface de tous les éléments ; dans le second cas, un courant proportionnel, en tension, au nombre des éléments, en supposant, dans chacun des cas, la résistance du circuit extérieur égale à celle de la pile. On peut combiner ensuite des séries en quantité et les monter en tension et réciproquement.

ATMOSPHÉRIQUE. (Voir *Électricité atmosphérique.*)

ASTATIQUE (ἄστατος instable, ἀ priv. √στα,) (***Astatisch*** — **Astatic**). (Voir *Système.*)

ATTAQUE (***Anruf, Aufruf*** — **« Call » signal**). Appel d'un bureau télégraphique précédé d'un signal de sonnerie.

ATTAQUER (***Anrufen*** — **To call up an office, To raise a station** (Améric). Appeler un bureau télégraphique par ses lettres initiales ou indicatifs.

ATTENTE (***Warten, Gl.*** (Abréviation de « ***gleich*** », signifiant « de suite » — **Waitsignal**). Signal donné sur les lignes télégraphiques, pour indiquer qu'on n'est pas prêt à recevoir une transmission.

ATTRACTION à distance (***Anziehung aus der Ferne*** — **Attraction at a distance**). Phénomène d'électricité observé, sans lien théorique aucun, déjà par Thalès de Milet, mais avec des appréciations plus coordonnées, depuis les travaux de Dufay.

ATTRACTION. Loi des attractions ou des répulsions électriques (***Gesetz der elektrischen Anziehungen*** — **Law of electric attractions**). Coulomb a observé, au moyen de sa balance, que les corps placés à une distance connue et chargés respectivement de m et m' unités d'électricité se repoussent avec une force proportionnelle au produit mm'. Il a mesuré également la force attractive ou répulsive entre deux corps chargés d'une manière constante et a fait varier la distance. Il a alors trouvé que si f est la force entre deux unités, à l'unité de distance, cette force, à la distance d, sera $\frac{f}{d^2}$ et entre m et m' $F = \frac{fmm'}{d^2}$. Cette loi de Coulomb s'énonce ainsi : les attractions et les répulsions électriques sont proportionnelles aux masses et en raison inverse du carré de la distance. Ce n'est autre chose que la loi de la gravitation universelle.

ATTRACTION maximum d'un électroaimant[1] (***Maximum der Anziehung eines Elektromagnetes*** — **Maximum attraction of an electromagnet**). Le maximum d'attraction dont un électroaimant est susceptible est de 14,515 grammes par centimètre carré. La formule $F = 2\pi S\, d^2$ donne la force d'attraction maxima, S étant la surface attirante et d l'intensité d'aiman-

1. Hospitalier, *Formulaire de l'électricien* — S. Thompson, *Elementary lessons in electricity and magnetism*, p. 289.

tation (Voir cette expression). M. Shelford Bidwell aurait obtenu une attraction de 15,905 grammes par centimètre carré, dans des champs magnétiques intenses.

AUDIOMÈTRE ou sonomètre[1] (*Audio* j'entends, μέτρον mesure, mot hybride et dont le premier composant viole toutes les lois de formation des dérivés) (***Audiometer*** — **Audiometer, Sonometer**). Appareil disposé par M. Hughes (1879) pour mesurer l'intensité des sons ; il est basé sur la méthode de réduction à zéro des sons entendus dans un téléphone, faisant partie d'une bobine induite, mobile sur une règle entre deux autres bobines inductrices différentielles, comme action, enroulées en sens contraire et de résistance très différente. La position de la bobine induite détermine le degré de l'intensité du son. C'est l'inductionomètre de Matteucci dans lequel le téléphone a été substitué au galvanomètre.

AUDIPHONE (Mot hybride : *audio* j'entends, φωνή voix) (***Audiphon*** — **Audiphone**). M. le Dr Boudet, de Paris, a appliqué, à la transmission des vibrations sonores aux dents des sourds-muets, un système d'audiphone formé d'un téléphone sur la membrane duquel est soudée une tige métallique terminée par un bouton d'ivoire que l'on tient entre les dents. Ces vibrations se transmettent ensuite au nerf auditif, par l'intermédiaire des os de la tête. Le transmetteur peut être un condensateur chantant ou un petit microphone.

AURÉOLE[2] (***Lichthülle, Aureole*** — **Aureole**). Phénomène lumineux d'électricité, qu'on peut regarder comme une transformation de l'aigrette, et constitué par une gaine lumineuse enveloppant généralement un trait de feu.

AURORE boréale[3] (ou australe) (***Polarlicht, Nordlicht*** (***Südlicht***) — **Aurora borealis**). Nom donné par Gassendi, en 1621, à un phénomène lumineux, connu des anciens, qui apparaît vers les pôles et est lié intimement aux variations du magnétisme terrestre et à l'apparition des taches du soleil. L'aurore boréale est constituée généralement par un arc sombre, vers l'horizon, surmonté d'un arc lumineux souvent mobile comme une draperie d'où s'élancent des rayons étincelants dont la direction est le centre du segment lumineux qu'on appelle couronne et qui est une illusion d'optique. Le centre de la couronne, qui embrasse bientôt tout le ciel, est sur le prolongement de l'aiguille aimantée. Ce phénomène est accompagné d'une tempête magnétique

---

1. *Annales télégraphiques*, 1879, p. 497. — *Lumière électrique*, 1879, p. 54.

2. Cazin, *Étincelle électrique*, p. 108, 109.

3. *Annales de chimie et de physique*, 3e série, t. XXV. — Faraday, *Experimental researches on electricity*, t. I, p. 192. — *Philosophical Magazine*, 1862, 1er sem. p. 546 — 1870, 1er sem. p. 159 — 1876, p. 74. — *Annales télégraphiques*, 1859, p. 605. — *Electrotechnische Zeitschrift*, Ludewig, 1881, p. 10. — De la Rive, *Traité d'électricité*, t. III, p. 281. — Mairan, *Traité de l'aurore boréale* (1873). — H. Fritz, *Das Polarlicht*. — *Comptes-rendus de l'Académie des Sciences*, t. X, p. 289. — *Lumière électrique*, 1882, no 42 et suiv. — Becquerel et Edm. Becquerel, *Traité d'électricité et de magnétisme*, t. I, p. 441. — Eberhart, professeur à Halle, et Paul Frisi, à Pise, sont les premiers qui attribuèrent une origine électrique à l'aurore boréale.

(Voir *Période de onze ans*) et provient, d'après de la Rive, de la recomposition de l'électricité positive variable de l'atmosphère, à travers les molécules glacées aux pôles, avec l'électricité dite négative du sol. De la Rive a fait une expérience fameuse qui confirme cette théorie des plus acceptables.

AUSTRAL. (Voir *Boréal.*)

AUTOEXCITATION (*Selbsterregung* — **Autoexciting**). La formation du champ magnétique, dans les machines dynamoélectriques basées sur le principe de l'autoexcitation, est produite par les traces de magnétisme qui existent toujours, sous l'influence de la terre seule dans les noyaux en fer des électroaimants inducteurs. Il en résulte un léger courant induit, dans le circuit unique composé de la bobine mobile, du fil des électroaimants et du circuit extérieur. Ce courant, faible au début, augmente le magnétisme des électroaimants, produit un champ magnétique plus intense qui réagit, à son tour, sur le courant, et ainsi de suite. Le courant ne tarde pas à atteindre une intensité maximum ou de régime.

AVERTISSEUR électrique (*Warnungsapparat, Elektrischer Signalapparat* — **Electric indicator, Electric call**). Appareil pour les signaux des chemins de fer. Ces signaux sont optiques ou acoustiques et obtenus électriquement, soit par le déplacement d'un disque ou d'un bras, pendant le jour, d'une lumière pendant la nuit, soit par le carillon d'une sonnerie.

AVERTISSEUR téléphonique de Siemens (ou **cloche sympathique**) *Sympathische Glocke* — **Siemens's telephone call**). Cloche de fer vibrant sous l'action polarisante de deux électroaimants, dont les pôles sont situés sur son pourtour et qui reçoivent une série de courants rapides.

AVERTISSEUR téléphonique d'un bureau central (*Klappensystem* — **Telephone annunciator**). Espèce de petit volet, appelé aussi témoin, qui, sous l'action d'un appel électrique, tombe et laisse voir le numéro du fil qui a appelé.

AVERTISSEUR électrique d'incendie (*Elektrischer Feuermelder. Elektrischer Feueranzeiger* — **Electric fire alarm**). On appelle avertisseurs électriques d'incendie des sonneries en relation avec des circuits ouverts en temps ordinaire et qui se ferment par le fait d'un incendie, en dénonçant ainsi automatiquement le point où cet incendie a éclaté. On peut diviser ces systèmes en trois catégories : 1° Système comprenant des appareils à dilatation. Ex. Appareil Wheatstone, 1838; 2° Système constitué par deux lames reliées à chacun des fils du circuit et qui, maintenues écartées par un contrepoids suspendu à un fil, se rejoignent lorsque le fil vient à être brûlé par un incendie, et par leur contact ferment le circuit de la sonnerie; 3° Système dans lequel le contact des deux fils du circuit se produit à la suite de la destruction, par l'incendie, de la couche isolante soie, gutta-percha... qui les recouvre.

AXE (*Axe, Welle* — **Axis, Shaft**).

AXE principal (*Hauptaxe* — **Chief axis**). Axe qui reçoit son mouvement directement du moteur.

AXE secondaire (*Nebenaxe* — **Secondary axis**). Axe qui sert d'intermédiaire entre l'axe principal et l'axe qui utilise le mouvement pour un travail quelconque.

AXE imprimeur (*Druckwelle* — **Printing shaft**). Axe de l'appareil Hughes portant quatre cames, dont la principale est la came d'impression.

AXE du chariot (*Läuferwelle, Schlittenaxe* — **Vertical axis of the chariot**). Axe de l'organe de la transmission dans l'appareil Hughes. (Voir *Chariot*.)

AXE du volant (*Schwungradwelle* — **Fly wheel axis**). Axe reliant différentes pièces mobiles de l'appareil Hughes à un volant massif.

AXE magnécristallin[1] (*Magnetkristallaxe* — **Magnecrystalline axis**). Faraday a désigné, par ce nom, une ligne de densité maximum, dans un cristal, et telle que, si la masse du métal est paramagnétique, cet axe se dirige suivant l'axe de l'électro-aimant qui agit sur lui et équatorialement, si la substance est diamagnétique.

AZOTE (mot mal dérivé de ἄζωος, sans vie). Gaz qui n'est ni paramagnétique, ni magnétique, et peut être regardé comme ayant une valeur paramagnétique égale à zéro. Il est mélangé, dans l'air, avec l'oxygène, qui est fortement paramagnétique.

B

BABINET (**Jacques**). Savant professeur français, né à Lusignan (Vienne), le 5 mars 1794, et mort à Paris, le 21 octobre 1872. Ses travaux en électricité sont peu nombreux et comprennent : *Mémoire sur la détermination du magnétisme terrestre*, 1829. Il a publié également des articles dans la *Revue des Deux-Mondes* et a laissé une réputation méritée de vulgarisateur.

BAIN (**Alexandre**). Inventeur d'un télégraphe électrochimique écrivant, en 1843 (*Comptes rendus de l'Académie des Sciences*, 1843) et de différents appareils ingénieux, tels que horloges électriques, etc. Il est mort le 2 janvier 1877.

BAIN électrique[2] (*Elektrisches Bad* — **Electric bath**). Cette expression correspond à deux sortes d'expériences du ressort de l'électrostatique et de l'électrodynamique. L'une, qui consiste à électriser positivement ou négativement une personne placée

1. *Philosophical Magazine*, 1856, 1er sem., p. 28.

2. Bouchardat, *Matière médicale*, t. I, p. 430. — Scoutetten, *De l'électricité considérée comme cause principale de l'action des eaux minérales sur l'organisme.*

sur un tabouret isolant et en communication, soit avec le conducteur, soit avec les frotteurs d'une machine électrique. — L'autre, se rapportant à un véritable bain dans un liquide. Dans ce dernier cas, l'un des pôles de l'appareil générateur du courant aboutit au liquide de la baignoire, tandis que le malade, qui y est plongé, tient son bras dans un petit vase latéral, dans l'eau duquel aboutit l'autre pôle (*Bain unipolaire*). Dans une autre expérience (*Bain dipolaire*), les deux électrodes aboutissent en deux points, aux extrémités de la baignoire, et le malade se trouve enveloppé par les dérivations du courant. Les effets du bain électrique sont très variés et employés, dans l'électrisation générale, pour produire des réactions appréciées dans différents malaises ou maladies.

BALAI de fils métalliques (*Drahtbürste, Contaktbürste* — **Wire brush**). Pièce composée de fils métalliques, généralement de cuivre, destinée à produire un contact élastique avec des corps en mouvement et à servir de collecteur de l'électricité, par exemple, dans les machines dynamoélectriques.

BALANCE de torsion (*Torsionswage, Drehwage* — **Torsion balance**). Appareil dont Coulomb s'est servi, en 1785, pour étudier les lois d'attraction et de répulsion des corps électrisés. Pour cela, il communiquait deux quantités égales d'électricité, de même nom, à deux boules, dont l'une était fixe et l'autre mobile. Il opposait à la force répulsive, qui résultait de cette disposition, la force de torsion d'un fil d'argent, auquel était suspendue la boule mobile à l'extrémité d'un levier équilibré. Cette dernière force de tension étant proportionnelle à l'angle de torsion qu'on observait au moyen d'un micromètre disposé à la partie supérieure, il était donc possible d'évaluer la force de répulsion. Lorsqu'on étudiait l'attraction, on tournait le fil d'argent en sens opposé, de manière à compenser l'attraction par une force tendant à éloigner les boules. L'évaluation de la répulsion se faisait de la même manière quoique en sens contraire. (Voir *Attraction, Loi des attractions.*)

BALANCE électromagnétique (Becquerel, Wrede, Lenz, Jacobi). (*Elektromagnetische Wage* — **Electromagnetic balance**). Dans la balance de Becquerel, le courant est évalué par son influence électromagnétique d'attraction sur un barreau d'acier aimanté et de répulsion sur un second barreau; les deux barreaux sont placés au-dessous des bassins d'une balance sensible. Deux bobines placées en dessous des barreaux sont traversées en sens inverse par le courant à étudier.

BALANCE d'induction[1] (*Induktionswage* — **Induction balance**). Appareil de M. Hughes (1879) fondé sur le principe de l'*audiomètre*, mais où le circuit du téléphone correspond à deux bobines montées séparément sur le même axe que les deux bobines inductrices. Les axes en sont creux et les effets d'une

---

1. *Lumière électrique*, 1879, p. 54. — *Annales télégraphiques*, 1879, p. 497. — *Philosophical Magazine*, 1re série, t. VIII, p. 50 et t. IX, p. 123. — *Journal de physique*, t. IX, p. 376.

masse inductrice placée dans l'une des bobines doivent, pour que le téléphone reste au zéro des sons, être compensés par une même quantité du même corps introduit avec la même structure, la même forme et dans les mêmes conditions de position dans l'autre bobine. Cet appareil sert à faire des études sur la constitution moléculaire des corps.

BALANCE de Wheatstone. (Voir *Parallélogramme de Wheatstone.*)

BALANCIER de Zamboni (*Perpetuum Mobile* — **Zamboni's beam**). Petit appareil dans lequel on tire parti de la tension qui existe aux pôles d'une pile sèche de Zamboni, pour produire des effets d'attraction et de répulsion sur un balancier léger.

BANDE de papier (*Streif, Papierstreif* — **Slip ou Strip of paper**). Papier en rouleau déroulé par un mouvement régulier et sur lequel s'inscrivent ou s'impriment les signaux des appareils télégraphiques écrivants ou imprimeurs.

BARILLET (*Federgehäuse, Federtrommel* — **Drum of main spring**). Cylindre creux à circonférence extérieure dentée, contenant un ressort moteur qui prend son point d'appui, d'une part sur l'axe non solidaire du cylindre, d'autre part sur la surface intérieure de ce même cylindre.

BARLOW (Peter). Professeur de mathématiques anglais, né le 13 octobre 1776 à Norwich, et mort à Woolwich, le 1er mars 1862. Il inventa la roue qui porte son nom (Voir ci-après) et publia différents mémoires sur le magnétisme, datés de Londres 1820-1855 et reproduits soit par le *Philosophical Magazine*, soit par l'*Encyclopedia Metropolitana.*

BAROMÉTROGRAPHE électrique (βάρος pesanteur, μέτρον mesure, γράφω j'inscris) (*Elektrischer Barograph, Registrirendes Barometer, Elektrischer Barometrograph* — **Electric barometrograph**). Appareil destiné à enregistrer, à distance, la hauteur du baromètre métallique ou à mercure. Hardy et Hipp ont fourni des solutions de ce problème.

BARREAU aimanté (*Magnetstab* — **Straight magnet**). Barreau d'acier à qui l'on a communiqué les propriétés magnétiques. (Voir *Aimantation.*)

BATEAU électrique (*Elektrisches Schiff* — **Electric boat**). La propulsion d'un canot a été l'une des premières applications de la force de l'électricité faite par Jacobi, en 1837, à Saint-Pétersbourg, sur la Néva. M. Trouvé a répété, en 1881, avec succès, mais dans des conditions bien plus favorables, la même expérience de propulsion d'un canot par la force électrique.

BATHOMÈTRE électrique de Siemens[1] (βάθος profondeur, μέτρον mesure) (*Bathometer* — **Bathometer**). Instrument dont on se sert pour évaluer la profondeur des mers.

BATI d'un appareil (*Gestell* — **Frame of an instrument**). Plaques supportant les extrémités des axes des rouages.

---

1. *Comptes rendus de l'Académie des Sciences*, t. LXXXIII, p. 780.

BATIMENT pour la pose des câbles[1] (*Kabelschiff* — **Cable ship**). Les bâtiments destinés à la pose des câbles télégraphiques sont aménagés d'une manière particulière et pourvus de tous les engins nécessaires en vue de modérer, à volonté et d'une manière automatique, le déroulement du câble. Ces engins sont formés de freins de systèmes divers (frein Appold) au moyen desquels le câble est plus ou moins serré, selon les circonstances, d'un dynamomètre sur lequel le câble fait connaître constamment la tension à laquelle il est soumis. Le bâtiment porte d'ailleurs un système de roues ou tambours, appropriés à la pose aussi bien qu'au relèvement du câble, qui est enroulé dans des bassins en tôle à fond de cale. Une chambre d'essai, munie des instruments nécessaires, permet de contrôler constamment l'état électrique du câble pendant les différentes phases de la pose.

BATTERIE électrique[2] (*Elektrische Batterie* — **Electrical battery**). Ensemble de jarres électriques, réunies par leurs armatures semblables et dont la disposition est attribuée, en France, au Dr Bevis et à Watson tandis que, en Allemagne, David Gralath, professeur au gymnase de Dantzig, en est regardé comme l'auteur.

BATTERIE en cascade (*Cascadenbatterie, Flaschensäule* — **Cascade battery**). Jarres électriques réunies entre elles par leurs armatures différentes. Cette disposition est due à Franklin (1748).

BATTEUR de mesure électrique (*Elektrischer Taktzähler, Elektrischer Taktstock, Elektrischer Taktmesser* — **Electric music baton, Electric metronome**). MM. Dubosc, Lartigue et Samuel ont présenté divers appareils réalisant ce problème. M. Carpentier a résolu électriquement la question du battement de la mesure à distance de la manière suivante : au lieu de donner, à une baguette, le mouvement de cadence de la main du chef d'orchestre, il n'a rendu visible la baguette qu'aux instants correspondant aux périodes extrêmes des mouvements de cadence. Pour cela, il a fait mouvoir, au moyen de l'armature d'un électroaimant à laquelle ils sont fixés, deux cordons, tendus par un ressort, et qui s'enroulent sur deux règles fixées angulairement et mobiles autour de leur axe. L'une des règles présente l'une des faces qui est blanchie, tandis que l'autre présente simultanément sa face noire et réciproquement, dans les deux positions extrêmes correspondant au mouvement d'attraction ou de non-attraction de l'armature de l'électroaimant. Dans les positions intermédiaires, les deux règles restent noires. Le chef d'orchestre peut donc, grâce à un contact que ferme ou ouvre une pédale, à proximité de son pied, battre la mesure qui est reproduite à distance optiquement aux yeux d'un orchestre.

BAUDOT. (Voir *Appareil Baudot.*)

---

1. Ternant, *Les Télégraphes*, p. 222. — Hoskiœr, *Laying and repairing of electric telegraph cables*, p. 10 et suiv. (traduction française).

2. Poggendorff, *Geschichte der Physik*, p. 855.

BAZIN (**Gilles-Augustin**). Médecin français, fixé à Strasbourg, où il est mort en mars 1754. Il était né à Paris et était correspondant de l'Académie des sciences. C'est à lui que l'on doit la disposition de l'aimant dite en fer à cheval (Voir BRISSON, *Physique mathématique* (an VIII, t. III, p. 226). Il n'a publié que deux mémoires sur la description des *courants magnétiques*, datés de Strasbourg 1753-1754.

BÉATIFICATION électrique de Bose[1] (*Elektrische Verklärung, Elektrische Beatification* — **Boze's beatification**). Expérience imaginée par Bose, restée quelque peu mystérieuse au début et consistant dans des lueurs électriques s'échappant des pointes d'une armure métallique que portait une personne électrisée sur un tabouret.

BECCARIA (**Giacomo-Battista**). Professeur italien, né le 3 octobre 1716, à Mondovi, et mort à Turin, le 27 mai 1781. Il s'occupa avec succès d'électricité atmosphérique et traita cette question dans ses ouvrages : *Dell' elettricismo naturale ed artificiale, Torino,* 1753; — *Dell' elettricità terrestre atmosferica a cielo sereno,* 1775. — Beccaria est un de ceux à qui l'on a attribué l'invention de l'électrophore. Il a publié une grande quantité de brochures de 1753 à 1780 à Turin, Paris, Londres, Milan.

BECQUEREL (**Antoine-César**). Physicien français, né le 8 mars 1788, à Châtillon-sur-Loing (Loiret), et mort, à Paris, le 18 janvier 1878. Il prit la part la plus active à toutes les phases du développement de l'électricité, à l'établissement de la théorie électrochimique de la pile, à l'étude de l'électrolyse, et contribua à l'avancement de la science par une foule de travaux insérés dans les *Annales de physique et de chimie*, 1823-1854, dans les *Comptes rendus de l'Académie des Sciences,* depuis le début 1835-1878. Il a publié : 1° deux traités d'électricité et de magnétisme, l'un en 1834, en 7 volumes, et le deuxième en 3 volumes, en 1856, avec la collaboration de M. Edmond Becquerel, son fils; 2° un résumé de l'histoire de l'électricité (1858). Il a inventé la première pile à deux liquides à courant constant (1829) et différents appareils, parmi lesquels le galvanomètre différentiel, la balance électromagnétique, etc...

BÉLIER rhéostatique ou hydroélectrique (*Rheostatisches Widder* — **Rheostatic ram**). M. Planté a désigné, sous ce nom, un appareil à l'aide duquel on produit l'ascension de l'eau dans un tube, par saccades ou par chocs continus, sous l'action de la *machine rhéostatique* (Voir ce mot). (*Comptes rendus de l'Académie*, t. LXXXIX, p. 76 (1870), et G. PLANTÉ, *Recherches sur l'Électricité*, § 312).

BENNET (**Abraham**). Physicien anglais, né en 1750 et mort en mai 1799. Il a inventé l'appareil multiplicateur appelé *doubleur* ou *duplicateur* (*Phil. Transactions*, 1787, p. 288) et l'électromètre à feuilles d'or, dit aussi « de Bennet, » dont il donna la description dans un mémoire publié à Derby, en 1789.

---

1. HŒFER, *Histoire de la physique*, p. 265. — POGGENDORFF, *Geschichte der Physik*, p. 815.

BEVIS (**John**). Médecin anglais, membre de la Société Royale de Londres, né le 31 octobre 1695, à Old Sarum, et mort le 6 novembre 1771, à Londres. Il ajouta l'armature, en papier d'étain, à la bouteille primitive de Leyde (Voir PRIESTLEY, *Histoire de l'électricité*. — WATSON, *Phil. Transactions*, 1747-1748).

BIDROME[1] (mot hybride : latin *bis* deux fois, δρόμος course, circuit) (***Bidrome*** — **Bidrome**). Expression admise par Nicklès, dans sa classification des électroaimants à disques, et signifiant à *deux disques*.

BIFURCATION (***Abzweigung*** — **Shunt, Branch, Branching of a current**). Division du conducteur d'un circuit en deux parties.

BIFURQUER le courant dans un électroaimant à deux bobines (***Elektromagnete neben einander schalten, Elektromagnete parallelschalten*** — **To branch off a current in electromagnets joined up in quantity**). Diriger un courant simultanément, dans les bobines, en en rattachant les extrémités similaires à deux bornes en relation avec les pôles du générateur. Dans ces conditions, la résistance de l'électroaimant est diminuée dans le rapport de 1 à 4.

BIOT (**Jean-Baptiste**). Physicien français, né le 21 avril 1774, à Paris, où il mourut le 8 septembre 1862. Il fut chargé par l'Institut, en 1802, du rapport sur les expériences de Volta. La plupart de ses mémoires sur le galvanisme ont paru soit dans les *Comptes rendus de l'Institut*, 1803, ou dans ceux de la Société philomathique, 1803.

BLANC des lettres (***Buchstabenblank*** — **Letter key**). Touche du clavier de l'appareil Hughes dont l'abaissement donne, à la *roue des types*, grâce au jeu de la *plaque* et du *levier d'inversion* commandé par la *came correctrice*, une position telle que les signaux imprimés sont des lettres.

BLANC des chiffres (***Ziffertaste, Zahlenblank*** — **Figure key**). Touche du clavier de l'appareil Hughes dont l'abaissement donne, à la *roue des types*, grâce à un jeu spécial de la *plaque* et du *levier d'inversion* commandé par la *came correctrice*, une position telle que les signaux imprimés sont des chiffres.

BLAVIER (**Édouard-Ernest**). Électricien français, ancien élève de l'École polytechnique, inspecteur général des télégraphes, directeur de l'École supérieure de Télégraphie, vice-président de la Société internationale des Électriciens, né à Paris le 13 janvier 1826 et mort à Paris le 15 janvier 1887. Pendant trente ans Blavier s'est mêlé activement à toutes les questions électriques de son époque. Théoricien avant tout, il publia dans les *Annales télégraphiques* et le *Journal de Physique*, la plupart de ses travaux dont les principaux sont les suivants : *Sur les télégraphes sous-marins transatlantiques*; — *Dérivations du courant le long des lignes électriques* (*Annales télégraphiques*, 1858); — *Théorie de la propagation de l'électricité* (en collaboration avec Gounelle)

---

1. NICKLÈS, *Les électroaimants et l'adhérence magnétique*, 1860.

(*id.* 1859) ; — *Note sur la boussole des tangentes de Gaugain* (*id.* 1860) ; — *Notice sur les appareils télégraphiques imprimeurs, transmission simultanée des dépêches par un seul fil* (*id.* 1861) ; — *Des courants terrestres* (*id.* 1862) ; — *Détermination d'un nouvel étalon de résistance électrique* (*id.* 1865) ; — *Des grandeurs électriques et de leur mesure en unités absolues* (*id.* 1874) ; *Résistance de l'espace compris entre deux cylindres* (*Journal de Physique*, 1874) ; — *Note sur la pression de l'électricité et l'énergie électrique* (*id.* 1875) ; — *Théorie mathématique des phénomènes électrostatiques* (*Annales télégraphiques*, 1880) ; — *Capacité électrostatique et résistance de l'espace compris entre deux cylindres à base circulaire* (*id.* 1881) ; — *Études des courants telluriques* (*id.* 1883) ; — *Essais périodiques des lignes télégraphiques aériennes* (*id.* 1884) ; — *Influence des orages sur les lignes souterraines* (*id.* 1885). On lui doit aussi un traité très estimé de télégraphie électrique publié en un volume, en 1857, qui eut une seconde édition en 1867, composée de deux volumes, et différentes études dans le *Bulletin de la Société d'encouragement*, dans les *Rapports du Jury de l'Exposition d'Électricité*, et quelques notes insérées dans les *Comptes rendus de l'Académie des Sciences*.

BLAVIER. Formule de Blavier[1]. Blavier a indiqué une formule qui porte son nom pour trouver la position d'un dérangement sur une ligne télégraphique où l'on ne dispose que d'un fil ou sur un câble, lorsque la communication à la terre n'est pas parfaite. Soit R la résistance de la ligne avant le dérangement, S la résistance de cette ligne lorsqu'elle est à la terre à l'extrémité opposée, T la résistance de la ligne isolée à l'extrémité. La distance x du dérangement de la station est $x = S - \sqrt{(R - S) \times (T - S)}$ et la résistance du dérangement est $D = T - S + \sqrt{(R - S) \times (T - S)}$

BLOCK-SYSTEM[2] (***Blocksignalsystem* — Block system**). Organisation du service des voies ferrées ne permettant à un train de continuer sa marche que lorsqu'un signal électrique automatique a annoncé l'arrivée du train qui précède à la station vers laquelle il se dirige.

BOBINE de fil métallique (***Drahtrolle* — Coil of wire**). Fil métallique enroulé sur une bobine dans des buts divers, par exemple pour la confection des électroaimants. On peut calculer la longueur du fil d'une bobine, en fonction de la longueur de la bobine l et des diamètres intérieur et extérieur D et d par la formule suivante : $L = \frac{\pi l}{4 S} (D^2 - d^2)$ — S désigne l'épaisseur de l'enveloppe de soie.

---

1. Valdemar Hoskiær, *Guide des épreuves électriques à faire sur les câbles télégraphiques* (Traduction Ternant), p. 60.

2. Du Moncel, *Applications de l'électricité*, t. IV, p. 456. — Langdon, *Applications of electricity to railway working*, p. 42. — Zetzsche, *Handbuch der elektrischen Telegraphie*, t. IV, p. 725. — *Journal of the Society of telegraph engineers*, t. II, p. 231.

BOBINE à deux fils (*Bifilarrolle, Rolle mit doppelter Drahtwindung* — **Differential coil**). Bobine sur laquelle deux fils, isolés l'un de l'autre, sont enroulés et peuvent constituer deux circuits différents ou un seul circuit. (Voir *Duplex*.)

BOBINE de résistance[1] (*Widerstandsrolle* — **Resistance coil**). Bobine destinée à opposer la résistance de son circuit à un courant qu'on y fait passer; généralement ce fil est en maillechort (Voir ce mot), à double enroulement, en sens contraire, pour éviter les effets d'induction ; il est peu sensible aux changements de température. Pour les mesures de précision, on emploie du fil en alliage de platine argent (33,3 % de platine). La bobine est d'ailleurs enfermée dans une boîte de laiton et le fil est noyé dans la paraffine. (Voir *Rhéostat*.)

BOBINE de dérivation (*Zweigrolle* — **Shunt coil**). Bobine constituant un circuit *dérivé* par rapport à un autre circuit. (Voir *Shunt*.)

BOBINE de multiplicateur (*Multiplicatorrolle* — **Multiplying coil**). Bobine à cadre quadrangulaire, à un seul fil, dans les rhéomètres ordinaires, à deux fils dans les galvanomètres différentiels agissant sur un système d'aiguilles astatiques.

BOBINE d'induction[2] (*Induktionsrolle* — **Induction coil**). Bobine formée d'un gros fil ou fil inducteur sur lequel est enroulé un petit fil ou fil induit. La différence de potentiel croissant rapidement avec la longueur du fil induit, on dut changer le mode d'enroulement ordinaire (Lagenwickelung) qui rapprochait, dans deux couches superposées, deux points du fil à un potentiel fort différent, d'où il résultait souvent une décharge même à travers la gomme laque interposée. Poggendorff proposa le premier de fractionner la bobine totale en un grand nombre de bobines (Scheibenwickelung) d'un même nombre de couches de fil, mais beaucoup moins larges. En raccordant les fils des bobines les uns avec les autres, les inconvénients signalés disparaissent, et on peut augmenter la puissance des machines. On appelle bobine de Ruhmkorff une bobine d'induction dans laquelle Ruhmkorff, dès 1851, a eu le mérite d'isoler, au moyen de la gomme laque, d'une manière exceptionnelle, les différentes spires et couches de fil. Cet isolement, ainsi que quelques autres perfectionnements importants, ayant permis d'obtenir des effets de tension tout à fait exceptionnels, mit entre les mains des physiciens un instrument qui fit faire de grands progrès dans l'étude de différentes questions d'électricité. (Voir Du Moncel, *Notice sur l'appareil d'induction de Ruhmkorff*, 1859). Nous devons ajouter que Ruhmkorff avait été précédé dans ces recherches, en Amérique, par Page, dès 1836.

BOBINE de Siemens (*Siemens'cher Induktor*—**Longitudinal coil**). Bobine caractérisée par l'enroulement du fil dans le sens de la longueur. (Voir *Armature de Siemens*.)

---

1. Maxwell, *Electricity and magnetism*, t. I, p. 420.

2. Gavarret, *Traité d'électricité*, t. II, p. 290, 301. — *Lumière électrique*, t. VII, p. 623.

BOHNENBERGER (**Gottlieb-Christian von-**). Pasteur allemand, né le 4 mars 1732, à Neuenburg (Wurtemberg), et mort à Altburg, le 29 mars 1807. On lui doit l'électroscope dans lequel une feuille d'or est maintenue en équilibre à égale distance entre les pôles d'une pile sèche (*Gilbert's Annalen*, LI). Ses autres travaux sur l'électricité ont été publiés à Stuttgard, de 1784 à 1798.

BOITE à incendie (*Feuerwehrkästchen* — **Fire alarm box**). Boite ou borne placée dans les rues, pour appeler un poste de pompiers, au moyen d'un système électrique, en cas d'incendie.

BOLOMÈTRE [1] (βόλος jet, βολή rayon √βαλ, μέτρον mesure) *Bolometer* — **Bolometer**). Appareil de M. Langley, destiné à apprécier l'énergie radiante, en utilisant un circuit composé d'une pile, d'un pont de Wheatstone et la modification de la résistance de plaques métalliques dans ce circuit, sous l'influence d'un rayon calorifique.

BORÉAL. Une confusion a longtemps existé et ne s'est pas encore complètement dissipée relativement à l'emploi des mots *boréal* et *austral*, pour qualifier les pôles des aimants se dirigeant du côté du sud ou du nord, attendu qu'on les regardait comme possédant le fluide boréal ou austral. Aujourd'hui, on les remplace généralement par les mots *sud* ou *nord*. (Voir *Pôle nord et pôle sud*.)

BORÉALE-AURORE. (Voir *Aurore boréale*.)

BORNE métallique (*Drahtklemme, Drahtbefestigungsschraube, Zuleitungsklemme* — **Binding screw, Terminal**). Serre-fil en forme de borne portant : 1° une vis à tête carrée à la partie inférieure, servant à comprimer un fil entre la partie inférieure de la borne et une surface plane d'un corps isolant que traverse la vis; 2° une autre vis en cuivre, à la partie supérieure, comprimant un second fil dans un trou percé dans la borne.

BORNE protectrice en pierre [2] (*Prellstein* — **Fender to prevent vehicles striking the base of a pole**). Borne servant d'obstacle, à la base des poteaux télégraphiques sur une route, pour empêcher les voitures d'en atteindre la base.

BOSE (**Georges Mathias**). Professeur de physique à l'Université de Wittenberg, né à Leipzig, le 22 septembre 1710, et mort le 17 septembre 1768, à Magdeburg. On doit à Bose l'adjonction de conducteurs secondaires à la machine électrique. Ce fut d'ailleurs lui qui, le premier, enflamma la poudre par une étincelle électrique, montra que les corps ne changent pas de poids par suite de l'électrisation, et fit la célèbre expérience qu'il nommait *Béatification électrique* (Voir ce mot). Ses travaux ont fait l'objet de différents opuscules portant des dates diverses de 1743 à 1757. (Voir pour le détail POGGENDORFF, *Biographisches Wörterbuch zur Geschichte der exacten Wissenschaften*, ou LAROUSSE, *Dictionnaire de la langue française*, art. Bose.)

---

1. *Lumière électrique*, t. IV, p. 142; — *Journal de physique*, t. I, 2e série, p. 148.
2. LUDEWIG, *Der Bau von Telegraphenlinien*, p. 245.

BOSSCHA. Théorème de Bosscha [1] (***Bosscha'sches Theorem*** — **Bosscha's theorem**). Des lois de Ohm et de Kirchhof, M. Bosscha a déduit quelques corollaires qui facilitent beaucoup la solution des problèmes de distribution des courants dans les conducteurs linéaires. Les principaux de ces corollaires sont les suivants : 1° Toutes les fois que l'intensité est nulle, dans une des branches d'un circuit, les intensités dans les autres branches sont indépendantes de la résistance du conducteur dans lequel il n'y a pas de courant ; 2° Lorsqu'il se trouve deux conducteurs *a* et *b*, tels qu'une force électromotrice placée en *a* n'envoie aucun courant en *b*, on ne change pas l'intensité du courant en *b*, soit en supprimant le conducteur *a*, soit en réunissant par un circuit sans résistance les deux points qu'il relie.

BOTTE de fil (***Bund von Draht, Drahtader*** — **Bundle of wire**). Fil de ligne télégraphique roulé en couronne et livré en France en longueurs de 160^m^ à 270^m^, suivant le diamètre.

BOUCLE. Épreuve de la boucle [2] (***Schleifenprobe*** — **Loop test**). Méthode de Murray ou de Varley pour calculer le point d'une dérivation dans un câble télégraphique ou une ligne aérienne. Cette méthode peut s'employer chaque fois que l'on a un second fil suivant la même voie et dont on peut disposer ; elle est indépendante, dans de certaines limites, de la résistance du défaut, pourvu qu'il ne soit pas constitué par une perte à la terre offrant une conductibilité parfaite. Pour exécuter cet essai, on fait boucler les deux fils à la station opposée, et un pont de Wheatstone est alors constitué d'une part, par deux résistances déterminées et connues, et d'autre part par celles des deux fils compris entre le défaut et les extrémités du pont. En appelant x et y ces deux dernières, R et R' les deux résistances connues du pont, nous aurons d'une part L (résistance des deux fils) $= x + y$, d'où $x = \mathrm{L} - y$, et en remplaçant cette valeur de x dans l'équation du Pont $\mathrm{R}(\mathrm{L} - y) = \mathrm{R}'y$, nous arriverons à $y = \mathrm{L}\,\frac{\mathrm{R}}{\mathrm{R}' + \mathrm{R}}$, par conséquent x est aussi déterminé. Connaissant ensuite la résistance par kilomètre, rien n'est plus facile que de *trouver* la position kilométrique du dérangement. Telle est la méthode de Murray (Voir pour les détails de la méthode de Murray et de celle de Varley, *Traité des mesures électriques de Kempe*, traduction Berger, p. 233-238.)

BOUGIE électrique (*Jablochkoff, Wilde, Jamin*, etc.) (***Elektrische Kerze*** — **Electrical candle**). Appareil pour la lumière électrique avec des courants alternés, ne nécessitant pas de régulateur, formé de deux charbons, soit séparés par une substance peu conductrice, appelée primitivement *colombin* (Voir ce mot) et aujourd'hui composée de sulfate de chaux et de sulfate de

---

1. GORDON, *Électricité et magnétisme*, t. I, p. 575 (Traduction Raynaud-Seligmann Lui.)—*Note de M. Raynaud.* —WIEDEMANN, *Galvanismus und Electromagnetismus*, t. I, p. 164.

2. KEMPE, *Handbook of electrical testing*, p. 168. — *Annales télégraphiques*, 1876, p. 314 ; — PREECE and SIVEWRIGT, *Telegraphy*, p. 276 (4e édition).

baryte, soit placés au contact pour faciliter l'allumage, puis éloignés électromagnétiquement.

BOURDONNEMENT des fils télégraphiques (*Summen der telegraphischen Drähte* — **Humming of the telegraph wires**). Sur les lignes télégraphiques aériennes, l'air atmosphérique produit une agitation moléculaire se traduisant par un bourdonnement du fil qu'on perçoit facilement à la base des poteaux et qu'on attribue vulgairement à la propagation de l'électricité (Voir *Sourdine*).

BOUSSOLE[1] (Italien **Bossolo**, boîte en buis. L'étymologie arabe **Mouassala**, aiguille, n'est pas admise) (*Boussole* — **Compass**). Instrument formé d'une aiguille aimantée, mobile autour de son centre de gravité, dans un plan horizontal ou vertical, et indiquant la *déclinaison* ou l'*inclinaison*. (Voir ces mots.) Primitivement l'aiguille était mobile sur un flotteur et portait le nom de *rainette* ou *calamite*. C'est évidemment sous cette forme que les Français l'utilisèrent, en 1095, lors de la première croisade. Ce ne fut que vers 1302 que Flavio Givia, Gioia ou Gioja d'Amalfi la suspendit sur un pivot et l'assujettit dans une boîte conservant une même position horizontale dans toutes les inclinaisons du navire. La boussole devint ainsi, à partir de cette époque, un instrument pratique. La boussole aurait été connue des Japonais et des Chinois, dès le IVe siècle, avant d'être utilisée par les peuples européens ; elle a été mentionnée, pour la première fois, dans un écrit français, *La Bible*, pièce satyrique de Guyot de Provins, en 1190.

BOUSSOLE de déclinaison[1] (*Declinatorium*, *Declinationsboussole* — **Declinometer, Declination magnet**). La boussole de déclinaison, dont l'aiguille aimantée est mobile dans le sens horizontal, accuse la déclinaison du lieu par l'angle qu'elle fait avec le méridien astronomique.

BOUSSOLE d'inclinaison[2] (*Inclinatorium*, *Inclinationsboussole* — **Dip needle**). Appareil composé d'un cercle vertical qu'on peut orienter dans tous les azimuths, et au centre duquel est suspendue une aiguille qui peut tourner, en son centre de gravité, autour d'un axe horizontal. Robert Norman, fabricant d'instruments de précision, à Londres, en 1576, construisit une boussole d'inclinaison, mais Hartman l'avait précédé dans l'observation de l'inclinaison. (Voir *Inclinaison*.)

BOUSSOLE galvanomètre. On donnait aussi primitivement le nom de boussole au galvanomètre. (Voir ce dernier mot.)

BOUSSOLE d'inspecteur[3] (*Untersuchungsgalvanometer*, *Tas-*

---

1. Klaproth, *Lettre à De Humboldt sur l'invention de la boussole.* — Hœfer, *Histoire de la physique*, p. 243. — Poggendorff, *Geschichte der Physik*, p. 269. — Becquerel, *Résumé de l'histoire de l'electricité et du magnétisme.* — Urbanitzki, *Electricität und Magnetismus im Alterthume.* — *Dictionnaire Larousse*, art. Boussole.

2. S. Thompson, *Elementary Lessons on Electricity and Magnetism*, p. 114. — Daguin, *Traité de physique*, vol. II, p. 238.

3. Merling, *Die Telegraphentechnik*, p. 159.

chengalvanometer — **Inspector's galvanometer, Detector**). Boussole portative, montée sur un pied qu'on visse sur les poteaux télégraphiques, et dont les inspecteurs des télégraphes se servaient autrefois dans les tournées sur les lignes.

BOUSSOLE des sinus[1] (*Sinusboussole* — **Sine Galvanometer**). Boussole dont le principe est dû à Pouillet (1837). L'aiguille montée sur un pivot vertical est, comme dans le galvanomètre, enveloppée d'un cadre de fils, mais ce cadre est mobile horizontalement autour du point de suspension de l'aiguille, et peut se déplacer en suivant la déviation de l'aiguille. La force de répulsion du courant étant constante, et l'action de la composante horizontale étant croissante, on arrive à une déviation pour laquelle ces deux forces antagonistes se font équilibre. Cette déviation correspond au plan vertical moyen du cadre. Dans cette position, l'intensité est proportionnelle au sinus de l'angle de déviation.

BOUSSOLE des tangentes[2] (*Tangentenboussole* — **Tangent galvanometer**). Boussole dont le principe est dû à Nervander (*Annales de chimie*, 1833, t. LV, p. 156), et à Pouillet (1837). L'aiguille de cet instrument est très petite et suspendue, sur un pivot, au centre d'un cadre circulaire dont le rayon est relativement considérable. Gaugain (1853) a trouvé, par le calcul, que l'aiguille doit être placée au sommet d'un cône droit, dont le cadre serait la base et dont la hauteur serait égale à la moitié du rayon de la base, pour que l'intensité du courant soit proportionnelle à la tangente de la déviation observée. En effet, dans ces conditions, à mesure que l'aiguille est déviée du méridien magnétique, la composante horizontale s'accroît, et l'action du courant reste constante ; il vient donc une position pour laquelle ces deux forces se font équilibre et dans laquelle l'aiguille reste en repos. Dans cette position, l'intensité est proportionnelle à la tangente de l'angle de déviation.

BOUSSOLE des sinus et des tangentes (*Sinustangentenboussole* — **Sine and Tangent galvanometer**). Appareil de MM. Siemens et Halske, pouvant servir à volonté de boussole des sinus ou de boussole des tangentes.

BOUTEILLE de Kleist[3] (*Kleist'sche Flasche* — **Kleist phial**). Kleist, chanoine de Poméranie, observa le premier les effets du condensateur, à Cammin, le 11 octobre 1745, et ce n'est qu'en 1746 que Cuneus fit connaître le résultat de ses expériences, exécutées à Leyde avec ce même appareil ; c'est ce qui fit donner à cet instrument le nom de bouteille de Leyde, par Nollet.

---

1. *Annales télégraphiques*, 1859, p. 1. — GAVARRET, *Traité d'électricité*, t. II, p. 49. — *Comptes rendus de l'Académie des Sciences*, t. IV, p. 267.

2. *Annales télégraphiques*, 1859, p. 565, et 1860, p. 256. — GAVARRET, *Traité d'électricité*, t. II, p. 52. — *Comptes rendus de l'Académie des Sciences*, 1837, t. IV, p. 267. — *Annales de chimie et de physique*, t. XXXVIII, p. 301. BRAVAIS, t. XLI, p. 66. GAUGAIN.

3. HŒFER, *Histoire de la physique*, p. 259. — POGGENDORFF, *Geschichte der Physik*, p. 851.

BOUTEILLE de Leyde[1] (*Leydener Flasche, Verstärkungsflasche* — **Leyden jar**). Nom donné, par l'abbé Nollet, au condensateur dont les deux armatures sont aujourd'hui constituées, l'une, extérieurement, par une feuille d'étain collée sur la surface du verre de la bouteille ; l'autre, intérieurement, par des feuilles de clinquant touchant une tige métallique traversant le bouchon.

BOUTEILLES de Leyde en cascades (*Elektrische Flasche* — **Jars arranged in cascade**). Bouteilles reliées par leurs armatures différentes. (Voir *Armatures*.)

BOUTEILLE électrométrique (*Elektrische Massflasche* — **Unit jar**). Canton, en 1747, comptait le nombre d'étincelles qu'il arrachait, dans des conditions identiques, à une bouteille de Leyde chargée, et cherchait à en déduire la quantité électrique qui y avait été accumulée.

BOUTE-ROUES[2] (*Prellpfahl* — **Fender**). Pieu destiné à écarter les roues des voitures de la base des poteaux télégraphiques.

BOUTON de feu galvanique (*Galvanisches Brennmittel* — **Burning electric button**). Cautère formé d'un fil de platine enroulé sur lui-même en forme de cylindre à spires serrées, et que l'on adapte à un manche porte-cautère auquel aboutissent, en deux boutons, les électrodes d'un générateur électrique. Cet instrument sert à déterminer par la chaleur, que le courant électrique développe dans le fil de platine, la formation d'un caillot obturateur à l'orifice du vaisseau sectionné sur lequel on l'applique.

BOUTON de sonnerie (*Weckertaste, Läutetaste, Ruftaster* — **Bell push, Bell key, Electric plunger**). Pièce mobile et en forme de bouton d'un conjoncteur destiné, en rapprochant une pièce métallique formant ressort d'une autre pièce métallique fixe, à fermer, par son abaissement, le circuit d'une sonnerie.

BOUTON de sonnerie à répétition (*Läutetaste mit Rücksignal* — **Repeating bell push**). Petit appareil dans lequel un signal de retour indique, au point qui appelle, que la sonnerie a fonctionné au point que l'on appelle.

BOUTON de sonnerie à courant continu (*Ruhestromtaste* — **Constant current bell push**). Bouton qui ne fait fonctionner la sonnerie que par l'interruption du circuit.

BOUTON de commutateur mobile (*Wanderstöpsel* — **Plug of a switch**). Fiche destinée à s'enfoncer, en faisant ressort, dans différents trous pratiqués dans des lames métalliques superposées en croix. Ces fiches réunissent les deux lames métalliques isolées dans lesquelles elles sont enfoncées.

BOUTON électrique (*Elektrischer Knopf* — **Electric button**). Tige en cuivre, légèrement recourbée, recouverte d'une couche

---

1. Le Dr Bevis (1695-1771) a fait de nombreuses études sur les armatures de la bouteille de Leyde.

2. LUDEWIG, *Der Bau von Telegraphenlinien*, p. 245.

isolante et terminée par un renflement globulaire de laiton. Cet instrument sert à porter l'électricité sur des parties profondes du corps.

BOUTON-TÉLÉPHONE[1] (*Druckknopftelephon* — **Button telephon**). Disposition imaginée par M. Barbier et le Dr Herz pour utiliser, dans la correspondance téléphonique, les circuits existant pour les communications d'appel par sonneries.

BOYLE (Hon. Robert). Physicien anglais, né le 25 janvier 1627, à Lismore (Cork) en Irlande, et mort à Londres le 30 décembre 1691. C'est lui qui créa le mot « electricitas, electricity ». Il a publié en 1676, un ouvrage intitulé *Experiments and notes about the mechanical origin or production of particular qualities in several discourses on a great variety of subjects, and, amongst the rest of electricity*, et *De mechanica electricitatis productione*, qui fut édité à Genève, en 1694, après sa mort.

BRANCHE d'un électroaimant en fer à cheval (*Schenkel eines Hufeisenelektromagnetes* — **Arm ou leg of an horseshoe electromagnet**). On nomme ainsi chacune des bobines dont est formé l'électroaimant, avec le fer doux sur lequel elles sont montées.

BREGUET (Louis-François-Clément). Physicien et constructeur français, né le 22 décembre 1804, à Paris, et mort, dans la même ville, le 27 octobre 1883. Il s'occupa, avec Masson, de la question d'induction. On lui doit différents appareils, tels que l'exploseur connu sous le nom de *coup de poing*, le télégraphe *français*, le télégraphe à cadran, employé longtemps sur les voies ferrées, un parafoudre, etc. Tous les travaux de Breguet figurent dans les *Comptes rendus de l'Académie des Sciences de Paris*, 1845 à 1852. Il a publié en outre deux traités élémentaires de télégraphie électrique.

BREGUET (Antoine). Physicien français, fils et successeur de Louis Breguet, né le 26 janvier 1851, à Paris, où il est mort le 8 juillet 1882. Il est l'inventeur d'un anémographe électrique, du téléphone à mercure (1878), et publia dans les *Annales de physique et de chimie*, dans la *Revue scientifique*, des articles remarquables. On lui doit également une brochure intitulée *La machine Gramme, sa description, sa théorie*, 1884.

BRIDE à scellement (*Bügel* — **Wall attachement**). Pièce de fer qu'on scelle dans une maçonnerie et qui sert à soutenir un poteau télégraphique en l'enserrant.

BRIGADE civile de télégraphie militaire[2] (*Feldtelegraphen-inspection* — **Corps of civil telegraphists**). Section de télégraphistes civils chargés de relier la base d'opération d'une armée au siège du gouvernement.

BRIGADE de télégraphie d'étapes[2] (*Etappentelegraphenabtheilung* — ***Section of intermediate telegraphists***). Section de

1. *Lumière électrique*, t. XXIII.

2. Buchholtz, *Die Kriegstelegraphie*. — May, *Geschichte der Kriegstelegraphie in Preussen*.

télégraphistes militaires chargés de relier le quartier général d'une armée à sa base d'opérations.

BRIGADE de télégraphie militaire (1re ligne)[1] (***Feldtelegraphenabtheilung*** — **Section of field telegraph**). Section de télégraphistes militaires chargés de relier entre eux les divers éléments qui constituent une armée.

BRIQUET de Saturne (***Elektrisches Feuerzeug*** — **Electric tinderbox**). Allumoir électrique inventé par M. Planté, en 1873. (*Comptes rendus de l'Académie*, t. LXXVII, p. 466). Cet appareil se compose d'un petit couple secondaire à lames de plomb, renfermé dans une boîte, portant un système de communications disposées de manière à faire rougir un fil de platine par la simple pression du doigt et à enflammer ainsi un corps combustible, tel que la mèche d'une bougie, une lampe à essence minérale, etc. C'est le premier allumoir à courant voltaïque qui ait été construit (Voir Du Moncel, *Exposé des applications de l'électricité*, t. V, p. 626, 1878.) Le courant secondaire qui produit l'action calorifique étant dû à un effet électrochimique du plomb (Saturne des anciens chimistes), ce petit appareil a été désigné par M. Planté sous le nom de *Briquet de Saturne*.

BRIQUETTE-PILE[2] (***Briquette-Batterie*** — **Briquette battery, Electrogenerative slab**). M. Brard, de la Rochelle, a proposé (1882), comme générateur d'électricité, un aggloméré de poussière de houille et de brai fortement comprimé dans un moule autour d'un noyau de fils de cuivre. La briquette porte sur l'une de ses faces des espèces de cuvettes tapissées d'amiante, dans lesquelles on a coulé un mélange de cendres et de nitrate de potasse, en y insérant, comme prise de courant, des fils de cuivre. En plaçant la briquette dans un foyer ardent, on obtient un courant continu dans les fils pendant toute la durée de la combustion. M. Becquerel (1855) et Jablochkoff (1877) avaient déjà eu recours à l'oxydation du carbone en présence du nitrate de potasse ou de soude pour la production de l'électricité.

BRISE-COURANT[3] (***Strombrecher*** — **Safety current breaker**). Petit appareil imaginé par M. Gramme et destiné à couper le circuit des machines dynamoélectriques destinées à la galvanoplastie, lorsque, par suite de la polarisation des électrodes plongées dans l'électrolyte, le courant de polarisation tend à diminuer le courant principal dans une trop large mesure. Cet appareil est fondé sur le jeu d'une armature qui se déplace, par une force antagoniste réglée, et coupe la communication entre les balais et l'électroaimant, dès que l'intensité du courant diminue au-delà de la limite fixée. Il suffit de ramener l'armature au contact pour que tout le système fonctionne de nouveau.

---

1. Buchholtz, *Die Kriegstelegraphie.* — May, *Geschichte der Kriegstelegraphie in Preussen.*

2. *Comptes rendus de l'Académie des Sciences*, t. XCV, p. 891, 1158.

3. Fontaine, *Électrolyse*, p. 85.

BROME (*Brom* — **Brome**). Métalloïde peu conducteur de l'électricité (Balard).

BRONCHES (*Kième* — **Gill**). Lorsqu'on dirige un courant galvanique puissant ou un courant d'induction sur l'élément musculaire des bronches, elles se contractent lentement et successivement. Mais lorsque l'excitant galvanique est appliqué sur le nerf pneumogastrique, on n'obtient aucun effet.

BRONZE phosphoreux (*Phosphorbronze* — **Phosphor bronze**). Le bronze ordinaire renferme toujours une certaine quantité d'étain et d'oxydule de cuivre qui diminue la ténacité et la conductibilité de l'étain. En présence de ces faits, M. Lazare Weiller a introduit le phosphore dans des alliages convenablement dosés de cuivre ou d'étain; ce phosphore réduit les oxydes et donne plus de stabilité et d'homogénéité à l'alliage. Le bronze phosphoreux ne joue, dans cette opération, qu'un rôle absolument transitoire, et se trouve éliminé dans le travail de purification. Le bronze phosphoreux, par l'écrouissage, devient élastique, durcit et peut supporter des charges de 80 et même de 100 kilogrammes par millimètre carré. Il est absolument inoxydable et peut, par conséquent, s'employer en fils très fins qui permettent, dans les applications électriques, d'augmenter les portées et le nombre des fils sur les appuis. Les fils de bronze phosphoreux n'offrent que peu de prise au vent et à la neige, et il n'est plus nécessaire d'éteindre les vibrations par des sourdines; enfin l'induction mutuelle est diminuée. La résistance n'est que cinq fois celle du cuivre. Toutefois, il est cassant et ne supporte ni les plis, ni les nœuds. (Voir *Bronze silicieux.*)

BRONZE silicieux [1] (*Siliciumbronze* — **Silicious bronze**). Le silicium, qui est un agent désoxydant, a remplacé le phosphore dans la préparation du bronze. Le bronze silicieux a été substitué, avec avantage, au bronze phosphoreux pour les lignes téléphoniques, télédynamiques et même télégraphiques. La conductibilité du bronze silicieux est à peu près égale à celle du cuivre, mais elle diminue quand sa force mécanique augmente. Le fil, dont la conductibilité est 90 % de celle du cuivre, donne une résistance de 44 kilogrammes par millimètre carré, tandis que cette dernière arrive à 78 kilogrammes par millimètre carré pour un fil ayant 34 % de la conductibilité du cuivre. La légèreté du bronze silicieux, sa résistance mécanique, sa haute conductibilité, son inoxydabilité le rendent éminemment propre au service de la télégraphie et de la téléphonie.

BROUETTE de déroulement [2] (*Abwicklungskarre* — **Barrow with drum for uncoiling wires**). Brouette portant une bobine de câble télégraphique militaire que l'on déroule en marchant dans les chemins où une voiture ne peut passer.

BUREAU télégraphique (Voir *Station*) (*Telegraphenstation;*

---

1. Hospitalier, *Formulaire de l'électricien*, p. 163.
2. Buchholtz, *Die Kriegstelegraphie*, p. 39.

Telegraphenamt. — **Telegraph office**). Un bureau télégraphique est un local pourvu de tout ce qui est nécessaire en personnel et en matériel pour la transmission, la réception et parfois le service de passage des dépêches télégraphiques. Les correspondances de départ, reçues et taxées à un guichet, sont transportées à l'appareil desservant le fil qu'elles doivent emprunter pour parvenir à destination. De même, les dépêches à destination de la localité où se trouve le bureau y parviennent par un fil qui le dessert et sont expédiées ensuite à domicile. Les dépêches de passage sont reçues par un appareil et réexpédiées, dans une autre direction, par un second appareil. Quelquefois ce service est fait électriquement et automatiquement, il porte dans ce cas le nom de service par translation ou relais. (Voir les mots *Translations* et *Relais*.)

BUREAU télégraphique privé (*Nebenstation* — **Private telegraph office**). Bureau installé dans une maison particulière et ne servant qu'à la correspondance du propriétaire.

BUREAU restant (*Amtslagernd* — **To remain until called for**). Mention inscrite dans l'adresse d'une dépêche télégraphique adressée simplement dans un bureau où le destinataire doit venir la chercher.

BUREAU à ouvrir (*Demnächst zu eröffnendes Amt* — **Office to be opened**). Mention administrative indiquant l'ouverture prochaine d'une station.

BUREAU. Chef de bureau (*Amtsvorsteher* — **Office superintendent**). Fonctionnaire responsable du service d'une station télégraphique.

BUREAU de départ (*Aufgabeamt* — **Sending office**). Bureau dans lequel une dépêche a été déposée.

BUREAU d'arrivée (*Adressamt* — **Receiving office**). Bureau d'une localité où se trouve le destinataire d'une dépêche auquel elle est adressée.

BUTOIR (*Begrenzungsstift, Anschlagstift* — **Stop pin**). Pièce destinée, dans un appareil, à limiter le déplacement d'un organe et à former un contact formant un circuit électrique.

C

CABINE téléphonique[1] (*Börsenzelle* — **Public telephone cabin**). Cabine publique où une personne quelconque peut venir, à certaines heures, se mettre en communication téléphonique avec un abonné quelconque, moyennant une taxe.

1. Grawinkel, *Die Fernsprecheinrichtungen.*

CABLE télégraphique sous-marin[1] (***Telegraphisches Seekabel* — Telegraph cable**). Conducteur enveloppé de matière isolante et d'une armature de dimensions variables pour le protéger contre les causes d'usure et les accidents (Voir *Condensateurs*). Ce câble, noyé au fond de la mer, établit ainsi une communication conductrice entre les rivages auxquels il atterrit.

CABLE des grandes profondeurs[2] (***Tiefseekabel* — Deap sea cable**). Suivant que le câble télégraphique est destiné aux grandes profondeurs, aux profondeurs moyennes ou aux petites profondeurs, il est revêtu d'une armature spéciale à chacun de ces cas, mais l'âme est toujours la même ; elle est formée par le conducteur avec son enveloppe isolante. — Le conducteur est un toron de sept fils de cuivre de diamètre déterminé à fil central et d'une conductibilité approchant de celle du cuivre pur (0,93). On emploie un toron plutôt qu'un seul fil afin que, en cas de rupture de l'un des sept fils, les six autres maintiennent la communication ; le toron est d'ailleurs plus élastique qu'un fil simple, et se prête plus facilement à une traction correspondant à la résistance de l'armature. Ce conducteur est revêtu de plusieurs couches successives, trois ou quatre, d'une substance isolante comme la gutta-percha ordinaire, celle de *Willoughby Smith* ou le caoutchouc *Hooper* (Voir *Couches de séparation*). Ces couches sont soudées entre elles et adhèrent au cuivre par suite de l'intercalation d'une couche de *composition Chatterton* (Voir ce mot). La capacité électrostatique d'un fil isolé étant inversement proportionnelle au Log. $\frac{D}{d}$ expression dans laquelle D est le diamètre du diélectrique et d celui du fil, il convient de tenir compte de ce rapport dans la construction du câble (Voir *Capacité électrostatique*). L'âme ainsi soigneusement isolée est, pour des questions de solidité, pendant la pose, et de résistance aux influences extérieures, entourée de chanvre ou de jute qui servent de matelas afin de la préserver contre l'écrasement que pourraient produire les 15 ou 16 fils d'acier homogène galvanisé constituant l'armature des grandes profondeurs. Les enveloppes de chanvre ou de jute sont actuellement enduites de tannin pour les conserver sous l'eau. L'armature est finalement garnie de deux enveloppes de filin de jute apppliquées en sens inverse et d'une troisième couche de composition à base d'asphalte. Les câbles des grandes pro-

---

1. *Philosophical Magazine*, 1861, 2e sem., p. 202. — DOUGLAS, *Manual of telegraph construction*, p. 249, 250, 256, 270, 385, 386, 392 et 402. — *Telegraphic Journal*, 1881, p. 5, 149 et 338. — *Agenda Dunod*, Télégraphes. — MAX JÜLLIG, *Die Kabeltelegraphie*. — KEMPE, *Electrical testing* (Traduction Berger).

2. *Annales télégraphiques*, 1859, p. 445 ; 1860, p. 473, 636; 1861, p. 585; 1862, p. 293, 297, 332 et 417. — TERNANT, *Télégraphes sous-marins*. — *Les Télégraphes*. — *Philosophical Magazine*, 1877, 1er sem., p. 199. — Capitaine HOSKIOER, *Laying and repairing of telegraph cables*. — *Report of the Joint committee*. — *Journal of the Society of telegraph engineers*, t. VII, p. 393; t. VIII, p. 63 et 153. — *Agenda Dunod*, Télégraphes, p. 89 (1885). — KEMPE, *Handbook of electrical testing*. — DOUGLAS, *Manual of telegraph construction*, passim.

fondeurs reposent dans des eaux tranquilles, et les causes de détérioration accidentelles y sont rares.

Le câble, après avoir été fabriqué, est plongé dans des réservoirs dont on renouvelle fréquemment l'eau, et lové à bord dans des caisses en tôle d'où il se déroule pendant la pose avec une vitesse déterminée. Pour un mouvement uniforme, la vitesse de descente est indiquée par la formule $V = 4,3\sqrt{p\left(\frac{D}{d}-1\right)}$ dans laquelle V est la vitesse cherchée, D densité du câble, d diamètre du câble. Lorsque le câble fait un angle avec l'horizon, il faut multiplier cette valeur par la racine du cosinus de l'angle. Cette vitesse est réglée par des freins. Le sinus de l'angle d'immersion (I) est à peu près égal au rapport de la vitesse de descente à la vitesse du navire, ou d'une manière exacte $\text{Cos.}\,I = \sqrt{\left(1+\frac{0{,}015\,p}{d\,v^2}\right)^2 - \frac{0{,}015\,p}{d\,v^2}}$ — p est le poids en kilos de 1^m de câble dans l'eau de mer, d diamètre du câble et v la vitesse du navire. Quant aux essais d'isolement, de résistance électrique, de capacité, ils sont faits préalablement avant l'embarquement, et sont répétés à bord et pendant la pose. La pose du premier câble, projetée, en 1840, par Wheatstone, fut effectuée, en 1851, par Brett et Crampton, entre Douvres et Calais.

CABLE des profondeurs moyennes. Le câble des profondeurs moyennes diffère de celui des grandes profondeurs, par la dimension des fils de l'armature, qui varient entre $3^{mm},5$ et 4^{mm} de diamètre.

CABLE d'atterrissement (*Küstenkabel* — **Shallow water cable, Shore end**)[1]. Le câble d'atterrissement étant sujet à des accidents de toute espèce dans des eaux peu profondes, agitées et roulant des galets, pouvant être atteint par les ancres des navires ou scié par les rochers sur les saillies accores, est armé d'une enveloppe de résistance exceptionnelle. Le câble des grands fonds, pour constituer un câble des côtes, est de plus recouvert d'une deuxième armature de 12 fils de 8^{mm}. L'extérieur est d'ailleurs garni de filin et d'asphalte.

CABLE. Intensité du courant utilisé sur les câbles. La charge d'un condensateur et par conséquent d'un câble, étant proportionnelle à l'intensité du courant dont on se sert [$Q = C\,E$, $E = R\,I$ et $Q = (C\,R)\,I$], il s'ensuit que, des phénomènes d'induction statique très accentués se produisant sur les câbles d'une certaine longueur, il est indispensable de n'employer que des intensités qui s'éloignent peu d'une intensité très faible,

1. *Annales télégraphiques*, 1859, p. 445; 1860, p. 473, 636; 1861, p. 585; 1862, p. 293, 297, 332 et 417. — TERNANT, *Télégraphes sous-marins*. — *Les Télégraphes*. — *Philosophical Magazine*, 1877, 1er sem., p. 199. — Capitaine HOSKIOER, *Laying and repairing of telegraph cables*. — *Report of the Joint committee*. — *Journal of the Society of telegraph engineers*, t. VII, p. 393; t. VIII, p. 63 et 153. — *Agenda Dunod*, Télégraphes, p. 89 (1885). — KEMPE, *Handbook of electrical testing*. — DOUGLAS, *Manual of telegraph construction*, passim.

comme un millionième d'Ampère. Il pourrait autrement arriver, ce qui s'est produit dans quelques cas, qu'une décharge induite se frayât une voie à travers quelque point moins bien isolé de l'enveloppe du câble et la détériorât.

CABLE. Vitesse de transmission sur les câbles. (Voir *Vitesse.*)

CABLE artificiel de Muirhead (***Muirhead's künstliches Kabel* — Muirhead's artificial line**). Muirhead a cherché dans ses essais de télégraphie duplex et quadruplex à reproduire une ligne sous-marine ou autre avec toutes ses propriétés de résistance et de capacité. Pour cela, on découpe des plaques d'un condensateur dans une feuille de clinquant doublée sur elle-même. Ce ruban est le circuit artificiel et correspond à la résistance du conducteur du câble. Des feuilles véritables de clinquant représentent la terre et sont isolées du ruban, par du papier paraffiné qui représente l'enveloppe isolante du câble. La résistance, la capacité et l'isolement sont rendues équivalentes à celles du câble réel, spécialement au commencement de la ligne. On peut dire que la ligne artificielle de Muirhead est un condensateur de résistance, de capacité et d'isolement variables et déterminés.

CABLE souterrain[1] (***Unterirdisches Kabel* — Underground cable**). Les câbles souterrains sont formés d'âmes isolées avec autant de soin que celles des câbles sous-marins. Ces âmes sont recouvertes de guipages et de coton goudronné. On câble alors un certain nombre de ces âmes, généralement 7, et on recouvre le tout de rubans goudronnés, de filin de phormium et de rubans. Les câbles exceptionnellement destinés à être posés dans des tunnels ou des égouts sont introduits dans des tuyaux de plomb, tandis que les autres sont simplement goudronnés. Les guipages ou rubans sont toujours trempés dans une dissolution de sulfate de cuivre pour éloigner les animaux destructeurs. La nature du terrain a une influence sur la durée des lignes souterraines. Les câbles se conservent bien dans l'argile, s'altèrent facilement dans le gravier et très vite dans le sol imprégné de gaz d'éclairage.

CABLE sous-fluvial (***Flusskabel* — Subfluvial cable, River crossing cable**). Câble muni d'une armature de fer appropriée aux accidents qui peuvent survenir dans un fleuve.

CABLE aérien (***Luftkabel* — Overhead cable**). Câble non recouvert d'une armature, quelquefois cependant enserré dans une gaine de plomb, en cas de pose dans les égouts ou les tunnels. Ce câble est, comme les lignes aériennes, appuyé de distance en distance sur des points fixes mais non isolants.

CABLE téléphonique[2] (***Telephonkabel* — Telephone cable**). Câble dans lequel on emploie généralement un fil d'aller et un fil de retour, pour éviter les effets d'induction. (Voir *Téléphonique.*)

---

1. *Lumière électrique*, 1882, t. VI et VII.
2. Du Moncel, *Téléphone*, p. 301 et suiv.

CABLE. Ame de câble (*Kabelader* — **Core of cable**). Conducteur d'une conductibilité supérieure (0,93), à travers lequel on échange les communications; elle est composée généralement d'un toron de sept fils de cuivre et recouverte d'une enveloppe isolante. On donne quelquefois le nom d'*âme* à l'ensemble du conducteur et de l'enveloppe isolante.

CABLE. Cordon de câble (*Kabellitze* — **Stranded copper conductor for cable**). Conducteur formé de fils cordelés en toron; système dans lequel la rupture de l'un des fils n'entraîne généralement pas la perte du câble, à moins toutefois que le bout du fil brisé ne traverse l'enveloppe isolante.

CABLE Brooks (*Brook's Kabel* — **Brooks's cable**)[1]. Dans ce système, chaque conducteur est recouvert de jute, pour éviter le contact; les conducteurs, en nombre voulu, sont câblés par bouts de 400 ou 500 mètres et tirés dans des conduits en fer remplis d'huile de pétrole, préalablement dépouillée des acides et de l'eau qu'elle contient. Pour chasser cette dernière, on plonge le câble dans un bain d'huile au moment de l'installation et on chauffe à l'ébullition. L'huile de pétrole est un excellent diélectrique. Ce système n'a cependant pas prévalu en France.

CABLE. Tuyau protecteur pour câble (*Kabelschutzmuffe* — **Pipe for underground cable**). Tuyau de fonte dans lequel on glisse les câbles souterrains non armés. Ces tuyaux sont établis d'une manière étanche, étant raccordés entre eux par des bandes de plomb que l'on enfonce, jusqu'à refus, aux points où l'évasement de l'un des tuyaux emboîte l'extrémité, à diamètre moindre, du tuyau précédent. Tous les 100 mètres, un manchon d'un diamètre uniforme intérieur plus gros que le diamètre extérieur des tuyaux peut se déplacer et servir de regard, en cas de recherches de dérangement. Une chambre de soudure, ou marmite en fonte, est installée, en outre, tous les 500 mètres, pour permettre de faire commodément les soudures et les coupures, si le besoin s'en faisait sentir. Les tuyaux et les manchons sont coltarisés à l'intérieur.

CABLE. Immerger un câble sous-marin[2] (*Ein Kabel versenken* — **To lay a cable, To pay out a cable**). Le laisser descendre au fond de la mer, en réglant sa vitesse d'immersion au moyen d'un frein, généralement le frein Appold.

CABLE. Poser un câble souterrain[3] (*Ein unterirdisches Kabel einlegen* — **To lay an underground cable**). Dérouler le câble armé, le placer dans la tranchée creusée dans le sol, ou le tirer

---

1. *Exposition internationale d'électricité. Rapport de M. Raynaud*, t. I, p. 178.

2. Breton et B. de Rochas, *Théorie mécanique des télégraphes sous-marins.* — Delamarche, *Éléments de télégraphie sous-marine.* — *Annales télégraphiques*, 1859, p. 445.

3. *Lumière électrique*, 1882. — Zetzsche, *Handbuch der electrischen Telegraphie*, t. III. — *Journal of the Society of telegraph engineers*, 1877. — *Journal télégraphique de Berne*, 1877, nos 27 et suivants.

dans des tuyaux de fonte placés au fond de la tranchée, lorsqu'on n'emploie pas le système des câbles armés. La profondeur normale de la tranchée est de 1 mètre.

CABLE. Instrument destiné à arrêter un câble à son entrée dans la mer ou une masse d'eau quelconque[1] (***Kabelhalter*** **— Arrangement to hold the shore end of a cable**). Lorsqu'un câble souterrain pénètre dans une masse d'eau, il est retenu, à son entrée dans le liquide, par des appareils destinés à l'empêcher de transmettre, dans la région souterraine, les tractions diverses auxquelles il peut être soumis accidentellement, dans son parcours subaquatique. Ces appareils sont divers, simples ou compliqués, et prennent appui sur la terre ferme au moyen de tarières, de blocs, de chaînes, de chevalets ou d'autres systèmes divers constituant un arrêt solide pour le câble.

CADRAN (***Zeichenscheibe, Zifferblatt*** **— Dial**). Tableau sur lequel sont inscrits circulairement les signaux devant lesquels doit s'arrêter l'aiguille de l'appareil télégraphique dit « à cadran ».

CADRAN. Appareil à cadran. (Voir *Appareil télégraphique.*)

CADRE modérateur (***Dämpfer*** **— Damper**). Cadre de cuivre servant, par sa proximité, à amortir les oscillations d'une aiguille, grâce aux courants induits provoqués dans le cadre de cuivre par le mouvement de l'aiguille, courants qui réagissent ensuite à leur tour sur l'aiguille et en amortissent les oscillations. (Voir *Magnétisme de rotation.*)

CAGE de Faraday (***Faraday's Würfel*** **— Faraday's hollow cube**). Appareil formé d'un cube creux en bois, couvert de papier conducteur, chargé à un haut potentiel et qui ne laisse pas la moindre trace d'électricité se manifester intérieurement, par suite de la propriété de l'électricité de se porter à la surface extérieure des corps.

CAISSE de résistance. (Voir *Résistance-Boîte de résistance.*)

CALAGE des balais[2] (***Stellung der Bürsten*** **— Adjustment of wire brushes**). Dans les machines dynamoélectriques, les deux balais collecteurs du courant doivent toucher les deux points de la circonférence qui correspondent respectivement aux potentiels le plus élevé et le plus bas. Ces points devraient se trouver aux deux extrémités d'un même diamètre. Cependant, quand l'armature est parcourue par des courants, elle agit elle-même comme un aimant et les lignes de force sont déplacées et ne suivent pas une ligne droite de pôle à pôle des électro-aimants. Il en résulte que le diamètre de commutation doit être avancé dans le sens du mouvement, et la disposition du calage des balais doit être mobile pour se prêter à un déplacement accidentel.

CALDANI (Léopoldo-Marc-Antonio). Professeur d'anatomie à

---

1. Rother, *Der Telegraphenbau*, p. 138.
2. *Lumière électrique*, t. XVIII, p. 145.

Bologne, né le 21 novembre 1725, à Bologne, et mort à Padoue, le 24 décembre 1813. Il avait déjà observé, en 1756, la contraction de la grenouille sous l'influence de l'électricité. (Voir sa lettre à Haller : *Sull' insensitivita ed irritabilita di alcune parte degli animali*, 1757.)

CALIBRE[1] (***Drahtlehre, Drahtklinke*** — **Wire gauge**). Instrument pour mesurer le diamètre des fils métalliques. Le Congrès des Électriciens a émis un vœu[2] tendant à ce qu'il n'y ait plus de jauges ou calibres variant avec les pays, mais que les diamètres des fils soient exprimés en millimètres et fractions de millimètre.

CALIBRE de Washburn (***Washburn-Lehre*** — **Washburn gauge**). Entaille angulaire dans une planche d'acier de 4mm5 de largeur à l'entrée et de 1mm128 à l'endroit le plus étroit; la longueur de l'entaille est divisée en 20 parties, de sorte que la différence de largeur entre deux divisions consécutives n'est que de 0mm225. En faisant entrer les fils dans l'entaille, on observe à quelle profondeur ils s'arrêtent et on y trouve inscrits les diamètres correspondants.

CALORIMOTOR (***Calorimotor*** — **Calorimotor**). Nom donné à la pile en hélice par Offershaus. Hare l'appela aussi *déflagrateur*. (Voir ce mot.)

CAME (***Wellenzahn, Daumen*** — **Cam**). Dent en saillie sur un axe et constituant un levier du premier genre pour opérer un travail quelconque.

CAME de correction ou correctrice[3] (***Korrektionsdaumen*** — **Correcting cam**). Came de l'axe imprimeur de l'appareil Hughes, destinée à faire avancer ou reculer la *roue correctrice* d'une certaine quantité, autour de son axe, en pénétrant, à chaque émission de courant, entre deux dents; la *roue correctrice*, solidaire de la *roue des types*, amène cette dernière dans sa position normale pour l'impression et, au moyen d'un *levier inverseur*, produit également l'inversion des lettres ou des chiffres.

CAME d'impression[3] (***Druckdaumen*** — **Printing cam**). Came de l'appareil Hughes portée par l'*axe imprimeur* et qui, rencontrant, dans son mouvement de rotation, une fourchette soutenant le rouleau sur lequel passe le papier, projette ce dernier contre les caractères de la *roue des types*.

CAME de dégagement[3] (***Daumen der Auslösung des Einstellhebels*** — **Detent cam**). Came de l'appareil Hughes qui, au début de toute transmission, agit sur l'une des branches du *levier trifurqué* qu'elle écarte, en éloignant ainsi la dent d'arrêt qui empêche la *roue des types* de suivre le mouvement de l'axe sur lequel elle n'est montée qu'à frottement.

---

1. Rother, *Der Telegraphenbau*, p. 16. — *Journal of the Society of telegraph engineers*, t. VII, p. 215, 332, etc. — *Telegraphic Journal*, 1872, p. 329. — Douglas, *Manual of telegraph, construction*, p. 234, 296.

2. *Congrès international des Électriciens, Comptes rendus des travaux*, p. 295.

3. Borel, *Traité de l'appareil Hughes*.

CAME d'entraînement de papier[1] (***Daumen der Papierführung* — Paper moving cam**). Came de l'appareil Hughes, ayant pour fonction d'abaisser, à la fin de chaque impression, un levier entraînant le cliquet à ressaut, qui appuie sur une roue dentée fixée à un cylindre portant le papier. Ce papier, soumis à une légère pression contre les dents du cylindre, se déplace à chaque lettre imprimée, par un mouvement de progression.

CAME. Arbre à cames[1] (***Daumenwelle* — Cam shaft**). Axe de l'appareil Hughes portant les quatre cames dont il vient d'être fait mention et animé d'un mouvement sept fois plus rapide que l'axe de la *roue des types*.

CANALISATION de l'électricité (***Canalisation der Elektricität* — Distribution of electricity**). On entend par canalisation de l'électricité, sa distribution dans un but déterminé. Le transport de la force et l'éclairage électrique ont soulevé ce problème qui n'est pas encore résolu absolument. Dans cette dernière application, on a recours à un système d'installation en tension ou en série, et en quantité. (Voir *Distribution de l'énergie électrique*.)

CANDLE (***Candle* — Candle**). La candle est l'unité d'intensité lumineuse admise en Angleterre; c'est la lumière d'une lampe, dont la mèche a une hauteur de 45^{mm}, et qui brûle 7^{gr}77 de spermaceti en une heure. Elle équivaut à 0,112 Carcel et 0,054 unité platine (Violle).

CANTON (John). Membre de la Société royale de Londres, né le 13 juillet 1718, à Stroud, et mort le 22 mars 1772, à Londres. Il fit des découvertes importantes en électricité, proposa un amalgame d'étain pour les coussinets de la machine électrique, inventa l'électroscope à balles de sureau, confirma l'hypothèse de Franklin, sur la foudre, en 1752, et fit des expériences sur la distribution de l'électricité. (Voir *Philosophical Transactions*, 1751, 1753, 1754.)

CAOUTCHOUC (***Kaoutschuck, Federharz, Gummi elasticum* — India Rubber**). Substance isolante provenant du suc desséché et préparé de différentes plantes, telles que le *Siphonia Cahucu*, l'*Acorus Aruensis* de l'Amérique du Sud, de l'*Urceola elastica* des Indes orientales. Composition[2] chimique $C^4 H^7$. Le caoutchouc de l'Amazone a été envoyé en France par La Condamine, lors de sa mission au Pérou, en 1736. Pour le recueillir, on incise l'écorce du tronc et des principales branches; il s'en écoule un suc blanc et visqueux, que l'on fait dessécher par couches successives, dans des moules de différentes formes, et qui constitue, une fois solidifié, la gomme élastique. On le débarrasse ensuite, par des procédés chimiques, des substances albumineuses et azotées qu'il renferme. La résistance spécifique du caoutchouc est beaucoup plus considérable que celle de la

1. BOREL, *Traité de l'appareil Hughes.*

2. Composition répondant aux analyses de Faraday et Payen. — (Voir WURTZ, *Dictionnaire de Chimie.* — *Journal of the Society of arts*, 1880, p. 753. — Ch. BOLAS, *The india rubber and gutta percha.*)

gutta-percha ($1,5 \times 10^{25}$ à 24°) et sa capacité inductive spécifique est notablement plus faible, 2,12 à 2,76. (Voir *Huile de caoutchouc.*)

CAOUTCHOUC durci ou galvanisé (***Vulcanisirtes Kaoutschuck, Horngummi*** — **Hard rubber ou vulcanised rubber**). Caoutchouc allié au soufre, inattaquable par les dissolvants habituels du caoutchouc. Le caoutchouc vulcanisé est dû à Hancock. Le caoutchouc vulcanisé a été employé à la fabrication des câbles sous-marins, sous le nom de caoutchouc Hooper. La résistance rapportée au centimètre cube est de $32,000 \times 10^{12}$ ohms; elle est moins variable avec la température que celle de la gutta-percha.

CAPACITÉ électrique[1] (***Elektrische Capacität*** — **Capacity**). La capacité électrique d'un corps est la quantité d'électricité susceptible d'élever de zéro à 1 le potentiel de ce corps, quand tous les conducteurs qui l'entourent sont en communication avec le sol. Autrement dit, la capacité est égale au rapport de la charge au potentiel du corps $C = \frac{Q}{V}$. On peut regarder C comme une constante dépendant du conducteur et du champ électrique où il se trouve. L'induction a pour effet d'augmenter la capacité en diminuant le potentiel. La capacité d'un corps ne reste constante que dans le cas où le corps est à l'abri de toute influence extérieure. L'approche d'une masse conductrice change la loi de distribution de la masse électrique primitive, par suite le potentiel et enfin la capacité qui en dépend.

CAPACITÉ. Mesure de la capacité électrique. Pour mesurer la capacité d'un corps, il suffit de diviser, d'après ce que nous venons de voir, sa charge par son potentiel. On peut d'ailleurs de l'équation fournissant le potentiel $V = V'\left(1 + \frac{r}{c}\right)$ tirer la valeur de $c = \frac{rV}{V - V'}$ (Voir potentiel pour l'interprétation des lettres r, V et V'). La capacité d'une sphère est égale à son rayon, car dans la formule $V = \frac{Q}{R}$ (Voir *Potentiel*), il faut que $\frac{Q}{V}$ ou c soit égal à R pour que $\frac{Q}{R}$ soit égal à 1.

Capacité d'un condensateur. — Ainsi que nous venons de le dire, l'induction augmente la capacité d'un condensateur et permet d'accumuler une quantité ou charge d'électricité, plus grande que les armatures n'en garderaient, si elles n'étaient pas assemblées de manière à produire la condensation. La capacité d'un condensateur est la quantité d'électricité avec laquelle la surface intérieure du condensateur doit être chargée,

1. FARADAY, *Experimental researches on electricity*, t. I, p. 1252. — DOUGLAS, *Manual of telegraph construction*, p. 261. — MAXWELL, *Electricity and magnetism*, t. I, p. 49, 319.

pour que la différence de potentiel des deux surfaces soit égale à l'unité. Lorsque l'une des faces est à terre, et par suite au potentiel zéro, on a $Q = CV$. Si un condensateur est mis en communication avec une source électrique, pendant un temps infiniment court, il prend la même charge, quel que soit le diélectrique employé, et cette charge s'accroît ensuite plus ou moins rapidement, suivant la nature du corps isolant. On doit donc, afin d'avoir des nombres comparables, mesurer la capacité au bout d'un temps déterminé; on admet généralement une minute dans les recherches sur les câbles sous-marins.

Mesure de la capacité d'un condensateur. — Pour les condensateurs absolus (Voir ce mot) et ceux dans lesquels les armatures ont des formes géométriques, on calcule la formule de l'induction dans laquelle on trouve une relation entre V et Q, qui permet d'obtenir la capacité du condensateur. — Dans le cas d'un condensateur sphérique, la capacité est $C = \frac{Rr}{R - r}$ dans laquelle R et r représentent les rayons des armatures sphériques. La capacité d'un condensateur plan est $C = \frac{K}{4 \pi d}$, K est la surface de l'une des armatures et d la distance des deux plaques. La capacité d'un câble, que l'on peut assimiler à deux cylindres de même axe, dont l'un enveloppe l'autre, séparés par une couche d'air est $C = K \frac{l}{\text{Log.} \frac{R}{r}}$, — l est la longueur du câble, r le rayon de l'âme, R le rayon du câble lui-même.

Pratiquement, on mesure la capacité d'un condensateur :

1° en chargeant avec la même pile, le condensateur (ou le câble) et un condensateur étalon, dont la capacité est connue. Les capacités des deux condensateurs seront proportionnelles aux déviations que fourniront les décharges, dans un même galvanomètre.

2° On mesure aussi la capacité d'un condensateur en la comparant avec la capacité d'un étalon comme le condensateur, ayant une capacité de 1/3 de *microfarad*. On charge le condensateur de capacité inconnue à un certain potentiel, puis on le met en communication avec le condensateur étalon et on mesure le potentiel résultant; on calcule alors la capacité primitive, qui est à la capacité totale comme le potentiel final est au potentiel primitif.

3° On peut encore décharger lentement le condensateur à capacité inconnue, à travers un fil de grande résistance. Le temps employé pour que le potentiel descende à une fraction donnée de sa valeur primitive est proportionnel à la capacité et au logarithme de la fraction donnée.

Pour les essais à faire subir aux câbles, relativement à la capacité, voir LAT. CLARK, *Electrical measurement*, ou *Traité de la mesure électrique*, p. 75. — KEMPE, *Handbook of electrical testing*.

CAPACITÉ électrostatique (*Elektrostatische Capacität* — **Elec-**

trostatic capacity). Il est important de bien distinguer la capacité électrostatique de la capacité inductive, notions souvent confondues dans les livres anglais et français. La capacité électrostatique est la quantité d'électricité capable d'élever de 0 à 1 le potentiel d'un corps, lorsque le corps conducteur est dans le voisinage d'autres corps, dont il est séparé par un diélectrique. La capacité électrostatique s'applique donc toujours aux conducteurs (jamais aux diélectriques) et suppose une induction, dont elle ne fait qu'accuser l'influence.

CAPACITÉ électrostatique d'un câble (*Induktionsvermögen* — **Electrostatic capacity**). La capacité électrostatique d'un câble est la propriété qu'il possède de prendre une charge. La première portion d'électricité qui est lancée dans un conducteur, par un générateur, est absorbée et accumulée sur la surface du conducteur. La quantité d'électricité ainsi absorbée et condensée est proportionnelle à la surface du fil et dépend du voisinage de ce dernier de la terre, ainsi que du milieu qui sépare le conducteur de la terre. La propriété du conducteur qui recueille, à l'état de condensation, une quantité d'électricité ou charge, de manière à élever son potentiel de 0 à 1, est appelée sa *capacité électrostatique*. L'effet de toute condensation est de retarder la manifestation de tout signal à l'extrémité du conducteur, puisque la première partie de l'électricité destinée à ce signal se condense et devient latente. Mais lorsque le conducteur cesse d'être en communication avec le générateur, cette charge condensée se décharge et prolonge le signal, en diminuant la vitesse de transmission.

La formule donnant en microfarads la capacité par mille marin (1852 m.) d'un câble est la suivante :

$$C = \frac{K \times 0{,}0447}{\text{Log. } \frac{D}{d}}$$

K est la capacité spécifique du diélectrique. D diamètre du diélectrique et d celui du fil.

La capacité moyenne des câbles est de 1/3 de microfarad (Voir *Farad*), par mille marin.

CAPACITÉ inductrice (*Induktionsvermögen* — **Inductive capacity**). La capacité inductive ou inductrice est une propriété des diélectriques (jamais des conducteurs) de laisser se produire sur les conducteurs voisins l'induction ou influence électrostatique, dans des conditions déterminées par la substance et sa température. La capacité inductive se mesure par la capacité inductive spécifique (Voir ce mot). Silvanus Thompson propose l'expression de *pouvoir inducteur spécifique*, qui serait, pour les diélectriques, l'analogue de *pouvoir conducteur spécifique*, pour les conducteurs, afin de faire disparaître le terme mal choisi de *capacité inductive* ou *inductrice*. Quelques auteurs emploient également l'expression de *capacité diélectrique*.

CAPACITÉ inductrice spécifique (*Specifisches Induktionsvermögen* — **Specific inductive capacity**). Cavendish a découvert que la capacité d'un condensateur dépend de la nature du milieu isolant qui sépare les deux conducteurs, aussi bien que des dimensions et de la position relative des conducteurs eux-mêmes. En substituant divers milieux isolants à l'air, entre deux conducteurs invariables, on trouve que la capacité du condensateur est la même avec l'air ou un gaz quelconque comme diélectrique, mais varie avec les corps solides. De là, Faraday a appelé *capacité inductrice spécifique*, le rapport entre les capacités de deux condensateurs, l'un étant un condensateur à air, l'autre formé d'une substance déterminée. Cette propriété est aussi appelée *Constante diélectrique* d'une substance. On admet, et l'expérience le prouve, jusqu'à aujourd'hui, que la capacité spécifique d'un diélectrique solide doit être plus grande que celle de l'air. On emploie dans la pratique des condensateurs à diélectrique solide.

CAPACITÉ d'un accumulateur (*Arbeitsvermögen eines Accumulators* — **Work capacity of accumulator**). La capacité d'un accumulateur est le travail total qu'il peut fournir en le déchargeant *complètement*. Comme l'accumulateur garde en réserve une certaine quantité d'électricité, qu'il n'est pas facile d'utiliser, la capacité pratique est plus faible que la capacité réelle.

CAPILLAIRE[1]. **Électromètre capillaire** (*Capillarelectrometer* — **Capillary electrometer**). (Lipmann (1873) Dewar et autres.) Instrument fondé sur le déplacement du niveau du mercure, dans un tube capillaire sous l'influence du passage de l'électricité. Il se compose de deux tubes communiquants, dont l'un est capillaire et se prolonge, par sa partie supérieure, en un tube plus large et recourbé, qui vient aboutir à la partie supérieure d'un vase, au fond duquel se trouve du mercure. Les deux tubes communiquants sont remplis de mercure, et la partie supérieure du tube capillaire, le tube recourbé et le vase sont remplis d'eau acidulée. La force électromotrice d'une pile dont les électrodes plongent, d'une part dans le tube le plus large et d'autre part dans le mercure, au fond du vase, produit une polarisation, au contact des deux liquides, qui amène une dépression variable avec la section du tube capillaire. Cette dépression est proportionnelle à un coefficient, qu'on nomme constante capillaire, et qui dépend de la nature du liquide et de la matière dont le tube est formé. La variation de la constante capillaire se mesure par la variation de la dépression. La constante capillaire varie d'une manière continue avec la force électromotrice de la source, pourvu que cette dernière ne soit pas assez considérable pour décomposer l'eau acidulée. M. Siemens a construit un modèle pratique de cet électromètre, composé simplement de deux vases remplis, en partie, de mercure et réunis par un tube capillaire, dans lequel se trouve un index d'acide sulfurique. L'index se déplace sous l'influence d'une force électromotrice, dans un sens ou dans l'autre, suivant le sens du courant.

CARACTÉRISTIQUE[2] (*Charakteristik*, *Charakteristische*

---

1. *Annales télégraphiques*, 1875, p. 101.

2. *Lumière électrique*, t. XI, p. 25. — *Zeitschrift für Elektrotechnik*, t. III, p. 510. — S. THOMPSON, *Dynamoelectric machinery* (Traduction française de M. Boistel). — FRÖHLICH, *Die dynamoelektrische Maschine*, p. 9.

Curve, Stromcurve — **Characteristic curve, Current curve**) (Hopkinson Fröhlich, M. Deprez). Construite d'abord par le Dr Hopkinson, en 1879, puis employée par Fröhlich et enfin appelée du nom de *caractéristique*, par Marcel Deprez, cette courbe a servi de base à la théorie des machines dynamoélectriques, due à ce dernier savant. Pour tracer cette courbe, on fait tourner une machine *dynamoélectrique* à courant continu, avec une vitesse constante, en la mettant en communication avec divers circuits, dont la résistance est connue. Pour chaque résistance, on mesure l'intensité correspondante, on peut donc calculer la force électromotrice. En prenant pour abscisse l'intensité et pour ordonnée la force électromotrice, on trace une courbe qui est la *caractéristique* de la machine expérimentée. La forme de cette courbe n'est pas la même pour les différentes machines; elle dépend de sa construction, de ses dimensions et des rapports de ses diverses parties. Une semblable courbe permet de résoudre toutes les questions que peut soulever l'emploi d'une machine dynamoélectrique qu'elle caractérise, et dont elle représente le fonctionnement. Toutefois la courbe employée par Fröhlich, sous le nom de courbe de magnétisme, est d'un emploi plus général, puiqu'elle répond à des vitesses diverses, tandis que la *caractéristique* de M. Marcel Deprez varie pour chaque vitesse.

CARACTÉRISTIQUE extérieure (*Aeussere charakteristische Curve* — **External characteristic**). On appelle caractéristique extérieure d'une dynamo, à courants redressés, la courbe dont les abscisses sont proportionnelles aux intensités du courant dans le circuit extérieur, les ordonnées aux valeurs correspondantes de la force électromotrice aux bornes de la machine.

CARBONISATION de la base des poteaux télégraphiques [1] (*Abbrennen, Ankohlen, Verkohlung* — **Charring the end of poles**). Opération dans laquelle on fait lécher la base des poteaux par une flamme ayant pour but de détruire les germes des champignons qui concourent à la décomposition du bois, et, en oblitérant les pores de la surface, de le rendre en quelque sorte imperméable. Cette opération est bonne avec des poteaux secs, mais plutôt nuisible avec des brins humides, dont elle n'arrête nullement la décomposition intérieure en empêchant la dessiccation.

CARBONISER (*Verkohlen* — **To char**). Procéder à la carbonisation. (Procédés Hugon, de Lapparent.)

CARCEL (*Carcel* — **Carcel**). La lumière émise par une lampe *Carcel*, dont la mèche a 30mm de diamètre et qui, la flamme étant réglée à une hauteur de 40mm, brûle 42 gr. d'huile pure à l'heure, a été prise, en France, comme unité d'intensité. Elle équivaut à 8,91 candles anglaises (Voir *Candle*) et 0,481 unité platine (Violle).

CARDAN [2]. **Suspension de Cardan** (*Ringaufhängung, Car-*

---

1. *Annales télégraphiques*, 1865, p. 581.
2. CARDAN, *De rerum subtilitate*, Nuremberg, 1550 (Voir *La Nature*, 1883, p. 339).

dan'sche Aufhängung — **Cardan's mode of suspending a compass, Gimbal**). Mode de suspension, adopté pour les boussoles marines, dans lequel la boîte est mobile dans l'intérieur de deux cercles concentriques, autour des extrémités de deux diamètres, perpendiculaires l'un à l'autre, et reste dès lors horizontale, quelle que soit la position d'inclinaison du pont du navire. On a rapporté à tort l'origine de l'appellation de *Cardan* à *carda, charnière;* Cardan est réellement l'inventeur de cette suspension.

CARILLON électrique (*Das elektrische Glockenspiel* — **Electric chime**). Disposition adoptée par Franklin, en 1752, pour l'avertir de la présence de l'électricité atmosphérique, qu'il recueillait, au moyen d'une tige élevée. Il opérait au moyen de trois timbres de sonnerie suspendus à une barre de métal; le timbre du milieu était en communication avec la terre et suspendu par un fil isolant, tandis que les deux extrêmes étaient en communication métallique avec la barre. Deux petites sphères métalliques, suspendues par un fil isolant entre chacun des timbres, étaient successivement attirées puis repoussées et opéraient une décharge *par convection* en frappant les timbres par un mouvement continu.

CARLISLE (**Sr Anthony**). Chirurgien anglais, professeur d'anatomie à l'Académie Royale, né le 15 février 1768, à Stillington (Durh), et mort à Londres le 2 novembre 1840. Il fit, en collaboration avec Nicholson, différentes études dans lesquelles ils arrivèrent à décomposer l'eau en ses éléments au moyen d'une pile de Volta. (NICHOLSON'S, *Journal* IV.)

CARNET d'inscription des poteaux télégraphiques (*Stützpunktnachweis* — **Register of telegraph poles**). Carnet de comptabilité-matières relatant les différents incidents de pose des poteaux sur les lignes télégraphiques.

CARREAU étincelant (*Blitztafel* — **Spangled pane**). Expérience d'électricité statique dans laquelle l'étincelle illumine les intervalles ménagés avec art entre des pièces conductrices appliquées contre un carreau de verre.

CARREAU magique (*Zauberscheibe* — **Magic pane, Fulminating pane**). Expérience analogue à la précédente, dans laquelle l'électricité illumine de la poussière métallique noyée dans une couche de gomme et répandue sur une vitre. Cette expression se rapporte aussi à une autre expérience dans laquelle une personne cherche à enlever une pièce de monnaie placée sur l'armature d'un tableau de Franklin.

CARTOUCHE à inflammation par incandescence (*Glühzündpatrone* — **Incandescent fuse**). (Voir *Fusée de Statham.*)

CARTOUCHE à inflammation par étincelle (*Funkenzündpatrone* — **Spark fuse**). Cartouche dans laquelle une solution de continuité est ménagée dans un circuit électrique qui la traverse pour qu'il s'y produise une étincelle dont la chaleur enflamme les corps explosifs.

CÄSAR (**Julius**). Chirurgien de Rimini, qui aurait découvert, en 1590 (?), que le fer devient magnétique sous l'influence de la terre.

CATHODE[1] (κατά en bas, ὁδός route) (*Kathode* — **Cathode**). Mot employé par Faraday, en 1834, pour désigner l'électrode négative (Faraday).

CATIONS[1] (κατά en bas, ἰών allant) (*Kationen* — **Cations**). Mot employé par Faraday, en 1834, pour désigner les éléments provenant de l'électrolyse et transportés au pôle négatif de la pile.

CAUTÈRE de Middeldorpf (*Middeldorpf'sches Brennmittel, Middeldorpf'scher Porzellanbrenner* — **Middeldorpf's cautery**). Cautère produit par une boule de porcelaine sur laquelle est enroulé un fil de platine. Ce dernier, en rougissant sous l'influence d'un courant électrique, échauffe fortement la porcelaine qui, étant douée d'une chaleur spécifique élevée, ne se refroidit que lentement.

CAUTÉRISATION tubulaire (*Tubulare Cauterisation* — **Tubular cauterisation**). Le Dr Tripier a employé, comme application de la galvanocaustique chimique, la cautérisation tubulaire réunissant les opérations qui ont pour but de permettre la pénétration dans une cavité sans employer l'instrument tranchant.

CAVALIER (*Oese, Drahtöse, Kramme* — **Staple**). Clou à deux pointes et recourbé à sa partie médiane comme un chevalet ; on enfonce ce double clou à cheval sur les fils de poste télégraphique pour les fixer aux tables.

CAVALLO (**Tiberio**). Banquier ou négociant italien, né le 30 mars 1749, à Naples, et mort à Londres, le 21 décembre 1809. Il renonça, de bonne heure, à sa profession pour s'adonner à l'étude de l'électricité. On lui doit l'électromètre qui porte son nom (1780) et de nombreuses expériences sur différents points de la science électrique. Ses travaux ont été publiés dans la langue anglaise et comprennent : *A Complete treatise on electricity, London, 1777 ; — Essay on the theory and practice of medical electricity, 1780 ; — Treatise on magnetism, 1787*, et une quantité de mémoires sur des questions diverses dans les *Philosophical Transactions* et d'autres journaux de 1776 à 1803.

CAVENDISH (**Henry**). Savant anglais qui naquit le 10 octobre 1731, à Nice, et mourut le 24 février 1810, à Londres. Ses travaux sur la balance de Coulomb sont de 1798, tandis que les publications de Coulomb remontent à 1777-1784. Néanmoins, les travaux de Cavendish, sur l'électricité, sont d'une valeur considérable ; ils ont été réunis, en 1879, en un intéressant volume intitulé : *The electrical researches of the hon. Henry Cavendish*, Cambridge, 1879.

CELLULOÏDE[2] (composé hybride : lat. *cellula*, dimin. de *cella*, et εἶδος forme) (*Celluloid* — **Celluloid**). On a proposé l'emploi du celluloïde comme substance isolante ; c'est un mélange de

---

1. V. Faraday, *Experimental researches on electricity*, t. I, p. 197, 212.

2. Christian Heinzerling, *Die Fabrikation der Kautschuk und Guttaperchawaaren.*

camphre, de pyroxyline et d'alcool comprimé à 80°, sous une pression de 150 atmosphères.

CENTRE électrique d'un conducteur. On appelle centre électrique d'un conducteur le centre de masse de sa charge quand il n'y a point d'actions extérieures.

CENTRE de dépôt (***Sammelamt*** — **Central depot** ou **Main office**). Bureau institué dans l'exploitation télégraphique, et sur lequel sont dirigées les transmissions d'une même région. A partir de ce centre, elles empruntent des fils plus directs pour parvenir à un autre centre de dépôt de la région destinataire.

CÉRAUNOMÈTRE[1] (κέραυνος foudre, μέτρον mesure) (***Blitzmesser*** — **Lightning meter**). Instrument dû à M. Jacquez et destiné à évaluer l'intensité des décharges atmosphériques sur un paratonnerre. Il est fondé sur le mouvement que subit une hélice de zinc, sous l'influence de la chaleur produite par une décharge électrique. Une hélice de zinc se déroule par la chaleur et revient à sa position initiale dès que l'action calorifique a cessé. Si l'on monte une de ces hélices en dérivation sur un paratonnerre, les décharges échaufferont le zinc qui accusera, sur une échelle, le degré de chaleur auquel elle aura été élevée. Au moyen de la loi de Joule et en connaissant le rapport de la résistance des deux branches de la dérivation, il est facile de remonter à la valeur totale de la décharge en multipliant la déviation par une simple constante de l'appareil.

CERCLE préservé ou de protection[2] (***Schutzkreis, Geschützter Kreis*** — **Area of protection**). Espace circulaire, de rayon déterminé, autour d'un paratonnerre, dans lequel les atteintes de la foudre ne seraient pas à redouter. Le rayon de ce cercle théorique fixé, en 1823, par Gay-Lussac, au double de la hauteur du paratonnerre, a été plus récemment réduit à la simple hauteur.

CERF-VOLANT électrique de Franklin[3] (***Elektrischer Drachen*** — **Franklin's electric kite**). Essai exécuté par Franklin, en juin 1752, au moyen d'un cerf-volant, en vue de démontrer l'identité de la foudre et de l'électricité. Une expérience, dans le même but, au moyen d'une tige de fer élevée, avait été également tentée avec succès, sur les conseils de Franklin, un mois auparavant par d'Alibard et Delor à Marly.

CERTIFICAT de dépôt d'une dépêche télégraphique (***Aufgabsrecepisse, Aufgabebescheinigung*** — **Receipt of deposit**). Reçu attestant qu'on a déposé une dépêche télégraphique au guichet d'un bureau.

---

1. *Annales télégraphiques*, 1880, p. 327.

2. *Instruction sur les paratonnerres* (*Académie des Sciences de Paris*, 1824, 1854, 1855, 1868 et 1874). — *Congrès des Électriciens* (*Comptes rendus des Travaux*, p. 175). — *Philosophical Magazine*, 5e série, t. X, p. 427 (1880).

3. FRANKLIN, *Lettre VIII*, p. 114, de la traduction de ses œuvres, par Barbeu Dubourg. — L'identité de la foudre et de l'étincelle électrique avait été exprimée avant Franklin, par Wall (1708), Desaguliers et Nollet (1753), Winckler (1766), mais ce fut Franklin qui indiqua le moyen de vérifier cette conjecture.

CHAINE de paratonnerre (*Ableitestange* — **Conductor of a lightning conductor**). Dans un paratonnerre, un conducteur ordinaire, ininterrompu, établit la communication entre la tige placée sur les points élevés à protéger et la terre. L'établissement de cette communication, constituée par un gros conducteur ou un toron de fil, est la condition indispensable de l'égalisation du potentiel entre la terre, les points élevés du bâtiment et la tige du paratonnerre. Aussi cette communication ou chaine ne doit-elle pas être isolée des différents points de l'édifice à protéger qui, sans cela, pourrait être foudroyé par décharge latérale entre la chaine et lui.

CHAINE. Faire la chaine (*Die Kette bilden* — **To form an electric chain**). Former un circuit électrique entre plusieurs personnes, en se tenant par la main, de manière qu'une décharge opérée en un point de la chaîne ainsi constituée se fasse sentir sur toutes les personnes qui forment le circuit.

CHAINETTE[1] (*Kettenlinie* — **Catenary**). Courbe décrite par un fil pondérable suspendu à ses deux extrémités, comme dans le cas du fil télégraphique aérien prenant appui sur deux poteaux.

La longueur réelle d'une chaînette est $L = l\left(1 + \frac{8}{3}\frac{f^2}{l^2}\right)$

L est la longueur réelle de la courbe, l la portée en mètres et f la flèche également en mètres.

CHAINETTE électrodynamique (*Elektrodynamische Kette* — **Electrodynamic catenary**). M. Riecke appelle chaînette électrodynamique la courbe formée par un fil flexible, sans pesanteur, parcouru par un courant et placé dans un champ magnétique.

CHALEUR[2] (*Wärme* — **Warmth**). La chaleur est un mode de mouvement au même titre que la lumière, l'électricité. Ces différents modes peuvent, suivant les circonstances, se substituer l'un à l'autre. On peut, par exemple, dans les piles thermoélectriques, obtenir l'électricité comme conséquent d'un phénomène de chaleur et de même de la chaleur dans un circuit électrique. La chaleur est une des manières dont l'énergie se manifeste à nous, dans des conditions déterminées, sans être ni cause, ni effet des phénomènes qui précèdent ou qui suivent.

CHALEUR spécifique d'électricité (*Specifische Wärme der Elektricität* — **Specific heat of electricity**). Sr Wm Thomson a appelé de ce nom la variation de potentiel et, par suite, le travail calorifique qui, pour l'unité de courant, correspond à une variation de température égale à l'unité. Cette fonction caractéristique de la nature du conducteur varie, pour chaque conducteur, avec la température.

---

1. *Annales télégraphiques* (1858), p. 57. — DOUGLAS, *Telegraph construction*, p. 95. — SABINE, *Règles pour déterminer facilement la tension des fils télégraphiques.* (Traduction française de M. Aylmer.)

2. GROVE, *Corrélation des forces physiques.*

CHALEUR dans la pile et dans le circuit (*Wärme in der Batterie und in dem Kreise* — **Heat in battery and circuit**). L'action chimique, qui a lieu dans le couple voltaïque, est accompagnée d'un dégagement de chaleur et d'électricité. Quand la pile n'a pas de circuit extérieur, l'électricité développée se recombine entière à travers la pile et l'échauffe. Joule a trouvé, dans la pile, la même loi que pour les fils, c'est-à-dire que la quantité de chaleur dégagée dans un temps donné est proportionnelle à la résistance du couple, multipliée par le carré de l'intensité du courant. Il a en outre observé que la chaleur totale développée dans le circuit est proportionnelle au nombre d'équivalents d'eau ou de zinc employés pour produire le courant. Il a également reconnu que la chaleur dégagée dans les combinaisons chimiques, sans électricité transmise, a pour origine la résistance à la conductibilité (Voir Joule. Loi de). — M. de la Rive a prouvé, dès 1843, que la somme des quantités de chaleur dégagées dans toutes les parties du circuit, y compris le couple envisagé, est constante, et Favre a démontré ensuite que l'on retrouve dans le couple et dans le circuit extérieur la totalité de la chaleur dégagée par les actions chimiques qui produisent le courant.

CHAMEAU (*Kameelform* — **Camel**). Nom donné en Allemagne à un des premiers modèles d'appareil Morse à pointe sèche.

CHAMP d'action (*Wirkungsfeld, Wirkungskreis* — **Field of action**). Portion de l'espace dans lequel s'exercent des forces.

CHAMP d'action électrique [1] (*Elektrisches Feld* — **Electric field**). Portion de l'espace dans lequel se fait sentir l'action du système électrique que l'on envisage.

CHAMP d'action magnétique (*Magnetisches Feld* — **Magnetic field**). Portion de l'espace soumis à l'action des forces magnétiques.

CHAMP. Unité d'intensité d'un champ magnétique (Unité magnétique) (*Einheit der Intensität des magnetischen Feldes* — **Unit of magnetic field**). L'intensité d'un champ magnétique est égale à une unité C. G. S. lorsque, dans ce champ, la force qui agit sur une unité de pôle est égale à une dyne.

CHAMP uniforme de force (*Gleichförmiges Wirkungsfeld, Gleichförmiger Wirkungskreis* — **Uniform field of force**). Champ de force dans lequel les surfaces équipotentielles sont équidistantes et planes, et les lignes de force par conséquent parallèles. C'est le cas de l'espace compris entre deux plateaux parallèles, électrisés à des potentiels différents.

CHAMPIGNON (*Champignon* — **Mushroom insulator**). Nom d'un isolateur-arrêt primitif, employé en Hollande sur les lignes télégraphiques.

CHANDELIER [2] (*Kerzenhalter* — **Electrical candle holder**). Pièce

---

1. Maxwell, *Electricity and magnetism*, t. I, p. 45.
2. Cadiat et Dubost, *Traité d'électricité industrielle*, p. 301.

de cuivre à branches isolées l'une de l'autre, entre lesquelles sont maintenus les deux charbons d'une bougie Jablochkoff, Wilde, Cleriot, Bobenrieth. Ces derniers ont l'avantage de produire l'allumage automatique d'une bougie au moment de l'extinction de la bougie précédente dans le circuit.

CHANTIER d'injection pour poteaux[1] (***Stangenzubereitungsanstalt, Präpariranstalt*** — **Yard for injecting and preparing timber poles**). Espace de terrain convenablement approprié, dans lequel on procède à l'injection de substances antiseptiques dans l'intérieur des poteaux destinés aux lignes télégraphiques. Un chantier doit être établi sur un point facilement accessible aux voitures, à portée des moyens de locomotion et assez rapproché de la forêt qui fournit les bois pour qu'ils puissent être suffisamment frais au moment de l'injection.

CHAPITEAU tendeur (***Spannkappe*** — **Straining cap**). Chapiteau en fer, muni de deux isolateurs-tendeurs et monté au sommet d'un fort poteau en Allemagne.

CHAPITEAU pour poteau (***Pfahlkappe, Stangenkappe*** — **Pole cap**). Chapiteau en fer sur lequel prenait pied le support de l'isolateur supérieur.

CHAPPE (Claude). Inventeur de la télégraphie aérienne, né en 1763, à Brulon (Sarthe), et mort à Paris le 23 janvier 1805. Il publia d'abord, dans le *Journal de physique* (1789-1792) et les *Annales de chimie* (1789), des articles sur l'électricité qui furent remarqués. Il essaya ensuite de résoudre électriquement le problème de la transmission de la pensée à distance et employa deux pendules dont l'une des aiguilles, en passant synchroniquement au même point des cadrans, indiquait des signaux sur lesquels l'électricité statique, transmise d'une extrémité à l'autre de la ligne conductrice reliant les stations, appelait l'attention au moment voulu. La difficulté de l'isolement fit renoncer Chappe à ce système et l'engagea à résoudre son problème par une autre méthode qui nous valut le télégraphe aérien. Son frère Ignace-Urbain-Jean Chappe a publié, en 1824, une histoire de la télégraphie aérienne.

CHARBON pour la lumière électrique[2] (***Kohle*** — **Carbon**). Le charbon a été employé pour la lumière électrique par Davy. — Primitivement on utilisait le charbon de bois éteint dans l'eau ou le mercure. Foucault y substitua le charbon de cornue et augmenta la durée de l'éclairage. Toutefois, la silice qu'il contenait fondait et, en se vaporisant, le faisait éclater fréquemment. Après les divers essais de Bunsen, Staite Edwards, Le Molt, Lacassagne et Thiers dans la manière de traiter le charbon, on est arrivé à produire aujourd'hui des charbons agglomérés avec du coke, du noir de fumée et un sirop de sucre que l'on recuit plusieurs fois. Les meilleurs charbons sont actuellement ceux de MM. Jacquelain, Archereau, Gaudoin et Carré.

---

1. *Annales télégraphiques*, 1859, p. 24.
2. Hospitalier, *Principales applications de l'électricité*, p. 123.

CHARGE électrique[1] (*Ladung* — **Charge**). Quantité d'électricité par unité de surface à un potentiel donné. La charge électrique d'un conducteur est égale au produit de la capacité par le potentiel $Q = CV$. Un conducteur à capacité constante permet de mesurer les charges et les potentiels, car on a $\frac{Q}{Q'} = \frac{CV}{CV'} = \frac{V}{V'}$. Dans les essais sur les câbles plongés dans l'eau, la charge électrique par nœud est calculée au moyen de la formule suivante $C = K \frac{El}{R \operatorname{Log} \frac{D}{d}}$ dans laquelle K est une constante, E la force électromotrice de la pile, l la longueur en nœuds du câble, R la résistance par nœud du diélectrique, D le diamètre de ce diélectrique et d celui du conducteur. (Voir WALD. HOSKIAER, *Guide des épreuves électriques à faire sur les câbles.* — *Agenda Dunod*, Télégraphes. — KEMPE, *Mesure électrique.*)

CHARGE résiduelle latente (***Verborgener Ladungsrückstand, Residuum der Leydener Flasche*** — **Bound residual charge**). Quantité d'électricité qui reste, dans un condensateur, après qu'on l'a déchargé une première fois instantanément.

CHARGE. Coefficient de charge (***Ladungscoeffizient*** — **Coefficient of charge**). Quantité d'électricité nécessaire pour porter l'unité de surface à un potentiel égal à l'unité (Gaugain).

CHARGE moléculaire (***Moleculare Ladung*** — **Molecular charge** (Maxwell). Si l'on appelle N le nombre des molécules contenues dans un équivalent électrochimique (nombre actuellement inconnu, mais qui est regardé comme le même pour toutes les substances), chaque molécule, en se dégageant d'une combinaison, abandonne une charge dont la grandeur est $\frac{1}{N}$, charge positive pour le cation et négative pour l'anion. Cette quantité d'électricité est appelée charge moléculaire par Maxwell, et même *molécule d'électricité.*

CHARIOT (***Läufer, Schlitten, Wagen*** — **Chariot**). Organe de la transmission dans l'appareil Hughes. Il consiste en un axe vertical muni d'une lèvre mobile horizontale tournant au-dessus de la boîte à goujons sans la toucher. Grâce à une ingénieuse modification de MM. Terral et Mandroux, dans le jeu de cet organe, le soulèvement de l'un quelconque des goujons détermine, au moment de sa rencontre avec la lèvre, l'oscillation du levier d'émission de courant qui se met en contact avec la pile de transmission. Dans les appareils à échappement mécanique, le levier est en outre muni d'une bielle qui rend solidaires pendant la transmission, le chariot et la détente.

CHARIOT télégraphique (*Télégraphie militaire*) (***Requisitenwagen***

---

1. MAXWELL, *Electricity and magnetism*, t. I, p. 36. — LAT. CLARK, *Mesure électrique*, p. 21. — CULLEY, *Manuel de télégraphie pratique*, p. 411 (Traduction Berger et Bardonnaut.).

—**Telegraph wagon**). Voiture destinée à transporter à la fois le matériel de construction des lignes militaires, l'outillage et au besoin les surveillants.

CHARIOT à bobines (*Télégraphie militaire*) (***Drahtrollenwagen*** — **Wire barrow ou wagon**). Chariot chargé de bobines montées sur des axes creux, sur lesquels sont enroulés des câbles ou des fils isolés pour lignes militaires.

CHATTERTON[1]. **Composition Chatterton** (***Chatterton Komposition*** — **Chatterton's compound**). Mélange isolant, trouvé, en 1857, par M. Smith, et composé de 1 p. de goudron de Stockholm, 1 p. de résine et 3 p. de gutta-percha. Quoique moins isolant que la gutta-percha, il est employé à cause de l'adhérence qu'il produit entre le conducteur des câbles et les diverses parties de l'enveloppe. Sa capacité inductive spécifique est 2,547.

CHEF d'un bureau en général (***Amtsvorsteher*** — **Office superintendent ou manager**). Fonctionnaire chargé de la gestion d'un bureau, en assurant le service des dépêches et en veillant au bon état des piles et des communications du bureau.

CHEF d'un bureau télégraphique de 1re classe en Allemagne (***Telegraphendirektor*** — **Telegraph manager 1st class in Germany**). Les bureaux d'Allemagne sont, suivant leur importance, gérés par des fonctionnaires prenant des titres divers.

CHEF d'un bureau télégraphique de 2e classe en Allemagne (***Telegraphenvorsteher*** — **Telegraph manager 2d class in Germany**). (Voir ci-dessus.)

CHEF d'un bureau télégraphique de 3e classe en Allemagne (***Telegraphenverwalter*** — **Telegraph manager 3d class in Germany**). (Voir ci-dessus.)

CHEF d'équipe (***Bauführer*** — **Foreman**). Homme chargé de la direction d'un atelier d'ouvriers.

CHEMIN de fer électrique (***Elektrische Eisenbahn*** — **Electric railway**). Application de l'électricité faite par M. Siemens, en 1879, à la traction des wagons sur voie ferrée (Voir *Electrotechnische Zeitschrift*, 1880, p. 53. — *Lumière électrique*, 1880. — *Die elektrische Eisenbahn*, *Krämer*).

CHEVAL électrique (***Elektrisches Pferdekraft*** — **Electric horse power**). Le cheval électrique est une expression employée quelquefois par analogie avec le cheval-vapeur, et correspond à 736 voltampères ou watts, car 1 watt est égal à $\frac{1}{9,81}$ kilogrammètre par seconde, d'où 1 kilogrammètre est égal à 9,81 watts et 75 kilogrammètres ou un cheval électrique n'est autre chose que 75 × 9,81 ou 736 watts en nombre rond.

CHEVALET (***Mauerbock*** — **Support for over wall line**). Système

1. Douglas, *Manual of telegraph construction*, p. 256.

de construction en fer pour faire passer une ligne télégraphique au-dessus d'un mur, en y prenant appui.

CHEVALET à souder (***Löthbock*** — **Soldering support**). Appareil employé sur les lignes souterraines, pour exécuter les soudures des câbles qui sont maintenus, pendant cette opération, par cet instrument.

CHEVAL-VAPEUR. Conversion de l'énergie électrique en chevaux-vapeur. (Voir *Énergie,* à la fin de l'article.)

CHOC en retour[1] (***Rückschlag, Kalter Schlag*** (appellation populaire) — **Return shock** ou **stroke**). Choc ressenti par une personne sous l'influence d'une nuée orageuse, lorsque, pour une cause quelconque, cette influence vient à disparaître brusquement. L'explication en a été donnée, en 1779, par Lord Mahon.

CHIMIQUE. Théorie chimique de la pile (Fabroni, Pepys, Biot, Gautherot, Wollaston, Becquerel, Oersteدt, Ritchie, Pouillet, Despretz, Schœnbein, Faraday, De la Rive, etc.) ***Chemische Theorie der Batterie*** — **Chemical theory of the battery**). D'après une des lois résumées par Becquerel (Voir *Action* — *Loi du dégagement de l'électricité dans les actions chimiques*), le zinc étant attaqué par une dissolution acide prend l'électricité négative, tandis que l'électricité positive se dégage dans le liquide acide. On peut donc, en associant, dans un liquide approprié, deux conducteurs, l'un, le zinc oxydable, l'autre, le platine ou le charbon, non oxydable, recueillir d'une part l'électricité négative et de l'autre, au moyen du corps inerte, servant de collecteur, l'électricité positive. En réunissant les deux plaques de zinc et de charbon par un conducteur, on observe un courant qui persiste tant que dure l'action chimique qui lui a donné naissance.

CHRISMATION (χρίσμα, -ατος enduit). Expression proposée par Daguin pour remplacer le mot de polarisation dans les piles.

CHUTE électrique[2] (***Elektrisches Gefäll*** — **Electric fall**). Ohm appelait ainsi la différence de tension entre deux points d'un circuit.

CHUTE de potentiel. (Voir *Potentiel.*)

CINÉTIQUE (κινητικός, de κινῶ j'agite) (***Kinetisch*** — **Kinetic**). Épithète qui sert à caractériser une chose en mouvement.

CIRCONSCRIPTION de revision de ligne (***Leitungsrevisionsbezirk*** — **Area of district for maintenance of telegraph lines**). Certaine étendue de ligne télégraphique à la surveillance de laquelle un surveillant des télégraphes ou un reviseur, à l'étranger, est affecté.

CIRCONSCRIPTION de remise gratuite (***Ortsbestellbezirk*** — **Area of free delivery of messages**). Circonscription dans les limites

---

1. Lord Mahon, *Principes d'électricité*, p. 136 (traduction française de l'abbé N., 1781). — Anderson, *Lightning conductors*, p. 70. — Kæmtz, *Météorologie*, p. 343 (Traduction française).

2. Ohm, *Théorie mathématique des courants* (Traduction française de Gaugain).

de laquelle un bureau télégraphique doit remettre les dépêches gratuitement.

CIRCONSCRIRE un dérangement[1] (*Einen Fehler umschliessen* — **To localise a fault**[1]. Par des recherches convenables, resserrer entre des limites étroites le point d'une ligne ou d'un appareil où doit se trouver un dérangement.

CIRCUIT d'un courant (*Kreislauf, Stromkreis* — **Circuit of a current**). Suite ininterrompue de conducteurs traversés par le courant entre le pôle positif et le pôle négatif du générateur.

CIRCUIT principal (*Hauptkreis* — **Main circuit**). Expression caractérisant un circuit qui s'étend d'un pôle d'une pile à l'autre et sert à le distinguer d'un circuit dérivé.

CIRCUIT. Mettre dans le circuit (*In den Stromkreis einschalten* — **To put in circuit**). Intercaler un conducteur entre deux points dans un circuit.

CIRCUIT. Mise dans le circuit (*Einschaltung* — **The putting in circuit**). Action d'intercaler un conducteur dans le circuit.

CIRCUIT des faîtes (*Firstleitung* — **Ridge circuit**). Circuit comprenant les parties de la chaîne du paratonnerre suivant les faîtes d'une habitation.

CIRCUIT. Mettre hors du circuit. (*Ausschalten* — **To put out of circuit**). Supprimer un conducteur faisant partie d'un circuit.

CIRCUIT. Mise hors du circuit (*Ausschaltung* — **The putting out of circuit**). Action de supprimer un conducteur dans un circuit.

CIRCUIT. Fermer un circuit (*Einen Stromkreis schliessen* — **To close a circuit**). Établir une communication conductrice continue entre les pôles d'un générateur d'électricité.

CIRCUIT. Fermeture d'un circuit (*Schliessen eines Stromkreises* — **The closing of a circuit**). Action de fermer un circuit par des corps conducteurs.

CIRCUIT. Ouvrir un circuit (*Einen Sromkreis öffnen* — **To open a circuit**). Rompre en un point la communication conductrice continue d'un pôle d'un générateur à l'autre.

CIRCUIT. Ouverture d'un circuit (*Oeffnen eines Stromkreises* — **The opening of a circuit**). Action d'ouvrir un circuit.

CIRCUIT magnétique[2] (*Magnetischer Kreislauf* — **Magnetic circuit**). Le circuit magnétique est constitué par l'ensemble des lignes de force ou flux de force produit par une cause magnétisante quelconque dans un milieu donné. La forme et la distribution du flux de force dans ce milieu, la répartition du champ dans le circuit magnétique est fonction de deux facteurs,

---

1. Voir, dans un but spécial : Bubils, *Étude des dérangements de l'appareil Hughes.* — Kempe, *Handbook of electrical testing.* — Lat. Clark, *Electrical measurement.* — Blavier, *Traité de télégraphie.* — Farjou, *Dérangements de l'appareil Hughes.*

2. Hospitalier, *Formulaire pratique de l'électricien*, 1887.

la force magnétisante et la résistance magnétique du circuit. Cette relation est analogue à la relation de Ohm en électricité.

$$\text{Flux de force} = \frac{\text{Force magnétisante}}{\text{Résistance magnétique du circuit}}.$$

CISAILLES pour fil de ligne télégraphique (*Drahtmesser* — **Wire cutters**). Outil pour surveillant des lignes.

CIVIÈRE à bobines (*Drahtrollenträger* — **Carrier or hand barrow for wire drums**). Appareil à bras supportant une bobine montée sur un axe et permettant de dérouler les bobines de câbles ou les fils recouverts dans la télégraphie militaire.

CLARKE (Edward M.). Fabricant d'instruments de physique à Londres et inventeur, en 1836, de la machine magnétoélectrique à aimant vertical fixe et à bobines mobiles, horizontalement en face des pôles de l'aimant; elle était munie d'un commutateur. (Voir *Philosophical Magazine*, 1836, t. IX, p. 262. — *Description of magnetic electrical machine,* par l'auteur EDWARD M. CLARKE, *magnetician.*) Un ouvrage récent attribue à tort à Henry Hyde Clarke, le philologue, l'invention de la machine magnétoélectrique.

CLAVIER (*Clavier* — **Key board**). Transmetteur de divers appareils télégraphiques, parmi lesquels sont le Hughes, le Baudot, le D'Arlincourt, etc.

CLEF de court circuit[1] (*Schlüssel zum Ausschliessen* — **Short circuit key**). Instrument employé pour empêcher un courant trop intense de traverser les bobines du galvanomètre, en établissant une communication directe entre les deux extrémités des bobines.

CLEF de décharge[1] (*Entladungschlüssel* — **Discharge key**). L'une des clefs de décharge les plus connues, celle de *Sabine,* se compose de trois touches servant à relier à volonté un condensateur au circuit, au galvanomètre ou à l'isoler.

CLEF d'inversion[1] (*Wechselschlüssel* — **Reversing key**). Petit appareil permettant d'inverser les communications d'un circuit.

CLIQUET de la roue de frottement[2] (*Frictionssperrklinke* — **Catch of friction wheel**). Cliquet, monté sur le côté de la *roue correctrice* de l'appareil Hughes, qui s'abaisse, prend appui sur la *roue de frottement* et rend ainsi solidaires, au moment convenable, la *roue correctrice*, la *roue des types* et la *roue de frottement.*

CLIQUET d'échappement (*Auslösungssperrklinke* — **Free detent catch**). Cliquet chargé de réunir, à chaque émission de courant ou à chaque mouvement de l'armature de l'appareil Hughes, l'axe imprimeur à l'axe du volant.

CLOCHE isolante (*Isolirglocke, Isolirtülle* — **Bell shaped insula-**

---

1. KEMPE, *Handbook of electrical testing*, p. 231 (3e édition).
2. BOREL, *Traité de l'appareil Hughes*.

tor). Isolateur, en forme de clochette, généralement en porcelaine à base de kaolin, servant d'appui aux lignes télégraphiques aériennes, soit directement, soit indirectement au moyen de crochets sur lesquels le fil repose.

CLOCHE. Double cloche. (Voir *Isolateur.*)

CLOCHE. Cloche isolante à suspension. (Voir *Isolateur.*)

CLOCHE sympathique — Avertisseur téléphonique de Siemens. (Voir ce mot.)

CODE commercial des signaux (***Handelscodex*** — **Commercial code**). Vocabulaire contenant la manière de composer et de traduire, dans les différentes langues, des signaux qu'on transmet au moyen d'un assemblage conventionnel de pavillons maritimes.

COEFFICIENT de charge. (Voir *Charge.*)

COEFFICIENT de rupture. (Voir *Module de rupture.*)

COEFFICIENT de dispersion électrique (***Zerstreuungscoefficient*** — **Coefficient of electric dispersion**). Rapport de la diminution de la torsion du fil de la balance de Coulomb, pendant l'unité de temps, à la torsion moyenne.

COEFFICIENT de réduction (***Reduktionsfaktor*** — **Reduction coefficient**). Nombre par lequel il faut multiplier une grandeur, exprimée dans un système d'unités, pour passer dans un autre système.

COEFFICIENT d'aimantation induite. (Voir *Fonction magnétisante.*)

COEFFICIENT économique[1] (***Öconomisches Coefficient*** — **Economic coefficient**). Le coefficient économique est le rapport du travail utile au travail dépensé. La formule du rendement économique dans les machines dynamoélectriques est $\frac{Tu}{Tt} = \frac{R}{R + r}$ c'est-à-dire que le coefficient économique est égal au rapport de la résistance interpolaire à la résistance totale du circuit.

COEFFICIENT d'élasticité électrique du milieu (***Coefficient elektrischer Elasticität des Mediums*** — **Coefficient of electric elasticity of the medium**). Maxwell a désigné sous cette expression, le rapport de la force électrique au déplacement électrique correspondant. Ce coefficient, variable suivant les milieux, est en raison inverse du pouvoir inducteur spécifique de chaque milieu.

COEFFICIENT d'induction magnétique (***Coefficient von magnetischer Induktion*** — **Coefficient of magnetic induction**). Ce coefficient est l'analogue du pouvoir inducteur spécifique d'un diélectrique en électricité.

COEFFICIENT de perméabilité magnétique (Sr Wm Thom-

1. S. THOMPSON, *Dynamo electric machinery*, p. 203. — FONTAINE, *Machines électriques à courant continu*, p. 71.

son). Synonyme de coefficient d'induction magnétique (Voir *Perméabilité magnétique.*)

COEFFICIENT de saturation magnétique. (Voir *Saturation.*)

COEFFICIENT d'induction mutuelle[1]. On appelle coefficient d'induction mutuelle de deux circuits, la valeur du flux de force dans l'un des circuits, lorsque le courant qui traverse l'autre est égal à l'unité. Ce flux de force est proportionnel à l'intensité du courant et au coefficient d'induction mutuelle. Ce coefficient dépend de la forme, de la position des circuits, et devient maximum lorsqu'ils sont aussi rapprochés que possible. La formule théorique du coefficient d'induction mutuelle de deux circuits de m et n tours lorsque la surface correspondante est S est $4 \pi S \times m n$. MM. Vaschy et de la Touanne ont employé, dans la pratique, la formule $\frac{C'a - Ca'}{a - a'} R^1 R^2$ dont les éléments correspondent au diagramme des communications suivantes : un circuit inducteur avec pile, rhéostat R^1 et clef. — Un circuit induit avec galvanomètre et rhéostat R^2. Les bornes du premier rhéostat sont reliées à celles du second et deux condensateurs sont insérés successivement dans l'une des branches de raccord des deux rhéostats. Les impulsions du galvanomètre balistique sont a et a' suivant le condensateur inséré. Ces valeurs substituées aux lettres de la formule fournissent le coefficient d'induction mutuelle.

COEFFICIENT de susceptibilité magnétique. Nom sous lequel Sr William Thomson désigne le coefficient d'aimantation induite.

COEFFICIENT de selfinduction. (Voir *Selfinduction.*)

COEFFICIENT de température (***Temperaturcoefficient*** — **Coefficient of temperature**). On donne ce nom au nombre par lequel il faut multiplier ou diviser la résistance électrique, afin de la réduire d'une température à une autre.

COERCITIVE. (Voir le mot *Force.*)

COFFERDAM[2] (***Cofferdam*** — **Cofferdam**). Substance celluleuse extraite de l'écorce de la noix de coco, par M. Germain, et douée de propriétés absorbantes qui la font employer utilement dans les piles humides.

COIBENT (***Dielektrisch*** — **Coibent, Dielectric**). Mot employé par Faraday et synonyme de diélectrique.

COLLATIONNEMENT (***Kollationnirung, Vergleichung*** — **Repetition**). Répétition d'une dépêche télégraphique par les différents bureaux concourant à sa transmission.

COLLATIONNER (***Kollationniren, Vergleichen*** — **To repeat** ou **to collate**). Opérer le collationnement.

COLLECTEUR (***Kollektor, Sammelapparat*** — **Collector**). Plaque

---

1. *Lumière électrique*, t. XXII, p. 482.
2. *Électricien*, t. X, p. 708.

du condensateur en communication avec une source électrique. On donne aussi le nom de *collecteur* au commutateur des machines dynamoélectriques.

COLLECTEUR à gouttes d'eau [1] (***Wassertropfenkollektor* — Water dropping collector**). W. Thomson a employé, pour étudier le potentiel de l'air, un petit appareil nommé collecteur *à gouttes d'eau*, c'est-à-dire un vase métallique isolé, contenant de l'eau qui s'écoule goutte à goutte à travers un tube très fin. Si on met le vase en communication avec la terre, les gouttes d'eau en se séparant du filet liquide, subissent l'influence de l'électricité positive de l'air environnant, leur fluide de même nom s'écoule à la terre par le vase et elles conservent de l'électricité négative, ce que l'on peut constater en recueillant les gouttes qui tombent dans un vase isolé placé sur le sol et en communication avec un électromètre.

COLLECTRICES. Pointes collectrices (***Saugspitzen, Einsauger, Saugkamm* — Collecting spikes of electrical machines**). Pointes par lesquelles, d'après la théorie, s'écoule l'électricité négative des conducteurs de la machine électrique de Ramsden sur le plateau mobile en verre chargé d'électricité positive.

COLLEMENT de la palette contre le fer doux d'un électroaimant [2] (***Klebenbleiben, Kleben* — Sticking of the keeper or armature of electromagnet, Attachment of the keeper**). Dérangement dans l'appareil Morse qui transforme le fer doux de l'électroaimant en un aimant permanent. Il provient de la flexion latérale d'un des côtés de l'armature de l'électroaimant qui établit alors une communication entre le contact de pile de la colonne de translation et le fer doux que l'armature vient toucher. Cette communication ferme la pile à travers les spires de l'électroaimant, qui se terminent sur le fer doux, et maintient l'armature au contact.

COLLIER (***Halseisen, Schellen* — A collar band**). Bande de fer circulaire enserrant un poteau ou une pièce quelconque et prenant son point d'appui dans un mur ou contre un ouvrage en fer.

COLOMB (Christophe). Navigateur, né à Calvi (Corse), en 1436 (il existe un grand nombre de versions relativement à la date et au lieu de naissance), et mort à Valladolid (Espagne), le 20 mai 1506. Il découvrit, dans son premier voyage en Amérique, le 13 septembre 1492, l'inégalité de la déclinaison magnétique en différents points du globe.

COLOMBIN (***Klumpen Thon* — Colombin, Lump of plastic clay**). Le *colombin*, dont le nom est emprunté à l'art du potier, était une substance isolante composée primitivement de kaolin ou de plâtre, que M. Jablochkoff avait employée, comme isolant, entre les deux crayons de charbon de ses bougies. Aujourd'hui la substance qui lui a été substituée et qui est composée de 2 p. de sulfate de chaux et de 1 p. de sulfate de baryte, joue un

1. W. Thomson, *Papers on electrostatics and electromagnetism*, p. 200, 207, 222.
2. *Annales télégraphiques*, 1862, p. 499.

rôle actif en se volatilisant en partie par suite de l'échauffement et augmente le pouvoir éclairant de l'arc, en y maintenant en suspension des particules solides.

COMBINAISON (*Kombination* — **Combination**). Dans l'appareil Hughes, le mot *combinaison* se rapporte au nombre de lettres que l'on transmet dans un même tour de chariot.

COMBINATEUR[1] (*Kombinateur* — **Combinator**). Nom donné primitivement à l'organe destiné à traduire en caractères imprimés les signaux reçus par le relais Baudot. (Voir *Traducteur*.)

COMMOTION électrique (*Elektrische Erschütterung* — **Electric shock**). Secousse brusque et violente, accompagnée d'une contraction des muscles et d'une douleur vive, mais instantanée, principalement aux articulations, lors d'une décharge électrique à travers le corps humain. Au niveau d'un centre nerveux, elle produit d'abord une sensation locale, comme si le nerf était contus, puis un engourdissement qui s'étend jusqu'à ses dernières ramifications.

COMMUNICATION (*Mittheilung* — **Communication**). Transmission de l'électricité par contact.

COMMUNICATION à manchons. (Voir *Joint à manchons*.)

COMMUNICATION directe. Transmission par communication directe (*Durchsprechen, Direktsprechen* — **Direct communication**). Transmission échangée entre deux bureaux télégraphiques, à travers un troisième dans lequel on a relié *directement* les deux stations extrêmes, en mettant tous les appareils hors du circuit au commutateur.

COMMUNICATION pneumatique. (Voir *Réseau pneumatique*.)

COMMUNICATION. Mettre en communication avec... (*Verbinden mit...* — **To put into communication with...**). Établir une communication conductrice entre deux points.

COMMUTATEUR (*Commutator, Mutator, Umschalter, Wechsel* — **Commutator, Switch, Circuit changer**). Appareil spécial pour établir ou supprimer la communication électrique entre deux points d'un circuit.

COMMUTATEUR conjoncteur (*Einschalter* — **Circuit closer, Commutator for making contact**). Appareil servant à fermer un circuit entre deux points.

COMMUTATEUR disjoncteur (*Ausschalter* — **Commutator for breaking contact, Cut-out** [Americ]). Appareil servant à rompre un circuit.

COMMUTATEUR permutateur (*Umschalter, Linienwechsel* — **Universal switch**). Appareil remplissant les rôles de conjoncteur et de disjoncteur dans différentes directions. (Voir *Commutateur à chevilles*.)

---

1. *L'Electricien*, 1882. — *La Lumière électrique*, 1881-1882. — *Electrotechnische Zeitschrift*, 1882.

COMMUTATEUR inverseur (*Wechselapparat* — **Current reverser**). Appareil renversant le sens de communications déjà établies.

COMMUTATEUR à bascule (*Wippe* — **Tumbler switch**). Appareil dans lequel les contacts sont produits par un jeu de bascule.

COMMUTATEUR à chevilles (*Stöpselcommutator, Stöpselumschalter* — **Peg commutator** ou **Plug switch**). Appareil dans lequel les communications sont établies au moyen de chevilles coniques qui s'enfoncent dans des trous forés dans deux plaques de cuivre séparées par un isolant et que réunit la cheville.

COMMUTATEUR des pôles d'une pile (*Polwechsel* — **Pole changer**). Appareil destiné à inverser le sens du courant d'une pile.

COMMUTATEUR rhéotrope (ῥέος courant, τρέπω j'inverse, mot mal formé — Rhootrope « ῥόος courant et τρεπω » serait un composé correct, ῥέος courant étant exclusivement poétique) (*Stromwender* — **Rheotrope**). Inverseur spécial.

COMMUTATEUR gyrotrope (γῦρος circuit, τρέπω j'inverse) (*Gyrotrop* — **Gyrotrope**). (Voir *Gyrotrope.*)

COMMUTATEUR pachytrope (παχύς épais, τρέπω j'inverse) (*Pachytrop* — **Pachytrope**). Appareil employé par Stœhrer, pour inverser les communications d'une pile et les disposer suivant toutes les combinaisons possibles.

COMMUTATEUR à ressort (*Federcommutator, Klinkenumschalter* — **Spring commutator**). Appareil dans lequel un ressort maintient les contacts dans les deux positions extrêmes.

COMMUTATEUR à manette (*Kurbelumschalter* — **Lever switch**). Appareil formé d'une manette conductrice que l'on déplace sur divers plots de contact.

COMMUTATEUR à plaques (*Scheibenumschalter* — **Plate commutator**). Appareil dans lequel les contacts sont produits par le frottement de plaques.

COMMUTATEUR à glissement (*Schubwechsel* — **Sliding contact**). Appareil dans lequel les contacts sont produits par un mouvement de glissement.

COMMUTATEUR à pédale (*Fusscommutator, Trittcommutator, Trittumschalter* — **Pedal commutator**). Appareil employé, dans quelques stations de chemin de fer d'Allemagne, pour mettre à volonté la ligne télégraphique sur appareil ou sur sonnerie, par le simple mouvement d'une pédale.

COMMUTATEUR à cylindre (*Walzenwechsel, Walzenumschalter* — **Cylindrical contact**). Appareil dans lequel les contacts sont obtenus par la révolution d'un cylindre autour de son axe. Une ou plusieurs sections du cylindre, dans le sens de l'axe, sont conductrices, et les autres isolantes.

COMMUTATEUR de ligne spécial (*Rheopeter* — **Line switch**). Système remplissant son but sans organe caractéristique.

COMMUTATEUR. Manette ou manivelle d'un commutateur destinée à être déplacée par un mouvement circulaire sur les plots de contact (*Wechselmännchen* — **Handle of a commutator**).

COMMUTATEUR. Plot de contact d'un commutateur à manette (*Wechselweibchen* — **Contact stud, Contact piece, Contact knob**). Contacts conducteurs qu'on appelle aussi gouttes de suif, et contre lesquels la manette vient appuyer.

COMPARATEUR (*Calibermaassstab* — **Wire gauge**). Nom sous lequel on désigne quelquefois la jauge pour fil.

COMPAS à coulisse. (S. *Comparateur.*)

COMPENSATEUR (*Compensator* — **Compensator**). Nom donné, dans le Hughes multiple de M. Munier, à un ensemble d'organes à mouvement alternatif (sorte de double embrayage) grâce auquel un courant reçu au bout d'un temps égal à $\frac{m}{28(n+1)}$ d'une révolution de la roue des types (n étant le nombre des appareils), n'actionne le mécanisme d'impression qu'après un temps $n+1$ fois plus grand, c'est-à-dire égal à $\frac{m}{28}$ de la même révolution. A chaque tour et sous l'action d'un courant local, la roue des types et le système compensateur sont déclenchés simultanément et se mettent en marche à la même vitesse. Tout courant reçu de la ligne, au bout d'un temps t, provoque immédiatement un encliquetage du compensateur dont le sens de rotation est aussitôt renversé. Le mouvement rétrograde s'effectue à une vitesse n fois moindre, de sorte que le cliquet n'est de retour à son point de repère qu'au bout d'un temps $t+nt$ ou $t(n+1)$. — C'est à ce moment seulement qu'a lieu la mise en jeu du mécanisme d'impression.

COMPENSATEUR[1] (*Compensator* — **Compensator**). La Commission française des paratonnerres a recommandé l'installation d'une lame de cuivre, à courbure variable, dans un circuit de grande portée, sur les toits, pour la chaîne du paratonnerre, afin de compenser, par une ouverture variable de ce *compensateur*, les effets de dilatation qui désassemblaient souvent les différentes parties du paratonnerre.

COMPENSATEUR magnétique (*Magnetischer Compensator* — **Magnetic compensating plate**). Plaques de fer convenablement placées, introduites par Barlow, en 1823, sur les navires pour y compenser les effets du fer des vaisseaux sur la boussole.

COMPOSANTE horizontale (*Horizontalintensität* — **Horizontal intensity**). L'intensité totale du magnétisme terrestre peut se décomposer en deux composantes, l'une horizontale et l'autre verticale. La composante horizontale correspond à l'intensité de la force avec laquelle une aiguille au repos, sur un pivot ver-

---

1. *Comptes rendus de l'Académie des Sciences*, t. LXVII, p. 148.

tical, est maintenue dans le méridien magnétique par le magnétisme. Elle est égale à l'intensité magnétique de la terre multipliée par le cosinus de l'inclinaison. On l'obtient par l'expérience, soit relativement, soit absolument. Dans la première méthode on peut, en comparant le nombre des oscillations en différents lieux et en appliquant la loi $\frac{H}{H'} = \frac{N^2}{N'^2}$ arriver à déterminer relativement H. On peut aussi, comme Gauss l'a fait, évaluer H d'une manière absolue. La composante horizontale, à Paris, était de 0,19443, le 1er janvier 1887. Les variations de la composante horizontale suivent les mêmes périodes que celles de la composante verticale, avec cette différence que les maxima de l'une correspondent aux minima de l'autre. (Voir KOHLRAUSCH, *Guide de physique pratique* (Traduction de MM. Thoulet et Lagarde.)

COMPOSANTE verticale du magnétisme terrestre (*Verticale Intensität des Erdmagnetismus* — **Vertical intensity of earth's magnetism**). La composante magnétique verticale est la force avec laquelle une aiguille librement suspendue est sollicitée, hors de la ligne horizontale, l'une de ses extrémités s'inclinant vers le pôle magnétique le plus voisin près duquel elle prendrait la position verticale. On l'équilibre au moyen de poids pour la maintenir dans un plan horizontal. La composante verticale était, à Paris, de 0,42196, le 1er janvier 1887; elle est égale au produit de l'intensité totale par le sinus de l'inclinaison. (Voir KOHLRAUSCH, *Guide de physique pratique*, (Traduction de MM. Thoulet et Lagarde.)

COMPOSITEUR perforateur (*Schriftlocher* — **Puncher**). Appareil destiné à découper les signaux, dans du papier, pour les transmettre ensuite automatiquement par le fil télégraphique.

COMPOSITEUR perforateur à main (*Handschriftlocher* — **Hand puncher**). Même usage.

COMPOSITION Chatterton, Wray. — (Voir ces mots.)

CONDENSANT. Force condensante (*Vertheilungskraft, Bindungsvermögen* — **Condensing force**). La force condensante ou le pouvoir condensant est un coefficient servant à caractériser un condensateur. C'est le rapport des charges qu'il faut donner à l'armature interne pour l'élever au même potentiel, soit qu'elle fasse partie du condensateur, soit qu'elle soit isolée. Les charges sont dans ce cas $Q = CV$ et $Q' = C'V$ et en divisant la première des égalités par l'autre, on arrive à $\frac{Q}{Q'} = \frac{C}{C'}$ c'est-à-dire que la force condensante est égale au rapport de la capacité C, correspondant au condensateur, à la capacité C', correspondant au cas de la suppression de l'armature externe.

CONDENSATEUR[1] (*Condensator, Ansammlungsapparat, Ver-*

1. *Comptes rendus de l'Académie des Sciences de Paris*, 2 mai 1864. — *Philosophical Magazine*, 1874, 1er sem., p. 426. — MAXWELL, *Electricity and magnetism*,

dichter — **Accumulator, Condenser**). Système de deux conducteurs dont les surfaces opposées sont séparées l'une de l'autre par une couche isolante; l'une des surfaces est en communication avec une source électrique, l'autre étant mise à la terre. La charge d'un condensateur est égale au produit de sa capacité par son potentiel. Toutefois, sa capacité dépend des dimensions et de la forme des armatures, de l'épaisseur du diélectrique intermédiaire et de sa capacité inductive. (Voir *Condenser*.)

Les câbles télégraphiques étant constitués par un conducteur environné d'un diélectrique recouvert d'une armature conductrice, en communication avec la terre, sont de véritables condensateurs qui se chargent et se déchargent à chaque émission de courant, et ces ondes intempestives affectent les appareils dont elles dénaturent les signaux et les rendent inintelligibles. Pour compenser les effets gênants que nous venons de signaler, on installe des condensateurs dans un circuit de compensation. Si la capacité électrostatique du compensateur est la même que celle de la ligne ou du câble, et si en outre la décharge de l'un et de l'autre s'opère dans le même temps, en se distribuant de la même manière, il y a compensation et l'effet de l'induction est détruit. Quelle que soit la charge d'électricité statique induite sur la ligne ou le câble par un courant émis, un courant égal se rend à terre et induit une charge correspondante dans le condensateur. Celui-ci, et la ligne ou le câble se déchargent à travers les relais au même moment et dans des directions opposées. Ils ne produisent donc aucune action sur les appareils, le courant de charge, venant du condensateur, neutralisant l'effet produit par le courant de décharge venant de la ligne. Pour les longs câbles qui se déchargent plus lentement que le condensateur, on a recours à une série de bobines intercalées entre différents condensateurs. Les condensateurs ont été utilisés en télégraphie d'abord par de Sauty, en 1855, sur le fil de Londres à Birmingham. M. Willoughby Smith les employa ensuite, lors de la pose du câble transatlantique, en 1866. Après avoir été limité aux essais de pose, leur emploi fut définitivement adopté pour la transmission. En 1868, Stearns, de Boston, appliqua le condensateur à la transmission duplex et il s'en servit pour annuler les effets de charge et de décharge, ainsi que nous l'avons dit plus haut. Quelque temps après, Muirhead construisit un condensateur dans lequel la capacité inductive était combinée avec la résistance, et il l'employa pour duplexer les longs câbles sous-marins.

CONDENSATEUR. Rôle du condensateur pour empêcher la production des étincelles. — M. Fizeau a rendu les étincelles de l'extra-courant moins fortes et moins nuisibles, au contact de l'interrupteur des bobines, en installant, aux deux points de contact, deux communications avec les armatures

---

t. I, p. 49, 319, 321. — Lat. Clark, *Electrical measurement*, p. 86 et 88. — Blavier, *Traité de télégraphie*, t. II, p. 129. — Culley, *Manuel de télégraphie*, p. 342, 349, 510 (Traduction Berger et Bardonnaut).

d'un condensateur à grande surface. Ce condensateur absorbe la quantité d'électricité due à l'extra-courant et le potentiel des points de contact n'est plus assez élevé pour produire des effets de désagrégation. Cette même quantité d'électricité se recombine à travers les spires de la bobine et y produit un courant induit inverse.

CONDENSATEUR à papier (*Papiercondensator* — **Paper condenser**). Condensateur dans lequel le diélectrique est une feuille de papier.

CONDENSATEUR électrochimique ou voltaïque[1] (*Electrochemischer Condensator* — **Electrochemical condenser**). Appareil de de la Rive permettant de décomposer l'eau, en s'aidant de l'extra-courant d'une bobine mise dans le circuit, lorsque la pile seule dont on fait usage n'aurait pas une intensité suffisante pour le faire.

CONDENSATEUR chantant[2] (*Singender Condensator, Singendes Buch* — **Singing condenser**). (Wright 1863, Varley 1870, Polard et Garnier). Appareil fondé sur le son que produisent, dans un condensateur, les attractions et les répulsions des feuilles conductrices; ces attractions et répulsions, lorsqu'elles sont engendrées par des courants induits, provenant d'une bobine dont l'inducteur fait partie du circuit d'une pile et d'un transmetteur téléphonique, peuvent manifester les mêmes effets que ceux d'un récepteur téléphonique.

CONDENSATEUR. Plateau supérieur d'un condensateur (*Collector, Deckel* — **Upper plate of a condenser, Collector**). Plateau conducteur ordinairement en communication avec la source électrique.

CONDENSATEUR. Plateau inférieur d'un condensateur (*Basis, Grundplatte* — **Lower plate of a condenser**). Plateau conducteur ordinairement relié à la terre.

CONDENSATEUR. Électroscope condensateur. (Voir *Électroscope*.)

CONDENSATEUR étalon (*Eichcondensator, Standard Condensator* — **Standard condenser**). Les condensateurs étalons sont ceux dont la capacité est exactement connue en fonction de l'unité et qui servent à mesurer les capacités électrostatiques. Les sphères métalliques et les condensateurs à surface sphérique remplissent cette condition, mais leur capacité est faible en pratique et il est difficile de réaliser des surfaces sphériques. — On emploie de préférence deux plaques, à surface plane, de capacité connue en fonction de l'étendue et de la distance des surfaces. On peut alors, en modifiant l'écartement, obtenir une variante continue de capacité. La difficulté provenant de l'augmentation de la densité sur les bords est corrigée par l'emploi de l'*anneau de garde de Thomson*. (Voir ce mot.)

---

1. *Annales de chimie et de physique*, 3me série, t. VIII, p. 36.
2. Du Moncel. *Le Téléphone*, p. 200.

CONDENSATEUR absolu (*Absoluter Condensator* — **Absolute condenser**). On appelle condensateurs absolus les condensateurs sphériques, dans lesquels la forme régulière des armatures amène une densité partout la même et permet de calculer directement le potentiel et par suite la capacité électrostatique.

CONDENSATEUR à air (*Luftcondensator, Lufttafel* — **Air condenser**). Deux disques de métal séparés simplement par l'air, jouant le rôle de diélectrique, constituent un condensateur à air. Les premiers condensateurs de Wilke et d'Æpinus étaient des condensateurs à air.

CONDENSATEUR à diélectrique solide (*Condensator mit festem Dielectricum* — **Solid dielectric condenser**). Lorsqu'on utilise un condensateur à diélectrique solide, il suffit de multiplier les formules des condensateurs à air de même forme par la capacité inductive spécifique du diélectrique.

CONDENSATION[1] (*Condensation, Influenz* — **Condensation**). Phénomène en vertu duquel une quantité d'électricité s'accumule sur les faces opposées d'un diélectrique placé entre une plaque conductrice, qui amène l'électricité, et une autre en communication avec la terre. Ces effets ont pour résultat d'augmenter la capacité électrique des plaques conductrices, dont le potentiel diminue par suite de l'état latent ou condensé de la charge communiquée.

CONDENSATION. Double condensation[2] (*Doppelinfluenz* — **Double condensation**). Par l'emploi d'un condensateur supplémentaire à grandes dimensions, Gaugain est arrivé à élever la tension nécessaire à certaines expériences plus facilement qu'avec un autre système; on a donné le nom de *double condensation* à cette méthode.

CONDENSER l'électricité (*Elektricität verbinden, condensiren* ou *verdichten* — **To condense electricity**). Lorsqu'on met un diélectrique entre deux plaques conductrices et que, reliant l'une des plaques à la terre, on met l'autre en communication avec une source électrique, on observe que la première plaque se charge d'électricité qui se condense à l'*état latent*, pendant que les armatures sont en face l'une de l'autre, mais devient libre, dès qu'on les éloigne, après avoir supprimé la communication avec la terre. Cette charge réagissant à son tour sur la deuxième plaque, dont le potentiel est primitivement égal à celui de la source, abaisse ce potentiel, ce qui permet à l'électricité de la source de venir remplacer celle qui se dérobe momentanément à l'état latent. Si l'on éloigne les deux armatures, en supprimant la communication avec la source, le conducteur manifestera un potentiel plus élevé que celui de cette source. Lorsqu'un conducteur fait partie d'un condensateur, sa capacité est donc augmentée. (Voir *Force conduisante*.) La quantité d'électricité que l'on peut accumuler dans un condensateur est limitée par deux

1. Suppression de la condensation, voir *Telegraphic Journal*, 1881, p. 211.

2. *Comptes rendus de l'Académie des Sciences de Paris*, 20 juin 1853. — *Annales de chimie et de physique*, 3e série, t. XLVIII, p. 170, octobre 1856.

causes; d'abord le potentiel de l'électricité libre augmentant continuellement, finit par être égal à celui de la source, ce qui empêche une accumulation ultérieure; en second lieu, la lame isolante ne peut pas résister indéfiniment à la charge et se perce.

CONDUCTEUR de l'électricité[1] (*Leiter, Conduktor* — **Conductor**). Appellation donnée, pour la première fois par Desaguliers (1683-1744), au corps susceptible d'égaliser le potentiel entre deux points électrisés qu'il relie.

CONDUCTEUR et diélectrique. Dans la théorie de Maxwell la seule différence qui existe entre un conducteur et un diélectrique est que, lorsque le premier est déchargé, il reste dans l'état où il était avant d'être chargé, tandis que, quand le diélectrique est soumis à une force, elle n'y détermine aucun courant, mais maintient un état d'équilibre particulier, une *charge*. Si cette force varie, la charge varie et ces variations produisent des courants qui leur sont proportionnels. Le diélectrique, d'après cette théorie, serait donc analogue à un corps élastique d'une nature spéciale soumis à l'action de forces extérieures. (Voir Maxwell, *Traité d'électricité et de magnétisme*, t. I, p. 174. Note (Traduction française de M. Seligman-Lui).

CONDUCTEUR. Corps bon conducteur (*Guter Leiter, Leiter* — **Good conductor**). Corps qui, mis en contact avec une source électrique, s'électrise aussitôt sur toute sa surface. La distinction entre les bons et les mauvais conducteurs fut établie par Gray, en 1727.

CONDUCTEUR. Corps moyennement conducteur (*Zwischenleiter, Halbleiter, Mittelmässiger Leiter* — **Semi ou fair conductor**). Corps dont les propriétés conductrices lui assignent une place intermédiaire entre les bons et les mauvais conducteurs.

CONDUCTEUR. Non conducteur (*Nichtleiter* — **Non-conductor**). Corps qui arrête la propagation des manifestations électriques.

CONDUCTEUR diamétral (*Diametraler Hulfsconduktor* — **Diametrical conductor**). Conducteur mobile de la machine de Holtz, muni de peignes à ses extrémités et empêchant les manifestations électriques de la machine de s'éteindre ou de s'intervertir tant que le mouvement est entretenu.

CONDUCTEUR de 1re classe[2] (*Leiter erster Klasse* — **First class conductor**). Conducteur dans lequel il n'y a pas de décomposition électrolytique.

CONDUCTEUR de 2e classe[2] (*Leiter zweiter Klasse* — **Second class conductor**). Conducteur dans lequel il se produit des décompositions électrolytiques.

CONDUCTEUR secondaire de la machine électrique (*Ueber-*

---

1. Priestley, *History of electricity*, p. 60.
2. Wiedemann, *Galvanismus*, t. II, p. 285.

zähliger Konduktor — **Prime conductor**). Boze fut le premier qui ajouta, en 1741, un conducteur de capacité suffisante pour recueillir et emmagasiner l'électricité produite dans les machines électriques à frottement. Ce conducteur prit le nom de conducteur secondaire.

CONDUCTEUR astatique (*Astatischer Leiter* — **Astatic conductor**). Lorsqu'on veut observer les actions produites, sur des courants mobiles, par des aimants faibles ou des courants peu intenses, il est nécessaire de les soustraire à l'action de la terre qui pourrait masquer celle qu'on se propose d'observer. Pour cela il suffit de donner aux conducteurs une forme symétrique par rapport à leur axe de suspension, de telle sorte que les actions directrices de la terre sur les deux parties du circuit tendent à les faire tourner en sens contraire et par suite se détruisent. Les conducteurs ainsi disposés prennent le nom de conducteurs *astatiques*.

CONDUCTEUR de travaux (*Bauleiter* — **Clerk of the works**). Agent préposé à la direction ou la surveillance des travaux.

CONDUCTIBILITÉ électrique[1] (*Leitungsfähigkeit, Stromfähigkeit, Leitkraft, Leitungsvermögen* — **Conductivity**). Propriété d'un corps d'être conducteur (Voir *Conducteur*) de l'électricité observée d'abord par Gray, en 1727. (Voir *Résistance*.) L'argent est le corps le plus conducteur, puis vient le cuivre pur. Le fer, quoique sept fois plus résistant que le cuivre, est choisi, à cause de sa plus grande ténacité, pour les lignes télégraphiques aériennes. Le cuivre est réservé pour les communications souterraines et sous-marines; cependant on en a fait déjà quelques applications aux lignes télégraphiques aériennes. Le plus gros diamètre des fils télégraphiques est 6mm10, mais de semblables dimensions ne sont que bien rarement utilisées. Le diamètre courant des fils de fer est de 4mm31. Pouillet a observé que la chaleur diminue la conductibilité métallique et on est même arrivé à cette conclusion que, à — 273°, la conductibilité des métaux serait parfaite. Becquerel père a prouvé que la chaleur augmente le pouvoir conducteur des liquides. Les gaz ne commencent à être conducteurs qu'à la chaleur rouge et, au rouge blanc, ils laissent passer les plus faibles courants; la conductibilité augmente avec la pression.

CONDUCTIBILITÉ spécifique[1] (*Specifisches Leitungsvermögen* — **Specific conductivity**). La conductibilité spécifique est l'inverse de la résistance spécifique (Voir ce mot). On l'obtient en divisant l'unité par le chiffre qui représente la résistance spécifique.

CONDUCTIBILITÉ magnétique[2] (*Magnetische Leitungsfähigkeit* — **Magnetic conductivity**). Jamin a donné ce nom à la propriété que possèdent les tensions magnétiques de s'équilibrer en deux points.

1. *Annales de chimie et de physique*, février 1862, 1865.

2. *Comptes rendus de l'Académie des Sciences de Paris*, Année 1874, 1er sem., p. 19. — Gordon, *Électricité et magnétisme*, t. I, p. 324.

CONDUCTION électrolytique[1] (*Electrolytische Conduction* — **Electrolytic conduction**). Mode de transmission de l'électricité, admise par Faraday, dans un circuit où il peut se produire des décompositions et des transports électrolytiques.

CONDUCTION électrique[2] (*Elektrische Mittheilung* — **Conduction**). Transmission électrique par contact, par exemple par les molécules d'une barre métallique.

CONDUIRE (*Leiten* — **To conduct**). Propager d'un point à un autre les manifestations électriques.

CÔNE de mousseline de Faraday (*Faraday's Gazekegel* — **Faraday's muslin bag**). Petit instrument formé d'un cône de gaze de coton monté sur un cercle qu'on électrise. On peut retourner ce petit cône, au moyen d'un fil de soie, de manière que sa surface intérieure devienne extérieure, et constater la présence de l'électricité sur cette dernière et jamais sur la partie intérieure.

CONJONCTEUR. (Voir *Commutateur.*)

CONSÉQUENT. Point conséquent (*Folgepunkt* — **Consequent** ou **consecutive pole**). (Voir *Point conséquent.*)

CONSOLE (*Console, Mauerbügel* — **Bracket, Bolt**). Pièce en fer qui sert d'appui à un potelet sur les lignes télégraphiques et est scellée dans une maçonnerie.

CONSOLIDATION (*Verstärkungsmittel* — **Consolidation of poles by means of struts or stays**). Moyen de consolidation des poteaux télégraphiques au moyen de haubans, contre-fiches, etc.

CONSOLIDATION triangulaire d'un poteau télégraphique (*Dreieckverbindung* — **Triangular consolidation of poles by means of struts and cross-pieces**). Système de consolidation au moyen d'une contre-fiche, reliée à sa base à une tige horizontale qui fait corps avec le poteau.

CONSTANTE d'aimantation (*Magnetisirungsconstante* — **Constant of magnetisation**). Rapport du moment magnétique, rapporté à l'unité de volume, à la force magnétique.

CONSTANTE de diélectricité (*Dielectricitätsconstante* — **Dielectric constant**). Rapport de la quantité d'électricité, sur la plaque collectrice d'un condensateur à air, à la quantité de cette électricité sur une plaque d'un condensateur ayant un diélectrique donné.

CONSTANTE d'un galvanomètre[3] (*Constante eines Galvanometers* — **Constant of a galvanometer**). Déviation produite par le courant d'un élément Daniell, pris comme étalon, dans un circuit, dont la résistance est égale à un megohm. On appelle

---

1. Grove, *Corrélation des forces physiques*, p. 101 (Traduction Abbé Moigno). — Maxwell, *Electricity and magnetism*, t. I. — Gavarret, *Traité d'électricité*, t. I, p. 531.

2. Faraday, *Experimental researches on electricity*, t. I, p. 418.

3. Culley, *Handbook of telegraphy*, p. 207, 7e éd. — Gordon, *Traité d'électricité et de magnétisme*, t. I, p. 570 (Traduction Raynaud-Seligman).

constante de courant permanent d'un galvanomètre, la déviation qu'il accuse, sous l'action d'un courant égal à l'unité, c'est-à-dire à l'ampère. Pour les galvanomètres très sensibles, on a l'habitude d'appeler constante, la déviation correspondant à 1 microampère.

CONSTANTE diélectrique. — Synonyme de capacité inductrice spécifique. (Voir ce mot.)

CONSTANTES voltaïques[1] (*Galvanische Constanten* — **Voltaic constants**). On nomme ainsi la force électromotrice et la résistance d'une pile qui étaient regardées comme constantes.

CONTACT (*Contact, Berührung* — **Contact**). Point où deux corps se touchent.

CONTACT de transmission (*Arbeitscontact* — **Sending anvil**, ou dans un sens plus général, **transmission contact**). Point où le manipulateur d'un appareil télégraphique vient se mettre en contact avec l'une des extrémités du circuit de la pile.

CONTACT de réception (*Ruhecontact* — **Receiving anvil**). Point d'appui du manipulateur Morse, à l'état de repos, sur l'enclume qui établit ainsi une communication entre la ligne, l'appareil (électroaimant) et la terre.

CONTACT isolé (*Isolirter Ansschlag, Isolirter Contact* — **Back stop**). Point de la colonne de translation où l'extrémité de la palette Morse prend son appui, à l'état de repos, sous l'influence du ressort antagoniste.

CONTACT de pile (*Batterie Contact* — **Battery stop**). Point de la colonne de translation où l'extrémité de la palette vient toucher une pièce conductrice en communication avec la pile, lors de l'attraction de cette palette.

CONTACT par frottement (*Blankscheuerndes Contaktgleiten* — **Rubbing contact**). Contact de pièces dont l'une au moins vient frotter contre l'autre et raviver le métal.

CONTACT de glissement (*Gleitender Contact* — **Sliding contact**). Contacts produits par un mouvement de glissement.

CONTACT par traction (*Zugcontact* — **Pull contact**). Contact de pièces tirées l'une contre l'autre.

CONTACT par pression (*Druckcontact* — **Push contact**). Contact de pièces pressées l'une contre l'autre.

CONTACT à pédale (*Tretcontact* — **Floor contact, Treading contact**). Contact qui se produit par la pression du pied.

CONTACT à mercure (*Quecksilbercontact* — **Mercury contact**). Système dans lequel le mercure se déplace et produit un contact sous l'influence du mouvement des aiguilles d'une voie ferrée. M. Lartigue a employé cette méthode pour le contrôle du jeu des aiguilles.

---

1. *Annales télégraphiques*, 1861, p. 166.

CONTACT. Théorie du contact[1] (***Contakttheorie* — Contact theory**). Théorie primitive des phénomènes de galvanisme mise en avant par Volta. D'après cette théorie, deux corps hétérogènes étant au contact engendrent de l'électricité. La théorie chimique ne tarda pas à se substituer à la théorie de Volta. Les plus fougueux adversaires de la théorie de Volta furent Pouillet, Ritchie, Desprez, De la Rive et Becquerel. Néanmoins des expériences de Thomson mettent hors de doute le développement de l'électricité par le contact, accompagné toutefois d'un autre phénomène d'où résulte une manifestation électrique. Expliquer absolument la production d'électricité, par un simple contact, serait en effet admettre la production d'une force vive sans dépense correspondante. (Voir *Chimique, Théorie.*)

CONTINUITÉ. Principe de continuité[2] (***Continuitäts-Principium* — Principle of continuity**). Expression dérivée de l'hydrodynamique et exprimant ce fait que, dans un courant constant, le flux électrique qui traverse une section quelconque d'un circuit est égal à celui qui en sort, ou, d'une façon générale, que la matière ne peut pénétrer dans un élément de volume ou en sortir, sans traverser les surfaces limites de l'élément.

CONTRACTION musculaire (***Musculare Zuckung* — Muscular contraction**). En 1678, Swammerdam montrait déjà au grand duc de Toscane le phénomène suivant. Il se produit une contraction dans le muscle d'une jambe de grenouille suspendue par un filet de nerfs lié avec un fil d'argent et placé sur un support en cuivre, de manière que les nerfs et les fils touchent le cuivre. C'était une expérience sur laquelle Galvani devait revenir un siècle plus tard.

CONTRE-FICHE (***Strebe, Strebeholz* — Strut**). Pièce de bois appelée aussi *jambe de force*, prenant appui sur le sol et s'arc-boutant, en un point aussi élevé que possible, contre un poteau télégraphique pour s'opposer à son renversement.

CONTRE-FICHE. Mettre une contre-fiche à un poteau (***Eine Stange verstreben* — To strut a pole**). (Voir *Contre-fiche.*)

CONTRE-FICHE. Action de mettre une contre-fiche (***Verstrebung* — Struting**). (Voir *Contre-fiche.*)

CONTRE-VÉRIFICATION d'une ligne (avant sa mise en service) (***Nachcollaudirung einer Linie*** (Autriche) — **Final verification of a line**).

CONTROLE des appareils télégraphiques (***Prüfung der Apparate* — Supervision of instruments**). Avant leur acceptation, lorsqu'ils sont fabriqués par des fournisseurs, on soumet les appareils à un contrôle minutieux de toutes les pièces.

CONTROLE des lignes télégraphiques (***Collaudirung der***

1. *Journal de physique*, — sur le principe de Volta — Righi, t. VIII, p. 19. — *Comptes rendus de l'Académie des Sciences*, t. CIV, p. 1099.

2. Maxwell, *Électricité et magnétisme*, 2e édition (Traduction Seligmann-Lui), p. 7.

Linien, Prüfung der Linien — **Supervision of lines**). Opération à laquelle on se livre pour vérifier le bon état des lignes, au point de vue de la solidité des appuis et de la conductibilité du conducteur.

CONTROLE des signaux de nuit sur les voies ferrées (*Kontrole der Signalbeleuchtung* — **Supervision of night signals**). Système destiné à s'assurer du bon fonctionnement des appareils à signaux. (Voir *Signal*.)

CONTROLE des isolateurs télégraphiques (*Prüfung der Isolatoren* — **Test of insulators**). Les isolateurs fournis aux administrations télégraphiques sont soumis à un contrôle minutieux concernant leur solidité, la qualité de la pâte, et surtout leur pouvoir isolant. Pour ce dernier essai, on fait un bain d'eau salée et on y plonge des isolateurs renversés, de manière que l'ouverture de la cloche s'élève d'une très petite quantité au-dessus du niveau de l'eau. On les remplit ensuite individuellement d'eau salée et on examine, à un galvanomètre placé dans le circuit, la déviation que produit une pile de cent éléments dont l'une des électrodes plonge dans le bain, tandis que l'autre est successivement plongée dans chacun des isolateurs. Tout isolateur qui, dans cette opération, produit au galvanomètre une déviation égale ou plus grande qu'un maximum admis, doit être rejeté. La résistance des isolateurs doit être égale au moins à 7 milliards d'unités.

CONTROLE de l'épaisseur du zinc sur les fils télégraphiques en fer galvanisé (*Prüfung des Zinküberzuges* — **Galvanizing test**). On fait une solution de 1 partie de sulfate de cuivre dans 5 parties d'eau et on y plonge le fil. On enlève, après chaque immersion de une minute, la couche noire formée sur le fil qui doit, s'il est bien galvanisé, supporter environ 4 immersions avant d'accuser, par un dépôt rouge de cuivre, l'apparition du fer.

CONTROLE de l'injection des poteaux télégraphiques (*Prüfung der Imprägnation* — **Injection test**). 1° Pour l'injection au *sulfate de cuivre*, on badigeonne une rondelle du poteau avec une solution de cyanoferrure de potassium. Si le poteau est convenablement injecté, on observe une couleur brunâtre; la tache devient bleue, au bout d'un certain temps, si le sulfate de cuivre n'est pas pur et contient du sulfate de fer. — 2° Si l'injection a été faite au *chlorure de zinc*, on coupe une rondelle du poteau, et on la place dans un vase contenant une dissolution étendue de sulfure d'ammonium. Après un quart d'heure d'immersion, on la lave avec de l'eau acidulée de vinaigre et on la badigeonne avec une dissolution d'azotate de plomb ou de chlorure de plomb à laquelle on a ajouté quelques gouttes d'acide azotique ou chlorhydrique. Partout où le poteau a été touché par le chlorure de zinc, il se colore en noir par suite de la formation d'un sulfure de plomb. — 3° *L'injection à la créosote* donnant aux cellules du bois une couleur noire qui tranche sur le fond blanc des parties non injectées, le contrôle en est facile. On peut cependant, pour plus d'exactitude dans ces opérations délicates, s'assurer en pesant, à l'état sec, avant puis après l'introduction dans le récipient à injection, si l'augmentation de poids représente bien la quantité de créosote que le poteau doit avoir réglementairement absorbée.

CONTROLE de la couche de gutta-percha des fils recouverts (*Prüfung der Isolation der Guttapercha Drähte* — **Insulation test of guttapercha covered wires**). On renferme un rouleau entier de fil recouvert dans une cuve de fonte et on y fait le vide à un degré aussi bas que possible. On y comprime ensuite de l'air à 100 et même 400 atmosphères, pour que l'opération affecte tous les pores de la gutta-percha. L'une des extrémités du fil est alors reliée au pôle + d'une pile, tandis que le pôle — correspond à la clef d'un commutateur dont le bouton est en communication avec la cuve. Ce commutateur permet de fermer successivement le circuit à travers deux galvanomètres de sensibilité différente. Si l'on constate une perte sensible, on reporte le fil sur un cylindre et on le déroule en le faisant plonger au-dessous d'un second petit cylindre dans une cuve pleine d'eau. En déroulant successivement les spires du fil, on arrive au point défectueux que l'on reconnait par le mouvement d'une aiguille ou le fonctionnement d'un électroaimant placé dans le circuit dont fait partie le fil à essayer (par l'une de ces extrémités sur le cylindre) et l'eau du récipient.

CONTROLEUR des lignes (*Leitungsrevisor* — **Line superintendent**). Agent chargé de surveiller l'état d'une certaine étendue de lignes télégraphiques.

CONVECTION [1] (*Convection* — **Convection**). Transmission de l'électricité par transport, par exemple, dans le jeu de la machine de Holtz ou par l'intermédiaire d'un fluide dont les molécules s'éloignent immédiatement après le contact et sont repoussées.

CONVECTION électrolytique [2] (*Elecktrolytische Convection* — **Electrolytic convection**). Faraday avait admis la transmission d'un faible courant électrique à travers une solution acide, sans la décomposer. M. Helmholtz (1873) a démontré, sous le nom de convection électrolytique, que le seul effet de ce courant est d'absorber l'oxygène de l'atmosphère, à l'un des pôles, pour former de l'eau, tandis que, à l'autre pôle, le dégagement d'oxygène maintient la composition atmosphérique normale.

COQUE (*Schleife, Klanke, Ungehöriger Knote* — **Kink**). Nœud qui se forme dans les câbles pendant leur pose et qu'on évite par un agencement particulier dans les réservoirs du navire et une vitesse convenable de déroulement.

CORDE de fil métallique (*Drahtseil* — **Wire rope**). Plusieurs brins de fils tordus en corde. La disposition en *corde* offre

---

1. Faraday, *Experimental researches in electricity*, t. I. p. 406 et suiv. — Gaugain, *Comptes rendus de l'Académie des Sciences de Paris*, 26 avril 1869. — Maxwell, *Electricity and magnetism*, t. I, p. 55, 330. — Gordon, *Électricité et magnétisme* (Traduction Reynaud-Seligman), t. I, p. 316.

2. Maxwell, *Electricity and magnetism*, t. 1, p. 330. — *Monatsberichte der K. Akad. Berlin*, juillet 1873, p. 587. — *Telegraphic Journal*, 1881, p. 168.

pour les conducteurs électriques des avantages de flexibilité que n'offriraient pas des conducteurs formés d'une seule masse métallique de même diamètre.

CORDON conducteur (*Leitungslitze, Leitungsschnur* — **Conducting cord**). Conducteur très flexible, pour communications dans les appareils d'usage domestique et formé de fils fins tressés.

CORRECTION. (Voir *Roue et Came.*)

CORRECTRICE. (Voir *Roue et Came.*)

CORRESPONDANCE secrète (*Geheimsprechen* — **Secret ou cypher correspondence**). Correspondance constituée par des dépêches en chiffres dont la clef n'est pas connue des bureaux télégraphiques.

COUCHE de séparation (*Trennschicht, Separator* — **Separator**). Couche de caoutchouc contenant 25 °/ₒ d'oxyde de zinc et servant de première enveloppe aux câbles Hooper ; elle a pour but d'empêcher l'action sur le fil de cuivre des deux dernières couches de caoutchouc qui contiennent 6 °/ₒ de soufre et 10 °/ₒ de sulfure de plomb.

COUDE d'un fil (ou bosses) qui se rencontre sur le fil télégraphique et qu'on supprime en le rectifiant au moyen de coups avec un tampon en bois (*Knick* — **Bends**).

COULOMB (Charles-Augustin). Lieutenant-colonel du génie français, né le 14 juin 1736, à Angoulême, et mort à Paris, le 23 août 1806. Parmi des travaux de statique de haute valeur, nous citerons ses études sur la loi des attractions et des répulsions électriques, pour la démonstration de laquelle il inventa la balance de torsion. En Angleterre on lui oppose Michel, qui aurait inventé, de son côté, la balance de torsion, mais dont les essais inédits n'ont été publiés par Cavendish qu'en 1798, tandis que les premières publications de Coulomb relatives à la balance de torsion remontent à 1777-1784. (Voir MAXWELL, *Traité d'électricité et de magnétisme*, p. 48, note de M. Cornu (Traduction de M. Seligmann-Lui). Ses mémoires ont été réunis par la Société de physique et, grâce aux soins de M. Potier, forment le tome I des mémoires relatifs à la physique.

COULOMB[1] (*Coulomb* — **Coulomb**). Nom du physicien français donné à l'unité pratique de quantité électrique égale à un dixième de l'unité électromagnétique C. G. S. Dimensions $M^{\frac{1}{2}} L^{\frac{1}{2}}$. C'est la quantité d'électricité qui traverse un circuit pendant une seconde, lorsque l'intensité du courant est de un Ampère, tandis que l'unité C. G. S est la quantité d'électricité qui traverse un circuit pendant une seconde, lorsque l'intensité du courant est égale à l'unité C. G. S.

COULOMB. Théorie magnétique de Coulomb (*Coulomb'sche magnetische Theorie* — **Coulomb's magnetic theory**). Coulomb

1. *Électricien*, t, II, p. 424. — Cette unité portait le nom de Weber avant la réunion du Congrès des Electriciens en 1881.

admet, dans les molécules des aimants, deux fluides impondérables. Chacun de ces fluides agit par répulsion sur le fluide de même espèce et par attraction sur le fluide de nom contraire, d'où résultent les actions mutuelles des pôles. Les attractions et les répulsions sont dès lors produites par une polarisation préalable des fluides dans les molécules de fer qui amène le déplacement des molécules elles-mêmes. (Voir *Ampère* et *Magnétisme*.)

COULOMB-MÈTRE (*Coulombmeter* — **Coulombmeter**). Instrument imaginé par MM. Ayrton et Perry (et d'autres inventeurs) et destiné à donner en coulombs et multiples ou sous-multiples du coulomb la quantité d'électricité qui passe dans un circuit. (Voir *Mètre*.)

COUPE-CIRCUIT (*Sicherheitsschluss* — **Fusible plug**). Dans un système de distribution électrique dans différents fils en dérivation, l'intensité dépend de la résistance relative de ces dérivations, si, par suite d'une circonstance tout à fait accidentelle, la résistance d'une de ces dérivations diminuait tout à coup, le courant qui y affluerait serait capable de fondre le conducteur et d'amener des dégâts nuisibles à l'exploitation. Pour remédier à cet inconvénient, on intercale, dans le circuit, en un point déterminé, un alliage métallique facilement fusible, constituant un *coupe-circuit* et dont on peut vérifier l'état dans une boîte *dite de sûreté*.

COUPLER les poteaux (*Stangen verkuppeln* — **To frame poles together**). Assembler deux poteaux en un seul système intime au moyen de boulons. La résistance d'un semblable assemblage est égale à 5 fois celle d'un seul poteau de même dimension.

COUPLER. Action de coupler des poteaux (*Verkuppelung* — **Framing poles**).

COUPURE. Station point de coupure (*Untersuchungsstation* — **Disconnecting station**). Station télégraphique où les lignes sont arrêtées sur des isolateurs-arrêts doubles, de manière à être coupées facilement lorsque les besoins l'exigent. Les lignes y sont même souvent réunies, dans certains cas, au moyen de serre-fils en cuivre sans soudure.

COUPURE. Poteau télégraphique de coupure. (Voir *Poteau à isolateur arrêt double*.)

COURANT électrique (*Elecktrischer Strom* — **Electrical current**). Flux apparent et continu des manifestations électriques entre deux points d'un conducteur ayant un potentiel différent. L'identité des propriétés du courant, dans toute la longueur du circuit, ne permet pas d'admettre que les fluides positif et négatif se portent l'un vers l'autre dans le fil conjonctif; il en résulterait en effet un état neutre dans le milieu du fil. Aujourd'hui qu'on n'admet qu'une seule espèce d'électricité qui ne serait autre chose que l'éther quittant les molécules autour desquelles il est accumulé, le courant peut être assimilé à un transport ou flux d'électricité du pôle + au pôle —. Ce courant de matière impondérable, à cause de son affinité pour les molécules pondérables, peut les entraîner dans le sens de son mouvement. (Voir *Endosmose*.)

COURANT voltaïque (*Galvanischer Strom* — **Voltaic current**). Courant provenant d'une pile. Le courant voltaïque n'offre que des effets peu marqués comme tension, mais il a des propriétés de quantité bien plus accusées que la décharge d'une source statique, à cause de l'action génératrice continue dans la pile.

COURANT de transmission (*Arbeitsstrom, Telegraphirstrom* — **Transmitting current**). Courant circulant sur une ligne télégraphique pour produire des signaux à l'arrivée.

COURANT dérivé (*Zweigstrom* — **Derived current**). Courant circulant dans un circuit dérivé qui s'embranche sur un autre circuit. On appelle courant dérivé le courant qui suit un conducteur dont les extrémités viennent se souder en deux points d'un autre circuit principal déjà complet et fermé. L'intensité d'un courant dérivé dépend de la résistance qu'offrent la partie du circuit principal et celle du circuit dérivé entre les deux points de dérivation. Pour une seule dérivation, la formule donnant cette intensité dans le circuit dérivé est $I' = I \frac{r^1}{r^1 + r^2}$ tandis que, dans la partie comprise entre les deux points de dérivation, sur le circuit principal, elle est $= I \frac{r^2}{r^1 + r^2}$. I' = intensité du courant dérivé, I intensité du courant principal, en dehors des points de dérivation, r^1 et r^2 les deux résistances des branches du circuit, entre les points de dérivation. Pour un nombre de dérivations plus considérable, les formules sont relativement simples. Toute dérivation a pour effet d'augmenter le diamètre du conducteur et, en diminuant la résistance, d'augmenter, par conséquent, la quantité d'électricité qui s'écoule, dans le circuit principal, en dehors des points de dérivation. (Voir Blavier, *Traité de télégraphie*.)

COURANT[1]. Loi des courants dérivés de Kirchhof (1847) (*Gesetz der verzweigten Ströme von Kirchhof, Kirchhoff'sche Sätze* — **Kirchhoff's law of derived currents**). En appliquant les lois de Ohm à un système quelconque de conducteurs reliés entre eux, on arrive aux conséquences suivantes qui constituent les lois de Kirchhof : 1° Pour tout point de concours, c'est-à-dire tout point où aboutissent plus de deux conducteurs, la somme des intensités des courants qui le traversent est nulle, en considérant comme positifs les courants qui se dirigent vers ce point et comme négatifs ceux qui s'en éloignent. — 2° Pour toute figure fermée du système, la somme des produits des in-

---

1. Gordon, *Électricité et magnétisme*, t. I, p. 571 (Traduction Raynaud-Seligman). Appendice par M. Raynaud. — Wiedemann, *Galvanimus und Electromagnetismus*, t. I, p. 162.

tensités par les résistances est égale à la somme des forces électromotrices. Les forces électromotrices sont regardées comme positives lorsqu'elles déterminent une augmentation de potentiel et comme négatives lorsqu'elles déterminent une diminution.

COURANT inducteur (***Hauptstrom*** — **Inducing current**). Courant qui, par ses intermittences, crée une polarisation et une dépolarisation dans les conducteurs voisins, d'où naissent deux courants induits. (Voir *Induction dynamique.*)

COURANT induit (ou d'induction)[1] (***Induktionsstrom, Nebenstrom*** — **Induction current**). Courant instantané provenant de l'induction d'un courant inducteur ou d'un aimant en mouvement sur un circuit fermé à proximité.

COURANT induit de fermeture (***Schliessungsinduktionsstrom, Umgekehrter Strom*** — **Induced current on making contact** ou **at closing**). Courant induit, instantané, de sens contraire au courant principal et prenant naissance lors de la fermeture du circuit de ce dernier. La tension de ce courant est moins forte que la tension du courant induit d'ouverture.

COURANT induit d'ouverture (***Oeffnungsinduktionsstrom, Direkter Strom*** — **Induced current on breaking contact** ou **at opening**). Courant induit de même sens que le courant inducteur, prenant naissance à chaque ouverture du circuit de ce dernier, mais avec une tension plus forte que celle du courant induit de fermeture.

COURANT. Lois des courants induits[2] (***Gesetz der inducirten Ströme*** — **Law of induced currents**) (**a**). 1° L'intensité des courants induits est proportionnelle à celle des courants inducteurs; 2° L'intensité des courants induits est proportionnelle au produit des longueurs du circuit inducteur et du circuit induit.

(**b**) **Loi de Lenz.** Lenz (1834) a résumé les différentes lois de l'induction par déplacement de la manière suivante[3]. (***Lenz'sches Gesetz*** — **Lenz' law**). Le déplacement d'un courant électrique ou d'un aimant, situés dans le voisinage d'un circuit fermé, développe dans ce circuit un courant induit de sens contraire à celui qui eût été capable de produire ce déplacement, en d'autres termes, un courant qui tend à s'opposer au mouvement produit.

(**c**) **Loi de Newmann** (***Newmann'sches Gesetz*** — **Newmann's law**). La force électromotrice du courant induit est, à chaque instant, proportionnelle à la vitesse du déplacement, d'où résulte l'induction.

COURANT de Foucault[4] (***Foucault'scher Strom*** — **Foucault's**

---

1. De la Rive, *Traité d'électricité théorique et pratique*, t. I, p. 445.
2. Matteucci, *Cours spécial sur l'induction*, p. 52.
3. Wiedemann, *Galvanismus und Electromagnetismus*, t. III, p. 12. — Verdet, *Conférences de physique*, t. I, p. 372.
4. *Comptes rendus de l'Académie des Sciences*, t. XLI, 1855, p. 450.

current). Courant induit dans une masse métallique en mouvement dans un champ magnétique ou tendant à produire arrêt de mouvement et qui n'a d'autre effet que d'échauffer l'appareil.

COURANT de retour. S. Courant de décharge. (Voir *Retour*.)

COURANT magnétoélectrique (*Magnetinductionsstrom* — **Magnetoelectric current**). Courant provenant de l'induction d'un aimant mobile sur un circuit fixe, ou d'un aimant fixe sur un circuit mobile. On se rend compte de la direction de ces courants en assimilant l'aimant à un solénoïde et en appliquant les lois de l'induction voltaïque.

COURANT d'Ampère[1] (*Molecularstrom, Kreisstrom* — **Ampere's solenoidic current, Amperian current**). Courants qui, d'après l'hypothèse d'Ampère, circuleraient autour de chaque molécule aimantée dans des directions déterminées par le sens de l'aimantation et prendraient, dans l'état non aimanté, des directions variables dont la résultante serait nulle. Dans un aimant, la direction des courants d'*Ampère* est contraire à la marche des aiguilles d'une montre *si l'on regarde le pôle nord* de cet aimant; la direction est opposée si l'on regarde le pôle sud.

COURANT thermoélectrique[2] (*Thermostrom* — **Thermoelectric current** (*Seebeck, Becquerel*). Courant électrique observé par Seebeck, en 1821, et produit par une inégale propagation de la chaleur dans un ou plusieurs corps dont la structure moléculaire n'est pas la même. Si, par exemple, avec deux lames métalliques, de nature différente, on forme un circuit et que l'on porte une des soudures à une température différente de l'autre, il se produit un courant dans le circuit, par exemple, bismuth + et antimoine —. Le courant traverse la soudure chaude en allant du métal appelé positif au métal négatif. La force électromotrice du courant thermoélectrique dépend des métaux en contact, de la différence des températures et aussi de la température moyenne des soudures. Cette dernière pouvant faire varier une série thermoélectrique (Voir *Série*), la direction du courant peut changer, quand la température atteint une certaine valeur. — La température correspondant à cette interversion est nommée *température neutre*. M. Tait a donné la formule suivante pour la force électromotrice d'un circuit de différents métaux dont les soudures sont à des températures différentes : $E = a\,(t^1 - t^2)\,[t^0 - 1/2\,(t^1 - t^2)]$ — t^0 est la température neutre, t^2 les températures des soudures et a un coefficient dépendant de la nature des métaux. (Voir *Thermoélectrique, Loi des phénomènes thermoélectriques.*)

COURANT. Lois des courants thermoélectriques. 1° Loi de

---

1. BECQUEREL et EDM. BECQUEREL, *Traité d'électricité et de magnétisme*, t. III, p. 271.

2. BECQUEREL et EDM. BECQUEREL, *Traité d'électricité et de magnétisme*, t. III, p. 153.

Volta. Dans un circuit métallique quelconque dont tous les points sont à la même température, il n'y a jamais de courant ; — 2° Loi de *Magnus.* Dans un circuit homogène, il n'y a jamais de courant permanent, quelles que soient la forme du conducteur et les variations de température qui existent entre les différents points du circuit ; — 3° Loi des températures successives (*Becquerel*). Pour un couple donné, la force électromotrice, relative à deux températures quelconques t et t', est égale à la somme des forces électromotrices qui correspondent aux températures t et Θ d'une part, puis Θ et t', d'autre part, Θ étant une température intermédiaire entre les deux premières; — 4° Loi des métaux intermédiaires (*Becquerel*). Si deux métaux A et B sont séparés, dans un circuit, par un ou plusieurs métaux intermédiaires, maintenus tous à une même température t, la force électromotrice est la même que si les deux métaux étaient unis directement et la soudure portée à la même température t.

COURANT tellurique[1] (***Erdplattenstrom*** — **Earth plate current**). Courant produit par la force électromotrice des plaques métalliques enterrées aux extrémités d'un circuit dans un sol humide.

COURANT terrestre[1] (***Erdstrom, Tellurischer Strom*** — **Earth current**). Courant provenant du sol, qu'on observe dans toutes les directions, mais en Europe, surtout sur les lignes télégraphiques allant du N.-E. au S.-O. et dont l'origine est imparfaitement déterminée. Ces courants s'observent, avec une intensité particulière, pendant les tempêtes magnétiques. Sur les grandes lignes télégraphiques, les courants terrestres se font sentir d'une manière exceptionnellement gênante. Pour se mettre à l'abri de leurs effets sur les longs câbles, on fait aboutir, d'après les indications de Varley, ces derniers à l'une des armatures d'un condensateur en intercalant le récepteur entre le condensateur et la terre. Cette installation étant identique aux deux extrémités de la ligne, le câble sera isolé et par conséquent soustrait à l'influence des courants terrestres; les transmissions s'effectueront en chargeant et en déchargeant le condensateur au départ. Il en résultera une onde électrique qui, se propageant à travers le câble, affectera le récepteur et chargera, puis déchargera le condensateur à la station d'arrivée. Le professeur Adams attribue les courants terrestres à des causes extérieures à notre globe et assez puissantes pour affecter son magnétisme entier. Il admet qu'ils pourraient être dus à l'influence d'une *marée* produite par le soleil et la lune dans la croûte élastique solide de la terre et dans l'air. Quoi qu'il

---

1. On a souvent fait confusion en France entre ces deux expressions qui se rapportent cependant à des causes fort différentes. — Voir *Journal of the Society of telegraph engineers*, Earth current, t. I, p. 105; t. II, p. 89; t. XII, p. 583; t. VI, p. 468; t. X, p. 34 et t. XII, p. 39. — *Philosophical Magazine*, Manière de remédier en télégraphie aux courants terrestres, 2e sem., p. 400. — BLAVIER, *Étude des courants telluriques*, 1884. — *Archiv für Post und Telegraphic*, 1887, p. 5. — *Comptes rendus de l'Académie des Sciences*, juin 1864. — *Congrès international des Electriciens, Comptes rendus des travaux*, p. 173.

en soit, M. Blavier, en comparant les courbes fournies par les courants terrestres aux courbes magnétiques du même jour est arrivé, par une méthode simple, à conclure que le courant terrestre, auquel sont dues les variations du magnétisme terrestre, circule dans les régions supérieures de l'atmosphère.

COURANT d'aurore boréale (*Nordlichtstrom* — **Current produced by an aurora borealis**). Courant variable comme direction et comme intensité qui provient, d'après les théories admises, de l'activité variable de la circulation électrique de l'équateur aux pôles par l'atmosphère et des pôles à l'équateur par la terre, pendant l'apparition d'une aurore boréale.

COURANT propre de la grenouille[1] (*Froschstrom* — **Frog's natural current**). Courant observé d'abord par Galvani, sur la grenouille, et dont l'existence a été démontrée par Nobili et Matteucci ; il va de l'intérieur des muscles à la surface.

COURANT photochimique[2] (Becquerel) (*Photochemischer Strom* — **Photochemical current**). Courant résultant de l'action de la lumière agissant chimiquement.

COURANT électrocapillaire (Becquerel, Quincke) (*Capillaritätsstrom* — **Electrocapillary current**). Courant provenant probablement de l'adhésion de gaz dans les pores des substances poreuses comme l'éponge de platine.

COURANT flammaire[3] (*Flammenstrom* — **Flame current**). Courant dû à l'état électromoteur des différentes parties d'une flamme.

COURANT triboélectrique (τρίβω, frotter) (Becquerel, Gaugain) (*Triboelektrischer Strom* — **Triboelectric current**). Courant thermoélectrique produit par le frottement.

COURANT prenant naissance dans le passage d'un liquide à travers un diaphragme poreux (Quincke (1859) (*Diaphragmenstrom* — **Current taking place by the passage of a liquid through a diaphragm**). Ce phénomène, qui prend naissance lorsqu'un liquide traverse une paroi poreuse, peut être regardé comme le réciproque de l'endosmose électrique. La force électromotrice varie avec la pression et la nature du diaphragme.

COURANT de disjonction[4] (Edlund) (*Disjunctionsstrom* — **Electric disjunction current**). Courant produit par une force électromotrice secondaire opposée à la force électromotrice principale d'un circuit, prenant naissance dans un circuit dérivé, en un point de disjonction constituant une dérivation à grande résistance.

---

1. Becquerel et Edm. Becquerel, t. I, p. 269. — Mascart, *Électricité statique*, t. II, p. 537. — De La Rive, *Traité d'électricité*, t. III, p. 7.

2. Becquerel, *Électrochimie*, p. 39.

3. Becquerel et Edm. Becquerel, *Traité d'électricité et de magnétisme*, t. I, p. 177.

4. Wiedemann, *Galvanismus und Electromagnetismus*, t. II, p. 368. — *Philosophical Magazine*, 1870, 2e sem., p. 14. — *Telegraphic Journal*, t. I, p. 258.

COURANT ondulatoire[1] (Elisha Gray, Bell) (***Undulirender Strom, Undulatorischer Strom* — Undulatory current**). Courant dont l'intensité croît et décroît régulièrement. Pour la reproduction des articulations et du timbre de la voix, les courants prennent, dans le téléphone, la forme ondulatoire.

COURANT intermittent (***Intermittirender Strom* — Intermittent current**). Courant dont l'interruption est complète, instantanée et momentanée.

COURANT d'impulsion ou **pulsatoire**[1] (Bell) (***Pulsatorischer Strom* — Pulsatory current**). Courant caractérisé par des variations brusques d'intensité.

COURANT des muscles[2] (Du Bois Reymond, Matteucci) (***Muskelstrom* — Muscular current**). Courant se dirigeant de l'intérieur du tronçon d'une cuisse de grenouille à l'extérieur.

COURANT des nerfs[2] (***Nervenstrom* — Nervous current**). Courant naissant dans les nerfs, dans les mêmes conditions que le courant des muscles, mais avec une intensité moins grande.

COURANT nerveux axial[3]. On nomme ainsi tout courant qui résulte de la différence de potentiel électrique entre deux surfaces de sections transversales d'un nerf. La direction de ce courant est toujours opposée au sens de la fonction physiologique du nerf.

COURANT ascendant (***Aufsteigender Strom* — Ascendent current**). Le courant ascendant dans les nerfs est celui qui remonte de la périphérie au centre, par exemple, le pôle positif étant placé à la main et le pôle négatif à l'épaule.

COURANT descendant (***Absteigender Strom* — Descendent current**). Le courant descendant, dans les nerfs, est celui qui descend du centre à la périphérie, par exemple, le pôle positif étant à la cuisse et le pôle négatif au mollet.

COURANT circulaire. (Voir *Courant d'Ampère.*)

COURANT continu (***Ruhestrom* — Continuous current, Closed circuit current**). Système de transmission dans lequel le courant continu circule constamment en temps ordinaire sur une ligne télégraphique; il ne cesse de la traverser qu'au moment où les signaux, qui naissent de son absence, se manifestent.

COURANT continu (*Système allemand*) (***Deutscher Ruhestrom* — Continuous current, Closed circuit current [German System]**). Système de transmission dont on s'est servi en Allemagne, au début, surtout sur les lignes de chemins de fer, permettant de n'employer qu'une pile pour un grand nombre de stations avec appareils Morse. Dans sa plus grande simplicité, il consiste

---

1. *Journal of the Society of telegraph engineers*, 1877, p. 385. — Du Moncel, *Le Téléphone*, p. 37. — *Telegraphic Journal*, 1881, p. 386. — Prescott, *The speaking Telephone, talking Phonograph*, p. 54, 62.

2. *Annales d'électricité*, t. III, p. 5. — De la Rive, *Traité d'électricité*, t. III, p. 7, 41.

3. *Comptes rendus de l'Académie des Sciences*, t. CIII, p. 393.

dans l'intercalation d'une pile sur la ligne avant l'arrivée de cette dernière aux appareils. Plusieurs stations étant embrochées, il suffira que le manipulateur soit isolé au bouton ordinaire de pile, pour que les signaux qu'on aura à transmettre par le mouvement de ce manipulateur se traduisent en mouvements de la palette des récepteurs correspondants.

COURANT continu (*Système américain*) (***Amerikanischer Ruhestrom*** — **Continuous current, Closed circuit current** [*American system*]). Dans ce système, appliqué pendant quelque temps sur les lignes de Hanovre, c'est le contact de réception du manipulateur Morse qui est isolé; le contact de pile est relié à l'un des pôles de la pile et l'autre pôle à la terre. La communication doit toujours être rétablie avec la pile, à la main, à la fin de chaque transmission : cette nécessité fit modifier ce système par Frischen et enfin le fit supprimer.

COURANT. Marche du courant (***Stromlauf*** — **Path of a current**). Croquis indiquant la série des conducteurs d'un circuit fermé et permettant de se rendre compte des fonctions que remplit le courant qui le traverse.

COURANT. Absence de courant dans un conducteur (***Stromlosigkeit*** — **Absence of current**). État naturel du conducteur.

COURANT. Sans courant (***Stromlos*** — **Without current**). Conducteur à l'état naturel et n'étant soumis à aucune influence électrique.

COURANT critique[1] (***Kritischer Strom*** — **Critical current**). Quand le courant d'une dynamo est tel que la force électromotrice a atteint les 2/3 de sa valeur maxima, la moindre variation, soit dans la vitesse du moteur, soit dans la résistance du circuit, produit une variation considérable dans la force électromotrice et par suite dans le courant. Comme ce point critique correspond toujours à la même intensité, ce courant, pour lequel la partie droite de toutes les caractéristiques commence à s'infléchir, peut être désigné sous le nom de *courant critique* de la machine considérée.

COURBE du courant (***Stromscurve*** — **Stream curve**). Fröhlich a appelé *courbe du courant* une courbe exprimant la relation qui existe dans une machine dynamoélectrique donnée entre l'intensité du courant et le rapport de la vitesse à la résistance totale.

COURBE magnétique (***Magnetische Curve*** — **Magnetic curve**). Lignes indiquant les directions des lignes de force magnétique par leur position et l'intensité magnétique par leur nombre.

COURONNE de fil (***Drahtbund, Drahtader*** — **A coil of wire**). Fil de ligne télégraphique enroulé et livré en couronne.

COURONNE d'aurore boréale[2] (***Krone des Nordlichts*** — **Corona**

---

1. Thompson, *Machines dynamoélectriques*, 308 (Traduction E. Boistel).

2. Sirks, *Ueber die Krone des Nordlichts*. — *Annales de Poggendorff*, t. CXLIX, p. 112 (1873). — Fritz, *Das Polarlicht*.

of an aurora borealis). Voûte lumineuse, qui est le résultat d'une illusion d'optique et dont le centre semble être sur le prolongement de l'aiguille aimantée. (Voir *Aurore boréale.*)

COUSSIN frotteur[1] (***Reibkissen, Reibezeug*** — **Rubber, Friction cushion, Pad**). Pièce de la machine électrique inventée par le mécanicien Giessing, de Leipzig, et appliquée aussitôt par Winkler, vers 1741. Ce fut John Canton qui, vers 1762, recouvrit les coussins d'or mussif.

COUTEAU galvanocaustique (***Galvanokaustisches Messer*** — **Galvanocaustic Knife**). Instrument qu'on chauffe au moyen d'un courant électrique et qu'on porte à 600° et même 1500°. Ce couteau coupe, en laissant se produire l'hémorrhagie à 1500°, en produisant l'hémostase à 600° et en cautérisant à tous les degrés intermédiaires entre les limites précédentes.

CRAMPE télégraphique[2] (***Telegraphenkrampf*** — **Telegraph cramp, Operator's paralysis** (Americ). Affection nerveuse qui atteint les télégraphistes et paralyse certains mouvements des doigts et de la main.

CRÉOSOTE[3] (***Kreosotirung*** — **Creosoting**). L'injection des poteaux télégraphiques à la créosote a la propriété, tout en les conservant, d'en éloigner les araignées. (Voir *Contrôle.*)

CRIC-TENSEUR (***Drahtwinde*** — **Wire tightener**). Instrument pour tendre les fils d'une ligne télégraphique.

CROCHET de l'isolateur, du fil télégraphique sur les lignes aériennes (***Hackenöse, Kramme, Ueberwurf*** — **Hook of insulator**). L'isolateur était autrefois muni d'un crochet dans lequel le fil de ligne était engagé.

CROCHET destiné à fixer le hauban sur un poteau (***Ankerhaken*** — **Hook for attaching the stay to the pole**). Dans certains cas, on fixe le hauban à un crochet; dans d'autres, on entoure le poteau avec l'extrémité du fil de hauban.

CROCODILE (κροκόδειλος) (***Fester Contact in der Mitte des Geleises*** — **Fixed contact between rails in Lartigue's system**). Contact fixé entre les rails, d'après le système Lartigue, pour le jeu de son sifflet automoteur et contre lequel un balai disposé au-dessous de la locomotive vient frotter et forme un circuit par la terre.

CROIX DE MALTE (***Kontrolrad, Stellrad, Aufzugcontrole*** — **Spring stop**). Pièce, ayant un peu l'apparence d'une *croix de Malte* et plus exactement celle d'une roue à dents carrées, profondes et peu nombreuses, dans lesquelles une came de l'axe d'un barillet vient s'engager. La croix de Malte arrête le mouvement de l'axe du barillet, dès que la came s'engage dans une

---

1. Dr Ed. Hoppe, *Geschichte der Elektricität*, p. 15. — Joh. Winkler, *Gedanken von den Eigenschaften... der Electricität*, 1744, p. 12.

2. *Journal télégraphique du bureau international*, V. IV, p. 328. — Dr Onimus, *La Crampe des télégraphistes.* — *Telegraphic Journal*, 1884, p. 261.

3. Culley, *Manuel de télégraphie pratique* (Traduction Berger-Bardonnaut.)

des dents spécialement conformée et ne lui permettant pas d'en sortir en continuant sa rotation.

CUBE de Faraday[1] (*Faraday's hollow cube*). Cube creux en fil de fer servant d'écran. (Voir *Écran* et *Cage de Faraday*.)

CUILLÈRE (*Löffelbohrer* — **Spoon**). Instrument pour creuser le sol et faire les trous des poteaux. Cet instrument, qu'on emploie fréquemment à l'étranger, est peu utilisé en France.

CUIVRAGE galvanique (*Galvanische Verkupferung* — **Electro-coppering**). Le cuivre se déposant plus facilement que les métaux étrangers avec lesquels il est mélangé, se précipite sur l'électrode négative d'un bain électrolytique de sulfate ou d'azotate de cuivre impurs. L'électrode positive est en cuivre. Le cuivre ainsi obtenu est cristallin, et est soumis à une fusion qui lui donne les qualités industrielles.

CUIVRE (*Kupfer* — **Copper**). Le cuivre est (après l'argent), le métal le plus conducteur. Sa conductibilité, rapportée à celle de l'argent, est 59,52; sa résistance spécifique n'est que de 1,58 microohms. La quantité pour 100 de résistance dont il varie, par degré centigrade, est de 0,388. Le cuivre est employé à l'état de fil nu ou recouvert, pour la confection des bobines, dans l'âme des câbles souterrains ou sous-marins. Pour ces diverses applications, on spécifie toujours un cuivre doué d'une conductibilité supérieure (0,9 de celle du cuivre pur), car la plus petite quantité de phosphore, ou d'un autre corps, abaisse considérablement sa conductibilité. Le cuivre, à l'état de plaques ou de masse, est employé dans une foule d'applications, dans les stations télégraphiques, téléphoniques..., pour les commutateurs, les différentes parties des appareils (sauf les axes moteurs), etc., etc.

CUNAEUS. Amateur de Leyde, qui observa, en 1745, après Musschenbrock, les effets de la bouteille appelée plus tard *bouteille de Leyde* par Nollet. Toutefois, von Kleist l'avait précédé dans la découverte du même phénomène.

•**CURB-SENDER**[2] (*Curb-Sender* — **Curb sender**). Appareil dû à W. Thompson et F. Jenkin, permettant, au moyen de deux courants de sens contraire qui se succèdent sans interruption et dans des conditions de temps déterminées, d'accélérer la transmission sur les câbles, en abrégeant considérablement le temps que met la ligne à se décharger. Cet appareil a été transformé en appareil automatique.

CURETTE. (Voir *Cuillère*.)

CURSEUR (*Läufer, Schiebring, Schlitten*) (chariot de l'appareil Hughes) — **Slide**). Organe animé d'un mouvement généralement circulaire et remplissant des fonctions variables suivant l'instrument auquel il est affecté.

CUTHBERSTON (**John**). Mécanicien qui, né probablement en

---

1. FARADAY, *Researches on electricity*, t. I, p. 365.
2. *Journal of the Society of telegraph engineers*, 1877, p. 213.

Angleterre, vivait dans la 2e moitié du siècle dernier et au commencement du siècle actuel. Il est l'un des transformateurs de la machine électrique à globe en machine à plateau; on lui doit également un électromètre à bascule. (Voir, pour ses travaux, *Philosophical Magazine,* 1804 à 1810, et différents ouvrages sur l'électricité.)

CYANITE (κυανῖτις, le noir). (Voir *Disthène.*)

CYLINDRE creux du frein (*Bremsring* — **Hollow circular disc of break**). Cylindre de l'appareil Hughes dans l'intérieur duquel le sabot du frein vient s'appuyer en opérant ainsi un travail résistant.

D

DAMAGE (*Feststampfen* — **Ramming of ground**). Action de pilonner les terres, avec une dame, au pied des poteaux télégraphiques, pour assurer leur point d'appui.

DANIELL (John-Frédéric). Électricien anglais, né le 12 mars 1790, à Londres, et mort dans la même ville, le 13 mars 1845. Il est l'inventeur (1836) de la pile qui porte son nom. (Voir *Philosophical Transactions,* 1836, 1839, 1842.)

DAVY (Sir Humphry Bart). Savant anglais, né le 17 décembre 1778, à Penzance (Cornwall) et mort à Genève le 29 mai 1829. C'est lui qui, le premier, observa, en 1802, l'arc voltaïque entre deux charbons. (Voir *Arc voltaïque.*)

DÉCHARGE[1] (*Entladung* — **Discharge**). Dufay étudia, un des premiers, ce phénomène électrique provenant de l'égalisation de potentiel de deux points, par l'établissement d'une communication conductrice entre ces deux points.

DÉCHARGE conductrice (*Conductive Entladung* — **Conductive discharge**). Décharge à travers un corps conducteur, par exemple, une masse métallique, et ne donnant lieu qu'à une élévation de chaleur minime.

DÉCHARGE obscure[2] (*Dunkle Entladung* — **Dark discharge**).

---

1. Gaugain, *Comptes rendus de l'Académie des Sciences de Paris,* 17 juillet, 6 mars 1865, 29 janvier 1866. — Faraday, *Experimental researches on electricity,* t. I. — Snow Harris, *Philosophical Magazine,* 1856, 1er sem., p. 136, 339. — Riess, *Philosophical Magazine,* 1856, 2e sem., p. 525. — Goldstein, *Décharge dans les gaz raréfiés.*

2. Faraday, *Experimental researches in electricity,* t. I, p. 460, 496. — *Annales de physique et de chimie,* 3e série, t. LIV, p. 435 et LXIX, p. 178. — Jamin et Bouty, *Cours de physique de l'École Polytechnique,* t. IV, 2e fasc., p. 196. — Mascart et Joubert, *Leçons sur l'électricité et le magnétisme,* t. I, p. 583.

7

Phénomène découvert par Faraday et constitué par un espace sombre qui sépare l'auréole négative de la gerbe positive, dans les gaz raréfiés.

DÉCHARGE oscillante (Feddersen)[1] (*Oscillirende Entladung, Oscillatorische Entladung* — **Oscillatory discharge**). Lorsque la durée de la décharge augmente et que la résistance diminue, les étincelles oscillent d'une armature à l'autre, avec une intensité graduellement croissante. Ce résultat avait été prévu à la suite de considérations purement théoriques, par Sir W. Thompson.

DÉCHARGE continue[1] (*Continuirliche Entladung* — **Continued discharge**). Dans un milieu dont la résistance diminue, la décharge électrique finit par ne plus être formée que d'un jet.

DÉCHARGE intermittente[2] (*Intermittirende Entladung* — **Intermittent discharge**). Lorsqu'on dispose une colonne d'eau sur le trajet du conducteur, de manière à introduire des résistances considérables, l'électricité s'échappe par étincelles isolées.

DÉCHARGE convective (*Convectionsentladung* — **Convective discharge**). Décharge par transport, par exemple, au moyen du plan d'épreuve, dans le carillon électrique, etc.

DÉCHARGE successive (*Successive Entladung, Allmälige Entladung* — **Successive discharge**). Opération permettant de décharger lentement et par contacts successifs les deux armatures d'un condensateur.

DÉCHARGE froide. (Voir *Choc en retour.*)

DÉCHARGE latérale[3] (*Seitenentladung* — **Lateral discharge**). Décharge secondaire se produisant sur les côtés de l'excitateur d'une bouteille de Leyde et par un fil latéral, en même temps qu'une décharge a lieu dans le circuit de l'excitateur.

DÉCHARGE sous forme d'aigrette. Forme de décharge lumineuse. (Voir *Aigrette.*)

DÉCHARGE disruptive. (Voir *Étincelle disruptive.*)

DÉCHARGER (*Entladen* — **To discharge**). Égaliser le potentiel électrique entre deux points.

DÉCHARGER instantanément un condensateur (*Einen Condensator auf einmal entladen* — **Instantaneously discharging of a condenser**). On décharge instantanément un condensateur en reliant les deux armatures avec un conducteur, constituant un circuit continu.

---

1. FARADAY, *Experimental researches in electricity*, t. I, p. 460, 496. — *Annales de physique et de chimie*, 3e série, t. LIV, p. 435, et LXIX, p. 178. — JAMIN et BOUTY, *Cours de physique de l'Ecole Polytechnique*, t. IV, 2e fasc., p. 196. — MASCART et JOLBERT, *Leçons sur l'électricité et le magnétisme*, t. I, p. 583.

2. *Annales de Poggendorff*, t. CIII, p. 69.— *Annales de chimie et de physique*, 1858, vol. III, p. 435, et 1863, vol. III, p. 178.

3. MASCART, *Électricité statique*, t. II, p. 225. — RIESS, *Die Reibungselectricität*, t. II, p. 246.— DE LA RIVE, *Traité d'électricité*, t. I, p. 417.

DÉCHARGER par contacts successifs un condensateur (*Einen Condensator allmälig entladen* — **Gradually discharging of a condenser by successive contacts**). On décharge lentement un condensateur en enlevant partiellement l'électricité libre qui se trouve sur les armatures, par des contacts alternatifs avec un corps en communication avec la terre.

DÉCLINAISON magnétique[1] (*Declinaison*, *Abweichung*, *Missweichung* — **Magnetic declination**). Angle de grandeur variable, suivant les moments et les lieux d'observation, entre le méridien magnétique et le méridien astronomique. On observe la déclinaison magnétique au moyen d'une boussole. La déclinaison aurait été découverte par Christophe Colomb en 1492, et Halley en observa les variations au XVIIIᵉ siècle. (Voir *Variations.*) Le 1ᵉʳ janvier 1887, la déclinaison à Paris était de 15° 57′ 2 occ. Les premières observations suivies remontent à 1599 et ont été faites par les navigateurs hollandais, d'après les ordres du prince de Nassau.

DÉCLINAISON. Boussole de déclinaison. (Voir *Boussole.*)

DÉCLINOMÈTRE (*Declinometer* — **Declinometer**). Appareil inventé par Gauss, pour mesurer la déclinaison absolue. Il se compose d'un aimant suspendu sans torsion dans des conditions de sensibilité exceptionnelles. On observe au moyen d'une lunette la projection d'une échelle dans un miroir disposé perpendiculairement à l'aimant. On procède enfin à des opérations de moyennes pour obtenir la direction vraie de l'aimant qui n'est jamais en repos.

DÉCOMPOSER (*Zersetzen* — **To decompose, to electrolyse**). Séparer en ses éléments, par des procédés électrochimiques, une substance composée. (Voir *Grotthus.*)

DÉCOMPOSER un fluide neutre en ses éléments constituants hypothétiques (*Vertheilen* — **To disturb electric equilibrium**).

DÉCOMPOSITION d'une substance composée par des procédés électrochimiques (*Zersetzung* — **Décomposition**). Phénomène qui se passe dans l'électrolyse. (Voir ce mot.)

DÉCOMPOSITION d'un fluide neutre en ses parties constituantes hypothétiques (*Vertheilung* — **Disturbance of the electric equilibrium**).

DÉCRÉMENT logarithmique (*Logarithmisches Decrement* — **Logarithmic decrement**). Logarithme népérien du rapport de l'amplitude d'une oscillation d'une boussole à celle de la suivante.

DÉFÉRENT. Expression proposée par Marat, en 1782. (Voir MA-

---

1. On attribue quelquefois à tort la découverte de la déclinaison à Sébastien Cabot, et on dit aussi que Peter Pellegrinus l'avait observée en Europe, au commencement du XIIIᵉ siècle. Il est toutefois hors de doute qu'à cette époque elle était déjà connue des Chinois. Thévenot assure avoir vu une lettre, écrite en 1269, par Pierre Adsiger, disant que l'aiguille de la boussole faisait un angle de 5° avec le méridien.

RAT, *Recherches physiques sur l'électricité*, p. 317), pour remplacer le terme de conducteur. Cette expression, quoique employée par quelques auteurs, à la fin du XVIIIe siècle, n'a pas tardé à disparaître.

DÉFLAGRATEUR (*Deflagrator, Calorimotor* — **Deflagrator**). Pile en hélice de Hare. Cette pile, dont la surface est énorme, a une résistance très faible par suite de l'absence de diaphragme et du peu de distance des métaux électromoteurs (zinc et cuivre), séparés simplement, dans un liquide acidulé, par une lanière de drap ou de caoutchouc et enroulés en longues bandes autour d'un mandrin.

DEIMANN (**Jean-Rudolphe**). Médecin hollandais, collaborateur de Paets van Troostwijk, né à Hage (Frise orientale), le 29 août 1743, et mort le 15 janvier 1808, à Amsterdam. Il observa avec *Paets van Troostwijk* (Voir ce mot) la décomposition de l'eau, sous l'influence de l'étincelle électrique. On lui doit un traité d'électricité, 1779.

DE LA RIVE (**Auguste-Arthur**). Professeur de physique suisse, né le 9 octobre 1801, [illegible]nève, et mort à Marseille, pendant un voyage, le 29 no[illegible]. Il fut l'un des fondateurs de la théorie électrochimique du [illegible]isme. On lui doit des études sur le diamagnétisme, sur le[illegible]rores boréales, sur la résistance au passage, au contact des liquides, sur les actions calorifiques du courant et sur une foule d'autres questions. Ces travaux sont contenus, pour la plupart, dans le *Traité d'électricité théorique et pratique*, publié par De la Rive, en 1854-1858, et traduit dans les différentes langues. Ses mémoires se trouvent dans les *Archives de l'électricité* (et dans cette collection on remarque *une esquisse historique des principales découvertes faites en électricité depuis quelques années*, 1833), dans les *Annales de physique et de chimie*, 1825-1828, dans les *Mémoires de physique de la Société de Genève*, 1825-1862, dans la *Bibliothèque universelle de Genève*, 1822-1855, dans les *Comptes rendus de l'Académie des Sciences*, 1845-1846.

DELLMANN (**Friedrich**). Professeur de mathématiques, à Kreuznach, où il mourut, le 14 juillet 1870; il était né, en 1805, à Kettwig, a. d. Ruhr. On lui doit un électromètre qui dérive de la balance de Coulomb. Ses travaux sur l'électricité sont insérés dans trois brochures, dont la première a été éditée à Coblence, en 1842, et les deux autres, à Kreuznach, en 1864 et 1870.

DENSITÉ électrique (*Elektrische Dichte, Elektrische Dichtigkeit* — **Electric density**). La densité d'une charge électrique est mesurée par la quantité d'électricité par unité de surface et se calcule au moyen de la formule $D = \frac{Q}{S}$, dans laquelle D est la densité, Q la charge et S l'étendue de la surface considérée.

DENSITÉ du courant (*Stromdichte* — **Current density**). On appelle *densité d'un courant* le rapport de l'intensité de ce courant à la section du conducteur au point considéré $D = \frac{I}{S}$. En galvanoplastie les conditions du dépôt, la qualité du métal déposé dépendent entièrement de l'étendue de la surface sur laquelle se fait ce dépôt. Sur une grande plaque on n'aura qu'une couche très mince, tandis que, sur un espace plus faible, la couche sera épaisse.

DENSITÉ magnétique[1] (*Magnetische Dichte* — **Poisson's magnetic coefficient.** Poisson a appelé de ce nom le rapport de toutes les parcelles magnétiques au volume entier du corps.

DÉPART. Bureau télégraphique de départ. (Voir *Bureau.*)

DÉPÊCHE TÉLÉGRAPHIQUE (*Telegraphische Depesche* — **Telegraphic message**). Correspondance manuscrite qui, après avoir été remise dans un bureau télégraphique et frappée d'une taxe conventionnelle, généralement proportionnelle au nombre des mots, un minimum étant admis, est transmise par les fils télégraphiques à la station destinataire. Celle-ci opère gratuitement, dans un certain rayon, la remise à domicile d'une copie manuscrite ou imprimée, suivant l'appareil en usage.

DÉPÊCHE TÉLÉGRAPHIQUE privée (*Privatdepesche* — **Privat message**). Dépêche émanant d'un particulier et adressée à un particulier.

DÉPÊCHE TÉLÉGRAPHIQUE officielle (*Staatsdepesche* — **Official message**). Dépêche émanant d'une autorité d'un gouvernement, primant les autres dépêches et jouissant de la franchise dans les limites de l'État.

DÉPÊCHE TÉLÉGRAPHIQUE urgente (*Dringende Depesche* — **Urgent message**). Dépêche ayant un caractère d'urgence reconnu.

DÉPÊCHE TÉLÉGRAPHIQUE de départ (*Aufgegebene Depesche* — **Original forwarded message**). Dépêche considérée au point de vue de son lieu d'origine.

DÉPÊCHE TÉLÉGRAPHIQUE d'arrivée (*Angekommene Depesche* — **Received message**). Dépêche considérée au point de vue du lieu d'arrivée.

DÉPÊCHE de service (*Dienstdepesche* — **Service message**). Dépêche échangée entre deux bureaux, avec priorité sur les dépêches privées, en vue d'un besoin administratif.

DÉPÊCHE de service taxé (*Bezahlte Dienstdepesche* — **Paid service message**). Dépêche jouissant des bénéfices d'une dépêche de service, mais n'ayant rapport qu'à un intérêt privé.

DÉPÊCHE collationnée (*Collationnirte Depesche, Verglichene Depesche* — **Repeated message**). Dépêche répétée intégralement du point de départ au point d'arrivée, par tous les bureaux concourant à la transmission.

DÉPÊCHE intérieure (*Innländische Depesche* — **Inland message**). Dépêche ne franchissant pas les limites d'un État.

---

1. POISSON, *Mémoires de la théorie du magnétisme.* — *Mémoires de l'Académie des Sciences*, t. V.— MAXWELL, *Electricity and magnetism*, 2e édit., t. II, p. 54.

DÉPÊCHE internationale (*Ausländische Depesche, Transitirende Depesche* — **Foreign message**). Dépêche échangée entre des bureaux d'États différents.

DÉPÊCHE de passage (*Durchgangsdepesche* — **Transit message**). Dépêche qui ne fait que transiter dans un bureau.

DÉPÊCHE sémaphorique (*Seedepesche, Semaphorische Depesche* — **Semaphoric message**). Dépêche échangée entre la côte et un navire en mer, au moyen d'un sémaphore.

DÉPÊCHE en clair (*Depesche in offener Sprache* — **Message in plain language**). Dépêche en langage compréhensible, sans qu'on ait besoin d'une clef.

DÉPÊCHE en langage convenu (*Depesche in verabredeter Sprache* — **Code message**). Dépêche composée de mots n'ayant aucun sens apparent suivi, et qu'on traduit au moyen d'un vocabulaire spécial.

DÉPÊCHE en langage secret (*Depesche in geheimer Sprache* — **Cipher message**). Dépêche en caractères secrets, lettres ou chiffres.

DÉPÊCHE en dépôt (*Unbestellbare Depesche* — **Message waiting instructions**). Dépêche dont on ne peut trouver le destinataire et qui reste à la disposition de ce dernier à la station télégraphique.

DÉPÊCHE multiple (*Depesche mit mehreren Adressen* — **Multiple message**). Dépêche adressée à plusieurs destinataires.

DÉPÊCHE à faire suivre (*Nachzusendende Depesche* — **Message to follow**). Dépêche à réexpédier, lorsque le destinataire n'est pas à l'adresse primitive.

DÉPÊCHE rectificative (*Berichtigungsdepesche* — **Rectifying message**). Dépêche destinée à rectifier les indications d'une dépêche primitive.

DÉPÊCHE complétive (*Ergänzende Depesche* — **Completing message**). Dépêche destinée à compléter les indications d'une première dépêche.

DÉPÊCHE en souffrance (*Zurückgebliebene Depesche* — **Delayed message**). Dépêche qui subit des retards pour une cause quelconque.

DÉPÊCHE à remettre ouverte au destinataire (*Offen zu bestellende Depesche* — **Message to be delivered open**).

DÉPÊCHE de service de chemin de fer (*Eisenbahndienstdepesche* — **Railway message**). Dépêche intéressant l'exploitation et la sécurité d'une voie ferrée.

DÉPERDITION électrique (*Elektrische Zerstreuung* — **Electric dissipation**). Phénomène en vertu duquel un corps électrisé éprouve une diminution lente de potentiel au contact de l'air et des supports imparfaitement isolants. La loi de déperdition électrique, analogue à la loi de Newton pour la chaleur, admet que la perte est proportionnelle à la différence de potentiel entre le corps et la terre. Coulomb a observé que la déperdition ou dispersion, dans un temps très court, est proportionnelle à la tension dans un air calme et à un état hygrométrique constant. On peut représenter la déperdition électrique par l'équation suivante : $V^t = V^o\, 2,71828^{-kt}$ dans laquelle V^t et V^o représentent l'un le potentiel après l'intervalle de temps t, l'autre le potentiel initial, et K un coefficient de perte dépendant de la température, de la pression et de l'humidité de l'air.

DÉPLACEMENT électrique[1] (***Elektrische Verschiebung*** — **Electric displacement**). Maxwell admet qu'une force électromotrice produit, dans un diélectrique, une orientation qui disparaît en même temps que cette force, correspond à l'état de polarisation et y constitue un emmagasinement de l'énergie. Le déplacement dans la même direction que la force, est numériquement égal à l'intensité multipliée par $\frac{1}{4\pi}$K, K étant le pouvoir inducteur spécifique du diélectrique.

DÉPOLARISATION[2] (***Depolarisation.*** — **Depolarisation**) La dépolarisation est le phénomène résultant de la disparition, au pôle positif d'une pile, de la couche d'hydrogène produisant la polarisation. On obtient ce résultat : 1° par un procédé mécanique, en agitant soit le liquide par un courant d'air, soit l'électrode elle-même; 2° en rendant rugueuse l'électrode positive, par une couche de mousse de platine, de sorte que les gaz ne peuvent plus adhérer et se dégagent; 3°, enfin une troisième méthode, la seule pratique, consiste à absorber l'hydrogène au moyen de corps oxydants, comme les oxydes de mercure ou de cuivre, etc., dans les piles Marié-Davy et Daniell, l'acide azotique dans la pile Bunsen, ou le chlore dans la pile De la Rue au chlorure d'argent.

DÉPOT. Heure de dépôt d'une dépêche (***Aufgabezeit*** — **Time of deposit, Code time**). Toute dépêche porte, en temps de la capitale, l'heure exacte à laquelle elle a été remise au bureau télégraphique.

DÉPOT. Centre de dépôt (***Uebernahmestation*** — **A central station, Main station** (Americain). Station où l'on centralise les dépêches comme transit pour les réexpédier dans une autre direction.

DÉPOT. Mettre en dépôt (***Als unbestellbar behandeln*** — **To keep a message in depot**). Laisser, au bureau télégraphique, à la disposition du destinataire, une dépêche qu'on ne peut remettre à domicile, par suite d'adresse incomplète ou erronée.

DÉPOT de matériel (***Materialiendepot, Materialienmagazin*** — **Telegraphic store house**). Provision de matériel sur les lignes télégraphiques en un point déterminé pour les besoins ultérieurs.

---

1. Maxwell, *Électricité et magnétisme* (Traduction Seligmann-Lui,) p. 73. — Mascart et Joubert, *Leçons sur l'électricité et le magnétisme*, t. I, p. 127.

2. Gordon, *Traité d'électricité et de magnétisme*, t. II, p. 325. (Voir *Appendice*, par M. Raynaud) (Traduction Raynaud-Seligmann).

DÉPOT arborescent[1] de particules de charbon et de noir de fumée sur l'électrode positive d'une pile dont on plonge les deux rhéophores dans la flamme d'une bougie (*Russdendrite* — **Dendritis of lamp-black**).

DÉRAILLEMENT d'un appareil synchronique (*Abweichung — Derangement of a synchronical instrument*). Dérangement d'un appareil provenant du mauvais réglage du synchronisme.

DÉRAILLER (*Abweichen* — **To run out**). On dit que deux appareils synchroniques déraillent lorsqu'ils sont en désaccord.

DÉRANGEMENT[2] (*Störung, Fehler* — **Fault**). Les dérangements, de nature excessivement variable, sur les lignes électriques, ne sont que le résultat d'une modification telle du circuit que les manifestations électriques ne peuvent s'y propager que dans des conditions entièrement défavorables. Un circuit électrique se composant de différentes parties — pile, communication des appareils à la station de départ, ligne, communications à la station de réception, fil de terre — un dérangement particulier peut affecter chacune de ces parties. Les dérangements de la pile et des communications intérieures des stations n'ont rien de difficile à déterminer. Il suffit, après avoir vérifié, constaté l'état de la pile, de vérifier le fil de terre et de procéder, par tâtonnements, pour s'assurer, au moyen d'un fil volant, de l'état des différentes communications intérieures; cette méthode permet de localiser immédiatement un défaut. Pour les dérangements sur la ligne, nous envisagerons toujours cette dernière comme composée de plusieurs conducteurs et les cas les plus simples (Voir Blavier, *Formule de Blavier*). On trouvera tous les renseignements nécessaires, pour les différents cas compliqués, dans les ouvrages mentionnés dans la note[2]. Les dérangements qui peuvent se produire sur la ligne sont très variés et se rattachent à trois catégories : 1° Dérivations ou pertes par les supports des isolateurs; 2° Mélange de deux fils; 3° Rupture d'un conducteur isolé au point de rupture ou en communication avec la terre par ce même point. Cette dernière catégorie renferme les dérangements provenant des mauvaises soudures.

1° La recherche des dérivations présente des cas fort complexes, pour la solution desquels il suffira de se reporter aux *Annales télégraphiques*. (Voir le mot *Dérivation* et *Notes*.)

2° Le point où se trouve un mélange s'obtient de la manière suivante : l'une des stations A fait isoler l'autre station B et mesure la résistance a du circuit composé des deux fils, de même B fait isoler A et mesure la résistance b du circuit, composé également des deux bouts mélangés, si x est la résistance de la station A, au point du mélange, y la résis-

1. Wiedemann, *Galvanismus und Electromagnetismus*, t. I, p. 880.

2. Williams, *Manual of telegraphy*. — Hospitalier, *Formulaire de l'electricien*. — *Agenda Dunod*. Télégraphes, 1886. — Munrö and Jamieson, *Pocket book of electrical rules*. — Blavier, *Traité de télégraphie*. — *Electricien*, t. X, p. 340.

tance du mélange, l la longueur de la ligne, on a $2x + y = a$ et $2(l - x) + y = b$ d'où $x = \frac{2l + a - b}{4}$ et $y = \frac{a + b - 2l}{2}$. En divisant x par la résistance moyenne, par kilomètre, on obtient la distance du dérangement.

3° Pour la recherche d'un point de rupture, il faut déterminer d'abord, par le galvanomètre ou la boussole, s'il y a contact avec la terre, ou si la ligne est isolée. Si l'on admet que l'on connaisse la résistance de conductibilité de la ligne, c'est-à-dire de la ligne mise à terre à son extrémité (Voir *Essai des lignes aériennes*), il sera facile, en divisant cette résistance par sa longueur, d'avoir la résistance kilométrique moyenne de conduction. Dans le cas du dérangement qui nous occupe, c'est-à-dire d'une communication avec la terre, il suffira de diviser la résistance de la ligne, que l'on obtient par expérience, par la résistance kilométrique moyenne pour avoir le point du dérangement.

S'il s'agit d'une ligne brisée et isolée, en expérimentant la capacité du conducteur et en la divisant par celle de 1 kilomètre, on arrive à un quotient qui fournit la distance du point où se trouve le défaut. (Voir *Essai des lignes aériennes*). Il faut bien se persuader que dans la pratique il est très rare que l'on soit forcé de calculer le point où se trouve un dérangement. On localise le point du défaut au moyen du subterfuge des *coupures* qui, faites d'une manière intelligente, permettent de circonscrire d'une manière étroite un défaut.

DÉRANGEMENT provenant d'orages (***Blitzartige Störung*** — **Lightning contact**). Influences inductrices de nuages électrisés se traduisant par des décharges instantanées sur les lignes télégraphiques. Ces décharges peuvent paralyser pendant un certain temps l'échange des dépêches.

DÉRANGEMENT. Disque de dérangement (***Störungsscheibe*** — **Signal in case of telegraphic derangement**). Disque signalant, dans certains pays, le point d'un dérangement des lignes télégraphiques.

DÉRANGEMENT. Relever un dérangement (***Eine Störung aufheben*** — **To remove a fault. To cut out a fault**). Le supprimer.

DÉRIVATION[1] (***Nebenschliessung, Nebenschluss, Nebenweg, Ableitung, Abzweigung*** — **Shunt, Earth communications, Derivation**). Communication conductrice, au moyen d'un second conducteur entre deux points d'un circuit déjà fermé. (Voir *Résistance dérivée* et *Dérangement*). Cette expression désigne spécialement, sur les lignes télégraphiques, les communications accidentelles d'un conducteur avec la terre. La résistance d'une simple dérivation est égale à $\frac{rr'}{r + r'}$, r et r' sont

1. *Annales télégraphiques*, 1858, p. 20; 1874, p. 225, et 1875, p. 274. — Boussac, *Précis de télégraphie*, p. 399.

les résistances des deux portions de conducteur comprises entre les points de dérivation. Sur les lignes télégraphiques, les dérivations ont une influence variable, suivant la position qu'elles occupent. Ainsi une dérivation près d'un bureau peut l'empêcher de recevoir une dépêche de son correspondant et une dérivation, établie au pôle même d'une pile, n'altère pas sensiblement l'intensité reçue par le poste correspondant.

DÉRIVATION. Fil de dérivation (*Ableitungsdrath* — **Shunt wire, Derivation wire**). Fil que traverse le courant de dérivation.

DÉRIVER (*Ableiten* — **To derive, to shunt**). Établir une communication par fil ou conducteur dérivé.

DÉRIVÉ. Courant dérivé (*Zweigstrom* — **Derived current**). Courant qui suit une dérivation.

DÉRIVÉ. Circuit dérivé (*Zweigdraht* — **Derived wire**). Conducteur constituant une dérivation.

DERMATINE (δέρμα peau). Succédané de la gutta-percha, du caoutchouc et du cuir (*India rubber and gutta percha journal,* 1885, p. 215; 1886, p. 110).

DÉROULER un câble souterrain (*Ein unterirdisches Kabel ausrollen* — **To run out an underground cable**). Opération qu'on pratique dans la pose d'un câble souterrain livré en bobines.

DÉSACCORD. Être en désaccord. (Voir *Dérailler.*)

DESAGULIERS ou **DES AGULIERS** (**Jean-Théophile**). Membre de la Société Royale de Londres, fils d'un pasteur protestant français (qui s'expatria lors de la révocation de l'édit de Nantes), naquit le 12 mars 1683, à la Rochelle, et mourut à Londres, le 29 février 1744. On lui doit, parmi une quantité considérable de productions en physique, des expériences diverses faites sur des sujets électriques et l'introduction dans le langage scientifique du mot conducteur, *conductor.* (Voir *Philosophical Transactions,* 1738-1743.)

DÉSAIMANTER (*Entmagnetisiren* — **To demagnetise**). Supprimer la polarité magnétique par une action mécanique, physique, ou par une influence électrique ou magnétique opposée.

DÉSAIMANTATION (*Entmagnetisirung* — **Demagnetisation**). Action de désaimanter.

DÉSAMORCEMENT. Lorsque la résistance du circuit d'une machine va en augmentant, la droite, dans le diagramme de la caractéristique, dont l'inclinaison mesure la résistance se relève. Il en est ainsi jusqu'à ce que cette droite vient au contact de la caractéristique à son point d'origine. Dans ce dernier cas, la force électromotrice et l'intensité sont nulles et la machine est soumise au phénomène du *désamorcement.* (Voir *Désamorcer.*)

DÉSAMORCER. Se désamorcer[1] (*Stromlos werden* — **To un-**

1. S. Thompson, *Machines dynamoélectriques.*

prime itself). Une machine dynamoélectrique est désamorcée ou se désamorce lorsque, pour une vitesse donnée, par suite d'une modification dans la résistance du circuit, le courant, provenant de l'induit, cesse de naître et par conséquent de passer dans les spires des électroaimants inducteurs en les actionnant. D'où résulte la disparition du champ magnétique et par conséquent des effets de la dynamo.

DESCARTES (Cartesius-René) Du Perron, philosophe français né le 31 mars 1596, à La Haye, en Touraine et mort à Stockholm, le 11 février 1650. On lui doit une théorie du magnétisme s'appuyant sur l'hypothèse de courants hélicoïdaux du Nord au Sud.

DESSERVIR un appareil télégraphique (*Einen Apparat bedienen* — **To work an instrument**). Transmettre et recevoir les dépêches télégraphiques par cet appareil.

DESTINATAIRE d'une dépêche télégraphique (*Adressat* — **Addressee**). Personne à qui la dépêche est adressée.

DESTINATAIRE. Remettre une dépêche au destinataire. (*Eine Depesche zustellen* — **To deliver to the addressee**).

DESTINATAIRE. Remise d'une dépêche au destinataire. (*Zustellung eines Telegramms* — **Delivery to the addressee**).

DESTINATION. Remettre à destination une dépêche (*Eine Depesche bestellen* — **To deliver at destination**).

DESTINATION. Remise à destination d'une dépêche (*Bestellung einer Depesche* — **Delivery at destination**).

DÉTOUR subi par un télégramme en dehors de sa voie normale (*Umleitung, Umtelegraphirung* — **Diversion of a telegram**). Les dépêches, par suite d'un dérangement ou par erreur, peuvent être dirigées sur les lignes télégraphiques par voie détournée. Il est d'ailleurs admis, en télégraphie, que la voie la plus courte n'est pas toujours la plus rapide.

DÉTOURNER (*Umleiten* — **To divert**). Faire subir un détour, télégraphiquement parlant.

DÉVELOPPER le fil sur le parcours d'une ligne télégraphique (*Draht auslegen, Draht abrollen* — **To uncoil and lay out wire along the line, to run the wire, to string the wire**). Étendre, au pied des poteaux, le fil que l'on doit y fixer avant de faire les soudures.

DÉVIATION de l'aiguille aimantée (*Ablenkung, Ausschlag* — **Deflection of the magnetic needle**). Oersted découvrit, en 1820, l'influence d'un courant sur une aiguille aimantée. (Voir *Electromagnétisme*.) On connaissait, depuis Gilbert, l'influence du magnétisme terrestre sur la boussole. La déviation s'explique par la considération des courants d'Ampère. (Voir *Force directrice de la terre*.)

DÉVIATION spontanée d'un système astatique[1] (*Freiwil-*

---

1. Wiedemann, *Galvanismus und Electromagnetismus*, t. II, p. 261 et 284.

lige Ablenkung eines astatischen Systems — **Spontaneous deflection of an astatic system**). (Nobili, Moser.) Le système astatique n'étant pas soustrait entièrement à l'action de la terre, donne lieu à une légère déviation de déclinaison qu'on appelle spontanée.

DÉVIATION double [1] (*Doppelsinnnige Ablenkung* — **Double deviation**). Poggendorf a observé, en 1838, qu'une aiguille aimantée, dont la direction coïncide avec celle de la direction du cadre d'un galvanomètre, ne dévie pas sous l'influence de courants rapides et alternés, lorsqu'on arrête primitivement ses trépidations à quelques degrés du point zéro. Au contraire, si l'on écarte cette aiguille à quelques degrés du point de repère, avant de faire passer les courants dans les spires, elle dévie jusqu'à 90°, et se place ainsi perpendiculairement au méridien magnétique. On explique ce dernier phénomène par l'aimantation temporaire de l'aiguille dans la direction de son axe qui se produit, lorsqu'elle n'est pas parallèle aux spires, effet qui augmente à mesure qu'elle approche de la position est-ouest. Quant à l'absence de déviation, dans le premier cas, elle provient simplement de l'annulation des courants dans une même direction, par suite de leur sens successif.

DÉVIATOR. (Voir *Lampe électrique auxiliaire.*)

DEXTRORSUM. Expression latine (*dextrorsum*, vers la droite) employée pour caractériser l'enroulement d'un fil en hélice, par exemple dans un solénoïde; elle signifie enroulement de *gauche à droite*, en passant par la partie supérieure des spires de l'hélice, en considérant l'extrémité la plus rapprochée de l'hélice, vue de bout, ou simplement dans le sens du mouvement des aiguilles d'une montre.

DIAGNOSTIC de la mort [2] (*Diagnosticum des Todes* — **Diagnostic of the death**). D'après le Dr Max Buch, un degré de chaleur sensible au thermomètre s'observe lors de la contraction d'un muscle vivant, et ne s'accuse jamais sur un muscle mort que l'on fait contracter par une excitation électrique.

DIAGOMÈTRE [3] (διά à travers, ἄγω je conduis, μέτρον mesure) (*Diagometer* — **Diagometer**). Appareil de Rousseau (et d'autres inventeurs) pour constater la pureté de l'huile, par le temps que met une aiguille très légèrement aimantée à s'éloigner d'une quantité déterminée d'une boule en communication avec le même pôle d'une pile sèche que l'aiguille, par l'intermédiaire de l'huile à mesurer.

DIAMAGNÉTIQUE. Substance diamagnétique (διά à travers, μάγνης aimant) (*Diamagnet* — **Diamagnetic substance**). Substance repoussée par un aimant. (Voir *Diamagnétisme.*) Les substances diamagnétiques connues sont : le bismuth, l'antimoine,

---

1. *Annales de Poggendorff*, 1838, p. 353. — *Philosophical Magazine*, 1877, 2e sem. p. 43. — Wiedemann, *Elektricität*, vol. III, p. 185.

2. *Centralblatt für Electrotechnik*, 1884, p. 770.

3. Mascart, *Electricité statique*, p. 40. — *Telegraphic Journal*, 1881, p. 360.

le zinc, l'étain, le cadmium, le sodium, le mercure, le plomb, l'argent, le cuivre, l'or, le tungstène, le cristal de roche, les acides minéraux, l'alun, le verre, la litharge, le nitre, les métalloïdes, l'arsenic, le phosphore, le soufre, la résine, l'eau, l'alcool, l'éther, le sucre, l'amidon, le bois, le pain, le cuir, le caoutchouc, l'hydrogène, l'acide carbonique, l'azote, les gaz de la flamme. Il est à remarquer qu'une même substance peut être diamagnétique ou magnétique, suivant le milieu dans lequel elle est plongée.

DIAMAGNÉTIQUE (*Diamagnetisch* — **Diamagnetic**). Qui a l'état ou le caractère d'une substance diamagnétique.

DIAMAGNÉTISME (διά à travers, μάγνης aimant)[1] (*Diamagnetismus* — **Diamagnetism**). Propriété de certaines substances, d'être repoussées par les aimants, découverte sur le Bismuth, par Brugmans de Leyde en 1778, et observée, sur l'antimoine, par Lebaillif, en 1827, et Faraday, en 1845. Becquerel n'admet pas la répulsion comme une propriété des substances diamagnétiques, il explique ce phénomène en disant que les substances diamagnétiques sont repoussées parce qu'elles se trouvent au sein d'un milieu plus magnétique qu'elles. Elles s'éloignent de même qu'un corps, quoique pesant, s'élève dans un liquide plus dense que lui.

DIAMAGNÉTOMÈTRE (*Diamagnetometer* — **Diamagnetometer**). Instrument destiné à mesurer la polarité diamagnétique.

DIAMÈTRE de commutation (*Verbindungslinie der Schleifstellen* — **Diameter of commutation**). Terme employé pour désigner, dans les dynamos, le diamètre du commutateur qui aboutit aux points de contact des balais avec le commutateur.

DIAPHANOSCOPIE (διά à travers, φαίνομαι être apparent, σκοπῶ je regarde) (*Diaphanoskopie* — **Diaphanoscopy**). Méthode au moyen de laquelle on illumine l'intérieur du corps qui devient transparent. On observe par ce moyen des altérations morbides que subissent les organes.

DIAPHOTE (διά à travers, φῶς, φωτός lumière) (Dr Hicks) Synonyme de téléphote.

DIAPHRAGME poreux[2] (Becquerel, Quincke, 1859) (*Diaphragma, Querwand, Scheidewand* — **Porous diaphragm**). Corps poreux que traverse l'électricité, lorsqu'il est imbibé, mais que les liquides ne traversent que difficilement et par capillarité. Toute substance perméable aux liquides, qui n'est pas attaquée ou délayée par eux, peut servir à établir des diaphragmes dans une dissolution électrolytique, mais elle ne doit pas contenir des matières conductrices de l'électricité, car il en résulterait des centres de décomposition aux points correspondant aux

---

1. Becquerel, *Traité d'électricité théorique et appliquée*, t. I, p. 569. — *Bibliothèque de Genève* (supplément), t. II, p. 42 et 145. — Maxwell, *Electricity and magnetism*, t. II, p. 51, 69, 432. — Gavarret, *Traité d'électricité*, t. II, p. 365.

2. Becquerel et Edm. Becquerel, *Traité d'électricité et de magnétisme*, t. I, p. 235.

deux pôles du circuit. Les différentes espèces de diaphragmes employées dans les piles ont été la baudruche, la peau, le cuir tanné, la toile à voile serrée, le sapin ou le bois à tissu fibreux, le kaolin ou l'argile exempte de chaux, la porcelaine.

DIAPHRAGME métallique (*Metallische Zwischenplatte* — **Metallic diaphragm**). Pièce métallique interposée.

DIGNÈME[1] (δίς deux fois, κνήμη jambe). Expression qui, dans la classification des électroaimants, admise par Nicklès, signifiait *à deux hélices*.

DIÉLECTRICITÉ (mot hybride, composé grec à désinence latine : διὰ à travers, ἤλεκτρον ambre) (Cavendish, Faraday) (*Dielektricität* — **Dielectricity**). Électricité moléculaire qu'on admet comme polarisée dans les corps isolants.

DIÉLECTRICITÉ. Constante de diélectricité (*Dielektricitätsconstante* — **Constant of dielectricity**). Rapport de la capacité d'un condensateur, formé d'un diélectrique donné, à sa capacité lorsque le diélectrique est constitué par l'air.

DIÉLECTRIQUE[2] (Cavendish, Faraday) (*Dielektricum, Dielektrischer Körper* — **Dielectric substance**). Corps dont le pouvoir isolant est tel que, lorsqu'on l'interpose entre deux conducteurs à des potentiels différents, la force électromotrice qui agit entre eux, ne peut parvenir à en égaliser les potentiels. (Voir *Conducteur* et *Diélectrique*.)

DIÉLECTRIQUE (*Dielektrisch* — **Dielectric**). Qui a le caractère ou l'état des substances diélectriques.

DIÉLECTROLYSE (διά à travers, électrolyse) (*Dielektrolyse* — **Dielectrolysis**). On avait cru observer une transmission électrolytique, à travers une partie du corps humain, ou *diélectrolyse*, mais on s'aperçut bientôt que, dans le cas de l'iodure de potassium, par exemple, le réactif ozoné ne décelait que les traces d'iode provenant du contact des doigts avec l'autre électrode.

DIFFÉRENTIEL. Galvanomètre différentiel (*Differentialgalvanometer* — **Differential galvanometer**). Galvanomètre dont le cadre est composé de deux circuits égaux, semblablement disposés, et dont les actions sur l'aiguille aimantée peuvent s'ajouter ou se retrancher, en dirigeant le courant d'une manière convenable dans les deux circuits.

DIFFUSEUR (*Ausbreiter, Diffusor* — **Diffuser**). Espèce de paratonnerre à pointes que le Dr Cornelius Herz a employé en même temps qu'un condensateur, pour supprimer l'induction des fils voisins sur les conducteurs téléphoniques.

DILATATION galvanique[3] (Fontana, Edlund, Quincke, Blon-

---

1. Nicklès, *Les électroaimants et l'adhérence magnétique*, 1860.
2. Maxwell, *Electricity and magnetism*, t. I, p. 53, 153, 323, 412, 423, 460, 464; t. II, p. 784.
3. *Annales de Poggendorff*, t. CLVIII, p. 148. — *Annalen der Physik und Chemie*, nouvelle série, t. X, p. 161, 374 et 513. — *Journal de physique*, t. VIII, p. 122. — *K. Akademie der Wissenschaften in Wien* 4 novembre 1880.

lot) (*Electrostriction, Galvanische Ausdehnung* — **Electric expansion**). Augmentation du volume d'un corps sous l'influence de l'électricité seule. Cette question, qui a été l'objet de nombreux travaux, aurait été résolue par M. Blondlot. Les corps ne se dilatent pas sous l'influence de l'électricité seule.

DIMENSIONS des unités (*Dimensionen der Einheiten* — **Dimensions of units**). Fourier[1] donna le premier la théorie des dimensions qui expriment le nombre de facteurs entrant dans l'expression mathématique des unités. Ce sont les relations qui lient les unités dérivées aux unités fondamentales et permettent de calculer facilement le changement qu'elles devraient subir si une ou plusieurs des unités fondamentales étaient modifiées. Les dimensions des unités électromagnétiques sont les suivantes :

Résistance : Ohm $= L\,T^{-1}$ — Force électromotrice ou potentiel : Volt $= M^{\frac{1}{2}}\,L^{\frac{3}{2}}\,T^{-2}$ — Intensité : Ampère $= M^{\frac{1}{2}}\,L^{\frac{1}{2}}\,T^{-1}$ — Capacité : Farad $= L^{-1}\,T^{2}$ — Quantité : Coulomb $= M^{\frac{1}{2}}\,L^{\frac{1}{2}}$.

DIMINUER la force directrice de la terre (*Astasiren* — **To weaken the directive force of the earth**). Dans les mesures électromagnétiques, on cherche à diminuer la force directrice de l'aiguille magnétique pour rendre l'appareil plus sensible.

DIMINUTION de la force directrice magnétique de la terre (*Astasirung* — **Astaticity**). Opération ayant pour but d'obtenir un système astatique.

DIPLEX (Mot hybride à radical grec suffixé de latin δι (σ) deux fois — *plex*, suffixe multiplicatif latin). **Système Diplex** (*Diplex-System* — **Diplex system**). Système de transmission de deux dépêches télégraphiques simultanément dans le même sens, sur le même fil, inventé par Stark (Vienne) et Bosscha (Leyde), en 1855. On employa, dans ce but, des instruments n'obéissant qu'à des courants positifs ou négatifs. Pour cela on eut recours à des relais à armature polarisée et n'étant sensibles qu'à des courants dans une direction seulement.

DIRECT. (Voir *Communication.*)

DIRECTRICE[2] (*Directrix* — **Directrice**). Un courant quelconque, circulant dans un circuit, produit dans tout l'espace autour de lui un *champ* électromagnétique. Si, par exemple, un pôle d'aimant se trouve en un point de ce champ, il est sollicité dans une certaine direction par une force qui est l'intensité du champ électromagnétique. Cette direction est celle de la directrice. La directrice, admise par Ampère, en un point, est donc la droite dirigée suivant l'intensité du champ électromagnétique développée par la présence d'un courant.

DISJONCTEUR. (Voir *Commutateur-disjoncteur.*)

DISPERSION électrique (*Elektrische Zerstreuung* — **Dissipa-**

---

1. Fourier, *Théorie analytique de la chaleur*, ch. II, sect. IX.

2. Maxwell, *Electricity and magnetism*, t. II, p. 157. — *Journal de physique*, 1874, p. 301. — Wiedemann, *Galvanismus*, t. II, p. 31.

tion of electricity into the air). Déperdition électrique ou diminution de potentiel d'un conducteur, par son contact avec l'air atmosphérique. (Voir *Déperdition.*)

DISPERSION. Coefficient de dispersion. (Voir *Coefficient.*)

DISQUE (δίσκος disque, rond) (***Haltscheibe, Wendescheibe, Scheibe*** — **Disc**). Disque servant de signal optique sur les voies ferrées, et dont la position est indiquée, à la station voisine, par le carillon d'une sonnerie électrique.

DISQUE d'épreuve ou **plan d'épreuve**[1] (***Probescheibe, Probirscheibchen, Prüfungsscheibe Prüfungskugel*** — **Proof plane**). Petit disque métallique isolé, dont on se sert pour recueillir une certaine quantité d'électricité sur un corps et l'étudier, par exemple, dans la balance de Coulomb.

DISQUE indicateur (***Fallscheibe*** — **Drop of indicator**). Disque servant de signal optique dans différents appareils et qui, retenu par un système électrique, tombe par son propre poids, dès qu'un courant déclenche l'arrêt et rend visible une indication d'appel.

DISRUPTIVE. (Voir *Étincelle.*)

DISSIMULÉE. Électricité dissimulée[2] (***Verborgene Elektricität, Gebundene Elektricität*** — **Dissimulated electricity, Bound electricity, Disguised electricity**). Électricité dont la réaction extérieure est nulle par suite de l'influence d'un corps voisin.

DISTHÈNE (δίς deux fois, σθένος force) (***Disthene*** — **Disthene**). Silicate d'alumine allié à $\frac{1}{100}$ de FeO. (S. Cyanite). Il s'électrise tantôt positivement, tantôt négativement par le frottement.

DISTILLATION par l'électricité[3] (***Elektrisches Destilliren*** — **Electric distillation**) (Gernez). Pour produire ce phénomène, on emboîte hermétiquement l'un dans l'autre, à leur partie inférieure, deux tubes de diamètre différent, l'un extérieur, fermé à la partie supérieure, l'autre, intérieur, ouvert dans le premier. On fait le vide à la partie supérieure commune de ces deux tubes, dont l'un est moins long que l'autre. Si, après avoir introduit le même liquide dans les deux tubes, on les met, grâce à des appendices métalliques, en communication avec les pôles d'une machine de Holtz, on voit, par une sorte de distillation, le liquide diminuer au pôle positif et augmenter au pôle négatif. Cette distillation est un simple déplacement mécanique procédant d'un grimpement le long de la paroi extérieure du petit tube.

DISTRIBUTEUR (***Vertheiler*** — **Distributer**). Dans les appareils

---

1. Moutier, *Journal de physique*, p. 397. — Maxwell, *Electricity and magnetism*, t. I, p. 315.

2. Daguin, *Traité de physique*, t. II, p. 375. — Muller, *Lehrbuch der Physik*, t. VIII, p. 178. — Faraday, *Experimental researches in electricity*, t. I et II, passim.

3. *Journal de physique*, t. VIII, p. 361, 1re série.

multiples, fondés sur la division du temps (Meyer, Baudot) on emploie un distributeur, c'est-à-dire un système formé de pièces de contact fixes et séparées, disposées suivant les secteurs d'un cercle au centre duquel un rayon mobile, en relation avec la ligne, met successivement et synchroniquement l'extrémité de cette ligne en communication avec chacun des appareils en correspondance reliés aux pièces de contact fixes. Ce mouvement, qui est synchronique dans les deux distributeurs des stations en relation, permet de relier plusieurs appareils aux différents contacts du distributeur et de se servir successivement de la ligne pendant un temps déterminé, pour desservir les appareils aux deux extrémités.

DISTRIBUTION de l'électricité (***Vertheilung der Elektricität*** — **Distribution of electricity**). L'électricité se porte à la surface des corps. Cette propriété est déduite analytiquement des lois de Coulomb, mais se démontre expérimentalement par plusieurs procédés tels que : la feuille de clinquant que l'on enroule ou que l'on déroule en observant la charge qui est modifiée suivant la surface extérieure; la cage de Faraday, qui permet de charger considérablement un espace fermé complètement par des barreaux métalliques, sans que l'on puisse percevoir la plus petite trace d'électricité dans l'intérieur.

Les corps de différente forme se chargent, suivant des lois parfaitement déterminées. Sur une sphère électrisée, la charge, en chaque point, est la même. Sur un ellipsoïde, elle est plus grande à l'extrémité du grand axe qu'à celle du petit axe. L'électricité, repoussée en quelque sorte contre la surface, y est maintenue par la pression de l'air ou son pouvoir isolant; elle exerce contre la surface une pression (nommée tension), du dedans au dehors, qui diminue d'autant la pression de l'air. D'où le pouvoir des pointes et l'explication du moulinet électrique.

Toutefois ces notions ne rendraient pas compte d'un grand nombre de phénomènes. (Voir *Potentiel.*)

DISTRIBUTION de l'énergie électrique[1] (***Elektrische Vertheilung*** — **Electric distribution**) (Hospitalier, Gravier, Maxim, Lane Fox, M. Deprez). Le problème de la distribution de l'énergie électrique est né de l'application des machines dynamoélectriques à des circuits variables comme résistance. Primitivement on avait fait usage, dans ce but, de procédés utilisant un organe mécanique, mais cet organe offrant une certaine inertie, produisait par conséquent des intermittences dans le régime électrique du réseau à desservir. Différentes solutions ont été proposées pour régulariser la quantité totale d'énergie à transporter (EI), selon qu'on introduira ou qu'on supprimera des appareils à circuit variable. On peut théoriquement faire varier I et E, ou ne faire varier que l'une de ces deux quantités en laissant l'autre constante. Comme il serait compliqué de faire varier à la fois I et E, on peut, soit laisser I constant et faire varier E, en in-

1. Cadiat et Dubost, *Traité pratique d'électricité industrielle.* — Hospitalier, *Formulaire pratique de l'électricien.*

troduisant alors tous les appareils en série, dans le même circuit, ou enfin faire varier I en laissant E constant, et, dans ce dernier cas, installer les appareils en dérivation. Bien des solutions plus ou moins ingénieuses ou exactes ont été proposées. (Hospitalier [1880], Gravier, etc.). Nous ne donnerons ici que celle de M. Marcel Deprez, qui rentre dans la 2e catégorie ci-dessus en faisant E variable et en obtenant I toujours constant. M. Marcel Deprez observant que, pour chaque dérivation nouvelle du circuit diminuant la résistance, on a une nouvelle excitation magnétique et un nouvel accroissement d'intensité et que la force électromotrice est représentée dès lors par la somme de deux forces électromotrices : l'une constante, l'autre variable, a réalisé un champ magnétique satisfaisant, à cette condition, sans avoir recours à aucun artifice mécanique. Pour cela, il a adopté un double champ magnétique : l'un fixe, excité par une machine auxiliaire; l'autre placé dans le circuit même de la machine et, comme d'habitude, variable avec lui. Dans ces conditions la différence de potentiel aux bornes, et la chute utilisable restent toujours les mêmes, et la constance du débit est parfaite. Le réglage est donc obtenu et chaque récepteur, dans le circuit, dispose toujours de l'intensité dont il a besoin. En pratique, les conditions auxquelles doit satisfaire un système de distribution de courant sont les suivantes :

1° Tous les appareils doivent recevoir exactement la partie de force qui leur est destinée et pouvoir être employés indépendamment les uns des autres ; — 2° le réglage doit être automatique, précis, sans surveillance ou moyen spécial; 3° le réglage doit être tel que la machine ou les machines génératrices du courant ne fournissent que la quantité d'énergie nécessaire pour faire fonctionner les appareils, chaque fois qu'on le désire.

DIVISCH (Procopius) [1]. Prêtre autrichien, né le 1er août 1696, à Senftenberg (Moravie), et mort le 21 décembre 1765, à Prenditz près Znaym (Moravie). Ce fut lui qui établit, le 15 juin 1754, le premier paratonnerre signalé en Europe.

DIVISIBILITÉ de la lumière électrique [2] (***Theilbarkeit des elektrischen Lichtes* — Division of current for light**). Expression désignant l'emploi d'un seul courant, qui se divise, pour entretenir, dans un même circuit, plusieurs lampes électriques à arc voltaïque.

DIVISION d'un cadran (***Feld eines Zeichens beim Zeigerapparat* — Division of arc scale of a dial instrument**). Division dans laquelle est inscrit un signal sur un cadran.

DIVISION. Avancer d'une division (***Um ein Feld vorspringen* — To move forward a division**). En parlant de l'aiguille d'un appareil télégraphique.

1. POGGENDORFF, *Histoire de la physique.* — HOPPE, *Histoire de l'électricité*, p. 41. — *Telegraphic Journal*, vol. XVII, p. 391.

2. DU MONCEL, *L'Éclairage électrique.* — *Journal of the Society of telegraph engineers*, t. IX, p. 339.

DOIGT d'arrêt de la croix de Malte (*Kontrolzahn, Sperrzahn* — **Cam of spring stop**). Doigt ou came qui, en entrant dans l'une des échancrures convenablement conformée de la croix, y est arrêtée et empêche de remonter le ressort du barillet outre mesure.

DORURE galvanique (*Galvanische Vergoldung* — **Electro-gilding**). On obtient des bains d'or convenables pour les opérations électrolytiques de dorure, en faisant dissoudre 100 gr. de prussiate jaune de potasse et 50 gr. de carbonate de potasse dans un litre d'eau distillée, et en faisant ensuite bouillir avec 10 gr. de chlorure d'or. Ce bain étant filtré et maintenu à 70° environ, produit une dorure très belle sur les moules du pôle négatif. Le bain d'or est entretenu au moyen d'une électrode soluble en or massif. (Voir *Fontaine, Électrolyse*, p. 171.)

DOSOMÈTRE (composé mal fait de δόσις dose, μέτρον mesure, cf. *Dosimétrie*) (*Dosometer* — **Dosometer**). Espèce de petit voltamètre, proposé par Pulvermacher, pour indiquer, dans un tube très étroit, pourvu d'une échelle, la quantité de gaz décomposé par un courant, et par conséquent la quantité d'électricité qui produit cette décomposition. Cet instrument était destiné à fournir des indications en électrothérapeutique.

DOUBLEUR de Bennet (*Duplicator* — **Bennet's doubler**). Appareil condensateur, inventé par Bennet, en 1787, et formé d'un électroscope et de trois plateaux : le plateau inférieur laqué à la partie supérieure et faisant corps avec l'électroscope ; le plateau moyen muni d'un manche et laqué de deux côtés ; le plateau supérieur laqué à la partie inférieure et muni d'un manche. Le plateau intermédiaire sert à charger, par une seconde influence, le plateau supérieur d'une électricité semblable à celle du plateau inférieur. En réunissant ensuite ces deux derniers plateaux, on augmente ainsi la charge du plateau inférieur.

DOVE (Henri Guillaume). Professeur allemand, né le 6 octobre 1803, à Liegnitz, et mort, à Berlin, le 4 avril 1879. On lui doit l'invention du premier disjoncteur destiné à fournir des courants de même sens dans une bobine induite, et des études sur l'effet des diaphragmes dans les bobines induites. (Voir POGGENDORFF, *Annales*, t. XLIII, XLIX et LVI.) Les *Annales* de Poggendorff contiennent ses travaux sur l'électricité, de 1830 à 1852.

DUB (Christophe-Julius). Physicien allemand, né le 16 août 1817 à Berlin. Il a laissé des travaux restés classiques, sur les électroaimants de différentes formes, et l'attraction électromagnétique dans les *Annales* de Poggendorff, 1850-1855.

DUCHENNE de Boulogne (Guillaume-Benjamin). Médecin français, né le 18 septembre 1806, à Boulogne-sur-Mer, et mort à Paris, le 17 septembre 1875. Il s'occupa des applications de l'électricité statique, galvanique et surtout d'induction à la thérapeutique. Il a publié un traité relatant ses découvertes et ses méthodes, intitulé *De l'électrisation localisée*, qui a eu plusieurs éditions de 1855 à 1872, et peut être regardé comme l'un des créateurs de l'électrothérapie.

DUFAY (Charles-François de Cisternay). Savant français, membre de l'Académie des Sciences de Paris, né le 14 septembre 1698, à Paris, et mort dans la même ville, le 16 juillet 1739. C'est à Dufay que l'on doit la distinction de deux électricités différentes et opposées qu'il appela électricité vitrée et électricité résineuse, etc. Ses travaux sur l'électricité et le magnétisme (par exemple l'*Histoire de l'électricité*), furent publiés dans les *Mémoires de l'Académie des Sciences*, de 1728 à 1737.

DU MONCEL (Théodore-Achille-Louis). Électricien français, né le 6 mars 1821, à Paris, et mort dans la même ville, le 16 février 1884. A partir de 1851, époque à laquelle Du Moncel s'appliqua à l'étude de l'électricité, il publia des études sur des sujets très variés dans les *Mémoires de l'Académie de Cherbourg*, dans les *Comptes rendus de l'Académie des Sciences de Paris*, dans les *Annales télégraphiques*, dans les *Mémoires de l'Académie de Caen*, dans la *Revue contemporaine*. On retrouve, du reste, le contenu de ces mémoires dans les différents volumes qu'il a publiés, par exemple : 1° *L'Exposé des applications de l'électricité*, 1872-1878, 5 volumes ; 2° *Notice sur l'appareil d'induction de Ruhmkorff*, 1855-1867 ; 3° *Recherches sur la non-homogénéité de l'étincelle d'induction*, 1860 ; 4° *Traité théorique et pratique de télégraphie électrique*, 1864 ; 5° *Recherches sur les meilleures conditions de construction des électroaimants*, 1882 ; 6° *Éclairage électrique*, 1879 ; 7° *Le Téléphone, le Microphone et le Phonographe*, 1882 ; 8° *L'Électricité comme force motrice*, 1883, et quelques autres brochures, telles que *Recherches sur l'électricité*, 1862 ; *Étude des lois des courants*, 1860 ; *Du rôle de la terre dans les transmissions télégraphiques*, 1876.

DUPLEX (lat. *duplex*, double). **Système de télégraphie Duplex**[1] (*Duplex-System* — **Duplex-system**). Système dans lequel on transmet deux dépêches télégraphiques, simultanément en sens contraire sur le même fil. La première solution de ce problème fut donnée par Gintl, en 1854, les dernières méthodes sont celles de MM. Preece et Stearns, avec l'emploi d'un condensateur. (Voir *Méthode*.)

DYGOGRAMME. (Ce mot semblerait devoir être plutôt dynogramme avec l'étymologie dérivant de δυνα-, exprimant l'idée de puissance, et γράμμα écrit). On appelle *dygogramme* une courbe qui donne la grandeur et la direction de la force qui agit sur l'aiguille d'une boussole, en fonction de l'azimut magnétique du navire considéré.

DYNAMIQUE. (Du radical amorphe δυνα- idée de puissance, d'où δύναμαι, je peux.) **Électricité dynamique** (*Dynamische*

1. *Journal télégraphique*, t. VIII. — Ternant, *Les Télégraphes*, p. 308. — *Annales télégraphiques*, 1877, p. 401. — *Journal of the Society of telegraph engineers*, t. II, p. 89 ; t. VI, p. 360 et 524. — *Telegraphic Journal*, 1872-1873, art. Preece.

Elektricität, Galvanismus — **Dynamic electricity**). Électricité produisant un travail par son écoulement.

DYNE (même racine) (***Dyn*** — **Dyn**). Unité de force C. G. S. qui, agissant sur la masse d'un gramme, pendant une seconde, lui imprime une vitesse de un centimètre par seconde ; c'est en pratique $\frac{1}{981}$ du poids d'un gramme à Paris.

DYNAMOÉLECTRIQUE (δυνα-El). **Machine dynamoélectrique**[1] (Faraday, Hjœrth de Copenhague (1854), Werner Siemens, Wheatstone (14 février 1867), Gramme, Wilde) (***Dynamoelektrische Maschine*** — **Dynamoelectric machine**). (Voir *Paccinotti.*) La machine dynamo ou dynamoélectrique est destinée à convertir l'énergie, sous forme de mouvement mécanique, en énergie, sous forme de courants électriques et vice versa. Elle repose sur le principe d'induction découvert par Faraday, en 1831, mais c'est Werner Siemens et Wheatstone qui, les premiers, ont fait connaître (le 14 février 1867) la disposition et le principe des machines dynamoélectriques qui ont reçu depuis divers perfectionnements. Ils avaient eu comme précurseur, en 1854, Hjörth de Copenhague, avec sa batterie magnétoélectrique. Un circuit fermé (bobine qu'on appelle aussi armature) tourne dans un champ magnétique produit, au début, par le fer d'électroaimants qui gardent toujours des traces de magnétisme. Ce circuit, qui est en communication, de différentes manières, avec le fil des électroaimants, coupe les lignes de force du champ, et son déplacement de rotation produit des courants induits qui, dans les machines autoexcitatrices (Voir *Autoexcitation*) surexcitent à leur tour les électroaimants engendrant le champ magnétique inducteur. Ces deux actions réciproques réagissent l'une sur l'autre et font que l'électricité produite ne tarde pas à atteindre une intensité maximum. Le courant issu de la dynamo est d'autant plus énergique que le champ magnétique est plus intense. Pour un champ magnétique à intensité constante, la force électromotrice des circuits induits est proportionnelle à la vitesse de rotation (Voir *Force, Transport de la force*) dans les machines à excitation extérieure, c'est-à-dire au moyen d'un aimant ou d'un électroaimant à circuit séparé. Suivant la disposition des circuits, les machines sont dites à excitation séparée ou autoexcitatrices. (Voir ces mots.) Les courants sont recueillis par des balais en fil métallique qui frottent, en s'appuyant d'une manière convenable, sur les extrémités des circuits aboutissant aux rayons d'un anneau. Les balais doivent être disposés de manière que

---

1. *Annales de Poggendorff*, t. CXXXVII, p. 289, 296. — SIEMENS et WHEATSTONE, *Royal Society*, 14 février 1867. — *Philosophical Magazine*, 1881, 1er sem., p. 469, 544 ; 2e sem., p. 81. — HOSPITALIER, *Principales applications de l'électricité*, p. 53. — *Lumière électrique*, 1881-1882. — *Journal of the Society of telegraph engineers*, t. VIII, p. 228. — S. THOMPSON, *Machines dynamoélectriques*. — GUEROUT, *Histoire des machines magnéto et dynamoélectriques*. — *Lumière électrique*, t. VII, p. 5. — FRÖLICH, *Die dynamoelektrische Maschine*. — VASCHY, théorie des machines magnéto et dynamoélectrique. *Annales télégraphiques*, 1885 et suiv.

le diamètre de commutation (Voir ce mot) soit avancé dans le sens du mouvement. La réversibilité (Voir ce mot) de ces machines a été le point de départ du transport de la force par l'électricité à distance. Les propriétés des machines dynamoélectriques ont été représentées par le Dr Hopkinson, en 1879, au moyen d'une courbe que le Dr Frölich utilisa, en 1881. En 1881, M. Marcel Deprez donna le nom de *caractéristique* (Voir ce mot) à cette courbe. M. Marcel Deprez a étudié en 1881-1882, par des recherches expérimentales, les lois fondamentales relatives à l'application des machines dynamoélectriques au transport de la force et vérifié les théorèmes qu'il avait exposés antérieurement.

Dimensions à donner aux machines dynamoélectriques. — Lorsque l'expérience a déterminé la forme et la disposition des organes des machines, il importe d'en déterminer les dimensions, en tenant compte d'une part des conditions d'économie, et d'autre part de sécurité dans la fixation de la vitesse nécessaire et dans la détermination du diamètre des fils. L'échauffement des coussinets, les dangers provenant d'une force centrifuge considérable, aussi bien que l'échauffement produit par le courant dans des conducteurs à section trop faible sont à considérer. On ne doit pas employer, dans la pratique, des vitesses trop grandes, ni des intensités trop considérables, et il y a intérêt à prendre des machines ayant des dimensions aussi grandes que possible, en tenant compte des difficultés de construction. (Voir pour la solution de ces questions, *Lumière électrique*, t. XI. — Capitaine BOULANGER, *Sur les progrès de la science électrique et les nouvelles machines d'induction.* — HOSPITALIER, *Formulaire de l'électricité*, 1887.)

Accouplement des machines dynamoélectriques. — De même que les éléments de pile, les machines dynamoélectriques peuvent être associées en quantité ou en tension. L'association en série ou en tension n'offre aucune espèce de difficulté, il n'en est pas de même pour l'association en quantité. Deux dynamos ne sont jamais suffisamment identiques pour créer avec la même vitesse un courant de même force électromotrice. Une association en quantité aurait pour but de troubler leur fonctionnement en faisant passer, dans la machine la moins puissante, un courant opposé à celui qu'elle produit. Il en résulterait une diminution du courant inducteur dans les inducteurs, et par conséquent du courant induit. Pour remédier à cet inconvénient, il suffit d'associer en quantité les anneaux des deux machines, et de faire traverser les deux électroaimants associés en série par le courant issu de cette association. Le même courant passant dans les deux inducteurs, les champs magnétiques ont la même intensité. (Voir *Machine dynamoélectrique Siemens, à courants alternatifs, à courant continu.*)

E

ÉBONITE[1] (*Kammasse, Ebonit, Gehärtetes Caoutchouc, Hornisirtes Caoutchouc, Horngummi* — **Ebonite**). Substance formée de cinq parties de caoutchouc, de deux ou trois parties de soufre chauffées pendant plusieurs heures à 94°, sous une pression de quatre ou cinq atmosphères, la capacité inductive de l'ébonite est 2,284, sa résistance spécifique, à 46°,2, 8×10^{23}.

ÉCHAPPEMENT de l'appareil Hughes (*Auslösung* — **Detent**). L'échappement, dans l'appareil Hughes, est le jeu de l'armature de l'électroaimant qui, se soulevant sous l'action des ressorts antagonistes, lorsque la force attractive de l'aimant permanent est diminuée par l'action du courant de transmission, fait basculer le levier d'échappement qui laisse tomber un cliquet, dont la fonction est de lier l'arbre à cames au mouvement d'horlogerie.

ÉCLAIR[2] (*Blitz* — **Lightning**). Lumière blanche dans les basses régions de l'atmosphère et violacée dans les régions supérieures, projetée par l'étincelle électrique des décharges atmosphériques.

ÉCLAIR en sillons (*Linienblitz* — **Forked lightning**). Éclair de 1re classe d'Arago, constituée par une ligne nette et à bords bien tranchés.

ÉCLAIR diffus (*Flächenblitz* — **Sheet lightning**). Éclair de 2e classe d'Arago, embrassant un espace considérable du ciel.

ÉCLAIR en boule[3] (*Donnerkeil, Kugelblitz, Kugelförmiger Blitz* — **Globular lightning ou ball lightning**). Éclair de 3e classe d'Arago, d'une forme rare, ayant l'apparence d'un globe de feu. M. Planté a réussi à imiter les éclairs en boule ou globes fulminants, au moyen de ses piles secondaires et, partant de ses expériences, il explique ce phénomène lumineux par l'écoulement vers le sol d'un flux considérable d'électricité, à travers une colonne d'air saturée d'humidité.

ÉCLAIR de chaleur (*Wetterleuchten* — **Summer lightning**). Lueur devançant l'approche d'un orage et provenant d'éclairs dont on n'entend pas encore le tonnerre, vu l'éloignement. Cette interprétation était déjà donnée par Sénèque.

ÉCLAIR arborescent (*Schlangenförmiger Blitz* — **Branching**

---

1. DOUGLAS, *Manual of telegraph construction*, p. 261.
2. PREECE, *Journal of the Society of telegraph engineers*, t. I, p. 336.
3. *Comptes rendus de l'Académie des Sciences de Paris*, t. XXXV, p. 1.

lightning). Éclairs à sillons se ramifiant les uns sur les autres comme les branches d'un arbre.

ÉCLAIR en chapelet (*Perlenblitz* — **Punctuated lightning**). Genre d'éclair observé par M. Planté, en 1876, désigné par lui sous ce nom (*Comptes rendus*, t. LXXXIII, p. 484, 1876.— *Recherches sur l'électricité*, § 188) et formé d'un chapelet de grains brillants ou de petits globes de feu très rapprochés. Un de ces éclairs s'est manifesté pendant un violent orage à Paris, le 18 août 1876, et a été accompagné de la chute de la foudre, sous la forme globulaire. D'autres exemples de ce genre d'éclair ont été publiés, depuis lors, par M. E. Renou (*Comptes rendus*, t. LXXXIII, p. 1002, 1876), par M. St. J. B. Joule et M. E. J. Lawrence (*Nature*, 4 et 11 juillet 1878).

ÉCRAN électrique[1] (*Elektrischer Schirm* — **Electrical screen**). Corps conducteur relié à la terre et enveloppant entièrement les appareils délicats pour les soustraire aux actions extérieures.

ÉCRAN magnétique (*Magnetischer Schirm* — **Magnetic screen**). L'influence magnétique se fait sentir à travers toutes les substances, excepté le fer et les substances magnétiques. Si donc on recouvre un petit aimant d'une enveloppe de fer, on le soustrait entièrement à l'influence magnétique extérieure.

EFFET Thomson (*Thomson's Wirkung* — **Thomson's effect**). Sir W. Thomson a découvert qu'un courant électrique traversant un conducteur métallique, dont les extrémités sont à des températures inégales, transporte de la chaleur avec lui dans une direction qui dépend de la nature du métal et du sens du courant. Ce phénomène est connu sous le nom d'effet Thomson. On peut attribuer la production de ce phénomène à une hétérogénéité produite, dans un même métal, par une différence de température, hétérogénéité plus ou moins analogue à celle qui existe, à une température fixe, au point de contact de deux métaux différents.

EFFLUVE électrique[2] (*e* hors de, *fluo* je coule) (Hauksbee, Du Moncel) (*Elektrische Entladung* — **Electric effluvium**). Décharge caractérisée par la dissémination de l'étincelle dans un milieu gazeux et une élévation de température peu apparente. M. Berthelot a étudié[3], avec beaucoup de soin, l'influence de l'effluve électrique sur les réactions chimiques et en a découvert les lois expérimentales. On obtient des effluves en mettant en relations avec les armatures d'un condensateur à lame d'air, les pôles d'une machine de Holtz. Les variations de potentiel qui se produisent aux divers points de la masse gazeuse donnent lieu à des effluves que l'on peut considérer comme un transport d'électricité par conduction.

---

1. JAMIN, *Traité de physique*. — M. BOUTY, *Théorie des phénomènes électriques*, p. 45. — MASCART, *Électricité statique*, t. I, p. 170.

2. MASCART, *Électricité statique*, t. II, p. 189.

3. BERTHELOT, *Essai de mécanique chimique fondée sur la thermochimie*.

EFFLUX. (*e* hors de, *fluo* je coule) (***Ausströmung* — Efflux**). Écoulement d'un fluide.

EFFLUX. Point d'efflux (***Ausströmungspunkt* — Point of efflux**). Point par lequel un fluide s'écoule.

EFFORT statique. Prix de l'effort statique. M. Marcel Deprez a qualifié de cette expression le quotient représentant la quantité d'énergie qu'il faut dépenser, sous forme de chaleur, pour produire un effort égal à un kilogramme.

ÉLASTICITÉ électrique (***Elektrische Elasticität* — Electric elasticity**). Force que manifeste un diélectrique, d'après Maxwell, et qui, s'opposant au *déplacement électrique*, ramène l'électricité en arrière aussitôt que la force électromotrice est supprimée. Dans un fil conducteur, l'élasticité est constamment surmontée.

ÉLASTICITÉ électrique. Coefficient d'— (***Elektrischer Elasticitäts-Coefficient* — Coefficient of electric elasticity**). Maxwel appelle ainsi le rapport de la force électromotrice au déplacement électrique correspondant.

ELECTRICITAS vindex. (Voir *Elettricita vindice.*)

ÉLECTRICITÉ[1] (ἤλεκτρον métal brillant, ambre. √*ark*, rayonner; ἠλέκτωρ le brillant, nom du soleil chez Homère, *Iliade*, 6, 513. — ἠλεκτρίς épithète de la lune. Orph. h. 8, 6. Les autres étymologies qu'on rencontre sont empiriques et surannées). — (***Elektricität* — Electricity**). Mot introduit par Robert Boyle *electricitas* exprimant la cause inconnue qui engendre les divers phénomènes dits électriques et caractérisés par des attractions, des répulsions, des influences sur les corps voisins, etc. C'est sur l'ambre qu'on a observé, d'après Thalès de Milet, les premiers phénomènes d'attraction. L'électricité peut se définir dans l'état actuel de nos connaissances — un mode de mouvement, et peut être engendrée par toutes les opérations produisant un changement moléculaire quelconque, ainsi le frottement, les actions chimiques, la dilatation, la pression, le clivage, le contact, etc., etc., et d'une manière générale par toute opération produisant un mouvement moléculaire ou un mouvement de masse d'un corps. L'électricité se manifeste toujours dans un état de dualité objective constant. Ainsi, dans l'électrisation par frottement, par les actions chimiques, dans la pile, par induction au moyen d'un corps électrisé ou de deux corps électrisés au milieu d'un vase, etc., on observe toujours que les phénomènes positifs d'une part et négatifs d'autre part sont absolument égaux et de signe contraire.

ÉLECTRICITÉ statique et dynamique. (Voir ces deux mots.)

ÉLECTRICITÉ de même nom (***Gleichartige Elektricität, Gleichnamige Elektricität* — Electricity of same name ou kind**).

---

1. H. Martin, *Électricité et magnétisme chez les anciens.* — Hœfer, *Histoire de la physique*, p. 95. — Maxwell, *Electricity and magnetism*, t. I, p. 68.

Dufay établit le premier, en 1733, que deux corps électrisés qui se repoussent ont une électricité de même nom.

ÉLECTRICITÉ de nom contraire (*Ungleichnamige Elektricität* — **Electricity of an opposite name** ou **kind**). Dufay établit le premier, en 1733, que deux corps électrisés qui s'attirent ont des électricités de nom contraire.

ÉLECTRICITÉ positive[1] (*Positive Elektricität* — **Positive electricity**). Watson a le mérite d'avoir déjà, en 1747, introduit dans la science la dénomination d'électricité positive pour caractériser celle qui est repoussée par celle que produit le verre frotté avec de la soie et qui, ajoutée à une même quantité d'électricité négative (Voir cette expression ci-après) constitue l'état neutre. D'après Poggendorff, c'est Lichtenberg qui aurait, le premier, en 1777, représenté cette électricité par le signe + (électricité +).

ÉLECTRICITÉ négative[2] (*Negative Elektricität* — **Negative electricity**). Watson a le mérite d'avoir, déjà, en 1747, introduit dans la science, la dénomination d'électricité négative pour caractériser celle qui est repoussée par celle que produit la résine frottée avec de la laine ou de la flanelle et qui, ajoutée à une même quantité d'électricité positive, amène l'état neutre. D'après Poggendorff, c'est Lichtenberg qui aurait le premier, en 1777, représenté cette électricité par le signe — (électricité —).

ÉLECTRICITÉ vitrée (*Glaselektricität* — **Vitreous electricity**). Appellation spéciale de l'électricité positive, donnée par Dufay (*Mémoires de l'Académie des Sciences*, 1733), et provenant de ce fait que le verre est un des corps qui donnent cette espèce d'électricité.

ÉLECTRICITÉ résineuse (*Harzelektricität* — **Resinous electricity**). Appellation spéciale de l'électricité négative, donnée par Dufay (*Mémoires de l'Académie des Sciences*, 1733), et provenant de ce fait que la résine est un des corps qui donnent cette espèce d'électricité.

ÉLECTRICITÉ de frottement[3] (*Reibungselektricität* — **Frictional electricity**). Électricité statique, obtenue par frottement et douée d'une tension remarquable.

ÉLECTRICITÉ de tension (*Gespannte Elektricität* — **Tension electricity**). Nom donné à l'électricité douée de propriétés analogues à celles de l'électricité de frottement.

ÉLECTRICITÉ de contact[4] (*Berührungselektricität* — **Electri-**

1. HŒFER, *Histoire de la physique*, p. 261.— POGGENDORFF, *Geschichte der Physik*, p. 883.

2. HŒFER, *Histoire de la physique*, p. 261. — POGGENDORFF, *Geschichte der Physik*, p. 883.

3. BECQUEREL et EDM. BECQUEREL, *Traité d'électricité et de magnétisme*, t. I, p. 129.

4. GAVARRET, *Traité d'électricité* t. I, p. 401. — GORDON, *Traité d'électricité et de magnétisme*, t. II, p. 459 (Traduction Raynaud et Seligmann).

city of contact). Volta a soutenu, contre Galvani, que l'électricité dynamique provenait du contact simple entre deux corps hétérogènes. (Voir *Contact, Théorie du contact.*)

ÉLECTRICITÉ d'induction [1] (*Induktionselektricität* — **Induced electricity**). Électricité provenant d'un corps électrisé ou d'un corps magnétique dont l'état ou la position, en variant à proximité d'un conducteur fermé, amène, dans ce conducteur, le développement successif de deux courants induits de tensions et de directions différentes, lors du changement d'état ou de position du corps électrisé ou de l'aimant. (Voir *Induction statique, dynamique*).

ÉLECTRICITÉ atmosphérique [2] (*Luftelektricität* — **Atmospheric electricity**). Électricité généralement positive de l'atmosphère, à l'état serein, découverte par Lemonnier, en 1752, mais dont l'origine, attribuée à l'évaporation à la surface de la terre (Volta, de Saussure), à la végétation (Becquerel), à l'évaporation de l'eau de mer (Pouillet), à la condensation (Palmieri), à l'influence du soleil (Becquerel), etc., n'est pas encore bien établie, et est due, sans doute, à ces causes réunies et à d'autres encore. On observe l'électricité atmosphérique soit au moyen de collecteurs fixes comme une barre métallique isolée, soit en mettant l'appareil indicateur ou électromètre en communication avec des points élevés, par un artifice quelconque. Les électromètres les plus employés sont ceux de Peltier, de Thomson. Cependant actuellement, dans les observatoires, on a plutôt recours aux appareils enregistreurs. Le potentiel de l'électricité atmosphérique varie, en un même point, pendant la journée, et présente deux maxima vers huit heures en été et dix heures du matin en hiver, et six heures du soir, et deux minima vers neuf heures du soir et minuit. La quantité d'électricité est plus grande en hiver qu'en été, le maximum a lieu au mois de janvier, et le minimum en juin.

ÉLECTRICITÉ d'un temps serein [3] (*Normalelektricität, Bei heiterem Himmel vorhandene Elektricität* — **Electricity of clear weather**). Électricité atmosphérique positive.

---

1. Matteucci, *De l'Induction*.

2. Beccaria, *Lettres sur l'électricité atmosphérique*. — Marié-Davy, *Mouvements de l'atmosphère et des mers*, p. 350. — Kæmtz, *Météorologie*. — Mascart, *Électricité statique*, t. II, p. 555. — *Mémoire de W. Thomson*, à la Royale Institution, 1860. — *Philosophical Magazine*, 1859, 2e sem., p. 400; 1860, 1er sem., p. 327; 1862, 1er sem., p. 494. — *Telegraphic Journal*, vol. I, p. 33. — Gavarret, *Traité d'électricité*, t. II, p. 517, 558. — De la Rive, *Traité d'électricité*, t. III, p. 89. — Becquerel, *Traité d'électricité et de magnétisme*, t. I, p. 392, 402, 447. — *Congrès international des électriciens*, Comptes rendus, p. 170. — W. Thomson, *Papers on electrostatic and electromagnetism*, 262, 266, 267, 300, 391, 392, 399, 400. — Dingler's, *Polytechnisches Wœrterbuch*, 1883, t. CCXLVIII, p. 141.

3. Beccaria, *Lettres sur l'électricité atmosphérique*. — Marié-Davy, *Mouvement de l'atmosphère et des mers*, p. 350. — Kæmtz, *Météorologie*. — Mascart, *Électricité statique*, t. II, p. 555. — *Mémoire de W. Thomson* à la Royale Institution, 1860. — *Philosophical Magazine*, 1859, 2e sem., p. 400; 1860, 1er sem., p. 327; 1862, 1er sem., p. 494. — *Telegraphic Journal*, vol. I, p. 33. — Gavarret, *Traité d'électricité*, t. II, p. 517, 558. — De la Rive, *Traité d'élec-*

ÉLECTRICITÉ d'un temps d'orage (*Gewitterelektricität* — **Electricity of clear weather**). Électricité de signe variable qu'il est fort difficile de déterminer à cause des effets de condensation successive.

ÉLECTRICITÉ dissimulée. (Voir ce mot.)

ÉLECTRICITÉ voltaïque. (Voir *Voltaïque.*)

ÉLECTRICITÉ animale (*Thierische Elektricität* — **Animal electricity**). Pfaff et Ahrens ont démontré, par des expériences convenablement disposées, que, 1°, d'ordinaire, l'électricité propre à l'homme, en santé, est positive; les hommes à tempérament sanguin ont plus d'électricité que les sujets lymphatiques; la somme d'électricité est plus grande le soir qu'aux autres moments de la journée. L'électricité produite par l'économie paraît être le résultat des actes chimiques d'assimilation et de désassimilation qui caractérisent la nutrition.

ÉLECTRIFICATION[1] (S. Absorption électrique) (*Elektrische Absorption* — **Electrification**). Phénomène qu'on observe lorsqu'on met un câble isolé en communication avec une pile. Le galvanomètre dévie d'abord violemment et revient bientôt à une déviation fixe.

ÉLECTRIQUE (Mot introduit par Gilbert et employé, pour la première fois, dans les phrases suivantes : « *namque eam vim licet appellare electricam,* » et « *Electrica : quæ attrahunt eadem ratione ut electrum* » dans son *De magnete magneticisque corporibus*, p. 52 et index) (*Elektrisch* — **Electric**). Qui affecte les propriétés de l'électricité.

ÉLECTRISATION (*Elektrisirung* — **Electrifying**). Opération qui consiste à mettre en évidence ou à exciter la propriété électrique des corps par le frottement, le contact et la chaleur ou la compression.

ÉLECTRISER (*Elektrisiren* — **To electrify**). Communiquer à un corps les propriétés électriques ou engendrer les manifestations électriques par une opération physique ou chimique.

ÉLECTRITION (De Blainville, 1831, A. Comte). L'électrition est le mode de la sensibilité générale qui nous conduit à la perception de l'état électrique des corps extérieurs et de ses variations, mode considéré comme un sens à appareil déterminé. Les corps qui sont amenés à certains états électriques causent des sensations lumineuses, auditives, olfactives et gustatives lorsqu'ils impressionnent les organes des nerfs correspondants.

---

tricité, t. III, p. 89. — BECQUEREL, *Traité d'électricité et de magnétisme*, t. I, p. 492, 402, 447. — *Congrès international des électriciens*, Comptes rendus, p. 170. — W. THOMSON, *Papers on electrostatics and electromagnetism*, 262, 266, 267, 300, 391, 392, 399, 400. — DINGLER'S, *Polytechnisches Wœrterbuch*, 1883, t. CCXLVIII, p. 141.

1. RAYNAUD, *Recherches expérimentales sur les lois de Ohm et leurs applications aux essais électriques sur les câbles sous-marins. — Comptes rendus de l'Académie des Sciences*, 5 juin et 31 juillet 1854. — *Philosophical Magazine*, 1869, 2e série, p. 441. — *Telegraphic Journal*, 1872, p. 136, 231.

ÉLECTROAIMANT [1] (*Elektromagnet* — **Electromagnet**). Arago a observé, en 1820, qu'un fil traversé par un courant et plongé dans la limaille de fer emporte avec lui une partie de cette limaille qui se détache dès que le circuit est ouvert. Ampère obtint une aimantation plus énergique, en faisant passer le courant dans un fil enroulé, en hélice, autour du fer à aimanter. Sturgeon donna à ce dernier système le nom d'*electromagnet*, d'où *électroaimant* qui lui est resté (1825). La puissance d'un électroaimant, éloigné de son état de saturation, est proportionnelle à la racine carrée du diamètre du barreau, à l'intensité du circuit magnétisant, au nombre des spires de la bobine, indépendante de la grosseur et de la nature du conducteur ainsi que du diamètre de la bobine. Quant à l'hélice, il importe, pour produire un effet maximum, que sa résistance soit égale à celle du circuit extérieur. On ne saurait communiquer à un barreau de fer doux une puissance magnétique indéfinie; cette dernière a un maximum qu'on peut calculer au moyen de la formule $A = \frac{\pi}{2} 0{,}00005\, d^2$ dans laquelle A est la force d'aimantation et d le diamètre du barreau. Les physiciens qui ont le plus contribué à l'étude des électroaimants sont : Lenz, Jacobi, Müller, Joule, Thomson, de Haldat, Dub, Nicklès, Du Moncel, etc...

ÉLECTROAIMANT à fil nu [2] (*Elektromagnet mit blankem Drahte* — **Electromagnet with nacked wire**). M. Carlier a proposé, en 1865, des électroaimants à fil nu, offrant, dans certains cas, des avantages compensés par des inconvénients signalés par M. Du Moncel. Dove se serait occupé de cette classe d'électroaimants avant M. Carlier.

ÉLECTROAIMANT boiteux (*Elecktromagnet nur mit einer Drahtrolle* — **One legged electromagnet**). Électroaimant, recourbé en fer à cheval, dont une seule des branches est couverte d'une bobine magnétisante.

ÉLECTROAIMANT campanulé ou tubulaire (*Glockenelektromagnet* — **Tubulated electromagnet**). Électroaimant enveloppé dans un cylindre de fer doux relié au fer doux de la bobine par la base.

ÉLECTROAIMANT trifurqué [3] (*Dreischenkeliger Elektromagnet* — **Trifurcated electromagnet**). Électroaimant composé de deux branches nues de fer doux se raccordant à une troisième revêtue d'une bobine.

ÉLECTROAIMANT circulaire (Nicklès) [3] (*Magnetische Spule* — **Circular electromagnet**). Électroaimant droit, enveloppé, à ses

---

1. *Annales télégraphiques*, 1864, p. 572; 1865, p. 203. — *Journal télégraphique des administrations télégraphiques*, t. VII. — Du Moncel, *Éléments de construction des électroaimants*. (Voir *Électromagnétisme*.)

2. Du Moncel, *Exposition des applications de l'électricité*, t. II, p. 45. — *Annales télégraphiques*, 1865, p. 203.

3. Nicklès, *Les Électroaimants et l'adhérence magnétique*. — Du Moncel et Géraldy, *L'Électricité comme force motrice*, p. 9.

deux extrémités, par deux chemises cylindriques de fer doux, montées sur les pôles et venant affleurer en face l'une de l'autre à la partie médiane où elles forment une cavité qui donne à l'électroaimant l'aspect d'une poulie à gorge profonde.

ÉLECTROAIMANT paracirculaire (Nicklès)[1] (*Paracirculärer Elektromagnet* — **Paracircular electromagnet**). Un électroaimant paracirculaire peut être regardé comme un électroaimant rectiligne dont le noyau a été aplati et taillé en disque, l'hélice étant excentrique.

ÉLECTROAIMANT Hughes (*Hughes'scher Elektromagnet* — **Hughes's electromagnet**)[2]. L'électroaimant Hughes a un noyau de fer doux polarisé par un puissant aimant. L'armature, formée d'une lame courte dont les pôles vrais coïncident avec ceux du noyau, est au contact à l'état de repos et sollicitée à s'écarter par un ressort antagoniste dont on peut régler la tension au moyen de deux vis. L'arrachement s'effectue par suite de la différence de deux forces, la force d'aimantation et celle du ressort. Comme on arrive, au moyen d'un courant d'une direction spéciale, à diminuer la force d'aimantation jusqu'à ce que l'électroaimant abandonne l'armature sollicitée par la tension du ressort que l'on fait varier, il en résulte qu'avec un courant aussi faible que l'on voudra, on sera capable de faire déclencher la palette et fonctionner l'appareil dans lequel toutes les fonctions sont mécaniques.

ÉLECTROAIMANT transversal de Paccinotti[3] (*Transversalelektromagnet* — **Paccinotti's transversal electromagnet**). Anneau de fer ou plutôt roue à larges dents, ressemblant à l'anneau Gramme, enveloppé de circuits magnétisants et mobile dans un champ magnétique. Cet appareil, dont l'invention remonte à 1860, était destiné à servir primitivement de moteur électrique et n'a été employé que plus tard comme générateur d'électricité.

ÉLECTROCAPILLAIRE. Phénomène électrocapillaire (Becquerel) (*Electrocapillare Erscheinung* — **Electrocapillary phenomenon**). Lorsque deux liquides, conducteurs de l'électricité et ayant de l'affinité l'un pour l'autre, sont séparés par une cloison à interstices capillaires, ils réagissent l'un sur l'autre, dégagent de l'électricité et produisent un courant constant si les parties situées dans les interstices sont constamment dépolarisées. On a appliqué cette théorie à l'hématose. Le sang artériel venant au contact du sang veineux dans les capillaires, est désoxygéné sur les parois de ces vaisseaux et produit un courant.

---

1. Nicklès, *Les Électroaimants et l'adhérence magnétique.* — Du Moncel et Géraldy, *L'Electricité comme force motrice.*

2. Hughes, *Expériences sur la forme et la nature des électroaimants* (*Annales télégraphiques*, 1864, p. 572.)

3. *Journal de physique*, t. X, p. 461. — *Journal of the Society of telegraph engineers*, t. X, p. 37. — Schellen, *Die magnet- und dynamoelectrischen Maschinen*, p. 121.

ÉLECTROCHIMIE (*Elektrochemie* — **Electrochemistry**). Partie de l'électricité s'occupant des actions chimiques qui se produisent dans un circuit et dont l'origine ne remonte qu'à l'année 1800.

ÉLECTRODE. (Électricité, ὁδός route) (*Elektrode, Poldraht* — **Electrode**). Conducteurs considérés, dans une pile, comme formant les extrémités d'un circuit, l'un partant du pôle positif, l'autre aboutissant au pôle négatif.

ÉLECTRODE positive (*Anode, Positive Elektrode, Ableiter* — **Positive electrode, Anode**). Conducteur partant du pôle positif de la pile.

ÉLECTRODE négative (*Kathode, Negative Elektrode, Zuleiter* — **Negative electrode, Kathode**). Conducteur aboutissant au pôle négatif de la pile.

ÉLECTRODE soluble (*Auflösbare Elektrode* — **Soluble electrode**). Procédé dû à Jacobi pour maintenir une solution constamment saturée, en galvanoplastie. Pour cela on se sert, comme électrode positive, d'un métal identique à celui qui se dépose au pôle négatif par l'électrolyse; ce métal se dissout, au pôle positif, dans le bain acide et reconstitue ainsi constamment l'électrolyte.

ÉLECTRODE à commutateur (*Hebelelektrode, Commutatorelektrode, Elektrodenhalter mit Stromeswechsler* — **Rheophorus with commutator**). Pour faciliter l'application de l'électricité à la médecine, il est utile de permettre au médecin d'interrompre et de rétablir le circuit dont il se sert, même pendant une opération. C'est le but que réalise l'instrument appelé électrode à commutateur.

ÉLECTRODE virtuelle (*Virtuelle Elektrode* — **Virtual electrode**). Erb a démontré que, dans l'électrisation d'un nerf, il y a une région anélectrotonique près de la cathode et une région cathélectrotonique près de l'anode. Helmholtz attribue ce fait à ce que, non loin de l'électrode, le nerf doit être soumis à l'action d'un pôle de signe opposé, et auquel on a donné le nom d'*électrode virtuelle.*

ÉLECTRODIAPASON (Électricité, διά à travers, πασῶν toutes [les cordes]). (Mercadier)[1] (*Elektrische Stimmgabel* — **Continuous electrodiapason**). Diapason mis en vibration par un électroaimant et servant d'interrupteur. Il permet d'étudier les phénomènes acoustiques pendant un temps indéfini.

ÉLECTRODYNAMIQUE (Électricité, δύναμις pouvoir) (*Elektrodynamik* — **Electrodynamics**). Partie de l'électricité découverte par Ampère en 1820, dans laquelle on s'occupe des phénomènes relatifs à l'influence des courants sur les courants, sur les aimants et réciproquement.

---

1. Gordon, *Traité d'électricité et de magnétisme*, t. I, p. 498. (Traduction Raynaud et Seligmann-Lui.) — *Annales télégraphiques*, 1876, p. 105. — *Journal de physique*, t. II, p. 350.

ÉLECTRODYNAMIQUE (*Elektrodynamisch* — **Electrodynamic**). Qui se rapporte à l'électrodynamique.

ÉLECTRODYNAMIQUE. Lois électrodynamiques (*Elektrodynamische Gesetze* — **Electrodynamic laws**). 1° Deux courants parallèles se repoussent quand ils marchent en sens inverse et s'attirent quand ils marchent dans le même sens. 2° Un courant sinueux produit le même effet qu'un courant rectiligne de même intensité et de même longueur en projection. 3° Deux courants non parallèles s'attirent, quand ils se rapprochent ou s'éloignent tous deux de leur point de croisement ; ils se repoussent quand l'un s'éloigne, tandis que l'autre se rapproche de leur point de croisement.

ÉLECTRODYNAMOMÈTRE[1] (δύναμις force, μέτρον mesure) (*Elektrodynamometer* — **Electrodynamometer**). Appareil de mesure dû à W. Weber, en 1846, et fondé sur l'action des courants sur les courants. Les indications, dans ce cas, étant proportionnelles au carré de l'intensité du courant, sont donc indépendantes de son sens, et on peut employer cet appareil pour mesurer les courants alternatifs comme les courants d'induction. Il se compose d'un multiplicateur et d'un solénoïde, suspendu par deux fils, à la place de l'aiguille aimantée dans le multiplicateur. (Voir *Mètre, Électrodynamomètre de Siemens.*)

ÉLECTROENDOSCOPE (Électricité, ἔνδον en dedans, σκοπῶ je regarde) (*Elektroendoscope* — **Electroendoscope**). Instrument destiné à observer, avec la lumière électrique, le dedans du corps humain.

ÉLECTROENDOSCOPIE (Même racine) (*Elektroendoscopie* — **Electroendoscopy**). Étude des cavités du corps au moyen de l'électricité.

ÉLECTROENDOSCOPIQUE (Même racine) (*Elektroendoscopisch* — **Electroendoscopic**). Qui a rapport à l'électroendoscopie.

ÉLECTROGÈNE (Électricité, √γεν engendrer) (*Elektricität erzeugend* — **Electrogen**). Qui produit l'électricité, par exemple, courroie électrogène.

ÉLECTROGÉNÈSE ou **ÉLECTROGÉNIE** (γένεσις, création √γεν) (*Erzeugung der Elektricität durch Muskelbänder* — **Electrogenesis**). Nom donné par Bérard et Robin, à la production d'électricité par les tissus vivants, comme résultat de leur activité spéciale ou de leur activité nutritive.

ÉLECTROGRAPHIE (El. γράφω j'écris) (*Elektrographie* — **Electrography**). Branche de la galvanoplastie, due à Devincenzi (et aussi à Bœttger) qui a pour objet de reproduire des planches gravées en creux ou en relief par l'action directe du courant. Pour cela on porte, sur une plaque de zinc, le dessin avec de la craie grasse ou de l'encre lithographique, puis on inonde la plaque d'eau gommée qui n'adhère pas au dessin gras et on

1. M. Raynaud, *Électricité et ses applications*, Électrométrie, p. 67.

lave le dessin avec de l'huile de térébenthine. Dès qu'on a enlevé l'eau et la gomme, on applique, comme dans la lithographie, du vernis qui adhère seulement au dessin. Lorsque le vernis est sec, on place la plaque de zinc dans une dissolution de sulfate de cuivre, et on plonge à petite distance une plaque de cuivre de même grandeur. Lorsqu'on établit le circuit, la plaque de zinc est attaquée en tous les points qui ne sont pas couverts de vernis, tandis que le dessin reste complètement intact.

ÉLECTROHARMONIQUE. Appareil électroharmonique. (El. ἁρμονικός harmonique). (***Elektroharmonischer Apparat*** — **Electroharmonic apparat**). Appareil télégraphique dans lequel les sons sont reproduits avec leur hauteur, mais non avec leur timbre. (Voir *Appareil électroharmonique.*)

ÉLECTROLOGIE (ἤλεκτρον ambre, électricité, λόγος discours, traité) (A. Comte, 1835). Partie de la physique traitant des phénomènes et des lois de l'électricité.

ÉLECTROLYSE [1] (ἤλεκτρον, λύσις décomposition). (***Electrolyse*** — **Electrolysis**). On appelle électrolyse l'opération par laquelle un électrolyte (Voir ce mot) est décomposé par l'électricité. Cette décomposition a été obtenue pour la première fois, en 1789, au moyen de l'électricité statique, par les Hollandais Deimann, Paets van Troostwijk, et opérée sur l'eau (rendue conductrice), en 1800, par Carlisle et Nicholson au moyen d'un courant électrique. Faraday a établi, en 1834, les lois des décompositions électrolytiques (Voir ci-après). L'électrolyse rend aujourd'hui des services signalés, non seulement dans le cabinet du chimiste, entre les mains duquel elle est une source féconde d'investigations, mais aussi dans les industries très importantes, telles que la galvanoplastie et les autres branches de l'électrolyse industrielle pour lesquels elle est un levier puissant que l'on applique aujourd'hui en grand à la métallurgie. La théorie de l'électrolyse est loin d'être satisfaisante de tous points; celle qui a le plus de crédit aujourd'hui a été proposée par Clausius et peut se résumer comme il suit : Les parcelles les plus petites des corps se meuvent, dans les corps solides, autour de positions d'équilibre que n'offrent pas les mouvements plus indépendants des molécules des liquides. Les liquides composés peuvent, par suite du choc de leurs molécules élémentaires, laisser ces dernières se porter vers d'autres molécules devenues libres elles-mêmes. Mais une fois que le liquide est sous l'influence d'un courant électrique, ces molécules, dont les mouvements étaient indépendants, éprouvent une tendance plus grande à se porter les unes vers l'anode et les autres vers la cathode. Dans ce déplacement, ces molécules rencontrant d'autres molécules

---

1. FARADAY, *Experimental researches on electricity*, t. I, p. 135 et suiv. — BECQUEREL et EDM. BECQUEREL, *Traité d'électricité et de magnétisme*, t. II. p. 1 et suiv. — BECQUEREL, *Électrochimie*. — *Annales de physique et de chimie*, t. XXVII, p. 91. — FONTAINE, *Électrolyse*. — JAPING. *Électrolyse*. — FONTAINE, *Électrolyse*. — *Lumière électrique*, t. XVIII, p. 17.

allant vers l'électrode opposée se combineront avec elle et ainsi de suite jusqu'à ce que, par exemple, à la cathode, la dernière molécule de cathion est libre, et la molécule d'anion est dans le même état physique à l'anode.

Pour arriver à ce résultat, le courant doit nécessairement atteindre une force électromotrice déterminée. La force électromotrice nécessaire pour décomposer l'eau, par exemple, ne saurait être moindre que 1,495 volt. Ce courant, lorsque la force électromotrice est trop faible pour produire la décomposition, peut produire une direction des molécules sans arriver à les libérer aux électrodes. Cette attraction des molécules élémentaires l'une pour l'autre constitue la résistance de l'électrolyte, provoque un courant de sens opposé appelé courant de polarisation.

On calcule, avec la plus grande facilité, les éléments pratiques de l'électrolyse. Ainsi, K étant l'équivalent électrochimique (Voir ce mot) d'un corps, la quantité séparée par un courant I sera I K et, pendant un temps t, elle sera en poids $P = I\,t\,K$. En remplaçant, dans cette formule, $I\,t$ par Q (loi de Faraday), on obtiendra $P = K\,Q$ ou $Q = \frac{P}{K} - t = \frac{Q}{I}$ et $I = \frac{P}{t}$. Pour le travail total consommé par l'électrolyse (Voir les articles publiés par M. Deprez dans la *Lumière électrique*, il est arrivé à la formule $\frac{e\,I + r\,I^2}{g}$ par seconde et par heure à $\frac{3600}{9}$ $(e\,I + r\,I^2)$ kilogrammètres. La loi concernant le travail nécessaire pour l'électrolyse et basée sur le principe de la conservation de l'énergie est la suivante : Pour décomposer une solution quelconque, il faut dépenser un travail dynamique au moins égal à celui correspondant à la chaleur dégagée par les corps dissociés, lorsqu'ils se recomposent pour former la solution primitive. On évalue la force électromotrice nécessaire pour produire une décomposition, en la tirant de la valeur du travail $T = \frac{Q\,E}{9,81}$ d'où $E = \frac{T \times 9,81}{Q}$. Q est donné en coulombs. On cherche alors le travail qui est égal au produit du poids libéré (Q multiplié par l'équivalent électrochimique e) par le nombre C de calories (dégagé par un gramme du corps libéré pour passer à l'état de combinaison où il se trouve au début de l'opération) et par l'équivalent mécanique de la chaleur correspondant à 1 calorie (0,424) $T = 0,424\,Q\,e\,C$ kilogrammètres, et en substituant cette valeur, dans la dernière équation, on arrive à $E = 4,16\,e\,C$ volts.

Lois de l'électrolyse. — Loi de Faraday. 1° L'action décomposante d'un courant ou sa puissance chimique est la même dans toutes ses parties. 2° La quantité de substance décomposée est proportionnelle à la quantité d'électricité qui passe pendant un temps donné. 3° La quantité de substance, décomposée en un temps donné, est proportionnelle à l'intensité du courant. 4° Quand un même courant traverse successivement plusieurs électrolytes, les poids des éléments déposés dans chacun d'eux sont entre eux comme les équivalents chimiques de ces éléments. (Loi de Faraday). Loi de Joule (Voir ce mot.)

ÉLECTROLYSE secondaire[1] (*Nebenelektrolyse* — **Secondary electrolysis**). M. Semmola a donné le nom d'électrolyse secondaire au phénomène en vertu duquel il y a décomposition de l'eau acidulée, non seulement aux électrodes, mais encore sur un ruban métallique soit de platine, soit de métal oxydable que l'on immerge entre les électrodes, de manière que ses bouts relevés soient en regard de ces dernières.

ÉLECTROLYTE (El. λυτός décomposé) (*Elektrolyt* — **Electrolyte**). Corps liquide décomposé par l'électricité qui le traverse. Les conditions que doit remplir un corps composé pour être un électrolyte sont les suivantes : être liquide, fondu ou en dissolution et conduire l'électricité. Hittorf a cependant signalé, en 1851, le sulfure de cuivre solide, qui serait un électrolyte (Voir Poggendorff, *Annalen*, 84, 1851, p. 1, et Wiedemann, *Elektricität*, t. I, p. 555). Le corps doit aussi appartenir à la catégorie des composés chimiques, dont les actions réciproques sont réglées par les lois de Berthollet, par exemple, les sels binaires, (chlorures, etc.), sels proprement dits, acides hydratés, oxydes basiques, etc. Les amalgames ne sont pas électrolysables.

ÉLECTROLYTIQUE (*Elektrolytisch* — **Electrolytic**). Qui a rapport à la décomposition déterminée par le passage d'un courant à travers un électrolyte. (Voir ce mot.)

ÉLECTROMAGNÉTIQUE (*Elektromagnetisch* — **Electromagnetic**). Qui a rapport à l'électromagnétisme.

ÉLECTROMAGNÉTIQUE. Système électromagnétique d'unités. (Voir *Unités*.)

ÉLECTROMAGNÉTISME[2] (El. Μάγνης (λίθος) pierre de Magnésie, aimant) (*Elektromagnetismus* — **Electromagnetism**). Partie de l'électricité s'occupant de l'influence des courants sur les aimants, et dont on doit la découverte à Œrsted, en 1820. On peut dire que De Buffon[3], Franklin, Wilson (1751), Dalibard (1752), de Beccaria[4], Romagnesi[5] (1802), Mojon[6], avaient déjà entrevu la question sans en déduire une explication théorique.

ÉLECTROMASSAGE (*Elektromassage* — **Electric shampooing**). Opération que l'on pratique comme moyen thérapeutique, et qui consiste dans le frottement sur diverses parties du corps

---

1. *Comptes rendus de l'Académie des Sciences*, t. CII, p. 1059.

2. Oersted, *Experimenta circa effectum conflictus electrici in acum magneticum*, 21 juillet 1820. — Becquerel et Edm. Becquerel, *Traité d'électricité et de magnétisme*, t. III, p. 143. — Hœfer, *Histoire de la physique*, p. 298.

3. Sigaud de la Fond, *Précis historique et expérimental des phénomènes électriques* (1785), p. 454 et suiv.

4. Priestley, *Histoire de l'électricité*, t. II, p. 202. — Beccaria, *Lettere dell'Elettricismo*, p. 262, 263 et 268.

5. Izarn, *Manuel du galvanisme*, p. 120.

6. Jean Aldini, *Essai sur le galvanisme*, t. I, p. 338.

de deux éponges réunies aux deux électrodes d'un générateur électrique. L'électromassage a pour but d'activer la vitalité de la peau et des tissus sous-jacents.

ÉLECTROMÉTALLURGIE [1] (*Elektrometallurgie* — **Electrometallurgy**). L'électrométallurgie est l'art d'extraire, par l'action d'un courant électrique, les différents métaux de leurs dissolutions salines, avec les qualités physiques qui leur sont propres. La métallurgie emprunte à l'électrolyse ses procédés pour extraire les métaux de leurs dissolutions salines. Ce fut Elkington qui prit, le premier, en 1866, un brevet pour le raffinage électrolytique du cuivre. Des procédés spéciaux sont employés pour la réduction des minerais, le raffinage des métaux. (Voir les ouvrages spéciaux.)

ÉLECTROMÈTRE (El. μέτρον mesure) [2] (*Elektrometer* — **Electrometer**). Appareil destiné à mesurer la différence de potentiel entre deux sources d'électricité. Le potentiel d'un corps électrisé augmente proportionnellement à la quantité croissante. En effet, par définition, le potentiel est égal, dans un corps, à $\Sigma \frac{q}{r}$; c'est donc une somme de fractions dont le numérateur représente la masse de chacun des points du corps. Si donc chacune de ces masses devient double, triple, chaque terme sera multiplié dans le même rapport et il en sera de même de leur somme, du potentiel lui-même. Donc $Q = cV$. On peut donc mesurer le potentiel au moyen d'un électromètre et de la formule $V = \frac{cV' + c'v}{c + c'}$ (Voir *Équilibre-Équation d'équilibre électrique*) d'où $V' = V + \frac{c'}{c} (V - v)$ dans laquelle V' est le potentiel commun entre le corps et l'électromètre, les potentiels primitifs de ces corps étant V et v et les capacités c et c'. On pourra généralement prendre $V' = V$, si c' est très petit par rapport à C. Dans le cas contraire, on fait en sorte que le potentiel de l'électromètre soit à peu près égal à celui du corps avant de les mettre au contact. (Voir *Électroscope*.)

ÉLECTROMÈTRE de Henley [2] (*Henley's Quadrant* — **Henley's quadrant electrometer**). Appareil inventé par Henley, en 1774, et dans lequel le corps qu'on électrise est une balle de sureau qui s'éloigne d'une tige verticale à laquelle elle est suspendue et qui lui communique son électricité par contact. En s'éloignant, elle est retenue par un cordon, et décrit une circonférence graduée d'une manière empirique, à partir de l'extrémité inférieure du diamètre vertical.

---

1. Ch. Alker, *Électrométallurgie*. — H. Fontaine, *Électrolyse*, p. 225. — Becquerel, *Électrochimie*. — Cadiat et Dubost, *Traité pratique d'électricité industrielle*.

2. *Journal of the Society of telegraph, engineers*, t. VII, p. 356, 460. — Mascart, *Traité d'électricité statique*, t. I, p. 318, 356. — Riess, *Die Lehre der Reibungselectricitæt*, t. I, p. 51. — Mascart et Joubert, *Électricité et magnétisme*, t. II, p. 181.

ÉLECTROMÈTRE de Volta[1] (*Strohhalmelektrometer* — **Volta's electrometer**). Électromètre inventé par Volta, en 1781, formé de brins de paille qui s'écartent l'un de l'autre lorsqu'ils sont électrisés similairement.

ÉLECTROMÈTRE de Bennet[1] (*Goldblattelektrometer* — **Gold leaf electroscope**). Appareil inventé par Bennet, en 1787, dans lequel l'électricité est mesurée par l'écartement de feuilles d'or électrisées similairement.

ÉLECTROMÈTRE de Behrens[1] (*Säulenelektrometer* — **Behren's electrometer**). Appareil dû à Behrens, en 1806, dans lequel l'écartement des feuilles d'or ou des balles de sureau est augmenté par l'attraction qu'exercent sur elles les pôles d'une pile sèche placée dans le socle de l'appareil.

ÉLECTROMÈTRE de Lane[1] (*Lane's Flasche, Maasflasche* — **Lane's unit jar**). Bouteille de Leyde avec armature extérieure en communication avec une tige dont l'écartement du bouton de l'armature intérieure peut se régler micrométiquement et mesurer, par conséquent, une charge par la longueur de l'étincelle. Cette bouteille unité fut inventée par Lane, en 1767.

ÉLECTROMÈTRE capillaire. (Voir *Capillaire.*)

ÉLECTROMÈTRE à sinus[2] (*Sinuselektrometer* — **Sine electrometer**). Appareil de Riess (1853) constitué par une barre qui supporte le pivot d'une aiguille aimantée et fait dévier celle-ci d'un angle dont le sinus permet d'évaluer la valeur, lorsqu'on leur communique une quantité similaire d'électricité).

ÉLECTROMÈTRE de Saussure[3] (*Saussure's Elektrometer* — **Saussure's electrometer**). Électromètre à feuilles d'or, inventé en 1785 et gradué d'une manière spéciale. Pour cela on charge l'électromètre avec une source quelconque et on le met en communication avec un appareil identique. Les deux appareils, se partageant la charge, indiquent chacun la moitié de la charge primitive. En déchargeant l'un des appareils et en les reliant encore, on obtient une nouvelle charge égale, dans chacun d'eux, au quart de la première dans le premier appareil. On a donc des nombres relatifs à inscrire en face des points d'arrêt des feuilles d'or.

ÉLECTROMÈTRE de Peltier (*Peltier'sches Elektrometer* — **Peltier's electrometer**). Une aiguille en aluminium, dirigée par une aiguille aimantée qui fait corps avec elle, est montée dans l'intérieur d'un support en forme de boucle et en communication avec l'extérieur au moyen d'un chapeau et d'une tige ser-

1. *Journal of the Society of telegraph, engineers*, t. VII, p. 356, 460. — Mascart, *Traité d'électricité statique*, t. I, p. 318, 356. — Riess, *Die Lehre der Reibungselectricitæt*, t. I, p. 54. — Mascart et Joubert, *Électricité et magnétisme*, t. II, p. 184.

2. Riess, *Die Reibungselectricitæt*, p. 54. — Mascart. *Traité d'électricité statique*, p. 346 et suiv.

3. Riess, *Die Reibungselectricitæt*, t. I, p. 54. Mascart, *Traité d'électricité.*

vant de collecteur. L'aiguille est, ainsi que le plan de la boucle, dans le méridien magnétique. Dès que le collecteur avec son plateau a reçu une charge électrique, il la transmet à la boucle inférieure qui repousse l'aiguille d'aluminium avec l'aiguille aimantée et l'écartement mesure la charge.

ÉLECTROMÈTRE à quadrants de Thomson[1] (*Thomson'sches Quadrantelektrometer* — **Thomson's quadrant electrometer**). Électromètre inventé par W. Thomson, en 1855, et formé d'une aiguille de clinquant en forme de ∞ qu'on charge d'électricité à un potentiel donné et de quatre quadrants disposés au-dessous dans un même plan et reliés diagonalement deux à deux. Les uns de ces quadrants sont reliés à la terre et les autres à une source que l'on veut étudier, la déviation de l'aiguille fournissant le degré de charge de la source. Pour les mesures de précision on emploie deux paires de quadrants constituant une boite plate et circulaire en cuivre, divisée en quatre parties, en la coupant suivant deux diamètres perpendiculaires. Un miroir permet d'amplifier les déviations au moyen d'un rayon lumineux.

ÉLECTROMÈTRE absolu de Thomson[2] (*Thomson'sches absolutes Elektrometer* — **Thomson's absolute electrometer**). Les électromètres absolus sont ceux qui donnent directement la valeur absolue du potentiel par la mesure d'une longueur ou d'une force. Les autres électromètres peuvent être gradués ou disposés de façon que leurs indications soient proportionnelles aux potentiels, mais la valeur véritable ne s'obtient que par leur multiplication par une constante propre à chaque appareil. La théorie de cet appareil repose sur l'évaluation de l'attraction de deux disques plans et parallèles, à des potentiels différents, l'un fixe, l'autre mobile, dont la distance est très petite par rapport à leurs dimensions. De la formule donnant l'attraction on tire la valeur du potentiel qui y est exprimée en valeur absolue. Pour opérer avec cet instrument que nous ne décrivons pas en détail, on fait en sorte que le disque mobile que l'on déplace avec une vis micrométrique, fasse équilibre au disque placé au milieu de l'anneau de garde (Voir ce mot) et maintenu par un contrepoids.

ÉLECTROMÈTRE portatif de W. Thomson (*Bewegliches Elektrometer* — **Portable electrometer**). Électromètre formé des mêmes éléments que l'électromètre absolu, mais disposé de manière à être facilement transportable ; ses indications doivent être multipliées par une constante particulière à chaque appareil pour obtenir une mesure absolue.

ÉLECTROMÈTRE étalon (*Standard Elektrometer* — **Standard electrometer**). Électromètre de W. Thomson, semblable, en prin-

---

1. Mascart, *Électricité statique*, t. I, p. 398. — *Journal de physique*, t. IV, p. 297. — W. Thomson, *Papers on electrostatics and electromagnetism*, p. 262. — Maxwell, *Electricity and magnetism*, t. I, p. 309.

2. Mascart, *Électricité statique*, t. I, p. 377. — *Journal de physique*, t. IV, p. 297. — Maxwell, *Electricity and magnetism*, t. I, p. 301.

cipe, à l'électromètre portatif et n'en différant que par ses divisions; il peut évaluer le potentiel équivalant à celui de 6,000 éléments Daniell.

ÉLECTROMÈTRE à grande portée de W. Thomson (***Weitläufiges Elektrometer*** — **Long range electrometer**). Instrument analogue, comme principe, aux électromètres portatif et étalon, mais permettant d'évaluer un potentiel équivalant à celui de 100,000 éléments Daniell.

ÉLECTROMÈTRE à disque attiré (Harris, Thomson) (***Elektrometer mit angezogener Scheibe*** — **Attracted disc electrometer**). Snow Harris construisit, en 1834, le premier électromètre à disque attiré ou balance (*Philosophical Transactions*, 1834). Ces électromètres, peu exacts au début, par suite de l'inégale distribution de la charge électrique sur les bords du disque, ne furent réellement des instruments de précision qu'à la suite de l'introduction du plateau de garde qui ramène toutes les forces d'attraction à être parallèles et normales au disque. Le principe des électromètres à disque attiré est le suivant. L'électricité se distribue d'une manière sensiblement uniforme sur les faces opposées de deux disques plans et parallèles électrisés à des potentiels différents et placés, face à face, à une distance infiniment petite par rapport à leur diamètre. La charge, sur un des disques, sera à peu près proportionnelle à son aire, à la différence de potentiel des disques et inverse de leur distance. Avec des disques de grande surface, très peu distants, de très petites différences de potentiel pourront produire une force d'attraction susceptible d'être mesurée. Si, pour chaque différence de potentiel, on fait varier la distance des disques, de manière à produire une attraction constante, les différences de potentiel seront proportionnelles à ces distances. La formule à laquelle on arrive est $V = D\sqrt{\frac{8\pi F}{S}}$. Comme F est le poids constant, opposé à l'attraction, $\sqrt{\frac{8\pi F}{S}}$ est la constante de l'appareil et V est proportionnel à D, distance entre les disques.

ÉLECTROMÈTRE symétrique (***Symetrisches Elektrometer*** — **Symetric electrometer**). Électromètre dans lequel un corps mobile électrisé est suspendu entre deux corps chargés à des potentiels différents, par exemple entre les deux pôles contraires d'une pile sèche, comme dans l'électroscope de Bohnenberger.

ÉLECTROMÈTRE de Cavallo[1] (***Cavallo's Elektrometer*** — **Cavallo's electrometer**). Instrument inventé, en 1780, par Cavallo, et composé de balles de sureau suspendues à des fils d'argent, qui sont attirées par deux tiges, placées dans le champ de leur course, en communication avec la terre, et sur lesquelles elles agissent par influence, lorsqu'elles sont électrisées par une

1. Riess, *Die Reibungselectricität*, t. I, p. 51. — Mascart, *Électricité statique*, t. I, p. 353.

source inconnue ; elles viennent toucher les tiges et se déchargent sur elles, lorsqu'elles sont trop chargées.

ÉLECTROMÉTRIE [Signifie « art de mesurer — on devrait lui substituer le mot *Électrométrique* (El. μετρική (τέχνη) qui signifierait : science de l'électrométrie »]. (Même racine)[1] (***Elektrische Messkunde*** — **Electrical measurement**). Partie de l'électricité traitant des mesures électriques.

ÉLECTROMOTEUR (El. *motor* moteur) (***Elektromotor*** — **Electromotor**). Générateur de l'électricité.

ÉLECTROMOTRICE. (Voir *Force et Volt.*)

ÉLECTROMOTOGRAPHE (*Électromoteur* — γράφω j'écris — mot hybride, grec aux deux extrémités et latin au milieu)[2] (***Elektromotograph*** — **Electric motograph**). Appareil d'Édison fondé sur l'influence que le courant électrique a sur le lissage d'une feuille de papier trempée dans certaines solutions ; le mouvement d'une tige, servant de frotteur contre le papier, est employé à fermer un circuit et en vibrant, par suite de son frottement variable, reproduit les sons téléphoniques.

ÉLECTRONÉGATIF. Corps électronégatif (***Elektronegativ*** — **Electronegativ**). Corps qui, dans l'électrolyse, se rend au pôle positif. Cette appellation provient de l'assimilation que l'on a faite entre le phénomène qui se passe dans l'électrolyse et une attraction.

ÉLECTROOPTIQUE (El. ὀπτική science de la vision, √ὀπ)[3] (***Elektrooptik*** — **Electrooptics**). Partie de l'électricité où l'on envisage l'influence de ce mode de mouvement sur la lumière ; Faraday, Verdet, ont étudié l'influence de l'électricité sur la rotation du plan de polarisation ; le Dr Kerr a observé l'influence de l'électricité sur certains diélectriques transparents qui acquièrent la propriété de bi-réfringence et transforment la lumière polarisée rectilignement en lumière polarisée elliptiquement.

ÉLECTROPHONE (***Elektrophon*** — **Electrophon**) (El. φωνή voix)[4]. Appareil de M. Maiche constitué par une caisse en verre qui, recevant les vibrations de la voix, les transmet à deux contacts de charbon faisant partie d'un circuit inducteur et jouant le rôle de microphone. Un téléphone placé dans le circuit induit, reproduit toutes les inflexions de la voix qui parle devant la caisse.

ÉLECTROPHORE[5]. (Électricité, φόρος porteur √φερ porter, pro-

---

1. *Électricité et ses applications.* — RAYNAUD, *Électrométrie*, p. 47.

2. *Journal of the Society of telegraph engineers*, t. III, p. 161. — *Annales télégraphiques*, 1877, p. 544. — GORDON, *Traité d'électricité et de magnétisme*, t. II, p. 328 (Traduction Raynaud et Seligmann-Lui).

3. GORDON, *Traité d'électricité et de magnétisme*, t. II, p. 511 (Traduction Raynaud et Seligmann-Lui).

4. *Cosmos*, t. LII, p. 556.

5. POGGENDORFF, *Geschichte der Physik*, p. 887. — HŒFER, *Histoire de la physique*, p. 263.

duire) (***Elektricitätsträger*** — **Electrophorus**). Appareil inventé par Wilcke, en 1762; toutefois la description n'en fut publiée que plus tard. Il est formé d'un gâteau de résine que l'on bat avec une peau de chat et dont on utilise l'électricité négative, comme celle du collecteur d'un condensateur dont l'autre armature est un plateau métallique à manche isolé que l'on place sur lui, le diélectrique étant la résine elle-même. On attribue quelquefois l'invention de l'électrophore à Volta, qui ne décrivit cependant l'électrophore qu'en 1775, dans une lettre à Priestley.

ÉLECTROPHORE de Phillips[1] (***Phillip'scher Elektricitätsträger*** — **Phillips electrophorus**). Au moyen de l'électrophore convenablement modifié par Phillips, on peut obtenir les deux espèces d'électricité. Dans cet appareil, une vis faisant partie de la plaque conductrice du socle, traverse le gâteau isolant et affleure à la surface supérieure. Le manche isolant peut se visser sur le plateau mobile et la plaque conductrice du socle. (Pour les opérations nécessaires à la production de deux électricités, voir les traités spéciaux.)

ÉLECTROPHYSIOLOGIE[2] (Électricité, φύσις nature, λόγος traité) (***Elektrophysiologie*** — **Electrophysiology**). Nom donné à l'ensemble des phénomènes qui ont pour cause et pour résultat la production de l'électricité dans le corps humain. On distingue dans l'électrophysiologie, trois ordres de phénomènes : 1° Ceux qui résultent d'une cause extérieure connue, comme la commotion ou la contraction due à l'étincelle ; 2° Ceux qui résultent d'une production d'électricité dans l'économie; 3° Ceux que manifestent les poissons chez lesquels il existe une véritable fonction correspondante.

ÉLECTROPOSITIF (***Elektropositiv*** — **Electropositive**). **Corps électropositif.** Corps qui, dans l'électrolyse, se rend au pôle négatif. Cette appellation provient de l'assimilation que l'on a faite entre le phénomène qui se passe dans l'électrolyse et une attraction.

ÉLECTROPSEUDOLYSE (Élec. ψευδ(ο) — en compos., faux, λύσις décomposition) (***Elektropseudolyse*** — **Electropseudolysis**). M. Tommasi a désigné, sous le nom d'électropseudolyse, le phénomène caractérisé par la polarisation des électrodes d'un voltamètre, lorsque la force électromotrice ne correspond pas à 69 calories.

ÉLECTROPUNCTURE[3] (Électricité, *punctura*, de *pungere* piquer) (***Elektropunktur*** — **Electropunctur**). Moyen thérapeutique consistant en une combinaison de l'électricité et de l'acupuncture. On fait pénétrer l'électricité au sein d'une partie pourvue de nerfs, au moyen d'une aiguille métallique isolée au milieu d'un tube de verre.

---

1. Noad, *The student's text book*, p. 13.

2. Poggendorff, *Geschichte der Physik*, p. 887. — Hœfer, *Histoire de la physique*, p. 263.

3. Duchenne de Boulogne, *De l'Électrisation localisée.*

ÉLECTROSCOPE[1] (Électricité, σκοπῶ j'observe) (*Elektroscop, Elektricitätsanzeiger* — **Electroscope**). Appareil destiné à déceler l'existence de l'électricité. Pour reconnaître l'électricité d'un corps, il faut examiner s'il attire ou s'il repousse un corps électrisé dont le signe est connu. Comme l'attraction se produit toujours entre deux corps dont un seul est électrisé directement, il vaut mieux chercher quelle est l'espèce d'électricité qu'il repousse.

ÉLECTROSCOPE à balles de liège (*Korkkugel-Elektroscop* — **Cork ball electroscope**). Appareil inventé par Canton (1753), fondé sur la répulsion qu'éprouvent deux balles de liège mobiles suspendues à un bouton métallique par deux fils conducteurs et électrisées par une même source.

ÉLECTROSCOPE à feuilles d'or (*Goldblattelektroscop* — **Gold leaf electroscope**). Appareil inventé par Bennet, en 1787, et fondé sur la répulsion de deux feuilles d'or suspendues verticalement en un point commun et s'écartant l'une de l'autre, d'un angle déterminé par la quantité d'électricité qui, communiquée au point commun de suspension, se répartit sur les deux feuilles.

ÉLECTROSCOPE condensateur[2] (*Elektroscop mit Condensator* — **Condensing electroscope**). Électromètre dans lequel Volta a introduit, en 1787, l'emploi de la condensation pour rendre plus manifestes les sources d'électricité les plus faibles. Pour cela le bouton de l'électromètre à feuilles d'or est armé d'un plateau métallique couvert d'une couche de vernis et recouvert d'un second plateau métallique à manche isolant. On a ainsi un condensateur dont la capacité est accrue par la condensation. On attribue également à Bennet, en 1787, le mérite d'avoir assemblé dans un même appareil l'électroscope et le condensateur[3].

ÉLECTROSCOPE flotteur ou aréomètre électrique de Leroi et D'Arcy[2] (*Schwimmender Elektroscop* — **Floating electroscope**). Électroscope inventé, en 1749, dans lequel on utilise non pas une composante horizontale, mais une fraction directe de la pesanteur comme force antagoniste. Un flotteur composé d'une boule creuse surmontée d'un tube porte un disque qui, lorsqu'il est repoussé par le couvercle métallique du vase où plonge le flotteur et auquel on a communiqué de l'électricité, indique par la hauteur dont monte le tube, la valeur de la force électrique. Cet instrument peu sensible n'est pas bien exact.

ÉLECTROSCOPIQUE (*Elektroscopisch, Stromprüfend* — **Electroscopic**). Qui se rapporte à l'étude des moyens employés pour déceler l'électricité. (Voir *Grenouille*.)

---

1. Poggendorff, *Geschichte der Physik*, p. 873. — Hœfer, *Histoire de la physique*, p. 271.

2. Riess, *Die Reibungselectricitæt*, t. I, p. 56, 62. — Mascart, *Électricité statique*, t. I, p. 356 et 370.

3. Poggendorff, *Geschichte der Physik*, p. 880.

ÉLECTROSCOPIQUE. Force électroscopique (*Elektroscopische Kraft* — **Electroscopic force**). Nom sous lequel Ohm désignait la notion du potentiel.

ÉLECTROSTATIQUE (El. στατικός en équilibre) (*Elektrostatik* — **Electrostatics**). Partie de l'électricité dans laquelle est étudiée la distribution des charges sur la surface des corps.

ÉLECTROSTATIQUE. Système électrostatique d'unités. (Voir *Unités*).

ÉLECTROTHÉRAPEUTIQUE [1] (Électricité, θεραπευτική (τέχνη) art du traitement des maladies (*Elektrotherapie* — **Electrotherapeutic**). Partie de la science qui s'occupe de l'électricité comme moyen thérapeutique. On se sert de courants interrompus ou de courants continus.

ÉLECTROTONIQUE [2] (Électricité, τονικός qui a rapport à la tension √τείν tendre) (*Elektrotonisch* — **Electrotonic**). (Faraday). Qui concerne l'état d'un conducteur pendant les périodes qui séparent l'apparition et la disparition d'un courant induit.

ÉLECTROTONIQUE. État électrotonique (*Elektrotonischer Zustand* — **Electrotonic state**). Dubois Reymond appelle aussi *état électrotonique*, le changement qui se produit dans un nerf qui est traversé par un courant dans l'une de ses parties. Ce changement est mis en évidence par le nouveau pouvoir électromoteur que toutes les parties de la longueur du nerf acquièrent, pendant le passage du courant, de manière à produire, en plus du courant ordinaire, un courant de sens opposé.

ÉLECTROTONUS [3] (Électricité, Τόνος tension). (Du Bois Reymond). (*Elektrotonus* — **Electrotonus**). État d'excitabilité particulière d'un nerf traversé par un courant en deux points rapprochés. La partie du nerf en contact avec le pôle négatif devient plus excitable, tandis que celle qui avoisine le pôle positif devient moins excitable qu'en temps normal.

ÉLECTROTYPIE (Électricité, τύπος type) (*Elektrotypie* — **Electrotypy**). Multiplication des caractères d'imprimerie par un procédé galvanoplastique.

ÉLECTROVITALISME (Électricité, *vita*, la vie, mot mal formé). Système d'après lequel la vie animale dériverait d'un fluide vital analogue au fluide électrique.

ÉLÉMENT magnétique (Poisson) [4] (*Magnetisches Element* — **Magnetic element**). Espace de forme quelconque, extrêmement

---

1. Duchenne de Boulogne, *De l'Électrisation localisée*. — Littré et Ch. Robin, *Dictionnaire de médecine*.

2. Faraday, *Experimental researches on electricity*, t. I, passim.

3. Mascart, *Électricité statique*, t. II, p. 198. — *Électricité et ses applications*, Art. Paul Bert, p. 154.

4. Poisson, *Mémoire sur la théorie du magnétisme* (2 février et 27 décembre 1824), et *Mémoires de l'Académie des Sciences*, t. V, p. 247 et 488.

petit dans lequel le fluide boréal et austral peuvent se mouvoir séparément. Les éléments sont isolés les uns des autres par des intervalles imperméables au magnétisme.

ÉLÉMENTS magnétiques (*Magnetische Constanten* — **Magnetic elements**[1]. En Angleterre, on a donné le nom d'éléments magnétiques à la déclinaison, l'inclinaison et l'intensité magnétique.

ÉLÉMENT de pile (*Element einer Batterie* — **Element or cell of a battery**). Appareil constitué par une plaque génératrice d'électricité au contact d'un liquide approprié et par une seconde plaque conductrice inerte; la plaque inerte constitue le pôle positif, la plaque génératrice le pôle négatif. (Voir *Pile.*)

ÉLÉMENT de pile thermoélectrique (*Thermoelement* — **Element of a thermoelectric battery**). Appareil composé de deux lames électromotrices hétérogènes dont on chauffe la soudure, les extrémités libres étant maintenues à une température constante. Si l'on réunit alors les deux extrémités libres à un galvanomètre, on observe un courant. (Voir *Courant thermoélectrique.*)

ÉLÉMENT à fer (*Eisenelement* — **Iron element**). Élément semblable à l'élément Grove dans lequel le fer est substitué au platine.

ÉLÉMENT à diaphragme de papier mâché (Siemens)[1] (*Pappelelement* — **Element with a paper maché diaphragm**). Le papier mâché réunit toutes les conditions d'un bon diaphragme, perméabilité suffisante, résistance électrique, solidité, etc.

ÉLÉMENT à ballon (*Ballonelement* — **Element with a ballon**). Élément muni d'un ballon de verre rempli de dissolution pour le fonctionnement de la pile et renversé sur l'élément.

ELETTRICITA vindice ou **electricitas vindex**[2]. Expression qui a eu cours au siècle dernier et avait été proposée, en 1767, par Beccaria. Elle a servi à caractériser, à cette époque, une propriété que Beccaria attribuait faussement aux isolants et d'après laquelle ces derniers pouvaient céder à une armature qu'ils touchaient l'électricité dont ils étaient chargés, et reprendre ensuite cette électricité au moment où l'on déchargeait l'armature. C'est Volta qui démontra l'inanité de cette conception.

EMBROCHAGE (*Schleifenschaltung* — **Circuit with intermediate receiving stations**). Système d'installation de bureau télégraphique dans lequel les appareils récepteurs de deux ou plusieurs postes intermédiaires sont simplement traversés par le courant venant d'une autre station et allant prendre terre à la dernière des stations. Pour que ce système de communication fonctionne régulièrement, il importe que, dans les différents bureaux, l'intensité du courant reste constamment la même,

1. BECQUEREL, *Électrochimie*, p. 109. (Des Diaphragmes.)
2. BECCARIA, *Elettricismo artificiale*, p. 400.

quelle que soit la station qui transmet. Pour cela, il est nécessaire que les différentes sections du fil soient convenablement isolées, que les bobines des appareils aient la même résistance, et que les bureaux aient des piles de même force électromotrice et de même résistance.

EMBROCHAGE. Ligne à embrochage (***Schleifleitung*** **— Line with intermediate stations**). Ligne sur le trajet de laquelle l'installation des bureaux est faite d'après la méthode précédente.

EMBROCHAGE. Station à embrochage (***Schleifenstation*** **— Intermediate receiving station**). Station télégraphique sans terre et installée d'après la méthode ci-dessus.

EMPLOYÉ des télégraphes (***Telegraphenbeamte, Telegraphenassistent*** **— Telegraph clerk**). Employé chargé de tout ce qui concerne l'acceptation, la transmission ou la réception des dépêches.

EMPLOYÉ de guichet (***Annahmebeamte*** **— Counter clerk**). Employé faisant le service de la réception des dépêches au guichet des bureaux télégraphiques et de la perception des taxes.

EMPLOYÉ manipulant (***Apparatbeamte*** **— Instrument clerk**). Employé télégraphique chargé du service d'un appareil.

EMPODIOMÈTRE (ἐμπόδιον obstacle, résistance, μέτρον mesure). (***Widerstandsmessapparat*** **— Empodiometer**). Mot proposé par M. Marié-Davy pour désigner le rhéostat.

ÉNALLÈLE (mot mal formé, paraissant venir de ἀλληλο-, et qu'il faut rattacher à ἐναλλάξ, alternativement) [1]. Expression qui, dans la classification des électroaimants par Nicklès, signifie « à polarité interrompue par des points conséquents égaux en nombre moins un au nombre des hélices. »

ENCOMBREMENT des dépêches dans un bureau télégraphique (***Anhäufung*** **— Block of work on a line**). L'encombrement des dépêches sur un appareil provient de causes diverses et nécessite parfois l'emploi d'une voie détournée.

ENCRE oléique (***Oeltinte, Apparatfarbe*** **— Telegraph printing ink**). Encre pour imprimer les signaux télégraphiques sur la bande de papier. Elle est composée de 810 parties d'huile et de 190 de bleu de Prusse pour 1,000 p.

ENDOSMOSE électrique (Ἔνδον au dedans, ὠσμός poussée). Mot mal formé, *endosme* serait plus régulier [2] (Reuss (1809), Porret (1816), Quincke (1861). (***Elektrische Endosmose, Cataphorische Wirkung*** **— Electric osmose ou endosmose**). Déplacement produit dans un liquide, à travers une membrane poreuse, sous l'influence de l'électricité et dans le sens du courant.

ENDOTHERMIQUE — (Ἔνδον en dedans, θερμός chaud). On appelle *électrolyse endothermique* celle dans laquelle les actions chimiques ne peuvent être effectuées, en dehors de l'action

---

1. Nicklès, *Les Électroaimants et l'adhérence magnétique*, 1860.
2. *Philosophical Magazine*, 1860, 1er sem., p. 455.

des courants, qu'avec absorption d'une certaine quantité de chaleur. Dans ces électrolyses, c'est le courant qui fournit la quantité d'énergie qui y est dépensée.

ÉNERGIE électrique[1] (*Elektrische Energie* — **Electric energy**). L'énergie électrique est le pouvoir qu'a un corps chargé d'électricité de produire un travail. Lorsqu'on électrise un conducteur par le mouvement d'une machine, on dépense une certaine quantité de travail moteur qui, s'il n'y a pas eu d'autres résistances à vaincre que les forces électriques, doit se retrouver entière dans le travail qu'effectueront les masses électriques, répandues sur le conducteur, quand celui-ci reviendra à l'état neutre, après s'être déchargé, c'est-à-dire lorsqu'il aura passé du potentiel qu'on lui avait communiqué au potentiel zéro. Pour faire passer l'unité d'électricité d'un point à un autre, qui n'est pas dans le même plan équipotentiel, le travail est égal à la différence des potentiels, quel que soit le chemin parcouru. (Voir *Travail électrique*.) Cette loi est générale. Ainsi, si un courant a une intensité I, cette quantité I d'électricité passe, pendant chaque seconde, d'un point où le potentiel est P_m au point où le potentiel n'est plus que P_o ; $P_m - P_o$ est le travail, pour l'unité d'électricité et $I(P_m - P_o)$ pour le courant total. Mais, comme $P_m - P_o$ est égal à la force électromotrice, on a $I(P_m - P_o) = IE$ et si, au lieu d'envisager l'intensité, nous évaluons le transport d'électricité Q pendant un temps déterminé, l'énergie du courant ou son travail sera QE. En multipliant la formule de Ohm par E, nous arrivons à $IE = \frac{E^2}{R}$ qui donne la formule de l'énergie d'un courant par seconde.

S'il s'agit d'un condensateur dont on veut évaluer l'énergie, on se rappellera la définition du potentiel et on observera qu'en élevant une unité d'électricité du potentiel zéro au potentiel V, le travail est $V - o$ ou V et, pour Q unités, le travail sera QV. Si le potentiel est zéro au début et V à la fin, le potentiel moyen, pendant l'opération, est 1/2 V, le travail total sera donc $\frac{VQ}{2}$. Ce travail est égal à celui que produirait la décharge de la même quantité d'électricité, d'où 1/2 VQ est aussi l'expression de l'énergie de la décharge d'un condensateur, dans laquelle V représente la différence de potentiel des deux armatures.

Comme nous pouvons écrire 1/2 VQ, sous la forme $1/2 \frac{Q^2}{C}$, puisque $Q = VC$, on voit que, lorsqu'un condensateur de capacité C est chargé avec une quantité Q d'électricité, l'énergie de cette charge est proportionnelle au carré de la quantité et inversement proportionnelle à la capacité du condensateur. L'énergie d'un conducteur en général est, d'après ce que nous venons de voir, $\frac{VQ}{2}$.

1. Fleeming Jenkin, *Électricité et magnétisme* (Traduction Berger et Croullebois), p. 550. — Blavier, *Grandeurs électriques*, p. 122.

Il est important de faire remarquer qu'une quantité Q d'électricité ne saurait être regardée comme une quantité d'énergie, puisqu'elle n'en est qu'un des éléments et que l'énergie est le produit de la quantité d'électricité par le potentiel. L'électricité n'est donc pas une forme d'énergie.

La différence de potentiel W — W' représentant le travail des forces électriques, quand la distribution électrique d'un conducteur éprouve une variation, W représente le travail que ces forces accuseraient, si le conducteur passait du potentiel qu'il possède au potentiel zéro, c'est-à-dire revenait à l'état neutre. Le potentiel électrique d'un conducteur sur lui-même s'appelle énergie électrique.

Conversion de l'énergie électrique en chevaux-vapeur. — Pour convertir une énergie électrique en chevaux-vapeur (Voir *Cheval électrique*), il suffit de diviser EI par $9{,}81 \times 75 = \frac{EI}{735{,}7}$.

Distribution de l'énergie électrique. (Voir cette expression à son rang alphabétique.)

Unité d'énergie. L'énergie se mesurant par le travail, a la même unité que ce dernier, c'est-à-dire l'erg (Voir ce mot ainsi que *Joule* et *Watt*).

ÉNERGIE (ἐνέργεια efficacité) **électrique potentielle** (***Elektrische potentielle Energie*** — **Potential energy**). Propriété d'un corps électrisé de pouvoir produire un travail lorsqu'on facilite l'écoulement de son électricité (Voir *Mètre*.) L'énergie potentielle est l'énergie emmagasinée et susceptible de produire un travail à un moment donné, par suite d'une opération ou d'un état qui transforme cette énergie potentielle en énergie actuelle. Le symbole mathématique de l'énergie potentielle électrique est 1/2 VQ. Pour charger un corps, il faut, il est vrai, employer une énergie VQ, mais comme, par exemple, avec la machine électrique, l'électricité négative se rend dans le sol, il n'y a que l'électricité positive emmagasinée comme énergie potentielle sur le corps. Cette quantité d'énergie est donc égale à la moitié de l'énergie dépensée pour lui communiquer la charge qu'il accuse. (Voir *Travail électrique*.)

ÉNERGIE actuelle ou **cinétique** (***Kinetische Energie*** — **Kinetic energy**). Propriété d'un corps électrisé qui produit un travail par l'écoulement de l'électricité. Cette expression correspond également à celle de potentiel électrique d'un conducteur sur lui-même.

ÉNERGIE disponible d'une machine électrique. L'énergie électrique d'une machine n'est pas entièrement utilisable dans le circuit extérieur. La résistance du fil de cette machine en transforme une partie en chaleur et l'énergie qu'on nomme *disponible* est diminuée de cette quantité. Le travail disponible d'une machine est $\frac{(P - p)\, I}{9{,}81}$ kilogrammètres (P et p potentiels aux bornes, I, intensité du courant) et $\frac{RI^2}{9{,}81}$ kilogrammètres représentent le travail consommé par la machine, R étant la résistance intérieure.

ENFOUISSEMENT d'un câble souterrain avec la charrue (*Unterpflügen* — Laying an underground cable with a plough). Action de couler un câble dans une tranchée faite au moyen d'une charrue. (*Télégraphie militaire.*)

ENREGISTREMENT (*Instradirung* — Register of messages). Service d'ordre dans les bureaux télégraphiques pour la direction des dépêches.

ENREGISTRER (*Instradiren* — To register). Opérer l'enregistrement des dépêches dans un bureau télégraphique et les diriger par la voie convenable.

ENREGISTREUR (*Instradeur* — Registrar of messages). Employé chargé d'opérer l'enregistrement et aussi la direction des dépêches.

ENREGISTREUR électrique des votes d'une assemblée (Clérac, Laloy) (*Abstimmungstelegraph, Stimmezählapparat* — Apparatus for registering votes). Appareil fournissant automatiquement le résultat des votes d'une assemblée.

ENREGISTREUR électrique (*Elektrischer Einschreiber* — Electric indicator). L'électricité est susceptible de fournir, à distance, des signaux électriques, sous une influence mécanique souvent très faible ; ces signaux, se transmettant avec promptitude et facilité, ont été employés avantageusement pour les observations scientifiques, pour remplacer l'observateur, pour apprécier des intervalles de temps infiniment courts, pour conserver des traces d'actions fugitives et variables, etc... Les appareils destinés à ces différentes applications peuvent être classés en trois groupes : les chronoscopes et chronographes électriques, les enregistreurs météorologiques et scientifiques, les enregistreurs industriels et artistiques. (Voir Du Moncel, *Application de l'électricité*, t. IV.)

ENROULEMENT. Double enroulement (*Doppelte Bewickelung* — Series and shunt winding, Compound winding). On a introduit dans certaines machines dynamoélectriques un système d'enroulement des excitateurs dit *enroulement double* et consistant dans une combinaison des systèmes en série et en dérivation. Le courant principal suit l'un des circuits qui est regardé comme installé en série, par rapport à la ligne extérieure, tandis que un courant, empruntant une dérivation du premier aux balais, traverse un second circuit enroulé sur le même électroaimant. M. Deprez a modifié ce système en créant un circuit, à excitation indépendante, enroulé à côté d'un second fil faisant partie du circuit général de la machine. L'idée première du double enroulement indiqué, en 1871, par Sinsteden, remonterait à M. Lauckert. (Voir Note de M. Boistel dans sa traduction du *Traité des machines dynamoélectriques* de Silv. Thompson, p. 100.)

ENTRAINEMENT du papier (*Papierführung* — Paper advancing system). Système adopté dans les appareils télégraphiques pour faire mouvoir le papier sur lequel s'inscrivent les dépêches.

ENTRÉE de poste (*Einführung* — **Leads entering a station**). Installation des lignes télégraphiques à l'entrée d'une station.

ENTREFER. Expression due à M. Cabanellas et exprimant l'espace rempli d'air et de fil de cuivre compris entre la face ou les faces extérieures du fer de l'anneau et les faces intérieures de l'inducteur dans les machines dynamoélectriques.

ENTRETOISE (*Querverbindung* — **Brace, Tie rod**). Pièce de bois arcboutée entre deux poteaux jumelés.

ENVELOPPE protectrice pour câbles (*Schutzhülle* — **Protecting sheathing**). Les câbles sont, suivant leur destination, enveloppés d'un guipage ou d'un tuyau de plomb, d'une armature en feuilles de cuivre ou en fils de fer, etc. (Voir *Câble*.)

ÉPAISSEUR de la couche électrique. Synonyme de densité électrique. (Voir cette expression.)

ÉPALLÈLE (ἐπάλληλος; successif[1]). Expression qui, dans la classification des électroaimants, par Nicklès, signifie à polarité naturelle non interrompue.

ÉPAULEMENT (*Vorsprung an einer Welle oder an einem Zapfen* — **Shoulder**). Pièce en saillie, servant d'appui à une autre pièce dans un appareil.

ÉPISSURE[2] (*Anspleissen, Spliss* — **Splice**). Soudure de deux bouts de câble. Opération des plus minutieuses et des plus difficiles, pour l'exécution de laquelle on ne choisit que des agents très habiles et très sains. La propreté des mains de l'opérateur joue un rôle important et l'on divise, ainsi qu'il suit, les opérations nécessaires à la confection d'un joint de câble : Nettoyage des fils, lavage des mains, réparation des bouts, rapprochement des fils de cuivre à souder, soudure, nettoyage du joint, apposition d'une première couche de composition Chatterton, d'une première enveloppe isolante, d'une seconde couche de composition Chatterton, d'une seconde enveloppe isolante, et enfin d'une troisième couche de composition Chatterton.

ÉPITHELIUM prismatique (*Flimmerepithelium* — **Columnar epithelium**). On appelle en général épithelium ce qui, dans les muqueuses, est l'analogue de l'épiderme de la peau. Parmi les différentes espèces d'épithelium, l'épithelium prismatique est pourvu de cils ; le mouvement en est accéléré par l'électricité galvanique et diminué par l'électricité d'induction.

ÉPOUVANTAIL (*Scheuerbock* — **Scarecrow**). Pieu placé à la base des poteaux télégraphiques pour en écarter le bétail.

ÉPREUVE. (Voir *Disque d'épreuve*.)

ÉPUISEMENT d'un ressort (*Ablauf, Ablaufen einer Feder* —

---

1. Nicklès, *Les Électroaimants et l'adhérence magnétique*, 1860.

2. Ternant, *Les Télégraphes*, p. 186. — Blavier, *Traité de télégraphie*, t. II, p. 162. — Douglas, *Manual of telegraph construction*, p. 399. — Culley, *Manuel de télégraphie pratique*, p. 193 (Traduction Berger et Bardonnaut).

The running down of a main spring). État d'un ressort qui est détendu.

ÉQUATEUR magnétique (*Magnetischer Aequator* — **Magnetic equator**). Ligne contenant les points du globe où la boussole d'inclinaison est horizontale. Gilbert avait appelé de ce nom la partie d'un aimant située au milieu entre les deux pôles et qui semble moins magnétique que les autres points.

ÉQUILIBRE électrique (*Elektrisches Gleichgewicht* — **Electric equilibrium**). L'équilibre électrique d'un système de conducteurs électrisés, mis en communication, s'obtient par l'égalisation du potentiel, de même que l'équilibre calorifique s'obtient par l'égalisation des températures et l'équilibre des liquides par l'égalisation des niveaux.

ÉQUILIBRE électrique. Équation de l'équilibre électrique. (*Elektrische Gleichgewichtsgleichung* — **Equation of electric equilibrium**)[1]. Si un corps est chargé d'une quantité Q d'électricité au potentiel V, sa capacité est $\frac{Q}{V}$. Soient deux conducteurs de capacité c et c', chargés de quantités électriques q et q', les potentiels seront, d'après la relation précédente, $V = \frac{q}{c}$ et $v' = \frac{q'}{c'}$. L'équilibre s'établira par l'égalisation de leurs potentiels, s'ils sont mis en communication par un long fil pour éviter leur influence mutuelle. Soit V' le potentiel commun, la quantité totale d'électricité dans les deux corps est $q + q' = cV + c'v'$, puisqu'elle n'a pas changé et que les deux corps ont le même potentiel, on aura donc pour équation de l'équilibre électrique $V' (c + c') = cV + c'v'$ ou $V' = \frac{cV + c'v'}{c + c'}$.

ÉQUIPE. Chef d'équipe (*Bauführer* — **Foreman** ou **boss of gang** ou **party**) (en Amérique). Agent à la tête d'une section d'ouvriers appelée équipe.

ÉQUIPOTENTIEL[2] (*Isoelektrisch, Aequipotential* — **Equipotential**). Dont tous les points ont le même niveau potentiel.

ÉQUIVALENT d'électricité dynamique (*Aequivalent der dynamischen Electricität* — **Equivalent of dynamic electricity**). On nomme équivalent d'électricité la quantité capable de décomposer un équivalent d'eau ou de dégager un équivalent d'hydrogène.

ÉQUIVALENT électrochimique (*Elektrochemisches Aequivalent* — **Electrochemical equivalent**). L'équivalent électrochi-

---

1. Blavier, *Des Grandeurs électriques*, p. 78.

2. Maxwell, *Electricity and magnetism*, t. I, p. 47. — Gordon, *Traité d'électricité et de magnétisme*, t. II, p. 78.

mique d'une substance est la quantité de cette substance qui est électrolysée par l'unité de quantité d'électricité. Les équivalents électrochimiques sont d'ailleurs proportionnels aux équivalents chimiques.

ERG (ἔργον, travail) (***Erg*** **— Erg**). Unité d'énergie mécanique ou de travail C. G. S. produite par une force de une dyne, lorsque le chemin parcouru par le point d'application de cette force est de 1 centimètre. (Voir *Mètre.*)

ERGMÈTRE (ne pourrait former un composé régulier) (S. *Ergomètre.*)

ERGOMÈTRE (ἔργον travail, μέτρον mesure) (***Arbeitmesser, Energiemesser*** **— Ergometer**). Appareil mesurant le travail ou l'énergie d'un système ou d'une machine. (Voir *Mètre.*),

ERREUR commise dans les fiches d'un rhéostat et influant sur la résistance d'un circuit (***Stöpselfehler, Falsche Stöpselung*** **— Mistake made in the resistance introduced by a rheostat**).

ESPRIT DE SEL (***Löthwasser*** **— Spirit of salt**). Nom vulgaire du chlorure de zinc liquide pour soudures.

ESSAIS électriques des lignes aériennes[1] (***Prüfung der oberirdischen Leitungen*** **— Test of aerial lines**). Il est important de connaître une ligne télégraphique au point de vue de sa résistance à la conductibilité, de sa résistance à l'isolement, de sa capacité ; il est par conséquent de bonne exploitation de faire procéder fréquemment à ces essais en gardant copie des résultats. 1° La résistance à la conductibilité d'une ligne s'obtient en mettant l'extrémité à terre et en mesurant la résistance de la manière ordinaire. La résistance kilométrique, dans ce dernier cas, s'obtient en divisant la résistance totale par le nombre des kilomètres; 2° L'isolement kilométrique ou la résistance kilométrique de l'isolement s'obtient, au contraire, en multipliant par le nombre des kilomètres, la résistance à l'isolement obtenu en isolant la ligne à l'autre extrémité ; 3° Pour obtenir la capacité, on se fonde sur ce principe que le rapport de la capacité d'une ligne à celle d'un condensateur connu est le même que celui des impulsions données à l'aiguille d'un galvanomètre actionné par un courant de décharge venant de la ligne et du condensateur et issu d'une même pile.

ESSAI électrique des câbles (***Elektrische Prüfung der Kabel*** **— Electrical test of cables**). Les essais électriques sur les câbles, soit avant la pose, soit pendant cette opération, ont pour but de déterminer la conductibilité de l'âme, sa capacité et son isolement. Quoique nous ayons donné, à chacune de ces expressions, un moyen de les calculer, ces expériences devant être faites avec un soin tout particulier lorsqu'il s'agit de câbles, nous ne croyons mieux faire que de renvoyer le lecteur aux livres spéciaux indiqués ci-après et où toutes les méthodes sont exposées

1. Williams, *Manual of telegraphy.* — *Annales télégraphiques*, 1881.— *Agenda Dunod. Telegraphes.*

en détail. (Voir KEMPE, *Traité des mesures électriques;* WALDEMAR HOSKIAER, *Guide des épreuves électriques sur les câbles. — Agenda Dunod, Telegraphes; Munrö and Jamieson's Pocket book of electrical rules and tables;* HOSPITALIER, *Formulaire de l'électricien;* LAT. CLARK, *Electrical measurement.*)

ESSAI du fil télégraphique au point de vue de la flexion (*Prüfung auf Biegung* — **Wire bending test**). Il est admis en France que le fil télégraphique pourra être plié, dans un étau à angle droit, sans se rompre, alternativement dans un sens et dans le sens opposé, trois fois de suite pour le fil de 5mm, quatre fois pour le fil de 4mm et cinq fois pour celui de 3mm.

ESSOCNÈME (ἧσσον moins, κνήμη jambe, mot mal formé si l'on veut le dériver de κνημίς chaussure, enveloppe). Expression qui, dans la classification des électroaimants par Nicklès, signifie : « à moins d'hélices que de disques[1]. »

ÉTAIN en feuilles pour armatures de condensateurs (*Stanniol* — **Tin foil**). (Voir *Armature.*)

ÉTALON à coulisse (*Calibermaassstab, Schublehre* — **Sliding scale**). Instrument pour mesurer le diamètre des fils métalliques.

ÉTALON de capacité électrique (*Eiche elektrischer Capacität* — **Standard of electric capacity**). Il n'est pas possible de réaliser un étalon de quantité; de même, pour les liquides, on se sert, non pas d'un litre de liquide, mais du vase qui le contient. La même impossibilité existe en électricité, mais on peut obtenir un étalon de capacité. L'étalon de capacité est constitué par un condensateur formé de feuilles d'étain séparées par des lames de mica. En empilant, les feuilles de rang pair sont reliées l'une avec l'autre; il en est de même, d'autre part, des feuilles impaires. On obtient, de cette manière, un condensateur à grande surface que l'on noie dans la paraffine, pour empêcher l'altération de la distance des lames. Le microfarad est formé par 300 feuilles circulaires d'étain et est contenu dans une boîte fermée ayant 8 centimètres de haut et 16 centimètres de diamètre.

ÉTALON de force électromotrice (*Eiche elektromotorischer Kraft* — **Standard of electromotive force**). Il n'existe pas d'étalon correspondant à l'unité de force électromotrice ou volt; on a recours à la mesure de la force électromotrice des couples remarquables par leur constance (Pile Daniell ou Latimer Clark).

ÉTALON de résistance électrique (*Eiche elektrisches Widertands* — **Standard of electric resistance**). L'étalon de résistance a été obtenu par l'Association britannique qui s'est servi pour cela d'une méthode proposée par W. Thomson. (Voir *Ohm.*) M. Lippmann a indiqué[2] une autre méthode intéressante pour déterminer l'Ohm. Les étalons de résistance du Comité de l'Association britannique sont constitués en platine argent et platine iridié.

1. NICKLÈS, *Électroaimants et adhérence magnétique.*
2. *Comptes rendus de l'Académie des Sciences*, t. XCIII, p. 713.

ÉTAT électrique variable[1] (***Veränderlicher Zustand*** — **Variable state**). Avant que l'état de régime se soit établi sur un conducteur relié à une source électrique, le courant arrive d'abord à l'extrémité de ce conducteur, en communication avec la terre, avec une intensité faible qui augmente peu à peu jusqu'à un maximum; cette période porte le nom d'état variable.

ÉTAT permanent (***Dauernder Zustand*** — **Permanent state**). État de régime auquel le courant arrive après avoir passé par l'état variable.

ÉTAT sensitif[2] (***Sinnlicher Zustand*** — **Sensitive state**). État dans lequel la décharge électrique, dans les tubes à vide, est affectée par la présence ou l'approche d'un conducteur.

ÉTHER électrique[3] (αἰθήρ air supérieur, √idh, (ind.-eur.), brûler, briller) (***Elektrischer Aether*** — **Electric ether**). Quoique l'opinion d'un seul fluide soit généralement adoptée, nous avons continué à nous servir du langage de l'hypothèse de Simmer. Les physiciens modernes, en partant du principe de Franklin, ont reconnu qu'il était inutile de supposer un fluide particulier et que l'éther, dont les vibrations constituent la chaleur, suffit pour expliquer les phénomènes électriques. Le frottement ou toute autre opération a pour but de rompre l'équilibre de la quantité d'éther déterminée pour chaque corps. L'éther des molécules d'un corps voisin vient augmenter la densité des atmosphères qui entourent les molécules d'un corps qui est électrisé positivement, tandis que le premier qui a cédé de son éther est électrisé négativement. (Voir Daguin, *Traité de physique*, t. III, p. 109, 2e éd.) Maxwell admet que l'éther électrique et l'éther lumineux sont identiques, en se fondant sur l'identité de leurs propriétés. Ainsi, le milieu qui transmet l'une des manifestations transporte l'autre avec la même vitesse. En effet, quoiqu'on n'ait pas obtenu directement, par l'expérience, la vitesse de l'induction électromagnétique dans l'air, on y est arrivé, par le calcul, en établissant le rapport des unités électrostatiques et des unités électromagnétiques qui est la vitesse d'induction électromagnétique. Cette vitesse ($2{,}985 \times 10^{10}$) est sensiblement la même que celle de la lumière dans l'air ($2{,}9992 \times 10^{10}$). La vitesse, dans d'autres milieux, est aussi très rapprochée de ce chiffre. D'autre part, dans la lumière, les ondulations sont à angle droit avec la direction des rayons et le professeur Maxwell a reconnu, à la suite de ses recherches mathématiques, que les ébranlements d'induction statique et électromagnétique sont à angle droit avec la direction d'induction électrique et magnétique. De plus, comme l'exige la théorie qu'il soutient, avec d'excellentes rai-

---

1. Blavier, *Traité de télégraphie électrique*, t. I, p. 405. — Mascart, *Électricité statique*, t. II, p. 452. — Blavier, *Des Grandeurs électriques et de leur mesure en unités absolues*, p. 176. — Jamin et Bouty, *Cours de physique de l'École polytechnique*, t. IV, 1er fasc., p. 66. 3e édit.

2. Gordon, *Électricité et magnétisme*, t. II, p. 196 (Traduction Raynaud et Seligmann.)

3. Edlund, *Théorie des phénomènes électriques*, 1874.

sons, tous les corps opaques (ou à peu près) sont bons conducteurs.

ÉTINCELLE électrique (*Elektrischer Funken* — **Electric spark**). Lumière variable à l'infini, et variant, avec la nature du milieu où on l'observe, comme aspect, produite par une décharge électrique à travers un fluide mauvais conducteur. La première étincelle observée qu'il soit permis aujourd'hui de rapporter à une manifestation électrique et dont il ait été fait mention dans un ouvrage imprimé (Voir *Philosophical Transactions*, t. X, p. 279), remonterait à 1647. Elle aurait été produite par un frottement léger sur le corps de Charles Gonzague, duc de Mantoue. Simpson mentionne, en 1675, dans un traité sur la fermentation, *la lumière* occasionnée par le frottement de différents animaux, par exemple d'un chat, par l'action d'étriller un cheval ou de passer le peigne dans les cheveux d'une femme. Fizeau a indiqué le moyen de diminuer les étincelles du circuit inducteur dans les bobines d'induction, au moyen du condensateur. On a également employé un violent courant d'air froid qui en empêche la production. (Voir *Condensateur, Rôle du condensateur pour empêcher les étincelles*.) Otto de Guerike observa le premier l'étincelle entre un corps électrisé et un corps à un potentiel moindre. Le Dr Wall étudia ce phénomène. La durée d'une étincelle électrique, dans les conditions ordinaires, est moindre que un millionième de seconde.

ÉTINCELLE d'ouverture d'un circuit (*Oeffnungsfunken* — **Spark at breaking contact**). Étincelle provenant de l'extracourant d'ouverture d'un circuit.

ÉTINCELLE de fermeture d'un circuit[1] (Crosse, Gassiot) (*Schliessungsfunken* — **Spark before contact**). Quoiqu'il soit très difficile de la mettre en évidence, cette étincelle a été cependant produite par quelques physiciens, en augmentant la densité électrique aux pôles.

ÉTINCELLE disruptive[2] (*Zerreissender Funken* — **Disruptive spark**). Étincelle qui se manifeste dans un milieu isolant.

ÉTINCELLE faible (Riess) (*Schwacher Funken* — **Feeble spark**). Étincelle caractérisée par l'absence de lumière, sur une partie de son parcours, une faible intensité lumineuse aux extrémités et un bruit peu intense.

ÉTINCELLE forte[2] (Riess) (*Starker Funken* — **Strong spark**). Étincelle dans les conditions ordinaires qui n'a pas les caractères de l'étincelle faible.

ÉTINCELLE électrique ambulante[3] (*Wandernder elektris-*

---

1. *Philosophical Magazine*, t. XVII, p. 215, 1840; t. XXV, p. 290, 1844. — WIEDEMANN, *Galvanismus*, t. I, p. 925.

2. *Mémoire de Gaugain*, 13 février 1855. — *Annales de chimie et de physique*, 1866, p. 75. — *Annales de Poggendorff*, t. CIV, p. 113. — *Philosophical Magazine*, 1858, 2e série, p. 408. — MAXWELL, *Electricity and magnetism*, t. I, p. 51. — MASCART, *Électricité statique*, t. II, p. 449. — RIESS, *Abhandlüngen zü der Lehre von der Reibüngselectricität*, t. II, p. 109.

3. G. PLANTÉ, *Recherches sur l'électricité*, p. 149.

cher Funken — **Wandering electric spark**). M. Planté a désigné sous ce nom une étincelle globulaire dont la durée est appréciable et dont la marche a été observée entre les deux armatures d'un condensateur de mica mises en communication avec une pile secondaire de 800 éléments. Cette étincelle éclate entre deux points, situés de part et d'autre de la lame de mica : elle est accompagnée de la fusion du métal et même de la matière isolante du condensateur, forme un petit globule lumineux qui se met en mouvement avec un bruissement particulier et trace, sur la lame d'étain du condensateur, un sillon profond, sinueux et irrégulier.

ÉTINCELLE composée[1] (*Zusammengesetzter Funken* — **Composite electric**). Décharge fournie par une bobine de Ruhmkorff, dont les pôles sont reliés d'une part aux armatures d'une bouteille de Leyde et d'autre part à deux boules métalliques, entre lesquelles jaillit l'étincelle à une distance inférieure à 1^{mm}. L'étincelle composée est formée de traits brillants qui se succèdent par centaines dans un intervalle de temps qui ne dépasse pas un centième de seconde.

ÉTIRER le fil de ligne (*Den Draht ausrecken* — **To kill the wire**). Expression se rapportant à une opération qui a pour but, en étirant le fil, entre deux tambours de diamètre différent, de l'allonger et de lui enlever toute tendance à former des coques.

ÉTOUPE goudronnée (*Getheerter Hanf* — **Tarred garn**). Enveloppe de câbles.

ÉTRIER (*Bügel, Steigeisen* — **Pole Climbers, Stirrups**). Pointes de fer que les surveillants des télégraphes s'attachent aux pieds pour implanter sur les poteaux et se hisser ainsi plus facilement à leur sommet.

ÉTRIER. Mode de suspension des boussoles dans une balancelle (*Schiffchen* — **Fork for carrying the needle of a compass**). Ce système a été employé par Gauss.

ÉTRIER. Bride à scellement fixée à un mur (*Mauerbügel* — **Bracket, Clasp wall attachment**). Bande de fer, de forme variable, qu'on scelle dans un mur et qui sert à appuyer ou à supporter un objet.

EUDIOMÈTRE (εὐδία pureté de l'air, μέτρον mesure) (*Eudiometer* — **Eudiometer**). Instrument, inventé par Volta (1776), employé primitivement pour analyser l'air et dans lequel les combinaisons s'opèrent sous l'influence d'une étincelle électrique.

EULER (Leonhard). Mathématicien suisse, né le 15 avril 1707, à Bâle, et mort à Saint-Pétersbourg, le 18 septembre 1783. Il établit, étant professeur à Saint-Pétersbourg, une théorie de l'aimant terrestre analogue à l'hypothèse de Gilbert. Cette théorie, émise en 1744, a été développée par Mayer (*Theoria magnetica*, 1760, Göttingen), et par Biot (*Traité de physique*, t. III, p. 12 et suiv.)

---

1. CAZIN, *Étincelle électrique*, p. 104. — *Journal de physique*, t. II, p. 252. — FEDDERSEN, *Annales de Poggendorff*, t. CIII, p. 69. — *Philosophical Magazine*, 1858, 2e sem., p. 503. — *Telegraphic Journal*, 1872, p. 161.

Cette théorie ne justifie pas toutes les observations faites sur le globe terrestre. (Voir JAMIN, BOUTY, *Cours de physique de l'École polytechnique*, t. IV, 2, p. 414 et suiv.)

ÉVAPORATION (*Verdünstung* — **Evaporation**). L'évaporation d'un liquide tenant un solide en dissolution (Volta, Laplace, Lavoisier, Pouillet, Guthrie, Peltier), par exemple, de l'eau de mer, produit de l'électricité. L'évaporation de l'eau de mer à l'équateur est regardée comme l'*une* des sources de l'électricité atmosphérique, la vapeur emportant le fluide positif.

EXCITATEUR (*Entlader, Auslader, Funkenzieher* — **Discharger**). Pièce conductrice, munie de manettes isolantes, au moyen de laquelle on fait communiquer deux points à un potentiel différent, pour en égaliser le niveau par une décharge.

EXCITATEUR universel (*Henley'scher allgemeiner Auslader* — **Henley's universal discharger, Discharging tongs**). Excitateur inventé par Henley, en 1799, et formé de manettes isolées, montées sur deux pièces conductrices à charnières, au moyen desquelles on touche deux points à potentiel différent.

EXCITATEUR micrométrique (*Funkenmikrometer* — **Micrometric discharger**). Excitateur dans lequel on peut rapprocher les extrémités de deux branches conductrices, au moyen d'une vis micrométrique pour régler la distance explosive.

EXCITATEUR. Nom donné en médecine au rhéophore. (S. *Rhéophore.*)

EXCITATEUR galvanothermique (*Galvanothermische Elektrode* — **Galvanothermic electrode**). Instrument dû au Dr Boudet de Paris et formé d'une plaque métallique circulaire séparée d'une pièce de même nature enveloppant la première en forme d'anneau. Ces deux pièces, étant montées sur le même plan, permettent de cautériser des parties de la peau lorsque ces pièces sont échauffées par un courant voltaïque.

EXCITATION des machines dynamoélectriques (*Erregung der dynamoelektrischen Maschinen* — **Excitation of dynamoelectric machines**). L'excitation d'une machine dynamoélectrique est le mode employé pour produire, au moyen d'aimants ou d'électroaimants reliés d'une manière convenable à la source électrique, un champ magnétique inducteur en vue d'induire un courant intense dans l'armature en mouvement. On distingue aujourd'hui cinq méthodes pour l'excitation des machines dynamoélectriques : 1° Système des machines magnétoélectriques, dans lequel le champ magnétique est produit par des aimants permanents; 2° Système à excitation séparée (*Maschine mit separirter Schaltung* — **Separately excited machines**), dans lequel le champ magnétique est produit par un électroaimant actionné par une pile ou une machine indépendante; 3° Système à excitation en série (*Maschine mit Hintereinanderschaltung* — **Series dynamo**), dans lequel le champ magnétique est engendré par un électroaimant traversé par le courant de la machine elle-même; 4° Le système à excitation en dérivation (*Nebenschlussmaschine* — **Shunt wound dynamo**), dans lequel le champ magnétique est produit par un électroaimant excité par un courant constituant une dérivation du courant issu de l'appareil lui-même; 5° Enfin le système à double excitation (***Combinirte Maschinen, Maschinen mit gemischter Schaltung* — Compound dynamos**), dans lequel les électroaimants engendrant le champ magnétique sont à double série de spires dont l'une est parcourue par un courant indépendant, tandis que l'autre emprunte le courant de l'appareil lui-même.

EXOTHERMIQUE (ἔξω dehors, θερμός chaud). On appelle électrolyse exothermique celle qui est le siège d'actions chimiques accomplies avec dégagement de chaleur. Une partie de la chaleur disponible se dégage, par exemple, dans les piles hydroélectriques, tandis que le reste passe dans le circuit, en échauffe les résistances solides et liquides et fournit l'énergie nécessaire aux décompositions électrolytiques qui peuvent s'y effectuer. Dans tous les cas l'action chimique liée à la production de courant dégage de la chaleur.

EXPÉDIER une dépêche au guichet d'un bureau (***Eine Depesche absenden* — To forward a dispatch, To send a message**). Remettre une dépêche à l'employé des télégraphes chargé du service du guichet et de la perception des taxes.

EXPÉDIER une dépêche à domicile (***Eine Depesche bestellen* — To send a message to the place of residence**[1]. (Service des stations télégraphiques). Remettre une dépêche télégraphique, sous enveloppe, à un facteur chargé de la porter au destinataire.

EXPÉDITEUR d'une dépêche télégraphique (***Aufgeber* — Sender**). Signataire de la dépêche.

EXPLORATEUR de fil[1] (***Leitungsuntersucher, Drahtuntersucher* — Fault finder**). Petit appareil portatif pour constater les effets d'induction des fils télégraphiques les uns sur les autres. Il est composé d'une embouchure de téléphone portant la membrane phonique et d'un aimant en fer à cheval séparé que l'on dispose sur le fil, en tenant la membrane au-dessus des pôles pour écouter les sons engendrés.

EXPLOSEUR de mines (Breguet, Siemens) ***Minenzünder* — Mine exploder**). Appareil d'induction magnétoélectrique qu'on fait fonctionner par un mouvement très brusque au moyen d'un levier chargé de déplacer un aimant et sur lequel on donne un coup de poing.

EXPLOSIVE. Distance explosive[2] (***Schlagweite* — Striking distance**). La distance explosive est mesurée par la longueur de l'étincelle. Elle est exprimée par la formule $d = K\frac{q}{s}$, dans laquelle K est un coefficient dépendant de la forme et de la position des surfaces de décharge, q la quantité électrique et s la surface sur laquelle la quantité q est accumulée. Dans l'air et entre deux

1. *Journal of the Society of telegraph engineers*, t. VI, p. 522.
2. MASCART, *Électricité statique*, t. II, p. 66 et suiv.

surfaces planes, une différence de potentiel de 5,000 éléments Daniell donne une étincelle de 1/8 de centimètre de longueur.

EXPOSANT de lignes[1] (*Linienexponent* — **Exponent of line**). Produit de la résistance isolée par la résistance à la terre à l'extrémité du circuit d'une même ligne télégraphique.

EXPRÈS (*Eilbote, Express* — **Express**). Homme, non commissionné, chargé de porter les dépêches en dehors de la circonscription gratuite d'un bureau télégraphique.

EXPRÈS. Taxe d'exprès (*Botengebühr* — **Express porterage charge**). Somme perçue au départ, d'après les règlements, pour le service de l'exprès.

EXPRÈS. Frais d'exprès (*Botenlohn* — **Cost of porterage**). Somme que le bureau d'arrivée doit payer, à la suite d'une convention, au porteur d'une dépêche par exprès.

EXTRACOURANT[2] (*Extrastrom, Gegenstrom* — **Extra current**). Courant d'induction observé par Henry, en 1832, par Masson, puis par Jenkin, en 1834 : il est engendré par un courant dans le conducteur même qu'il traverse; on le recueille par dérivation. Ce courant, surtout sensible dans les bobines à noyau de fer doux, produit un effet de désagrégation sur les contacts des inducteurs. (Voir *Coefficient de selfinduction.*) Foucault a remédié en partie à cet inconvénient par l'emploi d'un condensateur, dont les armatures communiquent avec deux points situés dans le circuit de part et d'autre de l'interrupteur. L'extracourant a des propriétés physiologiques importantes. Ainsi il n'affecte que les points touchés sur le corps et la sensation s'étend fort peu en dehors de ces points. Cette localisation de l'action physiologique a une grande importance dans les applications médicales.

Lois de l'extracourant. — D'après Abria, les lois applicables aux extracourants sont les mêmes que celles des courants induits.

EXTRARÉSISTANCE. (S. *Électrification.*)

F

FABRONI (Giovanni Valentino). Physicien et chimiste italien, né le 13 février 1752, et mort, le 17 décembre 1822, à Florence. Il fut l'un des fondateurs de la théorie chimique de la pile, en 1796. (Voir *Ancien Journal de physique*, t. XLIX.)

---

1. WEIDENBACH, *Compendium der Telegraphie*, p. 270.

2. *Annales de chimie et de physique*, 2e série, t. LXVI, p. 5, 3e série, t. VII, p. 474. — *Monatsberichte der Berliner Academie*, Nov. 1873. — FARADAY, *Experimental researches in electricity*, t. I, p. 322.

FACTEUR du télégraphe (*Telegraphenbote* — **Telegraph messenger**). Agent commissionné chargé de remettre les dépêches à domicile.

FACTEUR auxiliaire (*Botenanwärter* — **Temporary telegraph messenger**). Agent faisant le service de facteur, mais non encore titularisé.

FACTEUR de réduction (*Reductionsfactor* — **Reducing factor**). Nombre par lequel on multiplie les unités d'un système pour passer dans un autre.

FAISCEAU aimanté (*Magnetisches Magazin*, *Magnetbündel* — **Magnetised fagot**). Faisceau comprenant plusieurs barreaux aimantés réunis parallèlement par leurs pôles de même nom.

FAISCEAU de fils de fer (*Drathkern*, *Drathbündel* — **Fagot of wires for core of an electromagnet**). Faisceau de fils de fer qu'on recuit plus facilement qu'un barreau et dont la force coercitive est très faible ; on emploie fréquemment un faisceau de fils de fer pour noyau de bobine.

FAÎTES[1]. **Circuit des faîtes** (*Firstleitung* — **Ridge circuit**). Partie du circuit d'un paratonnerre s'étendant au-dessus des habitations protégées.

FANTÔME (φάντασμα, apparition) **magnétique**[2] (Gilbert) (*Magnetische Figur* — **Magnetic curves**). Expression due à De Haldat, pour désigner l'ensemble des lignes de force magnétique accusées par de la limaille dont on saupoudre une feuille de papier reposant sur les pôles d'un aimant. Le phénomène du fantôme magnétique était déjà connu de Lucrèce, ainsi qu'il résulte des vers suivants du *De natura rerum* (livre VI, vers 1041).

> Exsultare etiam Samothracia ferrea vidi,
> Et ramenta simul ferri furere intus alienis
> In scaphiis, lapis hic magnes cum subditus esset.

FARAD (*Farad* — **Farad**). Charles Bright et Sr Latimer Clark proposèrent à l'Association britannique, en 1861, de donner le nom de *Farad* à l'unité pratique de capacité. Cette proposition, adoptée par l'Association, a été consacrée par le Congrès de Paris (1881). Le Farad est la capacité d'un condensateur chargé avec une force électromotrice de une unité C. G. S. et renfermant une quantité d'électricité égale à une unité C. G. S ; il est égal à 10^{-9} unités C. G. S. de capacité. Dimensions $L^{-1}T^2$. Le Farad n'est cependant pas employé comme unité pratique usuelle de capacité ; on a recours, de préférence, à son sous-multiple le microfarad, qui ne vaut qu'un millionième de *Farad*.

FARADAY (Michael). Savant anglais, né le 22 septembre 1791, à Newington, près Londres, et mort à Hampton Court (Sussex),

---

1. *Instruction sur les paratonnerres.* — *Rapport de la Commission des paratonnerres du Louvre et des Tuileries.* — *Comptes rendus de l'Académie des Sciences*, t. LXVII, p. 148.

2. *Lumière électrique*, t. XX, p. 440 et suiv.

le 25 août 1867. Il a laissé des travaux considérables et de premier ordre sur l'électricité, qui sont réunis en trois volumes intitulés : *Faraday's experimental researches in electricity*. On lui doit des études sur l'induction voltaïque, qu'il découvrit en 1831, l'induction unipolaire, l'électrochimie, l'influence de l'aimant sur la lumière, le diamagnétisme, l'extra-courant, ainsi que la disposition du *voltamètre*, appelé primitivement *voltaélectromètre*, etc.

FARADISATION (*Faradisation* — **Faradisation**). Méthode d'application de l'électricité induite comme moyen curatif.

FER. Fil de fer (*Eisendraht* — **Iron wire**). Le fer est employé comme conducteur, à l'état de fil de diamètre variable, sur les lignes télégraphiques, à cause de sa résistance à la rupture relativement grande. La conductibilité électrique du fer à l'état doux rapportée à celle du mercure à 0°c, est de 9,79 ; sa résistance spécifique est de 9,825 microohms.

FER à polir (*Glätteisen* — **Polishing iron**). Instrument servant à polir la guttapercha et les joints de l'enveloppe, aux points de soudure, dans un câble.

FER à souder (*Lötheisen, Löthkolben* — **Soldering iron**). Outil pour souder deux pièces à l'étain.

FER doux (*Weicher Eisen* — **Soft iron**). Fer qui, après avoir été placé dans un champ magnétique intense, perd toute son aimentation quand il en a été retiré. Le fer réellement doux est très difficile à obtenir, et il faut des précautions toutes particulières pour lui enlever toute force coercitive. Le meilleur moyen est de recuire plusieurs fois et de laisser refroidir, avec toute la lenteur possible, des noyaux composés de fer déjà doux ou de fils qu'on assemble ensuite à la grosseur voulue.

FER doux mobile (*Schwächungsanker* — **Wedge Keeper**). Pièce de fer doux qu'on applique sur les côtés de l'aimant de l'électroaimant polarisé de l'appareil Hughes, pour en diminuer la puissance attractive.

FERROMAGNÉTIQUE (Mot hybride formé d'un mot latin *ferrum* et de *magnétique*, qui est tiré du grec. Synonyme de *Paramagnétique*. (Voir ce mot.)

FERMER un circuit (*Einen Stromlauf schliessen* — **To close a circuit**). Établir une communication conductrice continue entre deux points d'un circuit où se trouve une interruption de matière conductrice.

FERMETURE d'un circuit (*Schliessung des Stromkreises* — **Closing of a circuit**). Action de fermer un circuit.

FEUILLE d'attachement (*Zahlungsliste* — **Memorandum of work done**). Pièce de comptabilité dans les travaux sur les lignes télégraphiques.

FEUILLET électrique[1] (*Stromschale* — **Current sheet**). Expres-

1. MAXWELL, *Traité d'électricité et de magnétisme*, t. II, p. 263.

sion employée par Maxwell, et signifiant une couche infiniment mince de substance conductrice séparée, sur les deux faces, par des milieux isolants, de manière que les courants électriques puissent pénétrer dans cette couche, sans pouvoir s'en échapper autre part qu'aux points d'entrée ou de sortie.

FEUILLET magnétique[1] (Maxwell) (***Magnetische Schale*** — **Magnetic shell**). Feuillet peu épais de matière magnétique, aimantée perpendiculairement à sa surface, de telle sorte que le produit de son épaisseur par l'intensité magnétique soit constant.

FEUILLET magnétique simple (Maxwell) (***Einfache magnetiche Schale*** — **Simple magnetic schell**). Feuillet dans lequel l'intensité (Voir ce mot) est partout la même.

FEUILLET magnétique complexe (Maxwell) (***Complexe magnetische Schale*** — **Complex magnetic shell**). Feuillet dans lequel l'intensité (Voir ce mot) varie d'un point à un autre. Il peut être considéré comme formé d'un certain nombre de feuillets simples (de surfaces différentes) superposés et se recouvrant l'un l'autre.

FEUILLET. Puissance magnétique d'un feuillet (***Magnetisches Vermögen einer Schale*** — **Magnetic power of a shell**). La puissance magnétique d'un feuillet est le produit constant de l'épaisseur du feuillet par la densité de la couche.

FEU SAINT-ELME[2] (***Elmsfeuer*** — **St Elmo's fire**). Phénomène connu des Anciens sous le nom des Dioscures (Castor et Pollux). Cette expression vient de saint Elme ou Érasme, évêque et martyr, qui devint le patron des navigateurs et fut investi de quelques-unes des anciennes attributions des Dioscures. — Le feu Saint-Elme est une décharge d'électricité s'échappant des corps sous forme de lueur.

FICHE d'arpentage (***Markirpfählchen*** — **Surveyor's stake, Surveyor's picket**). Fiche servant à jalonner une ligne télégraphique.

FICHE de commutateur ou **de rhéostat** (***Stöpsel*** — **Plug used in switches**). Bouchon métallique servant à réunir deux pièces formant les extrémités d'un circuit ouvert entre ces deux pièces lorsque la fiche est enlevée. Les fiches de commutateur sont coniques et fendues, à l'extrémité formant contact, en deux parties faisant ressort.

FIGURE magnétique. (S. *Fantôme magnétique.*)

FIGURE rorique[3] (*ros roris*, rosée) (***Hauchfigur*** — **Breath figure**).

---

1. MAXWELL, *Electricity and magnetism*, t. II, p. 32. — MOUSSON, *Physik auf Grundlage der Erfahrung*, t. III, p. 579.

2. H. MARTIN, *La foudre, l'électricité et le magnétisme chez les Anciens*, p. 299. — PRIESTLEY, *Histoire de l'électricité*, t. II, p. 210. — KÆMTZ, *Météorologie*, p. 368. — PLUTARQUE, *Vie de Lysandre*. — PLINE, *Histoire naturelle*, 2ᵉ vol. — SÉNÈQUE, *Questions naturelles*, ch. I. — CESAR, *De Bello Africano*, ch. VI. — *Elektricität und Magnetismus im Alterthume* von *Urbanitzki*.

3. RIESS, *Die Lehre von der Reibungselectricitat*, t. II, p. 221, 224. — MASCART, *Électricité statique*, t. II, p. 177. — *Archives de l'électricité*, 1842, p. 591.

Image observée, en 1838, par Riess, et que l'on obtient par le souffle sur une surface qui a reçu des décharges, lorsque l'haleine a déposé une couche inégale d'humidité sur les différents points atteints par une étincelle électrique faible.

FIGURE de Lichtenberg[1] (*Staubfigur* — **Lichtenbergs' dust figure**). Dessin produit, en 1777, par Lichtenberg et accusant, sur un gâteau de résine, le frottement préalable de corps électrisés, grâce à des poussières de minium et de soufre qui s'électrisent, d'une manière différente, pendant la chute, et se répartissent d'après les lignes qui les attirent (Voir note).

FIGURE de Kundt[2] (*Kundt'sche Figur* — **Kundt's electrical figures on a conductor plate**). Figures de Lichtenberg obtenues sur un plateau conducteur.

FIGURE en anneau de Priestley. (Voir *Anneau de Priestley.*)

FIGURE en anneau de Nobili. (Voir *Anneau de Nobili.*)

FIL métallique[3] (*Draht* — **Wire**). On se sert pour conducteur de l'électricité, en télégraphie et en téléphonie, du cuivre, du fer, du bronze phosphoreux ou siliceux, de l'acier. Parmi les métaux, le cuivre étant le meilleur conducteur de l'électricité, a été choisi, dans les applications électriques, chaque fois qu'il ne doit pas être soumis à une traction dépassant sa limite d'élasticité. (Voir *Bronze phosphoreux et Bronze silicieux.*)

FIL. Corde de fil métallique (*Drahtseil* — **Wire rope**). Toron dont on se sert pour chaîne de paratonnerre, pour conducteur de câbles.

FIL de ligne télégraphique[3] (*Leitungsdraht* — **Telegraph line wire**). Fil de fer de dimensions variables, galvanisé dans la plupart des pays ou verni (Voir *fil compound*). Pour les lignes souterraines et sous-marines, le conducteur est en cuivre. (Voir *câble, âme de câble.*)

FIL de retour (*Rückleitung, Rückleiter* — **Return wire**). Deuxième fil employé autrefois sur les lignes télégraphiques pour ramener le courant à la pile. Malgré la découverte de Watson et de Basse, en 1803, relative à la conductibilité de la terre, on se servit du fil de retour jusqu'en 1838, où les expériences de Steinheil le firent supprimer.

---

1. RIESS, *Die Lehre von der Reibungselectricitæt*, t. II, p. 204, 214. — MASCART, *Électricité statique*, t. II, p 171. — POGGENDORFF, *Die Geschichte der Physik*, p. 183. — D'après Becquerel (*Résumé de l'histoire de l'électricité et du magnétisme*, p. 142), Lichtenberg avait limité son observation, en 1777, à l'adhérence de poussière isolée sur les parties électrisées d'un corps non conducteur; c'est M. de Villarsy, en 1788, qui aurait employé le mélange de minium et de soufre.

2. *Archives des sciences physiques et naturelles*, t. XLVI, nº 29.

3. CULLEY, *Mechanical testings of telegraph wires. Journal of the Society of telegraph engineers*, t. II, p. 211. — *Journal télégraphique des administrations télégraphiques*, t. II. — DOUGLAS, *Manual of telegraph construction*, *46*, *97*, *102*, *209*, *223*, *249*, *230*, *296*, *etc.* — *Congrès international des électriciens, Comptes rendus*, p. 321.

FIL fusible pour paratonnerres (*Abschmelzdrähtchen* — **Fusible wire**). Petit fil de fer, recouvert de soie, entourant un petit cylindre en communication avec le sol. Ce fil en communication avec la ligne, s'échauffant, par suite d'une décharge atmosphérique, brûle son enveloppe de soie et le métal à nu établit alors une communication de la ligne avec la terre.

FIL recouvert d'une enveloppe isolante (*Besponnener Draht* — **Covered wire**). Pour isoler le fil métallique on le recouvre d'un tissu de fil de soie, de coton, d'une couche de guttapercha ou de caoutchouc. Ce fut Siemens qui recouvrit le premier, en 1846, le fil de cuivre de guttapercha et inventa une presse dans ce but. (Voir *Presse pour la guttapercha.*)

FIL recouvert d'une enveloppe de coton trempé dans la cire (*Wachsdraht* — **Cotton covered wire and waxed**). Fil employé, en Allemagne, au même titre que les autres fils à enveloppe isolante.

FIL conjonctif (*Schliessungsdraht* — **Loop wire**). Fil destiné à fermer un circuit entre deux points.

FIL préservateur (*Schutzdraht* — **Wire of a lightning protector**). Fil fusible pour paratonnerre (Voir ce mot.)

FIL de pile (*Batteriedraht* — **Battery wire**). Fil reliant un pôle de la pile à un point déterminé qu'on peut mettre en communication avec l'autre pôle.

FIL de terre (*Erddraht, Erdleitung, Erdrohr* — **Earth wire**). Fil reliant l'extrémité d'un circuit ou l'un des pôles de la pile à la terre. L'installation du fil de terre est d'une importance capitale dans l'établissement des bureaux télégraphiques. Pour obtenir une bonne communication avec le sol, dit Blavier, on place au fond d'un puits, dans un cours d'eau, une masse de fer dont la surface soit aussi développée que possible et à laquelle on soude le fil de terre constitué par un gros toron de cuivre. On forme cette communication, par exemple, d'une série de fils de fer rayonnant dans toutes les directions. A défaut de puits ou de cours d'eau, on place la masse dans un trou profond, en donnant à l'électrode de plus grandes dimensions. Le terrain qui entoure la plaque de terre doit offrir une bonne conductibilité ; une lame métallique plongée dans une citerne ne donnerait qu'une mauvaise communication. Les tuyaux de fonte destinés à la conduite des eaux, les rails de chemins de fer, à cause de leur développement, peuvent être employés avantageusement comme faisant suite au fil de terre. (Voir *Terre.*)

FIL de poste (*Zimmerleitung* — **Office wire**). Fil de cuivre de 1^{mm}, pour les communications dans l'intérieur d'un bureau télégraphique.

FIL à ligature (*Bindedraht, Wickeldraht* — **Binding wire**). Fil fin galvanisé pour opérer une ligature entre deux fils de ligne.

FIL de hauban (*Ankerdraht* — **Stay wire**). (Voir *Hauban.*)

FIL à torsade (*Wickeldraht* — **Twist wire**). (Voir *Torsade.*)

FIL inducteur et induit. (Voir ces deux mots).

FIL qui est le premier à la partie supérieure d'un poteau télégraphique (*Hauptleitung* — **Wire saddle**). Sur les lignes télégraphiques on installe généralement le fil le plus fin à la partie supérieure du poteau afin que la charge soit moindre au point où le bras de levier, agissant sur le poteau, est le plus long.

FIL qui n'est pas le premier sur le poteau (*Nebenleitung* — **Lower Wire**). (Voir l'article précédent.)

FIL omnibus (*Omnibusleitung* — **Branch wire**). Fil qui dessert plusieurs stations sur son parcours.

FIL dérivé (*Zweigleitungsdraht* — **Deriving wire**). Fil qui vient se souder à deux points d'un circuit déjà fermé.

FIL normal (*Normaldraht* — **Normal wire**). Fil dont la section (en France 4^{mm} de diamètre), était regardée comme type pour l'unité de résistance.

FIL des lignes souterraines (*Flaschendraht*[1], *Unterirdischer Leitungsdraht* — **Underground wire**). Fil de cuivre couvert d'une enveloppe isolante.

FIL dégrossi au laminoir (*Walzdraht* — **Die drawn wire**). Pour amener le fer à l'état de fil, on le fait passer d'abord dans un laminoir, où le morceau est aplati ; puis enfin dans une filière, où il prend la forme de fil avec le diamètre voulu.

FIL de traction de disque de chemin de fer (*Zugdraht* — **Distance signal wire**). Fil sur lequel on agit au moyen d'un fort levier équilibré par une masse, qui augmente l'inertie du système. Ce fil sert à déplacer, à distance, les disques des gares pour signaux et en même temps à provoquer l'arrêt du fonctionnement d'une sonnerie, en gare.

FIL de sonnerie (*Weckerleitung* — **Bell line wire**). Conducteur fermant le circuit d'une sonnerie dans lequel il y a une pile et un interrupteur.

FIL téléphonique[2] (*Telephonischer Draht* — **Telephon wire**). Fil du circuit d'un téléphone.

FIL compound[3] (*Kupferstahldraht* — **Compound wire**). Fil employé en Amérique. Il est formé d'un fil d'acier revêtu d'un ruban de cuivre en hélice, puis d'une couche d'étain qui assemble le tout. Ce fil offrirait, sous le même poids, des avantages de conductibilité et de résistance marqués.

FIL de bronze phosphoreux[4] (*Phosphorbronzedraht* — **Phosphore bronze wire**). Fil possédant une grande ténacité, une duc-

---

1. Nom spécial (*Fil bouteille*) donné primitivement par M. Siemens à cause des effets de condensation qui s'y manifestent.

2. *Congrès international des Électriciens, Comptes rendus des travaux*, p. 289.

3. Wire Compound, *Journal of the Society of telegraph engineers*, t. I, p. 284. — *Annales télégraphiques*, 1877, p. 277. — *Telegraphic Journal*, t. V, p. 120. — Douglas, *Manual of telegraph construction*, p. 250.

4. *Telegraphic Journal*, 1872, p. 212 ; 1881, p. 35.

tilité parfaite et une inoxydabilité, à l'air, très marquée. La conductibilité est 22 % de celle du fil de cuivre de mêmes dimensions. (Voir *Bronze phosphoreux* et *Téléphonique*.)

FIL lourd (***Schwerer Leitungsdraht*** — **Heavy wire**). Fil télégraphique de 3^{mm}, 2 à 5^{mm} en Allemagne.

FIL léger (***Leichter Leitungsdraht*, *Schwacher Leitungsdraht*** — **Light wire**). Fil télégraphique de 2^{mm}, en Allemagne.

FIL jaune (***Gelber Draht*** — **Yellow wire**). Couleur adoptée, pour les fils d'entrée de poste télégraphique, en Allemagne.

FIL noir (***Schwarzer Draht*** — **Black wire**). Couleur adoptée, pour le fil de terre dans les postes télégraphiques, en Allemagne.

FIL rouge (***Rother Draht*** — **Red wire**). Couleur adoptée, pour le fil de pile télégraphique, en Allemagne.

FIL vert (***Grüner Draht*** — **Green wire**). Couleur adoptée pour le fil des piles locales, dans les postes télégraphiques, en Allemagne.

FIXITÉ dans l'aspect de la lumière électrique (***Gleichbleiben, Stätigkeit*** — **Steadiness**). Cette fixité est obtenue au moyen de régulateurs qui maintiennent toujours les charbons de l'arc voltaïque à la même distance. (Voir *Régulateur*.)

FLAMME. Propriétés électriques des flammes (***Elektrische Eigenschaft der Flammen*** — **Electric property of flames**). MM. Elster et Geitel considèrent la production d'électricité, dans la flamme, comme un phénomène thermoélectrique. En résumé, cette production d'électricité est indépendante de la grandeur de la flamme, dépendante de la nature, de la surface des électrodes, de la nature des gaz brûlant dans la flamme, et enfin de l'état d'ignition des électrodes. D'après MM. Elster et Geitel, la théorie de Pouillet (1827), d'après laquelle l'électricité proviendrait de la combustion, serait erronée, tandis que celle de Matteucci, dans laquelle la flamme agit comme électrolyte sur les deux électrodes métalliques plongées dans son sein; celle de Buff, qui attribuait l'explication du phénomène à la différence thermoélectrique des deux électrodes, seraient exactes.

FLÈCHE de la chaînette[1] (***Pfeil*** — **Sag or dip of a wire**). Distance du point le plus bas de la courbe (Voir *chaînette*) à la ligne joignant les points de suspension. La flèche est proportionnelle au carré de la distance des appuis et en raison inverse de la tension.

La formule fournissant la flèche d'une chaînette est $F = \frac{l^2 p}{8T}$.

F est la flèche en mètres, l la portée en mètres, p le poids de 1 mètre de fil en kilog. et T la tension au point le plus bas.

FLOTTEUR de de la Rive (***Schwimmer von De la Rive*** — **De la Rive's ring**). Flotteur en liège portant, au-dessous de sa surface

1. *Annales télégraphiques*, 1858, p. 57. — DOUGLAS, *Manual of telegraph construction*, 97, 98, 100, 102. — ROTHER, *Der Telegraphenbau*, p. 233. — LUDEWIG, *Der Bau von Telegraphenlinien*, p. 175.

inférieure, une plaque génératrice et une plaque collectrice d'un courant qui, produit par le liquide d'immersion, traverse plusieurs anneaux de fil au-dessus du flotteur et sur lequel le magnétisme terrestre produit son effet habituel de direction.

FLOTTEUR. Loi du flotteur (**ou du nageur**) **d'Ampère** (***Amperesche Schwimmerregel*** — **Ampere's rule**). Comme moyen mnémotechnique, pour fixer les résultats des découvertes d'Œrsted sur l'électromagnétisme, Ampère, en supposant qu'un courant entrait par les pieds et sortait par la tête d'une figurine (flotteur ou nageur) regardant une aiguille aimantée, a précisé d'une manière générale que le pôle nord de cette aiguille était toujours dévié vers la gauche de la figurine.

FLUIDE électrique (***Fluidum*** — **Fluid**). Entité hypothétique comme l'éther. Boyle attribuait, en 1670, la transmission de la vertu attractive de l'électricité à un fluide extrêmement subtil, inondant tous les corps conducteurs avec une très grande rapidité. Cette expression correspond également à un système de connaissances imaginaires.

FLUIDE neutre (***Neutrales Fluidum*** — **Neutral fluid**). Le fluide neutre est constitué hypothétiquement par la réunion du fluide positif et du fluide négatif.

FLUIDE positif (***Positives Fluidum*** — **Positive fluid**). Les phénomènes d'attraction et de répulsion des corps électrisés firent admettre, pour leur explication, un fluide positif provenant de la décomposition du fluide neutre et dont l'expression, en grandeur absolue, est égale au fluide dit négatif. Ce fluide positif coexiste en même temps que le fluide négatif et leur fusion constitue le fluide neutre [(+) + (—) = 0]. Le fluide positif s'appelle quelquefois *fluide vitreux.*

FLUIDE négatif (***Negatives Fluidum*** — **Negative fluid**). Fluide né de la même hypothèse que le fluide positif. Il est un des composants du fluide neutre et se nomme parfois *fluide résineux.*

FLUIDE liquide (***Tropfbare Flüssigkeit*** — **Liquid fluid**). Substance caractérisée par la mobilité des molécules les unes sur les autres, qui se moulent dans un vase.

FLUIDE gazeux (***Elastische gasförmige Flüssigkeit*** — **Gaseous fluid**). Substance caractérisée par l'expansibilité de ses molécules.

FLUORESCENCE[1] (Brewster, 1845) (***Fluorescenz*** — **Fluorescence**). État de phosphorescence de courte durée et faible. Elle rend visibles les rayons ultraviolets (Stokes) et peut être excitée par l'électricité.

FLUX (***Strömung, Flux*** — **Flux**). Mouvement d'un fluide.

---

1. Tyndall, *Light*, p. 176. — *Annales de Poggendorff, Lommel*, t. CXVII, p. 642. — *Journal de physique*, t. II, p. 199; t. VIII, p. 367. — *Philosophical Magazine*, 1873, 1er sem., p. 63. — Du Moncel, *Notice sur l'appareil de Ruhmkorff*, p. 308.

FLUX de force[1] (*Kraftströmung* — **Flux of force**). On appelle flux de force, à travers un élément de surface idéale quelconque, le produit de la surface de cet élément par la composante normale de la force électrique ou intensité du champ en un point de cet élément. Faraday désignait cette quantité sous le nom de « nombre de lignes de force à travers la surface. » Le flux de force est dit positif et *sortant*, lorsque la force est dirigée vers l'extérieur de la surface, *entrant* et négatif quand la force est dirigée vers l'intérieur.

FOISONNEMENT[2] (*Aufschwellen* — **Swelling out, Increase**) (Reynier). Dans les accumulateurs, les volumes des plaques de plomb augmentent, lorsqu'elles passent à l'état d'électrodes formées et chargées. Elles augmentent encore pendant la décharge du couple, et diminuent pendant la charge, mais sans revenir aux volumes primitifs. Ces variations de volume ont été appelées *foisonnements* par M. Reynier.

FONCTION magnétisante[3] (*Magnetisirende Funktion* — **Magnetic function**). On appelle fonction magnétisante le rapport du moment magnétique, rapporté à l'unité de volume, à la force magnétique. Cette fonction, qui est un coefficient regardé comme constant pour de petites variations d'intensité du champ, prend, dans ce cas, la dénomination de *coefficient d'aimantation induite*. Les fonctions magnétisantes du fer, de l'acier, du nickel et du cobalt sont les suivantes : fer doux 32,8; acier doux, 21,6 ; acier dur, 17,4 ; acier fondu doux, 23,3 ; acier fondu dur, 16,1 ; nickel, 15,3; cobalt, 32,8.

FONCTION potentielle (*Potentialfunction* — **Potential fonction**). On établit quelquefois une distinction entre la *fonction potentielle* qui définit seulement les composantes de la force qui sollicite la masse *m* et qui n'est qu'un facteur de l'énergie, et le *potentiel* qui représente le travail accompli par cette masse obéissant aux actions qui la sollicitent. L'expression *fonction potentielle* peut donc désigner un travail se rapportant à l'unité de masse, tandis que le *potentiel* se rapporte à une masse quelconque. Cependant l'expression *fonction potentielle* chez Green a exactement la même signification que *potentiel* chez Gauss.

FONCTIONNEMENT. Bon fonctionnement d'un appareil (*Gangbarkeit, Betriebsfähigkeit* — **Working**).

FORCE condensante. (Voir *Condensant*.)

FORCE d'aimantation ou d'induction électromagnétique (*Elektromagnetische Scheidungskraft* — **Force of electromagnetic induction**). Force du courant qui polarise le fer doux.

FORCE portante[4] (*Tragkraft* — **Carrying force, Lifting power**). Puissance d'un aimant mesurée au contact. Bernouilli a donné

1. Bichat et Blondlot, *Introduction à l'étude de l'électricité statique*.
2. *Électricien*, t. IX, p. 261.
3. *Philosophical Magazine*, t. XLV, 1873, p. 40.
4. *Philosophical Magazine*, 1880, 1er juin, p. 232.

la formule suivante pour calculer la force portante F d'un aimant dont le poids est p — $F = K \sqrt[3]{p}$. K est une constante variant de 19,5 à 23 pour les meilleurs aciers de Wetteren et dépendant de la bonté de l'acier et de la méthode employée pour l'aimanter. (Voir *Attraction maximum d'un électroaimant.*)

FORCE coercitive. (***Coercitivkraft, Retentionsfähigkeit*** — **Coercive** ou **coercitive force**). Force agissant pour empêcher les molécules du fer de se polariser ou de se dépolariser lorsqu'elles sont aimantées.

FORCE électromotrice (***Elektromotorische Kraft*** — **Electromotive force**). Expression empruntée à la théorie du contact et représentant la cause qui produit ou tend à produire dans un circuit des manifestations électriques. On la définit souvent aussi par la différence de potentiel, aux deux électrodes (Voir *Étalon de force électromotrice*). La mesure des forces électromotrices absolues étant difficile, on les rapporte généralement à la force électromotrice d'un élément Daniell ou de Latimer Clark. Il y a différentes méthodes pour évaluer la force électromotrice :

1° La force électromotrice d'une pile peut être mesurée directement, comme une différence de potentiel, au moyen d'un électromètre à quadrants. Dans ce cas, le circuit n'est pas fermé et il n'y a pas de courant.

2° On peut comparer les courants fournis par deux éléments sur des circuits qu'on rend égaux au moyen d'un rhéostat. Dans le cas d'un circuit très résistant, on peut ne pas tenir compte de la variation introduite dans la résistance totale par le changement de pile et admettre que la force électromotrice est proportionnelle au courant développé sur un même circuit extérieur.

3° Méthode par opposition. On prend un certain nombre d'éléments semblables et on cherche le nombre des éléments auxquels on veut les comparer, qu'il faut leur opposer, pour qu'il n'y ait pas de courant dans le circuit extérieur. La force électromotrice d'un élément dépend uniquement des corps qui la produisent, de l'état de concentration des dissolutions, mais nullement de la grandeur de l'élément.

FORCE contre-électromotrice (***Negative Stromstärke, Elektromotorische Gegenkraft*** — **Counter electromotive force**). On appelle force contre-électromotrice une force développée, dans un circuit, par une machine dynamo réceptrice mise en mouvement sous l'influence d'une source électrique quelconque et en sens contraire du courant issu de cette dernière. Cette notion se retrouve du reste dans l'équation $EI = RI^2 + eI$ dans laquelle e est la force contre-électromotrice opposée qui fait différer E de RI. (Voir *Force, Transport de la force.*)

FORCE magnécristalline (Plucker, Faraday, Tyndall) (***Magnecristallkraft*** — **Magnecrystallic force**). Force qui dirige un cristal de manière que son axe magnécristallin se place axialement par rapport à l'aimant directeur.

FORCE directrice de la terre (***Richtkraft der Erde*** — **Direc-**

ting force of the earth). L'action magnétique de la terre sur une aiguille aimantée, découverte par Gilbert, en 1600, peut être comparée à un couple, c'est-à-dire à un système de deux forces égales, parallèles et de directions contraires appliquées aux deux extrémités de l'aiguille : c'est ce couple qui fait tourner l'aiguille jusqu'à ce qu'elle s'arrête dans le méridien magnétique, position où les forces opposées se font équilibre.

FORCE. Ligne de force électrique[1] (***Elektrische Kraftlinie, Elektrische Strömungscurve*** — **Line of electric force**). La ligne de force, en général, est la ligne décrite par un point qui se meut toujours dans la direction de la force résultante et qui coupe les surfaces équipotentielles à angle droit. Lorsqu'on considère l'étude de l'électricité, la ligne de force peut être définie par une ligne telle que la force électrique lui soit tangente en chaque point : elle est la trajectoire que suivrait un corps chargé d'électricité, placé en ce point du champ. Elle est toujours perpendiculaire, en tous ses points, à la surface équipotentielle passant par ce point. En effet cette ligne, si elle n'était pas perpendiculaire, pourrait être décomposée en deux autres, l'une perpendiculaire et l'autre située dans la surface. Or, cette dernière étant nulle, il ne resterait donc que la ligne perpendiculaire à la surface qui est donc une trajectoire octogonale des surfaces de niveau. Faraday a exprimé différentes lois de l'action électrique en fonction de cette conception des lignes de force tirées dans un champ électrique et indiquant, à la fois, l'intensité et la direction en chaque point. Maxwell propose de substituer l'expression « lignes d'induction » (*line of induction*) à celle de lignes de force.

FORCE. Ligne de force magnétique[2] (***Magnetische Kraftlinie*** — **Line of magnetic force**). Ligne tirée, dans un champ magnétique, dans la direction de la force en chaque point où elle passe. Elle est représentée, en direction, par les courbes que figurent les particules de limaille de fer répandues sur du papier au-dessus d'un pôle.

FORCE. Transport de la force[2] **d'un point à un autre d'un conducteur** (***Kraftübertragung*** — **Transmission of force**). Le transport de la force par l'électricité est fondé sur la réversibilité (Voir ce mot) des machines telles que la machine Gramme et les machines dynamos en général... etc... Si l'on communique, au moyen d'une force mécanique, un mouvement à une

---

1. Faraday, *Experimental researches in electricity*, t. III, p. 2. — *Philosophical Magazine*, 1856, 2e sem., p. 316 ; 1861, 1er sem., p. 161, 281, 338. — Maxwell, *Electricity and magnetism*, t. I, p. 92 ; t. II, p. 211. — Maxwell, *Traité d'électricité et de magnétisme*, t. I, p. 55. (Traduction française de M. Seligmann-Lui.) — Bichat et Blondlot, *Introduction à l'étude de l'électricité statique*, p. 25.

2. *Congrès international des électriciens*, Comptes rendus, p. 83 et suiv , 343. — De Parville, *Électricité et ses applications*. — Marcel Deprez, *Comptes rendus de l'Académie des Sciences*, 1881, 1882, 1883. — Paget Higgs, *Electric transmission of power*.

machine dynamoélectrique, cette machine transforme l'énergie mécanique qui lui est communiquée en énergie électrique qui, en un autre point du circuit, est utilisée et fait tourner une machine dynamoélectrique capable de restituer, sous forme mécanique, une fraction de l'énergie transportée, sous forme de courant électrique, du point générateur au point récepteur. L'électricité ne sert donc que d'intermédiaire entre la machine motrice et la machine réceptrice; elle remplit l'office d'une simple poulie de transmission. Durant cette transmission, la machine d'arrivée n'est pas inerte ni passive. Plus le courant qu'elle reçoit est intense et plus elle tend à fonctionner rapidement en engendrant, d'ailleurs, par son mouvement même, une force contre-électromotrice (Voir ce mot) qui tend à diminuer le courant primitif. Il résulte de cet antagonisme un régime correspondant à l'effort à vaincre. Il y a donc entre l'effort imposé à une machine et le courant qui lui parvient une relation déterminée. Cette relation est d'ailleurs indépendante de la vitesse.

Dans la transmission de la force à distance, on distingue d'une part la chaleur développée par la résistance ($R\,I^2$) et le travail mécanique. La formule contenant ces éléments est $E\,I = R\,I^2 + T$ (travail mécanique). Comme on cherche à augmenter T, on diminuera $R\,I^2$, c'est-à-dire la résistance du circuit et surtout I. Mais comme il importe que $E\,I$ ne change pas, il faudra employer des intensités faibles (I) et des forces électromotrices considérables (M. Deprez).

Si la machine réceptrice restait au repos pendant le fonctionnement de la génératrice, EI serait égal à RI^2, et cette expression se réduirait à la loi de Ohm, $I_0 = \frac{E}{R}$, dans laquelle le travail mécanique est nul. Si la réceptrice entre en mouvement, l'intensité tirée de l'équation du 2e degré ci-dessus, qui exprime le cas général, est $I = \frac{E}{2\,R} \pm \sqrt{\frac{E^2}{4R^2} - \frac{T}{R}}$ et comme $E = RI_0$, on a $I = \frac{I_0}{2} \pm \sqrt{\frac{E^2}{4\,R^2} - \frac{T}{R}}$. La quantité sous le radical devant être positive, T a un maximum $T = \frac{E^2}{4\,R}$ pour lequel $I = \frac{I_0}{2}$. Le travail utile sera donc maximum lorsque l'intensité du courant sera égale à la moitié de l'intensité correspondant à la réceptrice au repos.

Le rendement électrique (Voir ce mot), c'est-à-dire le rapport du travail utile au travail total, est égal à 1/2, si l'on remplace, dans la formule, l'intensité par la moitié de $\frac{E}{R}$ qui correspond au maximum de travail utile. Le travail de la machine réceptrice est, dans ce cas, égal à la moitié du travail dépensé sur la machine génératrice (Marcel Deprez). Toutefois ce rendement de 50 % peut être coûteux et il conviendra de ne demander qu'un rendement inférieur : de même, en réduisant l'effort à vaincre et en accélérant les vitesses des machines, on améliore le rendement qui peut devenir égal à 1, mais, dans ce cas, le travail serait nul, puisque l'effort à vaincre serait nécessairement nul.

Le rendement des deux énergies reçue et dépensée est $\frac{eI}{EI}$ en appelant e la force contre électromotrice, et en admettant le cas théorique où il n'y a pas de dérivation. Le travail total étant $EI = RI^2 + eI$, on arrive successivement à $(E - e) I = RI^2$ et $I = \frac{E - e}{R}$ d'où Tu, travail utile est égal à $eI = \frac{e (E - e)}{R}$ et EI travail total $= \frac{E (E - e)}{R}$. Le rapport de ces deux quantités ou le rendement est finalement égal au rapport des forces électromotrices $\frac{e}{E}$; il est donc indépendant de la résistance, c'est-à-dire de la distance. Cette conclusion ne serait pas exacte dans le cas de dérivations que rendraient inégales l'intensité au départ et à l'arrivée. D'autre part, les forces électromotrices étant proportionnelles aux vitesses des machines, le rendement peut s'exprimer par leur rapport aussi bien que par celui des forces électromotrices.

Il ne faut pas également perdre de vue que l'intensité diminuant en raison inverse de la distance et étant proportionnelle à l'effort vaincu, le travail diminue en raison de la résistance ou de la distance à franchir. Si l'on veut que, le rendement étant constant, le travail ne varie pas, quelle que soit la distance, il faudra que la force électromotrice varie comme la racine carrée de la résistance. On arrive à cette dernière conclusion en exprimant le travail en fonction du rendement économique et en observant que la formule ne contient que ce rendement économique multiplié par $\frac{E^2}{R}$, d'où découle la règle précédente (Voir *Machines dynamoélectriques*). (Voir *Lumière électrique*, t. XI, p. 7; t. XVIII, p. 1 : — *Électricien*, 1881, 1882, passim ; — Du Moncel et Geraldy, *Électricité comme force motrice* ; — Cadiat et Dubost, *Traité d'électricité industrielle* — *Annales industrielles*, 1885, 1er sem., p. 743 ; — Japing, *Le transport de la force par l'électricité*, traduction Baye). La théorie de M. Deprez a été contestée comme inexacte en certains points, par M. Maurice Levy et M. Fröhlich. D'après le premier, on ne connaîtrait pas exactement la loi qui lie, dans les machines dynamos, la force électromotrice à la vitesse. Cependant la loi de proportionnalité admise par M. Deprez (Voir *Dynamos*) se vérifie dans la pratique pour I constant. D'après M. Fröhlich, M. Deprez ne tiendrait pas compte des courants qui prennent naissance dans la masse de fer doux de l'induit sous l'influence du champ magnétique. Cette dernière objection est plus sérieuse et des expériences récentes ont dû attirer l'attention de M. Deprez sur ce point (Voir pour l'étude de ces différentes questions : *Électricien*, t. IX et X ; — *Lumière électrique*, t. V, VI et VIII ; — Fröhlich, *Die dynamoelektrische Maschine*).

FORCE résultante (à la surface d'un conducteur[1]). On appelle ainsi une grandeur de convention qu'on ne peut ni réaliser, ni mesurer par l'expérience, et qui agirait, en un point donné, sur l'unité de quan.ité d'électricité ou la résultante des actions exercées en ce point par toutes les masses électriques qui forment un champ. Cette force, normale à la surface de niveau passant par ce point, a pour valeur $\frac{V-V'}{n}$, V et V' étant les potentiels au point considéré et en un point situé sur la normale à la surface du niveau, à une très petite distance n. Cette valeur est $4\pi d$ en fonction de la densité d de la couche électrique, lorsque le point est à l'extérieur et à une distance infiniment petite de la surface.

FORMATION de la pile Planté[2] (*Vorbereitung, Bildung* — **Formation**). Opération préliminaire à l'aide de laquelle M. Planté a montré la possibilité d'accumuler et d'emmagasiner le travail chimique de la pile voltaïque dans un couple secondaire à lames de plomb, par une action successive, dans les deux sens, du courant primaire sur le couple secondaire, de manière à réduire la lame de plomb préalablement peroxydée et à peroxyder de nouveau la lame de plomb précédemment réduite (*Comptes rendus de l'Académie des Sciences*, 1873). Quand cette opération, que M. Planté a assimilée à une sorte de *cémentation galvanique* ou de *tannage* électrochimique, a été bien conduite, les lames de plomb se trouvent profondément modifiées dans leur structure ; la lame positive est alors partiellement formée de peroxyde de plomb cristallin et brillant ; elle est devenue un peu cassante, tout en conservant une certaine solidité, même après de longues années ; la lame négative est partiellement formée de plomb réduit, avec une apparence également cristalline, et conserve à peu près toute sa souplesse. On peut emmagasiner ainsi 65,000 coulombs par kilogramme de plomb, et ce n'est pas la dernière limite qu'on peut atteindre ; car en continuant la *formation* par de nouveaux changements de sens, lors de la charge, on détermine un nouvel accroissement de la quantité de travail chimique accumulé. Il n'y a d'autre limite que l'épaisseur même des lames de plomb. Cette opération peut être notablement abrégée, ainsi que l'a indiqué M. Planté, lorsque les lames de plomb ont été préalablement décapées et attaquées profondément dans l'acide nitrique étendu, de manière à faciliter la pénétration de l'action électrolytique dans l'épaisseur même du métal. MM. Elwell et Parker ont employé depuis lors, dans le même but, un mélange d'acide nitrique et d'acide sulfurique et appliqué ce procédé à la formation préalable d'accumulateurs de très grandes dimensions.

FORMULE de mérite. (Voir *Mérite*.)

FOUCAULT (Jean-Bernard-Léon). Physicien français, né le

1. Blavier, *Grandeurs électriques*.
2. Planté, *Recherches sur l'électricité*, p. 49.

19 septembre 1819 à Paris, et mort dans la même ville le 11 février 1868. On lui doit l'un des premiers régulateurs de la lumière électrique, l'emploi du charbon de cornue à la place du charbon de bois dans l'arc électrique, la découverte des courants dits courants de Foucault et nés dans une plaque métallique en mouvement dans un champ magnétique. Ses travaux sur l'électricité sont contenus dans les *Comptes rendus de l'Académie des Sciences* de 1846, 1849, 1855, 1856.

FOUCAULT. Courant de Foucault. (Voir *Courant.*)

FOUDRE (***Blitz*** — **Thunderbolt or lightning**). Décharge de l'électricité atmosphérique, dont le tonnerre est le bruit, et l'éclair l'étincelle. On pourrait dire d'une manière plus précise que la foudre est une décharge atmosphérique entre la terre et les nuages[1]. Bien des savants (Dr Wall, 1708) (Voir Priestley, *Histoire de l'électricité*, t. I, p. 21 ; — Désaguliers, *A course of experimental philosophy*, 1744-1745 ; — Nollet, *Leçons de physique expérimentale*, t. IV, p. 314) ont affirmé, comme hypothèse intuitive, l'identité de la foudre et de la décharge électrique avant Franklin qui a imaginé, le premier, le moyen de vérifier cette assertion avec son fameux cerf-volant. Une expérience avait été faite, sur les indications de Franklin, à Marly, le 10 mai 1752, par Dalibard et Delor, au moyen d'une longue tige de fer en vue d'attirer la foudre; cet essai fameux fut répété, un mois après, en Amérique, avec un plein succès.

FOUDRE progressive et ascendante (***Fortschreitender und aufsteigender Blitzschlag*** — **Progressive and ascendant lightning**). Quelquefois la foudre s'élance du sol d'un mouvement progressif, assez lent, et reçoit le nom de *foudre ascendante*. On cite d'ailleurs de nombreuses observations relatives à deux traits de feu partant l'un de la terre, l'autre d'un nuage, et se confondant ensuite avec explosion. (Voir *Étincelle faible.*)

FOUDRE globulaire. (Voir *Éclair en boule.*)

FOUR à fusion électrique[2] (***Elektrisches Schmelzofen*** — **Electric furnace**). William Siemens a concentré, dans un creuset appelé « four à fusion électrique », la chaleur de l'arc électrique et l'a appliquée à la fusion des métaux en grandes masses. Ce creuset est entouré de substances réfractaires, et l'électricité arrive, par des électrodes en charbon traversant le fond et le couvercle du creuset. Le passage du courant est réglé automatiquement par l'effet d'un levier dont le jeu est commandé par une barre de fer attirée plus ou moins dans un solénoïde résistant, monté en dérivation sur le circuit de l'arc. Le courant passe donc directement, à l'état d'arc, au milieu des substances à fondre, sans passer par le récipient qui les renferme. La

---

1. Sénèque admettait déjà la distinction entre l'éclair et la foudre. « Fulguratio est fulmen, non in terras usque perlatum. Et rursus licet dicas, fulmen esse fulgurationem, usque in terras perductam. » — (*Natur. Quæst.*, liv. II, chap. XXI.) — Daguin, *Traité de physique*, t. III, p. 245 (4e édit.).

2. *Électricien*, t. V, p. 32.

résistance de ce dernier limite seule la température énorme que l'on utilise.

FRANKLIN (Benjamin). Physicien américain, né le 17 janvier 1706 à Governors-Island, près Boston (États-Unis), et mort à Philadelphie le 17 avril 1790. Les principales découvertes de Franklin, en électricité, sont l'état électrique opposé sur les deux armatures d'une bouteille de Leyde, le paratonnerre, la disposition des bouteilles de Leyde en cascades. Ses œuvres forment un volume traduit dans les principales langues et en français par Barbeu Dubourg (1773) et d'Alibard (1756).

FRANKLIN [1]. Partisans de la théorie émise par Franklin (***Unitarien*** **— Partisans of Franklin's theory**). D'après cette théorie (1747), il n'y aurait qu'un seul fluide électrique; les manifestations différentes proviendraient de l'augmentation ou de la diminution du fluide au-delà ou au-dessous d'une quantité parfaitement déterminée pour chaque corps et constituant l'état neutre. (Voir *Foudre* et *Cerf-volant*.)

FRANKLINISATION (***Franklinisation*** **— Franclinisation**). Méthode d'application de l'électricité statique comme moyen curatif.

FREIN électrique de M. Achard (***Achard's elektrische Eisenbahnbremse*** **— Achard's electric break**). M. Achard a inventé un frein électrique pour les wagons des chemins de fer et, à la suite de perfectionnements, est arrivé à la disposition simple suivante. Un électroaimant tubulaire, lorsqu'il est actif, vient appuyer, par ses pôles, contre l'essieu et participe énergiquement à son mouvement de rotation, en entraînant l'arbre d'enroulement de la chaîne qui agit sur deux grands leviers, les soulève par leurs extrémités au milieu du wagon et applique les sabots de chaque côté du bandage des roues, à hauteur de l'axe. Le courant est fourni par une batterie d'accumulateurs et le circuit est constitué par un câble qui court le long du train en s'arrêtant à chaque électroaimant.

FRICTION électrique (***Elektrische Friction*** **— Electric friction**). Cette opération thérapeutique consiste à promener, à une très petite distance de la surface du corps couverte d'une flanelle, un conducteur terminé par une boule d'un volume médiocre. Tous les filaments de la flanelle se hérissent et transmettent leur état d'électrisation; il en résulte un fourmillement, une douce chaleur, une légère rubéfaction, résultat qu'on obtient aussi en frictionnant à nu avec une brosse munie d'un manche isolant.

FRITURE. Bruit de friture (***Knackendes und gribbelndes Nebengerausch, Schnarren*** **— Frying sound**). Bruit sec et saccadé qui se produit dans un téléphone dont le circuit se trouve modifié brusquement, soit par suite d'une étincelle aux contacts

---

1. Œuvres de FRANKLIN, *Lettre II* à Collinson, p. 8 (Traduction Barbeu-Dubourg). — MASCART, *Électricité statique*, t. I, p. 25. — MAXWELL, *Electricity and magnetism*, t. I, p. 40.

du microphone, soit par suite d'une autre altération instantanée dans la résistance ou l'intensité du courant. Nous devons dire toutefois qu'il y a différentes interprétations de ce phénomène mal défini et attribué à différentes causes.

FROMENT (Paul-Gustave). Constructeur d'appareils de physique français, ancien élève de l'École polytechnique, né à Paris le 3 mars 1815 et mort à Paris le 11 février 1865. On lui doit un instrument électrique à lame vibrante (1847), un télégraphe électrique à cadran (1850) et un électromoteur. Il a aidé de son expérience MM. Hughes et Caselli, lors de la construction des premiers modèles de leurs appareils.

FROTTEMENT. (Voir *Roue de frottement.*)

FROTTEMENT magnétique (***Magnetische Reibung, Magnetische Friction*** — **Magnetic sliding**). Glissement de l'armature parallèlement à la ligne des pôles d'un aimant.

FROTTOIR (***Reibstück*** — **Exciter ou Rubber**). Coussins de la machine électrique employés, pour la première fois, par Winckler, vers 1741.

FULGURITE[1] (*Fulgur*, éclair) (***Blitzrohr*** — **Fulgurite**). Tube de sable vitrifié par la foudre. Les fulgurites ont été découverts en 1711, en Silésie, par le pasteur Hermann.

FUSÉE de Statham[2] (***Stathamzünder*** — **Statham's electric fuse**). Appareil constitué par un conducteur de cuivre transformé par son contact avec une enveloppe sulfurée en sulfure de cuivre peu conducteur, en un point qui se trouve au sein d'une substance explosible; ce point s'échauffe par le passage du courant, devient incandescent et enflamme la substance explosible. Hare employa le premier un système électrique pour faire sauter les rochers.

FUSIL électrique (***Elektrische Flinte*** — **Electric rifle**). M. Clair a inventé un fusil dans lequel la charge est enflammée par un fil fin de platine, au moyen d'un accumulateur logé dans la crosse et qu'on met en jeu par la pression sur un simple bouton.

G

GAINE lumineuse (***Lichthülle*** — **Luminous sheath**). Lumière électrique enveloppant le trait de feu.

---

1. Kæmtz, *Météorologie*. — Mascart, *Électricité statique*, t. II, p. 169. — *Philosophical Magazine*, 1869, 2e sem., p. 436. — *Comptes rendus de l'Académie des Sciences*, t. CIII, p. 837.

2. *Journal of the Society of telegraph engineers*, t. III, p. 51 et 268. — *Telegraphic Journal*, t. II, p. 310.

GALVANI (**Luigi-Aloisio**). Médecin italien, professeur d'anatomie, né, le 9 septembre 1737, à Bologne, et mort dans la même ville, le 4 décembre 1798. Il découvrit le fait constitué par la secousse qui agite les muscles d'une grenouille préparée et disposée d'une manière convenable (Voir ci-après *Théorie de Galvani*). Malgré la fausse appréciation de l'origine de ce phénomène qu'il regardait comme animale, cette question, étudiée par Volta, amena ce dernier à la découverte d'une nouvelle source dynamique dans la pile. Les travaux de Galvani sont réunis dans un volume publié, en 1841, par les soins de l'Académie des Sciences de l'Institut de Bologne, intitulé : *Opere edite ed inedite del professore Luigi Galvani.*

GALVANI[1]. **Théorie de Galvani** (***Galvani'sche Theorie*** — **Galvani's theory**). Galvani, étudiant, en 1780, l'influence de l'électricité sur les nerfs, observa les contractions des membres inférieurs d'une grenouille, lorsqu'on réunissait, au moyen d'un arc métallique, les muscles des jambes avec les nerfs lombaires. Il expliqua ce fait, en admettant une électricité particulière des nerfs qui, trouvant un circuit dans les métaux conducteurs, produisait des secousses par ses décharges. Cette théorie suscita une polémique célèbre avec Volta (Voir ce mot) dont ce dernier sortit victorieux. L'existence du fluide nerveux, dont Galvani avait fait la base de sa théorie, a été démontrée par Nobili, mais sans lui attribuer les effets dont on l'avait rendu capable.

GALVANISATION (***Galvanisation*** — **Galvanisation**). Méthode d'application de l'électricité dynamique comme moyen curatif.

GALVANISME[1] (***Galvanismus*** — **Galvanism**). Nom donné à la branche de l'électricité à laquelle Galvani a été conduit, en 1786, par ses expériences sur la contraction des nerfs et des muscles de la grenouille.

GALVANOCAUSTIQUE (Galvanisme, καυστικός caustique, de καίω je brûle) (***Galvanokaustik*** — **Galvanocaustics**). Ensemble des opérations chirurgicales qui s'accomplissent à l'aide de courants électriques. On utilise les propriétés physiques et les propriétés chimiques des courants électriques : de là la galvanocaustique thermique et la galvanocaustique chimique. (Voir Littré et Robin, *Dictionnaire;* Bardet, *Électricité médicale.*)

GALVANOCAUTÈRE (Galvanisme, καυτήριον, cautère, de καίω je brûle) (***Galvanokaustischer Brenner*** — **Galvanic cauterising iron**). Appareil fondé sur l'échauffement considérable qu'un courant électrique produit dans un point résistant de son circuit. Ces appareils, sous des noms divers, anse galvanique, bouton de feu, cautère galvanocaustique, cautère de Middeldorpf, etc..., et sous des formes variables, servent tous au même but, savoir : enlever une partie d'un membre, une tumeur, ou les cautériser, en produisant une eschare ou un caillot.

GALVANOGRAPHIE (Galvanisme, γράφω j'écris) (***Galvanographie***

1. *Collezione delle opere di Galvani*, p. 59 à 131.

— **Galvanography**). Procédé électrographique, inventé par Kobbell, de Munich, au moyen duquel on obtient des planches imitant tous les genres de gravure. Pour cela, on surcharge avec du cuivre précipité des dessins, des images au pinceau dans le genre du lavis, de manière à constituer des planches qui puissent servir à multiplier les images comme si elles avaient été gravées, et dont on puisse tirer des épreuves nombreuses. Ce procédé de gravure, par la reproduction des dessins, ne nécessite ni la main, ni l'intelligence de l'homme.

GALVANOMÈTRE (Galvanisme, μέτρον mesure) (*Galvanometer* — **Galvanometer**). Instrument dû à Schweigger, en 1820, et primitivement appelé magnétomètre; c'est Weber qui semble lui avoir appliqué le premier, en 1832, le nom de galvanomètre. Il est destiné à mesurer l'intensité d'un courant par son influence sur une aiguille aimantée [1]. Il est fondé sur l'influence électromagnétique d'un courant, faisant autour d'une aiguille aimantée, dans le sens de sa longueur, un grand nombre de circonvolutions. Ce courant traverse un fil métallique de longueur variable, monté sur un cadre et dont toutes les parties concourent au déplacement de l'aiguille. Par la déviation de l'aiguille, on observe la présence du courant; par le sens de la déviation, la direction, et par l'angle, on en reconnaît l'intensité. La forme de la bobine n'est pas indifférente pour obtenir un effet maximum. La courbe qui figure la section de la bobine, dans sa forme la plus avantageuse, est donnée par l'équation suivante de William Thomson : $x^2 (a^2 y)^{\frac{3}{4}} - y^2$ dans laquelle x est l'abscisse mesurée sur l'axe de la bobine, y l'ordonnée perpendiculaire à cet axe, et a. l'épaisseur de la bobine, comptée sur l'ordonnée à partir de l'abscisse. Pour obtenir le meilleur effet, le fil ne doit pas avoir la même grosseur sur toute son étendue; sa section transversale doit croître avec le diamètre de la bobine, de telle sorte qu'elle soit en chaque point proportionnelle à ce diamètre: la résistance de chaque tour de fil devient alors constante. En pratique, il est impossible de suivre ces indications. On adapte simplement trois ou quatre grosseurs différentes de fil pour former la bobine, et l'on obtient ainsi de bons résultats.

GALVANOMÈTRE. Graduation des galvanomètres. La déviation de l'aiguille n'est proportionnelle à l'intensité du courant que jusqu'à 20° environ. Une table de graduation est nécessaire pour les déviations au delà. Une foule d'éléments variables influent sur le rapport qui existe entre la déviation et l'intensité : ainsi la longueur du fil monté sur le cadre, la distance entre le fil et l'aiguille, la grandeur, la forme et le degré d'aimantation de cette dernière. Une des méthodes les plus simples est celle due à Becquerel et connue sous le nom de méthode du multiplicateur à deux fils. On enroule simultanément, sur le cadre, deux fils recouverts de soie, de même diamètre et dans la même position, puis on fait passer un courant

---

1. GAVARRET, *Étude sur les recherches de Galvani.* — *Annales de chimie et de physique*, 3e série, t. XXV.

constant et assez faible et l'on observe une déviation, 2°, par exemple. Avec un courant identique au premier, on fait passer simultanément dans les deux fils, une quantité par conséquent double de la première. On aura une intensité double et une déviation correspondante. En continuant, d'après cette méthode, à faire passer des courants d'intensité croissante, on obtiendra les déviations qui leur correspondent. On déterminera alors, de distance en distance, des déviations données par des intensités connues, et on pourra achever la table par la méthode des interpolations.

GALVANOMÈTRE différentiel (*Differentialgalvanometer* — **Differential galvanometer**). Galvanomètre dû à M. Becquerel père, en 1826, dont le cadre contient deux circuits de fil qu'on peut faire traverser par deux courants de sens contraire, de manière à évaluer leur différence.

GALVANOMÈTRE enregistreur (*Registrirgalvanometer* — **Registering galvanometer**). Galvanomètre enregistrant les déviations.

GALVANOMÈTRE à miroir de Thomson [1] (*Spiegelgalvanometer, Reflexgalvanometer* — **Thomson's reflecting galvanometer, Mirror galvanometer**). Récepteur, employé sur les câbles sous-marins, dans lequel l'aiguille aimantée porte, à son centre de figure, un miroir sur lequel une lumière fixe envoie un rayon, dont l'image se déplace sur une échelle placée à une certaine distance, d'un angle double de l'angle dont tourne l'aiguille sous l'influence du courant.

GALVANOMÈTRE balistique [2] (*Balistisches Galvanometer* — **Balistic galvanometer**). Galvanomètre dans lequel la quantité d'électricité qui passe dans un courant instantané, comme un courant d'induction ou la charge d'un condensateur, se déduit par l'application des formules balistiques de l'élongation, c'est-à-dire de la déviation instantanée et passagère que prend l'aiguille sous l'influence du courant ; cette élongation ne doit pas être diminuée par la résistance de l'air, et des précautions sont prises dans ce but. La quantité d'électricité est proportionnelle au sinus de la moitié de l'angle de la première oscillation.

GALVANOMÈTRE de torsion (*Torsionsgalvanometer* — **Torsion galvanometer**). Galvanomètre, dû à W. Siemens (1880), dont l'aimant a la forme de cloche fendue suivant deux génératrices opposées : il est suspendu à un ressort spirale et est actionné par deux bobines très résistantes. Si l'on intercale sur un circuit, le galvanomètre et une grosse résistance, et si l'on place les extrémités de cette ligne en deux points d'un fil faisant partie d'un autre circuit dont on veut évaluer la différence de potentiel aux deux points considérés, l'intensité électrique observée au galvanomètre donne la mesure de la différence de

---

1. W. Thomson, *Papers on electrostatics and magnetism*, p. 267. — Prescott, *Electricity and electric telegraph*, p. 148, 151, 557.

2. Gordon, *Traité d'électricité et de magnétisme*, t. I, p. 497 (Traduction Raynaud-Seligmann).

potentiel. La graduation du galvanomètre est telle qu'un élément Daniell y produise une torsion de 15° ; la valeur de la dérivation peut être modifiée suivant les différences de potentiel à observer.

GALVANOMÈTRE marin (*Marinegalvanometer* — **Marine galvanometer**). Lors de l'emploi du galvanomètre Thomson sur un navire, il est nécessaire que la position relative du miroir et de l'échelle ne soit pas altérée. Pour cela, le barreau aimanté est suspendu en haut et en bas au milieu d'un fil de cocon qui prend ses points d'attache sur le cadre en bois portant le fil du galvanomètre et qui est tendu au milieu des spires multiplicatrices. Le fil de cocon traverse le centre de gravité commun du barreau aimanté et du miroir. De cette manière, l'influence de la pesanteur est supprimée et le miroir conserve toujours dans toutes les positions de l'instrument sa même position relative par rapport à son échelle de projection, lorsque le fil du multiplicateur s'incline ou oscille.

GALVANOMÈTRE étalon [1] (*Eichgalvanometer* — **Standard galvanometer**). Le galvanomètre étalon est construit de manière que les dimensions et les positions relatives de toutes les parties fixes soient soigneusement déterminées et qu'aucune incertitude sur la position des parties mobiles ne puisse introduire la plus petite erreur dans les calculs. Le champ électromagnétique, près de l'aimant, doit être aussi uniforme que possible, et son intensité exactement connue en fonction de l'intensité du courant. On calcule l'intensité I du courant au moyen de la formule suivante : $I = \frac{Hr}{2\pi N}$ tang. X dans laquelle H est la composante magnétique terrestre horizontale, r le rayon du cadre, N le nombre de tours de la bobine, X l'angle observé sur l'instrument. Lorsque les dimensions de la bobine sont mesurées en centimètres, la formule fournit I en unités C. G. S et il suffit de multiplier le résultat par 10 pour obtenir des Ampères.

GALVANOMÈTRE à mercure (*Quecksilbergalvanometer* — **Mercury galvanometer**). Appareil très sensible imaginé par M. Lippmann, et fondé sur l'action des aimants sur les courants. Un manomètre à mercure est placé, entre les branches d'un aimant fixe, de manière que les deux pôles de l'aimant se trouvent à droite et à gauche de la branche horizontale du manomètre. Le courant électrique à mesurer est amené au mercure de la branche horizontale et la traverse verticalement. Le passage du courant produit, entre les branches du manomètre, des différences de niveau proportionnelles à l'intensité du courant. C'est la répulsion de l'aimant sur le courant mobile (la section du mercure parcourue par le courant) qui se traduit et se mesure par un phénomène d'hydrostatique.

GALVANOMÈTRE apériodique [2] (Deprez et d'Arsonval) (*Aper-*

---

1. Gray, *Absolute measurement in electricity and magnetism*, p. 28. — Maxwell, *Electricity and magnetism*, t. II, p. 323.

2. *Comptes rendus de l'Académie des Sciences*, 15 mai 1882.

riodisches Galvanometer — **Dead beat galvanometer**). Galvanomètre dont le cadre n'est autre chose que le système de bobine du Syphon recorder, oscillant entre les pôles d'un aimant. Un miroir monté sur l'axe projette un rayon lumineux sur une échelle.

GALVANOMÈTRE à arête de poisson de M. Deprez (1880) (*Deprez'sches Galvanometer* — **Compoundmagnet galvanometer**). Ce galvanomètre est formé par une armature de seize ou dix-huit petites barres de fer doux parallèles, montées sur un axe unique et dont l'action a fait donner le nom de galvanomètre à *arête de poisson* à l'instrument. Cette arête oscille autour de son axe horizontal et est maintenue énergiquement dans le plan d'un aimant en fer à cheval, entre les branches duquel elle est placée et qui lui communique un magnétisme par influence. Quant au conducteur du courant qui doit agir sur l'aiguille, il est placé sur un cadre rectangulaire entre l'arête et les branches de l'aimant. Ce galvanomètre, qui porte une aiguille indicatrice perpendiculairement à l'aimant, permet de mesurer instantanément, pour ainsi dire, l'intensité du courant sans avoir besoin d'attendre la fin des oscillations comme dans les autres galvanomètres. Sa résistance, qui peut être très faible et n'être que celle d'une simple bande de cuivre, permet une graduation facile. L'action de la terre y est d'ailleurs masquée par celle du fort aimant dont le magnétisme peut être regardé à peu près comme invariable et dans tous les cas susceptible de vérification.

GALVANOMÈTRE universel (*Universalgalvanometer* — **Universal galvanometer**). Boussole des Sinus renfermant tous les organes nécessaires pour la mesure des trois quantités : intensité, force électromotrice et résistance.

GALVANOMÈTRE. Balance de Bourbouze[1] (*Verticales Galvanometer von Bourbouze* — **Bourbouze's balance galvanometer**). Galvanomètre à aiguille verticale qui oscille dans l'intérieur d'un cadre aplati verticalement. Grâce à des dispositions de réglage bien conçues, ce galvanomètre offre un degré marqué de précision.

GALVANOMÈTRE à indications rapides[2] (Deprez et d'Arsonval) (*Aperiodisches Galvanometer* — **Dead beat galvanometer**). Galvanomètre *apériodique* destiné à accuser les courants dus à des forces électromotrices faibles.

GALVANOPLASTIE[3] (Galvanisme, πλάσσω je façonne) (*Galvanoplastik* — **Electrodeposition, Galvanoplastic** ou **Electroplating**). Art dont Jacobi et Spencer se partagent l'invention, en 1838, et qui consiste à obtenir, grâce à un courant électrique, la déposi-

---

1. *Journal de physique*, t. I, p. 189.
2. *Comptes rendus de l'Académie des Sciences*, 15 mai 1882.
3. *Annales de physique et de chimie*, V. LXXV 1840. — URQUHART, *Electrotyping*. — URQUHART, *Electroplating*. — *Galvanoplastie*, *Manuel Roret*. — ROSELEUR, *Guide du doreur*. — WEISS. *Galvanoplastik*.

tion au pôle négatif, et la fixation des métaux provenant de la dissolution d'un électrolyte, sur des moules préalablement rendus conducteurs, au moyen d'une couche de plombagine. La source électrique employée (pile, machine dynamoélectrique) doit fournir un courant aussi constant que possible quoique d'intensité faible.

GALVANOSCOPE (Galvanisme, σκοπῶ j'observe) (***Galvanoscop* — Galvanoscope**). Appareil destiné à accuser l'existence d'un courant électrique sans fournir d'indications métriques.

GALVANOSCOPE de poche (***Taschengalvanoscop* — Portative galvanoscope** ou **Detector**). Galvanomètre portatif. (Voir *Boussole d'inspecteur*.)

GALVANOSCOPIQUE[1] (***Stromprüfend* — Galvanoscopic**). **Grenouille galvanoscopique.** Dans ses expériences sur le courant musculaire, Matteucci s'est souvent servi, au lieu de rhéomètre, de la grenouille *galvanoscopique* ou *rhéoscopique* dont l'usage avait été indiqué par Nobili. On nomme ainsi une jambe de grenouille fraîchement préparée, munie d'un long filament nerveux et introduite dans un tube de verre servant à l'isoler. Si l'on met deux endroits différents du filament nerveux en contact avec les points dont on veut étudier l'état électrique, on obtient des contractions ; si la jambe éprouve des contractions quand on introduit le courant et ne bouge pas quand on le supprime, c'est que le courant marche dans le sens des ramifications du nerf ; il marche dans un sens opposé, quand la contraction ne se produit qu'au moment où l'on ouvre le circuit.

GALVANOSTÉGIE[2] (Galvanisme, στέγω je couvre) (***Galvanostegie* — Galvanostegy**). La galvanostégie est l'art de recouvrir un métal généralement peu précieux, d'un autre métal, dans un but artistique ou autre, au moyen d'un procédé électrolytique.

GALVANOTROPISME (Galvanisme, τρόπος auquel le créateur du mot a attribué le sens de *direction*) (***Galvanotropismus* — Galvanotropism**). Phénomène observé sur l'inclinaison que prennent les plantes croissant dans l'eau traversée par un courant électrique. Ce fait, observé par M. Elfving, en 1882, fut étudié plus tard par M. Brunchorst et M. Rischawi. Ce dernier physicien attribue les courbures observées à une action cataphorique. (Voir *Action cataphorique*.)

GALVANOTYPIE (Galvanisme, τύπος forme, figure) (***Galvanotypie* — Galvanotypy**). Le principe des différents procédés de gravure galvanique des plaques d'impression ou de galvanotypie est le principe de la galvanoplastie renversé. En effet, le métal de la dissolution électrolytique se dépose toujours au pôle négatif, tandis que le métal constituant le pôle positif se dissout peu à peu. Si donc on emploie au pôle positif une plaque de cuivre couverte d'une couche isolante, enlevée seulement

1. DAGUIN, *Traité de physique*, t. II, p. 626. — MATTEUCCI, *Cours d'électrophysiologie*, p. 47.

2. SCHASCHL, *Die Galvanostegie*.

aux points correspondant au dessin à reproduire, le cuivre se dissoudra en ces points et la plaque se trouvera ainsi gravée galvaniquement.

GARDE. Anneau ou plaque de garde (*Schutzplatte* — **Guard ring ou guard plate**)[1]. Anneau très léger, conducteur, qui entoure un disque plan de même substance avec lequel il est relié par un fil très fin et conducteur ; il n'existe qu'un petit espace très étroit entre l'anneau et le disque qui sont dans le même plan. Ces deux corps étant reliés entre eux peuvent être regardés comme ayant une même surface dont la densité électrique est uniforme, excepté sur les bords extérieurs de l'anneau, et les irrégularités que les bords amènent dans la distribution électrique ne se produisent que sur l'anneau fixe et non sur la partie mobile ; les conditions sont donc théoriques.

GARE restante (*Bahnhoflagernd, Bahnlagernd* — **To be called for at the station**). Mention dans l'adresse d'une dépêche que le destinataire doit venir chercher à la gare destinataire où elle reste en dépôt.

GAUGAIN (**Jean Mothee**). Ingénieur et physicien français né à Sully (Calvados), le 6 février 1811, et mort le 31 mai 1881, à Saint-Martin-des-Entrées (Calvados). On lui doit une nouvelle disposition de la boussole des tangentes, un électroscope à double condensation, la disposition des électrodes de l'œuf électrique appelée *soupape électrique*, la vérification de la loi de Ohm sur les conducteurs imparfaits, l'électroscope à décharges, des recherches sur les condensateurs plans et sphériques et sur les décharges sous différentes formes, des études sur le magnétisme. Tous ces travaux font l'objet de notes adressées à l'Académie des Sciences et insérées dans ses *Comptes rendus* de 1853 à 1880. Il a publié, en 1860, une traduction de la théorie mathématique des courants électriques de Ohm.

GAUGAIN. Courbe de Gaugain (*Gaugain'sche Curve* — **Gaugain's curve**). Courbe indiquant la relation entre les différences de température entre deux soudures et les différences électromotrices de potentiel qui en résultent.

GAUSS (**Charles-Frédéric**). Célèbre professeur de mathématiques de Göttingen, où il mourut le 23 février 1855 ; il était né le 30 avril 1777 et fut le premier qui souleva, en 1832, la question des unités dites *absolues* dans son livre : *Intensitas vis magneticæ terrestris ad mensuram absolutam revocata*. Il s'occupa beaucoup de magnétisme terrestre pour l'observation des éléments duquel il avait fondé l'*Union magnétique* et publia un grand nombre de mémoires à ce sujet, en même temps qu'il inventa différents appareils, parmi lesquels : le magnétomètre bifilaire, un télégraphe à barreau aimanté et à miroir. Ses ouvrages sont : *Resultate aus den Beobachtungen des magnetischen Vereines*, 1836-1841 ; — *Allgemeine Theorie des Erdmagnetismus*,

---

1. W. Thomson, *Papers on electrostatics and magnetism*, p. 283. — Fleeming-Jenkin, *Électricité et magnétisme* (Traduction Croullebois-Berger), p. 578.

1838; — *Vorschriften zur Berechnung der magnetischen Wirkung die ein Magnetstab in der Ferne ausübt.* — *Bestimmung der Schwingungsdauer einer Magnetnadel...*, et d'autres travaux sur le magnétisme à Gottingen.

GAUSS (*Gauss* — **Gauss**). Nom du savant allemand, donné à l'unité de champ magnétique, c'est-à-dire du champ magnétique dans lequel l'unité de magnétisme est soumise à l'unité de force. Dimensions $M^{\frac{1}{2}} L^{-\frac{1}{2}} T^{-1}$.

GAUTHEROT (**Nicolas**). Professeur de musique, né à Is-sur-Tille (Côte-d'Or), en 1753, et mort le 29 novembre 1803, à Paris. Il découvrit, en 1801, le courant qui résulte de la polarisation des électrodes dans les décompositions électrochimiques, et publia ses travaux dans les *Mémoires des Sociétés savantes* (1802) et dans le *Journal du galvanisme*, 1803.

GELLIBRAND (**Henry**). Professeur d'astronomie anglais, né le 17 novembre 1597, à Londres, et mort, dans cette même ville, le 26 février 1637. Il découvrit, en 1635, la variation séculaire de la déclinaison. Cette découverte est contenue dans l'opuscule de Gellibrand, intitulé : *A discourse mathematical on the variation of the magnetic needle together with the admirable diminution lately discovered.*

GÉNÉRATEURS secondaires[1] **de MM. Gaulard et Gibbs** (*Secundäre Generatoren* — **Secondary generators**). MM. Gaulard et Gibbs ont établi, en 1884, une distribution électrique sur les principes suivants : Un courant alternatif, provenant d'une machine dynamo, parcourt un circuit et traverse, successivement sur son passage, le circuit primaire de bobines d'induction d'une confection spéciale, de nombre, de forme et de puissance variables, suivant le besoin. L'énergie de ces courants primaires est transformée en d'autres courants alternatifs secondaires doués d'autres qualités et qu'on utilise dans ces conditions. Pour donner plus d'élasticité au système et régler les appareils destinés à des circuits secondaires de résistance variable, on applique l'influence des noyaux de fer doux dans l'intérieur des bobines d'induction. Ces noyaux, plongeant automatiquement plus ou moins, suivant les besoins, produisent un courant induit variable. Ce système fournit une solution pratique de la distribution électrique.

GERBE de feu (*Leuchtende Garbe, Feuergarbe* — **Flash of fire**). Lueur constituée par une décharge ayant une grande épaisseur.

GILBERT (**William**). Médecin de la reine Élisabeth, né à Colchester, en 1540, et mort à Londres, le 30 novembre 1603. Ce physicien éminent distingua le premier nettement les phénomènes électriques et magnétiques. Il a publié un ouvrage des plus remarquables, intitulé : *De magnete, magneticis corporibus et de magno magnete tellure, physiologia nova, plurimis*

---

1. *Lumière électrique*, t. XVI, p. 399, 460, 551 et 602. — *Électricien*, t. IX, p. 181.

argumentis demonstrata, Londres, 1600, où il expose ses découvertes, ses opinions et ses théories. Il a le mérite d'avoir abandonné le terrain de la spéculation et d'avoir étudié les phénomènes par la méthode d'investigation.

GINTL (Julius Wilhelm). Directeur des télégraphes d'Autriche, né le 12 novembre 1804, à Prag, et mort en décembre 1883, dans la même ville. Il inventa le système de correspondance (1854), dans lequel deux dépêches télégraphiques sont transmises simultanément en sens contraire sur le même fil. Ses travaux sur l'électricité et le magnétisme sont insérés dans le *Baumgartner's Zeitschrift für Physic*, 1837, les *Sitzungsberichte de l'Académie de Vienne*, 1851, 1853, 1854.

GIOJA (Flavio). Pilote d'Amalfi, regardé faussement, par quelques auteurs, comme l'inventeur de la boussole, en 1302 ou 1303. (Voir *Boussole*.)

GLISSEMENT[1]. Point de glissement (*Gleitstelle* — Sliding point of two currents). Points où deux conducteurs faisant partie d'un même circuit glissent l'un sur l'autre, et d'où provient une modification de la vitesse de propagation ; il en résulterait, dans le cas de l'induction, des phénomènes offrant l'effet d'une cascade dans le courant électrique dont la force électromotrice est surexcitée.

GLISSEMENT des fils télégraphiques (*Wandern der Drähte* — Slipping ou Sliding of wires). Déplacement d'une portée entre deux poteaux sur une autre portée aux points différents de niveau.

GLOBE fulminant (*Kugelblitz* — Fireball ou Globular lighfning). Forme de l'éclair de 3me classe d'Arago, consistant en une boule de feu qui se déplace et finit par éclater en fournissant un feu d'artifice. (S. *Foudre globulaire*.)

GLOESENER (Michel). Professeur belge, né à Haut-Charage (Grand-Duché de Luxembourg), le 4 mars 1794, et mort à Bruxelles, le 10 juillet 1876. C'est lui qui, le premier, pour supprimer le ressort antagoniste dans les appareils télégraphiques, appliqua le principe du renversement de sens des courants. On lui doit un *Exposé de la théorie de l'électromagnétisme*, 1822; *Explications d'expériences électrodynamiques*, 1823; *Influence du magnétisme sur le corps humain*, 1823; des *Études sur le magnétisme*, 1825, et l'*action réciproque des courants et des aiguilles d'acier et de fer non aimantés*, 1828; sur la *Théorie des aimants relativement à l'influence qu'exercent sur eux les courants électromagnétiques*; sur l'*Origine des attractions et répulsions électrodynamiques*, 1836, et sur les *Paratonnerres*.

GLYPHOGRAPHIE (γλύφω je grave, γράφω j'écris) (***Glyphographie* — Glyphography**). Nom donné à des procédés électrotypiques inventés, en 1846, par Édouard Palmer, à Londres, et Volkmar

---

1. WIEDEMANN, *Galvanismus und Electromagnetismus*, t. II, § 1185. — ZETZSCHE, *Handbuch der electrischen Telegraphie*, t. II, p. 171.

Ahner, à Leipzig, et employés pour obtenir économiquement des planches gravées en relief et propres à l'impression. Pour cela, une plaque de cuivre est frottée avec du foie de soufre et par suite noircie. La plaque nettoyée et rincée à l'eau est recouverte d'une légère couche de cire ou garnie d'un vernis de graveur composé d'un mélange de poix de Bourgogne, de cire, de colophane, de spermaceti, de sulfate de plomb ou de baryte. L'artiste grave avec sa pointe qui accuse le dessin en noir sur le fond blanc. On prépare avec cette gravure une empreinte galvanoplastique qui donne en relief le dessin renversé. Cette plaque est recopiée et son empreinte, fixée à une plaque de bois, sert aux tirages ultérieurs.

GODET (*Schälchen, Farbgefäss* — **Cup or holder**). Réservoir où l'on met un liquide, de l'encre oléique pour appareils, par exemple.

GOMME laque (*Gummilack* — **Shellac**). Substance résineuse qui exsude de différents arbres des Indes Orientales (*Ficus Indica, Ficus religiosa, Croton lacciferum*) et dont les propriétés isolantes en ont fait un excellent diélectrique. Sa résistance spécifique à 28° est de 9×10^{21} et sa capacité inductrice spécifique est comprise entre 2,95 et 3,73 suivant les échantillons.

GORDON (**Andreas**). Moine écossais, né à Goffarach (Angush), le 12 juillet 1712, et mort, le 22 août 1751, à Erfurt, où il était professeur. Les Allemands lui attribuent l'invention du carillon électrique et du tourniquet électrique. (Voir ce mot.)

GORGE d'une poulie (*Rinne in einer Rolle* — **Slot of a pulley**). Espace à section circulaire où s'appuie la corde de traction.

GORGE de l'isolateur (*Drathlager* — **Isolator** ou **Lug slot for wire, Shoulder of isolator**). Échancrure à oreille dans laquelle repose le fil de ligne télégraphique, sur l'isolateur télégraphique.

GOUJON (*Stift, Kontaktstift* — **Pin**). Pièce de fer qui, soulevée par les touches du clavier de l'appareil Hughes, rencontre la lèvre du chariot et la soulève.

GOUJON. Boite aux goujons (*Stiftbüchse* — **Pin box**). Boite circulaire où sont rangés les goujons dans l'appareil Hughes.

GOUNELLE (**Pierre-Eugène**). Inspecteur des télégraphes français, né le 2 février 1821, à Paris, et mort dans la même ville, le 19 novembre 1863. Il était un savant dans toute l'acception du terme. Ses travaux sont nombreux, quoique sa vie ait été courte, et se trouvent insérés dans les *Annales télégraphiques*, de 1858 à 1863. Il prit part, en 1849, aux expériences faites par Fizeau pour déterminer la vitesse de l'électricité, et s'occupa des études relatives à la propagation de l'électricité.

GOUTTE de suif (*Kontaktknopf* — **Contact stud, Contact piece**). Petit bouton de cuivre servant de point d'appui à la manette mobile du commutateur à manivelle.

GRADUATEUR (*Graduator* — **Graduator**). M. Van Rysselberghe appelle *graduateurs* des électroaimants qui absorbent une partie de l'énergie électrique d'un circuit, au moment de la fermeture, et la laissent libre, au moment de son ouverture, en compensant ainsi les courants d'induction d'ouverture et de fermeture. (Voir *Van Rysselberghe.*)

GRAHAM (**George**). Mécanicien et horloger anglais, naquit en 1675, à Horsgills-près-Kirklinton (Cumberland) et mourut à Londres, le 20 novembre 1751. Il découvrit, en 1722, la variation diurne de la déclinaison. (Voir ses différentes études physiques et mécaniques dans les *Philosophical Transactions*, de 1722 à 1743.)

GRALATH (**Daniel**). Bourgmestre de Dantzig, né le 30 mai 1708, et mort le 23 juillet 1767, dans la même ville. Il fit différentes remarques et expériences caractéristiques en électricité, telles que le résidu de la bouteille de Leyde, l'allumage d'une bougie éteinte récemment, etc. : il est surtout connu par son *Histoire de l'électricité*, publiée de 1747 à 1756.

GRAMME. (Voir *Machine.*)

GRAPHITE. (Voir *Résistance.*)

GRAPPIN (***Wendehaken*** — **Cant-hook**). Outil ou levier pour retourner les poteaux télégraphiques sur place. Il se compose d'une tige de fer sur laquelle est monté un crochet, dont une cheville permet de régler l'ouverture. La pointe du crochet s'enfonce dans le poteau qui prend un second point d'appui contre la tige et peut être ainsi tourné sur place. (Voir *Relèvement.*)

On emploie aussi des grappins pour saisir un câble au fond de la mer et le soulever. La tension du câble suspendu sur le grappin est $T = ph \frac{1}{1 - Cos\,\varphi}$, p est le poids d'un mètre du câble en kilog., h est la profondeur en mètres et φ l'angle du câble avec l'horizon.

GRAY (**Stephen**). Physicien anglais, membre de la Société royale, né à la fin du XVIIe siècle, et mort le 15 février 1736, à Londres. Il s'occupa de diverses questions concernant l'électricité et découvrit la conductibilité des métaux. Ses travaux sont insérés dans les *Philosophical transactions*, de 1720 à 1736.

GREEN (**Georges**). Mathématicien anglais, né le 14 juillet 1793, à Nottingham, et mort le 31 mars 1841, à Sneiton. Il publia, en 1828, une étude intitulée : *An essay on the application of mathematical analysis to the theories of electricity and magnetism* qui passa inaperçue jusqu'en 1845, où elle fut de nouveau publiée par Thomson. Cette étude contient les principes de la théorie du potentiel. (Voir ce mot.)

GRÊLE[1] (***Hagel*** — **Hail**). Volta attribua le premier la formation des grêlons à un phénomène électrique. Il admit d'abord une évaporation considérable dans un espace exempt d'humidité, au-dessus d'un nuage, sous l'influence du soleil. Cette évaporation produit un froid suffisant pour amener la formation de centres glacés, qui, comme dans la danse des pantins, s'attirent puis se repoussent en grossissant jusqu'au moment où

---

1. *Comptes rendus de l'Académie des Sciences*, 1875, I et II.

ils sont entraînés par leur propre poids. D'autres théories modernes ont été proposées par MM. Faye et Planté. M. Faye substitue au froid produit par l'évaporation un transport mécanique des couches congelées des hautes régions. Le mouvement d'où provient l'augmentation des grêlons est ici attribué à une oscillation au sein de tourbillons. Quant à M. Planté, il considère la grêle comme résultant de la congélation, dans les hautes et froides régions de l'atmosphère, de l'eau des nuages pulvérisée et vaporisée par les décharges électriques. La structure du grêlon est expliquée par plusieurs vaporisations et congélations successives et le mouvement giratoire du centre congelé.

GRENOUILLE. (Voir *Galvanoscopique.*)

GROSS (Johann Friedrich). Professeur de physique expérimentale, à Carlsruhe, né le 5 mai 1732, à Nagold (Würtemberg), et mort à Stuttgart le 5 février 1795. On lui doit la découverte du phénomène des *Pauses électriques*, en 1776 (*Journal de physique*, 1777) et de nombreuses études en électricité.

GROTTHUSS (Theodor-Christian, Johann, Dietrich). Savant allemand, né à Leipzig, le 20 janvier 1785, et mort le 14 mars 1822, à Geddutz (Courlande). Il publia de nombreux articles ou mémoires dans les *Annales de chimie*, 1806 (où se trouve sa fameuse théorie de l'électrolyse) 1807, — dans le *Gehlen's Journal* 1810, — dans le *Schweigger Journal*, 1811, 1812, — *Gilbert's Annalen*, 1818, 1819, 1820, etc...

GROTTHUSS. Théorie de l'électrolyse de Grotthuss (1805) (***Grotthuss'sche Theorie der Elektrolyse*** — **Grotthuss' theory of electrolysis**). Le transport des éléments des électrolytes aux pôles, dans l'électrolyse, a été expliqué par la théorie suivante de Grotthuss. Il s'appuie sur une hypothèse de Davy, et considère les molécules réunies dans un composé comme constituées dans des états électriques différents, positifs pour les uns, négatifs pour les autres. Ces électricités, en présence des pôles, s'orientent dans toute la masse, et grâce aux attractions finales produisent un dégagement aux deux pôles. Les différentes molécules de liquide en contact se cèdent réciproquement un de leurs éléments, de sorte que l'action résultante est bien celle que constate l'expérience, un liquide inaltéré et un double dégagement ou transport aux deux pôles. Cette théorie s'étend avec facilité aux composés complexes. Clausius a mis cette théorie en conformité avec les hypothèses modernes cinétiques de la constitution des liquides, en admettant que les atomes du liquide, qui s'associent et se dissocient sans cesse, peuvent être orientés par une force électromotrice qui empêche leur recombinaison, et les dégage vers les électrodes. Cette théorie a l'avantage de rendre compte du fait de la *convection électrolytique* de Helmholtz (Voir ce mot).

GROUPEMENT d'une pile en tension et en quantité (***Hintereinander-oder Nebeneinanderschaltung einer Batterie*** — **Tension or quantity arrangement of a battery**). Les éléments d'une même pile peuvent être groupés les uns à la suite des autres en une seule série et réunis entre eux par les pôles opposés, c'est la méthode en tension; de même, ces éléments peuvent être associés ensemble par les pôles de même nom, c'est la méthode en quantité. On peut choisir des combinaisons intermédiaires et grouper, par exemple, deux moitiés en tension et réunir les pôles extrêmes de ces deux moitiés en quantité — ou bien grouper les deux moitiés en quantité et réunir les extrémités de nom contraire. D'après la théorie de Ohm, l'intensité, pour n couples, de résistance r et de force électromotrice E, sera $\frac{n\,E}{n\,r + R}$ (R étant la résistance interpolaire) dans une pile couplée en tension, l'intensité sera $\frac{n\,E}{r + n\,R}$ pour la pile en quantité. Il résulte de ces deux équations que l'on a avantage à monter la pile en quantité, lorsque la résistance extérieure est faible, et en tension lorsqu'elle est considérable. L'effet maximum est d'ailleurs produit par une disposition de la pile lui donnant une résistance égale à celle du circuit extérieur.

GROVE (William Robert). Physicien anglais, né à Swansea le 11 juillet 1811. Il est l'inventeur de la pile qui porte son nom, ainsi que de la pile à gaz. Voir pour ses travaux, *Philosophical Magazine*, 1839. Nous avons en français une excellente traduction de son ouvrage *Corrélation des forces physiques*, 1856, faite par l'abbé Moigno.

GUERICKE (Otto von). Bourgmestre de Magdebourg, né le 20 novembre 1602, dans cette dernière ville, et mort à Hambourg le 11 mai 1686. Il est l'inventeur de la première machine électrique à globe de soufre, et publia ses expériences dans son ouvrage intitulé : *Experimenta nova, ut vocantur, Magdeburgica. Amsterdam*, 1672.

GUÉRITE de coupure (*Untersuchungsstation* — **Test hut**). — Petite cabine où l'on installe les fils télégraphiques de manière qu'on puisse facilement les couper en cas de besoin. Les guérites sont généralement placées dans une gare ou au point de raccordement des câbles souterrains et des fils aériens isolés sur deux isolateurs arrêts-doubles.

GUÉRITE d'atterrissement (*Kabel's Prüfungsstation* — **Cable hut**). Au point d'atterrissement d'un câble sous-marin, on installe une guérite où les fils conducteurs du câble sont raccordés aux lignes aériennes. Ces raccordements ne s'opèrent pas sans avoir intercalé un paratonnerre entre les conducteurs aériens et sous-marins. Les guérites doivent être pourvues de tous les appareils nécessaires aux mesures électriques que peuvent exiger les dérangements des câbles.

GUIPAGE (*Hanftrensen* — **Taping**). Chanvre ou rubans goudronnés placés entre les fils recouverts de gutta-percha dans un câble.

GUTTA-PERCHA[1] (*Guttapercha* — **Guttapercha**). Substance iso-

---

1. *Journal of the Society of telegraph engineers*, (*Guttapercha and India-Rubber*), t. IV, p. 352. — DOUGLAS, *Manual of telegraph construction*, p. 252. — *Rapport du Jury international de l'exposition d'électricité de 1881.* — *Journal*

lante, gommorésineuse, fournie par un grand arbre de la famille des Sapotacées, l'Isonandra percha, qui croît abondamment dans la presqu'île de Malacca et dans les îles de l'Asie, surtout à Sumatra. Le Dichopsis que l'on rencontre dans les forêts du Cambodge et de la Cochinchine française donne un produit analogue. Elle fut apportée en Europe par le Dr Montgomery, en 1843, et introduite dans le commerce, en 1844. (Voir *Presse*.) La résistance de la gutta-percha varie avec la pression qu'elle supporte, et devient R $(1 + 0{,}00327\,p)$, p étant égal à la pression en kilogrammes. La résistance spécifique de la gutta-percha est $4{,}5 \times 10^{23}$ à 24°, sa capacité inductive est de 2,4625.

GUTTA-PERCHA française (*Französische Guttapercha* — **French guttapercha**). M. Mourlot a proposé d'appliquer soit seul, soit combiné avec le caoutchouc ou la gutta-percha ordinaire, le produit de la distillation à feu nu de l'écorce de bouleau qu'il a nommé gutta-percha française.

GYMNOTE[1] (*Zitteraal* — **Gymnotus, Electric eel**). Nom d'un poisson pourvu d'un appareil disposé derrière les branchies et donnant des secousses électriques. C'est sur ce poisson que Adanson, en 1751, remarqua des effets analogues à ceux de la bouteille de Leyde.

GYROSCOPE[2] (γῦρος mouvement circulaire, σκοπῶ j'observe) (*Gyroscop* — **Gyroscope**). Appareil de MM. Lontin et de Fonvielle, dans lequel une rotation d'une aiguille de fer ou d'un disque en équilibre sur un pivot est obtenue au moyen d'un aimant et d'un courant d'induction, provenant d'une bobine dans laquelle le circuit induit est de même résistance que le circuit inducteur.

GYROTROPE (γῦρος circuit, τρέπω j'inverse) (*Stromwender* — **Gyrotrope**). Commutateur inverseur inventé par Pohl et employé par Ampère (1826), constitué par une bascule qui se plonge alternativement dans quatre godets reliés d'une manière convenable entre eux et à la pile.

H

HALL. Phénomène de Hall (*Hall's Erscheinung* — **Hall's phenomenon**)[3]. Si l'on met en communication, avec les pôles d'une

---

of the Society of arts, 1880, p. 753. — Th. Bolas, *Cantor lectures, India Rubber and Guttapercha*. — Seligman-Lui, *Génie civil*, 1885.

1. *Journal de physique*, t. VIII, p. 16. — Faraday, *Experimental researches on electricity*, t. II, p. 1. — *Archives de l'électricité*, 1841, p. 445.

2. *Comptes rendus de l'Académie des Sciences*, 5 avril 1880.

3. *Philosophical Magazine*, 1880, 1881 et 1883. — *Lumière électrique*, 1884, p. 455. — Wiedemann, *Die Lehre der Elektricitat*, t. IV, p. 1123. — *Sitzungsberichte der K. Akademie der Wissenschaften*, Wien, t. XCIV, p. 560, 644.

pile, deux branches d'une croix en feuille d'or, placée sur une lame de verre, et si l'on relie les deux autres branches de la croix à un galvanomètre, l'aiguille de ce dernier ne déviera pas ; mais la déviation indique le passage d'un courant constant, lorsque la croix fait face aux lignes de force d'un champ magnétique puissant. Le courant de la pile est comme poussé dans le circuit du galvanomètre. Cette action semble être liée à la rotation magnétique de la lumière polarisée, le coefficient de cette action transversale du champ magnétique sur le courant étant positif dans l'or et négatif dans le fer. C'est ce qu'on nomme le phénomène de Hall, du nom de celui qui l'a observé.

HALLEY (**Edmond**). Physicien et astronome anglais, né le 29 octobre 1656, à Haggeston près Londres, et mort le 14 janvier 1724 à Greenwich. Il s'occupa de diverses questions relatives au magnétisme et publia, en 1714, une étude sur la variation de la déclinaison : *On the variation of the magnetic compass.* (*Philosophical Transactions,* 1714).

HALLOH (*Halloh* — **Halloh**). Cri bizarre employé comme signal sur les lignes téléphoniques.

HAMILTON (**Hugh**). Physicien anglais, né le 26 mars 1729, à Grafsch (Dublin), et mort à Ossery, le 1er décembre 1805. C'est lui qui est l'inventeur du tourniquet électrique (*Philosophical Transactions*, 51, p. 905, 1760).

HANSTEEN (**Christopher**). Professeur d'astronomie norwégien, né le 26 septembre 1784, à Christiania, et mort, dans la même ville, le 11 avril 1873. On lui doit différents travaux sur le magnétisme insérés dans le *Journal de Schweigger,* 1813 ; les *Annales de Poggendorff,* 1825-1827, 1831-1833, 1855, et dans le *Magazine for Naturvidenskaberne,* 1823-1851. Il observa les variations annuelles de l'inclinaison. (Voir cette expression.)

HARE (**Robert**). Professeur américain, né le 17 janvier 1781, et mort le 15 mai 1858, à Philadelphie. Il inventa la pile en hélice appelée Deflagrator ou Calorimotor, et employa le premier l'électricité pour mettre le feu aux fourneaux de mine. Il a publié de nombreux mémoires sur l'électricité dans le *Philosophical Magazine,* 1821-1824, 1832-1834-1839 ; dans le *Sillimann's Journal*, et dans les *Transactions of the american philosophical Society,* 1837-1839.

HARRIS. (Voir *Snow Harris.*)

HARTMANN (**Georges**). Prêtre allemand, né en 1849, à Eckoltsheim, près Bamberg, et mort en 1864, à Nuremberg. On lui doit la première observation empreinte de quelque exactitude de l'inclinaison.

HAUBAN (*Anker* — **Stay**). Système de consolidation formé d'un fil fixé d'un côté au sol, et de l'autre à un poteau ; il sert à s'opposer à l'inclinaison du poteau, sous l'effort de la traction des fils télégraphiques, et doit être attaché près du point d'application de la résultante, en sens contraire de celle-ci, et se rapprocher autant que possible de l'horizontale dans le plan vertical contenant la bissectrice extérieure de l'angle des fils de ligne. Le hauban étant fixé au point d'application de la force renversante F, le tirage T le long du hauban est donné par $T = \frac{F}{\sin A}$ A étant l'angle du hauban avec le poteau.

HAUBAN. Fil de hauban (*Ankerdraht* — **Stay wire**). Fil ou plus généralement corde formée de deux fils métalliques pour servir de hauban.

HAUBAN de traction (*Zuganker* — **Straining stay** ou **Pulling stay**). Fil de hauban agissant, par traction variable, au moyen d'un système à écrou mobile.

HAUBAN. Pieu d'attache du hauban dans le sol (*Ankerpfahl* — **Stay block**). Le hauban est généralement attaché à un pieu enfoui horizontalement dans le sol.

HAUBAN. Point d'attache du hauban sur le poteau (*Ankerklotz* — **Stay loop for connecting the stay to the pole**). Plus le point d'attache est élevé et plus le hauban a de puissance.

HAUBAN. Mettre un hauban (*Verankern* — **To stay**). Installer un fil de hauban comme moyen de consolidation.

HAUBAN. Action de mettre un hauban (*Verankerung, Ankerung* — **Staying**).

HAUY (**René-Just**). Professeur de minéralogie français, né le 28 février 1743, à Saint-Just (Oise), et mort à Paris, le 3 juin 1822. Il observa la pyroélectricité de nombreux cristaux. (Voir *Journal de physique*, 1791, 1794 ; *Journal de minéralogie*, 1796, 1810 ; *Annales du Museum*, 1804; *Mémoires du Museum*, 1817) et publia une *Exposition raisonnée de la théorie de l'électricité et du magnétisme d'après les principes d'Æpinus.*

HAWSKSBEE (**Francis**). Membre de la Société royale de Londres, mort environ 1713. Il proposa, en 1705, le frottement du cylindre de verre pour engendrer l'électricité. Ses études sur l'électricité sont contenues dans son livre intitulé : *Physico-mechanical experiments on various subjects touching light and electricity*, 1709 (et aussi dans les *Philosophical Transactions*). Ce livre a été traduit en français par Bremond et Desmarets.

HÉLICE de M. Meyer (*Meyer's spiralförmige Schneide.* — **Meyer's helix**). Meyer a employé, pour son télégraphe autographique, aussi bien que dans son multiple imprimeur, une hélice saillante et frottée par un tampon contre le biseau de laquelle le papier est soulevé et vient recevoir l'impression des signaux. Dans l'appareil multiple quadruple, par exemple, l'hélice qui correspond à 1/4 de cercle fait une révolution en face du papier, pendant le temps que met le distributeur à parcourir 1/4 de son cercle. Chaque appareil peut donc, pendant un quart de tour, recevoir les signaux successifs de l'alphabet Morse formant une lettre que le clavier envoie.

HÉMATIE[1] (αἷμα, sang) (*Hematie Blutkörperchen, Blutkügel-*

1. Ch. Robin, *Traité des humeurs.*

chen — **Hematie**). Les décharges électriques agissent sur les hématies ou globules rouges du sang, comme une température trop élevée, mais probablement par décomposition chimique plutôt que par simple arrêt de la vie.

HÉMATOSE. (Voir *Électrocapillaire*.)

HÉMOPHONE (αἷμα sang, φωνή voix) (*Hemophon* — **Hemophone**). Appareil électrique d'appel en cas d'hémorrhagie chez un malade.

HENLEY (William). Négociant en toiles anglais, membre de la Société royale de Londres, mort en 1779. Il publia dans les *Philosophical Transactions*, de 1774 à 1778, des articles intéressants, concernant les paratonnerres, l'électricité des grenouilles, la décharge de la bouteille de Leyde, la théorie de l'électrophore, et finalement l'excitateur universel et l'électroscope à quadrant (Voir ces expressions) qui sont de son invention.

HÉTÉRODYNAMIQUE (ἕτερος autre, δύναμις force) [1]. Expression qui, dans la classification des électroaimants, par Nicklès, signifie à pôles extrêmes « inégalement puissants ».

HÉTÉROSTATIQUE (ἕτερος autre st.). Méthode hétérostatique. (*Heterostatische Methode* — **Hererostatic method**). Méthode de mesure électrique dans laquelle on emploie une électrisation auxiliaire indépendante de celle des corps soumis à l'expérience.

HJORTER (Olof Peter). Astronome suédois, né à Jämtland, en 1696, et mort le 25 avril 1750, à Upsala. Il observa le premier, le 1er mars 1741, l'influence de l'aurore boréale sur l'aiguille aimantée.

HOLTZ. Machine de Holtz. (Voir *Machine*.)

HORLOGE électrique [2] (*Elektrische Uhr* — **Electric clock**). L'électricité a été employée soit pour remplacer la force motrice des horloges (poids ou ressort), soit pour produire à distance un mouvement de réglage déterminé par un régulateur qui commande un certain nombre d'indicateurs ou cadrans répartis dans un circuit.

HORLOGE. Régulateur d'une horloge électrique (*Normaluhr, Hauptuhr* — **Regulator of an electric clock**. Appareil formé d'un balancier qui, en fermant à chaque oscillation un circuit, règle électriquement les pendules électriques qui en dépendent.

HORLOGE. Cadran commandé par le régulateur d'une horloge électrique (*Nebenuhr* — **Dial controlled by an electric regulator**). Cadran dont un organe reçoit le courant du régulateur et transforme le mouvement produit en mouvement circulaire d'une aiguille sur un cadran.

HUILE vulcanisée [3] (*Vulcanisirtes Öl* — **Vulcanized oil**). Produit

---

1. NICKLÈS, *Les électroaimants et l'adhérence magnétique*, 1860.
2. DU MONCEL, *Application de l'électricité*. — MERLING, *Die elektrischen Uhren*.
3. CHRISTIAN HEINZERLING, *Die Fabrication der Kautschuk und Guttaperchawaaren*, p. 44.

analogue au caoutchouc, dérivé de l'observation faite par Nicklès de l'action du chlorure de soufre sur les huiles grasses.

HUILE de caoutchouc[1] (*Ölkautschuk* — **Caoutchouc oil**). Substance isolante, employée par MM. Siemens et Halske. Elle s'obtient en distillant le caoutchouc vers 315° c.; il passe un liquide extrêmement volatil qui se décompose rapidement à l'air et qui est un excellent dissolvant du caoutchouc et d'autres résines; on l'emploie mélangé avec de l'alcool. Le résidu, dissous dans l'huile, forme un vernis très élastique. On recouvre d'abord le fil de cuivre des câbles de coton desséché, d'abord dans le vide à haute température, puis imprégné d'huile de caoutchouc et recouvert ensuite d'un tube en plomb ou d'une tresse.

HYDROÉLECTRIQUE[2] (ὕδωρ, eau, électrique). **Phénomène hydroélectrique** (*Hydroelektrisches Phänomen* — **Hydroelectric phenomenon**). M. Bjerknès et, après lui, M. Decharme, ont montré que l'on peut, au moyen d'une force mécanique, imiter dans l'eau les principaux phénomènes électriques et magnétiques. M. Bjerknès a donné le nom d'hydroélectriques aux phénomènes qu'il a ainsi démontrés expérimentalement. M. Stroh a également obtenu dans l'air, l'analogie la plus complète entre les phénomènes dus aux vibrations sonores et ceux du magnétisme et de l'électricité.

HYDROGÈNE (ὕδωρ eau, γεν engendrer) (*Wasserstoff* — **Hydrogen**). Faraday a observé que l'hydrogène est fortement diamagnétique.

HYDROMÉNITE (ὕδωρ eau, μηνυτής (poét.) indicateur) (*Wasserweiser, Hydromenit* — **Hydromenite**). Appareil de M. Forgeot annonçant le déplacement du niveau de l'eau par un système d'indicateur électrique.

HYDROPHONE (ὕδωρ eau, φωνή bruit) (*Hydrophon* — **Hydrophone**). M. Paros d'Altona a combiné un appareil microphonique, permettant de se rendre compte des fuites d'eau, grâce à une tige métallique que l'on promène au-dessus de la conduite d'eau à explorer; l'extrémité supérieure de la tige porte la douille métallique du microscope. Un téléphone et un antiphone (Voir ce mot) constituent le récepteur.

HYDROSTATIMÈTRE (ὕδωρ eau, στάτης qui arrête, μέτρον mesure) (Hardy, Jousselin, Lartigue, Mouilleron, Vinay, etc.) (*Elektrischer Wasserstandsanzeiger* — **Electric hydrostatimeter**). Appareil dans lequel une aiguille, mue par un système électrique, indique, à de certains intervalles, l'élévation du niveau de l'eau par l'envoi de courants positifs, et son abaissement par l'envoi de courants négatifs.

---

1. Exposition internationale d'électricité. *Rapport du Jury*, t. I, p. 171. — Christian Heinzerling, *Die Fabrikation der Kautschuk und der guttaperchawaoren*, p. 43.

2. *Telegraphic Journal*, 1881, p. 238, 399. — *Lumière électrique*, 1881, t. III, p. 44. — *Annales de physique et chimie*, t. XXV, p. 112; t. XXVIII, p. 198. — *Comptes rendus de l'Académie des Sciences*, 1882 à 1886, passim. — *Journal of the Society of telegraph engineers*, avril 1882.

HYGROÉLECTROMÈTRE (ὑγρός humide, électromètre)[1] (***Hygroelektrometer*** — **Hygroelectrometer**). Winter a comparé, au moyen de cet appareil, l'effet d'une machine électrique avec l'état d'un hygromètre à corde de boyau, en observant que la longueur des étincelles diminue *presque* proportionnellement à la grandeur des indications de l'hygromètre.

HYPNOSCOPE (ὕπνος sommeil, σκοπῶ j'observe)[2] (***Hypnoskop*** — **Hypnoscope**). Appareil destiné à observer l'influence de l'aimant sur les personnes douées d'un *sens magnétique (?)*. Il se compose d'un aimant tubulaire de 3 à 4 cent. de diamètre, sur 5cm5 de longueur. Après avoir retiré l'armature, si l'on introduit l'index de la personne soumise à l'épreuve, dans l'hypnoscope, de manière à toucher les deux pôles à la fois, on note, chez certains sujets, des phénomènes se traduisant par des fourmillements désagréables, des sensations de chaleur et de sécheresse, douleurs dans les articulations, sensation de gonflement de la peau ou lourdeur dans le bras entier. Il résulterait des recherches du Dr Ochorodwicz que, tout ce qui est vrai pour l'hypnotisme, l'est également pour l'action physiologique de l'aimant; de là le nom d'hypnoscope donné à l'instrument décelant ces phénomènes.

I

IDIOÉLECTRIQUE (ἴδιος propre, élect.) (***Idioelektrisch, Selbstelektrisch*** — **Idioelectric**). Corps qui engendre l'électricité par le frottement et qui, comme le verre et la résine, garde cette électricité en vertu de son pouvoir isolant.

IDIOSTATIQUE (ἴδιος, propre, st.) **Méthode idiostatique** (***Idiostatische Methode*** — **Idiostatic methode**). La méthode idiostatique est celle dans laquelle tout l'effet est produit par l'électrisation des corps que l'on expérimente, sans qu'on ait recours à une électrisation auxiliaire.

ILLUMINATION prolongée (dans les tubes de Geissler) (***Nachleuchten*** — **Prolongated illumination**). Phénomène de phosphorescence qui succède aux décharges dans les tubes de verre à air raréfié chargé de différentes vapeurs.

IMAGE électrique (W. Thomson)[3] (***Elektrisches Bild*** — **Electric**

---

1. Mueller, *Lehrbuch der Physik*, t. III, p. 107.

2. *Lumière électrique*, t. XIV, p. 211. — *Revue scientifique* du 22 mars 1884 et du 3 mai 1884. — Gessmann, *Hypnotismus und Magnetismus*.

3. W. Thomson, *Papers on electrostatics and magnetism*, p. 140. — Maxwell, *Electricity and magnetism*, t. I, p. 226.

image). Point ou système de points électrisés sur l'un des côtés d'une surface qui produirait sur l'autre côté de cette surface la même action électrique que l'électrification réelle de cette surface produit réellement. Les images électriques correspondent aux images virtuelles, en optique, en ce qu'elles sont rapportées à l'autre côté de la surface envisagée. Ce sont des points électrisés imaginaires qui produiraient, dans l'espace, sur le même côté de la surface électrisée, un effet équivalent à celui d'une surface électrisée.

IMAGE électrique (de poussière) (***Staubbild*** — **Dust image**). En plaçant sur une plaque isolante, reliée à la terre, un modèle métallique (une pièce de monnaie, par exemple), et en faisant écouler des décharges positives sur ce dernier, on observe, après l'avoir enlevé, et avoir saupoudré la place sur la plaque isolante avec du soufre et du minium, une image rouge aux points les plus saillants du modèle et une couche de jaune correspondant aux creux du modèle.

IMAGE rorique (***Hauchbild*** — **Breath image**). En plaçant un modèle, une pièce de monnaie métallique sur une plaque isolante, reposant sur un disque conducteur en communication avec le sol, et en produisant sur cette monnaie un certain nombre de décharges, on obtient une image de la monnaie sur la plaque isolante, en soufflant de la vapeur qui se condense dans les endroits atteints par la décharge en face des points saillants du modèle. Les images roriques ont été observées en premier lieu par Karsten, en 1842.

IMMERSION d'un câble. (Voir *Pose d'un câble sous-marin.*)

INCANDESCENCE (***Inkandescenz*** — **Incandescence**). Un conducteur ténu, traversé par un courant, s'échauffe (Dr Waston, 1764) proportionnellement au carré de l'intensité du courant, émet d'abord des rayons calorifiques obscurs, puis des rayons lumineux rouges, orangés, jaunes, etc., jusqu'à ce que, par le mélange des divers rayons du spectre, il en résulte de la lumière blanche lorsqu'il est arrivé à l'incandescence. Pour l'éclairage électrique, on emploie le charbon en plein air ou dans le vide. (Voir *Charbon.*)

INCENDIE. (Voir *Avertisseur électrique d'incendie.*)

INCLINAISON[1] (***Neigung***, ***Inclination*** — **Dip** ou **Inclination**). Angle avec l'horizon, de l'aiguille aimantée mobile autour d'un axe horizontal. Le 1er janvier 1887, l'angle d'inclinaison à Paris était de 65° 15',6. Cette propriété de l'aiguille aimantée a été observée par Robert Norman, fabricant d'instruments de précision à Londres, en 1576, qui en donna l'évaluation suivante à cette époque 71° 50, pour Londres ; mais d'après une lettre de 1544, la découverte doit en être attribuée à Hartmann de Nuremberg qui ne la mesura pas[2]. (Voir *Variations.*)

INCRUSTATION (***Durchwachsen der porösen Thonzellen*** — **In-**

1. Maxwell, *Electricity and magnetism*, t. II, p. 112.
2. Poggendorff, *Geschichte der Physik*, p. 277.

crustation in porous cell). Dépôt solide de cristaux qui traverse les vases poreux des piles en s'y incrustant, et détermine souvent la rupture.

INDÉFÉRENT. Expression proposée par Marat, en 1782 (Voir MARAT, *Recherches physiques sur l'électricité*, p. 317), pour remplacer le terme d'isolant. Cette expression, quoique employée par quelques auteurs, n'a pas tardé à disparaître.

INDICATEUR de niveau d'eau électrique (***Elektrischer Wasserstandszeiger* — Electric hydrostatimeter**). Appareil dans lequel un indicateur, mû par un système électrique, signale le niveau d'une masse d'eau.

INDICATEUR électrique de la vitesse d'un train (***Elektrischer Zuggeschwindigkeitsmesser* — Speed indicator**). Compteur électrique marquant la vitesse du train.

INDICATIFS (***Rufzeichen* — Code name of stations**). Signaux télégraphiques indiquant la station qui est appelée et celle qui appelle.

INDICATION. (Voir *Mention*.)

INDIFFÉRENT. (Voir *Zone*.)

INDUCTEUR. Courant inducteur (***Hauptstrom, Primärer Strom* — Primary current**). Courant agissant sur un circuit voisin fermé et y déterminant les effets de l'induction. (Voir *Induction*.)

INDUCTEUR. Fil inducteur (***Hauptdraht, Primärer Draht einer Induktionsrolle* — Primary Wire**). Fil traversé par un courant inducteur. (Voir *Induction dynamique*.)

INDUCTEUR. Pouvoir inducteur (***Vertheilungsvermögen* — Inductive capacity**). Pouvoir que possèdent les corps de transmettre l'influence inductrice au travers de leur masse. (Voir *Capacité inductrice*.)

INDUCTEUR différentiel (***Differenzialinduktor* — Differential inductor**). Appareil employé par Dove pour reconnaître l'influence des masses métalliques introduites dans une bobine portant les fils inducteur et induit. La constatation était faite au moyen d'un galvanomètre.

INDUCTION statique[1] (***Statische Induktion, Vertheilung, Influenz* — Statical induction**). L'induction statique ou décomposition de l'électricité par influence a été découverte par Canton, en 1738. L'induction statique est l'influence d'un corps, en communication avec une source d'électricité statique, ou électrisé sur un corps à l'état neutre dont il est séparé par un diélectrique; on observe, dans ce cas, sur le corps neutre de l'électricité libre et de l'électricité à l'état latent. Le corps neutre

1. FARADAY, *Experimental researches on electricity*. — MATTEUCCI, *Induction*. — *Journal of the american electrical Society*, t. VII, n° 3, p. 27. — Neutralisation des effets d'induction sur les lignes télégraphiques. — Le Dr VON BEETZ, dans son *Leitfaden der Physik* (7e édition), p. 151, attribue la découverte de l'induction statique à Wilcke, en 1757.

étant mis préalablement en communication avec la terre, l'électricité libre s'y écoule et il s'accumule sur les deux corps, à l'état latent, une quantité d'électricité supérieure à celle d'un contact direct entre eux, par suite de l'effet de la condensation qui augmente la capacité des corps. La théorie précédente ne s'occupe pas de l'influence des diélectriques interposés. Faraday (en 1837) ayant étudié le rôle de différents diélectriques, a trouvé leur influence variable et, d'après lui, on admet que deux corps conducteurs ne peuvent agir à distance l'un sur l'autre, mais que le diélectrique intermédiaire joue un rôle prédominant en se polarisant, dans une mesure variable, suivant le pouvoir inducteur de sa matière.

INDUCTION dynamique[1] (*Induktion* — **Voltaelectric induction**). Faraday découvrit, en 1832, l'induction produite, par un courant qui s'établit et disparaît ou s'approche et s'éloigne, dans un conducteur inducteur, à proximité d'un autre circuit induit ; on observe alors un courant induit de même sens que le courant inducteur, lors de l'ouverture ou de l'éloignement des deux circuits, et un courant de sens contraire, lors de la fermeture ou du rapprochement. M. de la Rive a expliqué ces phénomènes par une décomposition par influence, et une polarisation de l'électricité neutre des particules du circuit induit.

INDUCTION magnétoélectrique (*Magnetoelektrische Induktion* — **Magnetoelectric induction**). Influence d'un aimant, en mouvement, sur une bobine de fil à circuit fermé, ou d'un aimant fixe à proximité d'un circuit en mouvement. L'explication des courants magnétoélectriques est la même que celle des courants induits, en assimilant l'aimant à un solénoïde d'Ampère.

INDUCTION magnétique (*Magnetische Induktion* — **Magnetic polarisation**). Polarisation magnétique des molécules du fer doux dans un champ magnétique.

INDUCTION électrique moléculaire (*Molekularinduktion* — **Molecular induction**) (Faraday). Polarisation électrique moléculaire d'un diélectrique sous une influence électrique.

INDUCTION. Appareil d'induction statique (*Vertheilungsapparat* — **Static inductor**). Condensateur dont le type est le tableau de Franklin.

INDUCTION unipolaire. (Voir *Unipolaire.*)

INDUCTION. Bobine d'induction. (Voir *Bobine d'induction.*)

INDUCTION. Coefficient d'induction mutuelle. (Voir cette expression.)

INDUCTION. Courant d'induction. (Voir *Courant.*)

INDUCTOMÈTRE différentiel (*Differentialinduktometer* —

---

1. *Journal of the Society of telegraph engineers*, t. VIII, p. 163; t. IX, p. 427. — BECQUEREL et EDM. BECQUEREL, *Traité d'électricité et de magnétisme*, t. III, p. 207.

Differential inductometer). Pour observer l'influence des pouvoirs inducteurs des différents corps, Faraday disposait, à égale distance, entre deux plateaux conducteurs, un plateau électrisé, et reliait les deux premiers aux feuilles d'or d'un électroscope. L'interposition d'un corps quelconque entre les plateaux modifiait le pouvoir inducteur du milieu et cette modification se traduisait par un mouvement des feuilles d'or.

INDUCTOPHONE (*Inducere* induire, φωνή voix, mot hybride) (Willoughby Smith) (***Inductophon*** — **Inductophone**). Appareil composé d'une longue spirale de fil, enroulée sous la forme d'un disque pris entre deux feuilles de carton et traversée par un courant interrompu par les vibrations d'un diapason. Si l'on approche du tableau la membrane d'un téléphone avec ou sans aimant, elle se met à vibrer synchroniquement avec le diapason.

INDUCTRICE. (Voir *Capacité.*)

INDUIRE (***Induciren*** — **To induce**). Produire les effets de l'induction. (Voir *Induction.*)

INDUIT. Fil induit (***Inducirter Draht*** — **Secondary wire, Induced wire**). Fil placé sous l'influence d'un circuit inducteur et dans lequel se manifestent deux courants instantanés, successifs, l'un direct et l'autre inverse du courant inducteur. (Voir *Courant induit.*)

INDUIT. Courant induit d'ouverture et de fermeture. (Voir *Courant induit.*)

INERTIE électrique. (S. de *Selfinduction* et de *Autoinduction.*)

INERTIE magnétique (***Magnetische Trägheit*** — **Magnetic inertia**). Le fer doux met un certain temps à s'aimanter et à se désaimanter en vertu de ce qu'on a appelé l'*inertie magnétique.* Les effets de cette dernière sont plus sensibles dans l'aimantation que dans l'opération contraire.

INFLUENCE (***Influenz, Vertheilung*** — **Statical induction**). (Voir *Induction statique.*)

INFLUENCE[1]**. Machine à influence de Holtz** (1865) (***Holtz'sche Maschine*** — **Holtz's machine**). Appareil destiné à fournir de l'électricité à un haut potentiel et composé d'un plateau de verre mobile autour d'un axe, de deux armatures de papier fixées d'une manière convenable sur des ouvertures d'un plateau de verre fixe, parallèle au premier, et d'un double conducteur jouant le rôle d'excitateur en venant raser, avec un peigne, le plateau mobile aux extrémités d'un diamètre. Cet appareil produit de l'électricité, grâce à un phénomène d'induction, combiné avec un autre phénomène de *convection,* lorsqu'on met le plateau mobile en mouvement, après avoir électrisé légèrement l'une des armatures, au moyen d'une lame d'ébonite frottée.

---

1. Mascart, *Électricité statique*, t. II, p. 276. — Riess, *Die Lehre von der Reibungselektricität*, t. I, p. 178.

INFLUENCE[1]. **Double influence** (Riess) (***Doppelinfluenz* — Double influence**). Phénomène provenant du plus ou moins de temps qu'un diélectrique met à s'électriser: si l'on met en présence d'un conducteur électrisé deux corps, l'un isolant et l'autre conducteur au contact, il se produira, par suite de cet assemblage, une double influence ayant pour effet, au bout *d'un temps très court*, de produire la même électricité sur les deux faces du corps isolant; une durée plus longue change la nature de cette influence.

INGENHOUSZ (**Jan**) ou **Ingen-Houss.** Médecin hollandais, né à Bréda, en 1720, et mort le 7 septembre 1799, à Bawood, près Londres. On lui attribue, mais toutefois en troisième ligne, l'invention de la machine électrique à plateau de verre. Voir pour ses travaux sur l'électricité, *Philosophical Transactions*, 1775-1778-1779, *Journal de physique*, 1780, 1785, 1788, 1789.

INJECTER les poteaux télégraphiques (***Tränken, Imprägniren* — To inject telegraph poles**). Faire pénétrer dans l'intérieur des poteaux des substances antiseptiques avec l'aide de la pesanteur ou d'une pression auxiliaire.

INJECTER au bichlorure de mercure (***Kyanisiren* — To Kyanise**).

INJECTION[2] (***Tränkung, Imprägnirung* — Injecting**). Action d'injecter.

INJECTION[2] **au bichlorure de mercure** (***Kyanisirung* — Kyanising**). Procédé inventé par Kyan (1823).

INJECTION[3]. **Procédé d'injection dans le vide** (***Vacuumprozess* — Injection in vacuum**). Procédé grâce auquel les pores du bois s'ouvrent et permettent plus facilement une injection ultérieure.

INJECTION[3]. **Procédé d'injection en vase clos** (***Kesselpräparatur* — Injection in closed vessels**). Procédé pour faire pénétrer par la pression le liquide antiseptique.

INJECTION complète (***Vollkommene Präparatur* — Complete injection**). Appellation, en Allemagne, des systèmes par immersion, en vase clos, et du procédé Boucherie, où l'on n'utilise que la pesanteur.

INJECTION incomplète (***Unvollkommene, Theilweise Präparatur* — Incomplete injection**). Procédés autres que les précédents.

INSPECTEUR des lignes télégraphiques (***Linieninspector* — Inspector**). Fonctionnaire chargé de la construction, de la surveillance, de l'entretien et de l'exploitation d'une étendue déterminée du réseau.

---

1. Riess, *Abhandlungen zu der Lehre von der Reibungselektricität*, t. II, p. 19. — Mascart, *Électricité statique*, t. I, p. 174.

2. Paulet, *Traité de la conservation des bois*. — *Annales télégraphiques*, 1859, p. 27, 1875, p. 131.

3. Paulet, *Traité de la conservation des bois*.

INSTABILITÉ de l'aiguille aimantée (*Astasie einer Magnetnadel* — **Instability**). La position de l'aiguille aimantée est sujette à des variations angulaires périodiques ou accidentelles fréquentes. (Voir *Variations*.)

INSTALLATION d'un bureau télégraphique (*Stationseinrichtung* — **Establishment of a telegraph office**). Établissement approprié des communications intérieures d'un bureau.

INSTALLATION en communication directe (*Direktstellung* — **Establishment of direct communication**). Installation d'une station, de manière que tous les appareils soient hors du circuit d'une ligne qui ne fait que traverser le bureau au commutateur.

INSTALLATION en simultanée (*Circularstellung* — **Simultaneous working**). Installation de telle sorte que plusieurs stations reçoivent simultanément la transmission d'un seul bureau. On peut installer les bureaux télégraphiques en simultanée de différentes manières par dérivation, par embrochage, ou au moyen de relais combinés avec le système à embrochage. (Voir *Dérivation*, *Embrochage* et *Relais* ou *Translation*.)

INSTALLATION en translation (*Translationsstellung, Uebertragungsstellung* — **Working with relay in circuit**). (Voir *Translation*.)

INSTALLATION sur paratonnerre (*Gewitterstellung* — **Lightning protector in circuit**). Installation d'un bureau télégraphique de manière que le courant de ligne traverse le paratonnerre, avant d'arriver aux appareils.

INSTALLATION d'isolateurs de ligne en alternant successivement sur chacun des côtés des poteaux télégraphiques (*Alternirende Stellung der Isolatoren* — **Alternative installation of isolators**). Mode généralement adopté.

INSTALLATION des isolateurs au même niveau sur les deux côtés des poteaux télégraphiques (*Niveauständige Stellung der Isolatoren* — **Opposite installation of isolators**). Mode exceptionnellement adopté.

INSTALLATION lâche d'un conducteur télégraphique sur l'isolateur sans l'arrêter d'une manière fixe à chaque poteau (*Lose Bindung* — **Loose binding**). Ce mode d'établissement n'a lieu que dans les cas les plus rares.

INSTALLATION fixe d'un conducteur télégraphique sur l'isolateur en l'arrêtant avec du fil à ligature (*Feste Bindung* — **Fixed binding**). Ce système a été adopté depuis la suppression des tendeurs.

INSULITE (*Insulite* — **Insulite**). Composé isolant formé de déchets de coton, de sciure de bois et d'une matière fibreuse analogue à la pulpe de papier.

INTÉGRAPHE [1] (*Integraph* — **Integraph**). Appareil, réalisé par

1. Abdank Abakanowicz, *Les Intégraphes, la courbe intégrale et ses applications.*

MM. Abdank Abakanowicz et Napoli, faisant non seulement la somme totale des éléments, mais donnant, sous forme graphique, la loi qui régit la sommation, permettant de suivre le progrès de l'intégration, faisant connaître la succession des phases par lesquelles elle a passé, et traçant, en un mot, la courbe intégrale. Les appareils de cette nature peuvent offrir de grandes ressources dans les mesures électriques.

INTÉGRATEUR (*Integrator* — **Integrator**). Appareil destiné à faire connaître, comme certains coulombmètres, le résultat final de l'intégration, par exemple la quantité totale d'électricité, sans fournir d'indications continues sur la loi intime suivant laquelle a été effectuée la sommation.

INTENSITÉ d'un courant (*Stromstärke* — **Current intensity**). Pouillet a démontré la relation qui existe entre l'intensité et la quantité (Voir *Quantité*). Il a employé pour cela (Voir POUILLET, *Éléments de physique expérimentale et de météorologie*, t. I, p. 644, 6e édition) une roue interruptrice pouvant, suivant la vitesse qu'on lui communique, laisser passer une quantité variable d'électricité pendant le même temps. En adoptant que la quantité d'électricité est proportionnelle au temps pendant lequel le courant passe, et en évaluant l'intensité au moyen d'une boussole de Sinus, on arrive à la proportionnalité entre la quantité et l'intensité. L'intensité d'un courant peut donc être définie, comme on le fait, par la quantité d'électricité qui traverse une section du conducteur, *pendant une seconde* $I = \frac{Q}{t}$. L'intensité peut se mesurer à l'aide des galvanomètres, des électrodynamomètres et des voltamètres. (Voir ces mots et *Unité électrolytique*.)

INTENSITÉ. Unité d'intensité (*Einheit der Stromstärke* — **Unit of intensity**). L'unité d'intensité C. G. S. est celle d'un courant qui traverse un conducteur dont la résistance est de 1 ohm, quand la différence de potentiel aux extrémités de ce conducteur est de 1 volt. (Voir *Ampère*.)

INTENSITÉ spécifique (*Specifische Intensität* — **Specific intensity**). On appelle intensité spécifique le rapport de la quantité d'électricité qui traverse, pendant l'unité de temps, un élément d'une surface de niveau, à l'étendue de cet élément ou l'intensité rapportée à l'unité de surface.

INTENSITÉ d'un champ magnétique (*Stärke eines magnetischen Feldes* — **Intensity of a magnetic field**). L'intensité d'un champ magnétique est la force exercée sur l'unité de pôle placée dans ce champ.

INTENSITÉ magnétique de la terre (*Magnetische Intensität der Erde* — **Magnetic intensity of the earth**). L'intensité magnétique est la grandeur de la force qui agit sur une aiguille aimantée capable de se mouvoir en tous sens, autour de son centre de gravité, lorsqu'elle est déplacée du méridien magnétique, et qu'elle tend à revenir à sa position primitive. L'intensité magnétique totale de la terre est la résultante des composantes verticale et horizontale. Cette intensité est égale à la composante horizontale (Voir ce mot) divisée par le cos. de l'angle d'inclinaison. On peut aussi la déterminer par sa relation $I = \frac{\text{composante verticale}}{\text{Sin. inclinaison}}$, mais la composante verticale (Voir ce mot) est plus difficile à déterminer que la composante horizontale.

Le gouvernement français fit étudier le premier l'intensité de la force magnétique, dans le funeste voyage de La Pérouse, en 1785. On reconnut que cette intensité est moindre à l'équateur qu'aux pôles. L'intensité magnétique était 0,46437, à Paris, le 1er janvier 1886.

INTENSITÉ d'un feuillet magnétique (Maxwell) (*Intensität einer magnetischen Schale* — **Strength of a magnetic shell**). On appelle ainsi l'intensité magnétique en un point, multipliée par l'épaisseur du feuillet en ce point.

INTERRUPTEUR (*Unterbrecher* — **Interruptor**). Organe chargé d'interrompre le circuit d'un courant, en interposant un isolant entre deux points de circuit.

INTERRUPTEUR à marteau de Wagner ou de Neef (1839) (*Wagner'scher Hammer, Wagner'sche Zunge* — **Wagner's magnetic hammer**). Interrupteur dont le jeu est automatique, l'attraction étant produite par le passage du courant dans une bobine qui déplace son armature constituée par le marteau et rompt le circuit par ce déplacement. Un ressort antagoniste replace l'armature dans sa position normale, dès que l'attraction a cessé et ferme de nouveau le circuit. (Voir *Trembleur*.)

INTERRUPTEUR automatique (*Selbstunterbrecher* — **Automatic breaker**). Même principe que le marteau de Wagner.

INTERRUPTEUR de Foucault (1856) (*Foucault'scher Interruptor* — **Mercury self acting breaker**). Le principe de cet interrupteur est analogue au précédent, mais les contacts sont constitués, dans cet appareil, par des pointes de platine plongeant au sein d'amalgame de platine ou de mercure recouvert d'alcool. Les étincelles qui pourraient éclater n'endommagent pas la surface du mercure ou de l'amalgame demi-liquide qui n'ont pas de contact avec l'air par suite de la couche d'alcool.

INTERRUPTEUR à mercure (*Quecksilberwippe* — **Mercury breaker**). Interrupteur où les contacts sont produits par une bascule plongeant dans du mercure.

INTERRUPTION d'un circuit (*Unterbrechung* — **Interruption**). Résultat de la rupture de la communication conductrice en un point.

INTERRUPTION automatique (*Selbstunterbrechung* — **Automatic interruption**). Interruption produite par le jeu même de l'appareil.

INVERSEUR. Levier inverseur [1] (*Wechselhebel* — **Figure chan-**

1. Borel, *Traité de l'appareil Hughes.*

ging lever). Pièce qui, dans l'appareil Hughes et d'autres appareils synchroniques, sert à déplacer la roue des types de 1/56 de tour et à changer la série des caractères imprimés, par exemple à obtenir des chiffres au lieu de lettres ; elle est mobile autour d'une vis fixée sur le côté de la roue correctrice et est commandée par le jeu de la came correctrice qui s'enfonce, à volonté, dans l'intervalle des deux dents de la roue correctrice entre lesquelles affleurent alternativement les bords des extrémités du levier inverseur.

INVERSEUR. (Voir *Commutateur inverseur.*)

INVERSEUR de marche (*Umkehrungsapparat* — **Reversing gear**). On peut renverser la marche d'un moteur en renversant simultanément le courant dans l'armature et le calage des balais, ou en faisant tourner les balais de 180°. Pour éviter le calage des balais à contre-marche, le Dr Hopkinson emploie deux paires de balais mobiles, chacune autour d'un axe et de telle sorte qu'on puisse les appliquer sur le collecteur au moyen d'un levier muni de deux presseurs à galets.

INVERSION des caractères[1] (*Figurenwechsel* — **Figure changing**). Système d'inversion des caractères, permettant de passer des lettres aux chiffres et des chiffres aux lettres, dans l'appareil Hughes. Le levier inverseur, par son déplacement, agit sur un autre levier solidaire de l'axe de la roue des types et la déplace de la quantité voulue.

INVERSIONS thermoélectriques (*Umkehrung der thermoelektrischen Reihe* — **Thermoelectric inversion**). Cumming découvrit, en 1823, différents cas dans lesquels l'ordre thermoélectrique de deux métaux, observés à la température ordinaire, est inverse aux températures élevées. Tait a fait une étude spéciale de cette propriété dans des diagrammes thermoélectriques.

INVITATION à transmettre (*Aufforderung zur Uebermittelung* — **Call to forward a message**). Signal sur les lignes télégraphiques.

INVITATION à répéter (*Aufforderung zur Wiederholung* — **Call to repeat**). Signal admis sur les lignes télégraphiques dans le cas d'une réception inintelligible.

INVITATION à régler le synchronisme (*Aufforderung zum Reguliren des Synchronismus* — **Call to regulate synchronism**). Signal employé dans l'exploitation des appareils synchroniques et en particulier de l'appareil Hughes.

INVITATION à régler l'électroaimant (*Aufforderung zur Regulirung des Elektromagneten* — **Call to adjust the electromagnet**). Signal analogue au précédent.

IODOSMONE (composé absolument vicieux : ἰώδης vénéneux, ὀσμή odeur). Nom donné par Horn au gaz qui prend naissance autour du conducteur *négatif*, d'une machine électrique en activité. Il

1. Borel, *Traité de l'appareil Hughes.*

admettait que cet iodosmone n'était que de l'azote électrisé positivement en opposition à l'ozone qui entoure le conducteur positif.

IONS (ἰών allant) (*Ionen* — **Ions**). Mot employé par Faraday pour exprimer les produits électrolyptiques dégagés aux pôles de la pile.

ISOCLINE (ἴσος égal, κλίνω j'incline). **Lignes isoclines** (*Isoclinische Linien, Gleichgeneigte Linien* — **Isoclinic lines**). (Wilke, 1768; Hansteen, 1819). Les lignes isoclines sont, sur notre globe, celles formées par la réunion des points où l'inclinaison est la même.

ISODYNAMIQUE[1] (ἴσος égal, δυναμικός, puissant). Expression qui, dans la classification des électroaimants par Nicklès, signifie à pôles extrêmes « également puissants. »

ISODYNAMIQUE (ἴσος égal, δυναμικός puissant). **Lignes isodynamiques** (*Isodynamische Linien* — **Isodynamic lines**). Lignes qui passent par les points de la surface du globe où l'intensité magnétique est la même.

ISOGONE (ἰσογώνιος, de ἴσος égal, γωνία angle) (*Isogonische Linien, Gleichwinklige Linien* — **Isogonic lines**). Halley dressa le premier des cartes où étaient indiquées des lignes isogones, c'est-à-dire des lignes formées par les points de la terre où la déclinaison est la même.

ISOLANT. Pouvoir isolant (*Isolationsvermögen* — **Insulating property**). Propriété de certains corps qui, lorsqu'ils sont placés entre deux conducteurs, à des potentiels différents, ne peuvent parvenir à en égaliser les potentiels.

ISOLATEUR télégraphique[2] (*Isolator* — **Insulator**). Appareil qui, placé entre le fil télégraphique et le poteau, isole le premier en lui servant en même temps de point d'appui. La porcelaine utilisée en France, quoique l'un des meilleurs isolants, est loin d'être d'un usage général. En Angleterre, on emploie le grès ou faïence brune; en Amérique le verre, mais comme l'humidité se dépose facilement sur la surface de ce dernier, on le recouvre de paraffine. On a fait également des isolateurs en ébonite, vulcanite, et on a même proposé le corps qu'on nomme celluloïde (mélange de camphre, pyroxyline et alcool comprimé à 80° c et sous une pression de 150 atmosphères). La surface de l'ébonite devient spongieuse en se détériorant rapidement au contact de l'air extérieur. La porcelaine employée en France est excellente comme isolateur, mais lorsque sa surface est bien émaillée. La faïence brune est moins isolante que la porcelaine, mais sa fabrication est plus égale et d'ailleurs meilleur marché.

Au point de vue de la conductibilité électrique des isolateurs, il y a lieu de distinguer la conductibilité de masse de la conduc-

---

1. NICKLÈS, *Les Électroaimants et l'adhérence magnétique*, 1860.

2. *Journal télégraphique des administrations télégraphiques*, t. I et II. — DOUGLAS, *Manual of telegraph construction*, p. 274, 310. — *Congrès international des électriciens*, Comptes rendus, p. 305. — *Journal of the Society of telegraph engineers*, t. VII, p. 123. — *Preece and Sivewright, Telegraphy*, p. 182.

tibilité superficielle. Un isolateur doit être dépourvu le plus possible de conductibilité de masse, c'est ce que constate le contrôle à opérer lors de la réception du matériel d'isolement. La conductibilité superficielle dépend uniquement de l'eau déposée sur la surface des isolateurs et ce dépôt provient de la forme aussi bien que de la matière. L'isolateur double cloche, dont la cloche extérieure préserve la cloche intérieure de la rosée et de l'humidité, en général, est d'autant plus isolant que sa profondeur est plus grande, mais ici intervient la difficulté du nettoyage.

ISOLATEUR cloche (*Glockenisolator, Isolirhülle, Isolirkopf* — **Bell shaped insulator, Cup insulator, Invert**). Isolateur ayant un évidement intérieur qui lui donne l'aspect d'une cloche.

ISOLATEUR double cloche[1] (*Doppelglocke* — **Double cup insulator, Double bell shed insulator**). Système de deux cylindres creux en porcelaine, de diamètres différents, placés l'un dans l'autre et scellés par l'une des bases qui est pleine.

ISOLATEUR-arrêt (*Spannisolator* — **Shackle insulator, Terminal insulator**). Isolateur auquel on arrête le fil télégraphique de distance en distance sur des oreillettes et au moyen de fil à ligature qui enveloppe le sommet de l'isolateur. L'isolateur-arrêt a été introduit depuis la suppression des tendeurs.

ISOLATEUR double arrêt (*Untersuchungsisolator* — **Double shackle insulator**). Système formé de deux isolateurs montés sur un même support qui se bifurque et entre lesquels on a installé un conducteur en cuivre qu'on peut facilement couper. Ce système d'isolateur s'emploie à proximité des stations et aux points de coupure.

ISOLATEUR à suspension[1] (*Pendelisolator, Baumisolator* — **Swinging insulator with suspending hook, Suspended insulator**). Isolateur qui n'est pas lié d'une manière solidaire à son point d'appui. Ce système permet de prendre appui sur un point qui oscille comme, par exemple, un arbre en pied.

ISOLATEUR à paratonnerre[1] (*Blitzableiterisolator* — **Lightning rod insulator**). Appareil formé d'un isolateur ordinaire, recouvert d'une calotte métallique, en face de laquelle vient s'épanouir une pointe qui traverse l'isolateur et appartient au support; l'électricité atmosphérique peut donc se décharger, par la pointe, sur la calotte qui est reliée à la terre. Ce système n'est pas utilisé en France.

ISOLATEUR de rechange (*Reserveisolator* — **Spare insulator**). Isolateur qu'on garde en réserve.

ISOLATEUR prussien dit « de la commission » (*Kommissions-*

---

1. Gaugain, *Expériences sur les isolateurs.* — *Annales télégraphiques*, 1875, p. 39, 48; 1876, p. 565. — *Journal des télégraphes*, 15 mai et 15 juillet 1869. — *Journal of the Society of telegraph engineers*, t. V, p. 249. — Schwendler. *Philosophical Magazine, On a practical method for detecting bad isolators on telegraphic lines*, 1871, 2e sem., p. 103. — Douglas. *Manual of telegraph construction*, p. 341. — Rother, *Der Telegraphenbau*, p. 69, 72 et 106. — Ludewig. *Der Bau von Telegraphenlinien*, p. 90 et 91.

kopf — **Commission insulator**). Isolateur en forme de cylindre dont la dimension en longueur est très grande.

ISOLATEUR du fil qui est au haut du poteau (*Hauptleitungs-isolator* — **Saddle insulator**).

ISOLATEUR qui n'est pas le premier sur le poteau (*Neben-leitungsisolator* — **Insulator of a wire which is not the first on the pole**).

ISOLATEUR non pourvu de tendeur (*Zwischenisolator* — **Insulator without stretcher.**)

ISOLEMENT (*Isolation* — **Insulation**). État d'un corps n'ayant de communication qu'avec d'autres corps incapables de conduire l'électricité.

ISOLER (*Isoliren* — **To insulate, To cut out** [americ.] Produire l'isolement.

ISONOME[1] (ἴσος égal, νόμος loi). Expression qui, dans la classification des électroaimants admise par Nicklès, signifie à pôles « de même nom ».

J

JACK Knive (*Stöpsel* — **Jack Knife**). Commutateur employé dans les bureaux téléphoniques, dans lequel le simple enfoncement d'une cheville dans un trou supprime la communication de la ligne avec l'indicateur et l'établit avec le téléphone. Une corde métallique, reliant deux chevilles et introduite, à ses extrémités, dans les trous du *Jack Knife*, met deux abonnés en communication l'un avec l'autre.

JACOBI (**Moritz Hermann von**). Savant prussien, né le 21 septembre 1801, à Postdam, et mort à Saint-Pétersbourg, le 10 mars 1874. On lui doit différentes découvertes en électricité, par exemple la galvanoplastie (1838), le rhéostat (1841) et la proposition d'adopter, comme unité de résistance, une colonne de mercure. Les principaux travaux de Jacobi ont été publiés dans les *Annales de Poggendorff*, de 1834 à 1857. On y trouve les titres suivants : *Application de l'électromagnétisme ; — Sur les phénomènes d'induction dans la pile voltaïque — Sur les lois des électroaimants ; — Rapports sur les travaux d'application du galvanisme à la galvanoplastie, à l'inflammation de la poudre, etc.*

JALON (*Markirpfählchen* — **Picket**). Fiche pour le tracé des lignes télégraphiques sur le terrain.

JAMBE de force. (S. *Contrefiche.*)

---

1. NICKLÈS, *Les Électroaimants et l'adhérence magnétique.*

JAMIN (**Jules-Célestin**). Physicien français, professeur à la Sorbonne, secrétaire perpétuel de l'Académie des sciences, né à Ternes (Ardennes) le 30 août 1818 et mort à Paris le 11 février 1886. Parmi d'autres travaux importants en physique qui sont insérés dans les *Comptes rendus de l'Académie des Sciences*, il a produit des travaux remarquables sur la constitution des aimants et a inventé une lampe électrique à dispositif ingénieux. On lui doit un traité de physique, en 4 volumes, en collaboration avec M. Bouty, et un autre traité plus élémentaire de physique, en 1 volume.

JARRE électrique (*Grosse Leydener Flasche* — **Electric jar**). Bouteille de Leyde de grandes dimensions, ayant un goulot très fort, ce qui permet de coller une feuille d'étain dans l'intérieur pour remplacer les feuilles de clinquant. Une feuille d'étain enveloppe également l'extérieur de la bouteille et le bouchon est traversé par une tige de cuivre portant, dans l'intérieur, une chaîne métallique. En réunissant les armatures semblables de plusieurs jarres, on constitue une batterie qui, vu ses dimensions, produit des effets très intenses et analogues à ceux de la bouteille de Leyde.

JAUGE de Washburn (*Washburn Lehre* — **Washburn's gauge**). (Voir *Calibre de Washburn*.)

JAUGE électrométrique[1] (*Eichapparat, Prüfelektrometer* — **Electrometer gauge**). Appareil de Thomson composé d'un inducteur dont on doit maintenir le potentiel constant et d'un rechargeur. L'inducteur communique avec un plateau fixe qui attire un petit carré d'aluminium formant le petit bras d'un levier très léger et relativement très long, terminé par une fourchette. Cette fourchette porte, entre ses dents, un fil servant à fixer un point de repère. L'ensemble est supporté par un fil de platine sur lequel le levier repose par son centre de gravité. On fait varier la distance entre le plateau et le disque, jusqu'à ce que, par la charge communiquée, le fil corresponde au point de repère et que la force d'attraction soit ainsi réglée à une valeur constante. Cette jauge peut même automatiquement établir et rompre la communication de l'inducteur avec le rechargeur toutes les fois que le potentiel tombe au-dessous ou s'élève au-dessus d'une certaine limite.

JAUGE micrométrique[1] (*Millimeterlaster* — **Micrometrical gauge**). Appareil destiné à mesurer, au moyen d'un micromètre, la distance explosive.

JENKIN (**Fleeming**). Ingénieur anglais, né en 1833, à Stowting Court, et mort à Edimbourg, le 12 juin 1885. Il fit partie, en 1873, du comité de la *British Association* chargé de l'étude des unités électriques, et en fut le secrétaire. Il étudia les lois de saturation des aimants et inventa, en 1884, son telphérage (ou telpher line, comme on l'appelle aujourd'hui. Voir ce mot), au-

---

1. Mousson, *Die Physik auf Grundlage der Erfahrung*, t. III, p. 162. — Gordon, *Traité d'électricité et de magnétisme*, t. I, p. 66 (Traduction Raynaud et Seligmann-Lui).

quel il n'avait pas encore donné sa forme définitive à sa mort. Il a publié un traité d'électricité et de magnétisme dont la 7e édition a été traduite en français par MM. Croullebois et Berger.

JET de feu (*Feuerstrahl* — **Fire ray**). Phénomène lumineux de l'électricité.

JOINT à manchons[1] (*Muffenverbindung* — **Covering tube**). Système dû à M. Baron pour raccorder deux fils aériens; il se compose d'un manchon aplati et évidé, sur une rainure, suivant deux génératrices parallèles. Il sert à maintenir deux fils de ligne qu'on engage de chaque côté dans son intérieur et qu'on y soude, après en avoir recourbé les deux bouts à leur sortie en dehors, contre les extrémités du manchon.

JOINT par torsade simple[2] (*Einfaches Zusammendrehen* — **Single twist joint**). Primitivement on raccordait les fils télégraphiques, en France, en opérant une torsade des fils de ligne dont on saisissait les deux extrémités entre deux mâchoires à tordre, à une distance de 0m15 à 0m20 l'une de l'autre, et que l'on tournait, en sens opposé, de manière à produire un toron sur les spires duquel on coulait de la soudure.

JOINT anglais[2] (*Britannia Verbindung* — **Britannia joint**). On juxtapose les fils sur une longueur de 0m20 et on en recourbe extérieurement les extrémités en crochet soit avec une pince, soit avec un instrument spécial. On enroule ensuite, à spires jointives, du fil à ligature autour des deux fils maintenus par des étaux et on coule de la soudure entre les parties de ce joint. Ce joint est dû à Edwin Clark (1852).

JOINT par étranglement ou joint espagnol[2] (*Würgelöthstelle, Spanische Löthstelle* — **Twisted joint, Bellhanger's joint**). Pour opérer ce joint, on place les deux fils entre les joues d'une mâchoire, en laissant libres deux bouts de fil à droite et à gauche en dehors de la mâchoire. On enroule alors, avec un outil spécial, chaque extrémité d'un fil autour de la partie continue de l'autre fil. La tension du fil ayant rapproché les tresses, on les soude comme dans les autres cas.

JOINT. Instrument spécial pour enrouler le fil dans le joint anglais[2] (*Windeeisen* — **Joint hook**).

JOINT. Instrument spécial pour opérer le joint par étranglement[2] (*Lötheisen* — **Joint Lever**).

JOULE (*Joule* — **Joule**). Nom du physicien anglais Joule, donné à l'unité pratique de travail, proposé par M. Siemens en 1882. Le Joule (10^7 unités de travail C. G. S.) est le travail produit par un coulomb dans un conducteur avec une différence de potentiel d'un volt à ses extrémités (Voir ce mot). C'est la quantité de chaleur qu'engendre, en une seconde, un courant d'un ampère circulant à travers une résistance d'un ohm.

---

1. *Annales télégraphiques*, 1865, p. 306.

2. Rothen, *Der Telegraphenbau*, p. 224. — Ludewig, *Der Bau der Telegraphenlinien*, p. 257. — Douglas, *Manual of telegraph construction*, 2e édition, p. 304. — Blavier, *Traité de télégraphie*, t. II, p. 7, 8 et 9.

JOULE. **Loi de Joule** (1841) (***Gesetz der Erwärmung des Stromkreises*** — **Joule's law**). Joule a trouvé que la quantité de chaleur développée dans un conducteur, par un courant, est proportionnelle à la résistance de ce conducteur et au carré de l'intensité du courant. Cette loi s'exprime par la formule $C = \frac{RI^2t}{A}$ en appelant C la quantité de chaleur dégagée, R la résistance, I l'instensité, t le temps de l'expérience et A l'équivalent mécanique de la chaleur. Combinée avec la loi de Ohm, cette formule devient $C = \frac{E^2t}{AR}$ et rapprochée de la loi de Faraday ($Q = It$), elle prend la forme simple $C = \frac{QE}{A}$.

JOURNAL des dérangements (***Störungstagebuch*** — **Register of faults**). Journal tenu dans les bureaux télégraphiques et contenant des renseignements journaliers sur les dérangements.

JUTE (***Jute*** — **Jute**). Chanvre des Indes dont on se sert pour envelopper les câbles.

JUXTA-COURANT (***Juxtastrom*** — **Juxta-current**). Nom donné par Dove au courant induit ordinaire, par opposition à extra-courant.

K

KATHODE. (Voir *Cathode.*)

KATIONS. (Voir *Cations*).

KÉRITE (***Kerite*** — **Kerite**). Substance isolante, due à Day (New-York), qui résiste mieux aux alternatives de sécheresse et d'humidité que la gutta-percha, mais qui lui est inférieure comme pouvoir isolant. Elle est composée de goudron combiné avec du soufre et des huiles végétales. Des essais faits en France ont donné les renseignements suivants : la capacité électrostatique de la kérite est de 1,25 à 1,70 de celle de la gutta-percha, et sa résistance, environ la moitié de celle de la gutta-percha entre 20° et 33°.

KERR. **Expérience de Kerr** (***Kerr's Erscheinung*** — **Kerr's experiment**) [1]. M. Kerr a découvert que, lorsqu'un isolant solide ou liquide est soumis à l'électrisation, il devient biréfringent

1. *Philosophical Magazine*, 4e série, t. L, p. 337, 316; t. VIII, p. 85; t. IX, p. 157; 5e série, t. III, p. 321; t. V, p. 161. — *Journal de physique*, t. IV, p. 376; t. V, p. 99; t. VIII, p. 414; t. IX, p. 255. — JAMIN, *Cours de physique de l'Ecole polytechnique*, t. IV, 2e fascicule, p. 383.

d'une manière lente s'il est solide, immédiate s'il est liquide. La double réfraction ainsi produite est uniaxiale et peut être comparée à celle que produit une compression ou une traction dans une lame de verre. Cette compression ou traction est dirigée suivant les lignes de force du champ. Kerr a également observé que la lumière, réfléchie par la surface polie d'un aimant, subit la rotation du plan de polarisation et est déviée de gauche à droite lorsqu'elle est réfléchie par le pôle nord.

KIENMAYER. Amalgame de Kienmayer (*Amalgam von Kienmayer* — **Kienmayer's electrical amalgam**). Amalgame trouvé par Kienmayer, en 1788, et destiné à frotter les coussins de la machine électrique. Composition : étain 1, zinc 1, mercure 2.

KINNERSLEY (Ebenezer). Médecin américain et professeur à l'Université de Philadelphie, né en 1712 (date de sa mort non connue). Il a inventé le thermomètre électrique à air. (Voir *Philosophical Transactions*, 1763-1773.)

KIRCHER (Athanasius). Jésuite allemand, né à Geysa, près de Fulda, le 2 mai 1602, et mort à Rome, le 30 octobre 1680. Il s'occupa de toutes les questions de physique à l'ordre du jour de son temps, émit ou plutôt reproduisit l'idée de Leurechon (Récréation mathématique de Leurechon, 1624) de communiquer avec une personne éloignée de 1 mille et rassembla, dans ses travaux, une foule de fables ou de notions exactes, déjà connues. Ses travaux principaux sont : *Magnes sive de arte magnetica*, 1638 ; — *Magneticum naturæ regnum*, 1665 ; — *De magnetismo electri seu electricis attractionibus earumque attractione*, et sont datés d'Avignon et de Rome.

KIRCHHOF. Lois de Kirchhof. (Voir *Courant dérivé*.)

KLAPROTH (Julius). Célèbre orientaliste allemand, né le 11 octobre 1783, à Berlin, et mort, le 27 août 1835, à Paris. Il est célèbre par ses études sur l'origine de la boussole que contient sa « Lettre à Humboldt » en 1834.

KLEIST (Von Kleist). Doyen du Chapitre de Cammin en Poméranie, mort le 11 décembre 1748, à Cöslin. Il observa, le 11 octobre 1745, les effets de la bouteille appelée par Nollet « bouteille de Leyde ». La découverte de cette invention ne fut consacrée que par la publication du livre du Dr Krüger, à Halle, intitulé : *Histoire de la terre dans les temps les plus reculés*, 1746. (Voir *Cunæus*.)

KLEIST. Bouteille de Kleist. (Voir *Bouteille*.)

KOHLRAUSCH (Rudolph Hermann Arndt). Professeur de physique à Erlangen, né le 6 novembre 1809, à Göttingen, et mort à Erlangen, le 9 mars 1858. On lui doit des travaux de premier ordre sur la théorie de la pile, sur l'état résiduel de la bouteille de Leyde ; il a construit un électromètre à Sinus. Ses études forment douze articles dans les *Annales de Poggendorff* et constituent en outre quatre brochures.

KROTOPHONE (κρότος bruit, φωνή voix) (*Krotophon*—**Krotophone**). Appareil ayant de l'analogie avec le récepteur téléphonique et destiné à transmettre le bruit de la voix au milieu des autres bruits de toute sorte qui peuvent se faire entendre simultanément.

KRUGER (**Johann Gottlob**). Professeur allemand, né en 1715 et mort en 1759. On lui doit l'observation de l'influence chimique de la décharge électrique sur des fleurs de pavot qui changent de couleur. C'est dans un de ses ouvrages *Abhandlung von der Elektricität,* servant d'appendice à *Geschichte der Erde in der allerältesten Zeit,* de 1746, que se trouve la première mention de la « bouteille de Kleist ».

L

LADD. Machine de Ladd (*Ladd's Maschine* — **Ladd's machine**). Machine dynamoélectrique dans laquelle M. Ladd introduisit, en 1867, le principe de la réaction du courant sur lui-même. Le courant inducteur, engendré par le magnétisme rémanent (provenant de l'influence du courant d'une pile qui a traversé pendant quelques instants les spires) de l'électroaimant et le mouvement d'une bobine induite dans le champ magnétique, parcourt les spires de ce même électroaimant dont il exalte la puissance magnétique, et cette réaction mutuelle du courant sur le fer doux de l'électroaimant et de l'électroaimant sur son champ magnétique produit un courant utilisable dans une seconde bobine Siemens, montée sur le même axe que la première.

LAINE minérale ou **des scories** (*Schlackenwolle* — **Slag**). Produit laineux provenant des scories des hauts fourneaux et qui, étant un mauvais conducteur de la chaleur, sert à envelopper les câbles souterrains allemands, pour les préserver des influences atmosphériques. La laine minérale est inattaquable par l'air et l'eau, incombustible et non putrescible.

LAMONT (**Johann**). Professeur d'astronomie à Munich, né à Braemar (Schottl.), le 13 décembre 1805, et mort le 6 août 1879. Il s'occupa de magnétisme et des variations de la déclinaison (Voir *Période de onze ans*). Pour ses travaux, voir *Annuaire de l'Observatoire de Munich,* 1841. *Annalen für Meteorologie und Erdmagnetismus,* 1842-1858. *Magnetische Karte von Deutschland und Bayern,* 1854 ; différents autres *Mémoires sur la direction et l'intensité du magnétisme terrestre en différents points de l'Europe,* et un *Traité du Magnétisme,* 1867.

LAMPE à arc voltaïque (*Flammenbogenlampe* — **Voltaic arc lamp**). Lampe dans laquelle la lumière provient de l'arc voltaïque (Voir *Arc voltaïque*). L'arc voltaïque étant constitué par une rupture de communication continue et un transport ou usure mécanique ou chimique des particules matérielles, suivant les milieux, entre deux points d'un conducteur, la résistance de cet arc varie, dans une proportion considérable, suivant l'usure des charbons et leur déformation ou leur éloignement. Le desideratum d'une bonne lampe à arc est donc un régulateur sensible, corrigeant les moindres écarts des charbons et par conséquent maintenant un régime constant dans le circuit électrique dont la résistance tend à varier. (Voir *Régulateur*.)

LAMPE à incandescence pure (Frédéric de Moleyns, King, Starr, Edison, 1879), (***Glühlichtlampe, Incandescenzlampe, Vacuumkohlenlampe*** — **Incandescent lamp, Lamp by incandescence, Glow lamp**). Lampe dans laquelle la lumière ne provient que de l'incandescence, dans un espace vide d'air ou rempli d'un gaz non comburant, d'un conducteur tenu, le charbon, sous l'action du courant qui le traverse. (Voir *Incandescence*.)

LAMPES à incandescence à contact imparfait (***Kontaktglühlichtlampe, Kontaktbogenlampe*** — **Semi-incandescent lamp**) (De Moleyns, 1841, Regnier, 1877, Werdermann, Napoli, etc.). Dans les lampes électriques de cette catégorie, la lumière est engendrée au passage du courant entre deux charbons dont le contact n'est pas parfait. Il en résulte un faible arc électrique dont l'éclat est rehaussé par la combustion du charbon dans l'oxygène atmosphérique. Généralement l'incandescence et la combustion se limitent au pôle positif qui est constitué par une simple baguette de charbon, tandis que le pôle négatif est un disque ou une plaque de charbon.

LAMPE électrique auxiliaire, appelée aussi *Deviator* [1] (***Deviator*** — **Subsidiary lamp**). Lampe à système de dérivation appliqué par M. Hefner-Alteneck (1876) pour maintenir le circuit des arcs voltaïques fermé et avec la même résistance, quand une lampe s'éteint.

LAMPE à dérivation [2] (***Nebenschlusslampe*** — **Shunt lamp**). Lampe à arc voltaïque dans laquelle le jeu des charbons est commandé par une dérivation du courant principal. Cette dérivation, qui est de résistance relativement considérable, reçoit d'autant plus de courant que les charbons s'éloignent davantage, en augmentant la résistance du circuit principal. Le circuit dérivé aimante alors un fer doux qui se déplace et agit sur les pièces portant les charbons, il les rapproche en diminuant ainsi la résistance du circuit principal dont l'effet devient prépondérant. L'inconvénient de ce système réside dans le ressort de rappel. MM. Lacassagne et Thiers, en 1854, se servaient déjà d'une dérivation du courant passant dans une bobine pour régler l'arc voltaïque. L'idée d'appliquer le principe des dérivations aux régulateurs de lumière électrique est pourtant revendiquée à une époque bien postérieure, en France, par M. Lontin, en Russie par M. Tchikoleff, et en Allemagne par M. Hefner-Alteneck.

---

1. *Zeitschrift für angewandte Electricität*, 1879, p. 314.

2. Alglave et Boulard, *La Lumière électrique*, p. 87 et 153. — Schellen, *Die magnet- und dynamoelektrischen Maschinen*. — Du Moncel, *Éclairage électrique*. — Dredge, *Electric illumination*.

LAMPE différentielle[1] (*Differenzialampe* — **Differential lamp**). Lampe dans laquelle le courant principal et la dérivation agissent simultanément, sur un fer doux, dans deux directions opposées, de sorte que c'est la différence entre leurs effets qui opère le réglage de l'appareil. Un même fer doux mobile sert de noyau dans l'intérieur de deux bobines, l'une principale, l'autre dérivée. De l'action du courant sur l'un des circuits, le circuit dérivé, résulte un mouvement du barreau de fer doux dans le sens de l'axe des bobines qui rapproche les charbons en laissant défiler un mouvement d'horlogerie. L'action du courant dans le circuit principal rappelant le fer doux en arrière, arrête le mouvement d'horlogerie. Le ressort antagoniste se trouve dès lors supprimé. En cas de rupture des charbons, le courant dérivé devenant prépondérant, produit un contact qui exclut la lampe du circuit.

LAMPE monophote, polyphote. (Voir *Monophote, Polyphote.*)

LAMPE soleil[1] (*Soleillampe* — **Soleil lamp.**) Lampe dont la disposition est due à M. Clerc (1881), dans laquelle les deux charbons plongent obliquement dans un bloc de marbre et sont réunis préalablement par une substance conductrice à leurs extrémités. Le bloc de marbre s'échauffe par la chaleur de l'arc voltaïque, aux extrémités des charbons, produit lui-même de la lumière et sert de *volant* pour la fixité de l'arc électrique dont les rayons, quelque peu violets, sont noyés dans la lumière générale et lui donnent une teinte jaunâtre analogue à celle du soleil.

LANCE à fourche (*Télégraphie militaire*)[2] (*Drahtgabel* — **Forked lance**). Fourchette munie d'un long manche pour placer le fil dans le crochet de l'isolateur.

LANCE électrique d'allumage[3] (*Elektrischer Zündstock* — **Electric port-fire**). Gaiffe a résolu, pour l'éclairage au gaz, le problème de la construction d'une lance électrique d'un poids relativement faible actionnée par une pile portative formée de petits couples en flacons carrés de 6 centimètres de côté. Le bec est allumé, grâce à l'incandescence d'un fil de platine mis en relation avec la pile et qui, étant placé au-dessus du bec, enflamme le gaz qui se dégage.

LANE (Timothy). Pharmacien anglais, membre de la Société royale, né en 1734 et mort en 1807. Il a inventé un électromètre destiné à mesurer la charge d'une bouteille de Leyde et qui, réuni à cette dernière, a fait donner au système le nom de « bouteille électrométrique » (*Philosophical Transactions*, 1767).

LAPLACE. Mathématicien français, né à Beaumont-en-Auge (Calvados), le 28 mars 1749, et mort à Paris le 5 mars 1827. On lui

---

1. Alglave et Boulard, *La Lumière électrique*, p. 87 et 153. — Schellen, *Die magnet- und dynamoelektrischen Maschinen*. — Du Moncel, *Éclairage électrique*. — Dredge, *Electric illumination*.

2. Buchholtz, *Die Kriegstelegraphie*, p. 35.

3. *Electricien*, 1881, p. 383.

doit la première conception mathémathique du potentiel et des études mathémathiques sur différentes questions d'électricité. (Voir *Œuvres de Laplace*, passim.)

LAPLACE. Formule de Laplace (*Laplace'sches Formel — Laplace formula*). Laplace a exprimé, dans une formule à laquelle on a attaché son nom, la force exercée par un élément de courant de longueur L et d'intensité I, sur un pôle μ, à une distance R du centre de l'élément, φ étant l'angle de la droite qui joint μ au centre avec l'élément $F = K \frac{2 \mu IL \sin \varphi}{R^2}$

LAPLACE. Équation de Laplace (*Laplace'scher Satz — Laplace equation*). Laplace a exprimé, dans une équation qui porte son nom, la somme, en un point, des trois dérivées secondes partielles du potentiel par rapport à trois axes rectangulaires et est arrivé à ce résultat que cette somme est égale et de signe contraire au produit de 4π par la densité de la masse agissante en ce point. $\Delta V = -4\pi D$. ΔV étant la somme des trois dérivées secondes partielles du potentiel par rapport aux coordonnées. (Voir *Poisson, Équation de Poisson.*)

LARTIGUE (Henri). Ingénieur électricien, né à Saint-Mandé, près Paris, le 30 septembre 1830, et décédé à Paris, en novembre 1884. On lui doit de nombreuses applications de l'électricité destinées à augmenter la sécurité des trains, telles que les électrosémaphores, le sifflet automoteur, le commutateur d'aiguilles. A sa mort il était directeur de la Société des téléphones.

LE MONNIER (Louis-Guillaume). Médecin de Louis XV et de Louis XVI, né le 27 juin 1717 et mort à Montreuil, le 7 septembre 1799. Il s'occupa de différentes questions concernant l'électricité, essaya d'en mesurer la vitesse, observa la nécessité de décharger l'armature extérieure de la bouteille de Leyde, pour en obtenir des effets, et fit des observations pour démontrer que l'atmosphère, à l'état serein, contient de l'électricité. Ses mémoires sont : *Recherches sur la communication de l'électricité*, 1746. *Observations sur l'électricité de l'air*, 1747. *Lois du magnétisme*, 1776. (Voir *Mémoires de Paris*, 1746-1779.)

LENZ (Heinrich-Friedrich-Émil.). Professeur à l'Université de Saint-Pétersbourg, né le 12 février 1804, à Dorpat, et mort le 10 février 1865, à Rome. Il s'occupa de différentes questions relatives à l'électricité, telles que la résistance des corps suivant leur température, les lois des électroaimants (avec Jacobi), les extracourants (Voir *Mémoires de l'Académie de Saint-Pétersbourg*, 1831-1838 ; *Bulletin scientifique de l'Académie de Saint-Pétersbourg*, 1836-1842 ; *Bulletin physico-mathématique de l'Académie de Saint-Pétersbourg*, 1843-1852). Lenz est surtout connu par sa loi sur les courants induits. (Voir *Courants induits. Loi de Lenz.*)

LENZ. Loi de Lenz. (Voir *Courants induits, Loi de Lenz.*)

LE SAGE (Georges-Louis). Professeur de mathématiques suisse, correspondant de l'Institut, né le 13 juin 1724, à Genève, et mort le 9 novembre 1803, dans la même ville. Il construisit, en 1774, l'un des premiers télégraphes électriques au moyen de balles de sureau placées à l'extrémité de 24 fils métalliques isolés et correspondant aux 24 lettres de l'alphabet. On a de lui une *Dissertation sur l'électricité appliquée à la transmission des nouvelles.*

LEVIER écrivant (***Schreibhebel*** — **Writing lever**). Palette de l'armature de l'électroaimant de l'appareil Morse.

LEVIER inverseur. (Voir *Inverseur.*)

LEVIER de rappel au blanc[1] (***Einstellhebel*** — **Type wheel detent**). Levier trifurqué de l'appareil Hughes dont la première branche est munie d'un ressort isolé de l'appareil et qui, par une pression convenable sur un bouton, sert à faire écouler dans la terre le courant de ligne en empêchant son action sur le système imprimeur. La pression du doigt sur cette première branche et sur le bouton fait avancer une dent, portée par la troisième branche, qui arrête l'axe de la roue des types, tandis que la deuxième branche soulève, au moyen d'une lèvre qu'elle déplace, le cliquet qui réunit la roue de frottement à la roue correctrice. C'est alors la position d'attente pour la réception.

LEVIER d'arrêt du mouvement d'horlogerie[1] (***Arretirungshebel*** — **Catch of fly wheel**). Levier de l'appareil Hughes agissant sur un excentrique qui frotte contre le volant au moyen d'une lame qu'il déplace.

LEVIER brisé écrivant de l'appareil Morse (***Knickhebel, Brabender'scher Hebel*** — **Divided writing pallet**). On se sert en Allemagne de différentes palettes brisées (Wiehl, von Brabender) pour que les signaux télégraphiques du Morse s'impriment, dans le système continu, de la même manière que dans le système ordinaire à courant de transmission ; le couteau ne soulève la bande que dans le cas d'une interruption de circuit.

LEVIER Palmer[2] (***Fühlhebel*** — **Palmer lever**). Nom donné à un instrument destiné à mesurer avec précision le diamètre des fils métalliques.

LÈVRE de frottement (***Reiber, Lippe*** — **Steel rider**). Lèvre mobile du chariot de l'appareil Hughes que le goujon rencontre, soulève et mettait autrefois en communication avec la pile en interrompant le contact de la lèvre avec la terre de la partie inférieure du chariot.

LEYDE. (Voir *Bouteille de Leyde.*)

LIAISON triangulaire. (Voir *Consolidation triangulaire.*)

LICHTENBERG (Georges Rudolphe). Physicien allemand, né à Ober-Ramstädt près Darmstadt, le 1er juillet 1744, et mort le 24 février 1799, à Göttingue. Il introduisit dans la science élec-

---

1. Borel, *Traité de l'appareil Hughes.*

2. Zetzsche, *Handbuch der elektrischen Telegraphie*, t. III, p. 12. — Douglas, *Manual of telegraph construction*, p. 323. — Ludewig, *Der Bau der Telegraphen*, p. 174. — Rother, *Der Telegraphenbau*, p. 21.

trique, les notations + E et — E, et fit l'expérience dite des *Figures de Lichtenberg* (Voir *De nova methodo motum ac naturam fluidi electrici investigandi,* dans *Commentat.* Göttingen, I, 1778.)

LIGATURE de deux fils de ligne (*Drahtverbindung, Wickelbund* — **Binding** ou **Joint**). Mode de réunion de deux sections de fils de ligne télégraphique, au moyen de petit fil dit *fil à ligature.* (Voir *Joint.*)

LIGATURE soudée (*Wickellöthstelle* — **Soldered binding**). Ligature consolidée par une soudure.

LIGATURE. Fil à ligature. (Voir *Fil.*)

LIGNE télégraphique (*Telegraphenlinie, Telegraphenleitung* — **Telegraphic line**). Conducteur métallique reliant d'une manière ininterrompue deux stations éloignées en s'appuyant sur des points isolés.

LIGNE aérienne[1] (*Oberirdische Leitung, Luftleitung* — **Overground wire, Over head line, Aerial line**). Ligne en fil de fer, suspendue, de distance en distance, sur des isolateurs en porcelaine, en verre, etc., et en contact permanent avec l'atmosphère dont elle subit toutes les influences. Quoique le fer ne soit pas le métal le plus conducteur, on le choisit à cause de sa plus grande ténacité et de son bas prix.

LIGNE souterraine[2] (*Unterirdische Leitung* — **Underground wire** ou **line**). Fil de cuivre recouvert d'une enveloppe isolante, d'une enveloppe protectrice, et placé dans des tuyaux enterrés à des profondeurs variables. Quelquefois on fait usage d'un câble muni d'une armature que l'on dépose simplement au fond d'une tranchée.

LIGNE sous-fluviale (*Flussleitung* — **Subfluvial line**). Câble coulé dans l'eau d'un fleuve et recouvert d'une enveloppe appropriée.

LIGNE sous-marine (*Unterseeische Leitung, Submarine Leitung* — **Submarine line**). Câble immergé dans la mer. (Voir *Câble.*)

LIGNE télégraphique du chemin de fer (*Bahntelegraphenleitung* — **Railway line**). Ligne construite et entretenue par les compagnies de chemin de fer pour les besoins de leur exploitation.

LIGNE urbaine (*Stadtleitung* — **Town line**). Ligne dans l'intérieur d'une ville. Elle peut être souterraine ou aérienne et s'appuyer contre les habitations.

---

1. *Annales télégraphiques,* 1859, p. 337. — *Journal télégraphique des administrations télégraphiques,* V, 1. — *Congrès international des électriciens,* Comptes rendus, p. 317. — *Philosophical Magazine,* 1865, 1er sem., p. 409. — Du Moncel, *Application de l'électricité,* t. III. — Rother, *Der Telegraphenbau,* p. 21. — Ludewig, *Der Bau der Telegraphenlinien.*

2. *Annales télégraphiques,* 1859, p. 1. — Zetzsche, *Handbuch der elektrischen Telegraphie,* t. III, p. 162. — Du Moncel, *Applications de l'électricité,* t. II, p. 510. — *Journal of the Society of telegraph engineers,* 1877, p. 162. — Douglas, *Telegraph construction,* p. 349, 369. — *Lumière électrique.* 1882.

LIGNE sur route (*Linie an der Strasse* — **Road line**). Ligne aérienne dont les poteaux suivent une route.

LIGNE sur poteaux (*Stangenleitung* — **Pole line**). Ligne aérienne soutenue par des poteaux.

LIGNE de câbles (*Kabelleitung* — **Cable line**). Câbles souterrains ou sous-marins.

LIGNE de sonnerie (*Läutewerklinie* — **Bell line**). Ligne servant de circuit à une sonnerie.

LIGNE à embrochage (*Schleifleitung, Schleiflinie* — **Line with intermediate stations**). Ligne ne prenant pas terre dans une station télégraphique qu'elle dessert en passant, mais comprenant simplement, dans son circuit, les bobines du récepteur pour aller prendre terre dans l'un des bureaux suivants.

LIGNE de télégraphie militaire (*Feldtelegraphenlinie* — **Field telegraph line**). En général, ligne utilisée pour le service d'une armée.

LIGNE volante de télégraphie militaire[1] (*Fliegende Feldlinie* — **Field flying line**). Ligne servant à relier les divers corps d'une armée les uns avec les autres.

LIGNE d'étapes[1] (*Télégraphie militaire*) (*Feldtelegraphenlinie* — **Intermediate field line, Stage line**). Ligne chargée de desservir les besoins d'une armée d'occupation et de la relier à la base d'opérations.

LIGNE d'appel dans les trains de chemin de fer (*Zuglinie* — **Intercommunication in trains**). Ligne portée par le train et destinée à avertir au besoin le chef de train pendant la marche. L'un des systèmes d'installation consiste à établir le long du train deux fils isolés l'un de l'autre, et aboutissant d'une part à une pile, après avoir traversé une sonnerie dans le wagon du chef de train; les deux autres extrémités des fils restent isolées. Si l'on établit dans chaque compartiment du train deux fils partant d'un bouton ordinaire de sonnerie, et venant s'embrancher sur chacun des fils qui courent le long du train, on produira, par la pression du bouton d'appel, une dérivation fermée du circuit de la pile, et la sonnerie fonctionnera à chaque pression du bouton dans un compartiment quelconque du train. Pour faire connaître au chef de train le compartiment dans lequel on appelle, il faudrait autant de fils de retour à la pile que de compartiments, avec un tableau indicateur et une seule sonnerie. L'un des points délicats de ces systèmes réside dans le moyen adopté pour relier les wagons entre eux.

LIGNE pour annoncer les incendies (*Feuermeldeleitung* — **Fire alarm line**).

LIGNE neutre (*Indifferenzpunkt, Neutrale Linie* — **Equator**).

---

1. Buchholtz, *Die Kriegstelegraphie.* — Fischer-Treuenfeld, *Die Kriegstelegraphie.* — *Military telegraph, Mjr Webber, Journal of the Society of telegraph engineers*, 1872. — Th. Fix, *Télégraphie militaire.* — Dumas, *Télégraphie militaire.*

Zone où le magnétisme est condensé dans un aimant entre les deux pôles.

LIGNE de force. (Voir *Force.*)

LIGNE d'induction. (Voir *Ligne de force.*)

LIGNE artificielle de Muirhead. (Voir *Câble artificiel de Muirhead.*)

LIMNORIA lignorum [1] (Dr Carpenter) (***Limnoria Lignorum*** — **Limnoria lignorum**). Petit crustacé destructeur des câbles.

LIMNORIA terebrans. (S. *Limnoria lignorum.*)

LIRE au son (***Nach dem Gehör aufnehmen*** — **To read by sound**). Habitude qu'un bon télégraphiste doit avoir de comprendre une dépêche Morse au bruit fait par la palette de l'appareil.

LIRE au passage pour contrôle (***Mitlesen*** — **To read through messages in order to check them**). Dans les centres importants et aux frontières, deux appareils Morse installés en translation permettaient autrefois de lire les dépêches télégraphiques au passage pour en compter le nombre des mots.

LITHANODE (λίθος pierre, ἄνοδος montée, anode). Desmond G. Fitz Gerald a désigné sous ce nom le peroxyde de plomb dans un état dense, cohérent et très conducteur, sans matière agglutinative. Cette substance constituerait une anode excellente dans les piles voltaïques, primaires ou secondaires, et les bains électrolytiques. (*British Association*, 8 septembre 1886.)

LIVRE A SOUCHE (***Einnahmebuch, Einnahmejournal*** — **Counterfoil book.**) Livre sur lequel l'employé de guichet inscrit les taxes des dépêches télégraphiques pour le contrôle financier.

LIVRE d'entrée (Comptabilité-matières) ***Eingangsbuch*** — **Entry book**). Livre où sont inscrits tous les objets qui entrent dans un magasin.

LIVRE de sortie (Comptabilité-matières) (***Ausgangsbuch*** — **Issue** ou **exit book**). Livre où l'on inscrit tous les objets employés hors d'un magasin.

LOBE électrique (***Elektrisches Läppchen*** — **Electric lobe**). Matteucci a donné le nom de *lobe électrique*, dans les poissons électriques, au lobe postérieur du cerveau qui semble être un renflement de la moelle allongée et d'où partent les troncs nerveux. Cet organe est seul capable de déterminer des décharges quand on l'irrite.

LOCAL. En local (***Locale Schaltung*** — **Short circuiting**). Expression indiquant qu'on a mis, dans le circuit d'une pile dite *locale,* les appareils d'un bureau à l'exclusion des parties de la ligne.

LOCH électrique [2] (***Elektrisches Log*** — **Electrical log**). Instru-

---

1. *Journal of the Society of telegraph engineers*, t. IV, p. 363, *Cable borers.*

2. *Électricité*, 1883, p. 292, 301. — *Revue maritime et coloniale*, 1879. — *Lumière électrique*, t. XXI, p. 396.

ment dû à différents inventeurs. Les plus connus sont ceux de MM. le Goarant de Tromelin (1875) et Fleuriais (1878). Ils sont constitués, le premier, par une hélice, le second par un tourniquet plongés dans la mer et qui, actionnés par l'eau, pendant la marche du navire, font tourner leur axe, placé dans une boîte non étanche et constituant l'interrupteur d'un circuit dans lequel se trouve un compteur de tours. L'interruption du circuit n'est toutefois jamais entière, mais dans l'une des phases du mouvement il se complète par l'axe métallique de l'hélice, tandis que dans l'autre la fermeture est effectuée par l'eau de la mer. La différence considérable de conductibilité de ces deux circuits équivaut, pour ainsi dire, à une interruption dans le cas où l'hélice n'offre au frotteur qu'un des côtés de son axe formé d'un corps isolant et force le courant à venir se rendre à la carène où aboutit l'autre fil de pile.

LOI (*Gesetz* — **Law**). Relation entre un phénomène et sa cause.

LOI (Voir *Kirchhof, Lenz, Lorenz, Magnétisme, Newmann, Courant induit, Actions chimiques, Joule, Ohm, Répulsion, Flotteur ou nageur d'Ampère, Volta, Pile thermoélectrique.*)

LOMOND. Mécanicien français qui vivait dans la deuxième moitié du XVIIIe siècle et est l'inventeur d'un appareil télégraphique qu'Arthur Young vit fonctionner le 16 octobre 1787. Les signaux transmis par cet appareil étaient empruntés aux déviations de la balle d'un électromètre.

LONGUEUR réduite (*Reducirte Länge* — **Reduced length**). Les résistances égales, de conducteurs divers, sont exprimées par les rapports des longueurs aux produits des sections par les conductibilités. On peut donc substituer, dans un circuit, à une résistance donnée, une résistance équivalente d'après les notions précédentes. La *longueur réduite* sera la longueur correspondant à différentes expressions de conducteurs équivalents. On appelait plus spécialement autrefois longueur réduite, la longueur du fil normal (autrefois le fil de fer de 4mm de diamètre en France), dont la résistance est égale à celle d'un conducteur de matière, de longueur et de section données.

LORENZ. Loi de Lorenz (*Lorenz'sches Gesetz* — **Law of Lorenz**)[1]. Cette loi s'énonce de la manière suivante : Le rapport de la conductibilité thermique d'un métal à sa conductibilité électrique est égal à la température absolue.

LUCRÈCE. Écrivain latin et épicurien, né en 95 avant Jésus-Christ et mort en l'an 40 de la même ère. On lui doit, dans son *De natura rerum*, livre VI, des explications des phénomènes du tonnerre, des éclairs, de la foudre, de l'aimantation, etc... Ces études sont intéressantes à titre historique.

LUEUR des décharges électriques (*Glimmlicht* — **Glow**). Phénomène lumineux qu'on attribue à une multitude de petites décharges entre un conducteur et les particules d'air qui le

1. *Annales de Wiedemann*, 1881.

touchent. Le vent électrique est une des conditions essentielles de l'existence de la lueur.

LUEUR qui apparait après une décharge électrique pendant un certain temps et provient d'une phosphorescence (*Nachglühen, Nachleuchten* — **Glow after a discharge**).

LUEUR qui a l'aspect d'une lueur cendrée (*Nebelartiges Glimmlicht* — **Ashy glow**).

LUIRE après une décharge (*Nachglühen, Nachleuchten* — **To glow after a discharge**). (Voir *Lueur*.)

LUIRE. S'illuminer sous l'apparence d'une lueur (*Glimmen* — **To glow**).

LULLIN. Expérience de Lullin ou perce-carte (*Lullin'scher Versuch* — **Lullin's experiment**). (Voir *Perce-carte*.)

LUMIÈRE (*Licht* — **Light**). La lumière est un mode de mouvement qui peut être appelé à être, dans le cycle des forces naturelles, soit l'antécédent, soit le conséquent d'un autre mode de mouvement. Ainsi, dans l'actinoélectricité, la lumière est l'antécédent et l'électricité le conséquent; dans un circuit traversé par un courant, au contraire, l'électricité se transforme en lumière en un point résistant; l'électricité est donc, dans ce dernier cas, l'antécédent et la lumière le conséquent.

LUMIÈRE ÉLECTRIQUE[1] (*Elektrisches Licht* — **Electric light**). La lumière électrique n'est pas le résultat d'une combustion. Un appareil (pile, accumulateur, machine dynamoélectrique, etc.) engendre une énergie qui se transporte électriquement le long d'un circuit et que l'on cherche à transformer en énergie lumineuse en un ou plusieurs points déterminés, en gênant cette propagation sans la supprimer. Tous les points du circuit étant naturellement résistants, au point de vue électrique, il en résulte (Voir *Joule*), à chaque molécule, une transformation partielle d'énergie électrique en énergie calorifique que l'on ne saurait cependant utiliser. Toutefois on peut, au moyen d'un artifice, en augmentant en un point la résistance du circuit, accumuler en ce point un développement calorifique considérable capable, soit d'amener à l'incandescence le conducteur rendu très tenu (Voir *Incandescence*), soit de désagréger les électrodes de charbon, par exemple, et de les transporter, molécule par molécule, à l'état incandescent, à travers un espace gazeux ou raréfié, du pôle positif au pôle négatif (Voir *Arc voltaïque*). La lumière électrique est donc engendrée par l'incandescence des corps produite par deux procédés différents. Dans le cas de l'arc voltaïque, le milieu gazeux ou raréfié et échauffé est, il est vrai, rendu lumineux, mais son éclat propre est très faible, relativement à celui des particules solides. La lumière électrique, douée des mêmes propriétés que celle du soleil, est

---

1. *Journal of the Society of telegraph engineers*, t. VIII, p. 217, 318; t. IX, p. 89, 135. — Alglave et Boulard, *La Lumière électrique*. — Du Moncel, *La Lumière électrique*. — Gavarret, *Traité d'électricité*, t. II, p. 524.

cependant plus active, au point de vue chimique, à cause de sa plus grande richesse en rayons violets. (Voir *Végétation*.)

LUMIÈRE ÉLECTRIQUE à arc voltaïque (***Elektrischer Flammenbogen*** — **Light from electric arc**). (Voir *Arc voltaïque*.)

LUMIÈRE ÉLECTRIQUE par incandescence (***Glühlicht*** — **Electric light by incandescence**). (Voir *Incandescence*.)

LUMIÈRE ÉLECTRIQUE stratifiée. (Voir *Stratification*.)

LUMIÈRE ÉLECTRIQUE froide (***Kaltes Licht, Psychrophos*** — **Cold light**). Nom donné par le Dr Michael, de Hambourg, à une lumière phosphorescente produite par l'électricité.

LUMIÈRE ÉLECTRIQUE dans le vide (***Elektrisches Licht in vacuo*** — **Electric light in vacuo**). Ce phénomène fut observé par Picard, en 1675, dans le vide barométrique, en transportant un baromètre de l'Observatoire de Paris à la porte Saint-Michel.

LUMIÈRE ÉLECTROSILICIQUE[1] (***Elektrisches Kiesellicht*** — **Electrosilicic light**). Expression employée par M. Planté pour caractériser la lumière, provenant de l'incandescence du silicium du verre, qui se manifeste, lorsque l'on décharge une pile de plusieurs centaines de couples secondaires à travers un fil de platine traversant un tube de verre et en contact avec de l'eau salée. L'extrémité du fil de platine se façonne en boule et se trouve englobée dans une petite masse de verre fondu. Cette lumière apparait au contact de l'électrode avec de la silice pure, ce qui en démontre l'origine silicique.

M

MACHINE électrique à globe de soufre[2] (***Kugelelektrisirmaschine*** — **Sulphur ball electrical machine**). Machine inventée par Otto de Guericke, en 1663, et composée d'une boule de soufre qu'on faisait tourner en la frottant avec les mains. Ce fut Newton qui remplaça le soufre par le verre, sans rien changer à la manière de frotter. Hausen substitua, en 1742, d'après les conseils de Litzendorf, à la main de l'homme, une roue pour tourner le globe ou le cylindre.

---

1. G. Planté, *Recherches sur l'électricité*, 2e édit., p. 163.

2. Priestley, *History of electricity*, t. III, p. 48. — *Annales de physique et chimie*, 3e série, t. II, VII, X. — Becquerel, *Électrochimie*, p. 40. — *Philosophical Magazine*, 1840, novembre, décembre ; 1841, janvier, février, avril ; 1843, janvier. — Sigaud de la Fond, *Précis historique et expérimental des phénomènes électriques* (1785), p. 47. — *Annales de l'électricité*, 1843-1844. — Dr Rosenberger, *Geschichte der Physik*.

MACHINE électrique à cylindre de verre[1] (*Elektrische Cylindermaschine* — **Cylinder electrical machine**). Quoique cette machine porte en France le nom de machine de Nairne, elle a été inventée par Gordon, bénédictin écossais (1712-1751). Pour être juste, nous devons rapporter à Hawksbee (1705) la première idée d'employer le cylindre de verre comme générateur. (Voir HAWKSBEE, *Physico-mechanical experiments*, 1719, p. 53). La machine de Nairne offre cette seule particularité de recueillir les deux électricités.

MACHINE électrique à plateau de verre[1] (*Scheibenelektrisirmaschine* — **Plate electrical machine**). Planta de Suse (1755), Sigaud de Lafond, en 1756, et après lui Ingenhousz (1764), et Ramsden (1766), remplacèrent le cylindre de verre par un plateau tournant entre des frottoirs garnis de différents amalgames ou d'or mussif. L'électricité est, dans ce cas, comme dans les appareils précédents, engendrée par le frottement. Le fluide neutre du plateau est décomposé, le fluide négatif s'écoulant dans la terre par les frottoirs et les supports, tandis que le fluide positif agit, par influence, sur des pointes qui enserrent le plateau et qui appartiennent à un conducteur de capacité suffisante. L'électricité négative de ce conducteur se décharge par les pointes sur le plateau pour le ramener à l'état naturel, et le conducteur reste ainsi chargé de fluide positif.

MACHINE hydroélectrique[1] (*Hydroelektrisirmaschine, Dampfelektrisirmaschine* — **Hydroelectrical machine**). Machine inventée par Armstrong, en 1840. L'électricité y est engendrée par le frottement de la vapeur dans des ajutages coudés.

MACHINE magnétoélectrique (*Magnetoelektrisirmaschine* — **Magnetoelectric machine**). (Pixii, Saxton, Clarke, Nollet, Wilde.) Appareil dans lequel l'électricité est engendrée par le mouvement d'un aimant ou d'un électroaimant, à proximité d'un conducteur entourant un noyau de fer doux.

MACHINE magnétoélectrique de Siemens (1854) (*Cylinderinduktor* — **Siemens's longitudinal inductor machine**). Machine dans laquelle l'inducteur est une bobine caractérisée par l'enroulement du fil dans le sens longitudinal du noyau de fer doux.

MACHINE. Anneau de Gramme[2] (*Gramme'scher Ring* — **Gramme ring**). Machine inventée en 1871 et formée d'un anneau de fer doux ou de fils de fer enveloppé de plusieurs circuits, en rotation dans un champ magnétique intense ; l'électricité est produite par l'interversion successive des polarités de l'anneau

---

1. PRIESTLEY, *History of electricity*, t. III, p. 48. — *Annales de physique et chimie*, 3e série, t. II, VII, X. — BECQUEREL, *Électrochimie*, p. 40. — *Philosophical Magazine*, 1840, novembre, décembre ; 1841, janvier, février, avril ; 1843, janvier. — SIGAUD DE LA FOND, *Précis historique et expérimental des phénomènes électriques* (1785), p. 47. — *Annales de l'électricité*, 1843-1844. — Dr ROSENBERGER, *Geschichte der Physik*.

2. NIAUDET, *Machines électriques à courants continus, système Gramme et congénères*.

et l'induction du champ magnétique, sur la partie extérieure des fils des circuits ; un frotteur installé en dérivation dans la ligne neutre de l'aimant reçoit les courants qui sont de sens contraire dans les deux parties actives et opposées de l'anneau. Dans ce dernier cas, l'anneau joue le rôle de deux piles opposées pôle à pôle de même nom, dont on peut utiliser en quantité les courants qui s'annuleraient dans un circuit formé sans dérivation.

MACHINE dynamoélectrique. (Voir *Dynamoélectrique.*)

MACHINE excitatrice (***Erregungsmaschine*** — **Exciting machine**). Machine auxiliaire destinée à produire le courant continu qui doit exciter les inducteurs dans les machines magnétoélectriques.

MACHINE Siemens (***Siemens'sche dynamoelektrische Maschine*** — **Drum armature machine, Siemens's dynamoelectric machine**). La machine Siemens est constituée par une bobine Siemens (Voir ce mot) mise en mouvement dans un champ magnétique intense produit par des électroaimants. La bobine constitue le circuit induit et les courants sont recueillis au moyen de balais. Cette machine a sur l'anneau Gramme l'avantage d'avoir une moindre longueur de fil complètement inerte. Cette dernière portion correspond seulement à la partie du circuit aux extrémités de la bobine. (Voir *Dynamoélectrique machine.*)

MACHINE de Holtz. (Voir *Influence.*)

MACHINE dynamoélectrique à courant continu (***Maschine mit continuirlichem Strom*** — **Continuous current dynamo machine**). Machine dynamoélectrique dans laquelle des balais servant de commutateurs donnent aux deux courants induits successifs une même direction, ce qui fait dire que la suite non interrompue de ces courants constitue un courant continu. (Voir *Dynamoélectrique machine.*)

MACHINE dynamoélectrique à courants alternatifs (***Wechselstrommaschine*** — **Alternating currents machine**). Machine dynamoélectrique non pourvue de balais faisant *fonction de commutateurs*, et ne donnant naissance par conséquent qu'à des courants alternativement de sens contraire. (Voir *Dynamoélectrique machine.*)

MACHINE rhéostatique (***Rheostatische Maschine*** — **Rheostatic machine**). Appareil permettant d'obtenir des effets d'électricité statique avec une source d'électricité dynamique, inventé par M. Planté, en 1877. (*Comptes rendus*, t. LXXXV, p. 794, 1877). Cet appareil est composé d'une série de condensateurs qui peuvent être successivement chargés en *quantité* et déchargés en *tension*, à l'aide d'un commutateur animé d'un mouvement rapide de rotation. On emploie, pour le charger, un courant électrique de haute tension de 600 à 2,000 volts ; on obtient des étincelles semblables à celles des machines électriques et divers effets décrits par M. Planté dans ses *Recherches sur l'électricité*, § 260 à 323.

MACHINE unipolaire. (Voir *Unipolaire.*)

MACHINE à plier le fil (***Biegemaschine zur Prüfung der Drähte*** — **Bending machine for the testing of wires**). Appareil pour le contrôle de la qualité du fil télégraphique ; ce dernier doit pouvoir être plié successivement, suivant le diamètre, de 3 à 5 fois à angle droit.

MÂCHOIRE à tordre (***Feilkloben*** — **Twisting screw jaws**). Étau muni d'une poignée et portant une rainure dans laquelle s'engage le fil ; on s'en servait pour pratiquer les torsades.

MÂCHOIRE à torsades (***Windeeisen*** — **Twist clamp**). Instrument employé en Allemagne pour faire les soudures étranglées.

MAGNÉTIQUE (Même racine que magnétisme) (***Magnetisch*** — **Magnetic**). Substance magnétique. On nomme substances magnétiques celles qui sont attirées par les aimants comme le fer, la fonte, l'acier, les oxydes de fer, le cobalt, le chrôme, le nickel, le titane, le cérium, le palladium, le platine, l'osmium, le molybdène, l'uranium, le peroxyde de plomb, la plombagine, le minium, le sulfate de zinc, le vermillon, le papier, la cire à cacheter et l'oxygène. L'existence des pôles d'espèce différente, dans les aimants, les distingue nettement des substances magnétiques.

MAGNÉTISME[1] (Vient de Μαγνησία, ville de l'Asie mineure, d'où μάγνης (λίθος), pierre de Magnésie, et μαγνῆτις. L'histoire du berger de Pline est fabuleuse (***Magnetismus*** — **Magnetism**). Propriété de l'oxyde de fer d'attirer le fer, le nickel, le cobalt et en général les métaux. (Voir *Aimant*.)

MAGNÉTISME rémanent (***Zurückbleibender Magnetismus, Remanenter Magnetismus*** — **Residual magnetism**). Magnétisme qu'on observe après que la cause produisant momentanément l'aimantation a disparu.

MAGNÉTISME libre (***Freier Magnetismus*** — **Free magnetism**). Magnétisme dont on reconnait les effets aux pôles.

MAGNÉTISME condensé (***Gebundener Magnetismus*** — **Bound magnetism**). Dans les parties intermédiaires, entre les deux pôles, le magnétisme des molécules est condensé et rendu latent par suite de l'influence des molécules voisines.

MAGNÉTISME terrestre[2] (***Erdmagnetismus*** — **Terrestrial magnetism**). Le magnétisme terrestre est une des formes de l'énergie cosmique qui s'accuse en chaque point du globe, par la production d'un champ électromagnétique. L'instrument qui a décelé l'existence de ce champ est simplement un aimant librement suspendu en son centre de gravité sur un pivot vertical ou

1. H. Martin, *La Foudre et le magnétisme chez les Anciens.* — Pline, *Histoire naturelle*, XXXVI, p. 25. — Lucrèce, *De natura rerum*, VI, vers 100. — Plutarque, *Quæst. Plat.*, VII, 7.

2. Gilbert, *De Magnete magneticisque corporibus.* — Dix années avant Gilbert, Julius Cæsar, de Rimini, découvrit l'influence du magnétisme terrestre sur le fer doux. — Blavier. *Des courants telluriques*, 1884.

horizontal. Cet aimant est soumis à une force spéciale qui lui fait prendre, dans chacun des cas, une position fixe dépendant de la latitude du lieu, alors que tout autre corps (excepté les substances magnétiques) resterait indifférent. Quoiqu'on ait connu l'aimant depuis la plus haute antiquité, on n'a pu avoir une notion de la force qui le dirige, que lorsqu'on l'a laissé libre de se mouvoir, soit en l'installant sur un flotteur, soit en le suspendant dans un plan vertical, par son centre de gravité, ou en un mot en construisant une boussole de déclinaison et d'inclinaison (Voir ces mots). Aussi, faut-il arriver jusqu'à Gilbert pour voir les phénomènes de direction de l'aimant rattachés à une influence magnétique terrestre. L'action du magnétisme ou du champ magnétique sur une boussole se ramène à la considération d'un couple de forces égales, parallèles et opposées, appliquées aux deux extrémités de l'aiguille et qui n'a qu'une influence directrice. L'étude de la déviation dans la déclinaison (Voir ce mot) d'une aiguille suspendue sur un pivot vertical et dans l'inclinaison (Voir ce mot), conduit à admettre deux composantes de la force magnétique, l'une appelée composante horizontale et l'autre composante verticale (Voir ces mots).

Pour enregistrer les différentes variations de la déclinaison, de l'inclinaison, de l'intensité totale (Voir ce mot) en différents lieux on a tracé, sur la carte, des lignes appelées *agoniques* ou *agones, isogoniques* ou *isogones, équateur magnétique,* lignes *isoclines* ou *isodynamiques* (Voir ces différentes expressions) passant par les points qui sont dans les mêmes conditions de déclinaison, d'inclinaison et d'intensité magnétique. L'intensité du champ magnétique terrestre, en un même point, n'étant pas constante, on a donné les noms de variations *séculaires, annuelles, diurnes* et *d'orage magnétique* ou *perturbations accidentelles* (Voir ces mots) aux différentes variations auxquelles elle est soumise (Voir également *Aurore boréale* et *Période de sept ans*). La liaison des phénomènes magnétiques de la terre aux autres phénomènes cosmiques a été tentée à plusieurs reprises. L'origine du magnétisme a été rapportée à plusieurs hypothèses ; par exemple celle — de Gilbert qui assimilait la terre à un vaste aimant — d'Ampère, qui admit *a priori* l'existence de courants de source inconnue, circulant constamment de l'E. à l'O., autour de notre globe, et produisant un champ électromagnétique en chaque lieu, ainsi que le phénomène de la direction de l'aiguille aimantée. M. Blavier est arrivé, en 1884, à prouver que les variations du magnétisme terrestre régulières et accidentelles sont dues à des courants qui circulent dans l'atmosphère, à une distance plus ou moins grande du sol, et dont le circuit se complète soit directement, s'ils enveloppent complètement notre globe, soit par l'intermédiaire de la terre mais à une profondeur assez grande, pour ne pas avoir d'action sur l'aiguille aimantée.

MAGNÉTISME de position (*Magnetismus der Lage* — **Magnetism from the earth**). Propriété du fer doux, découverte par Gilbert et étudiée par Scoresby, d'être magnétique lorsqu'il est dans la direction du méridien magnétique.

MAGNÉTISME de rotation [1] (*Rotationsmagnetismus* — **Magnetism of rotation**). Nom sous lequel Arago avait désigné, en 1824, les phénomènes relatifs à l'influence d'un aimant en mouvement sur une plaque conductrice ou inversement d'un disque métallique en mouvement sur une aiguille aimantée. D'après Faraday, ces phénomènes sont dus à des courants d'induction développés sur la plaque par le mouvement d'un aimant ou réciproquement, et produisent un mouvement de rotation.

MAGNÉTISME. Rotation du plan de polarisation de la lumière par le magnétisme (Pouillet. Edm. Becquerel, Faraday, Matthiessen, Bertin, Matteucci, Wertheim, Wiedemann, Verdet) [2] (*Drehung der Polarisationsebene durch den Magnetismus* — **Rotation of the plan of polarisation of light by magnetism**). Les barreaux aimantés, les électroaimants et les solénoïdes jouissent de la propriété d'imprimer un mouvement de déviation au plan de polarisation, et Verdet a confirmé la loi suivante que Faraday n'avait émise qu'à l'état de probabilité : il y a proportionnalité entre l'action magnétique et la rotation du plan de polarisation.

MAGNÉTISME spécifique (*Specifischer Magnetismus* — **Specific magnetism**). M. E. Becquerel a appelé magnétisme spécifique l'action exercée par un aimant sur l'unité de volume d'un corps à l'unité de distance, action comparée à celle que reçoit une certaine substance prise pour terme de comparaison.

MAGNÉTISME. Loi du magnétisme [3] (*Gesetz des Magnetismus* — **Law of magnetism**). Cette loi était connue d'une manière empirique de Tobie Mayer (1723-1768) ; Lambert (1728-1777) l'a admise et Coulomb l'a vérifiée. Elle s'énonce de la manière suivante : Les intensités des attractions et des répulsions magnétiques varient en raison inverse des carrés des distances des centres d'action. (Voir *Coulomb.*)

MAGNÉTISME. Théories du magnétisme (*Theorie des Magnetismus* — **Theory of magnetism**). 1° Théorie de Coulomb. Coulomb admit, dans chaque molécule magnétique, deux fluides impondérables exerçant leur effet, l'un au pôle positif, l'autre au pôle négatif. Chacun des fluides agit, par répulsion, sur le fluide de la même espèce et par attraction sur le fluide de nom contraire, ce qui explique les actions mutuelles des pôles. Les actions mutuelles des pôles sont celles qu'exercent les fluides magnétiques qu'ils contiennent. L'attraction des aimants sur le fer et les autres substances magnétiques est donc une action exercée par le fluide attirant sur le fluide de nom contraire qui existerait dans le corps attiré. — 2° Théorie d'Ampère. Ampère rejeta, en 1820, la théorie de Coulomb, et ramena tous les phénomènes magnétiques à des effets de courants. Il suppose que

---

1. De la Rive, *Traité d'électricité*, t. I, p. 350, 368.

2. Faraday, *Experimental researches*, t. III, p. 1 et 453. — *Annales de chimie et de physique*, 1846, 1847, 1848, 1852, 1854, 1855, 1858. — *Comptes rendus de l'Académie des Sciences*, 1847, t. XXIV, p. 969 ; t. XXV, p. 20 et 173.

3. *Mémoires de l'ancienne Académie des Sciences de Paris*, de 1781 à 1790.

les molécules des aimants sont entourées de petits courants circulaires, perpendiculaires à l'axe de l'aimant et tous dirigés dans le même sens que les courants existant dans les substances magnétiques, mais que leurs plans n'ont aucune direction constante, de manière que les actions qu'ils tendent à produire s'entre-détruisent. L'aimantation a pour effet de leur donner les directions qu'ils possèdent dans les aimants. L'attraction des aimants s'explique par l'attraction de ces courants. (Voir *Théorie*.)

MAGNÉTOÉLECTRIQUE (Magnétisme, Électrique) (*Magnetoelektrisch* — **Magnetoelectric**). Se dit d'un courant engendré par le mouvement d'un aimant en présence d'un circuit ou d'une machine dans laquelle ce phénomène se passe.

MAGNÉTOGRAPHE (Μάγνης aimant, γράφω j'écris) (*Magnetograph* — **Magnetograph**). Appareil destiné à enregistrer les variations magnétiques.

MAGNÉTOMÈTRE (Magnétisme, μέτρον mesure) (*Magnetometer* — **Magnetometer**). Appareil de Gauss destiné à évaluer la composante horizontale de l'intensité magnétique terrestre.

MAGNÉTOMÈTRE bifilaire (Gauss) (*Bifilarmagnetometer* — **Bifilar magnetometer**). Magnétomètre à suspension soutenu par deux fils parallèles et destiné, comme le précédent, à évaluer la composante magnétique horizontale terrestre.

MAGNÉTOMÈTRE Balance. Instrument destiné à évaluer la composante magnétique verticale terrestre.

MAGNÉTOPHONE (μάγνης aimant, φωνή voix, bruit) (*Magnetophon*—**Magnetophone**) (Carhait). Sur le pourtour d'un disque de fer sont percées deux rangées de trous dont le nombre est dans le rapport de 1 à 2. Si l'on place, derrière la série des trous, deux bobines, et devant ces trous un aimant, on entend, dans un téléphone intercalé dans le circuit des bobines, des sons qui sont à l'octave l'un par rapport à l'autre. L'instrument porte le nom de magnétophone.

MAGNUS[1]**. Loi de Magnus** (*Magnus'sches Gesetz* — **Law of Magnus**). Dans un circuit formé d'un seul métal, il ne peut se produire aucun courant, quelles que soient les variations de la température et de la section du circuit conducteur.

MAHON (Charles). Lord anglais, né le 13 août 1753, à Genève, et mort à Chevening (Kent), le 15 décembre 1816. On lui doit l'explication du choc en retour. Il a publié *Principles of electricity containing divers new theorems and experiments*, *1779*, dont nous possédons une traduction, datée de 1781.

MAILLECHORT. Fil de Maillechort (*Neusilberdraht* — **German silver wire**). Fil dont la composition serait due à Maillot et Charlier, ouvriers de Lyon; le maillechort a une conductibilité de 4,54 rapportée à celle du mercure et une résistance spécifique

---

1. *Annales de Poggendorff*, 1851.

de 21,17 microohms. C'est cette résistance électrique assez élevée et la quantité négligeable dont elle varie (0,044 pour 100) par degré centigrade, qui ont fait adopter le maillechort pour la confection des bobines de rhéostats. Dans cette dernière application, la composition du maillechort est la suivante : cuivre 65,6, zinc 26 et nickel 8,4. D'autres fois, on emploie la composition qui suit : cuivre 77,08, zinc 4,6 et nickel 18,32.

MAIRAN (Jean-Jacques d'Ortous de). Physicien français, né le 26 novembre 1678, à Béziers, et mort à Paris, le 20 novembre 1771. Il s'est surtout occupé de l'aurore boréale, dont il a écrit une monographie, en 1726. (Voir ses travaux dans les *Mémoires de l'Académie de 1726 à 1751.*)

MALAPTÉRURE électrique[1] (***Zitterwels*** — **Silurus**). Poisson électrique.

MANCE[2]. **Méthode de Mance.** Méthode pour calculer la résistance des piles. (Voir *Résistance.*)

MANCHON. (Voir *Communication à manchon.*)

MANDAT d'argent expédié par le télégraphe (***Geldanweisung*** — **Telegraphic money order**). Le télégraphe expédie l'avis qui est présenté au bureau de poste où le mandat est acquitté.

MANIPULATEUR (***Schlüssel, Taster*** (appareil Morse), ***Manipulator, Taste*** — **Key**). Appareil destiné à mettre la ligne télégraphique en communication avec la pile, de manière à envoyer à l'autre station un courant produisant des signaux.

MANIPULATEUR à inversion de courant (***Wechselstromtaste*** — **Double current key**). Manipulateur envoyant sur la ligne un courant de sens contraire, immédiatement après une émission de courant de transmission, afin de diminuer les effets de charge.

MANIPULATEUR. Plaque du milieu du manipulateur Morse sur laquelle est monté le pivot du levier transmetteur (***Körper*** — **Key bridge**).

MANIPULATEUR pour transmettre deux dépêches simultanément en sens contraire sur le même fil (***Gegensprechtaste*** — **Duplex key**). (Voir *Méthode.*)

MARTEAU-PILON électrique (***Deprez'scher elektrischer Hammer*** — **Deprez's electric hammer**) M. M. Deprez s'est servi de la propriété des solénoïdes d'attirer dans leur intérieur un cylindre de fer, jusqu'à ce que, théoriquement, le milieu du cylindre de fer soit au milieu de l'axe du solénoïde, pour construire un marteau-pilon dont la hauteur de chute peut être variée d'après le nombre des bobines constituant le solénoïde, qui sont traversées par le courant.

MASCARET électrique[3] (***Elektrische Springflut*** — **Electric tide**

---

1. *Monatsberichte der Akademie der Wissenschaften*. Berlin, août 1857. — *Annales de physique et chimie*, 1858, p. 124.
2. Jamin, *Traité de physique*, t. IV, p. 91.
3. G. Planté, *Recherches sur l'électricité*, p. 157.

wave). Expression employée par M. Planté pour caractériser une expérience dans laquelle un violent remous de liquide est observé dans un vase plein d'eau salée, communiquant avec le pôle négatif d'une pile de haute tension, tandis que l'électrode positive s'appuie contre les parois du vase. Ce phénomène est dû à l'effet calorifique produit par le courant sur la surface liquide qui est repoussée par la pression de la vapeur brusquement développée en un point déterminé.

MASSAGE. Rouleau de massage électrothérapeutique (***Elektrotherapeutische Massirrolle*** — **Electrotherapeutic shampooing roller**). Appareil formé d'un rouleau recouvert de diverses substances telles que flanelle, cuir, etc..., et que l'on promène sur le corps en le tenant à la main par une poignée isolante; le rouleau de massage est mis en communication avec l'électrode positive d'un générateur électrique, l'électrode négative étant reliée à un autre point convenable du corps.

MASSE électrique (***Elektrische Masse*** — **Electric mass**). Les lois de Coulomb envisageant les quantités de fluide agissant entre deux éléments ont donné lieu à la conception de la masse électrique de ces éléments.

MASSE magnétique[1] (***Magnetische Masse*** — **Magnetic mass**). On appelle masse magnétique d'un pôle la force avec laquelle ce pôle agit.

MASSE. Unité de masse magnétique. L'unité de masse magnétique est celle qui, agissant sur une masse égale, située à l'unité de distance, donne naissance à l'unité de force.

MASSON (Antoine-Philibert). Professeur agrégé à la Faculté des Sciences de Paris, né le 22 août 1806 à Auxonne (Côte-d'Or), et mort à Paris le 1er décembre 1860. On lui doit de nombreuses études sur l'extra-courant qu'il observa le premier, en 1834, en même temps que Jenkins (*Annales de physique et de chimie*, 1837), une théorie physique et mathématique des phénomènes dynamiques et du magnétisme (1838), des recherches sur les courants d'induction, les bobines d'induction (*Annales de physique et chimie*, 1842); sur la formation des images de Moser (*Id.*, 1843). (Voir pour d'autres mémoires les années 1850, 1851, 1853, 1854, 1856 des *Annales de physique et de chimie*) et son étude sur l'étincelle électrique.

MATIÈRE radiante (***Strahlende Materie*** — **Radiant matter**). A la suite de ses expériences sur les décharges dans des tubes à vide, où la raréfaction était poussée jusqu'à 1 millionième d'atmosphère, M. Crookes a admis, avec quelques autres physiciens, l'existence d'un quatrième état de la matière, *la matière radiante*, qui est caractérisé par des propriétés entièrement spéciales[2].

MATTEUCCI (Carlo). Professeur de physique italien, né, le 20 juin 1811, à Forli, et mort à Ardenza, près Livourne, le 25 juin

1. Mascart et Joubert, *Leçons sur l'électricité et le magnétisme*, t. I, p. 325.
2. Crookes, *On radiant matter*, 1870.

1868. Il s'occupa des actions chimiques et physiologiques du courant, étudia les sons produits par les courants discontinus dans les fils conducteurs et le courant propre de la grenouille. Tous ses mémoires sur l'électricité sont insérés : 1° dans les *Comptes rendus de l'Académie des Sciences de Paris* de 1835 à 1868 ; 2° dans les *Annales de physique et de chimie* de 1834 à 1868 ; il a publié également : *Leçons sur les phénomènes physicochimiques des corps vivants*, 1844-1846 ; — *Manuale di telegrafia elettrica*, 1850, et *Cours spécial sur l'induction, le magnétisme de rotation, le diamagnétisme, et sur les relations entre la force magnétique et les actions moléculaires.*

MAXIMUM magnétique. (Voir *Électroaimant.*)

MAXWELL (James-Clerk). Mathématicien et physicien anglais, professeur de physique expérimentale à Cambridge, né à Édinbourg, le 13 juin 1831, et mort à Cambridge, le 5 novembre 1879. Il s'est signalé, pendant sa courte carrière, par des travaux de premier ordre dont les principaux sont : en 1855, une *Étude sur les lignes de force de Faraday* ; en 1864, une *Théorie dynamique du champ électromagnétique* (Proceedings of the Royal Society) ; une *Théorie électromagnétique de la lumière* (id.) ; une *Méthode pour établir une comparaison directe de la force électrostatique et électromagnétique* (id., 1868) ; des articles intéressants dans l'*Encyclopédie britannique* et les *Mémoires de la Société philosophique de Cambridge.* Il réunit et publia en un volume les *Electrical researches* de Cavendish, et produisit, en 1873, son œuvre capitale : *Traité d'électricité et de magnétisme.*

MAXWELL. Loi de Maxwell. Un circuit parcouru par un courant électrique, placé dans un champ magnétique, tend à se déplacer de manière à embrasser le plus grand nombre possible de lignes de force.

MÉGA (Μέγα ; grand). Préfixe indiquant le multiple d'une unité C. G. S. ; il équivaut à un million d'unités. Ainsi un mégohm équivaut à un million d'ohms.

MÉLANGE (***Drahtberührung, Drahtverschlingung, Zusammensprechen, Mitsprechen* — Contact**). Dérangement sur les lignes télégraphiques provenant du contact de deux fils qui reçoivent, en dérivation, les transmissions traversant chacun d'eux. Pour trouver le point d'un mélange sur les lignes télégraphiques, lorsque les deux fils aboutissent aux mêmes stations, on emploie la méthode suivante, soit x la résistance qui sépare le point où se trouve le mélange de la première station, A, par exemple, l la longueur de toute la ligne AB. A fait isoler B et mesure la résistance R du circuit ; de son côté, B fait isoler A et mesure, à son tour, la résistance R' du circuit. Nous aurons alors, en nommant R'' la résistance du mélange, $2x + R'' = R$ et $2(l-x) + R'' = R'$ d'où $x = \frac{2l + R - R'}{4}$ et $R'' = \frac{R + R' - 2l}{2}$

MÉLANGE. Être affecté de mélange (***Zusammensprechen, Mitsprechen* — To be in contact**). En parlant des lignes télégraphiques.

MÉLANGE provenant du mauvais état de l'isolateur. (Voir *Perte à la terre.*)

MELLONI (Macedonio). Professeur de physique à l'Université de Parme, né le 11 avril 1798, à Parme, et mort à Portici, le 11 août 1854. On lui doit le thermomultiplicateur, constitué par la réunion du galvanomètre à la pile thermoélectrique, ainsi que de nombreux mémoires dans les *Annales de physique et de chimie*, 1845; dans les *Comptes rendus de l'Académie*, 1842, 1853, 1854, sur différentes questions d'électricité.

MÉLOGRAPHE électrique[1] (Μέλος mélodie, γράφω j'écris). Instrument de M. Carpentier reproduisant, grâce au jeu de différentes combinaisons électriques, la notation d'un morceau de musique que l'on vient de jouer sur cet instrument. Il peut servir à fixer l'inspiration musicale.

MELSENS (Louis Henri Frédéric). Chimiste et physicien belge, né à Louvain, le 11 juillet 1814, et mort à Bruxelles, le 18 août 1886. Il proposa la disposition des paratonnerres à *pointes*, à *conducteurs* et à *raccordements terrestres multiples*, et en réalisa l'application à l'hôtel de ville de Bruxelles. (Voir sa notice : *Des paratonnerres à pointes, à conducteurs et à raccordements terrestres multiples. Description détaillée des paratonnerres établis sur l'hôtel de ville de Bruxelles, en 1865 ; exposé des dispositions adoptées*, 1877.)

MEMBRANE muqueuse (*Schleimhaut*—**Mucous membrane**). Les membranes muqueuses éprouvent sous l'action d'un courant induit une excitation qui leur fait sécréter davantage et ressentir des picotements douloureux; au contraire, un courant voltaïque les détruit en opérant une décomposition chimique.

MEMBRANE phonique (*Sprachblättchen, Membrane bei Fernsprechapparat* — **Vibrating diaphragm**). Membrane qui vibre dans un téléphone sous l'influence de la parole ou d'un autre bruit quelconque. (Voir *Téléphone.*)

MENTION de service (*Dienstnotiz, Dienstlicher Zusatz* - **Service report**). Indication intéressant le service dans les dépêches télégraphiques.

MENTION de transmission (*Beförderungsvermerk*—**Notice of transmission**). Indication relative à la transmission des dépêches télégraphiques.

MENTION de réception (*Aufnahmevermerk*—**Notice of reception**). Indication mentionnant la réception d'une dépêche.

MERCURE (*Quecksilber* — **Mercury**). Métal liquide à la température ordinaire dont la constitution moléculaire, toujours identique, l'a fait employer dans bien des recherches où cette dernière condition est exigée, par exemple, la constitution de l'ohm, etc... Sa conductibilité est généralement prise pour unité, sa résistance spécifique est de 96,19 microohms ; la quantité de résistance dont il varie pour 100 par degré centigrade est de 0,072.

---

1. *Bulletin de la Société des Electriciens*, 1887.

MÉRIDIEN magnétique (*Magnetischer Meridian* — **Magnetic meridian**). Grand cercle de la terre passant par les deux pôles magnétiques; le méridien magnétique faisait, le 1er janvier 1885, un angle de 16° 10'2 occid. avec le méridien astronomique de Paris.

MÉRIDIEN. Irrégularités dans la position du méridien magnétique (*Magnetische Störungen* — **Magnetic disturbances**). Variations dans la direction de ce méridien. (Voir *Variations.*)

MÉRITE. Formule de mérite (*Empfindlichkeitskonstante* — **Figur of merit**). Formule faisant connaître la résistance d'un circuit qui, avec un élément Daniell, produit l'unité de déviation sur l'échelle d'un galvanomètre.

MÉTALLISATION des charbons[1] (*Mettalisirung der Kohlen* — **Metallisation of carbons**). Dans les lampes électriques à arc, les charbons, en dehors de l'usure en bout, se consument aussi latéralement à l'air et sans la moindre utilité sur une longueur plus ou moins grande. Pour obvier à cet inconvénient, M. Regnier (11 octobre 1875) a recouvert les charbons d'un dépôt galvanoplastique de nickel ou de cuivre. Ce dépôt léger, en supprimant le contact de l'air avec le charbon, lui conserve son diamètre jusqu'au voisinage de l'arc.

MÉTALLOCHROMIE (μέταλλον métal, χρῶμα couleur (*Galvanochromie* — **Metallochromy**). On a utilisé les effets chromatiques des anneaux de Nobili (Voir cette expression) dans différentes applications de l'industrie, et on a donné le nom de métallochromie à l'art qui en découle.

MÉTALLOTHÉRAPIE[2] (μέταλλον métal, θεράπεια traitement) (*Metallotherapie* — **Metallotherapy**). On attribue généralement à l'électricité les phénomènes sédatifs produits par l'application de plaques métalliques sur différentes parties du corps. Quant à la manière dont se produit l'électricité, elle a été attribuée successivement à une cause chimique, thermoélectrique, électrique de contact. Ces phénomènes ont été l'objet d'une indifférence dont les travaux du docteur Burq les ont fait sortir.

MÉTALLURGIE électrique[3] (*Elektrische Metallurgie* — **Electric metallurgy**). M. W. Siemens a réussi à fondre les métaux en grandes masses, au moyen de la chaleur dégagée par l'arc électrique. Sans être aussi économique que les procédés habituellement employés, cette méthode n'est pas sans être appelée à rendre de grands services.

MÉTÉOROGRAPHE électrique (μετέωρα météores, γράφω j'inscris) (*Elektrischer Witterungsanzeiger* — **Electric meteorograph**). Appareil enregistreur des divers phénomènes importants dont l'ensemble constitue le temps. Ces divers phénomènes sont enregistrés aussi spécialement par des appareils isolés, tels que

1. Alf. Niaudet, *Machines électriques*, p. 121.
2. *Électricien*, 1881, p. 361.
3. *Lumière électrique*, 1880, p. 282.

les anémoscopes, les barométrographes, les pluviographes, etc. (Voir Du Moncel, *Applications de l'électricité*, t. IV, *Die Anwendung der Elektricität bei registrirenden Apparaten*, *Gerland*.)

MÉTHANOMÈTRE[1] (Méthane [gaz des marais], μέτρον, mesure). Instrument propre à mesurer électriquement le dégagement du grisou. MM. Auzell et Liveing ont proposé, pour annoncer la présence du grisou, un appareil fondé sur la faculté que possède ce gaz de traverser les plaques poreuses plus rapidement que l'air. M. Delfieu a construit un appareil d'un autre système. Il est constitué par une caisse en zinc d'un volume 125 fois plus grand que celui d'un contrepoids qui lui fait à peu près équilibre dans l'air, à l'extrémité d'un cordon passant sur une poulie. L'air mélangé de grisou étant plus léger que l'air ordinaire, montera et viendra, par un entonnoir, dans l'appareil dont la caisse, devenue plus lourde que le contrepoids, basculera en fermant le circuit d'une ou de plusieurs sonneries.

MÉTHODE de réduction à zéro (*Null Method, Null Ablesung* — **Zero method**). Méthode employée dans plusieurs ordres de recherches et dans laquelle la chose à observer est la non-existence d'un phénomène, comme dans le cas de la mesure d'un poids par la balance. On oppose une grandeur connue à une grandeur inconnue, de manière que leurs effets se contrarient ; on constate la différence et l'on voit quelle est la plus grande des deux. On prend alors une grandeur connue plus petite ou plus grande que la première, et l'on arrive, par tâtonnements, à réduire à zéro ou à compenser l'effet de la grandeur inconnue, à obtenir l'équilibre ou la balance des effets. De l'égalité des effets on conclut à l'égalité des grandeurs. Cette méthode est employée dans le pont de *Wheatstone* pour l'évaluation d'une résistance inconnue, dans la balance d'induction (Voir ce mot) et dans la balance ordinaire.

MÉTHODE différentielle (μέθοδος)[2] (Voir *Multiple*) (*Differentialschaltung* — **Differential system**). Méthode employée pour correspondre par télégraphe simultanément en sens contraire sur un même fil. Un double circuit entoure, en sens contraire, au point de départ, les bobines de l'électroaimant qui est ainsi soustrait, par compensation, à l'action des courants originaires de ce bureau ; l'un de ces circuits est relié directement à la terre avec un rhéostat de résistance égale à la ligne, tandis que l'autre est en communication avec la ligne. A l'arrivée, le circuit de la ligne est relié également à l'un des circuits d'un électroaimant à double enroulement qu'il traverse pour aller à terre, pour la plus grande partie. Le récepteur, au point de départ, n'étant pas actionné par les courants qui traversent l'électroaimant, chacun dans un sens, sera pourtant sensible aux courants d'arrivée du poste opposé. M. Stearns a rendu la méthode différentielle pratique en ajoutant un condensateur (1872).

1. *Lumière électrique*, t. II, p. 458. — *Journal télégraphique de Berne*, t. X, p. 29.

2. *Annales télégraphiques*, 1876, 1877. — Canter, *Der technische Telegraphendienst*, p. 246. — Bontemps, *Les Systèmes télégraphiques*, p. 148.

MÉTHODE du pont [de Wheatstone] (Voir *Pont de Wheatstone*) (***Brückenschaltung*** — **Bridge system**). Autre méthode inventée par Maron (1863) et appliquée par Stearns (1872), pour mettre deux stations en état de correspondre simultanément en sens contraire. Dans cette dernière, la méthode différentielle repose sur l'égalité des courants, mais la méthode du pont dépend d'une égalité de potentiels. Pour cela, on installe les électro-aimants des appareils au milieu de la diagonale du parallélogramme des extrémités de laquelle partent les résistances de la balance et le fil de ligne ; le manipulateur est relié au sommet d'où ne partent pas les résistances. D'après cette disposition les électroaimants, comme dans la méthode différentielle, ne sont pas sensibles aux courants de départ, mais seulement aux courants d'arrivée. M. Stearns a rendu cette méthode également pratique par l'application d'un condensateur (1872).

MÉTHODE Ailhaud[1] (***Ailhaud's Duplex System*** — **Ailhaud's duplex system**). Système duplex appliqué, depuis 1875, aux câbles franco-algériens. Il consiste en une combinaison du système différentiel et du système du pont. Le récepteur (galvanomètre à miroir, aujourd'hui syphon recorder) est à double circuit. Le premier circuit est placé entre les branches du pont, le deuxième circuit entre la terre et l'armature du condensateur (de 15 à 20 microfarads) de la ligne factice. L'effet de ce condensateur est ainsi considérablement augmenté, puisqu'il a une double action. L'équilibre est complété par un petit condensateur auxiliaire (2 à 3 microfarads) placé également dans la ligne factice et par un autre condensateur (de 15 à 20 microfarads) placé entre la tête du pont et la tête de la ligne. Chaque condensateur est réglé par un rhéostat. En augmentant la longueur de la ligne, on n'a pas à faire varier la capacité des condensateurs, mais seulement la résistance des divers rhéostats. Une résistance fixe placée à l'entrée de la ligne facilite le réglage.

MÉTIER électrique** (Elektrischer Webestuhl*** — **Electrical loom**). Instrument dans lequel un travail industriel est opéré par l'électricité.

MÈTRE[2] (Μέτρον mesure) (***Meter*** — **Meter**). Quoique notre langue soit peu synthétique, elle a admis cependant, dans la science électrique, quelques termes composés étrangers dérivés de *mètre* et ayant la signification d'instruments destinés à mesurer des quantités électriques spécifiées par l'unité qui entre dans la composition du mot. Ainsi Ampèremètre, ou par abréviation ammètre, signifie instrument pour mesurer l'intensité ; Voltmètre, instrument mesurant la force électromotrice ; Coulombmètre, instrument pour mesurer la quantité ; Ohmmètre, instrument pour mesurer la résistance ; Ergmètre, instrument pour mesurer l'énergie.

---

1. *Annales télégraphiques*, 1877, Art. M. Grammaccini.

2. *Journal of the Society of telegraph engineers*, t. X, avril 1881 ; t. XI, septembre 1882. — *Lumière électrique*, 1882, 27 mai et 10 juin. — *Electricien*, t. II.

Parmi ces différents instruments d'usage commercial, les uns sont de simples indicateurs ; d'autres, au contraire, sont enregistreurs. Nous donnons ci-après une description du principe sur lequel sont fondés les divers instruments pour la mesure des courants intenses.

MÈTRE. Ampèremètre. — Les galvanomètres dans lesquels la déviation est proportionnelle à l'intensité du courant sont des ampèremètres ; mais l'utilisation des courants intenses employés dans les applications industrielles les détériorerait.

Remarque. — Tout ampèremètre doit être installé directement sur le circuit dont on veut mesurer l'intensité :

1° M. Marcel Deprez a imaginé un galvanomètre destiné à remplir les fonctions d'ampèremètre avec des courants intenses. Il se compose d'un aimant en fer à cheval, entre les branches duquel est mobile un axe horizontal muni de barreaux de fer doux perpendiculaires à sa direction. Un index monté perpendiculairement à l'axe pivote verticalement entre les deux pôles. Une bobine de fil, traversée par le courant à mesurer, est placée entre les branches du fer à cheval et l'armature en forme d'arête de poisson. Une table fournit la valeur des différentes déviations en ampères. M. Carpentier a construit aussi un ampèremètre dans lequel la bobine en fil gros, installée dans le circuit principal, est oblique dans le champ magnétique.

2° L'Ammètre de MM. Ayrton et Perry est formé d'un aimant permanent et d'une aiguille disposée comme une armature entre ses pôles. Les déviations de l'aiguille étant proportionnelles à l'intensité du courant qui les produit, il suffira de déterminer une constante pour chaque appareil. La bobine de fil que traverse le courant est souvent divisée en dix autres que l'on peut réunir en tension ou en quantité.

3° L'Électrodynamomètre de M. Siemens, qui n'est qu'un ammètre, consiste dans une bobine fixe et une bobine mobile suspendue par un fil et un ressort spirale ; la position normale de cette dernière est à angle droit par rapport à la première. Lorsqu'un courant est transmis à travers les deux bobines disposées en série, la bobine mobile est déviée, la déviation étant contrebalancée par le ressort spirale. La torsion est, dans ce cas, proportionnelle au carré de l'intensité du courant et indiquée par un index.

MÈTRE. 4° Ampèremètre de Wm. Thomson[1] (***Thomson's Stromstärk galvanometer*** — **Thomson's current galvanometer**). L'ampèremètre ou galvanomètre d'intensité de Wm. Thomson se compose d'une bobine verticale de très faible résistance, d'une boussole excentrique à la bobine et qu'on peut déplacer le long d'une rainure de la plate-forme de l'appareil, et enfin d'un aimant vertical semi-circulaire produisant un champ magnétique parallèle à celui de la terre. Cette disposition permet donc de faire varier la sensibilité dans des limites très étendues. Cet

---

1. Gray, *Absolute measurements in electricity and magnetism*, p. 61. — Dredge, *Electric illumination*, 2e vol., p. 12. — *Génie civil*, t. VII, p. 13.

ampèremètre est gradué en introduisant, dans le même circuit, une pile, un galvanomètre étalon (Voir ce mot) et la bobine de l'appareil. On calcule la valeur de I, d'après la formule propre du galvanomètre étalon, et on la réduit en ampères en la multipliant par 10. Pour tenir compte des variations de sensibilité, provenant de l'influence de l'aimant et de la position de la boussole, par rapport à son cadre, on applique la formule $I = \frac{D \times C}{n}$ qui signifie que l'intensité en ampères est égale à la déviation de la boussole D, multipliée par l'intensité C du champ magnétique (terrestre et provenant de l'aimant) et divisée par le nombre indiquant la place de la boussole sur la plate-forme pendant l'opération.

MÈTRE. 5° L'ampèremètre de M. de Lalande[1], qu'on nomme également *aréomètre électrique,* est fondé sur l'action qu'un solénoïde ou une bobine, traversée par un courant, exerce sur un faisceau de fils de fer doux, mobile dans son intérieur et maintenu par une force antagoniste. Cette force antagoniste est la poussée qu'un liquide, l'eau, maintenue à un niveau constant dans une éprouvette, exerce contre l'aréomètre sollicité à plonger par la force électrique. Les mouvements de l'aréomètre sont indiqués, d'une manière apériodique, par le sommet de la tige qui, par ses déplacements, accuse une certaine intensité (ou une certaine force électromotrice) (Voir *Voltmètre*) dont le degré est obtenu par comparaison. Les courbes qui représentent ce déplacement offrent un point d'inflexion dans le voisinage duquel elles ne s'éloignent pas beaucoup d'une ligne droite sur une certaine partie de leur longueur ; on a déterminé les variables de manière à utiliser surtout cette partie de la couche. Les bobines des ampèremètres sont formées par une ou deux couches de gros fil dont la résistance, étant très faible, permet de les introduire sans inconvénient dans les circuits sur lesquels on veut opérer.

MÈTRE. Voltmètre. — 1° L'instrument de MM. Ayrton et Perry pour mesurer la force électromotrice est semblable à leur Ammètre, sauf quelques modifications. La différence essentielle réside dans le diamètre du fil de la bobine, qui est très petit ; les communications à ses extrémités sont disposées de manière à mesurer la différence de potentiel entre les deux points.

2° *Galvanomètre de M. Deprez.* — Cet instrument ne diffère du galvanomètre dont nous avons parlé précédemment que par les mêmes modifications que celles que nous venons de signaler dans l'instrument de MM. Ayrton et Perry.

3° *Galvanomètre de torsion de Siemens.* — Il consiste en un aimant en forme de cloche, suspendu entre deux bobines de fil fin au moyen d'un fil et d'un ressort spirale. Les déviations de l'aimant, sous l'influence du courant, sont contrebalancées par le ressort, comme dans l'électrodynamomètre, de manière que les angles de torsion soient simplement proportionnels aux in-

1. *Académie des Sciences, Comptes rendus,* 1885, t. CI, p. 742.

tensités. On peut faire usage de différentes résistances additionnelles pour faire varier la sensibilité de l'instrument.

MÈTRE. Voltmètre de W. Thomson[1] (***Thomson's Potentialgalvanometer* — Potentialgalvanometer**). Le voltmètre de W. Thomson ne diffère de son *ampèremètre* que par la résistance de sa bobine qui est considérable. Son emploi repose sur les considérations suivantes. Si l'on considère une bobine installée en circuit dérivé, sur le circuit principal, la résistance et la différence de potentiel, entre les deux points de dérivation, seront diminuées. Toutefois, en augmentant peu à peu la résistance de la bobine, on diminuera d'autant moins le régime du circuit principal, et lorsque la résistance de la bobine est considérable (ce qui est le cas du voltmètre de Thomson), la différence du potentiel des deux points de dérivation n'en sera plus affectée que d'une quantité négligeable. Mais la différence du potentiel entre deux points d'un circuit étant proportionnelle à l'intensité du courant qui le traverse, les indications qui représentent l'intensité fourniront le moyen d'obtenir par conséquent aussi la différence de potentiel. Pour la graduation du galvanomètre, on procède exactement comme pour l'ampèremètre de Thomson et on tire, de la formule $I = \frac{E}{R}$, la valeur de $E = IR$ — R étant connue en ohms et I en ampères (Voir *Ampèremètre*), la formule fournira la valeur de E en volts. On tient compte, comme dans le cas de l'ampèremètre, de la modification de l'intensité du champ magnétique au moyen de la même formule $I = \frac{D \times C}{n}$.

MÈTRE. Voltmètre de M. de Lalande. — C'est le même appareil que l'Ampèremètre du même inventeur, seulement avec une résistance de 1700 ohms et une bobine en fil fin.

MÈTRE. Ergmètre. — 1° M. Marcel Deprez a adressé, sur cette question, d'intéressantes communications à l'Académie des Sciences, en 1880. Le mesureur d'énergie de M. Marcel Deprez consiste en un cadre multiplicateur d'assez grandes dimensions, dans l'intérieur duquel se trouve un second cadre mobile sur des couteaux. Sur le cadre fixe est enroulé un fil fin et long constituant un circuit dérivé. Le deuxième cadre, au contraire, est entouré d'un gros fil traversé par le courant principal. Une petite masse fixée au cadre mobile dans le prolongement de la droite qui joint l'axe des couteaux au centre de gravité de ce cadre permet d'obtenir l'effort antagoniste qui doit faire équilibre au couple résultant des actions réciproques des deux courants qui traversent les cadres. Les déviations donnent le produit de l'intensité et de la force électromotrice, c'est-à-dire l'énergie.

En ajoutant un totalisateur, on peut obtenir, à un instant quelconque, la valeur de l'intégrale faisant connaître la quantité

---

1. Gray, *Absolute measurement in electricity and magnetism*, p. 64. — Dredge, *Electric illumination*, 2e vol. p. 42.

d'énergie qui a traversé le circuit pendant un temps déterminé.

2° MM. Ayrton et Perry ont inventé un mesureur d'énergie composé, comme celui de M. Marcel Deprez, de deux bobines, l'une fixe composée de gros fil traversée par le courant principal, et l'autre avec shunt, suspendue dans l'intérieur du premier cadre. Les axes des deux bobines étant parallèles, le passage d'un courant tendra à mouvoir celle qui est mobile. Le gros fil mesurant l'intensité du courant et le fil fin la force électromotrice, par la différence de potentiel, la déviation est le produit de ces deux quantités et fournira l'énergie du courant.

3° *Le Wattmètre de M. Siemens* est fondé sur le même principe que son électrodynamomètre. Les deux bobines sont pourtant distinctes l'une de l'autre avec des bornes séparées pour chacune d'elles. La bobine fixe de gros fil mesure la force électromotrice, tandis que la bobine mobile en mesure l'intensité. La position résultante est due au produit de ces deux quantités, c'est-à-dire à l'énergie. Le produit de volts par des ampères donne des watts qu'indique l'angle de torsion sans l'intervention d'aucune table.

MÈTRE. Ohmmètre. — *L'Ohmmètre* de MM. Ayrton et Perry est formé de deux bobines, l'une de gros fil, pour le courant principal, l'autre de fil fin pour obtenir la force électromotrice. Les deux bobines étant à angle droit l'une par rapport à l'autre, une aiguille sous l'influence des courants qui traversent les deux bobines, exprimera, par sa déviation, le rapport $\frac{E}{I}$ c'est-à-dire R.

MÈTRE. Coulombmètre. — 1° Les Coulombmètres sont des enregistreurs. Parmi ces instruments, les uns sont fondés sur les lois de l'électrolyse, c'est-à-dire accusent, par le poids de la substance déposée au pôle négatif dans un bain, la quantité d'électricité que l'on a employée.

2° M. Sprague emploie aussi la méthode électrolytique. Il dispose dans le circuit un électrolyte fournissant un dépôt jusqu'à un poids déterminé. Au moment où le poids est atteint, le courant se renverse et fonctionne en sens inverse. Un compteur enregistre le nombre de mouvements de bascule ainsi produits et par conséquent la quantité d'électricité qui s'est écoulée pour obtenir ces dépôts. (Voir CADIAT et DUBOST, *Traité pratique d'électricité industrielle,* p. 67.)

3° MM. Ayrton et Perry ont fait usage d'une autre méthode pour obtenir la quantité. Ils ont placé un simple moteur électromagnétique en dérivation sur le circuit principal. Le courant est proportionnel à la vitesse de ce moteur et la quantité d'électricité, passant dans un temps donné, est proportionnelle au nombre total de révolutions, effectuées dans le même temps, qui est indiqué par un compteur de tours monté sur l'arbre de rotation.

MÈTRE. Coulombmètre de M. Lippman. Le coulombmètre (ou compteur d'électricité), de M. Lippmann, est fondé sur le même principe que son galvanomètre à mercure dont il ne diffère que par la possibilité d'enregistrer le dénivellement continu du mercure sous l'influence du courant. Pour cela, le tube de son galvanomètre où se produit la différence de niveau (Voir *Galvanomètre à mercure de Lippmann*) se recourbe horizontalement et déverse, par un tube de verre horizontal, l'excédant de la colonne mercurielle dans un auget calibré d'un moulinet. Ce moulinet, mis en mouvement par le mercure, qui, en tombant dans les augets, y produit un effort déterminé, accuse, par le nombre de tours et de fraction de tour, la quantité de mercure qui a passé. Or, le poids du mercure qui s'écoule pendant une seconde est proportionnelle à l'intensité du courant. Le poids de mercure écoulé, pendant un temps quelconque, est donc proportionnel à la quantité d'électricité écoulée.

MÈTRE-AMPÈRE. Si l'on désigne par *e* l'effort qu'exerce, normalement aux lignes de force, un conducteur d'un mètre de longueur traversé par un ampère, dans un champ magnétique, l'effort total exercé par un conducteur de longueur L et parcouru par un courant d'intensité I, sans que l'intensité du champ magnétique soit modifiée, sera *e* L I. Le produit LI est ce qu'on appelle les mètres-ampères. La considération des mètres-ampères dans l'étude des machines dynamoélectriques a l'avantage de remplacer des données électriques par des données mécaniques souvent plus familières et de rendre plus simples les calculs de dimensions de ces machines.

MEYER (Bernard). Chef de station des télégraphes français, né le 18 avril 1830, à Uffholtz (Haut-Rhin), et mort à Malzeville (Meurthe-et-Moselle), le 25 juillet 1884. Il est l'inventeur d'un appareil autographique (1865) et d'un appareil multiple (1871), basé sur la division du temps qui a été d'une application féconde en télégraphie.

MHO (*Mho* — **Mho**). Expression proposée par S. W. Thomson, en 1883, pour désigner l'unité de conductibilité qui lui semblerait plus avantageuse que l'unité de résistance. Mho dérive simplement de « ohm » dont les lettres ont été prises de droite à gauche.

MICA (*Glimmer* — **Mica**). Nom d'un groupe de composés chimiques naturels ou de minéraux qui sont des silicoaluminates de potasse, de fer et de magnésie. Ces corps, qui peuvent se cliver pour ainsi dire à l'infini, sont employés, dans les condensateurs, comme diélectriques. La résistance spécifique du mica à 20° est égale à $8{,}4 \times 10^{22}$ (Ayrton et Perry) et sa capacité inductrice spécifique s'élève à 5,20.

MICRO (μικρός petit). Préfixe indiquant le sous-multiple d'une unité C. G. S. ; il équivaut à un millionième de l'unité. Ainsi, *Microfarad* vaut 1/1000000 de Farad.

MICROMÈTRE à étincelle (μικρός petit, μέτρον mesure) (*Funkenmikrometer, Funkenmesser* — **Measuring jar**). Appareil destiné à mesurer la longueur d'une étincelle électrique, c'est-à-dire la distance explosible.

MICROOHMMÈTRE[1] (μικρός petit, ohm—, μέτρον mesure, composé barbare). (*Microohmmeter* — **Microohmmeter**). M. Maiche a proposé, en 1885, un instrument destiné à mesurer les résistances et qu'il a appelé microohmmètre. Il est basé sur l'influence que deux bobines, mobiles dans des guides, montées de part et d'autre du point de suspension d'une aiguille aimantée, ont sur cette dernière, lorsqu'elles sont parcourues par un courant issu de la même pile et traversent en même temps la résistance à mesurer. La position que l'on est obligé de donner aux bobines, montées sur des vis micrométriques, pour ramener l'aiguille à zéro, indique, d'après une graduation, le nombre de microohms introduits dans le circuit.

MICROPHONE[2] (μικρός petit, φωνή voix) (*Mikrophon* — **Microphone**). Mot adopté depuis longtemps déjà par Wheatstone et qui a été employé, en 1878, par M. Hughes, pour désigner un appareil dans lequel les vibrations produites par les sons sont utilisées à la modification de la résistance d'un circuit, par la pression au contact de deux corps semi-conducteurs (charbons ou autres substances), intercalés et traversés par un courant, sous l'influence d'une force électromotrice constante. Les variations de résistance suivant la même loi que les mouvements de vibration des corps qui, par la pression qu'ils subissent, déterminent la variation de résistance, l'intensité du courant qui traverse le circuit varie par suite suivant cette même loi et cette intensité variable est utilisée pour produire dans le téléphone les sons émis à proximité du microphone ou du téléphone transmetteur.

MICROTASIMÈTRE (μικρός petit, τάσις tension, effort, μέτρον mesure) (*Mikrotasimeter* — **Microtasimeter**). Appareil d'Édison destiné à accuser au galvanomètre des différences très faibles de température et d'humidité ; il est fondé sur les augmentations et les diminutions de volume que des différences de chaleur et d'humidité produisent dans une barre encastrée à ses deux extrémités et s'appuyant contre une plaque de noir de fumée. Cette plaque changeant de résistance avec la pression modifie l'intensité d'un courant dans le circuit d'un galvanomètre et produit des déviations variables de l'aiguille du galvanomètre.

MIROIR[3]. **Lecture au miroir** (*Spiegelablesung* — **Mirror reading**). Service sur les câbles sous-marins où l'on emploie le miroir Thomson et consistant dans la lecture des signaux formés par des déviations convenues de l'image du rayon lumineux projeté

1. *Bulletin de la Société des Electriciens*, 1885.

2. Fleeming Jenkin, *Electricity*. — *Scientific American*, 22 juin 1878. — *Annales télégraphiques*, 1878, p. 396. — *Proceedings of the royal Society*, 8 juin 1878. — En 1865, M. Clérac, fonctionnaire des télégraphes français, avait construit un rhéostat dans lequel il employait de la poussière de charbon que l'on comprimait plus ou moins au moyen d'une vis. La résistance de cette poudre variait avec la pression. Ce phénomène avait été signalé en principe, depuis 1855, par M. Du Moncel.

3. *Journal of the Society of telegraph engineers*, t. V, p. 248. — *Telegraphic Journal*, t. I, p. 269 ; t. II, p. 222. — Prescott, *Electricity and electric telegraph*, p. 148, 151, 557.

sur le miroir, sous l'influence des mouvements de l'aimant récepteur. C'est à Poggendorff qu'on fait remonter le mérite de cette invention.

MODÉRATEUR[1] (*Beruhigungsstab* — **Damper**). Barreau aimanté destiné à amortir les oscillations de l'aiguille aimantée.

MODÉRATEUR. Appareil modérateur ou amortisseur (*Dämpfer* — **Damper**). Disque de cuivre destiné à amortir les oscillations d'une aiguille aimantée, par suite de la réaction des courants d'induction, développés par le mouvement de l'aiguille dans le disque, sur cette même aiguille.

MODULE pratique[2] (ou d'immersion) (*Sicherheitsmodul* — **Practical modulus, Immersion strain**). Longueur du câble que celui-ci pourrait supporter sans danger s'il était suspendu verticalement dans l'eau. Généralement le module pratique est admis comme étant le tiers du module de rupture.

MODULE de rupture[3] (*Festigkeitsmodul* — **Breaking modulus, Breaking strain**). Longueur qui entraine forcément la rupture lorsque le câble est suspendu verticalement. La formule du module de rupture est $M = \frac{A}{D-d}$ dans laquelle M est le module de rupture, A la charge de rupture, D la densité du câble et d celle de l'eau de mer.

MOIGNO (**François-Napoléon-Marie**). Jésuite français, né le 20 avril 1804, à Guémené (Morbihan), et mort à Saint-Denis le 13 juillet 1884. On lui doit un traité estimé de télégraphie électrique (1re édit. 1849 et 2e édit. 1852) et une foule d'articles, sur tous les sujets, dans son journal, *Le Cosmos*, et dans d'autres journaux. Il publia également des traductions de différents ouvrages anglais, tels que ceux de Grove, Tyndall, etc.

MOLÉCULE d'électricité. (Voir *Charge moléculaire.*)

MOLETTE (*Schreibrädchen, Schreibscheibe* — **Printing disc**). Petit disque, tournant au-dessous d'un tampon mobile garni d'encre et contre lequel le papier est soulevé, par l'armature de l'électroaimant, à chaque signal de l'appareil Morse. La molette mobile a été inventée par M. John, employé des télégraphes d'Autriche en 1856 ; MM. Digney l'ont rendue fixe et plus pratique, en 1857.

MOLETTE. Appareil Morse à molette (*Farbschreiber* — **Morse ink recorder**).

MOMENT[4] **magnétique** ou **moment magnétique absolu** (*Moment des Magnetes* — **Magnetic moment**). Le moment ma-

1. MAXWELL, *Electricity and magnetism*, t. II, p. 314.

2. BLAVIER, *Télégraphie électrique*, t. II, p. 140. — DOUGLAS, *Manual of telegraph construction*, p. 40, 47, 108.

3. *Agenda Dunod, 1885. Postes et télégraphes*, p. 189.

4. *Philosophical Magazine*, 1878, 2e sem., p. 321. — MAXWELL, *Electricity and magnetism*, t. II, p. 8. — GAVARRET, *Traité d'électricité*, t. I, p. 263.

gnétique d'une aiguille est le moment du couple qu'il faut appliquer à l'aiguille, pour la maintenir à 90° de sa position d'équilibre. Il est mesuré par le produit de la distance des pôles par le nombre correspondant à leur intensité commune.

MOMENT. **Unité de moment magnétique** (***Einheit magnetisches Momentes*** — **Unit of magnetic moment**). C'est le moment d'un aimant dont les pôles renferment l'unité de magnétisme et sont placés à l'unité de distance.

MOMENT de rotation d'un aimant (***Rotationsmoment*** — **Moment of rotation**). Le moment de rotation d'un aimant est le produit du moment magnétique (Voir ce mot) par l'intensité du champ magnétique dans lequel se trouve cet aimant.

MONOCNÈME (μόνος seul, κνήμη jambe, pour κνημίς enveloppe). Expression qui, dans la classification des électroaimants, admise par Nicklès, signifie « à une seule hélice. »

MONOPHOTE (μόνος seul, φῶς, φωτός lumière). **Lampe monophote** (***Lampe mit Einzellicht*** — **Lamp in simple circuit, Monophote lamp**). La lampe monophote est une lampe unique dans un circuit électrique et qui n'admet pas la divisibilité de la lumière électrique. Dans les lampes de cette espèce le système électromagnétique qui produit le réglage est sur le même circuit que l'arc. Si l'intensité est trop grande, un électroaimant agit sur l'un des charbons de la lampe et le rappelle en arrière. (Voir *Régulateur*.)

MONTEUR du fil (***Drahtauflleger*** — **Pole climber, Ladder man, Man taking up the wire**). Agent spécialement chargé de soulever le fil télégraphique jusqu'au niveau de l'isolateur, lors de l'établissement de la ligne.

MONTURE en fer (***Tragebock, Mauerbügel*** — **Wall bracket**). Appareil en fer pour porter les lignes télégraphiques au-dessus des murs.

MONTURE double (***Doppelbock*** — **Double wall bracket**). Même destination.

MORDACHE à souder (***Löthkluppe*** — **Soldering pincer**). Pince pour maintenir les fils au moment de les souder.

MORSE (Samuel-Finlay-Breese). Inventeur du premier télégraphe écrivant, né le 27 avril 1791, à Charlestown (Massachusetts) et mort le 2 avril 1872, à New-York. Son télégraphe date du 2 septembre 1837. (Voir pour ses travaux *Silliman's Journal, 1838-1848; — Boston Morning Post, 1849; — Rapport des commissaires de l'Exposition de 1867-1869.*)

MORSE. (Voir *Appareil.*)

MORTIER électrique (***Elektrischer Mörser*** — **Electric mortar**). Instrument destiné à démontrer le pouvoir calorifique d'une décharge électrique en enflammant, au moyen d'une étincelle, une goutte d'éther mise au fond d'un petit mortier sur la bouche duquel est une bille d'ivoire qui est lancée par l'expansion subite de la vapeur.

MOTUS stoechiagus (***Motus stoechiagus*** — **Electric osmose**). Nom donné primitivement à l'endosmose électrique, par Rouss, en 1807.

MOU d'un câble[1] (*Abtrieb eines Kabels* — **Slack of a cable**). Longueur du câble en plus de la distance à parcourir entre deux points, calculée suivant le profil des profondeurs et à 10 0/0 en moyenne; cette longueur, qui va parfois jusqu'à 20 0/0, avec la fraction représentant les écarts de route, est destinée à empêcher que le câble ne soit déposé avec tension au fond de la mer. La valeur du mou est $M = \frac{6000}{v\,t} - 1000$; t est le nombre de minutes qu'un mille marin met à filer, v est la vitesse du navire en nœuds par heure.

MOUSE-MILL (*Mäusemühle, Mouse-Mill* — **Mouse mill**). Appareil composé de longues lames de cuivre, mobiles, disposées comme les douves d'un tonneau, et d'inducteurs de surface cylindrique encadrant les lames mobiles. La plus petite charge, sur un des inducteurs, suffit pour amorcer l'appareil, et il est impossible de maintenir les inducteurs au même potentiel. Dès que les lames mobiles sont en mouvement, on ne tarde pas à obtenir les étincelles. Ces appareils servent à régler la charge d'un condensateur dont le niveau est indiqué par une jauge électrométrique.

MOUVEMENT (*Bewegüng* — **Motion**)[2]. Toutes les forces cosmiques ont pour effet de produire un mouvement. Ainsi la chaleur, la lumière, l'affinité chimique, l'électricité, le magnétisme... produisent différents phénomènes qui se traduisent toujours par un mouvement. L'électricité, par exemple, produit l'attraction ou la répulsion des corps, de même aussi le mouvement produira l'électricité dans le frottement ou l'induction. La réversibilité est une propriété inhérente à toutes les formes de l'énergie. (Voir *Chaleur, Lumière, Affinité chimique.*)

MOXA électrique (*Elektrische Moxa* — **Electric moxa**). Nom donné au mode de cautérisation produit par l'étincelle électrique s'échappant d'un balai métallique et fouettant la peau en différents points.

MULTIDROME[3] (Mot hybride : *Multus* beaucoup de, δρόμος course). Expression hybride, admise cependant à dessein par Nicklès, dans sa classification des électroaimants et signifiant « à beaucoup de disques ».

MULTIPLE. Télégraphe multiple[4] (*Mehrfacher Telegraph* —

---

1. Lat. Clark and Robert Sabine, *Electrical tables and formulæ*, p. 151. — Kempe, *Handbook of electrical testings*, p. 181. — Douglas, *Manual of telegraph construction*, p. 395. — *Agenda Dunod, Télégraphes et postes*, 1885, p. 191.

2. Grove, *Corrélations des forces physiques*.

3. Nicklès, *Les électroaimants et l'adhérence magnétique*, 1860.

4. Du Moncel, *Applications de l'électricité*, t. III, p. 431. — Zetzsche, *Handbuch der Telegraphie*, t. I, p. 508. — *Annales télégraphiques*, 1874, p. 187 ; 1876, p. 525 ; 1877, p. 20, 56, 192, 320. — *Journal of the Society of telegraph engineers*, t. VII, p. 440 ; t. VIII, p. 38.

Multiple telegraph). Télégraphe au moyen duquel on transmet deux dépêches soit simultanément, en sens contraire [systèmes Gintl (1853), Edlund (1854), Nystrom (1855), Frischen (1863), Siemens (1854), Stearns (1872) et Preece], soit en utilisant les intervalles qui séparent les émissions de courant pendant la transmission des dépêches [systèmes Rouvier (1860), Meyer (1872), Baudot (1876)], soit enfin en envoyant des courants de différentes intensités et réglées de manière à correspondre chacune à un appareil donné.

MULTIPLE. Dépêche multiple. (Voir *Dépêche.*)

MULTIPLICATEUR (*Multiplikator* — **Multiplier**). Nom donné au galvanomètre, par Schweiger, qui en inventa la disposition en 1820, parce que le cadre, avec ses nombreuses spires, multiplie l'action du courant sur l'aiguille aimantée. (S. *Galvanomètre, Rhéomètre.*)

MULTIPLICATEUR de Varley (*Varley's Multiplikator* — **Varley's multiplier**). Appareil formé par des conducteurs métalliques fixés sur une roue en ébonite tournant à l'intérieur de deux surfaces métalliques qui jouent le rôle d'inducteurs. Les conducteurs viennent frotter, dans leur mouvement, contre des boutons reliés à la terre et d'autres en relation avec les inducteurs. Cet appareil joue le même rôle que le Replenisher et permet, en quelques tours de l'appareil, de recueillir de l'électricité à un haut potentiel.

MUSCLE (*Muskel* — **Muscle**). Un muscle ou un nerf entrant en action dégage une petite quantité d'électricité qui se manifeste sous forme de courant. L'expérimentation physiologique a démontré que les muscles et les nerfs, y compris le cerveau et la moelle épinière, sont doués, pendant la vie, d'une force électromotrice. Les muscles produisent, en se contractant, un courant opposé aux courants qu'ils développent à l'état de repos.

MUSSCHENBROCK (Pieter van). Professeur de mathématiques et de physique à Leyde, né le 14 mars 1692 à Leyde, et mort, dans la même ville, le 19 septembre 1761. Il fut mêlé aux premières expériences de Cunaeus sur la bouteille de Leyde, en 1746. (Voir pour ses travaux divers *Philosophical Transactions*, 1725, 1731, 1732, 1734 et différents mémoires pour l'énumération desquels nous renvoyons au *Ronalds catalogue.*)

MYOPHONE (μῦς, μυός muscle, φωνή bruit) (*Myophon* — **Myophone**). Instrument réalisé par le Dr Boudet de Paris, pour percevoir le bruit des muscles dans l'organe humain. Cet appareil est basé sur l'emploi du microphone.

N

NAIRNE (Edward). Mécanicien anglais, mort à Londres, en 1806; il était membre de la Société Royale. Il publia différents petits opuscules, d'abord sur la machine électrique qu'il a inventée (1783), sur le raccourcissement des fils par les décharges électriques, sur les paratonnerres. (*Philosophical Transactions,* 1780, 1783, 1779.)

NAPPE de feu (*Lichthülle* — **Sheet of fire**). Aspect particulier de la lumière électrique sous forme d'une surface éclairée vivement.

NEEF (Christian-Ernest). Médecin allemand, né le 23 août 1782, à Francfort-sur-Mein, et mort le 15 juillet 1849, dans la même ville. On lui doit l'interrupteur qui porte le nom de roue de Neef. (Voir cette expression) (*Poggend. Annalen,* 1835).

NÉGATIF. Électricité négative (*Negative Elektricität* — **Negative electricity**). Dans la théorie unitaire, c'est la quantité d'électricité moindre que la quantité constituant l'état neutre; dans la théorie des deux fluides, c'est l'électricité semblable à celle que produit la résine frottée avec de la laine et qui, réunie à une égale quantité d'électricité vitrée, constitue l'état neutre.

NÉGATIF. Pôle négatif (*Negativer Pol* — **Negative pol**). Point où il est admis, par convention, que le courant positif rentre dans la pile.

NETTOYAGE des isolateurs (*Reinigung der Isolatoren* — **Cleaning of isolators**). Sur les lignes télégraphiques, les isolateurs, surtout dans le voisinage des centres industriels et des gares, se recouvrent de poussières de charbon et d'autres corps qu'il est très important d'enlever, à de certaines époques, avec une dissolution de potasse. L'état de la surface d'un isolateur a la plus grande influence sur ses propriétés isolantes et la conductibilité de masse peut être négligée par rapport à la conductibilité superficielle d'un isolateur en bon état.

NEUMANN. Coefficient de Neumann. Neumann a employé, le premier, le coefficient d'aimantation induite ou la fonction magnétisante qui porte quelquefois son nom. (Voir ces expressions.)

NEUTRALISER (se) (*Sich ausgleichen, Sich neutralisiren* — **To be neutralised**). Deux charges égales d'électricité de signe contraire se neutralisent lorsqu'elles sont reliées l'une à l'autre par un conducteur qui en égalise le potentiel.

NEUTRE. (Voir *Ligne ou Zone.*)

NEWMANN. Loi de Newmann. (Voir *Courant induit, Loi de Newmann.*)

NEUTRE. (*Ligne neutre.*)

NICHOLSON (William). Ingénieur anglais) né en 1753, à Londres, et mort, dans la même ville, le 21 mai 1815. Son nom est associé à celui de Carlisle. (Voir ce mot) dans les expériences de décomposition de l'eau par la pile.

NICKELAGE galvanique (*Galvanische Vernicklung* — **Nickel electroplating**). On obtient un nickelage galvanique en décomposant le sulfate double de nickel et d'ammoniaque (1 kilog. dissous dans 10 litres d'eau) au moyen d'un courant de faible intensité et en employant une électrode soluble au pôle positif. Les dépôts reçus au pôle négatif ne sont convenables qu'avec un courant faible, autrement ils se déchirent. La chaleur du bain doit être douce. (Voir *Fontaine, Électrolyse*, p. 113 et suiv.)

NICKELINE (*Nickeline* — **Nickelin**). Composé dû à M. H. Kirchhof, dans lequel le nickel entre comme partie constituante et dont la résistance spécifique est égale à 0,4117, avec un coefficient de température de 0,00028, chiffre inférieur à celui du maillechort et de l'alliage platine-argent.

NICKLÈS (François-Joseph-Gérôme). Professeur de chimie à la Faculté des sciences de Nancy, né le 30 octobre 1820, à Erstein (Bas-Rhin), et mort, à Nancy, le 3 avril 1869. Il s'est occupé des électroaimants, dont il a établi une classification dans un volume intitulé : *Les Électroaimants et l'adhérence magnétique*, 1860. (Voir également *Annales de physique et de chimie*, 1851-1853 et *Revue des Sociétés savantes, mai* 1859.)

NIGRITE (*Nigrite* — **Nigrite**). Composé isolant inventé par M. Field et composé de deux parties d'ozokérite et d'une partie de caoutchouc.

NIVEAU potentiel (*Potentialniveau* — **Potential level**). Valeur du potentiel en un point d'une surface, ou plutôt différence entre le potentiel de ce point et le potentiel de la terre, que l'on regarde comme égal à zéro.

NIVEAU. Différence de niveau potentiel (*Potentialniveau-differenz* — **Difference of potentials**). Travail nécessaire pour transporter une unité d'électricité d'un point à un autre.

NIVEAU. Ligne de niveau[1] (*Niveaulinie* — **Niveau line**). M. Guebhard est arrivé aux résultats importants suivants concernant les lignes de niveau. Lorsqu'on place à une petite distance d'une lame mince de métal, dans une solution d'acétate de plomb et d'acétate de cuivre, les extrémités libres de deux conducteurs en communication avec les pôles d'une pile en activité, on donne naissance à un double système d'anneaux de Nobili (Voir ces mots) dont les formes très diverses sont d'une constance et d'une régularité remarquables, en rapport avec les situations respectives des électrodes et du contour de la surface conductrice. Si l'on choisit la forme de celles-ci et la situation de celles-là, de manière à réaliser, sur des portions finies de surfaces planes, les divers cas d'écoulement stationnaire dont l'in-

1. *Lumière électrique*, 1880, p. 216.

tégrale a pu être calculée, on constate que le système des bandes colorées correspond toujours exactement au système théorique des lignes équipotentielles, telles qu'elles ont été déterminées, dans quelques cas, par MM. Kirchhof, Smaassen, Quincke et Auerbach.

NOBILI (Leopoldo). Professeur de physique à l'Université de Florence, né à Trassilico, près Reggio (Modène), en 1784, et mort, à Florence, le 5 août 1835. On lui doit plusieurs découvertes, telles que celle des anneaux appelés *Anneaux de Nobili* (1829); *la Démonstration de l'existence du courant propre dans la grenouille* (1827); *l'Application des aiguilles astatiques aux multiplicateurs* (1826). Ses travaux ont été l'objet de nombreux mémoires pour la liste desquels nous renvoyons au *Ronalds catalogue* (Voir *Annales de physique et de chimie*).

NOLLET (Jean-Antoine). Abbé du diocèse de Noyon, né à Pimpré le 19 novembre 1700, et mort le 24 avril 1770, à Paris. Il fit un grand nombre d'expériences didactiques ou critiques et proposa de mesurer la force électrique par l'angle de l'électromètre à deux fils. Il publia quantité d'ouvrages sur la physique et l'électricité. Ces derniers sont : *Essai sur l'électricité des corps* (1747); — *Recherches sur les causes particulières des phénomènes électriques* (1749, 1754); — *Recueil de lettres sur l'électricité* et une grande quantité de mémoires dans les Mémoires de l'Académie sur les questions soulevées à cette époque, théorie de Symmer, etc.

NORMANN (Robert). Fabricant d'instruments de précision et marin anglais, qui inventa la boussole d'inclinaison et observa le premier la valeur de cet angle, en 1576, à Londres (GILBERT, DE MAGNETE).(Voir *Hartmann*.)

NOTICE. Sous forme de notice de service (*Notizweise* — **Under the form of a notice**). Mention inscrite dans certaines dépêches et relatant un incident de service.

NOYAU de l'électroaimant (*Eisenkern* — **Core of an electromagnet**). Fer doux formant l'axe d'une bobine.

NUAGE orageux[1] (*Gewitterwolke* — **Lightning cloud**, ou **Thunder cloud**, ou **Storm cloud**). Nuage chargé d'électricité, tantôt positive, tantôt négative.

O

ODEUR électrique (*Elektrischer Geruch* — **Electric odeur**). Odeur particulière provenant de la transformation de l'oxygène

1. *Annales de chimie et de physique*, t. VIII, 2e série. — MOHN, *Meteorologie*, p. 315.

atmosphérique en ozone et de la formation d'une petite quantité d'acide azotique sous l'influence des décharges électriques.

ŒILLET du crochet de l'isolateur (***Hackenöse*** **— Hook, Eyelet hole**). A l'extrémité du support, dans les anciens isolateurs télégraphiques, le fer se recourbait en un crochet dans l'œillet duquel reposait le fil de ligne.

OERSTED (Hans-Christian). Professeur à l'Université de Copenhague, né le 14 août 1777, à Rudkjöbing (Langeland) et mort à Copenhague, le 9 mars 1851. Il est l'auteur de la découverte de l'influence du courant sur l'aiguille aimantée (21 juillet 1820). Il traita de cette question dans son mémoire : *Experimenta circa effectum conflictus electrici in acum magneticum*, et publia une grande quantité d'articles dans différentes revues, telles que : *Schweigger Journal* (1812 à 1842); *Annales de Poggendorff* (1826-1849) ; *Annales de physique et de chimie* (1822-1823).

ŒUF électrique (***Elektrisches Ei*** **— Electrical egg**). Œuf creux en verre, dans l'intérieur duquel on raréfie les gaz, pour y observer l'aspect des décharges dans des conditions déterminées de pression et de milieu.

ŒUF soupape [1] (***Ventilei*** **— Egg plug**). Œuf en verre, employé par Gaugain, pour montrer la facilité qu'a l'électricité de passer d'une électrode couverte en partie d'une substance isolante à une autre électrode nue, tandis que le passage inverse n'a pas lieu ; on s'est servi de cette propriété pour dédoubler les courants lancés alternativement en sens contraire dans le même circuit.

ŒUVRE. Transport à pied d'œuvre (***Transport nach den Lagerplätzen*** **— Transport to working place**). Transport du matériel au point où il doit être employé.

OFFICE. Répétition d'office (***Amtliche Wiederholung*** **— Free repetition**). Répétition d'une dépêche faite, par mesure administrative, sans que la volonté de l'expéditeur ou du destinataire intervienne.

OHM (Georges-Simon). Célèbre mathématicien allemand, né le 16 mars 1787, à Erlangen, et mort à Munich, le 7 juillet 1854. Il appliqua, à l'étude de l'électricité, les principes posés par Fourier pour la propagation de la chaleur, dans un mur indéfini et arriva, en 1826, à la fameuse *loi de Ohm* qu'il exposa dans une brochure intitulée : *Die galvanische Kette mathematisch bearbeitet, 1827*, traduite en français par Gaugain. Ohm publia encore différents travaux dans le *Journal de Schweigger*, 1825-1827-1829-1833; dans le *Kastner's Archiv*, 1828-1829; dans les *Poggendorff's Annalen*, 1825-1826 (Voir *Pouillet*).

OHM [2] (***Ohm*** **— Ohm**). Ch. Bright et Latimer Clark proposèrent à

1. *Comptes rendus de l'Académie des Sciences de Paris*, 19 mars 1855, 7 janvier 1856.

2. OHM, *Théorie mécanique des courants électriques* (Traduction Gaugain), 1827. — *Journal de physique*, 1882, p. 313. — BLAVIER, *Des grandeurs électriques et de leur mesure en unités absolues*.

l'Association Britannique, en 1861, de donner le nom du mathématicien Ohm à l'unité pratique de résistance électrique; cette proposition a été adoptée par la Commission et consacrée par le Congrès de Paris (1881). L'ohm est égal à 10^9 unités C. G. S. Dimensions LT^{-1}. Cette dernière est elle-même égale à la résistance d'un conducteur dont la différence de potentiel, à ses deux extrémités, est une unité C. G. S. et qui accuse un courant d'une unité d'intensité. L'ohm légal est la résistance d'une colonne de mercure de 1 millimètre carré de section et $1^m,06$ de longueur, à la température de la glace fondante. L'ohm est égal à 1,0456 unité Siemens, ou l'unité Siemens est égale à 0,956 ohm. En se rapportant aux dimensions de l'ohm $\frac{L}{T}$, ou en général d'une résistance quelconque, on voit qu'elles caractérisent l'expression d'une vitesse. (Voir *Résistance.*) Pour réaliser l'ohm, le Comité de la British Association, en 1863, fit tourner rapidement et régulièrement autour d'un axe vertical un anneau formé de plusieurs tours de fil. Cet anneau, coupant les lignes de force du magnétisme terrestre, est traversé par un courant induit. L'anneau mobile est donc comme le cadre d'un galvanomètre, un aimant étant suspendu à son centre. Or, l'effet magnétique dû à la rotation de la bobine étant proportionnel à la composante horizontale du magnétisme terrestre, à la vitesse de rotation, au nombre des tours de fil de la bobine, et inversement proportionnel à la résistance de ce dernier fil, il en résulte que la résistance peut être calculée comme une vitesse; d'après ces données $R = \frac{m V t}{M}$, R résistance du fil, M effet magnétique, m composante horizontale, V vitesse de rotation, t nombre de tours de fil de l'anneau. L'ohm étant égal à 10^9 unités absolues électromagnétiques, est représenté par une vitesse de 10^9 centimètres ou de dix millions de mètres par seconde.

Avant la mise en usage de l'unité de résistance de l'Association Britannique ou ohm, les unités de résistance employées étaient les suivantes :

1° L'unité télégraphique admise en France, d'après Digney, ou 1 kilomètre de fil de fer de 4^{mm} de diamètre. L'unité Bréguet différait légèrement de la précédente ;

2° L'unité Jacobi ou $8^m,12$ de fil de cuivre du poids de 22 gr. 4;

3° L'unité télégraphique suisse différant peu de l'unité télégraphique française;

4° L'unité Varley ou $1609^m,34$ (1 mille anglais) de fil de cuivre ayant $\frac{1}{16}$ de pouce de diamètre;

5° L'unité télégraphique allemande ou $7532^m,83$ de fil de cuivre ayant un diamètre de $0^m,0021$ à 21° c;

6° L'unité *Matthiessen* ou $1609^m,34$ de fil de cuivre de $0^m,0016$ de diamètre à 15°,5;

7° L'unité *Siemens* ou masse cylindrique de mercure de 1^m de longeur et 1^{mmq} de section à 0° c.

OHM. Loi de Ohm (*Ohm'sches Gesetz* — **Ohm's law**). Ohm est arrivé, en 1827, en appliquant à l'étude de l'électricité les formules de Fourier, pour la propagation de la chaleur, à la loi représentée par la formule simple $I = \frac{E}{R + r}$, vérifiée plus tard en France par les expériences de Pouillet. Cette loi se traduit en langage ordinaire de la manière suivante : « L'intensité d'un courant est proportionnelle à la force électromotrice de la pile et en raison inverse de la somme des résistances du circuit. On peut du reste, en partant de la loi de conservation de l'énergie dans un circuit, et en s'appuyant sur la loi de Joule, arriver à cette formule. En effet l'énergie totale d'un circuit est EI, la quantité de chaleur développée RI^2, dans le cas où l'on n'utilise pas d'autre travail extérieur. $EI = RI^2$ d'où $E = RI$ ou $I = \frac{E}{R}$.

OHMMÈTRE [1] (*Ohmmeter* — **Ohmmeter**). Instrument imaginé par MM. Ayrton et Perry et destiné à fournir en ohms et multiples ou sous-multiples d'ohm la valeur de la résistance d'un circuit. (Voir *Mètre.*)

OMBRE électrique [2] (Crookes, Holtz) (*Elektrischer Schatten* — **Electric shadow**). Phénomène dont l'explication est encore prématurée et qu'on attribuait, avant les expériences de Holtz en plein air, à l'arrêt, produit par un écran, de la matière radiante qui provoque, autour de l'ombre géométrique portée par cet écran, une phosphorescence que la présence de l'écran empêche de produire dans l'ombre; il en résulte dès lors, dans les décharges électriques entre pièces convenablement agencées, des ombres analogues aux ombres par l'absence de lumière.

ONDULATEUR Lauritzen [3] (*Lauritzen'scher Undulator* — **Lauritzen's Undulator**). L'appareil désigné sous le nom de *ondulateur* est un récepteur télégraphique polarisé destiné à l'enregistrement des transmissions à double courant. Cet appareil est employé à Calais, sur le câble de Fredericia, sur lequel il reçoit, par dérivation, les signaux échangés entre les correspondants.

OPPOSITION. Méthode d'opposition (*Gegenschaltung* — **Opposition method**). Méthode dans laquelle on oppose un phénomène à un autre et qui s'emploie dans différentes expériences, par exemple pour évaluer la résistance des piles.

ORAGE [4] (*Gewitter* — **Storm**). Mouvement giratoire d'une masse d'air provenant, d'après la récente théorie de M. Faye, d'une différence de vitesse dans deux veines marchant côte à côte dans les parties supérieures de l'atmosphère et d'où résultent des phénomènes mécaniques et électriques souvent désastreux à la

---

1. *Électricien*, t. IV, p. 122.
2. S. Thompson, *Elementary lessons in electricity and magnetism*, p. 293.
3. *Annales télégraphiques*, 1885.
4. *Annuaire du bureau des longitudes*, 1875, 1877.

surface de la terre. Le mouvement giratoire se propage dans un espace diminuant graduellement de diamètre, et il se produit une augmentation dans la rapidité du mouvement et une compression plus grande de la colonne d'air. Cette compression donne lieu à des phénomènes de chaleur qui, comme dans le cas des tempêtes de sable, n'ont qu'une influence mécanique, la propagation de l'électricité étant dans ce cas gênée par l'absence d'humidité dans la colonne. Si l'air est humide, cette humidité maintient la température du milieu à un degré moins élevé que dans le cas précédent, mais conduit l'électricité qui existe, en quantité considérable, dans les couches supérieures de l'atmosphère, et se rassemble ainsi sur un espace infiniment moindre, dans les couches inférieures où s'amassent les nimbus qui se trouvent portés à un potentiel énorme. Il en résulte, dans ce deuxième cas, tous les phénomènes électriques divers observés pendant les orages.

ORAGE magnétique[1] (*Magnetisches Gewitter* — **Magnetic storm**). Oscillations irrégulières et subites qu'accusent les aiguilles aimantées dans une région considérable du globe. D'après une observation de Celsius et Hjœrter, en 1760, vérifiée de nos jours, les orages magnétiques coïncident avec l'apparition des aurores boréales. (Voir ce mot, *Perturbations* et *Tache du soleil.*)

ORDRES. Livre d'ordres (*Revisionsnotitzbuch* — **Order book**). Livre où le Receveur d'un bureau télégraphique inscrit ses observations et ses ordres pour le personnel.

ORRERIE. Appellation anglaise sous laquelle, à la suite du succès remporté par le planétaire électrique construit par Graham pour lord Orrery, Desaguliers désigna les appareils analogues. Cette dénomination prit bientôt place, au commencement du XVIIIe siècle, dans le langage ordinaire en Europe.

ORTHORHÉONOME[2] (ὀρθός droit, ῥέω couler, νόμος loi) (*Orthorheonom* — **Orthorheonome**). Le professeur Fleischl a employé, pour ses recherches sur l'excitation nerveuse, un appareil auquel il a donné le nom de *orthorhéonome*, et qui n'est, en principe, que le rhéolyseur (Voir ce mot) de M. Wartmann, dans lequel il n'emploie qu'un seul pont. Cet appareil, grâce à un système particulier de mise en mouvement du pont, sert à transmettre un courant croissant ou décroissant d'une période constante, pendant des temps variables.

OSACNÈME (composé barbare : ὁσάκις autant de fois que, κνήμη jambe, pour κνημίς jambart, enveloppe). Expression qui, dans la classification des électroaimants, par Nicklès, signifie « autant d'hélices que de branches. »

OSCILLATION négative. (S. *Variation négative.*)

OSCILLATIONS électriques[3] (*Elektrische Schwingungen* —

1. *Congrès international des électriciens, Comptes Rendus*, p. 173.
2. SCHWARTZE, *Katechismus der Elekricität*, p. 99.
3. *Annales de Poggendorff*, 1871, p. 535.

Electric oscillations). Borstein a constaté des oscillations dans la décharge induite, pendant lesquelles le courant est alternativement inverse et direct; ce phénomène semble être lié à celui de l'étincelle multiple. On a observé des potentiels positifs, puis négatifs, se succédant très rapidement dans le circuit isolé d'une bobine induite, en présence de la bobine inductrice, dans laquelle on interrompt brusquement le courant. Si l'on relie l'une des extrémités du fil induit à terre, l'autre extrémité accuse des potentiels changeant rapidement de signe. La longueur de ces oscillations est accrue, si l'on relie les extrémités du fil induit à un condensateur.

OSCILLOGRAPHE (mot hybride: *oscillari* osciller, γράφω j'inscris) ***Schwingungschreiber*** — **Oscillograph**). Appareil destiné à obtenir, au moyen d'un compteur électrique, le roulis relatif des navires à l'aide du pendule, et le roulis absolu à l'aide d'un viseur dirigé sans cesse vers l'horizon. (Voir Du Moncel, *Applications de l'électricité*, t. IV.)

OUVERTURE d'un circuit. (Voir *Circuit.*)

OUVRIR un circuit. (Voir *Circuit.*)

OXYGÈNE (ὀξύς aigu, acide, γεν engendrer) (***Sauerstoff*** — **Oxygen**). On peut envisager, au point de vue qui nous occupe, les propriétés de l'oxygène dans la formation de l'ozone et dans son pouvoir magnétique (Pour ce qui concerne l'ozone, voir les mots *Ozone* et *Antozone*). Quant aux propriétés paramagnétiques de l'oxygène, elles sont assez accentuées pour qu'il ait été considéré dans l'air, comme le fer l'est dans la terre. Son pouvoir paramagnétique varie avec les variations de température et de densité. Ces dernières variations avaient amené Faraday à lier ces différences sensibles avec les variations de la force magnétique.

OZOKÉRITE (**ou ozocérite**)[1] (ὄζειν sentir, κηρός cire) (***Ozokerite*** — **Ozokerite Schmieröl**). (Cire fossile ou paraffine native). Mélange d'hydrocarbures d'une consistance cireuse, d'un éclat gras, qui se trouve dans un grès accompagné de sel gemme et de lignite à Slanik en Moldavie, à Vienne, à Boryslaw (Galicie) et dans la houillère d'Urpeth près Newcastle. Purifiée, elle offre des propriétés isolantes marquées, et contrairement à certaines indications erronées, elle doit être employée à l'état purifié pour la construction des condensateurs. Sa capacité inductrice spécifique est 2,13.

OZONE[2] (ὄζειν avoir de l'odeur) (***Ozon*** — **Ozone**). Forme allotropique de l'oxygène, qu'on peut obtenir par des décharges disruptives dans ce dernier gaz ou par électrolyse (Voir *Antozone*). Van Marum avait déjà observé l'odeur de ce qu'il appelait la *ma-*

---

1. *Journal of the Society of telegraph engineers*, 1877, p. 10. — Wurtz, *Dictionnaire de chimie*, art. Ozokérite.

2. Wurtz, *Dictionnaire de chimie*, Ozone. — Becquerel et Edm. Becquerel, *Traité d'électricité et de magnétisme*, t. I, p. 202. — Gavarret, *Traité d'électricité*, t. I, p. 511. — Mousson, *Physik auf Grundlage der Erfahrung*, t. III, p. 467.

tière électrique, et il reconnut que l'oxygène odorant oxyde rapidement le mercure à froid. Schoenbein fit, en 1840, une étude spéciale de la substance qu'il regardait comme mêlée à l'oxygène et obtint cette substance qu'il appela *ozone,* en faisant passer un courant d'air ou d'oxygène humide sur du phosphore[1].

OZONISEUR. Tube ozoniseur. (Voir *Tube.*)

P

PACCINOTTI. (Voir *Électroaimant transversal de Paccinotti.*)

PACHYTROPE (παχύς épais, τρέπω j'inverse) (***Pachytrop*** **— Pachytrope**). Commutateur simple, à deux directions, employé par Stœhrer pour inverser les communications de sa pile.

PAETS (van Troostwyk). Négociant hollandais, né le 1er mars 1752, à Utrecht, mort, à Breukelen, le 3 avril 1837. Il s'occupa avec Deimann (Voir ce mot) de différentes recherches relatives à l'électricité et observa, avec son collaborateur, la décomposition de l'eau, sous l'influence d'étincelles électriques, mais ne recueillit jamais que du gaz détonant sans séparation de ses éléments. Ses travaux, en collaboration avec Van Marum, Deimann et Th. v. Kraijenhoff, sont contenus dans différents recueils (Voir *Verhandl. Genootsch. te Rotterdam,* VII, 1783-1787; *Journal de physique,* XXXIII, 1788; *Magazin van Wetenschappen,* 1785, 1790, 1796).

PALETTE (***Anker*** **— Pallet ou armature**). Nom de la pièce de cuivre qui fait corps avec l'armature de l'électroaimant de l'appareil Morse et désigne souvent par extension l'armature elle-même.

PALETTE. Sans palette (***Ankerlos*** **— Without armature**).

PALMER. (Voir *Levier.*)

PANTINS. Danse des pantins (***Puppentanz*** **— Electric danse, Dancing toy**). Expérience d'électricité statique destinée à démontrer, par les mouvements de pantins, entre deux plaques, l'une électrisée, l'autre en communication avec le sol, l'attraction et la répulsion des corps électrisés.

PAPIER. Entrainement du papier (***Papierführung*** **— Paper moving system**). Dans les appareils télégraphiques imprimeurs, le papier (ou bande) se déplace en face de la pièce chargée de

1. *Annales de chimie et de physique,* 3e série, t. XXXV et LXVIII, et 4e série, t. I à XXVII.

gaufrer, tracer ou imprimer les signaux. Ce mouvement continu ou successif est produit par deux cylindres entraîneurs ou un cylindre denté contre lequel le papier est pressé.

PAPIER électrique (*Elektrisches Papier* — **Electric paper**). [Pelouze (1843)]. Papier doué d'une propriété négative électrique prononcée; il s'obtient en trempant du papier ordinaire dans l'acide sulfurique.

PARADOXE magnétique (*Magnetischer Paradox* — **Magnetic paradox**). Expérience dans laquelle un aimant perd sa polarité et abandonne l'armature qu'il tenait au contact, lorsqu'on approche un pôle magnétique de nom opposé de l'extrémité où se trouve l'armature.

PARAFFINE[1] (*Paraffin* — **Paraffine**). La paraffine est un des produits de la distillation de certaines houilles et de bitumes. Elle se trouve aussi dans certaines variétés d'huiles minérales ou de pétrole. Elle a un pouvoir isolant élevé et sert, en télégraphie, à isoler les conducteurs aux points de jonction, à protéger du contact de l'air les fils recouverts de gutta-percha ou de caoutchouc, à faire le papier dit *paraffiné* qu'on emploie comme diélectrique dans les condensateurs et les paratonnerres à plaques. La résistance spécifique de la paraffine, après plusieurs minutes d'électrisation, est de $34{,}000 \times 10^6$ et sa capacité inductrice spécifique comprise entre 1,85 et 2,47, suivant les échantillons.

PARAFOUDRE. (Voir *Paratonnerre.*)

PARALLÈLE magnétique (*Magnetischer Parallel-Kreise* — **Magnetic parallel**). Un parallèle magnétique est une ligne idéale qui est perpendiculaire aux méridiens magnétiques. L'inclinaison et l'intensité magnétiques devraient être les mêmes sur cette ligne, mais ces deux conditions ne se réalisent pas. (Voir *Lignes isoclines et isodynamiques.*)

PARALLÉLOGRAMME de Wheatstone. (Voir *Pont de Wheatstone.*)

PARAMAGNÉTIQUE (*Paramagnetisch* — **Paramagnetic**). Synonyme de *Magnétique* et opposé à *Diamagnétique*.

PARATONNERRE pour habitations[2] (*Blitzableiter* — **Lightning rod**). Tige élevée verticalement au-dessus d'une habitation, munie d'une pointe de platine et en communication d'une manière ininterrompue avec le sol, par une chaîne formée de fils tordus en torons; cette tige, depuis les expériences de Franklin et de Dalibard (1752), sert à écouler successivement les charges électriques considérables qui pourraient se manifester sur l'ha-

---

1. *Exposition internationale de l'électricité*, 1881, *Rapport du Jury*, t. I, p. 171.

2. *Instruction sur les paratonnerres adoptée par l'Académie des Sciences de Paris* (1874). — *Report of the lighting rod conference.* — MELSENS, *Description détaillée des paratonnerres établis sur l'hôtel de ville de Bruxelles en 1865.* — *Conférence de M. Melsens, Annales télégraphiques*, 1882. — *Congrès international des électriciens, Comptes Rendus*, 1881, p. 55, 175 et suiv.

bitation, par suite de l'influence des nuages électrisés et de la hauteur de l'habitation. Les décharges qui deviendraient disruptives et occasionneraient le foudroiement de l'habitation sont dès lors transformées en décharges continues, silencieuses et inoffensives. Le premier paratonnerre posé en France a été installé, en 1780, sur le château de Bagatelle, grâce à l'intervention expresse de Louis XVI qui était passionné d'admiration pour les travaux de Franklin. Ce ne fut qu'en 1784 qu'on arbora un paratonnerre au Louvre, au-dessus de la salle des séances de l'Académie des Sciences. (Voir *Divisch*.)

PARATONNERRE pour appareil télégraphique[1] (***Blitzableiter*** — **Lightning arrester** ou **Lightning protector**). Système destiné à dériver à terre les charges trop fortes d'électricité statique amenées par les fils de lignes; dans les appareils elles peuvent fondre le fil des bobines et occasionner d'autres accidents.

PARATONNERRE à plaques (***Plattenblitzableiter*** — **Plate lightning protector**). Plaques métalliques séparées par une substance isolante très peu épaisse et reliées l'une à la ligne télégraphique, l'autre à la terre.

PARATONNERRE à plaques striées (***Schneidenblitzableiter*** — **Lightning protector with serrated plates**). Appareil dans lequel les biseaux, appartenant à la plaque de ligne, laissent échapper sur les biseaux d'une plaque placée vis-à-vis, en communication avec la terre, l'électricité atmosphérique à un potentiel élevé.

PARATONNERRE à pointes[2] (***Spitzenblitzableiter*** — **Lightning protector with opposing points, Comb protector**). Appareil dans lequel des pointes sont substituées aux biseaux du paratonnerre à plaques tranchantes.

PARATONNERRE à fil préservateur (***Blitzableiter mit Schutzdraht, Spindelblitzableiter*** — **Lightning protector with fusible wire**). Appareil formé de trois petits cylindres de cuivre séparés par des rondelles d'ivoire; les deux cylindres extrêmes sont reliés l'un à la ligne, l'autre aux appareils; le troisième est en communication avec le sol. Dans une rainure en hélice, autour de ces trois cylindres, est un petit fil de fer recouvert de soie, établissant la communication entre les deux cylindres extrêmes. Toute décharge trop intense, en brûlant la soie, mettra le petit fil dénudé et par conséquent la ligne en communication avec la terre par le cylindre du milieu.

PARATONNERE à air raréfié (***Vacuumblitzableiter*** — **Vacuum protector. Rarefied air lightning discharger**). Appareil fondé sur la facilité d'écoulement qu'un milieu raréfié offre aux décharges électriques à potentiel élevé.

PARATONNERE de poteau (***Stangenblitzableiter, Linienblitza-***

1. *Congrès international des électriciens, Comptes rendus*, 1881, p. 274. — *Zur Construction von Blitzableitern für Telegraphenleitungen. Annales de Poggendorff*, t. CLV, p. 624.
2. *Annales télégraphiques*, 1865, p. 290.

bleiter — **Pole lightning protector, Lightning protector to poles**). (Voir *Isolateur à paratonnerre.*)

PARATONNERRE. Position sur paratonnerre (*Gewitterstellung* — **Position on lightning protector**). En temps ordinaire, les paratonnerres des bureaux télégraphiques sont hors du circuit des lignes ; on ne les y intercale que dans le cas d'un orage.

PARATONNERRE. Boîte à paratonnerre (*Blitzkasten* — **Case of lightning protector**). Boîte ou caisse contenant un ou plusieurs paratonnerres et placée à l'entrée d'un tunnel ou au point d'atterrissement d'un câble.

PARÉLECTRONOMIQUE (παρά contre, Élect., νόμος loi). (*Parelektronomik* — **Parelectronomic**). **Couche parélectronomique** (Du Bois Reymond). Couche de tissu situé sur la section transverse naturelle des muscles et qui masque, par une action contraire, la force électromotrice des muscles non disséqués.

PARKESINE (S. *Xylonite*) (*Parkesin* — **Parkesin**). Composé isolant de fulmicoton, d'huile de ricin, exploité d'abord par Parkes, puis par Hyatt, avec quelque variante dans la composition, comme un succédané de la gutta-percha.

PARLEUR[1] (*Klopfer* — **Sounder**). Appareil inventé, en 1831, par Henry (New-York), et composé d'un électroaimant à armature polarisée ou non, monté sur une boîte sonore et destiné à recevoir les dépêches au son ou à remplacer les sonneries pour les appels.

PARTICULIER (*Sonstiges* — **Private**). Formule qui, dans les mandats télégraphiques allemands, précède la correspondance particulière de l'expéditeur.

PASSIF. Fer passif[2] (*Passives Eisen* — **Passive iron**). Keir (1790), Schœnbein (1836). Certains métaux oxydables, principalement le fer, acquièrent, dans diverses circonstances, particulièrement quand on les plonge comme électrodes positives dans de l'eau acidulée par les acides oxygénés, la propriété de ne plus être attaqués par ces mêmes acides, entre autres par l'acide azotique même concentré. La passivité est causée par un dépôt d'oxyde insoluble qu'on peut faire disparaître en se servant de l'électrode oxydée, comme électrode négative, sur laquelle le dégagement d'hydrogène réduit l'oxyde.

PASSIVITÉ du fer (*Passivität* — **Passivity of iron**). État du fer passif, étudié par Schœnbein, en 1836.

PATIN du chariot (*Stösser* — **Rejecting plate**). Pièce autrefois isolée, dans l'appareil Hughes, destinée à rejeter le *goujon* en arrière, lorsqu'il a produit son effet sur la lèvre du *chariot.*

PAUSES électriques[3] (*Elektrische Pausen* — **Electric pauses**).

---

1. Boussac, *Précis de télégraphie*, p. 420.
2. *Journal de physique*, 1881, p. 210. — *Annales de l'électricité*, 1842, et suiv.
3. Poggendorff, *Geschichte der Physik*, p. 860. — Riess, *Abhandlungen zu der Lehre von Reibungselectricität*, t. I, p. 202. — *Annales de Poggendorff*, 1850. — *Philosophical Magazine*, 1857, 1er sem., p. 261.

(Gross (1776) et Riess). Cas particuliers de décharge électrique, entrevus aussi par Édouard Nairne, dans lesquels il n'y a pas d'étincelle, entre deux conducteurs chargés d'électricité, pour une distance déterminée, alors qu'il en éclate pour des distances plus grandes et plus petites.

PAUSES. Éloignement des corps nécessaires à la production des pauses (***Pausendistanz*** — **Pause distance**). (Voir *Pauses.*)

PAUSES. Cône émoussé servant à la démonstration des pauses (***Pausenkegel*** — **Pause cône**). (Voir *Pauses.*)

PEAU (***Haut*** — **Skin**). La peau, sous l'influence d'une excitation électrique, accuse une pâleur passagère, puis une hyperhémie aux points d'application des électrodes.

PELTIER (**Jean-Charles-Athanase**). Horloger et physicien français, né le 22 février 1785, à Ham (Somme) et mort à Paris, le 27 octobre 1845. On lui doit la découverte de la pince thermo-électrique, de l'effet ou phénomène dit « de Peltier » (Voir l'*Institut*, vol. II, 1834) et d'un électromètre (Voir *Annales de chimie* de 1834 à 1842).

PELTIER. (Voir *Phénomène.*)

PENDULE électrique (***Elektrisches Pendelchen*** — **Ball of elder pith or cork hung by a thread**). Petite sphère légère de moelle de sureau ou de bouchon, suspendue à l'extrémité d'un fil isolant et servant d'électroscope.

PENDULE conique. (Voir *Régulateur.*)

PENDULE de Zamboni. (Voir *Balancier de Zamboni.*)

PENDULE régulatrice (***Normaluhr*** — **Regulating electric clock**). Appareil destiné à régler l'heure distribuée électriquement sur plusieurs cadrans dépendant de cette pendule régulatrice.

PERCE-CARTE (***Durchbohrer des Kartenblattes, Lullin'scher Versuch*** — **Lullin's experiment**). Expérience due à Lullin, en 1766, et à de Saussure, d'après M. Raoul Gauthier (Voir *Bulletin de la Société internationale des électriciens*, 1886, p. 348), démontrant un effet mécanique de l'électricité par le trou qu'elle produit dans une carte placée entre deux pointes chargées à un haut potentiel. Après une décharge, Gough a observé que cette carte présente toujours le trou plus rapproché de la pointe négative que de la pointe positive, lorsque les pointes ne sont pas en prolongement l'une de l'autre. Si l'expérience a lieu dans le vide produit par une pompe à air, le trou fait par la décharge est exactement dans la direction des deux pointes.

PERCE-VERRE[1] (***Durchbohrer der Glasscheibe*** — **Glas perforator**). Expérience analogue à la précédente, mais sur une plaque de verre.

PERCEPTION des taxes (***Gebührenetnnahme*** — **Collection of charges**). Opération par laquelle on perçoit, conformément aux

---

1. *Journal de physique*, t. IV, p. 120.

règlements, une taxe en échange de la transmission d'une dépêche à destination.

PERFORATEUR. (Voir *Compositeur perforateur.*)

PÉRIODE de 11 ans[1] (***Elfjährige Periode*** **— Eleven year period**). Schwabe, Sabine (1848), Sabine, Gautier et Wolf (1862) avaient cru remarquer une ressemblance particulière entre une période trouvée par M. Schwabe, dans la fréquence des taches solaires, et une autre période semblable établie par Lamont, dans l'amplitude des variations diurnes de la déclinaison. Balfour Stewart a rapproché ces deux faits de la fréquence des aurores boréales aux mêmes époques. Toutefois M. Broun, en remontant jusqu'aux observations de Cassini, en 1783, a montré l'inégalité de ces périodes qui diffèrent de plus de six mois.

PERMANENT. État permanent. (Voir *État.*)

PERMÉABILITÉ magnétique (***Magnetische Permeabilität*** **— Magnetic permeability**). La perméabilité magnétique d'une substance aimantée par influence ou sa capacité inductrice magnétique est une valeur essentiellement numérique et désigne, pour le magnétisme, l'analogue de la capacité inductrice (Voir ce mot) d'un diélectrique (Voir ce mot) en électricité, de la conductibilité d'un corps pour la chaleur.

PERMISSIF[2]**. Système permissif** (***Bedingungsweise Blocksystem*** **— Permissive blocksystem**). Système dans lequel une certaine latitude est laissée aux mécaniciens des chemins de fer qui, une fois avertis par les disques à distance ou les signaux d'une section bloquée, doivent se rendre maîtres de la vitesse de leur machine et continuer leur route, avec prudence, de manière à pouvoir s'arrêter complètement, dans la limite de l'espace visible devant eux.

PERMUTATEUR (***Umschalter*** **— Universal switch ou permutator, Peg switch**). Appareil destiné à permuter les communications électriques.

PERMUTATION des communications (***Umschalten*** **— Change of communications**). Opération fréquente consistant dans le changement de sens d'un courant ou sa direction dans un autre circuit.

PERSONNEL (***Eigenhändig*** **— Private**). Mention dans l'adresse de certaines dépêches télégraphiques qui ne doivent être remises qu'au destinataire, en mains propres.

PERTE à la terre (***Erdschluss*** **— Partial contact, Full earth ou dead earth** [suivant la perte]). Dérivation du courant à terre sur les lignes télégraphiques, par suite d'un dérangement.

PERTE par les supports (***Stromverlust durch Ableitung an den Stützpunkten, Nebenschluss*** **— Weather contact**). Dérivation

---

1. *Comptes rendus de l'Académie des Sciences*, t. XCV, p. 1215. — *Elektrotechnische Zeitschrift*, 1881, p. 51.

2. Sartiaux, *Note sur le Block-system.*

localisée dans les supports d'une ligne, par suite de l'humidité excessive de l'atmosphère.

PERTURBATIONS magnétiques [1] (***Magnetische Störungen* — Magnetic disturbances**). Outre les changements plus ou moins fréquents ou réguliers qu'accuse la déclinaison de l'aiguille aimantée, on observe des perturbations soudaines plus ou moins violentes. Quelques-unes semblent affecter une certaine régularité (Voir *Période de 11 ans*); d'autres sont plus subites et, lorsqu'elles sont intenses, on les nomme orage magnétique (Voir ce mot).

PHARE électrique [2] (***Elektrischer Leuchtthurm* — Electric light-house**). La lumière électrique à arc, se produisant à une température beaucoup plus élevée que celle de la flamme de l'huile ou du gaz, contient les rayons lumineux les plus réfrangibles, c'est-à-dire ceux du bleu au violet. L'atmosphère, toujours un peu brumeuse, présente d'ailleurs une transparence plus grande pour les rayons les moins réfrangibles. Le rapprochement de ces deux faits conduit à cette conséquence que l'atmosphère doit être un peu moins transparente pour la lumière électrique que pour les lumières à température moins élevée. Lorsqu'on augmente l'intensité lumineuse d'un phare, la portée s'accroît d'ailleurs dans une proportion beaucoup moindre et la proportion de cet accroissement de la portée est en outre de plus en plus faible à mesure que l'atmosphère devient moins transparente. Telle est l'explication de la soi-disant infériorité relative de la lumière électrique pour le service des phares.

PHÉNOMÈNE de Peltier [3] (1834) (***Peltier'sches Phänomen, Peltier'sche Erscheinung* — Peltier effect**). Phénomène opposé, en apparence, à celui découvert par Seebeck et consistant dans l'échauffement ou le refroidissement d'une soudure suivant le sens du courant qui la traverse. Il échauffe la soudure, s'il a une direction inverse du courant thermoélectrique, qu'on obtiendrait en échauffant cette soudure; il la refroidit, s'il a la même direction que ce courant. Le phénomène de Peltier est dû à la chute électrique qu'éprouve le courant, en passant dans une soudure, par suite de la différence de niveau électrique introduite dans les deux parties du circuit par la force électromotrice de contact à cette soudure. Suivant le sens du courant, il descend, à la soudure, d'un niveau électrique supérieur à un niveau inférieur et elle doit s'échauffer, ou bien il remonte d'un niveau inférieur à un niveau supérieur et, pour effectuer ce travail, il doit emprunter de la chaleur à la soudure qui se refroidit.

PHILIPPS (**John**). Professeur de géologie à York, né le 25 dé-

---

1. MAXWELL, *Électricité et magnétisme*, t. II, p. 259.

2. *Électricien*, 1882. — ALLARD, Inspecteur général des Ponts et Chaussées. LUCAS, *Considérations relatives à l'éclairage des phares* (Comptes rendus de l'Académie des Sciences, t. CII, 1886, p. 156).

3. *Journal de physique*, t. VIII, p. 311; t. IX, p. 122. — *Comptes rendus de l'Académie des Sciences*, 1880.

cembre 1800, à Marden (Wiltshire) et mort le 24 avril 1874. On lui doit une modification de l'électrophore (*Philosophical Magazine*, Ser. III, vol. II, 1833) et quelques études de magnétisme terrestre.

PHONOPHORE[1] (φωνή voix, son, φέρω je porte, produis) (*Phonophor* — **Phonophore**) (Dr Wreden). Sorte de microphone dans lequel deux charbons sont pressés l'un contre l'autre, par un contrepoids, à l'extrémité du levier presseur. Ce levier est mobile autour d'un point placé entre le charbon et le contrepoids qui peut être approché ou éloigné du point d'appui par un mode de réglage.

PHONOPORE (φωνή bruit, πόρος passage) (*Phonopor* — **Phonopore**). Appareil inventé par M. Langdon Davies et constitué par deux fils isolés, enroulés ensemble sur une bobine à circuit ouvert à leurs extrémités intérieures. Ils constituent donc un condensateur uni à une bobine d'induction. Cet appareil serait employé pour transmettre et recevoir des courants téléphoniques sur un fil télégraphique sans distraire celui-ci du service télégraphique ordinaire.

PHONOPLEX[2] (mot hybride : φωνή son, *plex*, — suffixe multiplicatif latin) (*Phonoplex* — **Phonoplex, Wayduplex**). Disposition d'appareils, imaginée par Édison, pour permettre d'utiliser une ligne pour la correspondance télégraphique et téléphonique.

PHONOSCOPE (φωνή voix, σκοπῶ j'observe) (*Phonoscop* — **Phonoscope**). Appareil dans lequel l'électricité intervient pour faciliter l'étude de la voix et de ses organes.

PHOSPHORESCENCE[3] (φῶς lumière, φέρω je produis) (Becquerel Lommel) (*Phosphorescenz* — **Phosphorescence**). Propriété qu'affectent certains corps qui, lorsqu'ils ont été illuminés par une lumière, ne sont capables d'émettre dans l'obscurité que des rayons d'une réfrangibilité inférieure à celle des rayons qu'ils ont reçus. L'étincelle électrique, ou la lumière électrique en général, peut produire la phosphorescence au même titre que toute autre source lumineuse riche en rayons fortement réfrangibles.

PHOSPHORESCENCE du champ magnétique (*Phosphorescenz des magnetischen Feldes* — **Phosphorescence of magnetic field**). Lueur particulière émanant des pôles d'un aimant et ressemblant à une faible décharge dans l'air raréfié. Cette lueur, regardée d'abord comme une pure illusion, aurait été remarquée par une réunion d'observateurs (?).

PHOTOMÈTRE électrique (φῶς, φωτός lumière, μέτρον mesure)

---

1. *Zeitschrift des elek. Vereins in Wien*, t. I, p. 262.
2. *Lumière électrique*, t. XX, p. 310.
3. JAMIN, *Traité de physique*, 3e vol., p. 150. — *Comptes rendus de l'Académie des Sciences*, 10 novembre 1857, 24 mai 1858, 21 février 1859. — *Philosophical Magazine*, 1859, 1er sem., p. 383, et 1873, 1er sem., p. 63. — BECQUEREL et EDM. BECQUEREL, *Traité d'électricité et de magnétisme*, t. I, p. 362.

(*Elektrisches Photometer* — **Electric photometer**). Appareil de Masson destiné à mesurer l'intensité lumineuse des étincelles.

PHOTOPHONE (φῶς, φωτός lumière, φωνή voix). (Voir *Radiophone.*)

PHOTOPHORE frontal (φῶς, φωτός lumière, φέρω je porte) (*Photophor* — **Photophore**). Appareil de M. Trouvé que les médecins portent au front et qui, produisant une lumière électrique réfléchie par un petit miroir, permet d'étudier plus facilement le siège de diverses affections.

PHOTOSCOPE (φῶς, φωτός lumière, σκοπῶ je regarde) (*Photoscop* — **Photoscope**). Nom donné, par M. Jousselin, à un appareil destiné à avertir automatiquement le personnel des chemins de fer de l'extinction des feux des disques, au moyen du mouvement produit par une lame bimétallique qui ne ferme un circuit que lorsqu'elle est déformée par sa dilatation, sous l'influence de la chaleur du point lumineux.

PHOTOTÉLÉGRAPHE (φῶς, φωτός lumière, télégraphe) (*Phototelegraph* — **Phototelegraph**). Télégraphe lumineux inscrivant les dépêches.

PICARD (**Jean**). Prêtre français, astronome, né le 21 juillet 1620, à la Flèche, et mort à Paris, le 12 juillet 1682. Il observa, le premier, les lueurs fugitives que le mercure du baromètre, lorsqu'il est agité, fait naître dans la chambre de Torricelli. (*Anciens Mém. Part.*, t. X.)

PIÈCE ISOLÉE (S. *Patin du chariot*). (Voir ces mots.)

PIED-A-BEC (*Schnabelmaass* — **Wire gauge**). Instrument pour mesurer le diamètre des fils métalliques.

PIERRE d'aimant. (Voir *Aimant.*)

PIEU en fer[1] (*Vorschlageisen* — **Earth borer**). Pièce pour faire les trous des poteaux.

PIEU ferré[2] (*Vorschlagpfahl* — **Pole pike**). Même usage.

PILE[3] ([*Volta'sche*] *Säule, Galvanische Batterie, Galvanische Kette* — **Battery**). Galvani observa, en 1790, sur une grenouille fraîchement découpée, les secousses produites par la décharge d'une machine électrique dans le voisinage ; c'était un effet de choc en retour. Ayant voulu ensuite étudier l'influence des nuages sur la production de ce phénomène, il suspendit, à un balcon en fer, une grenouille préparée, supportée par une tige en cuivre qui passait sous les nerfs lombaires, et vit les membres inférieurs s'agiter convulsivement, en l'absence de tout nuage orageux, chaque fois que les jambes venaient toucher le fer du

1. May, *Geschichte der Kriegstelegraphie in Preussen*, p. 11.

2. May, *Geschichte der Kriegstelegraphie in Preussen*, p. 4. — Buchholtz, *Die Kriegstelegraphie*, p. 35.

3. *Journal of the Society of telegraph engineers*, t. IV, p. 120. — *Annales télégraphiques*, 1875, p. 532 ; 1876, p. 51 ; 1877, p. 140. — Becquerel, *Électrochimie*, p. 110. — *Journal télégraphique des administrations télégraphiques*, t. I. — Becquerel et Edm. Becquerel, *Traité d'électricité et de magnétisme*, t. I, p. 211. · De la Rive, *Traité d'électricité*, t. II, p. 590.

balcon. Frappé de ce phénomène qui était d'un tout autre ordre que le précédent, il en reproduisit les conditions dans son cabinet et obtint les mêmes effets. Dans cette expérience, Galvani ne considérait les deux métaux que comme des conducteurs et admettait que la commotion était produite par l'électricité animale résidant dans la grenouille, comme dans une bouteille de Leyde dont les armatures seraient les nerfs lombaires et les muscles cruraux. Volta, qui étudia les mêmes phénomènes, plutôt en physicien qu'en physiologue, porta au contraire son attention sur les deux métaux au contact desquels il attribua le pouvoir de produire de l'électricité et ne considéra la grenouille que comme un conducteur électroscopique sensible. Dans le cours de la polémique qui s'éleva entre ces deux savants, Volta généralisa sa théorie et admit la production d'électricité au contact de deux corps hétérogènes. Pour confirmer cette théorie, il inventa, en 1800, un dispositif de nature à multiplier l'effet à étudier. Pour cela, il souda l'un à l'autre des disques de zinc et des disques de cuivre et sépara deux couples consécutifs par du drap imprégné d'eau acidulée. En empilant verticalement, les uns sur les autres, un certain nombre de ces couples, il en forma une colonne qu'il appela *pila*, d'où est venu le mot *pile* donné à cet appareil. Cette disposition imaginée pour rendre l'appareil plus portatif était défectueuse, car le poids des couples supérieurs comprimant les rondelles de drap interposées, en exprimait le liquide et la pile contenant des pièces sèches et non conductrices ne produisait plus d'effet. On en vint à la disposition horizontale à couronne de tasses déjà primitivement employée, à auges, etc. D'après la théorie de Volta, à laquelle on a donné le nom de théorie du contact, le contact des métaux avec les rondelles de drap et le liquide ne produisait pas d'électricité ou du moins très peu, et les effets n'étaient dus qu'au contact des deux métaux zinc et cuivre. L'électricité résultant de ce contact ne faisait que traverser les rondelles de drap et s'ajoutait à l'électricité dégagée par les couples voisins. De cette manière, les effets croissaient avec le nombre des couples de la pile. La théorie du contact avait été mise en doute dès le début et Fabroni avait le premier remarqué, en 1792, les rapports qui existent entre la production de l'électricité et les actions chimiques. Gautherot et Parrot, en 1801, Wollaston et Berzelius en 1804, Ritter en 1805,... reprirent la question et fournirent des éléments en faveur de la théorie chimique de la pile. Gay Lussac et Thénard, en 1811, étudièrent l'influence du liquide interposé dans la pile. La découverte d'Oersted, en 1820, et de Schweigger mit entre les mains des physiciens un instrument capable de trancher la question entre les partisans des deux théories. Oersted, Becquerel, en 1823, De la Rive en 1828, et Faraday, en 1831, ont apporté, ainsi qu'une foule d'autres physiciens, des éléments en faveur de la théorie chimique. Le changement de polarité produit par le simple changement du liquide et l'absence de courant, lorsqu'il n'y a pas d'action chimique, en furent les arguments décisifs. Dans la théorie chimique, l'eau acidulée, en présence du zinc, se décompose et son oxygène se porte sur le zinc pour former de l'oxyde, puis du sulfate de zinc ; il y a en même temps dégagement d'électricité négative sur le zinc, et l'électricité positive traversant le liquide, se porte sur le cuivre ou le métal non oxydable. De même l'hydrogène se rend sur ce même métal inoxydable et y constitue une couche qui, par ses propriétés non conductrices et électromotrices de sens opposé à l'action principale, ne tarde pas à paralyser les effets de la pile. Pour faire disparaître cette couche, on a recours à différents moyens indiqués à l'article *Polarisation*. (Voir ce mot.) Des perfectionnements de toute nature ont été réalisés, dans la pile, par l'emploi de deux liquides, dont l'un attaque le zinc, tandis que le second, séparé du premier par une cloison poreuse, est capable d'absorber le dégagement d'hydrogène. On a employé le zinc amalgamé au lieu de zinc ordinaire pour remédier aux actions locales (Voir *Zinc amalgamé*) et, dans bien des modèles de piles, on a substitué par économie, le charbon au cuivre. Le type de la pile à deux liquides est la pile de Becquerel (1829) modifiée, comme arrangement et rendue plus pratique, par Daniell (1836). Nous ne parlerons que brièvement des piles dont l'usage est aujourd'hui abandonné.

PILE à courant constant (*Constante Batterie* — **Constant battery**). Becquerel construisit, dès 1829[1], des piles à courant constant en plongeant chacune des électrodes dans une solution différente, les deux liquides étant séparés par une cloison perméable ; la lame de cuivre en particulier était plongée dans une solution de sulfate de cuivre. Ce sulfate de cuivre est décomposé par le courant lui-même de la pile.

PILE de Volta[2] (1800) (*Säule* — **Volta's pile**). Pile composée de rondelles de zinc et de cuivre superposées et séparées par du drap imprégné d'acide sulfurique étendu.

PILE à auges (*Trogapparat* — **Trough battery**). Pile à eau acidulée, formée de deux plaques rectangulaires zinc et cuivre appliquées et soudées l'une sur l'autre. Les éléments zinc et cuivre sont placés dans une auge en bois qu'ils divisent en compartiments égaux et dont un mastic résineux les isole.

PILE à couronne de tasses (Volta, 1800) (*Volta'scher Becherapparat* — **Volta's couronne de tasses**). Pile composée de lames de zinc et cuivre soudées et plongées chacune dans une tasse différente contenant de l'eau acidulée.

PILE à oxygène. La pile dite à oxygène inventée, en 1835, par Becquerel, se compose d'un tube de verre fermé, à la partie inférieure, par une cloison poreuse et introduit dans un flacon contenant de l'acide azotique. Le tube contient de la potasse, et

---

1. *Annales de chimie et de physique*, t. XLI, 1829, p. 1. — BECQUEREL et EDM. BECQUEREL, *Résumé de l'histoire de l'électricité*, p. 201, 1858.

2. *Journal of the Society of telegraph engineers*, t. IV, p. 120. — *Annales télégraphiques*, 1875, p. 532 ; 1876, p. 51 ; 1877, p. 146. — BECQUEREL, *Électrochimie*, p. 119. — *Journal télégraphique des administrations télégraphiques*, t. I. — BECQUEREL et EDM. BECQUEREL, *Traité d'électricité et de magnétisme*, t. I, p. 241. — DE LA RIVE, *Traité d'électricité*, t. II, p. 590.

les électrodes sont des lames de platine. Cette pile présente ce phénomène caractéristique de dégager de l'oxygène sur l'électrode positive plongeant dans la potasse.

PILE Daniell (***Daniell'sche Kette*** — **Daniell's battery**). Daniell inventa, en 1836, une pile constante à deux liquides dans laquelle de l'eau légèrement acidulée avec de l'acide sulfurique attaque un cylindre de zinc dans un vase en verre ou en porcelaine. Un vase poreux, rempli de sulfate de cuivre, renferme une lame de cuivre qui constitue l'électrode positive, tandis que le zinc représente l'électrode négative. L'hydrogène mis en liberté par l'action chimique se porte sur le sulfate de cuivre dont il réduit l'oxyde et l'acide sulfurique hydraté vient, à travers la cloison poreuse, produire un nouvel effet sur le zinc, le cuivre se dépose à l'état métallique sur l'électrode positive.

PILE de Bunsen (***Bunsen'sche Batterie*** — **Bunsen's battery**). La pile de Bunsen (1842) est énergique, elle se dépolarise, mais fournit un dégagement de gaz acide pernicieux. Elle se compose d'un vase en verre contenant du zinc avec de l'acide sulfurique étendu et un vase poreux renfermant de l'acide azotique et un charbon. L'hydrogène dégagé dans l'action de l'acide sulfurique sur le zinc, se porte sur l'acide azotique auquel il enlève un équivalent d'oxygène pour former de l'eau et l'acide hypoazotique se dégage, en détériorant les objets à proximité et en nuisant en même temps à la santé publique.

PILE de Hare (1821) (***Calorimotor*** — **Spiral battery**). Pile avec zinc roulé en hélice dont les différentes spires sont séparées les unes des autres par du drap. Le lieutenant Offenhaus y ajouta un petit perfectionnement, en séparant les plaques plus convenablement.

PILE à gaz (Grove) (***Gasbatterie*** — **Gas battery**). Voltamètre, à eau acidulée, avec des électrodes de platine ; l'hydrogène et l'oxygène, engendrés d'abord par électrolyse, servent ensuite d'électromoteurs et constituent une pile secondaire.

PILE-bouteille (***Flaschenelement*** — **Bottle battery**). Pile sans vase poreux dont le vase extérieur affecte la forme d'une bouteille, et dans le liquide de laquelle le zinc peut s'abaisser à volonté, au moyen d'une crémaillère de forme variable ; les liquides excitateurs sont généralement le bichromate de potasse et l'acide sulfurique, mais peuvent être tout autres.

PILE à hélice. (Voir *Déflagrateur, Pile de Offenhaus.*)

PILE au bichromate de potasse (***Chromelement*** — **Bichromate of potass battery**). Le bichromate de potasse étant une substance très oxydante, a été employé, par différents inventeurs, pour absorber l'hydrogène qui se dégage au pôle négatif.

PILE Marié Davy (1859) (***Quecksilberelement*** — **Marie Davy battery**). Pile au sulfate d'oxydule de mercure. Cette pile a l'avantage d'amalgamer le zinc par le dégagement du mercure métallique.

PILE de Callaud (1858) (***Callaud'sches Element*** — **Callaud's gra-**

vity cell). Callaud a supprimé le vase poreux et placé le zinc à la partie supérieure d'un vase rempli d'eau, au fond duquel est une couche de cristaux de sulfate de cuivre. La dissolution ne se fait que lentement et la gravité joue le rôle de la porosité des vases poreux.

PILE Leclanché (1868) (***Braunsteinelement* — Leclanche's battery**). Pile composée de zinc entouré d'une solution de sel ammoniacal et de charbon enveloppé de peroxyde de manganèse et de charbon en poudre ; le vase est rempli d'eau.

PILE thermoélectrique[1] (Seebeck (1821), Fourier, Nobili (1831), Melloni, etc...) (***Thermosäule, Thermoelektrische Säule* — Thermoelectric battry**). Un circuit composé de deux métaux, bismuth et cuivre, ou autres, qu'on chauffe en l'une des soudures, tandis que l'autre est maintenue à une température constante, fournit un courant électrique allant de la soudure chaude à la soudure froide par le cuivre.

Les lois relatives à la génération de l'électricité par la chaleur ont été formulées par M. Becquerel et sont les suivantes : Dans un couple thermoélectrique, tant que la différence de température entre les deux soudures reste la même, le courant est rigoureusement constant. Dans une pile thermoélectrique, l'intensité du courant, toutes choses égales d'ailleurs, est proportionnelle au nombre des couples. L'intensité des courants thermoélectriques augmente avec la différence de température entre les deux soudures, et si l'une d'elles est à zéro, cette intensité est proportionnelle, dans la limite de 40 à 50 degrés, à la température de l'autre soudure.

PILE de Clamond[2]. Les piles thermoélectriques donnent de la quantité, mais peu de tension, leur résistance est très faible. M. Clamond a combiné une pile chauffée au coke ou au gaz et formée d'une série de chaînes disposées en couronnes autour d'un cylindre de fonte, au centre duquel est installé le foyer de la chaleur. Les éléments ne sont pas au contact du feu. Les métaux employés sont l'alliage de zinc et d'antimoine et un alliage de nickel, zinc et cuivre. On superpose plusieurs chaînes. Pour une température des soudures chaudes de 360° et une température des soudures froides de 80°, 3,000 éléments donnent une force électromotrice de 109 Daniell et une résistance de 15 ohms.

PILE sèche (***Trockene Batterie* — Dry battery**). Pile plus connue sous le nom de pile de Zamboni et inventée par Ritter, en 1802. Elle est formée de peroxyde de manganèse mêlée avec du lait et de la farine qui recouvre des feuilles de papier au contact de feuilles d'étain ; ces piles ont une grande résistance, mais aussi une force électromotrice considérable. La force électromotrice est maintenue par suite d'un effet hygrométrique.

1. NIAUDET, *Traité élémentaire de la pile*. — DAGUIN, *Traité de physique*, t. II, p. 595. — GAVARRET, *Traité d'électricité*, t. I, p. 456. — HOSPITALIER, *Principales applications de l'électricité*, p. 33.

2. *Comptes rendus de l'Académie des Sciences*, 20 avril 1874.

De Luc, en 1809, et même Hachette et Desormes avaient construit un appareil de ce genre.

PILE de polarisation[1] (*Polarisationsbatterie* — **Polarisation battery**). (Voir *Pile secondaire*.)

PILE secondaire[1] (*Sekundäre Säule* — **Secondary battery**). Gautherot, physicien français, observa le premier, en 1801, un *courant secondaire* produit par des fils de platine ou d'argent qui avaient servi à la décomposition de l'eau salée par la pile. Ritter fit, à Iéna, en 1802, la même observation avec des fils d'or et de cuivre, et construisit une pile disposée en colonne, comme la pile voltaïque elle-même, mais formée de disques de même métal séparés par des rondelles de drap imbibées d'une solution saline. Cette pile, que Ritter désigna d'abord sous le nom de *Ladungssäule* (pile à charger) reçut définitivement le nom de *pile secondaire* (expression qui aurait été proposée par Izarn. Voir *Manuel du galvanisme*, p. 249), mais comme elle exigeait, pour être chargée, un nombre d'éléments à peu près double de celui dont elle était composée elle-même, et qu'elle ne donnait qu'un courant de courte durée, elle resta sans usage et ne put être l'objet d'applications à la science et à l'industrie. Volta expliqua l'effet de la pile secondaire par la production de dépôts acides et basiques sur les électrodes, lors de l'action de la pile primaire. Cette explication fut confirmée par les travaux de Marianini et de Becquerel.

En 1826, De la Rive observa la production d'un courant secondaire avec des électrodes de platine immergées dans l'eau distillée, et admit que les électrodes, subissant une modification physique particulière, étaient *polarisées;* de là le nom de *courant de polarisation*, donné à ce phénomène. Mais Matteucci reconnut que la présence des gaz autour des électrodes était la cause de ce courant, car des lames de platine plongées dans des éprouvettes de gaz oxygène et hydrogène faisaient dévier le galvanomètre et Grove en forma une pile à gaz. La polarisation voltaïque a été l'objet des travaux d'un grand nombre de physiciens, tels que Faraday, Wheatstone, Schœnbein, Poggendorff, Buff, von Beetz, Sinsteden, Svanberg, Lenz et Sawelger, Edmond Becquerel, Du Moncel, Gaugain, etc...

Mais c'est particulièrement aux études persévérantes de M. Gaston Planté, pendant vingt ans, de 1859 à 1879, résumées dans son ouvrage *Recherches sur l'électricité*, que l'on doit d'avoir pu utiliser les courants secondaires pour accumuler et emmagasiner l'électricité voltaïque et d'en avoir tiré un parti important soit pour les recherches scientifiques, soit pour les applications industrielles (Voir *Accumulateur*).

Ayant étudié, dans un travail publié en 1859, les forces électromotrices des courants secondaires produits par divers voltamètres, M. Planté reconnut que, de tous les métaux, le plomb dans l'eau acidulée par l'acide sulfurique, était celui qui donnait la force électromotrice la plus énergique (2 volts 1/2 en-

---

1. PLANTÉ, *Recherches sur l'électricité*. — *Congrès international des électriciens, Comptes rendus*, p. 147. — GAVARRET, *Traité d'électricité*, t. I, p. 500.

viron) et fut conduit ainsi à construire, en 1860 (Voir *Comptes rendus de l'Académie des Sciences,* 26 mars 1860), un couple secondaire d'une grande puissance, en roulant en spirales deux longues et larges lames de plomb séparées par une toile grossière ou des bandelettes de caoutchouc, et les plongeant dans de l'eau acidulée au 1/10 par l'acide sulfurique. On pouvait obtenir, de cette manière, des effets temporaires d'une énergie très supérieure à ceux de la pile primaire servant à charger le couple secondaire.

Pour augmenter la durée de ces effets, M. Planté imagina ensuite de préparer le couple d'une manière particulière, par une opération à laquelle il donna le nom de *formation* (Voir ce mot). M. Planté a expliqué en détail les actions chimiques qui se passent pendant cette opération (Voir *Comptes rendus de l'Académie des Sciences. Les mondes,* 1873), et reconnut que la charge prise par un couple secondaire bien formé pouvait se conserver plusieurs jours et même plusieurs mois, par suite de l'inaltérabilité presque complète du peroxyde de plomb dans l'eau acidulée. Cette conservation de la charge constitue une des propriétés les plus utiles des couples secondaires.

Pour les expériences de laboratoire et les recherches scientifiques, M. Planté a adopté la forme en spirale, en ce qui concerne les lames de plomb, et a employé des récipients cylindriques en verre ; car ils permettent de vérifier facilement par l'apparition du dégagement de gaz quand les couples secondaires sont chargés ; mais M. Planté a fait connaître aussi et employé, en 1867 et 1868, des dispositions à lames de plomb planes, verticales ou horizontales, réunies ensemble par séries de lames de rang pair et par séries de lames de rang impair, immergées dans des vases parallélipédiques en bois doublé de gutta-percha. La disposition en lames planes, parallèles et verticales, est celle qui est aujourd'hui la plus employée pour les applications.

PILE de compensation (*Ausgleichungsbatterie* — **Compensating battery**). Pile employée par Gintl, dans ses essais de télégraphie simultanée en sens contraire et dirigée dans un sens opposé au courant de ligne.

PILE opposée (*Gegenbatterie* — **Battery opposed to another**). Pile ayant une fonction analogue à la précédente. L'installation de cette pile sert pour l'évaluation des résistances et la comparaison des forces électromotrices de deux éléments.

PILE à gravité ou à densité (*Schwere Batterie* — **Gravity battery**). Pile dans laquelle, comme dans l'élément Callaud décrit précédemment, le mélange des dissolutions ne se fait que lentement à cause des différentes couches de liquide.

PILE Maiche (1879) (*Maiche'sche Batterie* — **Maiche's battery**). Pile composée de chlorhydrate d'ammoniaque et de zinc d'une part et de charbon de cornue platiné d'autre part. Ce dernier, par sa puissance catalytique, aurait la propriété de provoquer la dépolarisation au pôle positif par la combinaison de l'oxygène de l'air avec l'hydrogène provenant de la pile.

PILE à immersion (*Tauchbatterie* — **Immersion battery, Plunge**

battery). (Améric.). Pile qui ne fonctionne que lorsqu'on abaisse les zincs dans le liquide excitateur, au moyen d'une crémaillère.

PILE commune à plusieurs circuits (***Gemeinsame Batterie, Gemeinschaftliche Batterie*** — **Universal battery**). Théoriquement, pour qu'une pile puisse être employée sur plusieurs lignes, simultanément, avec la même intensité, il faut que la résistance de cette pile soit nulle. Cependant, eu égard à la grandeur des résistances extérieures, on admet l'emploi d'une même pile, sur plusieurs lignes, en télégraphie, avec une égalité de courant pratique.

PILE auxiliaire (***Verstärkungsbatterie*** — **Subsidiary battery**). Pile dont on se sert dans certains cas spéciaux d'application de l'électricité, pour renforcer un courant issu d'une autre source.

PILE à dés (***Fingerhutapparat*** — **Thimble battery**). Pile de dimensions assez petites pour être assimilée à un dé à coudre.

PILE locale (***Lokalbatterie, Ortsbatterie*** — **Local battery**). Pile dont le circuit ne s'étend pas en dehors des appareils d'un bureau télégraphique.

PILE terrestre (***Erdbatterie*** — **Earth battery**). Pile formée de zinc et de charbon enterrés dans un sol humide.

PILE de ligne (***Linienbatterie, Telegraphirbatterie*** — **Line battery**). Pile qu'on monte généralement en tension et qu'on emploie pour les transmissions sur les lignes télégraphiques. La résistance de cette pile est proportionnée à celle des lignes auxquelles on désire l'affecter.

PILE pour appareil de campagne (***Feldbatterie*** — **Field battery ou Portable battery for field telegraph**). Pile ayant pour qualité la transportabilité.

PILE de mica ou de verre (***Glimmersäule, Glassäule*** — **Mica, Glass pile**). Si l'on place l'une sur l'autre des plaques de mica ou des plaques peu épaisses de verre, et si l'on électrise la plaque supérieure par le frottement ou d'une autre manière quelconque, les surfaces de toutes les plaques opposées à la surface électrisée ont une électricité de même nom et les surfaces tournées dans le même sens l'électricité de nom contraire : d'où il résulte une adhésion entre elles, plus grande qu'à l'état ordinaire.

PILE. Monter une pile (***Eine Batterie zusammensetzen*** — **To mount a battery, To connect a battery**). Assembler les plaques et les liquides de manière que, de l'action chimique, il résulte un développement d'électricité.

PILE. Démonter une pile (***Eine Batterie auseinandernehmen*** — **To break up a battery**). En désassembler les différentes pièces.

PILE. Entretenir une pile (***Eine Batterie speisen, Eine Batterie in Stand halten*** — **To maintain a battery**). Veiller à la concentration des liquides qui entrent dans sa composition.

PINCE (***Kuhfuss, Brecheisen*** — **Crow bar**). Levier en fer dont on se sert dans différents travaux.

PINCE à souder. (Voir *Mordache à souder*.)

PINCE plate (*Klemmbacke* — **Flat pliers**). Tenaille à lèvres plates.

PINCE à ressort (*Federklemme* — **Spring pliers** ou **Tweezer**). Pince dont le mouvement de rappel des lèvres a lieu sous l'influence d'un ressort.

PINCE à oreilles (*Flügelklemme* — **Round nosed pliers**). Serre-fil composé de deux plaques et d'un écrou à oreilles se vissant sur une tige taraudée traversant les deux plaques.

PINCE à torsades (*Würgezange* — **Twist clamp**). Espèce de mâchoire à tordre.

PINCE à trois branches (*Dreiarmige Klemme, Dreifache Klemme* — **Three legged longs**).

PINCE de raccordement (*Verbindungsklemme* — **Binding clamp, Splicing pliers**). Pince pour réunir deux fils et constituer un bon contact entre deux isolateurs-arrêts.

PINCE à cavaliers (*Drahtreiterklemme* — **Staple pliers**). Pour arrêter les fils sur les tables de manipulation.

PINCE ayant l'aspect d'une grenouille et servant à saisir le fil de ligne et à le tendre avec un cric-tenseur[1] (*Froschklemme* — **Devil's claw** ou **Dutch tongs**).

PINCE pour les pôles d'une pile (*Polklemme* — **Connection binder**). Serre-fil qui relie l'électrode aux plaques de la pile.

PINCE pour saisir le fil de poste sur le bord des tables de manipulation (*Tischklemme* — **Wire pliers**).

PINCE de Peltier (*Kreuz von Peltier* — **Peltier's thermotest pair**). Appareil thermoélectrique destiné à évaluer la température des différents points d'un corps.

PINCE galvanocaustique (*Galvanocaustische Zange.* — **Galvanocaustic pincette**). Instrument agissant plus commodément que le serre-nœud (Voir ce mot), mais réalisant le même but.

PINCEAU métallique (*Elektrischer Pinsel* — **Metallic brush**). Instrument formé d'un faisceau de fils de cuivre rigides et exclusivement destiné à l'électrisation cutanée.

PIQUET de terre (*Erdleitungsstange* — **Earth picket**). Piquet en fer utilisé, comme fil de terre, dans la télégraphie militaire.

PIQUETAGE d'une ligne (*Abpfählen Abpfählung* — **Picketting**). Plantation de fiches aux points d'emplacement des poteaux, dans le tracé d'une ligne télégraphique.

PISTOLET de Volta (*Luftpistole, Elektrische Pistole* — **Electric pistol**). Appareil de démonstration pour prouver les effets chimiques ou calorifiques de l'électricité; on enflamme, dans un espace clos par un bouchon, un mélange détonant sous l'influence d'une étincelle électrique. L'explosion projette le bouchon.

---

1. Rother, *Der Telegraphenbau*, p. 231. — Douglas, *Manual of telegraph construction*, p. 297.

PIXII (**Hyp.**). Fabricant d'instruments de physique français. Il réalisa, en 1832, le premier, une machine magnétoélectrique composée d'un aimant mobile et d'une bobine fixe montés sur le même axe vertical.

PLANCHETTE d'entrée de poste (*Stationseinführungsbrett* — **Board for leading wires into a station**). Planchette sur laquelle sont installées les lignes aboutissant à l'entrée d'un bureau télégraphique.

PLANCHETTE pour supporter les fils nus dans l'intérieur d'un bureau télégraphique (*Tragleiste* — **Wire board inside a station**).

PLANCHETTE à bornes (*Knopfleiste* — **Board with terminals**). Planchette munie de bornes métalliques pour arrêter les fils.

PLAN incliné (*Schiefe Ebene* — **Inclined plane**). Pièce de l'appareil Hughes qui se dérobe, par suite de l'abaissement du bras de levier de la palette, et ne se présente qu'à la fin de la rotation de l'axe imprimeur, pour recevoir cette même palette ramenée au contact du plan incliné par le colimaçon.

PLAN d'épreuve. (Voir *Disque d'épreuve.*)

PLANTA (**Martin**). Directeur du séminaire de Haldenstein, né à Süss (Unter-Engadin), et mort, à Haldenstein, en 1772. Il semblerait être le premier qui se soit servi d'une machine électrique à plateau de verre, en 1755.

PLAQUE de terre (*Erdplatte* — **Earth plate**). Plaque conductrice que l'on enterre dans un sol humide après l'avoir soudée au fil de terre.

PLAQUE de garde. (Voir *Garde.*)

PLAQUE de transmission (*Arbeitsschiene* — **Transmission plate**). Plaque qui supporte le contact de pile dans le manipulateur Morse.

PLAQUE de contact de repos (*Ruheschiene* — **Contact plate at rest**). Plaque qui supporte l'enclume de repos dans le manipulateur Morse.

PLAQUE excitatrice (*Erregerplatte* — **Exciting plate**). Plaque qui joue un rôle électromoteur dans une pile.

PLAQUE de ligne aérienne[1] (*Luftplatte, Luftlamelle* — **Line plate**). Plaque d'un paratonnerre en relation avec la ligne.

PLAQUE de correction. (Voir *Compensateur magnétique.*)

PLATEAU de la machine électrique (*Elektrisirscheibe* — **Glas plate of electrical machine**). Disque de verre ou d'un autre isolant sur lequel s'opère le frottement.

PLATEAU de l'électrophore (*Deckel, Schild des Elektrophors* — **Conducting disc or plate of an electrophorus**). Disque métallique à manche de verre sur lequel s'opère l'influence de l'électricité du socle couvert de résine et battu avec une peau de chat.

---

1. Zetzsche, *Handbuch der electrischen Telegraphie*, vol. IV, p. 295.

PLATEAU supérieur du condensateur en communication avec la source électrique (***Deckel, Collector*** — **Upper plate of a condenser**).

PLATEAU inférieur du condensateur (***Basis, Unterer Theil des Condensators*** — **Lower plate of a condenser**). Armature conductrice du condensateur en communication avec la terre.

PLATINE (la) d'un appareil (***Gestellplatte*** — **Side plates or cage**). Plaques supportant les extrémités des axes de rotation d'un mouvement d'horlogerie.

PLATINER du platine (***Platin platiniren*** — **To platinise**). Le recouvrir de mousse de platine par un procédé galvanique.

PLATINOÏDE (platine, εἶδος forme). Alliage susceptible d'applications électriques, inventé par M. Martins de Sheffield. C'est un maillechort contenant de 1 à 2 pour cent de tungstène, ajouté sous forme de phosphure, dont on fait fondre d'abord une assez forte quantité avec du cuivre; on ajoute ensuite le métal, puis le zinc, et enfin le reste du cuivre. Pendant cette fusion, tout le phosphore et une grande partie du tungstène sont éliminés. Il jouit de propriétés analogues à celles du maillechort, mais à un degré plus prononcé, et a pour résistance 1,5 de celle du maillechort, et 33 microohms pour résistance spécifique.

PLATYMÈTRE[1] (πλατύς large, μέτρον mesure) (***Platymeter*** — **Platymeter**). Appareil de M. Thomson, formé de deux condensateurs cylindriques d'égale capacité, dont les armatures intérieures sont en communication métallique et dont on se sert pour étudier la capacité inductrice spécifique.

PLEOCNÈME (πλέον plus de, κνήμη jambe, pour κνημίς, jambart, enveloppe). Expression qui, dans la classification des électroaimants, par Nicklès, signifie *plus* d'hélices que de disques.

PLINIUS (Caïus Secundus) ou **Pline l'Ancien.** Écrivain latin célèbre, né l'an 23 de notre ère, à Come ou à Vérone, et mort en 79, en face du Vésuve, enseveli par la pluie de cendre de ce volcan. Il était alors chef de la flotte à Misenum. Son *Historia naturalis* renferme beaucoup de renseignements sur les aimants et les phénomènes électriques naturels observés par les anciens.

PLOT de contact. (Voir *Commutateur, Plot de contact.*)

PLÜCKER (Julius). Professeur de mathématiques et de physique à l'Université de Bonn, né le 16 juillet 1801, à Elberfeld, et mort à Bonn, le 22 mai 1868. Il fut un collaborateur assidu des *Annales de Poggendorff*, dans lesquelles, de 1847 à 1859, il publia de nombreux articles sur le magnétisme des liquides, sur le diamagnétisme, sur la formation des cristaux dans un champ magnétique, etc.

---

1. GORDON, *Électricité et magnétisme*, t. 1, p. 130 (Traduction Raynaud-Seligmann).— MAXWELL, *Electricity and magnetism*, t. 1, p. 323.

PLUME électrique[1] (Édison) (***Elektrische Feder* — Electric pen**). Petit électromoteur perçant le papier avec une pointe animée d'un mouvement rapide. Le papier-patron, une fois pointillé, est mis sur une feuille de papier blanc, et un tampon garni d'encre grasse est promené sur lui. Cette encre traverse le papier par les trous et décalque les lettres pointillées de la feuille-patron.

PLUVIOGRAPHE électrique (mot hybride : *pluvia* pluie, γράφω j'inscris). (Voir *Udographe électrique.*)

PNEUMATIQUE (πνευματικός qui a rapport au souffle). (Voir *Réseau.*)

POGGENDORFF (Johann-Christian). Professeur à l'Université de Berlin, né le 29 décembre 1796, à Hambourg, et mort le 24 janvier 1877, dans la même ville. Il fut, depuis 1824 jusqu'à sa mort, à la tête des *Annalen der Physik und Chemie* appelées pendant cette période *Annales de Poggendorff*. On lui doit la disposition des bobines d'induction, dites cloisonnées, une méthode de compensation pour la mesure des forces électromotrices, l'emploi du bichromate de potasse comme élément dépolarisant dans la pile et de nombreuses études sur des sujets électriques très variés, tels que la force électromotrice de polarisation, l'électrolyse, etc.

POHL (Georg-Friedrich). Professeur de physique à l'Université de Breslau, né le 24 février 1788, à Stettin, et mort à Breslau, le 10 juin 1849. On lui doit une théorie de la pile, dans laquelle il admet l'identité des phénomènes électriques et chimiques ; cette théorie est avancée dans l'un de ses mémoires, intitulée : *Der Prozess der galvanischen Kette, 1826*. Il a inventé un appareil à rotation et le commutateur nommé *gyrotrope*.

POINT neutre. (Voir *Ligne ou zone neutre.*)

POINT neutre (***Neutraltemperatur* — Neutral point**). Le point neutre de deux métaux en thermoélectricité est la température pour laquelle leurs pouvoirs thermoélectriques sont égaux. Lorsque la moyenne des températures des soudures est inférieure à ce point, le courant va du cuivre au fer à travers la soudure la plus chaude. Le courant cesse quand la température moyenne ou neutre (Voir ce terme) atteint le point neutre et change de sens quand elle dépasse ce point.

POINT conséquent (***Folgepunkt* — Consequent ou consecutive pole**). Pôle secondaire qui se développe entre les deux pôles d'un aimant. On peut obtenir, à volonté, des points conséquents en nombre variable, par exemple, un seul point conséquent sur des aiguilles à tricoter, en exerçant des frictions avec le même pôle de deux aimants, en partant de chaque extrémité et en s'arrêtant au milieu où se forme un pôle contraire à celui de l'aimant. Pour avoir des points conséquents en plus grand nombre, il suffit de frotter avec un morceau de bois, l'aiguille d'acier reposant sur les pôles alternativement opposés de plu-

1. *Annales industrielles*, 17 déc. 1876.

sieurs aimants perpendiculaires à sa direction et qui produisent autant de points conséquents de nature opposée au pôle qui agit en ce point.

POINT d'élection (*Wahlpunkt, Motorischer Punkt* — **Election point**). (Duchenne de Boulogne). Points sur la surface du corps où l'on doit appliquer les électrodes pour exciter un nerf ou une portion de muscle de nature parfaitement déterminée.

POINT d'inflexion (Wiedemann, Dub, H. Becquerel)[1] (*Wendepunkt* — **Inclination point**). Point de la courbe indiquant le magnétisme développé dans les barreaux et correspondant au maximum du rapport du magnétisme développé à l'intensité magnétisante.

POINTS correspondants (*Correspondirende Punkte* — **Corresponding points**). On nomme points correspondants les extrémités d'une même ligne de force, limitée d'une part à une surface électrisée positivement et d'autre part à une surface électrisée négativement.

POINTES collectrices des mâchoires de la machine électrique à frottement (*Saugspitzen* — **Collecting points of an electric machine**). Pointes chargées de ramener le plateau de verre à l'état neutre en lui cédant de l'électricité négative empruntée aux conducteurs secondaires, d'où il résulte que ces derniers restent chargés d'électricité positive. Ce fut B. Wilson qui, le premier, ajouta cette disposition ingénieuse aux machines électriques.

POINTE d'un paratonnerre (*Auffangspitze* — **Point of terminal rod**). Pointes ordinairement en platine, plus rarement en cuivre, qui surmontent la tige des paratonnerres.

POIRE (*Birnentaste, Birnförmiger Druckknopf* — **Pear shaped bell push**). Imitation de poire en différentes substances, contenant un bouton de sonnerie électrique.

POISSON (**Siméon-Denis**). Mathématicien français, né le 21 juin 1781, à Pithiviers (Loiret) et mort à Paris le 25 avril 1840. On lui doit différents mémoires sur la distribution de l'électricité à la surface des corps conducteurs (1811), dans une sphère creuse électrisée par influence (1824), sur la théorie du magnétisme (1824-1825-1826), sur les déviations de la boussole produites par le fer des vaisseaux (1838-1840). (Voir *Mémoires de l'Académie des Sciences* aux dates ci-dessus.)

POISSON. Équation de Poisson[2] (*Poisson'scher Satz* — **Poisson equation**). Poisson a exprimé, dans une formule qui porte son nom, que la somme en un point des trois dérivées secondes partielles du potentiel, par rapport à trois axes rectangulaires, est égale et de signe contraire au produit de 4π par la densité de la masse agissante en ce point. La somme des trois dérivées

---

1. *Annales de chimie et physique*, 1879, p. 277. — Wiedemann, *Galvanismus und Electromagnetismus*, t. II, p. 353.

2. Mascart et Joubert, *Leçons sur l'électricité et le magnétisme*, t. I, p. 25.

se représentant par ΔV, la formule est $\Delta V = -4\pi d$. Si l'élément n'est pas électrisé, $d = o$ et cette équation devient $\Delta V = o$; ce qui prouve que cette somme est nulle quand il n'y a point d'électricité au point considéré.

POISSON électrique[1] (*Elektrischer Fisch* — **Electric fish**). (Walsh, Hunter, Geoffroy Saint-Hilaire, Galvani, Matteucci, etc.) Les anciens avaient déjà observé que certains poissons plats avaient la propriété de donner des secousses engourdissantes, quand on les touchait avec la main. Platon parle de la torpille que Scribonius, Galien et Dioscoride citent comme propre à guérir la goutte, au moyen de ses commotions. Ces poissons ont été nommés électriques depuis la découverte de la bouteille de Leyde. Les poissons électriques (quatre espèces de *torpille*, le *gymnote*, le *silure* et le *tetrodon trichiurus*), ont la peau dépourvue d'écailles et couverte de mucosités conductrices de l'électricité. L'organe électrique n'est pas placé de la même manière dans ces différents poissons, et les nerfs qui s'y ramifient ne sont pas issus de la même paire. Cet organe se compose de tubes aponévrotiques ayant la forme de prismes hexagonaux accolés comme les alvéoles que construisent les abeilles. Chaque cellule constituant ces prismes serait un organe électrique élémentaire, dans lequel l'électricité est décomposée par l'action nerveuse venant du cerveau ou produite par une excitation artificielle.

POISSON volant de Franklin[2] (*Goldener Fisch* — **Franklin's golden fish**). Expérience d'électricité statique, qui consiste à faire tenir un corps léger en équilibre, au milieu de l'atmosphère, sous l'influence des attractions et répulsions d'un corps électrisé. (Voir *Tombeau de Mahomet.*)

POLARISATION des piles[2] (*Galvanische Polarisation* — **Galvanic polarisation**). Phénomène de grandeur définie dû au dépôt de l'hydrogène au pôle positif *dans une pile* et qui a servi de point de départ à l'étude des piles secondaires, tout en nuisant à la constance des piles hydroélectriques. On constate une polarisation aux deux pôles, au moyen d'un voltamètre à électrodes de platine sur lesquelles il se dégage de l'hydrogène au pôle négatif et de l'oxygène au pôle positif, ce qui y crée une force électromotrice. Il en résulte une augmentation apparente de résistance opposée à celle de la pile.

POLARISATION d'un diélectrique[3] (*Dielektrische Polarisation* — **Diélectric polarisation**). État d'un corps mauvais conducteur soumis à l'influence d'un corps électrisé et dans lequel, d'a-

---

1. *Comptes rendus de l'Académie des Sciences*, 9 et 16 oct. 1871. — *Annales de chimie et de physique*, 2ᵉ série, t. LXVI, p. 396. — Becquerel, *Électrochimie*, p. 102. — Becquerel et Edm. Becquerel, *Traité d'électricité et de magnétisme*, t. I, p. 262.

2. Œuvres de Franklin, *Électricité*, p. 52 (Traduction Barbeu-Dubourg). — *Les Mondes*, 31 août 1865, p. 750.

3. Maxwell, *Electricity and magnetism*, t. II, p. 7. — De la Rive, *Traité d'électricité*, t. I, p. 135.

près les théories admises, les molécules présenteraient, en chaque point de leur masse, deux électricités orientées chacune dans un sens.

POLARISATION moléculaire magnétique[1] (***Magnetinduction, Magnetische Molecularinduction*** — **Magnetic polarity**). État dans lequel chaque molécule de fer posséderait des propriétés dépendant de son orientation relativement à une direction donnée, qu'on appelle son axe de polarisation. On démontre l'existence d'une polarisation dans l'aimantation, en introduisant des parcelles de fer dans de l'eau gommée. Ces parcelles se déplacent sous l'influence d'un courant entourant le tube de verre contenant le liquide et s'orientent visiblement.

POLARITÉ diamagnétique (***Diamagnetische Polarität*** — **Diamagnetic polarity**). Dans le phénomène de la répulsion d'un corps diamagnétique par un aimant, on n'avait pas admis le développement d'une polarité opposée dans le corps soumis à cette expérience, et l'on regardait les deux états magnétiques comme produisant sur lui les mêmes effets. Depuis les expériences de Reich et de Weber (*Annales de Poggendorff*, t. LXXIII, p. 60 et 475), de Tyndall (*Philosophical Transactions*, 33), on a reconnu que les pôles des aimants développaient, dans les substances diamagnétiques, des pôles de même nom. (Voir également GORDON, *Électricité et magnétisme*, t. II, Verdet.)

POLARISATION électrolytique[2] (***Elektrolytische Polarisation*** — **Electrolytic polarisation**). Orientation que prennent les molécules d'un électrolyte, d'après la théorie de Grotthus.

POLARISATION lumineuse (***Polarisation des Lichtes*** — **Polarisation of light**). La polarisation de la lumière découverte par Malus, en 1810, est une modification particulière des rayons lumineux en vertu de laquelle, une fois réfléchis ou réfractés, ils deviennent incapables de se réfléchir ou de se réfracter de nouveau dans certaines directions. (Voir *Électrooptique*.)

POLARISER (se) (***Sich polarisiren*** — **To be polarised**). Prendre l'état de polarisation.

POLARISER (se). Susceptible de se polariser (***Polarisirbar*** — **Polarisable**).

POLARISER (se). Propriété de se polariser (***Polarisirbarkeit*** — **Polarisable state**).

POLARISER (se). Susceptible de ne pas se polariser (***Unpolarisirbar*** — **Unpolarisable**).

POLARISER (se). Propriété de ne pas se polariser (***Unpolarisirbarkeit*** — **Unpolarisable state**).

POLARITÉ[3] (***Polarität*** — **Polarity**). État d'un corps dans lequel

---

1. DE LA RIVE, *Traité d'électricité*, t. I, p. 187.
2. GORDON, *Traité d'électricité et de magnétisme*, t. II, p. 309, 317, 330, 333 (Traduction Raynaud et Seligmann-Lui).
3. POGGENDORFF's, *Annalen der Physik und Chemie*, 1873, n° 5.

chaque particule possède des propriétés dépendant de son orientation relativement à une direction donnée.

PÔLE magnétique [1] (***Magnetischer Pol*** — **Magnetic pole**). Point d'application de la résultante des forces magnétiques exercées, par une molécule magnétique située à l'infini, sur les molécules magnétiques de l'une des moitiés d'un barreau.

PÔLE unité (***Einheitspol*** — **Unit pole**). Le pôle unité est le pôle, tourné du côté du nord, qui placé à l'unité de distance d'un autre pôle unité, repousse ce dernier avec l'unité de force, la dyne. Les dimensions du pôle unité sont $L^{\frac{3}{2}} T^{-1} M^{\frac{1}{2}}$, c'est-à-dire les mêmes que celles de l'unité électrostatique d'électricité qui est désignée de la même manière.

PÔLE nord (***Nordpol*** — **Marked pole, North seeking pole, Red pole**). Pôle d'une aiguille aimantée qui se tourne du côté du nord et contiendrait par conséquent du fluide austral libre.

PÔLE sud (***Sudpol*** — **Unmarked pole, South seeking pole, Blue pole**). Pôle d'une aiguille aimantée qui se tourne du côté du sud et contiendrait par conséquent du fluide boréal libre.

PÔLE d'aimantation (***Streichpol*** — **Touch pole**). Pôle avec lequel on aimante.

PÔLE de même nom (***Gleichnamiger Pol, Feindlicher Pol*** — **Like pole**). Pôle qui en repousse un autre et tous deux sont dits de même nom.

PÔLE de nom contraire (***Ungleichnamiger Pol, Freundschaftlicher Pol*** — **Unlike pole**). Pôle qui en attire un autre et tous deux sont dits de nom contraire.

PÔLE positif ou **négatif d'une pile** (***Positiver*** ou ***negativer Pol*** — **Positive** ou **negative pole**). Point où commence le circuit extérieur d'une pile et point où il finit. Le pôle positif part de la plaque inerte et le pôle négatif de la plaque génératrice active.

***POLYCNÈME** (πολύς; nombreux, κνήμη, jambe, pour κνημίς jambart, enveloppe). Expression qui, dans la classification des électroaimants admise par Nicklès, signifiait *à plusieurs hélices*.

POLYPHOTE (πολύς; nombreux, φῶς, φωτός; lumière). **Lampe polyphote** (***Lampe mit getheiltem Lichte*** — **Polyphote lamp, Lamp in multiple arc**). Lampe à arc voltaïque qui fonctionne avec plusieurs autres dans un même circuit. Les lampes polyphotes se divisent en lampes différentielles et en lampes à dérivation. (Voir ces expressions et *Régulateur*.)

POLYRHÉOLYSEUR (πολύς; nombreux, ῥέω couler, λύσις; décomposition) (***Polyrheolysator*** — **Polyrheolyser**). Le polyrhéolyseur est un rhéolyseur (Voir ce mot) dans lequel on fait embrasser aux plongeurs des arcs quelconques ou dans lequel on augmente le nombre des ponts ; il en résulte des dérivations isolées ou simultanées ayant des caractères variés.

---

1. POGGENDORFF'S, *Annalen der Physik und Chimie*, 1873, n° 5.

POLYSCOPE (πολύς nombreux, σκοπῶ je regarde) (***Polyscop*** — **Polyscope**). Appareil employé par M. Trouvé, pour l'étude des cavités du corps humain. Il a utilisé pour cela l'éclairage résultant de l'incandescence d'un fil de platine ; cette lumière est projetée par un petit miroir placé derrière le point lumineux et contenu dans l'appareil. Pour supprimer l'échauffement, on a aussi entouré l'instrument dans toute sa longueur, d'un canal parcouru par un courant d'eau fraiche, sous une certaine pression. On a donné à ces instruments différents noms, tels que Kystoscope, Uréthroscope, Rectoscope, Entéroscope, Laryngoscope, Pharyngoscope, Otoscope, Hystéroscope, Rhynoscope, Stomatoscope, Gastroscope, Aesophagoscope, etc,... suivant le but auquel ils sont destinés.

POMPE voltaïque (***Voltaische Pumpe*** — **Voltaic pump**). Appareil à l'aide duquel l'eau peut être elevée, à une certaine hauteur, dans un tube, par l'action mécanique et calorifique d'un courant électrique de haute tension. (Expérience de M. Planté, *Comptes rendus*, 17 janvier 1876, t. LXXXII, p. 220. *Recherches sur l'électricité*, § 148.)

PONT d'induction[1] (***Inductionsbrücke*** — **Induction bridge**). Cet appareil est une combinaison dans laquelle entrent le pont de Wheatstone, et, en partie, la balance d'induction. Il sert à mesurer et à équilibrer la résistance du fil, au moyen de la balance d'induction ; les courants induits ou extracourants sont mesurés et réduits à zéro par des courants induits de sens contraire et d'intensité égale.

PONT de Wheatstone[2] (Voir *Méthode du Pont*) (***Wheatston'sche Brücke*** — **Wheatstone's parallelogram** ou **bridge**). Appareil inventé en 1833 et décrit dans les *Philosophical Transactions*, par Hunter Christie, de Woolwich, sous le nom de *Differential arrangement*. Ce ne fut que dix ans plus tard que Wheatstone l'appliqua à la détermination des conductibilités. Il se compose d'un parallélogramme formé de bandes métalliques et d'un galvanomètre placé au milieu de l'une des diagonales ; les deux sommets où n'aboutit pas la diagonale sont reliés aux deux pôles d'une pile. Une lacune est disposée, en des points symétriques, sur les quatre côtés, pour y recevoir, au moyen de bornes, l'intercalation des résistances. Parmi ces résistances, trois d'entre elles sont connues et deux sont fixes, tandis que la troisième peut être augmentée ou diminuée depuis zéro jusqu'à une quantité pratique assez élevée. Enfin la quatrième résistance, celle qu'on cherche, est disposée dans la quatrième lacune. Si l'on appelle r, r', les résistances des deux branches d'un côté de la diagonale, R et R' les résistances des deux autres branches, de l'autre côté de la diagonale, l'intensité est

1. *Lumière électrique*, t. XIX, p. 261.

2. *Journal of the Society of telegraph engineers*, 1872. — LAT. CLARK, *On electrical measurement*. — KEMPE, *Handbook of electrical testings*, p. 115. — *Archives des sciences physiques et naturelles*, 3e période, t. VIII, p. 253. — S. THOMPSON, *Lessons on electricity and magnetism*, p. 318.

la même, dans les deux branches r et r' de même que dans les deux branches R et R', si le courant est nul au galvanomètre. D'après la deuxième loi de Kirchhof (Voir *Courant dérivé, Loi des courants dérivés de Kirchhof*), on aura $i\,R - i'\,R' = o$ et $i\,r - i'\,r' = o$ d'où l'on tire $\frac{r}{r'} = \frac{R}{R'}$. Si r', R et R' sont connus, on obtiendra facilement r dans cette formule. Ainsi donc en faisant $\frac{R}{R'} = 1$, et en installant, à la place de r', un rhéostat permettant de faire varier la résistance dans des limites pratiques étendues, on arrivera toujours à ramener le galvanomètre à zéro pour une résistance r (ou x) quelconque.

Cette méthode n'exige pas, comme on le voit, la constance de la pile, puisqu'elle n'entre pas en jeu. Le rapport $\frac{R}{R'}$ est arbitraire, mais est généralement égal à 1.

PONT de Wheatstone à curseur (*Wheatstone's Rheocord, Wheatstone's Schleifenbrücke* — **Sliding bridge**). Arrangement spécial, basé sur le même principe que le Pont dont nous venons de parler, mais dans lequel la résistance variable (le rhéostat) n'est constituée que par un fil métallique le long duquel se déplace un curseur. Cette forme du pont est peu pratique, et son exactitude est limitée.

PORRETT (Robert). Membre de la Société royale, né à Londres, le 22 septembre 1783, et mort, dans la même ville, le 25 novembre 1868. Il observa le premier l'endosmose électrique (1816). (*Annals of Philosophy*, t. VIII, 1816.)

PORTANT (*Eiserne Fassung* — **Keeper**). Armature en fer doux qui enserre un aimant naturel, s'aimante au contact et réagit sur la deuxième armature mobile.

PORTE-GOUTTE (*Löthebahn* — **Bevel of the soldering iron**). Biseau du fer à souder sur lequel adhère la goutte de soudure.

PORTÉE explosive (*Schlagweite, Schlagraum* — **Striking distance**). Longueur de l'étincelle d'une décharge. On la mesure au moyen de l'excitateur micrométrique. La portée explosive est approximativement directement proportionnelle à la densité et s'exprime par la formule $P = K\frac{q}{s}$ dans laquelle K est une constante, q la quantité et s le nombre des bouteilles ou la surface de la batterie.

PORTÉE de poteaux (*Stangenabstand, Stangenentfernung* — **Span of poles**). Distance entre deux poteaux.

PORTÉE d'une chaînette (*Spannweite* — **Span of a catenary**). Distance des points d'appui. (Voir *Flèche* pour les relations entre la portée, la flèche et la tension du fil.)

POSE d'un câble souterrain[1] (*Einlegung, Kabellegung, Einle-*

1. *Lumière électrique*, 1882.

gen, Verlegen eines unterirdischen Kabels — **Laying an underground cable**). Opération consistant dans le déroulement continu du câble dans une tranchée ou dans sa traction, dans l'intérieur de tuyaux protecteurs, au fond de la tranchée recouverte ensuite de terre. Les câbles étant de longueur finie, il reste une opération importante, celle des soudures à faire avant de terminer la pause. (Voir *Épissure*, *Joint*, *Soudure*.)

POSE d'un câble sous-marin (*Einsenken eines Kabels* — **Laying a submarine cable**). Opération des plus minutieuses au point de vue mécanique, pour laquelle nous ne pouvons que renvoyer aux traités spéciaux [1].

POSE. Théorie de la pose des câbles (*Kabellegunstheorie* — **Theory of cable laying**). (Voir *Câble*.)

POSE. Bâtiment pour la pose des câbles (*Kabelschiff* — **Telegraph ship, Cable ship**). Bâtiment aménagé d'une manière spéciale et pourvu d'engins appropriés. (Voir *Bâtiment*.)

POSITIF. (Voir *Électricité* et *Pôle*.)

POSITION de réception (*Stationsstellung* — **Receiver in circuit, Receiving position**). Disposition des communications des appareils télégraphiques, de manière à recevoir une dépêche en reliant les bobines des appareils à la ligne.

POSITION sur paratonnerre (*Gewitterstellung* — **Lightning protector in circuit**). Disposition des communications d'une station, dans laquelle le paratonnerre est intercalé dans le circuit, avant l'arrivée de la ligne aux appareils télégraphiques.

POSITION sur sonnerie (*Läutestellung* — **Alarum bell in circuit**). Disposition des communications d'une station télégraphique, dans laquelle une sonnerie est substituée, dans le circuit, à l'appareil de réception ordinaire.

POSTE. Poste restante (*Postlagernd* — **Poste restante**).

POSTE télégraphique (*Station* — **Station**). Ancienne appellation des bureaux télégraphiques empruntée à la télégraphie aérienne.

POSTE d'observation sur les côtes (*Küstenbeobachtungsstation* — **Look out stations on the coast**). Poste militaire, muni d'un système de communication électrique pour le service des torpilles dans les passes.

POSTE tubulaire (*Rohrpost* — **Tube post**). Service de transport des dépêches dans des tubes étanches où la force motrice est l'air comprimé. L'électricité ne joue plus ici qu'un rôle auxiliaire.

POSTE aux lettres électrique (*Elektrische Post* — **Electric post**). Application de l'électricité à la traction de petits wagonnets, sur rails, dans un tube carré contenant les lettres.

---

1. CAPTN HOSKIOER, *Laying and repairing of telegraph cables.* — *Report of the joint committee.* — BLAVIER, *Traité de télégraphie*, t. II, p. 146.

POTEAU[1] (*Pfosten, Säule* — **Pole, post**). Pilier en bois, en fer ou même en pierre, servant à supporter les isolateurs sur lesquels les lignes télégraphiques aériennes prennent appui.

POTEAU de fortes dimensions (*Ständer* — **Heavy pole**). Les poteaux ont parfois un nombre considérable de fils à soutenir, et on est forcé de leur donner dans ce cas de fortes dimensions.

POTEAU double (*Doppelgestänge, Doppelstange* — **Double pole**). Sur les lignes encombrées de fils, on réunit deux poteaux par une ou plusieurs consoles horizontales sur lesquelles on installe des isolateurs en en garnissant aussi les côtés des poteaux.

POTEAU à contre-fiche (*Stange mit Streben* — **Strutted pole**). (Voir ce dernier mot.)

POTEAU provisoire (*Nothstange* — **Temporary pole**). Poteau qu'on installe en cas de rupture d'un autre poteau.

POTEAUX. Poteaux jumelés (*Doppelständer, Bock* — **Bolted poles**). Deux poteaux réunis côte à côte avec des boulons pour obtenir une résistance plus grande. Dans ce cas, la force de renversement agit suivant la ligne passant par le centre des deux poteaux et la résistance est égale à cinq fois celle d'un seul poteau de même dimension.

POTEAUX. Poteaux couplés[2] (*Gekuppelte Stange, Verkuppelte Stange* — **A shaped pole**). Deux poteaux réunis au sommet par des boulons et par une entretoise à mi-hauteur. Quand la liaison des poteaux est ainsi complète, la résistance est la même que si tout l'espace compris entre eux était plein.

POTEAU de jonction ou de raccordement (*Ueberführungsstange, Unterführungsstange* — **Junction pole**). Poteau à partir duquel les fils aériens deviennent souterrains ou sous-fluviaux.

POTEAU cornier (*Ecksäule, Winkelstange* — **Angle pole**). Poteau installé en un point où les lignes forment un angle.

POTEAU d'allégement (*Entlastungssäule* — **Relief pole**). Poteau destiné à supporter une partie de la charge des poteaux voisins.

POTEAU d'arrêt (*Abspannstange* — **Terminal pole**). Poteau où la ligne est arrêtée dans le voisinage d'une station.

POTEAU à isolateur arrêt double (*Untersuchungsstange* — **Double shackle pole**). Poteau où l'on peut facilement exécuter des coupures entre deux isolateurs à arrêt.

---

1. *Annales télégraphiques*, 1860, p. 413 ; 1875, p. 5. — MORRIS, *De l'emploi du fer dans les constructions télégraphiques en France.* — *Congrès international des électriciens, Comptes rendus*, p. 307. — *Journal of the Society of telegraph engineers*, t. I, p. 40 ; t. II, p. 33 et 53 ; t. III, p. 182. — DOUGLAS, *Manual of telegraph construction*, p. 78, 92, 216, 323, 377. — *Journal télégraphique des administrations télégraphiques*, t. I. — ROTHER, *Der Telegraphenbau*, p. 21. — CULLEY, *Handbook of pratical telegraphy.*

2. DOUGLAS, *Manual of telegraph construction*, p. 66, 67, 329. — ROTHER, *Der Telegraphenbau.* — BLAVIER, *Télégraphie électrique*, t. II, p. 10.

POTEAU de bifurcation (*Abzweigungsstange, Abzweigsstange* — **Forking pole** ou **Bifurcation pole**). Poteau installé en un point où les lignes suivent deux directions différentes.

POTEAU de sonnerie (*Läutesäule* — **Bell pole**). Poteau supportant un fil de sonnerie.

POTEAU. Assemblage de petits poteaux (éclisses) pour remplacer une base pourrie. (*Klebpfosten* — **Braces to prop a pole**).

POTELET (*Kleiner Ständer, Kleiner Pfosten* — **Station post** ou **bracket**). Parallélipipède rectangle en bois dont on abat les angles en pans coupés et qu'on fixe à un mur, au moyen de tiges à scellement, nommées consoles, pour soutenir les lignes télégraphiques.

POTENTIEL[1] (*Potential* — **Potential**) (Laplace, Green, Gauss). En admettant simplement les lois de Coulomb en électricité, il y a des faits qu'il est impossible d'expliquer. Ainsi, si une grande sphère métallique est reliée, par un fil long, de manière à éviter tout effet d'influence, à une petite sphère métallique, la petite sphère prend alors une charge différente de celle qu'elle prendrait au contact. Le passage de l'électricité de la grande boule à la petite boule dépend donc de la distance. Si l'on relie un ellipsoïde chargé au plan d'épreuve d'une balance de Coulomb, au moyen d'un long fil, l'angle de torsion accusant la quantité d'électricité est constant, quel que soit le point de la surface de l'ellipsoïde touché ; la distribution électrique semble uniforme sur l'ellipsoïde. Il résulte de ces phénomènes que ce n'est ni la quantité répartie sur un conducteur, ni la densité aux points de contact qui détermine exclusivement le passage de l'électricité d'un corps sur un autre. Ce n'est pas non plus la tension qui est proportionnelle au carré de la densité et varie aux divers points d'un ellipsoïde. L'état d'équilibre sur un conducteur ou le passage de l'électricité d'un point à un autre dépendent donc d'un autre élément fonction des masses électriques et des distances, ce nouvel élément est appelé *potentiel*. Le potentiel électrique d'un point est l'état en vertu duquel une charge d'épreuve tendrait à passer de ce point à la terre, en effectuant un travail, c'est le rapport de la masse agissante à la distance qui sépare les deux masses envisagées — ou encore — le potentiel électrique d'un point est la quantité de travail nécessaire pour transporter l'unité d'agent situé en ce point, de ce point à l'infini, malgré l'attraction de l'agent et en supposant que cette unité d'agent ne modifie pas la distribution des masses qui ont donné naissance au champ. L'analyse montre que ce travail est une quantité finie et égale au quotient de la masse

1. GREEN, *An essay on the application of mathematical analysis to the theories of electricity and magnetism.* — BLAVIER, *Des grandeurs électriques et de leur mesure en unités absolues*, p. 42. — SCHŒNTJES, *Les grandeurs électriques et leurs unités*, 2e édit., p. 20. — MAXWELL, *Électricité et magnétisme*, t. I. (Trad. Seligmann-Lui). — *Journal de physique*, t. I, p. 87. — TUMLIRZ, *Das Potential.*

agissante par la distance au point considéré. La conception générale du potentiel se trouve exprimée dans le traité de mécanique céleste (1799) de Laplace (Liv. II, p. 156). Green l'appliqua le premier, en 1828, sous le nom de *Fonction potentielle*, à l'étude de l'électricité, et Gauss employa le mot *potentiel* pour désigner cette fonction.

Mesure expérimentale du potentiel. (Voir *Électromètre.*) On démontre que le potentiel d'un conducteur électrisé est proportionnel à la charge d'un électromètre relié métalliquement au conducteur et soustrait à l'influence directe. Il en résulte donc que le potentiel peut être mesuré par l'attraction ou la répulsion que l'électromètre exerce sur une charge électrique déterminée. Établissons la communication à distance avec un fil entre un conducteur chargé de la quantité $Q = cV$ (c capacité et V potentiel) et une petite sphère de rayon r. En mesurant, à l'aide de la balance de Coulomb, la quantité q d'électricité conservée par la petite sphère, on a le potentiel commun au conducteur et à la sphère $v = \frac{q}{r}$. L'équation d'équilibre (Voir *ce mot*) donnera alors $v\ (r + c) = c\,V$ d'où $V = v \left(1 + \frac{r}{c}\right)$ Si on ne connaissait pas c, il suffirait de recommencer l'opération, après avoir mis la petite sphère en communication avec la terre. En la reliant de nouveau au conducteur, on lui trouve un nouveau potentiel et tel que $v = v' \left(1 + \frac{r}{c}\right)$ d'où $V = \frac{v^2}{v'}$.

Le potentiel d'un corps varie avec sa charge, avec la modification de la forme du corps (sans altération de sa charge) et avec sa position par rapport aux autres corps.

La différence de potentiel entre deux points engendre le courant électrique (Voir ce mot) et les piles qui maintiennent constante la différence de potentiels entre les deux pôles engendrent un courant continu.

Unité absolue de potentiel. — L'unité absolue de potentiel est celui d'un point qui serait situé à l'unité de distance d'une masse électrique égale à l'unité de quantité.

POTENTIEL en un point (*Potential in einem Punkte* — **Potential at a point**). Expression abrégée qui signifie différence de potentiel entre le potentiel du point considéré et celui de la terre ; le potentiel de la terre est regardé comme nul.

POTENTIEL d'un conducteur (*Potential eines Leiters* — **Potential of a conductor**). On appelle potentiel d'un conducteur le potentiel de tous les points compris dans l'intérieur du conducteur.

POTENTIEL zéro (*Nullpotential* — **Potential null**). Le potentiel d'un point de la terre est, d'après les explications fournies à l'article potentiel, $\Sigma \frac{M}{R}$, or, R étant très grand par rapport à M, la valeur de chaque fraction est infiniment petite et peut être regardée comme égale à zéro : la somme ou le potentiel est par conséquent égal à zéro, ce que l'expérience prouve.

POTENTIEL électrique d'un conducteur sur lui-même (***Potential eines Körpers auf sich selbst*** — **Electric potential of a conductor on itself**). Expression correspondant à l'énergie électrique. En effet, la différence W — W' des forces électriques représentant le travail, quand la distribution électrique éprouve une variation, W sera le travail développé par ces mêmes forces si le conducteur passait du potentiel qu'il possède au potentiel zéro, c'est-à-dire revenait à l'état neutre. Cette expression correspond à Σ VQ ou encore 1/2 Σ VQ (Voir *Énergie potentielle* et *Travail*), somme des produits de chaque masse par son potentiel.

POTENTIEL magnétique[1] (***Magnetisches Potential*** — **Magnetic potential**). Le potentiel magnétique est la quantité de travail que développerait l'unité de quantité magnétique, en se transportant de ce point à l'infini, sous l'influence des seules forces magnétiques. Le potentiel magnétique du pôle positif est $\frac{m}{r}$, celui du pôle négatif $-\frac{m}{r'}$ et celui qui est dû aux deux pôles est $\frac{m}{r}-\frac{m}{r'}$ ou $m\left(\frac{1}{r}-\frac{1}{r'}\right)$

POTENTIEL. Chute de potentiel (***Gefall des Potentials*** — **Fall of potential**). Diminution du potentiel en un point d'un circuit électrisé, par suite de sa mise en communication avec un conducteur à potentiel moindre et de résistance finie.

POTENTIOMÈTRE[2] (mot hybride : *potentia* puissance, μέτρον mesure) (***Potentiometer*** — **Potentiometer**). Le potentiomètre inventé par Clark est un instrument destiné à évaluer la force électromotrice d'une pile par rapport à une pile prise comme étalon. Il se compose d'un rhéostat à cylindre de Wheatstone, muni d'un curseur, intercalé dans toute sa longueur dans le circuit de deux piles dont les pôles de même nom sont reliés à deux bornes qui reçoivent les extrémités du fil du rhéostat. Un second rhéostat à fiches est intercalé dans le circuit de la première pile qui doit être constante autant que possible, tandis qu'un galvanomètre est inséré dans le second circuit. Enfin les pôles de la pile à étudier sont reliés, d'une part à la borne où aboutissent déjà les pôles semblables des deux autres circuits ; d'autre part au frotteur monté sur une règle divisée en mille parties qui ferme ce circuit à travers une fraction du fil du rhéostat. La pile insérée dans le même circuit que le galvanomètre est une pile étalon. Pour obtenir le rapport des forces électromotrices de la pile à étudier E et de la pile étalon E', on ferme d'abord les deux premiers circuits et on arrive, par la méthode de réduction à zéro, en agissant, pour cela, sur le rhéostat à fiches du premier circuit, à amener le galvanomètre

---

1. BLAVIER, *Des Grandeurs électriques et de leur mesure en unités absolues.*
2. LAT. CLARK, *Mesure électrique*, p. 68.

à zéro. Dans ces conditions $E = I \times 1000$. En introduisant ensuite le troisième circuit et en ramenant encore l'aiguille du galvanomètre à zéro, en agissant cette fois sur le rhéostat à cylindre au moyen du frotteur, on obtient $E' = I \times n$, n étant le nombre des divisions de la règle sur lequel le frotteur est fixe. D'où $\frac{E'}{E} = \frac{n}{1000}$. Primitivement on avait intercalé un second galvanomètre dans le circuit de la pile à étudier, cette complication a été reconnue inutile par le professeur Adams. Dans le cas où la pile à mesurer aurait une force électromotrice plus grande que la pile étalon, on remplacerait l'une par l'autre dans les deux circuits et on modifierait le rapport ci-dessus dans le même sens.

POUILLET (**Claude-Servais-Mathias**). Savant français, né le 16 février 1790, à Cusance, près Baume-les-Dames (Doubs), et mort le 13 juin 1868, à Paris. Il construisit le premier, en 1837, un appareil électrométrique précis qu'il nomma Boussole des Tangentes, et établit expérimentalement, en 1837, la loi de Ohm qui n'était pas bien connue. Ses travaux, sur des sujets relatifs à différents points de l'électricité, sont contenus dans les *Annales de physique et de chimie* de 1816 à 1845.

POUVOIR des pointes[1] (***Spitzenwirkung, Saugwirkung der Spitzen*** — **Action of points**). Propriété observée par Franklin (1747), en vertu de laquelle l'électricité ne peut s'accumuler à un haut potentiel à l'extrémité d'une pointe conductrice. Cette propriété fut utilisée dans les paratonnerres qui exercent une action préventive, en laissant l'électricité s'écouler par la pointe qui les termine au-dessus des habitations et en empêchant une décharge disruptive et nuisible.

POUVOIR inducteur. (Voir *Inducteur.*)

POUVOIR inducteur spécifique (***Specifisches Induktionsvermögen*** — **Specific inductive capacity**). (Voir *Capacité inductrice spécifique.*)

POUVOIR magnétique rotatoire (Faraday, Verdet) (***Magnetisches Drehvermögen*** — **Rotatory magnetic power**). Propriété que certains corps transparents possèdent de dévier le plan de polarisation, lorsqu'ils sont soumis à l'action du magnétisme.

POUVOIR multiplicateur d'un shunt ou d'une dérivation (***Verstärkungszahl eines Zweigwiederstandes*** — **Multiplying power of a shunt**). Expression indiquant que le courant qui traverse le galvanomètre, lorsqu'il n'y a pas de shunt, est l'intensité du courant avec un shunt multipliée par la proportion $\frac{\text{Galvanomètre} + \text{shunt}}{\text{shunt}}$.

POUVOIR thermoélectrique (***Thermoelektrisches Vermögen*** — **Thermoelectric power**). Le pouvoir thermoélectrique de deux métaux est la grandeur de la force électromotrice développée

1. Franklin, *Lettres sur l'électricité* (Traduction Barbeu-Dubourg), p. 233.

pour une différence de température d'un degré centigrade des soudures.

PRATIQUE. Unité pratique. (Voir *Unité*.)

PRÉAMBULE d'une dépêche (***Eingang einer Depesche, Kopf einer Depesche*** — **Preamble of a message**). Le préambule de toute dépêche télégraphique contient toujours différentes mentions de service, telles que le numéro de dépôt, le nombre des mots, l'heure du dépôt, et aussi les indications relatives au mode de remise à domicile lorsqu'il y a lieu.

PRESSE pour la gutta-percha[1] (***Guttaperchapresse*** — **Press mould for guttapercha, Covering machine**). Presse destinée à recouvrir de gutta-percha les fils métalliques. Les fils nus entrent dans une chambre, par une ouverture étroite, en laissant autour d'eux un manchon métallique qu'une forte presse remplit incessamment de gutta-percha ramollie ; cette substance se moule, à l'épaisseur voulue, à la sortie du fil par un trou d'un calibre donné. Siemens inventa, en 1846, la première presse pour la gutta-percha.

PRESSION électrique. Nom donné à la tension électrique[2]. (Voir cette expression.)

PRESSION. Influence de la pression sur la résistance (***Einfluss des Druckes auf dem Wiederstand*** — **Influence of pressure on resistance**)[3]. M. Du Moncel a trouvé, en 1856, que la résistance électrique des corps conducteurs et surtout de certaines poudres médiocrement conductrices, particulièrement celle de graphite, varie avec la pression exercée sur eux, décroissant lorsque la pression s'accroît et augmentant lorsqu'elle décroît. En 1865, M. Clérac construisit des rhéostats à charbon basés sur cette propriété qui a été utilisée dans le téléphone à charbon d'Édison, dans le microphone de M. Hughes, dans le microtasimètre d'Édison.

PRIESTLEY (Joseph). Savant anglais, né le 13 mars 1733, à Fieldhead, près Leeds (York), mort le 6 février 1804, à Northumberland (Pensylvanie). Il découvrit l'influence des décharges électriques sur une plaque métallique qui sont caractérisées par l'apparition des *Anneaux de Priestley*, et publia une *History and present state of electricity*, 1re édition, 1767, London, 5e édition, 1794, qui a été traduite dans les différentes langues européennes, et en français par Brisson.

PRIX de l'effort statique. (Voir *Effort statique*.)

PROCÈS-VERBAL (***Apparattagebuch*** — **Tablet check, Report**). Feuille où l'employé des télégraphes note à l'appareil les indications relatives à la transmission des dépêches et aux dérangements.

---

1. Rother, *Der Telegraphenbau*, p. 112.

2. Blavier, *Des grandeurs électriques et de leur mesure en unités absolues*, p. 117.

3. *Lumière électrique*, 1880, p. 29. — *Électricien*, 1879.

PRODUITS électrolytiques (Faraday) (*Jonen* — **Jons**). Substances rassemblées aux pôles et provenant des décompositions effectuées par le courant.

PRODUITS dégagés au pôle positif, tels que l'oxygène, le chlore (Faraday) (*Anionen* — **Anions**).

PRODUITS dégagés au pôle négatif, tels que l'hydrogène, les métaux (Faraday) (*Kationen* — **Kations**).

PRONOSTIC de l'état atmosphérique (*Wetterprognose* — **Weather indications**). Indications transmises sur les lignes télégraphiques, relativement aux modifications de l'état atmosphérique. Ce service important n'a pu être établi en France qu'après l'installation du réseau télégraphique, en 1856, et le 1er août 1863 avec l'étranger.

PROPAGATION de l'électricité[1] (*Fortpflanzung der Elektricität* — **Propagation of electricity**). La propagation de l'électricité peut être assimilée à celle de la chaleur dans une barre qu'on chauffe par une de ses extrémités. Si nous n'envisageons que le cas de la propagation dans un fil conducteur, on observe, dès que ce fil est mis en communication avec le pôle d'une pile, son autre extrémité étant à terre, que l'électricité se répand dans le fil et arrive très rapidement, mais en quantité assez minime, à l'extrémité. Bientôt le fil s'étant chargé peu à peu, l'écoulement électrique arrive graduellement à un état de régime et devient régulier. Ces deux phases constituent l'état variable et l'état permanent. Le contraire a lieu au départ, où le courant d'abord très fort revient bientôt à un état normal régulier.

La durée de l'état variable (non la durée absolue, qu'il serait impossible de déterminer) est proportionnelle au carré de la longueur, au coefficient de charge du conducteur, et en raison inverse de sa section et de sa conductibilité. Sur les longs fils, la formule suivante donne la durée de la charge : $D = \frac{l^2 c}{KS} M$ — l longueur, c coefficient de charge, K conductibilité, S section, et M étant une constante représentant la durée de l'état variable pour le fil dont la longueur, le coefficient de charge et la section seraient pris pour unité.

Lorsqu'un fil est isolé à l'une de ses extrémités et en communication par l'autre avec la pile, le courant, d'abord très intense, diminue peu à peu jusqu'à ce qu'il soit nul. Cette durée représente le temps qu'emploie le fil conducteur à se charger et est égale à quatre fois la durée de la période variable, quand le fil est à la terre au lieu d'être isolé.

---

1. Pour cette question complexe, voir les travaux de Blavier et Gounelle, *Annales télégraphiques*, 1859, 1860, 1864, 1865, 1878. — KIRCHHOFF et SMAASEN, *Annales de Poggendorff*, 1845, 1846, 1857. — *Comptes rendus de l'Académie des Sciences de Paris*, 8 nov. 1858, 29 nov. 1858, 11 avril, 23 mai, 26 déc. 1859, 20 février 1860 et 17 sept. 1860. — *Philosophical Magazine*, 1857, 1er sem., p. 393; 1863, 1er sem., p. 548 ; 1865, 1er sem., p. 409. — VERDET, *Conférences de physique*, t. I, p. 459. — BLAVIER, *Des grandeurs électriques et de leur mesure en unités absolues*, p. 140.

Lorsqu'on charge un fil conducteur, entouré de matière isolante communiquant, par sa surface, avec le sol, le courant traverse lentement l'enveloppe, en vertu du phénomène connu sous le nom *d'électrification*, et la décharge s'opère de même, si l'on met le conducteur en communication avec la terre.

PROTOPLASMA[1] (*Protoplasma* — **Protoplasma**). Le protoplasma est mauvais conducteur du courant électrique. Une force électromotrice faible ou de petites étincelles d'induction ne produisent aucun effet visible — d'une intensité moyenne, elles causent des dommages comparables à ceux d'une température trop élevée — enfin de forte intensité elles tuent le protoplasma sans retour.

PUISSANCE. (S. d'*Activité*). (Voir ce mot.)

PULSATIONS[2] (Schoenbein) (*Pulsationen* — **Pulsations**). Phénomène de passivité temporaire du fer. (Voir *Passif, Fer passif.*)

PYROÉLECTRICITÉ[3] (πῦρ feu, électricité) (Lemery (1717), Aepinus (1757), Bergmann (1767) (*Pyroelektricität* — **Pyroelectricity**). Électricité provenant des cristaux dits pyroélectriques, lorsqu'on élève ou qu'on abaisse leur température. Théophraste fait mention des propriétés attractives des corps pyroélectriques, dans son livre sur les pierres précieuses, à propos du *lyncurium* qu'on croit être la tourmaline.

PYROÉLECTRIQUE (même racine) (*Pyroelektrisch* — **Pyroelectric**). Épithète s'appliquant aux cristaux dans lesquels l'échauffement ou le refroidissement amène une manifestation électrique.

PYROMÉNYTE (πῦρ feu, μηνυτής indicateur) (*Pyromenit, Feuerweiser* — **Pyromenit**). Nom donné par M. Forgeot à un système électrique avertisseur du feu, fondé sur l'élévation de température produite par un incendie en un point donné. Cette élévation de température fait fondre une goupille fusible qui retient, en temps ordinaire, un ressort. Ce ressort, en communication avec l'un des pôles de la pile, vient, lorsqu'il est libre, toucher un bouton conducteur en communication avec l'autre pôle et ferme le circuit d'une sonnerie.

PYROMÈTRE magnétique[4] (πῦρ feu, μέτρον mesure) (Pouillet) (*Galvanopyrometer* — **Magnetic pyrometer**). Appareil destiné à évaluer les températures les plus élevées et les plus basses. Il est fondé sur l'emploi d'un couple thermoélectrique en communication avec un rhéomètre.

---

1. JURGENSEN, *Studien der physiolog. Instituts zu Breslau*, 1861, HEFT. t. I, p. 38. — KÜHNE, *Untersuchungen über das Protoplasma*, 1864, p. 96. — BRÜCKE, *Sitzungsberichte der Wiener Akademie*, 1863, t. XLVI, p. 1.

2. WIEDEMAN, *Galvanismus und Electromagnetismus*, t. II, p. 749. — *Journal de physique*, t. X, p. 204.

3. MASCART, *Électricité statique*, t. II, p. 494. — GAVARRET, *Traité d'électricité*, t. I, p. 432. — *Comptes rendus de l'Académie des Sciences*, 1856, t. XLII, p. 1264, et XLIII, p. 916 et 1122

4. *Comptes rendus de l'Académie des Sciences de Paris*, 1836, p. 782.

PYROPHONE[1] (πῦρ feu, φωνή voix) (Kastner) (*Pyrophon*. — **Pyrophone**). Appareil dans lequel les sons sont produits par des flammes que l'on allume dans des tuyaux. Un phénomène d'interférence, produit à un moment donné, fait cesser le son. Un système électromagnétique a servi à exécuter cette opération.

Q

QUADRUPLEX. Système quadruplex (*Doppelgegensprechen* — **Quadruplex system**). Système de télégraphie permettant de transmettre quatre dépêches distinctes, deux dans un sens et deux dans l'autre, pendant le même temps et sur le même fil. Les premiers qui s'occupèrent de la transmission de deux dépêches, dans le même sens, simultanément sur le même fil, furent Stark de Vienne (1855), Siemens, Kramer et Bosscha, mais ce ne fut qu'en 1874 qu'Édison rendit ce système pratique. Le principe d'Édison est le suivant. Le manipulateur de l'un des appareils est disposé de manière à envoyer un courant continu qui est inversé pour produire un signal. Le relais correspondant à ce manipulateur est polarisé comme le relais Siemens. Un second manipulateur envoie, de la même station, des courants toujours de même sens, mais plus intenses que ceux du premier transmetteur. Un relais non polarisé est muni d'une armature tendue par un ressort antagoniste, de manière à ne pas obéir aux courants inversés du premier manipulateur, mais seulement à ceux provenant du second. Chacun de ces relais obéit donc séparément à chacun des deux courants et on peut obtenir une transmission simultanée, dans le même sens et par le même fil. En montant ensuite la ligne à l'arrivée en *duplex*, avec un pont de Wheatstone, on arrive à constituer le système quadruplex d'Édison.

QUANTITÉ électrique[2] (*Elektrische Quantität* — **Electric quantity**). La quantité électrique qui représente, à l'état statique, la masse d'électricité libre répandue sur la surface d'un corps conducteur est une grandeur parfaitement définie, car elle est susceptible d'augmentation ou de diminution de 0 à l'infini. On peut en effet, en touchant l'extérieur d'un vase métallique creux et isolé, avec un corps électrisé, au moyen d'une quantité égale à une unité arbitraire quelconque, céder cette unité à ce

---

1. *Comptes rendus de l'Académie des Sciences de Paris*, 1874, t. LXXIX, p. 1307.

2. *Annales télégraphiques*, 1877, p. 261. — *Telegraphic Journal*, t. II. — *Journal of the Society of telegraph engineers*, t. IV, p. 189. — Gavarret, *Traité d'électricité*, t. II, p. 145. — Maxwell, *Treatise on electricity and magnetism*, t. II, p. 768.

vase et répéter cette même opération aussi souvent qu'on le désirera, le vase se chargera d'un nombre d'unités égal au nombre des opérations. On mesurera cette quantité en fonction d'une unité qui a été admise, à l'état statique, comme étant la quantité qui, placée à l'unité de distance, repousse cette quantité avec l'unité de force. Les dimensions de cette unité sont $L^{\frac{3}{2}} T^{-1} M^{\frac{1}{2}}$. Faraday, s'appuyant sur une expérience de Pouillet, a défini, en électricité dynamique, la quantité par le produit de l'intensité par le temps considéré $Q = I\,t$, d'où l'intensité est la quantité débitée ou le débit pendant une seconde.

QUANTITÉ. Unité de quantité (***Einheit der Quantität* — Unit of quantity**). Au point de vue électromagnétique, l'unité de quantité électrique est la quantité d'électricité qui traverse, pendant une seconde, un fil conducteur parcouru par l'unité de courant. Dans la mesure électrostatique, l'unité de quantité est celle qui, placée à 1 centimètre d'une égale quantité, la repousse avec une unité de force. En comparant les expressions algébriques de la quantité proprement dite d'électricité, en mesure électrostatique et en mesure électromagnétique, on trouve que le rapport est de la forme $\frac{L}{T}$ et est exprimé par suite par une vitesse. Cette vitesse, mesurée électriquement, a été trouvée égale à 310,000 kilomètres par seconde environ, c'est-à-dire sensiblement égale à la vitesse de la lumière. (Voir *Coulomb.*)

QUANTITÉ. Monter une pile en quantité (***Elemente nebeneinander verbinden, Eine Batterie grossplattig verbinden* — To make up a battery in parallel circuit ou in quantity**). Réunir entre eux les pôles de même nom, de manière qu'on ait une seule pile d'une surface égale à celle d'un élément multiplié par le nombre des éléments.

QUANTITÉ. Montage d'une pile en quantité (***Nebeneinanderschaltung* — Joining up of battery in parallel circuit**). Installation d'une pile comme il vient d'être spécifié.

QUET (Jean-Antoine). Professeur de physique français, né le 18 octobre 1810, à Nîmes, et mort à Montpellier le 28 novembre 1884. Il publia dans les *Comptes rendus de l'Académie des Sciences* (1852-1884) divers mémoires sur l'électricité et son étude des phénomènes de stratification ; il s'occupa, en dernier lieu, de magnétisme cosmique (1878-1884). (Voir *Recueil de rapports sur les progrès des lettres et des sciences en France. — De l'électricité, du magnétisme et de la capillarité*, 1867. — *Annales de chimie et de physique*, 1852-1862.)

QUETELET (Lambert-Adolphe-Jacques). Directeur de l'observatoire de Bruxelles, né le 22 février 1796, à Gand, et mort à Bruxelles, le 10 février 1874. On lui doit de nombreux travaux sur le magnétisme, de 1830 à 1867, et sur l'électricité atmosphérique, pour l'énumération trop longue desquels nous renvoyons au *Ronald's catalogue.*

R

RACCORDEMENT de deux fils (***Verbindung zweier Drähte*** — **Joining of two wires**). Réunion des fils par torsade, soudure, etc. (Voir ces expressions.)

RACLOIR (***Batterieschaber*** — **Battery knife**). Instrument pour nettoyer les zincs des piles.

RADIAN (*Radius* rayon) (***Radian*** — **Radian**). Le radian est une expression trigonométrique introduite dans certains calculs électriques ou magnétiques et signifiant un angle sous-tendu, au centre d'un cercle, par un arc égal en longueur au rayon.

RADIOMÈTRE électrique (mot hybride : *radius* rayon, μέτρον mesure) (***Radiometer, Lichtmühle*** — **Radiometer**). Appareil de Crookes (1874) analogue au radiomètre ordinaire, destiné à mettre en évidence la force mécanique de la matière radiante qui, lancée du pôle négatif avec violence, met en mouvement les ailettes du radiomètre ou tout obstacle léger qu'elle rencontre sur sa route.

RADIOPHONE[1] (mot hybride : *radius* rayon, φωνή voix) (Bell, Mercadier) (***Radiophon*** — ***Radiophone***). Appareil inventé par Bell, en 1878, nommé d'abord photophone par Bell (Voir *Photophone*), puis radiophone par M. Mercadier, et produisant un son par l'énergie radiante. Une plaque de sélénium dont la résistance varie (May et W. Smith) par suite de l'énergie radiante d'un rayon lumineux, a été le point de départ de ces études. Cette variation de résistance accusait un bruit dans le téléphone faisant partie du même circuit que le sélénium. Le rayon lumineux était transmis, par réflexion, au moyen d'un miroir flexible devant lequel on parlait, de sorte que les vibrations de la voix, en dérangeant la ligne de propagation des rayons réfléchis, créaient des alternatives lumineuses sur le sélénium, qui se traduisaient par des sons dans le radiophone, en donnant aux courants une forme ondulatoire. On est arrivé à percevoir directement, sans téléphone, ce bruit, au moyen d'une plaque sensible, comme le noir de fumée et un tube acoustique. M. Mercadier a étudié les phénomènes résultant de l'action directe des rayons lumineux sur tous les corps et les effets produits, par les rayons lumineux, sur certains corps dont la conductibilité électrique se trouve impressionnée par l'action

---

1. Art. Mercadier, *Lumière électrique*, 1881. — *Journal of the Society of telegraph engineers*, t. X, p. 212. — Gordon, *Traité d'électricité et de magnétisme*, t. II, p. 594, 603 (Traduction Raynaud et Seligman). — Du Moncel, *Le microphone*. — *Académie des Sciences, Comptes rendus*, t. CI, p. 944, 1001.

de la lumière et qui, par conséquent, pour être appréciés, exigent l'intervention d'un courant électrique et d'un téléphone.

RADIOPHONIE (Même étymologie) (*Radiophonie* — **Radiophony**). Art de transmettre des sons dans le radiophone.

RAMSDEN (**Jesse**). Opticien, né à Halifax en 1735, et mort, en 1805, à Brighthelmstone. Il a contribué au perfectionnement des machines électriques, mais ce n'est qu'en 1766 qu'il adopta la machine à plateau.

REBUT. Mettre une dépêche au rebut (*Exploitation télégraphique*) (*Eine Depesche als unbestellbar behandeln* — **To send a message to the dead message office**). Expression de service indiquant qu'on laisse la dépêche en dépôt, lorsque le destinataire est introuvable.

RÉCEPTEUR télégraphique (*Telegraphischer Receptor, Zeichenempfänger* — **Receiver**). Appareil qui reçoit les dépêches télégraphiques sous une forme quelconque.

RÉCEPTEUR à cadran (Breguet, Siemens, Kramer) (*Zeigerapparat* — **Dial indicator**). Le récepteur de Bréguet est un appareil dans lequel les signaux sont des lettres de l'alphabet, inscrites sur un cadran, devant lesquelles s'arrête une aiguille. Cette aiguille est animée d'un mouvement de rotation saccadé, sous l'influence d'émissions du courant électrique qui agit sur un électroaimant dont la palette laisse défiler ou arrête un mouvement d'horlogerie entraînant l'aiguille. (Voir *Appareil*.)

RÉCEPTEUR à aiguille (*Nadelapparat* — **Needle receiver**). Récepteur où les signaux sont constitués par les déviations d'une ou de deux aiguilles à droite ou à gauche de leur position d'équilibre, suivant le sens du courant.

RÉCEPTEUR à une aiguille (Cook, Wheatstone) (*Einfacher Nadelapparat* — **Single needle receiver**).

RÉCEPTEUR à deux aiguilles (Cook, Wheatstone) (*Doppelnadelapparat* — **Double needle receiver**). L'appareil à deux aiguilles permet de transmettre les lettres avec des signaux moins nombreux qu'avec l'appareil à une aiguille.

RÉCEPTEUR Morse à pointe sèche (*Schreibstiftapparat, Reliefchreiber* — **Morse embosser**). Récepteur dont les signaux composés de points et de traits sont gaufrés, dans une bande de papier, au moyen d'une pointe sèche montée sur la palette de l'électroaimant. L'appareil transmetteur est un interrupteur, nommé manipulateur.

RÉCEPTEUR Morse écrivant (*Morse'scher Schreibapparat, Blauschreiber, Farbeschreiber* — **Morse inkwriter**). Appareil dont les signaux, composés de traits et de points, sont produits par le frottement d'une bande de papier contre une molette, mobile autour de son axe, garnie d'encre, sous l'influence des mouvements longs ou brefs de la palette, correspondant aux traits et aux points.

RÉCEPTEUR à double pointe (Stœhrer) (*Doppelstiftapparat, Doppelschreiber* — **Double style receiver**). Appareil dont l'alphabet avait pour but de diminuer le nombre et la durée des émissions de courant nécessaires pour la production des signaux Morse.

RÉCEPTEUR à noir de fumée[1] (*Russschreiber* — **Carbon recorder**). Appareil de M. Siemens, dans lequel le conducteur d'un circuit est mobile dans un champ magnétique; le mouvement de ce circuit, constitué par une bobine le long d'un axe aimanté, sert à inscrire des signaux sur le papier. Cet appareil sensible inscrit toutes les phases de passage de courants positifs et négatifs et sert à leur observation.

RÉCEPTEUR. Mettre sur récepteur (*Auf Apparat legen* — **To put receiver in circuit**). Établir une communication entre la ligne télégraphique et la terre, à travers le récepteur.

RÉCEPTION (*Aufnahme* — **Acknowledgement**). Signal indiquant la fin et l'accusé de réception d'un échange de transmission télégraphique.

RÉCEPTION de matériel après contrôle (*Abnahme* — **Receipt of material**). (Voir *Contrôle.*)

RECEVOIR une dépêche (*Nehmen, Aufnehmen, Erhalten* — **To receive a telegram**). Opération dont sont chargés des employés spéciaux sur une ligne télégraphique.

RECHARGEUR. (Voir *Restaurateur de charge.*)

RECOMMANDATION (*Recommandation, Einschreiben* — **Registeration**). Formalité soumise à une taxe, en vertu de laquelle une dépêche est collationnée intégralement, de bureau à bureau, et réexpédiée à l'expéditeur, par le poste destinataire, avec l'indication de l'heure et de la personne à laquelle elle a été soumise. (*Exploitation télégraphique.*)

RECOMMANDÉ. Dépêche recommandée (*Recommandirte Depesche* — **Registered telegram**). Dépêche soumise à la recommandation.

RECOMPOSER (se) (*Sich ausgleichen* — **To be recomposed**). Deux fluides électriques de nom contraire se recomposent pour constituer l'état neutre, lorsqu'ils sont en égale quantité et réunis par un conducteur qui en égalise le potentiel.

RECOMPOSITION électrique (*Ausgleichung, Vereinigung* — **Recomposition of two fluids**). Phénomène d'où résulte l'égalisation de potentiel entre deux corps.

RECOUVREMENT d'une taxe (*Einziehung einer Gebühr, Beitreibung einer Gebühr* — **Recovery of a charge**). Perception d'une taxe qu'on n'a pas exigée au moment du dépôt de la dépêche.

RECTIFICATION d'un fil (*Ausrecken, Recken, Geradelegen* — **Killing of wire**). Action de supprimer les coudes ou bosses du fil de ligne, en le tirant et en le frappant avec un marteau de bois, avant de le hisser sur les supports et de le tendre.

---

1. Zetzsche, *Handbuch der electrischen Telegraphie*, t. III, p. 395.

RÉEXPÉDIER une dépêche télégraphique à une autre destination pour un motif quelconque (*Exploitation télégraphique*) (***Nachsenden, Weitergeben, Weitertelegraphiren*** — **To retransmit a message**).

RÉEXPÉDITION d'une dépêche à une autre destination. (*Exploitation télégraphique.*) (***Nachsendung, Weitergeben*** — **Retransmission of a message**).

RÉEXPÉDITION en dehors des lignes télégraphiques (***Weiterbeförderung*** — **Forwarding on beyond the telegraph system**). Par exemple, en se servant de la poste, d'un exprès ou d'une estafette.

RÉFRACTION de l'électricité[1] (Tribe) (***Brechung der Elektricität*** — **Refraction of electricity**). Analogie apparente entre la marche d'un courant électrique dans un milieu non homogène et la réfraction de la lumière. L'électricité passe, sans altération de direction, d'un milieu électrolytique dans un autre qui diffère comme conductibilité, lorsque la direction du courant est perpendiculaire aux surfaces de contact. L'électricité, au contraire, éprouve une réfraction dans le même plan en passant obliquement d'un milieu dans un autre ; elle se rapproche de la normale, en passant d'un milieu meilleur conducteur dans un autre moins conducteur et s'éloigne de la perpendiculaire dans le cas contraire. La réfraction augmente ou diminue, lorsque les milieux s'éloignent ou se rapprochent l'un l'autre comme conductibilité. — La réfraction augmente avec l'incidence.

REGARD (***Untersuchungsbrunnen*** — **Draw box** ou **Flush box**). Ouverture ménagée, dans une cavité ou *marmite* sur le parcours des lignes télégraphiques souterraines, pour la surveillance et les réparations.

RÉGLAGE des fils de ligne (***Reguliren*** — **Regulating strain of wires**). Opération qui consiste à tendre suffisamment les fils télégraphiques pour les amener à la hauteur déterminée. Il est important, dans cette opération, de tenir compte des températures extrêmes de la contrée traversée.

RÉGULATEUR de courant (Mascart, Kohlrausch) (***Stromsteller, Stromregulator*** — **Current regulator**). Appareil réglant un circuit à une intensité de courant donnée, au moyen de résistances convenables qu'on intercale dans ce circuit.

RÉGULATEUR de la lumière électrique à arc (***Regulator des elektrischen Bogenlichtes*** — **Electric arc regulator**). Le rôle d'un régulateur de la lumière électrique à arc est, en maintenant constante, d'une manière automatique, la distance des charbons, d'assurer la fixité de la lumière et la constance de la dépense d'énergie électrique dans l'arc par la constance de l'intensité et de la différence de potentiel aux bornes. Les régulateurs sont monophotes ou polyphotes, suivant qu'ils sont destinés à un circuit muni d'une seule lampe ou à un circuit com-

---

1. GORDON, *Electricity and magnetism*, t. II, p. 23 (2e édit.)

posé de plus d'un foyer. On peut diviser, d'après M. Hospitalier, les régulateurs en quatre classes, suivant les facteurs sur lesquels ils agissent : 1° Régulateur d'intensité maintenant I constant; 2° Régulateur de différence de potentiel ou à dérivation maintenant E constant; 3° Régulateur de résistance ou différentiel maintenant $\frac{E}{I}$ ou R constant; 4° On pourrait admettre une quatrième classe, appelée par M. Hospitalier régulateur de puissance qui maintiendrait EI constant. Les plus connus sont ceux de Foucault, d'Archereau, de Duboscq, Serrin, Siemens, de Mersanne, Rapieff, etc.

RÉGULATEUR à charbon (*Einzellicht-Regulator, Kohlenrheostat* — **Carbon regulator**). Appareil de résistance utilisé par Edison dans les applications de lumière électrique. Il consiste en baguettes de charbon de différents diamètres, et par conséquent de résistance variable. Ces baguettes sont intercalées entre des plaques métalliques et ces plaques peuvent, en se déplaçant circulairement autour d'un axe, se mettre en communication deux à deux, aux extrémités de chaque baguette, avec les fils formant le circuit sur lequel on opère. La résistance variable des charbons introduits dans le circuit régularise sa résistance totale.

RÉGULATEUR du synchronisme de l'appareil Hughes[1] *Pendelkugel* — **Conic pendulum**). Le synchronisme est produit par les vibrations d'une tige encastrée à l'une de ses extrémités et tordue, à l'autre extrémité, par un bras entraîné par le mouvement de rotation de l'appareil. Cette tige, qu'on appelle quelquefois pendule conique, porte une sphère qu'on peut déplacer suivant sa longueur, et vibre d'une manière isochrone d'après M. Hughes; elle obéit également à une force centrifuge et son effet est d'absorber l'énergie surabondante du moteur en temps ordinaire et de la restituer au moment de l'impression qui absorbe, pour ce travail, une énergie considérable. Il en résulte une diminution dans l'amplitude des vibrations, mais le nombre en reste le même et les appareils sont dès lors dans un état de synchronisme.

REIS (Johann-Philipp). Professeur allemand, né le 7 janvier 1834, à Gelnhausen (Principauté électorale de Hesse), et mort le 14 janvier 1874, à Fridrichsdorf. Ce fut lui qui, le premier, construisit, en 1860, un téléphone musical mais ne reproduisant pas les articulations de la voix.

RELAIS[2] (*Relais, Ueberträger* — **Relay**). Appareil, dont le principe est dû à Davy, en 1838, destiné à envoyer à terre dans un bureau télégraphique le courant d'une station éloignée, après l'avoir employé à produire un mouvement et un contact qui substituent, au courant primitif affaibli, un courant nouveau

---

1. Voir sur cette question : Une Étude intéressante de M. P. Picard dans la *Lumière électrique*, t. VII, p. 318.

2. Blavier, *Traité de télégraphie électrique*. — *Lumière électrique*, 1882, p. 141.

reproduisant à la station suivante les mêmes phases de signaux que le premier. Certains relais agissent sur un appareil par un courant local, mais aujourd'hui ces appareils ne sont guère utilisés que comme translateurs.

RELAIS polarisé de Siemens[1] (***Siemens'sches polarisirtes Relais, Induktionsrelais*** — **Siemens's relay**). Relais composé d'un électroaimant polarisé et d'une armature sous l'influence de l'aimant. Cet appareil, destiné d'abord à fonctionner avec des courants d'induction de direction successivement changeante, fut ensuite destiné à supprimer le réglage toujours difficile des relais. L'armature oscille entre les deux pôles de l'électroaimant qui, par l'action du courant, deviennent plus ou moins attractifs et déplacent ainsi l'armature à droite ou à gauche de sa position d'équilibre.

RELAIS — tabatière de Siemens (***Dosenrelais*** — **Box relay**). Relais ayant la forme d'une tabatière.

RELAIS sans armature (***Ankerloses Relais*** — **Relay without armature**). Relais dans lequel le mouvement, destiné à produire le contact, est provoqué par l'attraction et la répulsion de deux semelles, montées sur le fer doux de l'une des bobines, contre le fer doux de l'autre bobine polarisée dans un sens opposé.

RELAIS à bobines horizontales (***Liegendes Relais*** — **Relay with horizontal coils**). Disposition avantageuse dans certains cas.

RELAIS à bobines verticales (***Stehendes Relais*** — **Relay with vertical coils**). Idem.

RELAIS de sonnerie (***Kästchen für Fallscheibe*** — **Bell relay**). Petite caisse où sont les électroaimants qui laissent tomber, en dehors de la caisse, des disques blancs ou de couleur voyante indiquant la ligne qui a appelé.

RELAIS Mandroux — pour l'adaptation de l'appareil Hughes aux câbles sous-marins (***Mandroux'sches Relais*** — **Mandroux's relay**). Les actions des quatre plaques polaires des deux électroaimants sur l'armature concourent à produire son déplacement avec une très faible intensité électrique.

RELAIS radiophonique (Malche) (***Radiophonisches Relais*** — **Radiophonic relay**). Dans ce système, la lumière réfléchie par le galvanomètre Thomson vient tomber, lorsque le courant passe, sur les ailettes d'un radiomètre auquel elle imprime un léger mouvement de rotation, mouvement qui est utilisé pour fermer le circuit d'une pile locale, comprenant un récepteur. Cet appareil n'a pas été essayé sur une ligne télégraphique.

RELÈVEMENT d'un câble sous-marin[2] (***Hebung*** — **The grappling of a submarine cable** ou **The picking up of a submarine cable, Hauling in of a submarine cable**). Il arrive parfois qu'on peut réparer un câble, en le repêchant et en l'amenant à bord. Cette

---

1. CULLEY, *Traité pratique de télégraphie*, p. 316 (Traduction Berger-Bardonnaut).
2. *Journal of the Society of telegraph engineers*, t. VII, p. 393.

opération est accomplie avec succès même aux plus grandes profondeurs. On emploie dans ce but des grappins que l'on promène au fond des mers et qui, rencontrant le câble, le soulèvent ensuite jusqu'à une bouée à laquelle on l'attache. Quelque difficile que puisse sembler une pareille opération, elle a été exécutée avec plein succès sur les câbles transatlantiques.

RELÈVEMENT d'un câble souterrain (*Wiederaufnahme eines Kabels* — **Drawing up ou hauling in of an underground cable**). Opération entreprise pour une réparation ou un autre motif quelconque.

RELEVER un dérangement (*Eine Störung aufheben* — **To take out a fault**). Supprimer la cause qui le produit.

REMBOURSEMENT d'une taxe télégraphique (*Rückzahlung der Gebühren, Gebührenerstattung* — **Return of a charge**). Les cas de remboursement d'une taxe sont prévus et motivés par des circonstances nombreuses, variables, suivant qu'on raisonne dans l'hypothèse du service intérieur ou du service international.

REMETTRE une dépêche à destination (*Eine Depesche bestellen* — **To forward a message to the house of the addressee**).

REMETTRE une dépêche au destinataire (*Eine Depesche zustellen* — **To deliver to addressee**).

REMISE d'une dépêche à destination (*Bestellung einer Depesche* — **Forwarding of a message to the house of the addressee**).

REMISE d'une dépêche au destinataire (*Zustellung einer Depesche* — **Delivery to addressee**).

REMPLACEMENT de la base d'un poteau en service[1] (*Tiefersetzen einer Stange* — **Replacing the decayed but end of a standing pole**). Opération assez délicate, consistant dans la suppression de la partie inférieure pourrie, que l'on remplace par une partie saine fixée au reste du poteau. On enfonce plus profondément dans le sol le poteau tronqué, pour y prendre appui.

RENDEMENT électrique (*Elektrisches Güteverhältniss* — **Electrical efficiency**). Le rendement électrique est le rapport du travail utile T_u, dans la réceptrice, au travail électrique total T_t, dépensé dans la génératrice et se traduit par $\frac{T_u}{T_t} = \frac{ci}{Ei} = \frac{e}{E}$. On l'exprime donc par le rapport de la force contre-électromotrice de la réceptrice à la force électromotrice de la génératrice. C'est de cette expression qu'est né le principe énoncé par M. Marcel Deprez, et fort contesté, d'après lequel le rendement électrique est indépendant de la résistance ou de la distance des deux appareils.

1. ROTHER, *Der Telegraphenbau*, p. 281.

RENDEMENT[1] **électrique d'un générateur.** Rapport entre le travail mécanique dépensé et l'énergie électrique totale fournie, c'est-à-dire entre le travail dépensé et la somme de travail qu'il transforme en énergie électrique.

RENDEMENT électrique disponible[1]. Rapport entre le travail mécanique dépensé et l'énergie électrique disponible entre les bornes du générateur dans le circuit extérieur. (Voir *Énergie disponible.*)

RENDEMENT mécanique d'un moteur électrique[1]. Rapport entre l'énergie électrique qui lui est fournie de borne à borne et le travail mécanique qu'il produit mesuré au frein.

RENDEMENT électrique d'une transmission de force[1]. Rapport entre le travail transformé en énergie électrique par le générateur et l'énergie électrique transformée en travail dans le moteur.

RENDEMENT économique d'un appareil (*Leistungsfähigkeit, Ertrag, Ergebniss* — **Efficiency**). Nombre de signaux qu'un appareil télégraphique est capable de transmettre dans une minute[2]. En mécanique, c'est le rapport du travail utile au travail moteur.

RENTRER sur un fil (*In die Leitung wiedergehen* — **To cut into a circuit** ou **To break in to circuit**). Couper un fil télégraphique, qui ne s'arrête pas en temps ordinaire en ce point, et mettre les deux extrémités sur appareil pour le vérifier.

REPÈRE (*Kennzeichen, Theilungszeichen, Merkzeichen, Nullsstrich* — **Guiding mark**). Indication fixe servant de point de départ à une graduation quelconque.

REPLENISHER. (Voir *Restaurateur de charge.*)

RÉPONSE payée (*Bezahlte Antwort* — **Reply paid** ou **Prepaid reply**). Dépêche dont le destinataire a payé d'avance la taxe, en expédiant la dépêche primitive demandant cette réponse.

REPOS d'un appareil (*Ruhezustand* — **State of repose**). État d'un appareil qui ne fonctionne pas.

REPOS. Position de repos d'un appareil (*Ruhestellung* — **Position of repose**). Installation des communications pendant le repos de l'appareil.

REPOUSSER (*Abstossen* — **To repulse**). De la part d'un aimant. (Voir *Magnétisme, Loi du.*)

REPOUSSOIR (*Abweiser* — **Fender**). Appareil destiné à écarter les roues des voitures de la base des poteaux. Il est composé d'une borne ou d'un bois incliné et planté dans le sol.

RÉPULSION électrique (*Elektrische Abstossung* — **Electric repulsion**). Phénomène observé par Otto de Guericke, et qui n'aurait été étudié pour la première fois que par Dufay, en 1733.

---

1. HOSPITALIER, *Formulaire pratique de l'électricien* (1886). — ÉRIC GÉRARD, *Éléments d'électrotechnique.*

2. *Agenda Dunod, Télégraphes, postes et transports*, 1878, p. 122.

RÉPULSION. Loi des répulsions électriques (***Gesetz der elektrischen Abstossungen*** — **Law of electric repulsions**). Coulomb a découvert et démontré la loi suivante : « Les attractions et les répulsions électriques sont proportionnelles au produit des masses électriques en présence et en raison inverse du carré des distances. (Voir *Attraction.*)

RÉPULSION magnétique. (Voir *Magnétisme, Loi du Magnétisme.*)

RÉSEAU pneumatique[1] (***Pneumatisches Röhrennetz, Rohrpost*** — **Pneumatic communication**). Tuyaux hermétiquement fermés, où la force motrice est empruntée à une différence de pression de l'air aux deux extrémités, et dans lesquels s'effectue la transmission de boites remplies de dépêches, dans les grandes villes telles que Paris, Londres, Berlin.

RÉSEAU télégraphique (***Telegraphennetz*** — **Telegraph system**). Ensemble des communications télégraphiques d'un pays. Différentes considérations peuvent présider au tracé d'un réseau télégraphique : les unes commerciales, les autres militaires, enfin, quelquefois gouvernementales. Cependant ce sont les premières qui l'emportent toujours. Le tracé d'une ligne est soumis à des règles techniques spéciales à chaque cas et que la connaissance des principes d'électricité et de mécanique permet de fixer d'une manière précise.

RÉSERVOIR commun. Nom donné à la terre qui, mise en communication avec un corps électrisé, n'accuse aucune espèce d'effet électrique sensible.

RÉSISTANCE électrique[2] (***Elektrischer Widerstand*** — **Electric resistance**). Propriété spécifique des corps de ne laisser s'effectuer qu'un travail déterminé par une force électromotrice donnée, dans un temps donné. La résistance d'un conducteur dépend non seulement de la matière du corps, mais aussi de ses dimensions ; elle est proportionnelle à la longueur et en raison inverse de la section (Voir *Ohm*), d'où $R = \frac{rl}{S}$, R est la résistance cherchée, r la résistance spécifique du corps, l sa longueur et S sa section. La résistance des métaux croît avec la température, celle des liquides diminue ainsi que celle des gaz. Dans le système électromagnétique, la résistance est représentée par une *vitesse* et s'exprime par un certain nombre de mètres parcourus dans une seconde ; dans le système électrostatique, c'est son inverse, la conductibilité, qui est représentée par une vitesse. Pour le calcul des résistances, on divise les corps en deux classes : 1° Les corps dans l'étendue desquels il n'y a pas de travail chimique, comme les fils métalliques ; 2° Les corps où il se passe un phénomène d'électrolyse.

---

1. BONTEMPS, *Systèmes télégraphiques*, p. 276.

2. BLAVIER, *Des Grandeurs électriques et de leur mesure en unités absolues*, p. 452. — *Telegraphic Journal*, 1872, 1873. — MAXWELL, *Electricity and magnetism*, t. I, p. 451. — M. JAMIN, *Traité de physique*, t. IV, p. 85. — KEMPE, *Electrical testing* (Traduction française de Berger). — CLARK et SABINE. *Electrical tables and formulæ.*

1° La résistance des premiers s'obtient de différentes manières, dont nous indiquons ci-après les principales :

(a) **Par l'électromètre Thomson.** Si l'on choisit dans le circuit, deux longueurs consécutives ayant les résistances R et R', et si l'on réunit les deux extrémités de l'une, puis celles de l'autre avec les fils d'un électromètre à quadrant, on a deux déviations, a' et a, qui sont entre elles comme les différences de potentiel aux extrémités des deux conducteurs. Ces différences étant proportionnelles aux résistances R et R', si l'une des résistances est connue (par une opération préalable), l'autre le sera également par la proportion $\frac{R}{R'} = \frac{a}{a'}$.

(b) **Par Substitution.** On introduit dans le même circuit, à la suite l'un de l'autre, une pile, un galvanomètre, un rhéostat, la résistance à évaluer, et on observe la déviation. On supprime ensuite la résistance dans le circuit et on introduit, avec le rhéostat, une quantité de fil calibré suffisante pour rétablir la déviation primitive. La quantité de fil introduit représente la même résistance que celle que l'on cherche à évaluer.

(c) **Méthode du Pont.** Lorsqu'on intercale un galvanomètre entre deux fils dérivés, on n'a pas de déviation si l'on a la proportion $\frac{a}{b} = \frac{c}{d}$, a, c, et b d, étant les parties des fils dérivés séparées par le fil du galvanomètre (Voir *Pont de Wheatstone*). Si donc on substitue la résistance cherchée à d, en connaissant une fois pour toutes les résistances a et b, il suffira de donner à c une résistance suffisante pour ramener le galvanomètre au zéro. Cette résistance, qu'on obtient au moyen de l'intercalation du fil de bobines étalonnées, est la résistance cherchée.

2° *Corps de la 2e classe.* — On ne pourrait obtenir, de la même manière que ci-dessus, la résistance d'un circuit où il y aurait des décompositions chimiques, d'une pile par exemple, attendu qu'aux pôles intervient un phénomène qui affaiblit l'intensité du courant. On y arrive cependant :

(a) **Par la méthode d'opposition,** qui consiste à introduire deux éléments de pile en opposant les pôles les uns aux autres, de manière à annihiler le courant extérieur. Les piles constituent, dans ce cas, un conducteur sur lequel on peut opérer comme avec les corps de la 1re classe.

(b) **Par le galvanomètre des tangentes.** On observe la déviation avec une faible résistance, puis avec une grande résistance déterminée. De cette évaluation on déduit la résistance intérieure de la pile.

(c) **Par la méthode de Mance**[1]. On dispose la pile sur l'une des branches du pont de Wheatstone, on place un interrupteur à la place ordinaire de la pile et on introduit des résistances jusqu'au moment où la déviation du galvanomètre est constante avec l'interrupteur fermé ou ouvert. Lorsque cette condition est

1. Jamin et Bouty, *Cours de physique de l'École polytechnique*, t. IV, 1er fascicule, p. 91 (3e édition).

remplie, la résistance de la pile est celle des trois autres branches du pont.

Il existe encore plusieurs autres méthodes, pour lesquelles nous renvoyons le lecteur aux traités spéciaux [1].

RÉSISTANCE. Bobine de résistance. (Voir *Bobine.*)

RÉSISTANCE. Caisse de résistance. (Voir *Rhéostat.*)

RÉSISTANCE. Colonne de résistance (Eisenlohr) (***Widerstandssäule* — Resistance column**). Bobines disposées les unes au-dessus des autres et qu'on met dans le circuit au moyen d'un système de commutateur simple.

RÉSISTANCE essentielle (***Wesentlicher Widerstand* — Battery resistance**). Mot par lequel on désigne, en Allemagne, la résistance de la pile seule.

RÉSISTANCE du circuit extérieur (***Ausserwesentlicher Widerstand* — External resistance**). Il est essentiel de distinguer la résistance de la pile de la résistance du circuit extérieur, dans les applications de la formule de Ohm.

RÉSISTANCE de tout un circuit (***Gesammtwiderstand* — Resistance of a whole circuit**). Résistance de la pile et des conducteurs.

RÉSISTANCE au passage (***Uebergangswiderstand* — Intermediate resistance**). Résistance qui provient de la difficulté que l'électricité éprouve à passer d'un corps dans un autre qu'il touche.

RÉSISTANCE dérivée (***Zweigwiderstand* — Derived résistance ou shunt resistance**). Résistance d'un fil constituant une dérivation.

RÉSISTANCE électrolytique [2] (***Zersetzungswiderstand* — Electrolytic resistance**). Résistance qu'on attribuait aux actions chimiques qui se passent au sein d'un électrolyte. Cette expression doit être actuellement rayée de la science.

RÉSISTANCE de graphite [3] (***Graphitwiderstand* — Resistance of graphite**). Poudre de graphite employée comme résistance. Cette résistance varie avec la pression.

RÉSISTANCE. Erreur de résistance. (Voir *Erreur.*)

RÉSISTANCE critique (***Kritischer Widerstand* — Critical resistance**). La résistance propre à chaque valeur de la vitesse pour laquelle on obtiendra le courant critique dans une machine dynamo non en série, prend le nom de *résistance critique*. C'est la résistance pour laquelle le désamorcement a lieu. La valeur dépend donc de la vitesse de la machine.

---

1. Kempe, *Handbook of electrical testing*, passim. — Hospitalier, *Formulaire de l'électricien*.

2. Faraday, *Experimental researches on electricity*, t. I, p. 203, 207, 270, 307. — Maxwell, *Electricity and magnetism*, t. I, p. 158. — Jamin, *Traité de physique*, (3e édition), t. IV, p. 215.

3. *Telegraphic Journal*, 1881, p. 270.

RÉSISTANCE inductive (*Inductiver Widerstand* — **Inductive resistance**). La résistance inductive est l'inverse de la capacité électrostatique.

RÉSISTANCE à la conductibilité (*Leitungswiderstand* — **Conductor resistance**). La résistance à la conductibilité est celle d'un conducteur mis à la terre à l'autre bout éloigné et n'est évaluée sur les lignes télégraphiques que pendant un beau temps, environ tous les mois en Angleterre.

RÉSISTANCE d'isolement (*Isolationswiderstand* — **Insulation resistance**). Résistance que l'on obtient en isolant le bout éloigné de la ligne et qui est mesurée tous les jours sur les fils anglais. Lorsqu'on a obtenu la résistance d'une ligne, on la multiplie par la longueur en kilomètres pour avoir la résistance par kilomètre. La résistance d'isolement peut s'obtenir par le galvanomètre des tangentes ou un autre procédé. (Voir Kempe, *Mesure électrique*. Traduction de M. Berger.)

Pour obtenir la résistance d'isolement par nœud d'un câble, à 24° c, on a recours à différentes méthodes, celle de la perte de charge, de l'électromètre. On se sert aussi de la formule $R = c \log \frac{D}{d}$ dans laquelle c varie, suivant le diélectrique employé (Valdemar Hoskiœr, *Guide des épreuves électriques à faire sur les câbles*), D représente le diamètre du diélectrique et d celui du conducteur.

RÉSISTANCE spécifique[1] (*Specifischer Widerstand* — **Specific resistance**). La résistance spécifique d'une substance est sa résistance rapportée à l'unité de volume ; c'est celle qu'offrirait un cube de cette substance dont le côté serait égal à l'unité de longueur, 1 cent. La résistance d'un fil de longueur l, de poids p et de poids spécifique K est exprimée, en fonction de sa résistance spécifique π, par la formule $R = \frac{l^2 K}{p} \pi$. On rapporte aussi quelquefois la résistance spécifique à l'unité de poids, c'est alors la résistance d'un fil de l'unité de longueur pesant l'unité de poids. La résistance d'un corps, exprimée en fonction de cette dernière résistance, est $R = \frac{l^2 r}{p}$ dans laquelle r est la résistance spécifique rapportée au poids et p le poids.

RÉSISTANCE. Unité de résistance. (Voir *Ohm* et *Étalon de résistance.*)

RÉSISTANCE magnétique[2] (*Magnetischer Widerstand* — **Magnetic resistance**). L'introduction de la notion du circuit magnétique (Voir ce mot) dans la science a amené, dans la théorie, celle de *perméabilité magnétique* analogue à celle de la conductibilité électrique et celle de résistance magnétique analogue à

---

1. Blavier, *Des Grandeurs électriques et de leur mesure en unités absolues*, p. 475. — *Agenda Dunod, Télégraphes*, p. 137.

2. Hospitalier, *Formulaire pratique de l'électricien*, 1887.

la résistance électrique. La résistance magnétique d'un milieu est, comme la résistance d'un conducteur, proportionnelle à sa longueur, inversement proportionnelle à sa section et directement proportionnelle à un facteur dépendant de la nature de ce milieu et qu'on appelle sa résistance magnétique spécifique.

RESPONSABLE (*Verantwortlicher Beamte* — **Clerk in charge**). Employés de différents grades, chargés d'une fonction dont ils sont responsables.

RESSORT antagoniste ou de rappel (*Abreissfeder, Gangfeder* — **Antagonistic spring**). Ressort chargé de rappeler l'armature d'un électroaimant, lorsque le courant n'en traverse plus les spires.

RESSORT de dérivation[1] (*Ausschlussfeder* — **Iusulated spring**). Ressort de l'appareil Hugues qui, pendant qu'on presse le levier de rappel au blanc, met la ligne à terre pour empêcher les courants d'agir sur le mécanisme imprimeur et de déranger le rappel au blanc.

RESSORT à boudins (*Spiralfeder* — **Spiral spring**). Ressort formé par un fil métallique enroulé en spirale sur un mandrin et dont on utilise l'élasticité.

RESSORT protecteur[1] (Hughes) (*Schutzblech* — **Protective spring**). Ressort destiné à amortir le choc du levier de déclenchement sur l'armature.

RESSORT lame[1] (*Blattfeder* — **Catch spring**). Ressort de l'appareil Hughes concourant, avec le levier de rappel au blanc et au moyen du jeu d'un cliquet, à arrêter la roue correctrice et la roue des types.

RESSORT à coches[1] (*Einfallhacken* — **Notched spring**). Ressort de l'appareil Hughes servant à maintenir le levier d'inversion des caractères dans les deux positions extrêmes qu'on peut lui faire prendre.

RESSORT de réception (du replenisher[2]) (*Auffangfeder* — **Receiving spring, Receiver spring**). Ressorts destinés à recueillir, par frottement, l'électricité d'induction que deux arcs isolés et ayant subi une influence leur viennent apporter, pendant qu'ils sont encore dans le champ électrique.

RESSORT de connexion (du replenisher)[2] (*Kontakfeder* — **Connector, Connecting spring**). Ressort destiné à relier les inducteurs à une bouteille de Leyde, en vue de produire l'induction, par le mouvement des ailettes, dans l'intérieur d'un champ électrique.

RESTAURATEUR de charge[2] **ou replenisher** (*Replenisher, Füllapparat* — **Replenisher**). Appareil de M. Thomson, destiné

---

1. Borel, *Traité de l'appareil Hughes.*

2. W. Thomson, *Papers on electrostatics and magnetism*, p. 271. — *Philosophical Magazine*, 1867, 2e sem., p. 391. — Maxwell, *Electricity and magnetism*, t. I, p. 294.

à maintenir constante la charge d'un conducteur, grâce à un système d'arcs isolés tournant dans un champ électrique et cédant, à chaque tour, leur électricité libre à des ressorts convenablement disposés. Le niveau potentiel constant est indiqué par une jauge électrométrique. (Voir ce mot.)

RETIRER une dépêche de la transmission (*Eine Depesche inhibiren, Eine Depesche zurückziehen* — **To with draw a message**). Il est possible de retirer une dépêche déjà déposée au guichet d'un bureau télégraphique. Si la transmission en est opérée, on peut, par une seconde dépêche, tenter, s'il en est encore temps, de la faire annuler avant la remise à destination.

RETOUR. Fil de retour (*Rückleiter, Rückleitung* — **Return wire or circuit**). Fil destiné à fermer le circuit, en reliant l'extrémité éloignée de la ligne au second pôle de la pile; ce fil, qui doublait les dépenses de matériel de ligne des télégraphes et en augmentait considérablement la résistance, a été supprimé, en 1838, par Steinheil, qui le remplaça par la terre, dont la conductibilité avait été déjà observée par Basse depuis 1803, et même par Watson, en 1747.

RETOUR. Courant de retour[1] (*Gegenstrom, Rückstrom* — **Return current**). Courant de décharge qu'on observe sur les lignes télégraphiques bien isolées, lorsqu'on revient rapidement à la position de réception, après avoir mis la ligne en communication avec la pile.

RETOUR. Choc en retour. (Voir *Choc.*)

RETOURNEMENT. Méthode de retournement (*Methode des Umlegens* — **Reversing system**). Quand on n'est pas sûr que l'axe magnétique d'une aiguille aimantée coïncide avec l'axe de figure, on fait une double observation avec l'aiguille que l'on renverse alternativement sur ses deux faces et on prend la moyenne des deux déviations observées.

RÉVERSIBILITÉ[2] (*Umkehrbarkeit* — **Reversibility**). L'énergie cosmique nous apparaît sous différentes formes connues : la chaleur, la lumière, l'électricité, etc..., et en général le mouvement. Chacune de ces différentes formes peut médiatement ou immédiatement se transformer, au moyen d'appareils spéciaux, en l'une quelconque des autres. Là où, jusqu'à présent, on n'est pas encore parvenu à établir une relation immédiate entre deux d'entre elles, où l'on n'a encore pu les faire naître l'une de l'autre que médiatement, c'est en général l'électricité qui constitue le terme moyen. On a donné le nom de *réversibilité* à cette propriété générale, en vertu de laquelle une énergie sous une certaine forme se transforme et se reproduit sous cette même forme après avoir passé par un certain nombre de formes intermédiaires. Dans le cas qui nous occupe, les machines

1. *Annales télégraphiques*, 1859, p. 414.
2. A. NIAUDET, *Machines électriques à courants continus*, p. 51.

dynamoélectriques à courants continus ou redressés transforment l'énergie mécanique appliquée à l'une des machines en énergie électrique, cette dernière reproduisant dans la seconde machine, par voie de réversibilité, une partie de l'énergie mécanique primitivement dépensée. M. Fontaine a le mérite d'avoir le premier (1873) attelé ensemble deux machines Gramme et d'avoir démontré ainsi expérimentalement la réversibilité.

RÉVERSIBLE (*Umkehrbar* — **Reversible**). Susceptible de réversibilité.

RHE... Qu'il nous soit permis de faire remarquer que le radical *Rhe*, dérivant de ῥέος, mot exclusivement poétique ou du verbe ῥέω devrait être remplacé par le radical *Rhoo-*, dérivant de ῥόος, qui signifie *courant*, dans le sens général.

RHÉÉLECTROMÈTRE[1] (ῥέω couler, électricité, μέτρον mesure) (Melsens) (*Rheelektrometer* — **Rheelectrometer**). Appareil inventé par Marianini, en 1838, et formé d'un cadre de fil, dans le circuit d'une ligne télégraphique, au centre duquel est un petit barreau d'acier. De l'aimantation de ce barreau, qui dévie l'aiguille d'une boussole, on conclut à l'intensité et au sens des courants atmosphériques qui ont produit l'aimantation. Le rhéélectromètre a été intercalé, par M. Melsens, sur les lignes télégraphiques belges, dans le but de donner la direction et l'intensité des décharges atmosphériques sillonnant les fils.

RHÉOCORDE (ῥέω couler, χορδή intestin, corde) (Poggendorff) (*Rheochord* — **Rheocord**). Rhéostat primitivement employé et fonctionnant par l'intercalation d'une étendue plus ou moins grande de fil tendu sur une table et le long duquel se déplace un curseur.

RHÉOLYSEUR[2] (mot hybride : ῥέω couler, λύσις décomposition; — eur, du latin *-or*, suffixe des noms d'agent) (*Rheolysator* — **Rheolyser**). M. Wartmann a inventé un appareil appelé *rhéolyseur* et composé d'un anneau en cuivre, divisé, rempli de mercure, dans lequel les électrodes d'une pile arrivent aux extrémités d'un même diamètre. Une alidade, mobile au centre du cercle dont elle est un diamètre, reçoit, de chaque côté du centre, les extrémités du fil formant un circuit dérivé. Les extrémités de l'alidade portent des pointes amalgamées qui plongent dans le mercure et sont raccordées, par un conducteur, avec les deux extrémités des fils du circuit dérivé sur l'alidade. Dans cette disposition, le courant est nul dans le circuit dérivé lorsque l'alidade est perpendiculaire au diamètre, suivant lequel arrive le courant dans la rigole; il est maximum pour une position de l'alidade différant de 180° de la première. Pour les positions intermédiaires de l'alidade, l'intensité est proportionnelle à l'angle que fait cette dernière avec le diamètre

---

1. *Annales de physique et de chimie*, t. X, p. 491, 1844, et t. XIII, p. 215, 1845, 3ᵉ série. — *Annales télégraphiques*, 1870, p. 351.

2. *Archives des sciences physiques et naturelles*, t. XIII, p. 53. — *Journal de physique*, t. II, 2ᵉ série, p. 380.

de nulle intensité. M. Wartmann a appelé rhéolyseur compensé un rhéolyseur portant une seconde alidade solidaire de la première. Ces alidades sont disposées en croix perpendiculairement l'une à l'autre. Dans cet instrument ainsi modifié, lorsque la seconde dérivation s'opère dans un circuit de même résistance que le premier, l'intensité du courant est constante dans la partie non bifurquée, et la valeur du courant dérivé est proportionnelle à la longueur de l'arc qui mesure ces déplacements.

RHÉOMÈTRE (ῥέω couler, μέτρον mesure) (***Rheometer*** — **Rheometer**). Autre nom du galvanomètre introduit par Péclet.

RHÉONOME. (Voir *Orthorhéonome.*)

RHÉOPHORE (ῥέω couler, φέρω je porte) (***Rheophor***—**Rheophorus**). Conducteurs chargés de conduire l'électricité de la pile au point où on l'emploie.

RHÉOPHORE à charbon (***Kohlenelektrode***—**Carbon rheophorus**). Instrument employé en médecine pour l'application de l'électricité sur de larges surfaces du corps de manière à diminuer l'excitation locale. Il convient de les mouiller avant de les employer. (Dr Onimus, *Guide pratique d'électrothérapie.* — Gariel et Bardet, *Traité d'électricité médicale.*)

RHÉOPHORE laryngien (***Elektrode für den Kehlkopf***—**Laryngeal rheophorus**). Rhéophore analogue au rhéophore vésical dont il ne diffère que par la courbure et un anneau coulant, pour limiter l'écartement des deux branches. (Voir *Rhéophore à charbon.*)

RHÉOPHORE utérin (***Uteruselektrode*** — **Uterine rheophorus**). Rhéophore ne différant du rhéophore laryngien que par sa courbure plus prononcée et une plus grande largeur des plaques qui le terminent. (Voir *Rhéophore à charbon.*)

RHÉOPHORE vésical (***Blasenexcitator*** — **Vesical rheophorus**). Instrument destiné à porter au sein de la vessie l'une des électrodes d'un courant, l'autre électrode étant appliquée au-dessus de la symphyse pubienne. (Voir *Rhéophore à charbon.*)

RHÉOPHORE pour le conduit auditif (***Ohrenelektrode*** — **Ear rheophorus**). Instrument spécial pour appliquer l'électricité dans l'oreille, en y faisant pénétrer, au moyen d'un petit entonnoir, une petite quantité d'eau servant de conducteur intermédiaire dans laquelle on amène l'une des électrodes, l'autre étant appliquée en l'un des points de la tête. (Voir *Rhéophore à charbon.*)

RHÉOSCOPIQUE (ῥέω couler, σκοπέω j'observe). (Voir *Galvanoscopique.*)

RHÉOSTAT[1] (ῥέω couler, στα, idée de fixité, d'arrêt) (***Stromsteller, Rheostat*** — **Rheostat**) Appareil de Jacobi (1841), modifié par Wheatstone (1843) et destiné à équilibrer l'intensité du cou-

1. Wheatstone, *Philosophical Transactions*, 1843, II, p. 309.

rant par des résistances qu'on intercale dans le circuit. Afin de grouper facilement les résistances nécessaires aux mesures usuelles, c'est-à-dire comprises entre 1 et 10,000 ohms, on emploie différentes bobines de fil métallique (Voir *Bobine de résistance*), présentant la série des résistances suivantes : 1, 2, 2, 5, 10, 10, 20, 50, 100, 100, 200, 500, 1000, 1000, 2000, 5000 ohms—ou encore 1, 2, 3, 4, 10, 20, 30, 40, 100, 200, 300, 400, 1000, 2000, 3000, 4000 ohms. Pour mettre en jeu facilement ces différentes séries, on réunit deux à deux, dans leur ordre ci-dessus, les bobines, de manière que l'extrémité terminant l'une soit en communication avec l'autre extrémité commençant la suivante, et qu'on ait ainsi dans un seul circuit toutes les bobines. Lorsque, pour les besoins de l'opération de mesure, on doit retirer une bobine de ce circuit, il suffit d'établir une communication directe entre les deux extrémités de cette bobine. Plusieurs systèmes peuvent être employés, parmi lesquels le système à chevilles a prévalu. D'après cette méthode, des chevilles métalliques peuvent s'enfoncer dans des trous coniques, forés simultanément dans deux plaques métalliques, isolées et rapprochées suivant un diamètre du trou. Les deux plaques métalliques, étant en relation avec les extrémités d'une même bobine, établiront, par l'enfoncement de la cheville, la communication directe dont nous venons de parler.

RHÉOSTAT continu (*Continuirlicher Rheostat* — **Continuous rheostat**). Appareil d'un emploi facile, consistant en une couche très légère de platine déposée sur une plaque de verre. Cette couche circulaire est frottée par l'extrémité d'une manivelle qu'il suffit de déplacer, pour modifier la résistance du circuit dont elle fait partie.

RHÉOSTATIQUE. (Voir *Machine rhéostatique.*)

RHÉOTOME (ῥέω, √τεμ couper) (***Interruptor*** — **Rheotome**). Interrupteur.

RHÉOTROPE [1] (ῥέω, √τρεπ, tourner, inverser) (***Stromwender*** — **Rheotrope**). Commutateur circulaire dont Masson et Breguet se sont servis pour recueillir à la fois les courants induits direct et inverse, et les faire passer dans un galvanomètre, dans le même sens.

RICHMANN. Physicien suédois, né à Pernau, en 1711, et mort, à Saint-Petersbourg, le 6 août 1753, foudroyé par une décharge atmosphérique s'échappant d'une tige métallique, mise au-dessus de sa maison et non reliée métalliquement à la terre.

RIESS (Peter-Theophil). Professeur à l'Université de Berlin, né le 27 juin 1805 à Berlin, et mort le 22 octobre 1883. Il a publié dans les « Poggendorff's Annalen » de 1829 à 1880 un grand nombre de mémoires, et en 1853 son ouvrage *Die Lehre der Reibungs-Elektricität,* suivi de *Abhandlungen zu der Reibungs-Elektricität und elektrischen Maschinen,* 1861-1879 et 1873-1876. Les sujets principaux dont il s'est occupé sont : la loi de Cou-

---

1. *Annales de chimie et de physique*, 3e série, 1842, t. IV, p. 133.

lomb, la déperdition électrique, la distribution de l'électricité, le condensateur à lame d'air, le thermomètre qui porte son nom, les décharges électriques, le rapport des conductibilités électrique et calorifique, le phénomène des pauses, etc., etc.

RITCHIE (William). Professeur écossais, mort le 15 septembre 1837, à Portobello, près d'Edinburgh. Il inventa le premier appareil de rotation électromagnétique, devenu classique. (Voir pour ses travaux à ce sujet et sur le magnétisme rémanent des électroaimants : *Philosophical Magazine*, 1830, et *Philosophical Transactions*, 1833.)

RITTER (Johann Wilhelm). Physicien allemand, né le 16 décembre 1776, à Samitz, près de Hainau (Silésie), et mort le 23 janvier 1810, à Munich. Il publia une foule de mémoires répandus dans le *Götting's Almanach*, 1801; le *Gehlen's Journal für Chemie*, 1804, 1805; *Voigt's Magazin fur Naturk*, 1800, 1801 et 1803. C'est dans cette dernière année qu'il est question de ses piles secondaires.

ROBIGNOLE (*Piepe* — **Faucet**). Ajutage servant dans l'injection des poteaux au sulfate de cuivre par le procédé Boucherie.

ROBINET électrique (*Elektrischer Hahn* — **Electrical cock**). M. Cabanellas avait proposé un système de distribution de l'électricité, dans laquelle le courant du réseau venait actionner une bobine Gramme qui actionnait elle-même une seconde bobine montée sur le même axe. Cette association des bobines avait été désignée sous le nom de *robinet électrique*.

ROGET (Peter Mark). Physicien anglais, né à Londres le 18 janvier 1779, et mort, dans la même ville, le 12 septembre 1869. On lui doit l'expérience dite de la « Spirale de Roget » et des travaux sur l'*Electromagnetism*, 1831 ; — un traité d'*Electricity, magnetism and electromagnetism*, 1832; — *Electricity, galvanism*, 1848, — et une étude sur *Ampere's theory of magnetism*.

ROMAGNOSI (Gian-Domenico). Avocat italien, né, le 13 décembre 1761, à Salso Maggiore, et mort à Milan, le 8 juin 1835. On lui a attribué la découverte de l'électromagnétisme à la suite d'expériences assez peu précises qui sont rapportées dans le *Journal de Trente* ou la *Gazette de Roveredo* du 3 août 1802 et sous le titre de « Résultats de quelques expériences avec la pile de Volta. » (On a aussi écrit *Romanesi*.)

ROMAS (De). Lieutenant assesseur au présidial de Nérac, né à Nérac au commencement du XVIIIe siècle, et mort, dans la même ville, en 1776. Dès le 7 juillet 1753, de Romas avait employé un cerf-volant pour soutirer l'électricité des nuages; mais d'après des pièces justificatives, il résulte que, dès le 12 juillet 1752, il avait imaginé cette expérience. (Voir MERGET, *Étude sur les travaux de Romas et mémoires de mathématiques et de physique*, 1755-1763;—une brochure de 1776 intitulée : *Mémoire sur les moyens de se garantir de la foudre dans les maisons*, suivi d'une *Lettre sur l'invention du cerf-volant électrique*, avec les pièces justificatives de cette lettre.

RONALDS (Francis). Directeur de l'observatoire de météorologie à Kew, né à Londres le 21 février 1788, et mort, le 8 août 1873, à Battle (Sussex). Il inventa, en 1816, un télégraphe qui fut exécuté. Ce télégraphe synchronique se rapproche du système électrique de Chappe [1].

RORIQUE (*ros, roris,* rosée). (Voir *Figure.*)

ROUE de Barlow (*Barlow'sches Rad* — **Barlow's wheel**). Roue très légère, formée de longues dents venant plonger dans du mercure entre les pôles d'un aimant. Cette roue, faisant partie d'un circuit passant par son centre et par l'extrémité de la dent qui plonge dans le mercure, donne un exemple de rotation électromagnétique.

ROUE de Neef (*Blitzrad* — **Neef's wheel**). Roue dont les intervalles profonds entre les dents jouent le rôle d'interrupteur; la roue est dans le circuit et un frotteur conducteur appuie contre les dents.

ROUE de frottement [2] (*Friktionsrad* — **Friction wheel**). Roue de l'appareil Hughes montée à frottement sur l'axe de la *roue des types;* elle sert à lier la *roue correctrice* et la *roue des types* à leur axe, au moyen d'un cliquet qui, pour rompre cette solidarité, se soulève en même temps qu'on agit sur le *levier de rappel au blanc*, dont l'une des branches, munie d'une dent, s'enfonce dans le manchon de la *roue correctrice* et l'arrête.

ROUE correctrice [2] (*Korrektionsrad* — **Correcting wheel**). Roue de l'appareil Hughes destinée à corriger, à chaque émission de courant, le synchronisme du mouvement des deux roues des types des appareils en communication.

ROUE des types [2] (*Typenrad* — **Type wheel**). Roue portant, sur son pourtour, des caractères ou types taillés en relief et sur lesquels le papier projeté vient s'imprimer dans les appareils imprimeurs.

ROUE phonique [3] (φωνή voix, son) (P. Lacour). (*Tonrad, Phonisches Rad* — **Sonorous wheel**). Roue de fer doux mobile, rendant un son dont la hauteur varie avec le nombre des aimantations et des désaimantations d'un électroaimant agissant sur cette roue.

ROULEAU. Mettre un nouveau rouleau de papier (*Eine neue Papierrolle aufziehen* — **To put on a roll of paper**). Installer sur l'appareil télégraphique un nouveau rouleau de papier, pour l'inscription continue de dépêches. Ces rouleaux imprimés sont gardés un certain temps dans les archives.

RUHMKORFF (Henry). Constructeur d'appareils de physique, né à Hanovre, le 15 janvier 1803, et mort le 20 décembre 1877, à Paris. On lui doit des perfectionnements importants dans l'isolement de la bobine d'induction dite « bobine de Ruhmkorff. »

1. Abbé Moigno, *Télégraphie électrique*, p. 352.
2. Borel, *Traité de l'appareil Hughes.*
3. Du Moncel et Geraldy, *Électricité comme force motrice*, p. 131.

RUHMKORFF. (Voir *Bobine d'induction.*)

RUPTURE d'un fil (*Brechung eines Drahtes* — **Break of a wire**). Le point de rupture d'un conducteur en télégraphie se calcule facilement de la manière suivante : Soit *c* la capacité du conducteur rompu; si l'on connaît la capacité du kilomètre, en divisant *c* par ce dernier nombre, on obtiendra la distance cherchée. Il est bien entendu que l'on suppose le fil rompu, non en communication avec la terre, au point de rupture.

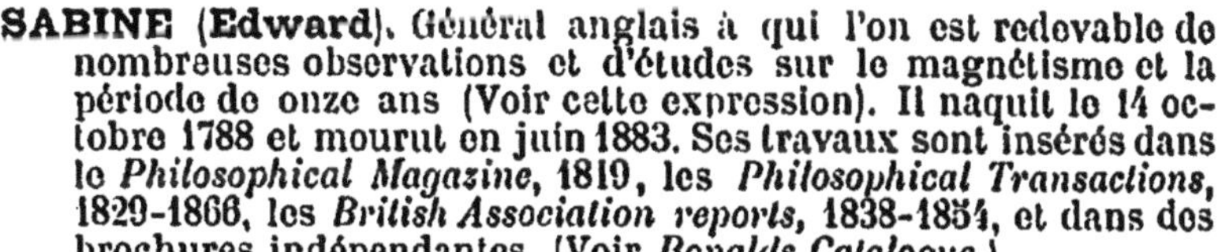

S

SABINE (Edward). Général anglais à qui l'on est redevable de nombreuses observations et d'études sur le magnétisme et la période de onze ans (Voir cette expression). Il naquit le 14 octobre 1788 et mourut en juin 1883. Ses travaux sont insérés dans le *Philosophical Magazine*, 1819, les *Philosophical Transactions*, 1829-1866, les *British Association reports*, 1838-1854, et dans des brochures indépendantes. (Voir *Ronalds Catalogue.*)

SABOT du frein de l'appareil Hughes (*Reibklotz* — **Fly wheel break**). Frottoir commandé par un excentrique et qui appuie dans l'intérieur du cylindre creux.

SANG (*Blut* — **Blood**). Le sang, sous l'influence d'un courant électrique, se coagule aux deux pôles, dès que l'intensité augmente, et ne tarde pas à se décomposer en ses parties chimiques.

SATURATION magnétique[1] (*Magnetische Sättigung* — **Magnetic saturation**). Les fluides séparés dans un aimant, tendant à se recombiner, ne restent séparés qu'autant que la force coercitive s'oppose à leur réunion. Cette force étant limitée, il y a, pour chaque barreau, un maximum d'aimantation qui dépend de sa nature, de son volume, de sa forme, de la force coercitive. L'aimant est alors dit aimanté à saturation.

SATURATION[2]**. Point de saturation magnétique** (*Magnetischer Sättigungspunkt* — **Point of saturation**).

SATURATION. Coefficient de saturation magnétique (*Coefficient magnetischer Sättigkeit* — **Coefficient of magnetic saturation**). Cette expression désigne la réciproque du nombre d'ampères-tours qui amène un électroaimant au degré de satu-

1. Dub, *Annales de Poggendorff*, CXXXIII, p. 56, 1868.

2. S. Thompson, *Traité théorique et pratique des machines dynamoélectriques.*

ration pour lequel sa capacité magnétique est réduite à moitié. Le symbole en est $\sigma = \frac{1}{At}$, A et t signifiant les ampères et les tours qui l'amènent à cette condition.

SAUSSURE (Horace, Benedict de). Professeur de philosophie suisse, né le 17 février 1740, à Conches, près de Genève, et mort à Genève, le 22 janvier 1799. On lui doit l'électromètre dit de Saussure (1785) et différentes études sur l'électricité atmosphérique et l'électricité animale. (*Journal de physique*, I-II-XXV; *Journal de Paris*, 1784, 1785.)

SCELLER au plâtre. (*Constructions.*) (*Eingipsen* — **To fix down with plaster**).

SCHÆFFLER. Appareil multiple imprimeur de Schæffler (*Typenmultiplex, Mehrfacher Buchstabendrücker* — **Schæffler's multiple printing instrument**). Appareil ayant une grande analogie avec le système Baudot.

SCHOENBEIN (Christian Friedrich). Professeur de chimie à l'Université de Bâle, né le 18 octobre 1799, à Metzingen-unter-Urach (Wurtemberg) et mort, le 29 août 1868, à Sauersberg près Bade. On lui doit les découvertes suivantes : l'ozone, le phénomène des *pulsations* et une théorie du courant, exposés dans les *Annales de Poggendorff*, 1836-1838, 1842, 1844 et 1849.

SCHWEIGGER (Johann-Salomo-Christoph). Professeur allemand, né le 8 avril 1779, à Erlangen, et mort à Halle, le 6 septembre 1857. Il inventa la disposition du multiplicateur qu'on appelle actuellement galvanomètre, mais qu'il ne regardait que comme un galvanoscope, n'en connaissant pas la loi. Il publia différentes recherches sur l'électricité, dans le *Gehlen's Journal*, 1807-1810, dans le *Schweigger's-Journal*, 1811-1855.

SCORESBY (William). Membre de la Société royale de Londres, né le 5 octobre 1789, à Cropton (Yorkshire), et mort à Torquay, le 21 mars 1857. On lui doit des études très nombreuses sur le magnétisme (*Philosophical Transactions*, 1819-1831; *Transact. Edinb. soc.*, 1821-1831) et sur le pouvoir mécanique de l'électromagnétisme, de la vapeur (*Philosophical Magazine*, série III, v. XXVIII). Il était arrivé à construire des aimants analogues à ceux de Jamin.

SECOHMMÈTRE. (*Secohmmeter* — **Secohmmetre**). Appareil de MM. Ayrton et Perry, destiné à mesurer le coefficient de self-induction par le produit d'un temps [seconde] par une résistance [ohm].

SECONDAIRE. (Voir *Action* et *Pile.*)

SECOUSSES. Loi des secousses (*Zuckungsgesetz* — **Law of shocks**). Pflüger et Rosenthal ont indiqué, dans un tableau synthétique, la loi qui régit l'influence d'un courant sur les nerfs dans les deux phases de direction et de force. Cette loi n'a pas été confirmée de tous points par les travaux de Ritter, Heidenhain et Wundt.

SECRET professionnel (*Amtsverschwiegenheit* — **Professional**

secrecy). Les employés des télégraphes sont tenus au secret des dépêches.

SEEBECK (Thomas-Johann). Médecin allemand, né le 9 avril 1770, à Reval, et mort à Berlin, le 10 décembre 1831. Il est l'auteur de la découverte de la thermoélectricité, qu'il publia dans les *Abhandlungen der Berliner Academie* de 1822 à 1823, sous le titre de *Magnetische Polarisation der Metalle und Erze durch Temperaturdifferenz*. Les mêmes *Comptes rendus* renferment, en 1820, 1821, 1825, 1827, différents mémoires de Seebeck sur l'électricité et le magnétisme.

SÉLÉNIUM (May, Willoughby Smith, Sale). Métal dont la résistance est très grande; elle est environ 38 billions de fois celle du cuivre pur. L'effet de la lumière sur le sélénium, qui fut constaté pour la première fois par M. May, télégraphiste à Valentia, est de diminuer cette résistance. (Voir *Radiophone*.) Cette découverte fut présentée le 12 février 1873, à la Société des Ingénieurs télégraphiques de Londres.

SELFINDUCTION[1] (mot hybride, composé de *self* [rac. sax], même, et *induction*) (*Selbstinduktion* — **Selfinduction**). On appelle *selfinduction* ou *induction propre* l'induction d'un circuit sur lui-même, par exemple dans le cas d'un conducteur enroulé dont les différentes spires parcourues par un courant alternatif réagissent les unes sur les autres. Ces phénomènes découverts par Henry, en 1832, Masson et Jenkins, en 1834, ont été étudiés par Faraday et qualifiés du nom d'extracourant. (Voir ce mot.) Ce physicien faisait passer un courant électrique dans une bobine garnie de fil assez gros et il recueillait, dans un galvanomètre monté en dérivation, le courant qui s'accusait par une certaine déviation. Un obstacle quelconque, empêchant l'aiguille de dévier dans cette direction, sans empêcher une déviation en sens inverse, il observait, au moment de la rupture du circuit, une impulsion de l'aiguille en sens contraire de la première. Cette impulsion est due à l'extracourant de *rupture* et des expériences précises d'Edlund ont montré que les impulsions de l'aiguille, sous l'influence de la *rupture* et de *l'établissement* du courant ont la même valeur avec des signes différents.

Les phénomènes provoqués par l'extracourant sont en relation directe avec la selfinduction de la bobine; la quantité d'électricité mise en jeu par la rupture ou par l'établissement du courant est proportionnelle au *coefficient de selfinduction* (Voir ce mot). La selfinduction intervient surtout lorsqu'on emploie les courants alternatifs et son premier effet est d'augmenter la résistance de la bobine. Une bobine avec selfinduction semble opposer à un courant alternatif une plus grande résistance qu'une autre bobine semblable qui n'en présenterait pas. Nous disons *semble opposer*, car en réalité la selfinduction inter-

---

1. *Lumière électrique*, t. XIX, p. 261; t. XX, 292. — Conférence de M. Éric Gérard. — MASCART et JOUBERT, *Electricité et magnétisme*, 2e vol. — OLIVIER, *Heaviside, on the selfinduction on wires*. — *Philosophical Magazine*, t. XXII, 1886, p. 118.

vient comme une force électromotrice dépendant de la variation du courant. Pour faire des bobines qui soient pratiquement sans selfinduction, on les enroule en double, ce qui compense presque complètement les phénomènes de selfinduction.

Coefficient de selfinduction. — Le coefficient de selfinduction d'un circuit est le flux d'induction qu'il émet pour l'unité de courant et qui traverse la surface limitée à l'axe du fil [1].

On trouve, en partant de cette définition, que le coefficient de selfinduction d'une bobine très longue est $L = 4\pi \frac{n^2}{l} s$ — n nombre total des spires, l longueur totale, s section.

Le calcul du coefficient de selfinduction peut se faire, dans certains cas, lorsque les données géométriques de la bobine sont bien connues [2].

Dans les bobines de même métal et ayant des formes extérieures identiques, le rapport du coefficient de selfinduction à la résistance est constant quel que soit le diamètre du fil, et ce rapport varie comme le carré du rapport de similitude, lorsque les bobines sont de formes extérieures semblables. Le coefficient de selfinduction intervient, dans les formules, par la force électromotrice, produite sous l'influence de la variation de courant. On a en général $e = \frac{dLI}{dt}$ et lorsque L est constant $e = L\frac{dI}{dt}$. Dans ce dernier cas, on obtient la force électromotrice en multipliant le coefficient par la variation du courant.

Le coefficient de selfinduction a les dimensions d'une longueur, et dans le système d'unités pratiques (ohm, volt, etc.), on le trouve exprimé par 10^9 cm, c'est-à-dire en quart de méridien terrestre.

Mesure du coefficient de selfinduction. — Les méthodes de mesure sont toutes récentes et les premières déterminations un peu exactes ont été faites lors de la détermination de l'ohm par l'Association Britannique. Encore se trouve-t-il que l'ohm de l'Association Britannique a une valeur trop faible, et cela provient d'une évaluation erronée du coefficient de selfinduction.

Les principales méthodes sont basées sur la mesure de l'extra-courant, en faisant équilibre stable pour le courant continu, soit à l'aide d'un galvanomètre différentiel, soit par le dispositif du Pont de Wheatstone. Cette dernière méthode a été proposée par Maxwell et employée avec la modification introduite par Lord Rayleigh. Voici en quoi consiste cette méthode : on établit l'équilibre du pont pour le courant continu et on coupe le courant en notant l'impulsion produite sur l'aiguille d'un galvanomètre balistique. Comme deuxième expérience, on détruit légèrement l'équilibre du pont et on note la déviation permanente de l'aiguille du galvanomètre. Si r est l'augmentation de la résistance qu'il faut donner à la bobine pour obtenir la même déviation que l'impulsion, on trouve le coefficient de selfinduction par le calcul suivant : il suffit de multiplier cette résis-

1. Mascart et Joubert, *Traité d'électricité*, t. II, p. 128.
2. Mascart et Joubert, *Traité d'électricité*, t. II, chap. V.

tance additionnelle par la durée d'une oscillation simple de l'aiguille du galvanomètre balistique et de diviser ce produit par le nombre π. Lorsque le galvanomètre possède un amortissement caractérisé par le décrément logarithmique λ, il faut multiplier l'expression précédente par le terme $1+\frac{\lambda}{2}$. Ceci suppose que l'amortissement est faible, autrement la formule ne serait pas exacte.

Lorsque le coefficient de selfinduction est faible, on peut se servir d'un interrupteur tournant [1], et dans ce cas on peut employer un galvanomètre quelconque.

Lorsqu'il s'agit de forts électroaimants ou de machines dynamoélectriques dont le coefficient de selfinduction est variable avec l'intensité du courant, on peut se servir d'un galvanomètre apériodique Deprez-d'Arsonval [2].

Une autre méthode basée sur l'emploi des courants alternatifs combinés avec un électromètre à quadrants a été proposée par M. Joubert [3]. Dans cette méthode on compare la résistance d'un conducteur à la résistance d'une bobine avec selfinduction parcourue par un courant alternatif. Cette bobine semble opposer aux courants alternatifs une résistance plus forte qu'aux courants continus, et comme le coefficient de selfinduction intervient dans cette résistance fictive, on arrive à une formule qui permet de la déterminer.

Au lieu de déterminer directement le coefficient de selfinduction en valeur absolue comme par les méthodes précédentes, on peut encore le comparer soit à un autre coefficient de selfinduction, soit à un coefficient d'induction mutuelle, soit à la capacité d'un condensateur. Ces méthodes étant des méthodes de réduction à zéro sont en général plus sensibles que les autres. M. Brillouin [4] a étudié plusieurs de ces méthodes indiquées par Maxwell.

Comme instrument de mesure on peut substituer au galvanomètre un téléphone, ce qui accroît, dans de notables proportions, la sensibilité de la méthode. Cette méthode a été proposée par M. Hughes et employée avec succès par M. H. Weber; ce dernier a en même temps rectifié la formule proposée par M. Hughes, qui se trouvait entachée d'erreur. M. Weber est arrivé ainsi à mesurer le coefficient de selfinduction de bobines enroulées en double et le résultat des expériences a été trouvé d'accord avec le calcul.

La méthode pour comparer un coefficient de selfinduction à la capacité d'un condensateur a été proposée par Maxwell.

On établit l'équilibre permanent du pont et on installe le condensateur en dérivation sur la branche du pont opposé à la bo-

---

1. Ledeboer et Maneuvrier, *Comptes rendus de l'Académie des Sciences*, 28 mars 1887. — *Lumière électrique*, t. XXIV, p. 150. — Ayrton et Perry, *Lumière électrique*, t. XXIV, p. 401.
2. Ledeboer, *Lumière électrique*, t. XXI, p. 6.
3. *Annales de l'École normale*, t. X, p. 131, 1881.
4. Brillouin, *Annales de l'École normale*, t. XI, p. 339.

bine; lorsque l'équilibre du pont a lieu indifféremment pour le courant permanent et pour le courant de rupture ou d'établissement, on trouve le coefficient de selfinduction en multipliant la capacité du condensateur par le produit de la résistance des branches du pont comprenant la bobine et le condensateur.

La capacité électromagnétique des bobines étant ordinairement d'un ordre tout différent de grandeur que la capacité d'un condensateur, cette méthode n'est que rarement applicable.

SÉMAPHORE (σῆμα signal, φόρος porteur, φέρω porter) (***Seetelegraph*** — **Semaphore**). Appareil transmettant, avec des pavillons, des signaux optiques d'un alphabet de convention.

SÉMAPHORIQUE. (Même racine). (Voir *Dépêche.*)

SEMELLE pour poteaux (***Stangenschuh*** — **Sleeper for a pole**). Pièce de bois placée horizontalement au-dessous des poteaux pour en assurer le point d'appui dans le sol.

SEMELLE d'un électroaimant (***Halbanker*** — **Half armature**). Pièces de fer rapprochant les deux pôles de l'électroaimant et faisant corps avec le noyau.

SENSIBILITÉ. Coefficient de sensibilité (***Empfindlichkeits-coefficient*** — **Coefficient of sensibility, Personal equation**). Coefficient qui affecte les expériences des expérimentateurs pour une foule de causes, les unes provenant de leur organisation physique variable, les autres de leur habileté expérimentale.

SENSITIF. État sensitif. (***Empfindlicher Zustand*** — **Sensitive state**). On appelle état sensitif l'état dans lequel les décharges électriques, dans un milieu raréfié, sont affectées par la présence ou l'approche d'un corps voisin.

SENSOPHONE[1] (mot hybride : *sensus* sens, φωνή voix) (***Sensophon*** — **Sensophone, Touch sounder**). Appareil télégraphique pouvant servir de *sounder* et de récepteur tactile : il est utilisé en Amérique seulement.

SEPARATOR. (Voir *Couche de séparation.*)

SÉRIE de tension (***Spannungsreihe*** — **Electrochemical order of the elements**). Liste des métaux établie, d'abord par Volta, en 1800, dans un ordre tel que, par le contact, chaque métal qui précède dans cette liste est positif par rapport à celui qui le suit et négatif par rapport à celui qui le précède. (Voir *Volta, Loi de.*)

SÉRIE[2]**. Installation d'une pile en série** (***Verbindung der Elemente aus Serien*** — **Joining up a battery in series**). Pile installée de telle sorte qu'un certain nombre de groupes d'éléments associés isolément en tension soient reliés ensemble en quantité ou réciproquement.

SÉRIE thermoélectrique (***Thermoelektrische Serie*** — **Thermoelectric series**) (Seebeck). Les métaux peuvent être rangés dans

1. *Electrical world*, 30 janvier 1886.
2. *Annales télégraphiques*, 1860, p. 384.

une série, de telle sorte que chacun d'eux soit positif par rapport à celui qui les suit dans la liste.

SERPULA[1]. Nom d'un annélide ennemi des câbles, découvert par le Dr Wallich.

SERRE-FIL (*Drahthalter* — **Clamp, Binding screw**). Cet instrument offre différentes formes, dont la plus simple est celle d'un tuyau en cuivre aux extrémités duquel on introduit les deux fils à réunir; on les maintient grâce à la compression de deux vis qui les serrent dans l'intérieur du manchon.

SERRE-FIL à deux vis (*Doppelklemme* — **Double connector**).

SERRE-NŒUD (*Knotenhalter, Schneideschlinge* — **Serre-nœud**). Instrument dont on se sert en galvanocaustique et consistant en un fil formant une boucle que l'on ferme peu à peu, en le chauffant avec un courant électrique. Ce serre-nœud permet ainsi d'enlever une partie morbide que l'on désire supprimer.

SERVICE du personnel des bureaux télégraphiques (*Dienst* — **Service**). (Voir *Station*.)

SERVICE des appareils des bureaux télégraphiques (*Betrieb, Dienst* — **Working**).

SERVICE. Refuser le service (*Dienst versagen* — **To refuse working**). En parlant d'un matériel défectueux qui ne peut plus être utilisé.

SERVICE. Changement de service (*Ablösung* — **Change of duty**). Succession des employés télégraphiques au même appareil à des heures déterminées.

SERVICE. Avis de service (*Dienstnotiz* — **Service notice**). Dépêche intéressant le service d'un bureau télégraphique.

SERVICE. Remise de service (*Dienstübergabe* — **Handing over the service**). Transmission à un autre fonctionnaire de la responsabilité de la gestion d'un bureau.

SERVICE. Reprise de service (*Dienstübernahme* — **Taking over the service ou management of a station**). Acceptation de la direction d'un service ou d'une partie d'un service télégraphique.

SERVICE. Mettre en service (*In Betrieb setzen* — **To put in service, To bring in use**). Disposer un appareil pour en utiliser le fonctionnement.

SERVICE. Livre de remise de service (*Dienstübergabebuch*-**Register recording the handing over of an office**). Livre où les deux fonctionnaires ou agents, qui se succèdent dans un poste télégraphique, signent l'acceptation et la remise de service.

SERVICE permanent d'un bureau (*Ununterbrochener Dienst* — **Permanent service**). (Voir *Station*.)

SERVICE de demi-nuit, — complet. (Voir *Station*.)

SERVICE. Employé de service (*Diensthabender Beamte* —

1. *Électrician*, 1864, p. 282.

Clerk on duty). Employé des télégraphes considéré pendant ses heures de service.

SERVICE. Employé du service actif des télégraphes (*Telegraphenmanipulant, Apparatbeamte* — **Clerk of the working staff, Instrument clerk**). Employé chargé de la manipulation aux appareils.

SERVICE taxé (*Bezahlte Dienstdepesche* — **Paid service**). Dépêche intéressant une autre dépêche déjà transmise. Le service taxé est expédié par priorité et en franchise, s'il y a lieu.

SHUNT[1] (*Nebenschluss, Shunt* — **Shunt**). Mot anglais adopté dans toutes les langues, comme synonyme de circuit dérivé, mais qui est employé spécialement en anglais pour désigner le circuit dérivé constitué sur un appareil dans un but de mesure. Il sert à dériver une portion définie d'un courant entre les bornes d'un galvanomètre et l'empêche ainsi de traverser les bobines de l'appareil. Il réduit par conséquent à des proportions convenables, la déviation du galvanomètre qui autrement serait trop grande. Le shunt a été particulièrement employé avec les appareils de mesure très sensibles. Il permet, par exemple, dans le galvanomètre à miroir, de n'évaluer que 1/1000 de l'intensité d'un courant qui traverse la bobine de l'appareil en dérivation. Les appareils de mesure sont pourvus généralement d'un triple shunt permettant de réduire au 1/10, 1/100 et 1/1000 la sensibilité du galvanomètre. On peut établir d'une manière générale que, pour ramener les observations de la boussole au $1/n$ de ce qu'elles devraient être sans artifice, il faut que la résistance du shunt soit la $(n - 1)$ ième partie de celle du galvanomètre.

SIDÉROMAGNÉTIQUE (σίδηρος fer, magnétique). Dénomination synonyme de paramagnétique et opposée par conséquent à diamagnétique.

SIDÉROSCOPE[2] (σίδηρος fer, σκοπῶ j'observe) (*Sideroskop* — **Sideroscope**). Appareil astatique, inventé par Lebaillif, en 1828, pour observer les propriétés magnétiques des corps. Il est composé d'une aiguille d'acier aimantée, montée, à l'extrémité d'un brin de paille suspendu à un fil de coton. Ce système mobile était influencé par le bismuth et l'antimoine.

SIEMENS (William). Ingénieur allemand, établi à Londres, né le 4 avril 1822, à Lenthe, près Hanovre, et mort à Londres, le 19 novembre 1883. Il inventa, en 1860, de concert avec son frère, Werner Siemens, le procédé d'isolement des câbles au moyen de l'India Rubber, le pyromètre électrique, le bathomètre, et appliqua le courant des machines dynamos à la fusion des métaux en grande masse. On lui doit des travaux considérables et

---

1. *Journal of the Society of telegraph engineers*, 1877. — L. Clark, *Electrical measurement*. — Kempe, *Handbook of electrical testing* (Traduction de M. Berger). — Waldemar Hoskioer, *Guide des épreuves électriques sur les câbles télégraphiques* (Traduit par Ternant).

2. Becquerel et Edm. Becquerel, *Traité d'électricité et de magnétisme*, t. III, p. 50.

des perfectionnements importants dans les différentes branches de la physique.

SIFFLEMENT de l'arc voltaïque[1] (*Zischen des voltaischen Bogens* — **Hissing of the voltaic arc**). Phénomène bruyant et gênant qu'on entend parfois dans l'arc voltaïque. A la suite de mesures avec le galvanomètre de Deprez, on a constaté que la différence de potentiel était beaucoup plus élevée dans un arc silencieux qu'avec un arc qui siffle.

SIFFLET automoteur (Lartigue) (*Selbstthätige elektrische Dampfpfeife* — **Electric self-acting whistle**). Sifflet destiné à avertir le mécanicien d'un train qui a franchi le disque d'arrêt. Ce sifflet est mis en jeu au moyen d'un courant électrique amené, par un contact à balai, contre une pièce fixe disposée entre les rails, au moment du passage du train.

SIGAUD DE LA FOND (**Jean-René**). Célèbre médecin français et professeur de physique, né en 1740, à Dijon, et mort à Bourges, le 23 janvier 1810. On lui doit l'adjonction de la tige micrométrique dans la bouteille électrométrique (1781). Il aurait aussi le mérite d'avoir le premier, au moins en France, employé la machine électrique à plateau de verre. Il nous reste de lui : *Lettre sur l'électricité médicale*, 1771 ; *Traité de l'électricité*, 1771 ; *Précis historique et exposé des phénomènes électriques*, 1781-1785 ; *Examen de quelques principes erronés en électricité*, 1795-1796.

SIGNAL de flambeaux (*Fackelsignal* — **Flame signal**). Télégraphie optique primitive des Grecs, pendant la nuit, employée dans la suite par les différents peuples.

SIGNAL. Contrôle des signaux de nuit (*Controle der Signalbeleuchtung* — **Control of night signal**). Système généralement fondé sur la différence de dilatation de deux métaux soudés, qui ouvre le circuit de la sonnerie, à la station du chemin de fer, dès que le flambeau de nuit servant de signal avancé s'éteint.

SIGNAL de retour (*Rükslgnal* — **Return signal, Back signal**). Signal indiquant, sur un fil de retour, que la transmission que l'on expédie est arrivée à destination.

SIGNAL de détresse (*Nothsignal* — **Danger signal**). Signal annonçant un accident sur le chemin de fer.

SIGNAL de protection d'un train (*Zugdeckungssignal* — **Covering signal of a train**). Les signaux de cette nature peuvent être très nombreux, et être empruntés au block-system, au système permissif ou au système à temps. Ce dernier système est fondé sur le temps qu'un train emploie pour franchir l'espace entre deux gares. (Voir *Block-system*.)

SIGNAL. Succession des signaux télégraphiques[2] (*Folge der Zeichen* — **Succession of signals**). La propagation des courants d'électricité se faisant par l'établissement d'un état variable

1. *Comptes rendus de l'Académie des Sciences*, t. XCII, 1881, p. 711.
2. Blavier, *Traité de télégraphie*, t. I, p. 418.

et d'un état permanent et finalement par une décharge, il n'est pas possible de transmettre deux courants successivement, avant que ces différentes phases se soient écoulées. De là la nécessité d'avoir recours à certains expédients pour réduire le temps de charge et de décharge sur les longues lignes télégraphiques, quand les émissions de courant se succèdent à des intervalles très rapprochés. Toutefois, le fil n'a pas besoin de se charger ou de se décharger complètement. Pour qu'une série d'émissions produise des signaux distincts, il suffira que l'intensité atteigne la limite qui produit le mouvement donnant le signal et qu'elle décroisse assez pour que la force antagoniste quelconque ramène l'appareil à sa position primitive. Plus ces limites sont voisines, et plus la succession des signaux est rapide. L'expédient le plus simple consiste à établir, après chaque émission, une communication avec la terre remplaçant la communication avec la pile. Le fluide s'écoule par cette communication, la décharge s'effectue plus rapidement, et les signaux peuvent se suivre à de plus courts intervalles. On peut encore arriver au même résultat en établissant une dérivation du fil de la ligne, au moyen d'un fil conducteur résistant. On rend la décharge plus rapide encore, en envoyant un courant de sens contraire d'une faible durée, dans l'intervalle de deux émissions destinées à produire un signal. Le courant négatif n'a pas pour but de décharger complètement le fil, car le courant suivant devrait opérer une charge nouvelle, ce qui retarderait le signal. Il doit produire seulement une diminution de la charge suffisante pour que l'intensité du courant décroisse promptement à l'extrémité du conducteur, afin de déterminer la cessation du signal. L'émission du courant contraire doit durer moins de temps que celle du courant principal et être produit avec une pile moins forte. L'emploi des courants positifs et négatifs a quelquefois pour fonction de produire des signaux. Dans ce cas, le fil conducteur doit se charger entièrement, puis se décharger complètement ; l'inversion n'est donc pas en général favorable à la rapidité de la transmission dans ces conditions.

SILURE ou **Malaptérure électrique**[1] (***Zitterwels*** — **Silurus**). Poisson électrique dont les organes générateurs de l'électricité sont disposés immédiatement au-dessous de la peau et tout autour du corps. Leur composition est la même que celle des autres poissons (Voir *Torpille, Gymnote*), c'est-à-dire qu'ils sont formés de fibres aponévrotiques et tendineuses serrées de manière à former un réseau très fin. Les cellules en son remplies d'une substance muqueuse. Les nerfs du silure, qui se rendent dans cet organe, appartiennent à la huitième paire cérébrale. On a comparé la structure des cellules à une pile.

SIMILITUDE. Loi des similitudes. La loi qui porte le nom de loi des similitudes a été énoncée par M. Deprez de la manière suivante : Pour des machines similaires l'effort statique (Voir ce mot) croît comme la quatrième puissance des dimensions

1. *Berichte der Akad. des Wissenschaften zu Berlin*, 13 août 1857. — *Philosophical Magazine*, 1858, 1er sem., p. 45.

linéaires. De cette loi découlent différents corollaires qui s'énoncent comme il suit :

1° Lorsque toutes les dimensions d'un système conducteur sont augmentées dans le rapport *m*, l'effort statique, par unité de volume, devient *m* fois plus grand.

2° Si dans une machine dynamo, qui ne contient pas de fer doux, on augmente toutes les dimensions dans le rapport *m*, en conservant la même densité de courant, et la même vitesse angulaire de l'anneau, le travail par seconde augmente comme la cinquième puissance de *m*.

3° Lorsque toutes les dimensions d'un système conducteur sont augmentées dans le rapport *m*, un même effort coûte une dépense d'énergie *m* fois moindre.

4° Lorsque toutes les dimensions d'un système conducteur sont augmentées dans un rapport *m*, l'intensité du champ électrique aux points homologues croît comme la première puissance de *m*.

SIMULTANÉE. Position en simultanée (*Circularstellung* — **Simultaneous communication**). Installation d'un bureau en translation, en dérivation ou en embrochage. (Voir ces expressions.)

SINISTRORSUM. Expression latine (*Sinistrorsum*, vers la gauche) employée pour caractériser l'enroulement d'un fil en hélice, par exemple dans un solénoïde ; elle signifie enroulement de droite à gauche, en passant par la partie supérieure des spires de l'hélice, en considérant l'extrémité la plus rapprochée de l'hélice vue debout — ou simplement dans le sens contraire du mouvement des aiguilles d'une montre.

SIPHON-RECORDER[1] (*Heberschreibapparat, Siphon Recorder* — **Siphon recorder**). Appareil de W. Thomson, destiné au service des câbles, dans lequel les signaux sont produits par de l'encre au potentiel zéro qui, amenée, par un siphon minuscule, en face d'une bande électrisée à un haut potentiel, crache et se déplace, en oscillant à droite et à gauche d'un point de repère, sous l'influence du mouvement commandé par une bobine, mobile entre les pôles d'un électroaimant polarisé que traverse le courant de ligne de direction variable.

SISMOGRAPHE électrique (σεισμός choc, γράφω j'inscris) (*Elektrischer Sismograph, Elektrischer Erdbebenmesser* — **Electric sismograph**). M. Palmieri a réalisé un appareil fournissant le moment et la durée des mouvements verticaux et horizontaux dans les secousses de tremblement de terre. Grâce à un jeu de ressorts, combiné avec des hélices, les mouvements verticaux s'accusent par le contact d'un cône métallique plongeant, au moment voulu, dans une surface métallique d'où résulte la fermeture d'un circuit. Les mouvements horizontaux sont indiqués par un mouvement d'inclinaison de tubes recourbés en U, remplis de mercure et orientés aux quatre points cardinaux. Ce mouvement du mercure ferme le contact entre deux pointes

---

1. TERNANT, *Les Télégraphes*. — *L'Électricien*, Art. Ternant, 1881. — *Journal of the Society of telegraph engineers*, t. V, p. 185.

métalliques faisant partie du circuit. (Voir Du Moncel, *Applications de l'électricité*, t. IV. — Gerland, *Die Anwendung der Electricität bei registrirenden Apparaten*.)

SMEE (Alfred). Chirurgien anglais, né le 18 juin 1818, à Camberwell, près Londres, et mort à Londres, le 11 janvier 1877. Il est l'inventeur de la pile dite de Smee. Il publia différents traités sur l'électrométallurgie (1843), l'électrobiologie (1849) et ses cours d'électrométallurgie à la Banque d'Angleterre.

SNOW HARRIS (William). Médecin anglais, membre de la Société Royale, né le 1er avril 1791, à Plymouth, et mort le 22 janvier 1867. Très habile dans la manipulation expérimentale, il étudia et fit adopter, par la marine anglaise, son système de paratonnerre. Parmi un nombre considérable de productions (Voir *Ronalds catalogue*), on distingue ses *Recherches sur la loi de Coulomb, Treatise on frictional electricity*, 1867, et ses *Études sur les orages, Leçons élémentaires d'électricité, traduites en français par Garnault*, 1857.

SOEMMERING (Samuel-Thomas). Médecin allemand, né le 28 janvier 1755, à Thorn (Prusse occidentale), et mort à Francfort, le 2 mars 1830. Il inventa, en 1808, un télégraphe à 35 fils dans lequel les signaux étaient fournis par la décomposition de l'eau, dans 35 petits récipients de verre. Ce système disparut dès que la découverte d'Oersted fut publiée et qu'Ampère proposa son télégraphe à aiguille.

SOLÉNOÏDE (σωλήν tube, εἶδος forme) (Ampère) (***Solenoid, Elektrodynamischer Cylinder, Schraubendraht* — Solenoid**). Cercles égaux et parallèles perpendiculaires à un axe commun et traversés par des courants égaux. D'après Ampère, les aimants seraient constitués par des solénoïdes juxtaposés. On appelle par extension solénoïde une longue hélice formée de spires d'un diamètre petit par rapport à la longueur. Un solénoïde se comporte comme un aimant sous l'action d'un courant et sous l'action de la terre. Maxwell définit ce qu'il appelle solénoïde de la manière suivante : Lorsque la ligne de force se meut de telle sorte que son extrémité initiale trace une courbe fermée sur une surface qu'on appelle positive, son extrémité finale trace une courbe fermée correspondante, sur une surface négative et la ligne de force décrit une surface tubulaire appelée « tube d'induction ». Un tube de cette espèce est appelé solénoïde et Faraday le nommait aussi sphondyloïde (Voir ces expressions).

SON émis pendant l'électrolyse [1] (***Töne während der Electrolyse* — Sounds during electrolysis**). Gore a découvert que, dans certains liquides électrolysés, un bourdonnement est émis par des électrodes de mercure et que la surface du mercure se couvre de légères vagues pendant le passage du courant qui est intermittent durant ces vibrations. On perçoit également des sons pendant la précipitation d'autres métaux, par exemple l'antimoine.

1. *Proceedings of the R. Society*, 1882. — *Electrician*, 17 nov. 1883.

SON. Lire au son. (Voir *Lire.*)

SONDE de câbles[1] (***Kabelsonde*** — **Cable sound, Lead sound**). Sonde destinée à évaluer la profondeur de la mer, pour la pose des câbles, et à rapporter des échantillons du sol marin. L'une des sondes les plus connues est celle de Brooks. Elle se compose d'un boulet traversé par une tige à laquelle la ligne de sonde est fixée. Deux cordes, soutenant le boulet, viennent se fixer, par une simple boucle, à deux crochets montés à charnière au sommet de la tige, susceptibles de se renverser et par conséquent d'abandonner les deux cordes, lorsque le système vient à rencontrer la terre et ne s'appuie plus sur la tige de sonde. Le choc que le poids du boulet a produit a fait pénétrer dans la tige creuse des parties du fond de la mer que l'on ramène à bord.

SONNERIE électrique (***Elektrisches Alarm, Elektrisches Geläute, Elektrisches Läutewerk, Elektrischer Wecker*** — **Electric bell,** ou **electric clock, Alarum, Alarm**). Sonnerie dans laquelle le mouvement de l'armature portant le marteau est entretenu par une action électrique directe ou indirecte.

SONNERIE à trembleur (***Wecker mit Selbstunterbrechung*** — **Trembler, Trembling bell**). Sonnerie munie d'un marteau à interruption automatique frappant sur un timbre.

SONNERIE de chemin de fer (***Elektrisches Eisenbahnläutewerk*** — **Railway bell**). Sonnerie électrique à carillon énergique, mise en mouvement par le déclenchement d'un mouvement d'horlogerie produit par l'électricité.

SONNERIE à un battement (***Einzelschläger*** — **Single stroke bell, Tapper bell** [Améric.]). Sonnerie dont le marteau ne frappe qu'une fois.

SONNERIE à deux battements (***Doppelschläger*** — **Double stroke bell**). Sonnerie dont le marteau ne frappe que deux fois de suite.

SONNERIE à trois battements (***Dreischläger*** — **Treble stroke bell**). Sonnerie dont le marteau ne bat que trois fois.

SONNERIE à carillon (***Fortschellklingel*** — **Constant action bell**).

SONNERIE. Mettre sur sonnerie (***Auf Wecker legen, Den Wecker einschalten*** — **To put a bell in circuit**). Établir une communication entre la ligne et la sonnerie.

SONOMÈTRE (mot hybride : son ; μέτρον mesure). (Voir *Audiomètre.*)

SOUCHE. Journal à souche (***Einnahmebuch, Einnahmejournal*** — **Register with counterfoil**). Journal où l'on inscrit le nombre des mots, la taxe des dépêches télégraphiques, et dont on détache les reçus.

---

1. Wyville Thomson, *The depths of the sea*, p. 205 et suiv. — *Journal of the Society of telegraph engineers*, t. III, p. 206.

SOUDER. Fer à souder. (Voir *Fer à souder.*)

SOUDER deux bouts de câble (***Zwei Kabelenden spleissen*** — **To splice a cable.** (Voir *Soudure.*)

SOUDURE. Réunion de deux fils par soudure (***Löthstelle*** — **Soldered joint**). (Voir *Joint.*)

SOUDURE de câble[1] (***Anspleissen*** — **Cable splice**). Opération dont l'exécution demande une grande habileté professionnelle et qui consiste à rapprocher convenablement les différentes parties d'un câble et à en opérer une liaison intime. (Voir *Épissure.*)

SOUDURE fondante[2] (***Weichloth, Schnelloth*** — **Soft solder**). Alliage employé par les soudeurs et composé d'étain 5 parties, avec 3 parties de plomb ou de bismuth.

SOUDURE forte[2] (***Hartloth*** — **Hard solder**). Soudure composée de cuivre ou de soudure forte de laiton.

SOUDURE électrique (***Elektrische Löthung*** — **Electric welding**). (Elihu Tomson.) Si l'on rapproche deux surfaces décapées et si l'on fait passer un courant d'un nombre considérable d'ampères de l'une à l'autre pièce, le métal se fond aux deux surfaces et se soude intimement. Ce procédé est employé avec des courants d'intensité variable pour les soudures des différents métaux.

SOUDURE. Essai des soudures des câbles (***Prüfung der Löthstellen in einem Kabel*** — **Test of soldering of cables**). Pour vérifier une soudure, on isole l'une des extrémités du câble et on met l'autre en communication avec le pôle négatif d'une pile, la soudure à vérifier étant plongée dans une cuvette suspendue et isolée. Un condensateur est relié à l'eau de la cuvette, de manière à recueillir l'électricité qui s'échappe de la soudure pendant une minute. On mesure ensuite celle-ci par la décharge à travers un galvanomètre. La perte ne doit pas être supérieure à celle d'une longueur de 2 mètres de câble.

SOUFFRANCE. (Voir *Dépêche de souffrance.*)

SOUFRE (***Schwefel*** — **Sulphur**). Le soufre est un corps isolant que l'on a employé comme globe dans les machines électriques à frottement, puis comme matière à scellement dans les isolateurs télégraphiques. La dilatation du soufre, qui amenait des ruptures fréquentes de l'isolateur, l'a fait proscrire de cette dernière application. Sa résistance spécifique est de 3,930 megohms à 60°[3], sa capacité inductrice spécifique 1,93.

SOUPAPE électrique (***Elektrisches Ventil*** — **Electric plug**). Nom donné par Gaugain, en 1855, à un appareil dans lequel l'électricité ne se propage que dans une direction, comme dans le

---

1. Ternant, *Les Télégraphes*, p. 186. — Culley, *Handbook of telegraphy*, p. 192 (Traduction Berger et Bardonnaut). — *Génie civil*, t. VII, p. 215, Art. Seligman.
2. Douglas, *Manual of telegraph construction*, 2e édit., p. 300.
3. *Comptes rendus de l'Académie des Sciences*, t. XCVII, p. 996 (1883).

cas d'une communication à soupapes pour les fluides. (Voir *Œuf soupape.*)

SOURDINE (***Schalldämpfer*** **— Sound damper**). Appareil employé sur les lignes télégraphiques et téléphoniques pour arrêter les vibrations longitudinales, dans les fils, qui sont parfois fort gênantes, par suite de leur énergie sonore. De nombreux systèmes ont été proposés. (Voir *Annales télégraphiques*, 1853, p. 435; 1862, p. 261; 1863, p. 24; 1885, p. 26.)

SOUTIRER l'électricité (***Elektricität einsaugen*** **— To tap electricity, to draw off electricity**). Faire écouler l'un des fluides électriques par des pointes qui, dit-on, soutirent l'électricité. Ce fluide est attiré, par exemple, dans la machine à plateau, par le corps qu'on électrise, et on recueille l'autre fluide qui s'accumule sur un conducteur en communication avec les pointes.

SOUTIREUR. Organe soutireur (***Einsauger*** **— Electric tap**). Pièce jouant le rôle des pointes de la machine à frottement.

SPECTRE magnétique (***Magnetische Figur*** **— Magnetic curve, Magnetic figure**). Figure constituée par de la poussière de fer qu'on projette sur du papier, au-dessus des pôles d'un aimant, et qui se dépose en indiquant la direction des lignes de force. Cette méthode était déjà employée par Gilbert pour mettre en évidence les pôles et la ligne neutre des aimants.

SPHONDYLOÏDE (σφόνδυλος vertèbre, εἶδος forme) (***Solenoid*** **— Sphondyloid**). Mot synonyme de *solénoïde*, employé par Faraday.

SPHYGMOGRAPHE (σφυγμός pouls, γράφω j'écris) (***Sphygmograph*** **— Sphygmograph**). Appareil enregistrant la variation du pouls.

SPHYGMOPHONE (σφυγμός pouls, φωνή voix (***Sphygmophon, Pulsmesser*** **— Sphygmophon**). Appareil destiné à rendre perceptibles à l'oreille les battements du pouls, au moyen d'un téléphone. Un simple contact, obéissant au mouvement de diastole, remplit ce but.

SPIRALE d'Élias[1] (***Elias'sche Spirale*** **— Elias' cylinder**). Spirale ramassée et courte, dans le sens de son axe, pour aimanter en faisant passer un courant.

SPIRALE de Roget[2] (***Roget's Spirale*** **— Roget's spiral**). Spirale verticale de fil conducteur traversée par un courant qui arrive au bas de la spirale dans du mercure où plonge le fil. Les spires ne se touchant pas, il en résulte une attraction entre elles, qui soulève la spirale et rompt le circuit. L'élasticité et la pesanteur ramenant le fil au contact du mercure, le même phénomène que précédemment se manifeste, et l'hélice en éprouve un mouvement de tremblement.

SPIRE de fil (***Drahtwindung*** **— Wire spiral, Helix of wire**). Por-

1. GORDON, *Traité d'électricité et de magnétisme*, t. I, p. 314 (Traduction Raynaud et Seligman-Lui).

2. WIEDEMANN, *Galvanismus und Elektromagnetismus*, t. II, p. 7.

tion de fil enroulé sur un axe, suivant une hélice, et entre deux points de la génératrice du cylindre formant le mandrin.

SPONGÉO-PILINE (σπογγιά éponge, πῖλος feutre)[1]. Substance recommandée par Snow Harris et qu'on emploie avec avantage pour fabriquer les coussins des machines électriques. C'est un composé d'éponge, de laine élastique et flexible, auquel on ajoute quelques matières fibreuses.

STATION télégraphique (*Telegraphische Station, Telegraphisches Amt* — **Station office**). (Voir *Bureau.*)

STATION. Tête de ligne (*Anfangsstation* — **Terminal station**). Station à l'une des extrémités d'une ligne.

STATION intermédiaire (*Zwischenstation* — **Intermediate station**). Station entre deux autres sur une même ligne.

STATION de départ (*Aufgabestation* — **Forwarding station**). Station dans laquelle une dépêche télégraphique est mise en transmission.

STATION d'arrivée (*Bestimmungsstation, Adressamt* — **Receiving station**). Station dans laquelle une dépêche, parvenue d'une station éloignée, est expédiée au destinataire par facteur, poste ou exprès.

STATION de passage (*Durchgangsstation* — **Transit station, Retransmitting station**). Station dans laquelle on reçoit les dépêches sur une ligne pour les retransmettre sur une autre.

STATION d'observation sur les côtes (*Küstenbeobachtungsstation* — **Look out station on the coast**). Poste militaire destiné à surveiller les points d'une côte où un débarquement peut avoir lieu, ou encore chargé d'observer le passage des navires, dans une passe, en vue du service des torpilles.

STATION de château (*Schlossstation* — **Mansion station**). Station privée dans l'intérieur d'un château.

STATION à service permanent (*Amt mit ununterbrochenem Dienste* — **Office performing permanent duty**). Ouverte le jour et la nuit sans interruption.

STATION de demi-nuit (*Amt mit verlängertem Tagesdienste bis Mitternacht* — **Office performing day duty prolonged to midnight**). Station ouverte jusqu'à minuit.

STATION à service complet (*Amt mit vollem Tagesdienste* — **Office performing day duty**). Ouverte de 7 h. ou 8 h. du matin à 9 h. du soir.

STATION à service limité (*Amt mit beschränktem Tagesdienste* — **Office performing limited day duty**). Ouverte de 9 h. du matin à 7 h. du soir.

STATION point de coupure (*Untersuchungsstation* — **Testing station**). Station placée sur le trajet de fils télégraphiques de grande communication et dans laquelle les dispositions sont

---

1. Snow Harris, *A Treatise on frictional electricity*, p. 193.

prises pour les couper avec la plus grande facilité. Pour cela, les extrémités de chaque fil sont arrêtés à deux isolateurs-arrêts ou à un isolateur-arrêt double et la communication établie, en temps ordinaire, entre eux au moyen d'un serre-fil plus ou moins simple qu'il suffit de desserrer pour mettre les deux extrémités du fil en communication avec un appareil et faire les expériences de recherches nécessaires.

STATION municipale (*Communaltelegraphenstation* — **Municipal station**). Station dont le service est fait par des employés municipaux.

STATION succursale (*Filialstation* — **Branch station**). Bureau secondaire dans une ville, comme succursale d'un autre plus important et situé au centre des affaires.

STATION de chemin de fer (*Bahntelegraphenstation*—**Railway telegraph station**). Station où le service est fait par les soins des agents de la compagnie et pour les besoins de l'exploitation. L'État s'est réservé de demander à la compagnie l'ouverture de certaines gares à la télégraphie privée.

STATION à embrochage (*Schleifenstation, Die mittels Schleife angeschlossene Station* — **Intermediate station**). Station dans laquelle les bobines des appareils sont simplement traversées par une ligne qui relie deux stations situées de part et d'autre de la première.

STATION à bifurcation (*Knotenstation*— **Branching off station**). Station en un point où différentes lignes se croisent en suivant des voies différentes.

STATION téléphonique (*Fernsprechamt* — **Telephonic station**). Station où le service est fait au moyen d'appareils téléphoniques.

STATION. Cabine téléphonique. (Voir *Cabine.*)

STATIQUE. Électricité statique (*Statische Elektricität* — **Statical electricity**). Électricité susceptible de produire un travail par son écoulement, grâce à son potentiel.

STEARNS[1]**. Système Stearns** (*Stearn'sches Duplex System* — **Stearn's duplex system**). Système de transmission duplex en télégraphie, appliqué, comme la méthode du Pont de Wheatstone, également par Stearns et portant plus particulièrement son nom. Il est constitué par un double circuit, qui n'est autre chose que l'application de la méthode différentielle à un relais appelé différentiel. Ce relais a l'un de ses circuits, le circuit artificiel, de même résistance (grâce à un rhéostat), que la ligne réelle, et est muni d'un condensateur d'une capacité égale aussi à celle de la ligne. Le relais agit sur un appareil chargé d'inscrire les signaux, tandis que la manipulation se fait au moyen d'un manipulateur qui ferme un circuit local chargé de mettre en mouvement un frappeur ou manipulateur de ligne. Le con-

1. *Annales télégraphiques*, 1877. — *Journal télégraphique des Administrations télégraphiques*, t. II. — BONTEMPS, *Les Systèmes télégraphiques*, p. 148.

densateur compensant les effets d'induction qui se produisent sur la ligne, les transmissions sont fort régulières dans les deux sens et ne sont nullement altérées par les effets des courants de retour.

STÉGANOTÉLÉGRAPHIE[1] (στεγανός couvert, caché, mystérieux, télégraphie) (*Steganotelegraphie* — **Steganotelegraphy**). M. Cassagnes désigne sous ce nom un système télégraphique nouveau, basé sur la combinaison de la sténographie et de la télégraphie.

STEINHEIL (**Charles Auguste**). Professeur bavarois, né le 12 octobre 1801, à Ribeaupierre (Alsace), et mort à Munich, le 14 septembre 1870. Il a supprimé (1838), en employant la terre comme conducteur, le fil de retour qui doublait la résistance et les dépenses d'établissement des télégraphes ; on lui doit également un télégraphe à deux styles (Voir les traités spéciaux SCHELLEN, *Elektromagnetischer Telegraph*). Ses publications relatives à l'électricité sont contenues dans le *Dingler's polytech. Journal*, t. CXIX, dans les *Comptes Rendus de l'Académie des Sciences de Paris*, 1838, et dans quelques mémoires isolés.

STRATE[2] (*Schicht* — **Stria**). Bandes, alternativement lumineuses et sombres, perpendiculaires à la direction du jet de lumière, observées d'abord par Abria (1843), Ruhmkorff, puis par Quet, au pôle positif dans l'œuf électrique, lorsque l'on y introduit de la vapeur d'alcool ou même d'une autre substance. Il se manifeste en même temps une lueur violette au pôle négatif. Les explications diverses de MM. Grove, Gaugain, Reitlinger, Quet, Seguin, De la Rive, Spottiswoode, De la Rue et Mueller ne rendent pas un compte parfaitement exact des différentes phases de ce phénomène. D'après des expériences de Gassiot, on serait disposé à admettre que les strates sont dues à l'effet des impulsions d'une force agissant sur la matière considérablement raréfiée.

STRATIFICATION (*Schichtung* — **Stratification**). Phénomène dans lequel on observe des strates.

STRATIFIÉ. Lumière stratifiée. (Voir *Strate*.)

STRUCTURE nerveuse (*Faseriges Gefüge* — **Nerve structure**). Structure du fer ayant beaucoup de ténacité.

STRUCTURE fibreuse (*Sehniges Gefüge* — **Fibre structure**). Structure de fer corroyé.

STURGEON (**William**). Savant anglais, né en 1783, à Whittington, près Lancastre, et mort à Prestwich, près Manchester, le 8 décembre 1850. C'est Sturgeon qui inventa le mot *electromagnet*, d'où nous avons fait électroaimant. Il publia ses travaux

---

1. *Lumière électrique*, t. XIX, p. 435.

2. *Annales de physique et de chimie*, t. XXXVII, p. 376, 3e série ; t. VII, p. 447, et XC, p. 680. — *Comptes Rendus de l'Académie des Sciences*, t. XXXV, p. 949. — *Philosophical Magazine*, 1859, 1er sem., p. 109. — MASCART, *Électricité statique*, t. II, p. 132.

dans le *Philosophical Magazine*, t. LXII-LXIII, ou dans les *Annals of electricity, magnetism and chemistry, 1836-1843*, qu'il dirigea, et dans différentes autres publications. (Voir *The Ronalds catalogue.*)

SUBSTANCE magnétique. (Voir *Magnétique.*)

SUBSTANCE diamagnétique (***Diamagnet, Diamagneticum*** — **Diamagnetic substance**). Substance repoussée par un aimant. (Voir *Diamagnétisme.*)

SUBSTANCE non électrolyte (***Nichtelektrolyte*** — **Non electrolyte substance**). Substance qui n'est pas susceptible de se décomposer sous l'influence de l'électricité, par exemple, les corps insolubles.

SUIVRE. Expédition d'une dépêche par « faire suivre » (***Nachsendung*** — **Retransmission of a message to follow**). Transmission d'une dépêche dans une localité dont l'indication a été donnée à une première destination où elle a été expédiée et où l'on n'a pas trouvé le destinataire.

SULZER (**Johann-Georges**). Professeur de philosophie à Berlin, né le 16 octobre 1720, à Winterthur (Suisse), et mort, à Berlin, le 25 février 1779. On lui doit la première relation sur les effets d'un phénomène attribué depuis au galvanisme (*Theorie der angenehmen und unangenehmen Empfindungen*, 1762). Ce phénomène consiste dans le goût particulier développé par le contact de la langue avec deux plaques de plomb et d'argent qui se touchent extérieurement et entre lesquelles la langue se trouve engagée.

SUPPORT du fil sur les lignes télégraphiques[1] (***Träger. Stütze*** — **Support, Hook, Pin**). Pièce de fer sur laquelle s'appuie le fil de ligne. Le point d'appui des lignes a lieu, soit sur le crochet fixé dans l'isolateur et qui prend plus particulièrement le nom de support, soit entre les oreillettes de l'isolateur, qui est alors fixé au poteau par une pièce en fer remplaçant la monture directe sur le poteau.

SUPPORT du fil supérieur sur les poteaux (***Hauptleitungsstütze*** — **Top pin, Saddle bracket**).

SUPPORT cornier (***Winkelstütze*** — **Angle bracket**). Support disposé au sommet de l'angle formé par deux lignes suivant deux directions.

SUPPORT à vis (***Schraubenstütze*** — **Screw bracket**). Support que l'on visse dans le poteau, le fil reposant directement sur l'isolateur.

SUPPORT pour isolateur à suspension (***Baumträger*** — **Bolt for suspended wire isolator**). Support d'isolateur raccordé par un crochet à un anneau scellé dans une pièce mobile, par exemple, un arbre.

SUPPORT d'entrée de poste (***Einführungsträger*** — **Window**

1. *Journal télégraphique des Administrations télégraphiques*, t. I.

insulator, Leading in cups). Support de forme spéciale pour l'entrée des fils dans un bureau.

SURFACE de niveau ou surface équipotentielle[1] (***Isoelektrische Fläche, Gleiches elektrisches Potentials Fläche, Niveaufläche*** — **Equipotential surface**). On appelle surface de niveau une surface normale, en chacun de ses points, à la ligne de force passant par ce point. La ligne de force étant normale au chemin parcouru, il n'y a donc aucune force en jeu pour tendre à déplacer l'électricité d'un point vers un autre, sur une surface équipotentielle et on peut faire mouvoir un corps chargé d'un point à un autre, sans dépenser de travail. En effet, toute tendance ou mouvement se traduirait par une différence de potentiel et, dans tous les cas où l'on dépense du travail pour déplacer un corps chargé, il y a une différence de potentiel. Comme sur une surface équipotentielle, il n'y a pas de différence de potentiel, il n'y a donc ni tendance au mouvement, ni travail dépensé. On peut, par conséquent, encore définir une surface équipotentielle en disant que c'est une surface passant par tous les points de l'espace où le potentiel a la même valeur. La surface de niveau a une grande analogie avec le niveau d'une masse liquide.

SURNUMÉRAIRE des télégraphes (***Telegraphenanwärter*** — **Telegraph learner**). Employé non encore appointé.

SURSATURATION magnétique[2] (***Uebersättigung*** — **Supersaturation**). État magnétique dans lequel se trouve un aimant susceptible de perdre une partie de son aimantation par suite d'une secousse ou d'une autre influence mécanique. Cet état provient de ce qu'il renferme plus de fluide séparé que la force coercitive seule n'en peut maintenir.

SURTAXE (***Höhere Taxe, Zuschlagsgebühr*** — **Extra charge**). Taxe en plus de la taxe normale.

SURVEILLANT des télégraphes (***Leitungsaufseher*** — **Lineman**). Agent chargé de surveiller, de construire et de réparer les lignes télégraphiques.

SUSPENSION. (Voir *Isolateur à suspension* et *Cardan*.)

SWAMMERDAM. D'après un passage des *Biblia naturæ* (t. II, p. 843), Swammerdam aurait fait, en 1678, devant le Grand Duc de Toscane, une expérience dans laquelle un muscle de jambe de grenouille se contractait lorsque, étant suspendu par un filet nerveux lié avec du fil d'argent, on le plaçait sur un support de cuivre, de manière à faire toucher le nerf, le fil et le cuivre.

SYMMER (Robert). Membre de la Société Royale de Londres, mort le 19 juin 1763. Il établit la théorie des deux fluides électriques contraires, constituant le fluide naturel. (Voir *Philosophical Transactions*, 1759.)

---

1. Maxwell, *Electricity and magnetism*, t. I, p. 47.
2. Wiedemann, *Galvanismus und Electromagnetismus*, t. II, p. 370.

SYMMER[1]. **Partisans de la théorie de Symmer (1759)** (*Dualisten* — **Followers of Symmer's theory**). D'après cette théorie, l'état électrique neutre d'un corps est formé par la réunion de quantités égales de deux fluides de nom opposé qui s'attirent, tandis que chaque fluide repousse le fluide du même nom.

SYNCHRONISME électrique de deux mouvements (*Elektrischer Synchronismus* — **Electric synchronism**). Système proposé par M. Marcel Deprez, utilisé antérieurement par Cloris Baudet, basé sur l'équilibre que prend un récepteur, formé par deux bobines Siemens, à angle droit entre les branches d'un aimant et actionnées par des courants positifs et négatifs, pour chaque bobine, émanant de quatre frotteurs. L'axe du récepteur peut être lié à un organe quelconque. Ce système produit le synchronisme pour une vitesse de récepteur ne dépassant pas trois mille tours ou n'étant pas trop petite.

SYSTÈME astatique (Nobili) (*Astatisches System* — **Astatic system**). Équipage formé par deux aiguilles de magnétisme autant que possible égal, disposées parallèlement en sens contraire, et séparées par une tige non magnétique très légère. Dans ces conditions, les moments des deux aimants sont égaux et directement opposés, le moment résultant est donc nul et l'équilibre est stable dans toutes les positions. Un système semblable n'est pas soumis à l'influence du magnétisme terrestre. On peut encore arriver à établir des systèmes astatiques par d'autres méthodes que celle de Nobili. Lebaillif, Ampère, etc., avaient déjà résolu ce problème avant Nobili. Ce dernier plaçait le plan, dans lequel l'aiguille peut tourner, perpendiculairement à l'aiguille d'inclinaison ou à la force magnétique terrestre.

SYSTÈME de consolidation, de protection, à volets. (Voir ces trois mots.)

SYSTÈME électrostatique et électromagnétique d'unités. (Voir *Unités*.)

SYSTÈME. (Voir *Block system*.)

T

TABLE d'Ampère (*Ampere'sches Gestell* — **Ampere's table**). Table supportant des pièces fixes et des pièces mobiles, conductrices qui ont été utilisées par Ampère, dans ses recherches électrodynamiques.

1. Priestley, *History of electricity*, p. 260. — Maxwell, *Electricity and magnetism*, t. 1, p. 38. — Mascart, *Électricité statique*, t. 1, p. 27.

TABLEAU de Franklin[1] (*Franklin'sche Tafel* — **Franklin's pane**). Quoique le condensateur à lame de verre porte le nom de *Tableau de Franklin*, c'est cependant à Smeaton (1724-1792), que revient le mérite de son invention.

TABLEAU indicateur de sonnerie (*Warnungstafel* — **Indicating tablet**). Tableau sur lequel l'appel d'une sonnerie est indiqué au moyen d'un signal mobile quelconque.

TABOURET isolant (*Isolirschemel* — **Insulating stool**). Tabouret isolé du sol avec des pieds de verre, sur lequel on fait monter une personne que l'on veut électriser. Cette expérience d'électrisation a été faite pour la première fois, par Dufay, au moyen d'une balancelle, suspendue par des cordons de soie, dans laquelle se plaçait la personne à électriser.

TACHE du soleil[2] (*Sonnenfleck* — **Sun Spot**). Schwabe, de Dessau, observa que tous les onze ans la fréquence des taches du soleil était maximum. Cette recrudescence correspondait, d'après MM. Sabine, Gautier et Wolf, à un phénomène également maximum de déclinaison observé par Lamont, de Munich, et de fréquence d'apparition des aurores boréales. M. Broun, en remontant jusqu'aux observations de Cassini, en 1783, a montré que cette concordance n'était qu'approchée.

TACHOMÈTRE (τάχος vitesse, μέτρον mesure). (Voir *Tachymètre*.)

TACHYGRAPHE (ταχύς rapide, γράφω j'écris) (***Typenschnellschreiber, Schnellschreiber*** — **Tachygraph**). Nom sous lequel Chappe avait désigné d'abord son appareil à signaux (Voir *Télégraphe*) ; il signifie actuellement appareil imprimeur rapide.

TACHYMÈTRE (ταχύς rapide, μέτρον mesure) (***Tourenzähler*** — **Tachymeter**). Appareil destiné à indiquer le nombre des tours opéré par un axe quelconque, par exemple d'une machine dynamoélectrique. C'est un simple compteur.

TAMPON (***Schwärzrolle, Farbrolle, Farbwalze*** — **Ink roller**). Bobine entre les joues de laquelle est un tissu spongieux, imprégné d'encre oléique, qui, tournant sur la roue des types ou la molette d'un appareil télégraphique, les garnit d'encre pour l'impression des signaux.

TAQUET (***Strebekotz*** —**Stop**). Coin en bois pour arrêter la jambe de force contre le poteau télégraphique.

TAQUOIR (***Klopfzeug*** — **Swift**). Marteau en bois pour redresser le fil de ligne télégraphique.

TARIÈRE[3] (***Erdbohrer, Erdschraube*** — **Earth borer**). Instrument destiné à forer, dans certains cas, les trous pour la plantation des poteaux télégraphiques.

---

1. Poggendorff attribue au Dr Bevis, l'invention du tableau ou condensateur de verre. Voir à ce sujet : *Œuvres de Franklin, Electricité.* Lettre IV à Collinson, § 19.— HOPPE, *Geschichte der Electricitat*, p. 24.

2. *Proceedings of the royal society*, V. 31, N° 222, p. 247. CHAMBERS, *Sun spots and terrestrial phenomena.* — YOUNG, *Le Soleil*, p. 114.

3. *Journal of the Society of telegraph engineers*, t. III, p. 405.

TASIMÈTRE. (S. *Microtasimètre.*)

TAXE télégraphique (*Telegraphische Gebühr, Telegraphische Taxe* — **Charge, Rate**). Somme payée par l'expéditeur en échange de la transmission de sa dépêche.

TAXE fixe (*Grundtaxe* — **Fixed charge**). Portion de la taxe qui ne varie pas, quel que soit le nombre des mots d'une dépêche.

TAXE par mot (*Worttaxe* — **Word rate**). Taxe proportionnelle au nombre des mots.

TAXE à percevoir (*Einzufordernde Gebühren* — **Charge to be collected**). Mention de service insérée dans le préambule de certaines dépêches.

TAXE. Perception des taxes (*Gebühreneinnahme* — **Payment of charges**). Opération dont s'acquittent les employés des télégraphes avant la transmission des dépêches.

TAXE complémentaire (*Ergänzungstaxe* — **Completing charge**). Taxe complétant une perception non suffisante.

TAXE de réexpédition (*Weiterbeförderungsgebühr* — **Redirection fee**). Taxe d'une dépêche pour frais de poste, d'exprès ou d'estafette.

TAXER (*Taxiren* — **To charge**). Établir le coût d'une dépêche d'après les règlements en vigueur.

TAXER. Mots à taxer (*Taxpflichtige Worte, Gebührenpflichtige Worte* — **Words to be charged for**). Dans les dépêches, certains mots peuvent être transmis d'office et d'autres être taxés.

TÉLECTROSCOPE (Ce mot, de formation vicieuse, devrait au moins être « téléélectroscope » τῆλε au loin, électro, σκοπῶ je regarde) (*Telektroskop* — **Telectroscope**). Appareil au moyen duquel M. Senlec d'Ardres a proposé, en 1877, de reproduire les images lumineuses à distance. Ce système, désigné aussi sous le nom de télescopie électrique par M. de Paiva d'Oporto, et de téléphotographie par M. Carlo Mario Perosino, de Mondovi, reproduit, en principe, sous une forme visible, les variations d'intensité d'un courant continu, résultant des différences de conductibilité d'une plaque de sélénium actionnée en ses différents points par une lumière variable constituant une image. Bien des solutions peu pratiques ont été publiées, et MM. Bidwell, Ayrton et Perry sont ceux auxquels on doit le système le plus perfectionné.

TÉLÉDYNAMIQUE (τῆλε au loin, δυναμικός puissant). Câble télédynamique (*Teledynamisches Kabel* — **Teledynamic cable**). Câble servant au transport de la force par l'électricité.

TÉLÉGRAMME[1] (τῆλε au loin, γράμμα écrit). (Mot dont la formation a soulevé des controverses parmi les hellénistes modernes. M. Contos admettrait plus volontiers le dérivé τηλεγράφημα) (*Telegramm* — **Telegram**). Synonyme de dépêche télégraphique.

---

1. *Journal des savants*, 1883, p. 102.

TÉLÉGRAPHE[1] (τῆλε au loin, γράφω j'écris). (*Telegraph* — **Telegraph**). Claude Chappe, qui inventa, en 1791, l'appareil optique et le mit en service pour transmettre les ordres de la Convention, lui avait donné le nom de « tachygraphe » (Voir ce mot). Miot, chef de division au ministère de l'intérieur, lui substitua le nom plus exact de « télégraphe ».

TÉLÉGRAPHE électrique (*Elektrischer Telegraph, Fernschreiber*[2] — **Electric telegraph**) (Voir *Appareil télégraphique*). Il est difficile d'assigner d'une manière précise et exacte la découverte du télégraphe électrique à un inventeur. Les différentes propriétés de l'électricité ont été successivement utilisées pour l'échange des signaux. Les télégraphes à balles de sureau de Lesage, à Genève, en 1774; — de Lomond, à Paris, en 1787; — de Ronalds, à Londres, en 1816; — à étincelles, de Cavallo, à Londres, en 1795; — à décomposition chimique, de Sœmmering, à Munich, en 1809, furent les premiers essais dans cette voie. D'après les indications d'Ampère (1821), on vit apparaître les télégraphes à aiguilles. La découverte de l'électroaimant par Arago (1820) mit entre les mains des inventeurs un organe qui est encore, dans tous les appareils, le moteur le plus généralement employé. L'appareil Morse, qui fut le premier télégraphe écrivant, date de 1837.

TÉLÉGRAPHE à une aiguille (*Einnadeltelegraph* — **Single needle telegraph**). Appareil dans lequel les signaux sont dus à la déviation d'une aiguille aimantée à droite ou à gauche de sa position normale.

TÉLÉGRAPHE à deux aiguilles (*Doppelnadeltelegraph* — **Double needle telegraph**). Appareil dans lequel les déviations de deux aiguilles, à droite ou à gauche, combinées une à une ou deux à deux, forment des signaux.

TÉLÉGRAPHE écrivant (*Schreibtelegraph* — **Writing telegraph**). Appareil dont les signaux sont permanents.

TÉLÉGRAPHE écrivant sur une ligne (*Monostichograph* — **Telegraph writing on one line**).

TÉLÉGRAPHE écrivant sur trois lignes (*Tristichograph* — **Telegraph writing on three lines**).

TÉLÉGRAPHE imprimeur (Hughes, d'Arlincourt, Jaite, Baudot, Schæffler) (*Drucktelegraph* — **Printing telegraph**). Appareil reproduisant les dépêches en caractères imprimés. (Voir *Hughes, Baudot, Munier*.)

TÉLÉGRAPHE électrochimique (*Chemischer Telegraph* — **Electrochemical telegraph**). Appareil dans lequel la reproduction des signaux est fondée sur les effets électrolytiques d'un

---

1. CHAPPE, *Histoire de la télégraphie*. — GERSPACH, *Histoire administrative de la télégraphie aérienne*. — FAHIE, *History of electric telegraph*.

2. Quoique le mot *Fernschreiber* ne soit que la traduction des mots constituant l'étymologie grecque de télégraphe, il paraît n'avoir été employé que par M. Jaite pour désigner son appareil imprimeur.

courant. Le premier appareil de ce genre fut celui de Bakewell (1851). (Voir *Appareil Caselli.*)

TÉLÉGRAPHE autographique[1] (***Kopirtelegraph*** — **Copying telegraph, Autographic telegraph**). Appareil reproduisant l'écriture même de l'expéditeur.

TÉLÉGRAPHE de campagne[2] (***Feldtelegraph, Kriegstelegraph*** — **Field telegraph**). Appareil portatif destiné à desservir une ligne de télégraphie militaire.

TÉLÉGRAPHE des trains en marche (***Zugstelegraph*** — **Train telegraph**). Appareil servant à relier électriquement les wagons d'un train au fourgon du chef de train.

TÉLÉGRAPHE pour les incendies (***Feuerwehrtelegraph*** — **Fire alarm telegraph**). Appareil destiné à appeler du secours en cas d'incendie.

TÉLÉGRAPHIE (Même racine) (***Telegraphie, Fernschreibekunst, Fernschreiben*** — **Telegraphy**). Art de transmettre au loin les signaux représentant des lettres, des mots, des phrases.

TÉLÉGRAPHIE de campagne (***Kriegstelegraphie, Feldtelegraphie*** — **Field** ou **military telegraphy**). Institution pour les besoins d'une armée.

TÉLÉGRAPHIER (Même racine) (***Telegraphiren*** — **To telegraph, To wire** (par une ligne aérienne), **To cable** (par une ligne sous-marine). Expédier une dépêche télégraphique.

TÉLÉGRAPHIQUE (Même racine) (***Telegraphisch*** — **Telegraphic**). Qui a rapport à la télégraphie.

TÉLÉLOGUE[3] (τῆλε au loin, λόγος discours) (***Telelog*** — **Telelogue**). Système de télégraphe militaire inventé par le lieutenant badois Ackermann.

TÉLÉMÈTRE électrique (τῆλε au loin, μέτρον mesure) (***Distanzmesser*** — **Telemeter**). On appelle télémètre électrique une association de deux appareils distants, commandés l'un par l'autre. Cet appareil a pour but de faire connaître, par une simple lecture, sans calcul aucun, l'éloignement d'un objet mobile. Ce problème, qui a son importance pour la défense des côtes, a été résolu par MM. Le Goarant de Tromelin et Siemens. (Voir *Lumière électrique*, 1880, p. 6; 1881, p. 151; 1882, p. 173).

TÉLÉMICROPHONE (τῆλε au loin, microphone (***Telemicrophon*** — **Telemicrophone**). M. Mercadier a appelé « télémicrophones » des appareils mixtes produisant simultanément les effets de microphones et de téléphones; ils sont réversibles comme ces

---

1. *Annales télégraphiques*, 1874, p. 30.

2. *Journal of the Society of telegraph engineers*, t. I, p. 170, 280, et t. X, p. 232.

3. Ce nom a été aussi donné à un télégraphe optique inventé en France par le capitaine Gaumet.

derniers. (Voir *Comptes rendus de l'Académie des Sciences*, 1886, t. CI, p. 207.)

TÉLÉPHONE[1] (τῆλε au loin, φωνή voix) (Bell) (***Fernsprecher, Telephon, Sprechtelegraph*** — **Telephon**). Charles Bourseul, fonctionnaire des télégraphes français, dans une note publiée, le 26 août 1854, par le journal l'*Illustration*, indiquait la possibilité de transmettre la parole à distance par l'électricité. Reiss de Frederichsdorf, en 1860, combina un appareil, fondé sur la découverte de Page, et plusieurs inventeurs le modifièrent, mais sans arriver à reproduire les vibrations complexes des sons articulés. Il était réservé à M. Bell d'inventer (14 février 1875, date du dépôt de l'invention) l'appareil reproduisant la parole à une grande distance. Il est formé d'une membrane légère en fer, vibrant en face d'un électroaimant polarisé ; cette membrane surexcitant l'aimant, sous l'influence des vibrations que produit la voix, fait naître dans les spires de la bobine des courants d'induction affectant la forme ondulatoire, qui réagissent à leur tour sur l'armature du téléphone de réception et reproduisent, par les vibrations moléculaires d'aimantation et de désaimantation, les sons émis au point de départ avec leur timbre et leur hauteur. (Voir, pour la théorie plus complète, *Les mémoires de M. Mercadier*, t. CI, p. 744, des *Comptes rendus de l'Académie des Sciences.*)

TÉLÉPHONE à charbon (Édison) (***Kohlensprecher*** — **Carbon telephon**). Appareil inventé par Édison, dans le premier semestre de 1876, et dans lequel les courants ondulatoires résultent dans un circuit de la pression plus ou moins grande d'une membrane contre une plaque de charbon, déterminée par les vibrations sonores ; le charbon variant de conductibilité avec la pression, un courant permanent qui traversera ce circuit deviendra ondulatoire et sera apte à se prêter aux inflexions de la voix.

TÉLÉPHONE à ficelle (***Fadentelephon*** — **String telephone**). Petit appareil, dont on attribue l'invention à Robert Hooke, en 1667, dans lequel les vibrations de la voix sont transmises d'une membrane à une autre, par l'intermédiaire d'une ficelle fixée au centre de ces membranes tendues devant une embouchure.

TÉLÉPHONE mécanique (***Mechanisches Telephon*** — **Mechanic telephon**). Appareil n'ayant rien d'électrique, mais dont l'agencement est emprunté au téléphone électrique. C'est une membrane chargée d'un petit disque métallique que la voix met en mouvement et qui est en communication avec un fil métallique qui traverse un bois sonore placé au fond de l'appareil. Deux appareils semblables, reliés par un fil métallique, peuvent, paraît-il, correspondre convenablement et transmettre la parole à trois kilomètres.

1. Du Moncel, *Le Téléphone*, 1882. — Prescott, *Speaking telephone, talking phonograph*, p. 17, 35, 50, 205. — *Journal of the Society of telegraph engineers*, t. V-VI, p. 386, 506 ; t. VIII, p. 327. — *Lumière électrique*, 15 septembre ; 15 octobre 1879. — *Annales télégraphiques*, 1878, p. 162, 372, 386 ; 1881. — *Philosophical Magazine*, 1878, 2e sem. — *Proceedings of the Royal Society*, t. XLII, p. 152. — *Distance limite*. — *Bulletin de la Société internationale des Électriciens*, 1887.

TÉLÉPHONIE (même racine) (***Fernsprache, Telephonie*** — **Telephony**). Art de reproduire les inflexions de la voix, ainsi que son timbre à distance.

TÉLÉPHONIQUE (Voir *Station*) (***Telephonisch*** — **Telephonic**). Qui a rapport au téléphone et à la téléphonie.

TÉLÉPHONIQUE. Fil ou câble téléphonique (***Telephondraht*** — **Telephon wire**). Le métal employé pour les fils téléphoniques est le fer, le bronze phosphoreux ou siliceux et l'acier.

La résistance du conducteur pour les courants ondulatoires varie, dans les conducteurs en fer, avec les propriétés magnétiques de ce dernier. Cette propriété des fils de fer rend la transmission téléphonique impossible à de grandes distances, car les sons graves ayant un nombre de vibrations moins considérable que les sons aigus, la résistance du fer varie suivant la tonalité des sons. Les ondulations du courant se trouvant modifiées, la voix est altérée, et toute communication est impossible si la ligne a une certaine longueur. On a dès lors recours à des conducteurs en bronze phosphoreux ou siliceux ou à des fils en acier recouverts de cuivre.

Un des phénomènes les plus gênants dans la correspondance téléphonique, provient des courants d'induction des fils les uns sur les autres et de leur charge électrostatique. Il y a plusieurs moyens proposés pour annuler les effets d'induction électrodynamique sur un circuit téléphonique. Le plus efficace est l'emploi de deux fils, l'un d'aller, l'autre de retour, situés à la même distance du courant inducteur. On réalise ce système en cordant ensemble les deux fils. M. Hughes a proposé le système suivant, basé sur le même principe, pour les lignes téléphoniques aériennes. Les deux fils sont placés sur des poteaux, de telle sorte qu'ils soient alternativement l'un au-dessus de l'autre, puis l'un à côté de l'autre, en répétant successivement les quatre positions relatives $\frac{A}{B}$, A B, $\frac{B}{A}$, B A. — MM. Siemens et Halske ont adopté un système analogue dans leurs câbles, et c'est la machine elle-même qui, en changeant, tous les cent mètres, l'ordre des conducteurs, imite la disposition de M. Hughes.

Pour annuler les phénomènes électrostatiques provenant de ce fait que l'un des fils joue, par rapport à l'autre, le rôle de l'armature extérieure d'une bouteille de Leyde, on entoure chaque fil convenablement isolé au moyen d'une enveloppe métallique en communication avec la terre. Pour annuler l'induction statique, dans un câble, on enveloppe chaque conducteur recouvert de gutta-percha d'une gaine de plomb en communication avec la terre ou servant de fil de retour. Dans cette dernière disposition, l'induction dynamique n'est que partiellement diminuée. M. Hughes a proposé de traiter le fil d'aller et le fil de retour (enveloppe métallique) chacun comme une ligne indépendante sur lesquelles on transmet par conséquent des courants de sens contraire, dont les effets inducteurs s'annulent. L'électroaimant est lui-même formé de deux circuits correspondant à chacune des lignes. (Voir *Van Rysselberghe*.)

TÉLÉPHONOGRAPHE (τῆλε au loin, φωνή voix, γράφω j'écris) (*Telephonograph* — **Telephonograph**). Appareil transmettant la parole et la reproduisant matériellement sur un phonographe, de manière à pouvoir être répétée (Lagriffe).

TÉLÉPHOTE[1] (τῆλε au loin, φῶς, φωτός lumière) (*Telephote* — **Telephote**). Appareil destiné à transmettre au loin les images lumineuses.

TÉLÉRADIOPHONIE (Mot hybride dont les deux composants extrêmes sont grecs, et celui du milieu latin, τῆλε au loin, et radiophonie) (*Teleradiophonie* — **Teleradiophony**). La téléradiophonie électrique multiple autoréversible est un système de transmission imaginé par M. Mercadier, et dans lequel les signaux sont produits par des effets radiophoniques. Ce système permet d'ailleurs de transmettre *sur un conducteur quelconque* plusieurs signaux simultanés à volonté dans un sens ou dans l'autre. (Voir Du Moncel, *Microphone*, p. 187. — *Lumière électrique*, 1881, 5 octobre.)

TELLURIQUE. (Voir *Courant.*)

TELPHÉRAGE électrique (Mot barbare, τῆλε au loin, φέρω je porte, et *age*, du suff. lat. *aticum*) (*Elektrischer Telpherage* — **Electric telpherage**). Système de transport à distance de véhicules par l'électricité, inventé par Fleeming Jenkin (1883). Un câble, analogue aux câbles télédynamiques, est supporté par des poteaux distants de 20 mètres, et des voitures sont suspendues sur leurs roues qui ont des gorges les faisant ressembler à des poulies. La voiture motrice est placée au milieu du train. La voie, constituée par le câble, est divisée en sections de 40^m, alternativement isolées ou en relation avec le sol. Les sections isolées ne forment qu'un seul tout, de même que les sections en communication avec le sol. Chaque train a 40^m de longueur, et chevauche toujours sur le point de démarcation de deux sections différentes. Une machine dynamo fait passer un courant électrique dans les parties isolées du câble. Ce courant traverse le moteur et passe à la terre après avoir parcouru la partie isolée.

TELPHERLINE. (Voir *Telphérage.*)

TÉMOIN. (Voir *Avertisseur téléphonique d'un bureau central.*)

TEMPÉRATURE de l'arc voltaïque (*Temperatur des voltaïschen Bogens* — **Temperature of the voltaic arc**). La température de l'arc voltaïque est très difficile à obtenir d'une manière précise, puisque nous n'avons pas de thermomètre pouvant aller jusqu'à ce point. En admettant cependant que la loi de Dulong et Petit puisse s'appliquer aux températures élevées, comme aux basses températures, on pourra évaluer la température de l'arc. Toute autre évaluation donnera un chiffre variable avec les données du problème. Ainsi on a observé que la température des charbons produisant l'arc électrique variait entre 2400° et 3900°c pour le pôle positif, et 2100 à 2550 pour le

1. *Lumière électrique*, 1880, t. II, p. 267.

pôle négatif. La température est d'autant plus élevée que la surface rayonnante est plus petite. Les chiffres fournis par les différents expérimentateurs offrent des divergences marquées provenant de la différence de la source génératrice employée et de l'étendue de la surface rayonnante.

TEMPÉRATURE neutre (*Neutrale Temperatur* — **Neutral Temperatur**). La température neutre est celle qui correspond au changement de direction du courant dans les phénomènes thermoélectriques.

TEMPÊTE magnétique[1] (*Magnetischer Sturm* — **Magnetic storm**). Oscillations irrégulières et subites qu'accusent les aiguilles aimantées, dans une région considérable du globe. D'après une observation de Celsius et Hjœrter, en 1740, vérifiée de nos jours, les tempêtes magnétiques coïncident avec l'apparition des aurores boréales. (Voir ce mot, ainsi que *Tache du soleil.*)

TÉNACITÉ des fils. Influence du courant sur la ténacité des fils (*Einfluss des Stroms auf der Zähigkeit des Drahtes* — **Influence of current on tenacity of wires**). L'influence du courant sur la ténacité des fils a été trouvée variable, suivant qu'on considère le fer ou un autre métal. Les vibrations thermiques provenant du passage du courant, diminuent la ténacité des métaux en général, mais augmentent celle du fer.

TENDEUR. Appareil destiné à tendre les fils de ligne (*Spannvorrichtung, Spanner, Drahtspanner* — **Wire stretcher**). Système formé d'un cylindre à enroulement, arrêté par un cliquet et sur lequel s'enroule le fil de ligne.

TENDEUR. Isolateur-tendeur (*Spannisolator* — **Straining insulator**). Isolateur portant, à titre de support, un tendeur sur lequel le fil est monté.

TENSION[2] (*Spannung* — **Tension**). Propriété de l'électricité, en vertu de laquelle elle réagit contre l'air qui environne un corps électrisé et en diminue la tension. Elle est proportionnelle au carré de la densité électrique. Cette définition fait rentrer la tension dans l'expression de « pression électrique » que Blavier a admise pour éviter tout malentendu. La pression ou tension par mètre carré est proportionnelle au carré de la densité électrique en chaque point, $T = 2\pi d^2$. Le mot tension a été pris par certains auteurs pour signifier *potentiel* (Voir ce mot), ou encore force électrique résultante à la surface d'un conducteur.

TENSION. Électricité de tension (*Gespannte Elektricität* —

---

1. Faraday, *Experimental researches on Electricity*, t. III, p. 261. — Marié Davy, *Les mouvements de l'atmosphère et des mers*, p. 480. — *Journal of the Society of telegraph engineers and of electricians*, 1883, p. 37.

2. *Philosophical Magazine, Correct interpretation of electrical terms intensity and tension* 1863, 2e sem., p. 501. — Maxwell, *Electricity and magnetism*, t. I, p. 49. — Blavier, *Des grandeurs électriques et de leur mesure en unités absolues*, p. 117.

Tension electricity). Nom que l'on donne quelquefois à l'électricité statique douée de tension relativement considérable.

TENSION libre (***Freie Spannung*** — **Free tension**). Tension apte à produire un effet extérieur.

TENSION. Monter une pile en tension (***Elemente hintereinander verbinden, Elemente zur Säule verbinden, Elemente auf Intensität verbinden*** — **To join up a battery in tension**). Si l'on considère plusieurs éléments successifs d'une pile quelconque montée de manière que les pôles de nom contraire soient reliés ensemble, on observe aux pôles + et — des deux éléments extrêmes, une quantité d'électricité égale à celle d'un seul élément, mais avec une tension équivalente à celle d'un élément isolé multipliée par le nombre des éléments. Par exemple, deux éléments sont associés de la manière ci-dessus. Les corps constituant la source génératrice d'électricité sont capables de créer, dans chaque élément isolé, une force électromotrice produisant aux pôles $+ a$ et $- a$. Mettons le pôle $- a$ à terre, la tension de ce dernier devenant nulle, celle du pôle + est $2a$ pour que la différence de tension reste la même que précédemment. Au contact du pôle — du 2e élément, cette tension diminuant, la force électromotrice la rétablit aussitôt, et la tension reste à son niveau ; mais comme la force électromotrice ne sera satisfaite que lorsque la différence de tension dans le 2e élément, comme dans le premier, sera $2a$, il en résulte que sur le pôle + de ce second élément elle doit être $4a$. De même pour n éléments la tension deviendra $2na$.

TENSION. Montage d'une pile en tension (***Hintereinanderschaltung*** — **The making up of a battery in tension** ou **for electromotrice force**).

TEREDO navalis[1] (***Teredo navalis*** — **Teredo navalis**). Animal destructeur des câbles, que le professeur Huxley découvrit, en 1860, dans un des câbles du Levant.

TEREDO norvegica[1] (***Teredo norvegica*** — **Teredo norvegica**). Ver de dimensions considérables, destructeur des câbles.

TERRE[2]. (***Erddraht*** — **Earth wire**). La terre joue en télégraphie un double rôle. Elle absorbe, à chaque électrode, l'électricité qui s'y dégage, et agit en même temps comme conducteur, en donnant passage aux fluides de sources diverses qui, se rencontrant dans son sein, reconstituent le fluide neutre. MM. Kirchhof et Smaasen ont démontré que, dans des conducteurs aussi vastes que la terre, le flux électrique rayonne dans tous les sens et que la masse électrique prend part à la conduction. En appliquant les formules de Ohm à ce cas, MM. Kirchhof et Smaasen ont reconnu que la résistance éprouvée par le courant, entre deux plaques enterrées, est indépendante de la distance qui sépare ces plaques et ne varie qu'avec l'étendue de

1. *Journal of the Society of telegraph engineers*, t. IV, p. 363.

2. Blavier, *Traité de télégraphie*, t. I, p. 94. — Du Moncel, *Applications de l'électricité*, t. I, p. 87. — *Elektrotechnische Zeitschrift*, 1883, p. 18.

leur surface et la conductibilité moyenne du milieu avoisinant. La formule définitive représentant cette résistance est $\frac{1}{K\pi r}$, K est le coefficient de conductibilité du milieu, r le rayon de l'électrode. Mais, si la distance des plaques ne joue aucun rôle, il n'en est pas de même de la conductibilité propre du milieu avoisinant et il est important de prendre, pour assurer un bon contact entre les plaques de terre et le sol, toutes les précautions indiquées à l'article *Fil de terre*.

TERRE. Fil de terre de poteau (*Erddraht der Stangen* — **Earth wires for poles**). En Angleterre, on a l'habitude de faciliter les dérivations à la terre, sur les lignes télégraphiques, au moyen d'un fil disposé dans cette intention sur chaque poteau. Les dérivations d'un fil à l'autre sont ainsi affaiblies, et il suffit d'augmenter la pile pour remédier aux pertes produites par le fil de terre. Cette disposition n'a pas été adoptée en France.

TERRE glaise (*Thon, Lehm* — **Clay**). Le Dr Apostoli a conseillé l'emploi, dans la pratique de l'électrothérapie, d'une électrode en terre glaise qui présente différents avantages au point de vue clinique. (Voir Bardet, *Électricité médicale*, p. 404.)

THÉOPHRASTE (Tyrtame de son vrai nom). Philosophe grec, né en 371 avant Jésus-Christ, à Eresus (Lesbos), et mort à Athènes, en 286. On lui doit un traité sur les pierres dans lequel il est fait mention du *lyncurium*, pierre attractive qui a donné lieu à différentes interprétations. Les uns y voient la tourmaline, d'autres l'ambre.

THÉORIE. Bien des théories ont été imaginées, dans tous les temps, pour rendre compte des phénomènes électriques et magnétiques. Nous donnons ci-après, brièvement, les points caractéristiques des hypothèses faites par divers physiciens. On trouvera déjà aux articles *Symmer, Franklin, Éther électrique* et *Magnétisme* les théories acceptées successivement en France. La nomenclature qui suit reproduit succinctement les hypothèses qui ont été produites à l'étranger.

Électricité[1]. — 1° Weber admettait, dans une première hypothèse, deux courants opposés d'électricité positive et négative produisant le courant galvanique et ne se gênant pas mutuellement.

2° C. Neumann supposait que le mouvement de l'une des électricités (+) était libre, tandis que l'autre électricité (—) était intimement liée aux molécules des corps.

3° Weber et Maxwell ont admis ensuite une transformation du mouvement électrique, dans un courant, en vibrations calorifiques des particules matérielles.

4° Edlund remplaça les deux électricités de Symmer et Weber par l'éther lumineux condensé et raréfié; ses parties, à l'état de repos, se repoussent en raison inverse du carré des distances et sont soumises au principe d'Archimède. Il admet la

---

1. Wiedemann, *Magnetismus und Electromagnetismus*. — J.-J. Thomson, *On electrical theories* (*Reports of the British Association for the advancement of science*, 1885).

transformation des vibrations calorifiques de l'éther en un mouvement translatif de ce même éther dans le courant et réciproquement.

Weber, Neumann et Edlund ont plus récemment admis l'hypothèse que les électricités en mouvement, c'est-à-dire les molécules d'éther, exercent une influence réciproque qui dépend de leur vitesse et de l'accélération de leur mouvement, et aussi que, dans le mouvement, le potentiel se modifie plus lentement que ne s'effectue le changement de place.

5° Maxwell et Lorenz admettent un éther électrique remplissant l'espace, lequel se meut en tourbillons qui, dirigés à travers un courant ou un aimant, semblablement aux courants moléculaires dans l'aimant, sont engendrés et engendrent également par la force centrifuge des compressions et des raréfactions dans la direction axiale et équatoriale. Ils admettent, en outre, un temps de propagation pour les communications du mouvement de ces tourbillons. Ils supposent des particules intermédiaires entre les tourbillons dont la poussée peut amener la formation d'un courant, et enfin l'identité de l'éther électrique tourbillonnant et de l'éther lumineux.

6° Hankel admet les tourbillons qui se développent tangentiellement par rapport à une surface statiquement électrisée, normalement par rapport à la direction du courant galvanique et se propageant de même normalement à leurs plans.

THÉORIE. *Magnétisme.* — 1° Euler admettait des courants d'un fluide magnétique à travers l'aimant et dans l'espace.

2° On a adopté ensuite deux fluides séparés d'une manière permanente dans une direction déterminée et pouvant être dirigés, en même temps que les molécules, par les forces extérieures magnétisantes.

3° On a admis aussi des courants moléculaires engendrés, par suite de l'influence de forces magnétisantes, dans les molécules des corps magnétiques dans des plans perpendiculaires à la direction des forces, dont l'intensité reste constante pendant la durée de l'action des forces, s'approche, en croissant, d'un maximum, et dure, en s'affaiblissant, après la cessation de leur influence.

Théorie de M. Hughes. — La théorie du magnétisme de M. Hughes peut se résumer de la manière suivante :

1° Chaque molécule d'un corps magnétique, soit fer, acier ou tout autre métal magnétique, est un aimant isolé et indépendant, ayant ses deux pôles et une distribution magnétique exactement la même que celle du corps considéré dans sa masse; par conséquent, on peut s'en faire une idée exacte en étudiant celle d'un aimant d'acier.

2° Les polarités de chaque molécule peuvent tourner dans un sens ou dans un autre sur leur axe, sous l'influence de la torsion, de l'étirement ou d'actions physiques, telles que celles du magnétisme et de l'électricité.

3° Le magnétisme inhérent à chaque molécule, ainsi que les polarités qui en résultent, est une action de valeur constante comme la pesanteur et ne peut être ni accru, ni détruit.

4° Quand extérieurement les corps magnétiques ne présentent

aucun magnétisme apparent, les molécules ont leurs polarités tellement combinées, par suite de leurs réactions mutuelles, qu'elles se trouvent neutralisées les unes par les autres, et cette combinaison s'effectuant d'après les lois des attractions magnétiques, en suivant la ligne la plus directe, elles constituent des circuits complets maintenus par les forces attractives.

5° Quand le magnétisme se manifeste sur les corps magnétiques, les polarités moléculaires sont toutes en relation suivant une direction donnée qui détermine un pôle nord, si le mouvement giratoire s'effectue en regard de la pièce magnétique, ou un pôle sud, si ce mouvement est en sens contraire. Il se produit en même temps des arrangements symétriques moléculaires formant des cercles d'attraction incomplets, qui ne se complètent que quand une armature extérieure réunit les deux pôles du système.

Diamagnétisme. — On a supposé des courants moléculaires induits dans les molécules des corps par des forces extérieures magnétisantes dans des directions déterminées, opposés aux courants moléculaires magnétiques et persistant, pendant la durée de la force magnétisante, avec une intensité proportionnelle à cette dernière.

THÉORIE chimique de la pile. (Voir *Chimique.*)

THERMOAVERTISSEUR (mot hybride : θερμός chaud, avertisseur) (***Wärmeanzeiger*** — **Warm indicator**). M. Tommasi a inventé un petit appareil destiné à avertir, par un signal optique et un signal acoustique, de l'échauffement excessif du circuit d'une machine dynamoélectrique. Ce petit appareil est formé d'un double circuit ouvert, en temps ordinaire, par une masse de paraffine contre laquelle s'appuie un fil; mais, par suite de l'échauffement du circuit principal, le fil, qui est en contact avec ce dernier et qui s'appuie sur la paraffine, fait fondre cette substance, vient toucher le fond d'un godet poussé par un ressort et ferme ainsi d'une part une dérivation de la machine à travers une lampe à incandescence, et d'autre part le circuit d'une sonnerie commandé par une pile.

THERMOÉLECTRICITÉ (θερμός chaud, électricité) (***Thermoelektricität*** — **Thermoelectricity**). Électricité découverte, en 1822, par Seebeck[1] et provenant de la transformation d'un courant calorifique en courant électrique, en un point où la propagation sous forme de chaleur est gênée.

THERMOÉLECTRIQUE. (Même racine.) (Voir *Pile, Courant* et *Pouvoir.*)

THERMOMÈTRE électrique à air (***Luftthermometer, Galvanothermometer, Elektrisches Thermometer*** — **Electrothermometer**). Appareil dans lequel l'air enfermé dans un tube est

1. Cette branche d'électricité a été étudiée principalement par Peltier, Becquerel, Clausius, Thomson et Gaugain. — *Journal de physique*, t. XI, p. 229, 306. — BECQUEREL et EDM. BECQUEREL, *Traité d'électricité et de magnétisme*, t. I, p. 153.

échauffé par une étincelle électrique et se dilate en poussant un petit indicateur.

THERMOMÈTRE de Kinnersley (*Kinnersley'scher Luftthermometer* — **Kinnersley's Electrothermometer**). Même principe que le précédent.

THERMOMÈTRE électrique (*Elektrisches Thermometer* — **Electric thermometer**). Instrument dû à Becquerel et constitué par un appareil thermoélectrique dont le courant est accusé par un galvanomètre. C'est au moyen de cet appareil que Becquerel a fait de nombreuses recherches sur la température du sol à différentes profondeurs.

THERMOMÉTROGRAPHE électrique (θερμός chaleur, μέτρον mesure, γράφω j'inscris). Appareil destiné à enregistrer, à distance, la température au moyen d'une transmission électrique. (Voir Du Moncel, *Applications de l'électricité*, t. IV.)

THERMOPHONE[1] (θερμός chaud, φωνή voix) (Wiesendanger, Preece) *Thermophon* — **Thermophone**). Appareil destiné à démontrer la production du son par la chaleur ou plutôt par l'action moléculaire du courant.

THERMOPHONIE (Même racine) (*Thermophonie* — **Thermophony**). Étude des phénomènes observés dans le thermophone.

THERMORHÉOMÈTRE (θερμός chaud, ῥέω couler, μέτρον mesure) (Riess, Jamin, Marié Davy) (*Thermorheometer* — **Thermorheometer**). Appareil destiné à mesurer la quantité de chaleur développée dans un circuit.

THOMSON. Effet Thomson[2] (*Thomson'sche Wirkung* — **Thomson effect**). Phénomène opposé à l'effet Peltier. Un courant passant dans une masse de fer d'une région plus chaude vers un point plus froid, à travers des points dont le potentiel s'élève progressivement, refroidit le fer. Au contraire, en passant du fer froid au fer chaud, il échauffe le fer spécialement dans la région chaude. Donc du fer chaud est négatif par rapport à du fer plus froid. Ces effets sont inverses dans le cuivre, car le cuivre chaud est positif par rapport au cuivre plus froid.

TIGE à scellement (*Mauerbügel* — **Bracket, Wall sealing bracket**). Tige que l'on fixe à une maçonnerie au moyen d'un scellement convenable pour servir de point d'appui à un poteiet télégraphique.

TIGE de paratonnerre (*Auffangestange, Fangstange* — **Lightning stem, Lightning conductors' rod ou stalk**). Tige qui surmonte un édifice, porte la pointe de platine et est en communication avec la terre par la chaîne.

TIMBRE-DÉPÊCHE[3] (*Depeschenfreimarke, Telegraphenfreimarke* — **Telegraph stamp**). Moyen d'affranchissement des dépêches, adopté dans quelques pays.

---

1. *Lumière électrique*, 1880, t. II, p. 266, 335.

2. *Philosophical Transactions*, 1816, p. 649. — *Annales de chimie et de physique*, 3e série, t. LIV, p. 105.

3. *Journal télégraphique du bureau international*, 1869, 1870, 1871.

TOMBEAU de Mahomet[1] (*Goldener Fisch* — **Mahomet's tomb, Franclin's golden fish**). Expérience qui consiste à faire tenir un corps léger en équilibre, au milieu de l'atmosphère, sous l'influence des attractions et répulsions combinées d'un corps électrisé. Riess explique ce phénomène au moyen du vent électrique qui, s'échappant de deux pointes du corps oblong, produit deux répulsions opposées se faisant équilibre entre elles et au poids du corps. Gaugain a donné une explication basée sur la modification de la distribution et de la grandeur des charges opposées.

TORPILLE[2] (*Zitterroche* — **Torpedo**). (Matteucci, Linari). La torpille, mentionnée déjà par les anciens, et dont on connaît quatre espèces, se trouve dans la Méditerranée et l'Atlantique, elle est pourvue, sur les deux côtés du derrière de la tête, d'un appareil électrique formé de tubes aponévrotiques, composé de 800 à 1,000 cellules polygonales, où aboutissent quatre larges faisceaux de nerfs. Les cellules sont remplies d'une substance demi-fluide, composée de gélatine et d'albumine. La partie inférieure du corps représente le pôle négatif, la partie supérieure le pôle positif. C'est sur la torpille *Raja torpedo* que John Walsh étudia pour la première fois, en 1772, les décharges électriques des poissons. Il est assez remarquable que le nom arabe signifiant *torpille* — *ra-ad* — signifie également *éclair*.

TORSADE (*Zusammendrehen, Bund* — **Twisted joint**). Système de joints de deux fils que l'on tord l'un sur l'autre. (Voir *Joint*.)

TORSADE provisoire (*Nothbund* — **Temporary joint**). Joint que l'on opère en cas de nécessité et du manque des outils spéciaux.

TORSION. (Voir *Angle*, *Essai*, *Galvanomètre* et *Balance*.)

TOUCHE simple (*Einfacher Strich* — **Single touch**). Opération qui consiste à aimanter un barreau d'acier en le faisant glisser suivant sa longueur contre un aimant puissant.

TOUCHE séparée (Knight (17[illegible]), Duhamel) (*Getrennter Strich, Doppelstrich mit getrennten Magneten* — **Separated touch**). Pour opérer l'aimantation par ce système, on place le barreau d'acier de manière que ses extrémités reposent sur deux aimants dont les pôles sont opposés; on dispose ensuite, au milieu du barreau, deux aimants à pôles opposés et inclinés de 25° à 30°. On les fait glisser chacun séparément jusqu'aux extrémités, pour les reporter au point de départ et continuer de la même manière l'opération.

TOUCHE. Double touche (Mitchell, Aepinus) (*Doppelstrich mit*

---

1. *Les Mondes*, 31 août 1865, p. 750.

2. *Comptes rendus de l'Académie des Sciences*, 1871, 9 et 16 octobre. — *Philosophical Magazine*, 1861, 2e sem., p. 68; — 1865, 2e sem., p. 453. — *Archives de l'électricité*, 1841, p. 571.— *Annales de chimie et de physique*, 2e sem., t. LXVI, p. 396. — *Sitzungsberichte der K. Pr. Akademie der Wissenschaften zu Berlin*, 1884, p. 181.

vereinten Magneten — **Double touch**). Comme dans la méthode de Duhamel, les pôles contraires des aimants sont placés sur le barreau, mais ils sont séparés par un morceau de bois ; on les promène d'un bout à l'autre de l'aimant et on termine la course au milieu.

TOUCHE circulaire[1] (Moser) (*Kreissstrich* — **Circular touch**). Méthode d'aimantation en promenant les pôles en cercle ou en zigzag sur des plaques larges, ou encore en aimantant des plaques en fer à cheval portant leur armature, en les frottant avec des aimants, sans interruption d'un point à un autre.

TOURBILLONS. Théorie électromagnétique des tourbillons (de Hankel) (*Elektromagnetische Wirbeltheorie* — **Electromagnetic theory of the vortices**). (Voir *Théorie.*)

TOURMALINE (*Turmalin* — **Tourmalin**). Minéral apporté de l'île de Ceylan, par les Hollandais, et sur lequel Lemery, en 1717, Aepinus et Canton reconnurent des propriétés électriques, lorsqu'on modifie sa température.

TOURNÉE d'un surveillant des télégraphes (*Streckenbegehung* — **Tour of a surveying linemann**). Service d'un surveillant ou étendue de ligne à surveiller.

TOURNIQUET électrique[2] (*Flugrad, Elektrisches Reactionsrad, Haspel, Elektrische Sichel* — **Electric reaction mill, Electric whirl, Electrical fly**). Appareil électrique à réaction, inventé par Hamilton, en 1760, analogue au tourniquet hydraulique. Dans cet instrument, le mouvement est produit par la répulsion des particules d'air électrisées sur des pointes montées perpendiculairement aux rayons d'une roue légère et mobile. Ces rayons ont la même espèce d'électricité que celle de l'air au contact et se déplacent sous l'influence de cette répulsion.

TOURS morts (*Todte Touren* — **Dead turns**). Lorsqu'une machine dynamoélectrique est mise en mouvement avec un circuit extérieur déterminé, on n'observe d'abord pas de courant sensible et ce n'est qu'à partir d'une certaine vitesse que le courant normal apparaît. La vitesse limite qui précède l'apparition du courant a été désignée par Clausius sous le nom de *tours morts*, c'est le nombre de tours qui n'est pas évalué au point de vue électrique et fait différer les résultats du calcul des résultats fournis par l'expérience. (*Electrician*, v. XVII, p. 175). Les « tours morts » sont parfois désignés par l'expression de « vitesse critique ».

TRADUCTEUR Baudot (*Kombinator* — *Combinator*). Le traducteur est l'organe qui, après avoir recueilli, dans l'appareil

---

1. Moser, *Dove Repert*, t. II, p. 141.

2. Bichat, *Journal de physique*, t. VII, p. 262. — *Philosophical Magazine*, 1864, 1er sem., p. 202. — Poggendorff, *Geschichte der Physik*, p. 846, et Hoppe, *Geschichte der Elektricität*, p. 14. — Poggendorff attribue à Gordon l'invention du tourniquet (Voir, à ce sujet, *Philosophical Transactions abridged*, t. XI, p. 504, 1760). — *Philosophical Transactions*, t. LI, p. 905 ; LIII, p. 86. — Priestley, *History of electricity*, t. II, p. 429. — Wiedemann, *Die Lehre von der Elektricität*, t. IV, p. 624.

Baudot, les divers éléments du signal conventionnel, les dirige, suivant le cas, sous la forme de leviers ou goujons dans l'une ou l'autre des deux voies (dites *de travail* ou *de repos*), faisant partie d'un système mobile autour d'un axe et animé de la même vitesse que la roue des types. On rencontre, dans ces voies, des creux et des reliefs, les reliefs de l'une correspondant aux creux de l'autre. Ces creux et reliefs sont en outre disposés de telle sorte que, dans un tour, les leviers ou goujons ne se trouvent qu'une fois *simultanément* au-dessus de creux en un point différent pour chaque combinaison. A ce moment, un léger mouvement de bascule se communique au doigt d'arrêt de la came d'impression qui vient alors s'engager entre deux dents de la roue d'impression, entraînant, dans son mouvement, le bras imprimeur qui presse la bande de papier contre le type correspondant au signal conventionnel représenté par les leviers ou goujons.

TRANSFORMATEUR [1] (*Transformator* — **Transformer**). On appelle transformateurs des appareils qui permettent de changer les qualités ou la nature des courants fournis par une distribution pour les approprier aux exigences des récepteurs qu'ils doivent actionner. Ainsi l'accumulateur de M. Planté, la bobine de Ruhmkorff et les générateurs secondaires de MM. Gaulard et Gibbs (Voir cette expression) sont des transformateurs. Par exemple, dans une distribution, les transformateurs permettront de modifier selon le cas l'un ou l'autre des facteurs de l'énergie E et I.

TRANSFORMATEURS de MM. Zipernowsky, Deri et Blathy [2]. Ces transformateurs, qui ont de l'analogie avec les générateurs secondaires de MM. Gaulard et Gibbs, se composent de bobines d'induction d'une construction spéciale (les fils inducteur et induit sont au milieu d'un noyau de fil de fer les enveloppant entièrement), montées en dérivation sur un circuit à haut potentiel et maintenant aux bornes de dérivation une différence de potentiel constante. Pour y arriver, on emploie dans le circuit qui excite les électroaimants de la dynamo, un générateur d'électricité dont le courant s'ajoute au courant excitateur. Cette seconde force électromotrice n'est pas constante, elle dépend du courant principal et est autant que possible proportionnelle à ce dernier. On peut, en couplant d'une manière convenable les bobines induites, obtenir le courant nécessaire pour la distribution demandée.

TRANSITION. Point de transition. (Voir *Point d'inflexion.*)

TRANSLATEUR (*Translator, Uebersetzer* — **Translator**). Appareil ne différant du relais que parce que le courant, qui se substitue, à la suite du mouvement de la palette de l'appareil et des contacts qu'il produit, au courant d'arrivée, provient toujours d'une pile de ligne, au lieu d'être une pile locale. Le courant de cette pile de ligne sert à reproduire à la station

---

1. Hospitalier, *Principales applications de l'électricité.*
2. *Nature*, 13e année. — *Journal télégraphique*, 1885.

suivante les signaux reçus dans le translateur du poste considéré. (Voir *Relais.*)

TRANSLATEUR de câble (*Switch, Kabeltranslator* — **Cable translator**). Système spécial dû à Varley.

TRANSLATION[1] (*Translation* — **Translation**). Installation de deux appareils télégraphiques Morse, de manière qu'une transmission venant d'un point éloigné et arrivant dans une station, s'inscrive et provoque automatiquement l'envoi à la station suivante, de signaux identiques à ceux reçus. Pour cela, une pile est mise en communication avec la vis réglant l'amplitude de la course de la palette, qui vient ainsi se mettre en communication avec cette pile, à chaque attraction et pendant tout le temps de l'attraction. La palette est en outre reliée à la masse de l'appareil et à la ligne, tandis que la vis de repos, contre laquelle s'appuie la palette en temps ordinaire, est isolée de l'appareil et reliée aux bobines de l'appareil voisin par l'intermédiaire du contact de réception du manipulateur.

TRANSLATION[2] **d'un courant continu sur une ligne à courant de transmission** (*Uebertragung zwischen Arbeits- und Ruhestrom* — **Translation between a wire with closed system and an ordinary wire**). Mode de transmission employé en Allemagne.

TRANSLATION. Position de translation (*Translationsstellung, Uebertragungsstellung* — **Position on translation**).

TRANSMETTRE une dépêche (*Eine Depesche abgeben, befördern, abtelegraphiren* — **To transmit** ou **To signal a message**). Transmettre, sur une ligne télégraphique, des signaux soit conventionnels, soit en caractères ordinaires d'imprimerie ou autres et reproduisant les lettres, les mots d'une dépêche.

TRANSMETTRE deux dépêches dans le même sens (*Doppelsprechen* — **To transmit two messages along a single line in the same direction at the same time**). (Voir *Diplex.*)

TRANSMETTRE deux dépêches en sens contraire (*Gegensprechen* — **To signal two messages in opposite direction along the same wire at the same time**). (Voir *Duplex.*)

TRANSMETTRE en dérivation (*Zweigsprechen* — **To transmit** ou **To signal in derived circuit**). (Voir *Transmission.*)

TRANSMISSION (*Beförderung* — **Transmission, Signalling**). Action d'envoyer des signaux électriques sur une ligne télégraphique.

TRANSMISSION en direct (*Durchsprechen* — **Direct transmission**). Envoi de signaux à travers les stations d'une ligne télégraphique mises hors du circuit au commutateur, ces signaux étant destinés à la station extrême.

---

1. *Annales télégraphiques*, 1865, p. 577. — Boussac, *Précis de télégraphie*, p. 381.

2. Ludewig, *Der Reichstelegraphist*, p. 127.

TRANSMISSION en dérivation (*Zweigsprechen* — **Derived transmission**). Mode de transmission dans lequel un fil de dérivation est ménagé sur une ligne principale et aboutit à une station qu'il dessert; grâce à un système de compensation, au moyen de résistances, sur le circuit dérivé, on peut transmettre simultanément à plusieurs postes sur le fil dérivé et sur le fil principal.

TRANSMISSION de deux dépêches dans le même sens (*Doppelsprechen* — **Transmission of two messages in the same direction**). (Voir *Diplex.*)

TRANSMISSION de deux dépêches en sens contraire (*Gegensprechen* — **Transmission of two messages in opposite direction**). (Voir *Méthode.*)

TRANSMISSION télégraphique sans conducteur[1] (*Telegraphirung ohne Draht* — **Telegraphing without conductor**). Lorsqu'on met les deux pôles d'une pile à la terre et qu'on relie également à la terre les deux extrémités du fil d'un galvanomètre, ce dernier accuse toutes les modifications que l'on fait subir au courant de la pile, soit comme interruption, soit comme direction ou intensité. Depuis 1842, des expériences ont été faites (Morse, Gal, Vail, Rogers, Lindsay, Bourbouze) en vue de substituer la terre aux fils du circuit télégraphique et obtenir des transmissions sans fil. Les derniers essais ont été tentés par M. Preece en 1882. Pour réussir dans ces expériences, il importe toujours d'écarter considérablement de la pile les plaques conductrices. Les résultats de ces expériences ont été relativement peu satisfaisants.

TRANSPORT des électrolytes aux pôles[2] (*Wanderung der Elektrolyte* — **Migration of the ions to the poles**). Il y a deux espèces de transport aux pôles : le transport par déplacement mécanique du liquide vers le pôle positif, et le transport des parties acides au pôle positif et des bases au pôle négatif. C'est le dernier qui est ici envisagé.

TRANSPORT de la force. (Voir *Force, Transport de la force.*)

TRAVAIL électrique[3] (*Elektrische Arbeit* — **Electric work**). Pour transporter une unité de quantité d'électricité d'un point au potentiel zéro à un autre point, en dehors d'une surface équipotentielle ayant le potentiel V, la dépense de travail est $V - v^0$ ou V. Quelle que soit la trajectoire suivie par l'unité de quantité, pour passer d'une surface équipotentielle zéro à une surface ayant le potentiel V, le travail sera toujours $V - v^0$. Le travail peut donc s'exprimer par une différence de potentiel, comme l'indique la définition du potentiel. Si au lieu d'une unité de quantité, nous avions Q unités, le travail serait QV (Voir *Énergie pour évaluation du travail total*), d'où la formule

---

1. *Lumière électrique*, t. I, p. 81 ; t. VII, p. 309.

2. De la Rive, *Traité d'électricité*, t. II, III, 733, 373.

3. Gordon, *Traité d'électricité et de magnétisme*, t. I, p. 520. — (Traduction de MM. Raynaud et Seligman-Lui). Note de M. Raynaud.—Maxwell, *Traité d'électricité*.

$T=QV$. Mais si, dans cette formule, nous remplaçons Q et V par leurs valeurs tirées des formules de Ohm (V, différence de potentiel ou autrement dit force électromotrice $E=IR$) et de Faraday ($Q=It$), nous arrivons à une autre expression du travail $T=EIt$ et aussi $T=I^2Rt$ qui n'est que la loi de Joule.

On représente le travail électrique par le diagramme de Watt, dans lequel on porte, comme abscisses, les charges successives communiquées à un conducteur et, comme ordonnées, les potentiels correspondants. Le travail est alors la surface comprise entre la courbe réunissant les sommets des ordonnées, les ordonnées et la ligne des abscisses.

Nous ferons observer que le travail qui est égal à QV ou QE n'est plus égal qu'à 1/2 QE, lorsque l'on envisage une décharge entre deux corps d'égale capacité chargés à des potentiels égaux et de signes contraires, car les potentiels étant égaux et de signes contraires, on a $V=\frac{E}{2}$, donc le travail de la décharge est 1/2 QE. Le travail n'est QE que si l'on maintient constante la différence de potentiel, et si l'on n'a pas à faire intervenir une moyenne entre E et *o*, c'est-à-dire $\frac{E}{2}$.

Le travail électrique EI, exprimé en unités mécaniques, en kilogrammètres, devient $\frac{EI}{9{,}81}$, 9,81 étant l'accélération de la pesanteur. En chevaux-vapeur, ce même travail serait donné par la formule $\frac{EI}{9{,}81\times 75}$. Le travail calorifique serait $\frac{EI}{9{,}81}\times 425$, 425 étant l'équivalent mécanique de la chaleur. Le terme 9,81 intervient dans la première formule, parce qu'en mécanique, on substitue, à la considération des poids, celle des masses $P=mg=m\times 9{,}81$, d'où $m\,\frac{P}{9{,}81}$.

TRAVAIL utile (*Nutzarbeit* — **Duty, Effective power**). Le travail utile d'un moteur électrique est égal au produit de l'intensité par la force contre-électromotrice de ce moteur. Ce travail est maximum lorsque la force contre-électromotrice est égale à la moitié de la force électromotrice du générateur ou lorsque l'intensité du courant existant, lorsque la réceptrice est mise en mouvement, est égale à la moitié de l'intensité du courant obtenu lorsqu'elle est au repos.

TREMBLEUR (*Selbstunterbrecher* — **Trembler, Trembling Bell**). Appareil appelé de noms divers, tels que marteau de Hammer (Voir ce mot), de Neef, interrupteur à marteau, etc., servant à interrompre automatiquement le courant et à le rétablir; il serait difficile de déterminer nettement à qui revient le mérite de cette invention féconde en applications. On l'attribue généralement à De la Rive jeune.

TRICHIURUS electricus (*Elektrischer Kiemfisch* — **Trichiurus electricus**). Poisson électrique.

TROMBE[1] (*Wasserhosen* (d'eau), *Sandhosen, Sandwirbel* (de sable) — **Water spout**). Déplacement d'une masse d'air (ou d'eau) animée d'un mouvement giratoire et qui a été rapporté à une cause électrique. (Voir *Orage*.)

TROUVER. Impossibilité de trouver le destinataire d'une dépêche télégraphique (*Unauffindbarkeit* — **Impossibility to find the addressee**).

TUBE de Geissler (*Geissler'sche Röhre* — **Geissler tube**). — Tube de verre de formes diverses employé pour y étudier les décharges dans l'air ou les gaz raréfiés.

TUBE à entonnoirs (Holtz) (*Holtz'sche Röhre mit trichterförmigen Glaseinsätzen* — **Holtz tube**). (Voir *Tube de Holtz*.)

TUBE à soupapes (Poggendorff) (*Ventilröhre* — **Tube plug**). Appareil formé d'un tube rempli d'hydrogène très raréfié, portant, comme électrodes à l'une de ses extrémités un fil épais et à l'autre un large disque ; on se sert de ce tube ayant quelque rapport avec l'œuf-soupape de Gaugain, pour étudier les différentes formes de décharge.

TUBE ozoniseur (Siemens, Hittorf, Houzeau) (*Ozonröhre* — **Ozonising tube**). Tube dans lequel on produit l'ozone.

TUBE étincelant (*Blitzröhre* — **Spangled tube**). Tube sur la surface extérieure duquel on a collé une série de morceaux de papier conducteur entre lesquels éclate une étincelle d'une décharge se propageant de l'une des extrémités à l'autre.

TUBE de force ou d'induction (*Kraftröhre* — **Tube of force**). Expression employée par Faraday pour signifier une surface tubulaire formée par une série de lignes de force et par les deux portions de surface correspondantes positives et négatives, découpées sur les surfaces auxquelles elles aboutissent. Maxwell préfère l'appellation de « tube d'induction ». La section d'un tube de force augmente, lorsque les lignes de force divergent les unes des autres, et diminue lorsqu'elles convergent. La force résultante sur une unité de quantité électrique, placée dans un tube de force, varie inversement comme la section du tube.

TUBE-unité d'induction. En divisant une surface électrisée positivement en parties, dont l'électrisation est égale à l'unité, et en traçant les tubes de force (Voir précédemment) correspondants, on a une série de tubes appelés tubes-unités.

TUBE de Holtz (*Holtz'sche Röhre* — **Holtz tube**). Tubes divisés en compartiments, par des cloisons de verre en forme d'entonnoirs, ayant leur bec tourné du même côté. Ces tubes ont la propriété de laisser passer plus facilement les courants qui entrent par les becs que ceux qui entrent par la base.

TUYAUX. Tuyaux articulés (*Gliederröhre* — **Articulated pipes**). Tuyaux raccordés les uns aux autres dans les lignes télégraphiques souterraines.

---

1. V. Peltier, *Traité des Trombes*.

TUYAU coudé (*Knierohr* — **Bended tube** ou **pipe**). Tuyau à angles dans les lignes souterraines.

TYPES. (Voir *Roue des types.*)

U

UDOGRAPHE électrique (*Elektrischer Regenschreiber* — **Electric udograph**). (ὕδωρ eau, γράφω j'inscris). Appareil enregistreur dans lequel le mouvement d'un récipient, formant bascule sous l'influence du poids de l'eau, se traduit au moyen d'une transmission électrique par des indications fournissant des données sur la quantité d'eau tombée et le temps pendant lequel elle est tombée. (Du Moncel, *Applications de l'électricité*, t. IV. — Gerland, *Die Anwendung der Elektricität bei registrirenden Apparaten.*)

UDOMÉTROGRAPHE électrique. (S. *Udographe électrique.*)

UNIDROME (mot hybride : *unus*, un, δρόμος course). Expression admise avec dessein par Nicklès, dans la classification des électroaimants à disques[1] et signifiant « à un seul disque ».

UNIPOLAIRE[2] (*Unipolar* — **Unipolar**). Ce qui concerne les propriétés spécifiques d'un seul pôle.

UNIPOLAIRE. Induction unipolaire (*Unipolare Induction* — **Unipolar induction**). Nom donné par Faraday à la cause de production d'un courant induit dans une expérience où un aimant était mis en mouvement autour de son axe et manifestait un courant recueilli, d'une part au moyen d'une rondelle métallique montée sur le milieu de l'aimant et plongeant dans un godet de mercure, et d'autre part d'un frottoir sur l'extrémité de l'aimant.

UNIPOLAIRE. Machine unipolaire (*Unipolare Maschine* — **Unipolar machine.** (Faraday, Varley, Floyd Delafield, Ferrari, Siemens Halske). Machine improprement nommée *unipolaire*, dans laquelle les courants sont engendrés par le déplacement d'une surface de cuivre entre *deux* pôles opposés, cette surface coupant ainsi les lignes de force. Le terme de machine unipolaire provient de l'induction nommée unipolaire.

UNIPOLARITÉ[2] (Erman 1802) (*Unipolarität* — **Unipolarity**). Propriété d'une flamme, en communication avec le sol, de ne faire perdre sa tension qu'à l'un des pôles d'une pile dont les deux

1. Nicklès. *Les Électroaimants et l'adhérence magnétique*, 1860.

2 *Annales de physique et de chimie*, 1860, p. 481. — Becquerel et Edm. Becquerel, *Traité d'électricité et de magnétisme*, t. I, p. 290.

électrodes sont plongés dans la flamme. Ohm a expliqué ce phénomène par le dépôt de substances isolantes sur l'une ou sur l'autre électrode, suivant la nature des flammes.

UNITÉ (*Eineit* — **Unit**). L'unité étant un terme de comparaison pour toutes les quantités de même espèce, il importe, pour ne pas avoir à créer un nombre indéfini d'unités dont la détermination pratique *a priori* est toujours difficile, de connaître exactement les relations entre les unités à exprimer et les unités dont on a déterminé les unités fondamentales d'une manière précise, par exemple le temps, la longueur et la masse. Les mêmes considérations ont prévalu en électricité et on a cherché à rattacher les unités des grandeurs électriques connues, Intensité, Force électromotrice, Résistance, Capacité, Quantité, aux unités mécaniques ci-dessus. Dans ce système qu'on a appelé improprement absolu, on emploie l'unité de masse plutôt que l'unité de poids, attendu que la masse, dans tous les lieux de la terre, est la même et égale à $\frac{p}{g}$, tandis que le poids varie avec la latitude. Le système absolu, primitivement proposé par Gauss, adoptait pour unités fondamentales le millimètre, la masse d'un milligramme et la seconde, mais ces bases fondamentales furent modifiées par la commission de l'Association britannique, chargée du rapport sur les unités électriques (Voir *Unité de l'Association britannique*). Les rapports de grandeur des unités électriques dérivées avec les unités mécaniques fondamentales peuvent être établis au moyen de la loi de Coulomb (*Unités électrostatiques*) ou de la loi d'Ampère (*Unités électromagnétiques.*)

UNITÉ[1] **Unité absolue** (*Absolute Einheit* — **Absolute unit**). Expression employée par Gauss, en 1832, et indiquant simplement un système basé sur l'emploi des trois quantités fondamentales, *longueur, masse, temps*, dont la notion est admise comme un axiome ; ce système est aussi indépendant de toute autre quantité. Le système de Gauss adoptait pour unités fondamentales le millimètre, le milligramme et la seconde.

UNITÉ fondamentale[1] (*Grundeinheit* — **Fundamental unit**). Unités mécaniques de temps, de longueur et de masse, au moyen desquelles on peut exprimer les diverses quantités de la mécanique, de la physique, de l'électricité.

UNITÉ dérivée[1] (*Abgeleitete Einheit* — **Derived unit**). Expression donnant la mesure d'une quantité, à l'aide d'unités définies par leurs relations avec d'autres unités acceptées comme fondamentales.

UNITÉ électrostatique[1] (*Elektrostatische Einheit* — **Electrostatic unit**). Système d'unités basé sur la force déterminée par la répulsion de deux quantités d'électricité. Ce système,

1. Blavier, *Grandeurs électriques.* — Schentjes, *Les Grandeurs électriques et leurs unités.* — *Conférence pour la détermination des unités électriques, Procès-verbaux* et p. 76 *pour la bibliographie.*

moins artificiel que le système électromagnétique, exige cependant des mesures trop délicates pour des étalons. Ainsi l'unité électrostatique d'électricité est cette quantité d'électricité positive qui, lorsqu'elle est placée à l'unité de distance d'une quantité égale, la repousse avec l'unité de force. Le système électrostatique se base sur la loi de Coulomb. L'unité électrostatique d'électricité a pour dimensions $[L^{\frac{3}{2}} T^{-1} M^{\frac{1}{2}}]$.

UNITÉ électromagnétique[1] (***Elektromagnetische Einheit*** — **Electromagnetic unit**). Système d'unités basé sur la force exercée par un élément de courant sur un pôle magnétique (Loi d'Ampère) et adopté par le Congrès des Electriciens (1881).

UNITÉ de l'Association britannique (B. A.)[1] (***Einheit der britischen Association*** — **Unit of the British Association**). Ce système absolu repose, comme celui de Gauss, sur ce principe que les phénomènes mécaniques sont le trait d'union de toutes les sciences physiques et fait dériver les unités électriques des trois quantités fondamentales de la mécanique, *longueur* (centimètre), *masse* (gramme), *temps* (seconde). On modifia ainsi les limites fondamentales du système absolu de Gauss parce que, dans le système C. G. S. un gramme d'eau a un volume égal à un centimètre cube et la densité de l'eau est égale à l'unité.

UNITÉ pratique[1] (***Praktische Einheit*** — **Practical units**). Le système de l'Association britannique ayant l'inconvénient de donner lieu, dans la pratique, à des unités soit trop grandes, soit trop petites, on a admis aussi un système dit *pratique* dérivant, non pas des unités fondamentales (centimètre, gramme, seconde), mais des unités égales à 1/4 du méridien terrestre, à 10^{-11} gramme et à la seconde. (Voir *Ohm.*)

UNITÉ Siemens[1] (***Queksilbereinheit*** — **Siemens unit**). (Voir *Ohm.*) M. Siemens utilisa, en 1860, l'unité de résistance proposée antérieurement par Pouillet et Jacobi, et adoptée, en 1846, par M. Marié Davy ; elle consiste dans une colonne de mercure de 1^m de longueur et de 1^{mm} carré de section à 0°. cent. L'emploi du mercure a prévalu pour l'unité de résistance, à cause de la facilité d'obtenir le métal chimiquement pur et de son état liquide à la température ordinaire qui le met à l'abri des changements de texture résultant, pour les fils métalliques, des opérations mécaniques auxquelles ils ont été soumis. L'unité Siemens est égale à 0,94 ohm.

UNITÉ électrolytique[2] (***Elektrolytische Einheit*** — **Electrolytic unit**). On a adopté, pour mesurer l'intensité des courants cons-

1. BLAVIER, *Des Grandeurs électriques et de leur mesure en unités absolues.* — MARIE DAVY, *Recherches théoriques et expérimentales sur l'électricité considérée au point de vue mécanique*, p. 38 (2me mémoire). — FLEEMING JENKIN, *Report on electrical standards.*

2. HOSPITALIER, *Formulaire de l'électricien*, p. 13.

tants, le quotient de la quantité d'un électrolyte décomposé par le temps que cette opération a exigé $\left(I = \frac{Q}{t}\right)$. Ainsi Jacobi avait pris, pour unité d'intensité, celle d'un courant qui, en traversant de l'eau acidulée, dégage, pendant une minute, un centimètre cube de mélange oxygène et hydrogène à 0° et à la pression 0,760. L'unité Jacobi est égale à 0,0961 Ampère. En Allemagne, on emploie, comme unité, l'intensité de courant dit *atomique* qui, en traversant un voltamètre à eau acidulée pendant vingt-quatre heures, dégage 1 gramme d'oxygène. On prend la millième partie de cette unité (M. A) pour les usages télégraphiques. L'unité d'intensité atomique est égale à 1,111 Ampère.

V

VALATA (S. *Balata*) (***Valata* — Valata**)[1]. Suc du *Bullet tree Sapota Mulleri ;* ses propriétés isolantes ont permis à M. Holmes d'essayer de le substituer à la gutta-percha. La capacité inductive spécifique du Valata est 2,4849.

VAN MARUM (Martin). Directeur de la section historique du musée Teyler, né le 20 mars 1750, à Groningue, et mort, le 26 décembre 1837, à Harlem. Il a étudié, en 1785, les effets d'une grande machine électrique et publié différentes études dans le *Journal de physique* (1787, 1789, 1791). Il a fait aussi quelques expériences sur la fusion des métaux par les décharges électriques.

VAN RYSSELBERGHE[2]. **Système de Van Rysselberghe** (***System von Van Rysselberghe zum gleichzeitigen Telephoniren und Telegraphiren auf demselben Drahte* — Van Rysselberghe's system of simultaneous telephony and telegraphy through the same wire**). M. Van Rysselberghe a réussi à annuler les effets de l'induction dans les fils téléphoniques, et à rendre les transmissions télégraphiques et téléphoniques simultanées indépendantes par un même fil. Pour cela, il s'appuie sur ce fait que les émissions et les extinctions des courants télégraphiques, étant rendues moins brusques, ne sont plus perceptibles au téléphone. Pour arriver à ce résultat, il emploie, dans le circuit, de petits électroaimants appelés *graduateurs*, ou en dérivation des condensateurs, ou enfin une combinaison de ces deux méthodes. Ces condensateurs ou graduateurs

1. *Electrician*, 18 mars 1881.
2. Ch. Mourlon. *Télégraphie et téléphonie simultanées par le même fil.*

agissent comme réservoirs d'électricité, absorbent, au début, une quantité d'électricité qu'ils restituent, lors de la rupture du circuit, en compensant les effets des courants d'induction qui naissent au même moment. L'indépendance des deux services est d'ailleurs assurée par la disposition en dérivation des condensateurs qui ne sont pas impressionnés d'une manière utile par les courants télégraphiques, alors qu'ils sont sensibles aux courants faibles téléphoniques ondulatoires.

VARIABLE. État variable. (Voir *État.*)

VARIATION annuelle de la déclinaison (*Jährliche Variation der Deklination* — **Annual variation of the declination**). La déclinaison éprouve chaque année des variations périodiques, découvertes, en 1786, par Cassini. Elles semblent dépendre de la position du soleil d'un côté ou de l'autre de l'équateur, mais sans intervention d'une cause calorifique.

VARIATION diurne de la déclinaison (*Tägliche Variation der Deklination* — **Daily variation of the declination**). Variations inégales et très petites de la déclinaison, découvertes par Graham, en 1722.

VARIATION séculaire de la déclinaison (*Sekulare Variation der Deklination* — **Secular variation of the declination**). C'est Gellibrand qui découvrit la variation séculaire de la déclinaison, en 1635. Les premières observations précises ont été faites en Angleterre, en 1576, et à Paris, en 1580. La déclinaison était orientale en 1580, nulle en 1660, puis occidentale et occidentale maximum en 1818. Aujourd'hui elle décroît et se rapproche de 0°. Le 1er janvier 1886, elle était de 16° 3',5 occidentale.

VARIATION de l'inclinaison (*Variation der Inklination* — **Variation of the dip**). L'inclinaison éprouve, comme la déclinaison, des variations séculaires annuelles et diurnes. Depuis 1671 que l'on observe l'inclinaison à Paris, elle a constamment diminué. Les variations annuelles ont été étudiées par Hansteen, qui a reconnu que l'inclinaison était de 15' plus grande en été qu'en hiver. Pour les variations diurnes, Hansteen a observé également que l'inclinaison était de 4 à 5' plus grande le matin qu'après midi.

VARIATION négative[1] (Du Bois Reymond) (*Negative Schwankung* — **Negative variation**). Expression désignant un phénomène tel que, lorsqu'on fait contracter un muscle, en excitant son nerf d'une manière quelconque, le courant musculaire change de sens, la surface devient négative et l'extrémité tendineuse positive. M. d'Arsonval a démontré que l'oscillation négative est un phénomène purement physique dû aux changements de forme (diminution de surface) subis par le muscle pendant sa contraction.

VARIOMÈTRE (mot hybride: *varius*, μέτρον) (*Variometer* — **Variometer**). Appareil dû à Kohlrausch et destiné à mesurer l'inten-

1. P. Bert, *Électricité et ses applications*, p. 155.

sité du magnétisme terrestre et le rapport du magnétisme dans le fer et les barres d'acier.

VASE clos. (Voir *Injection en vase clos.*)

VASE poreux (***Poröse Zelle* — Porous cell**). Le vase poreux des piles, dont les effets sont remplacés par la pesanteur, dans différentes piles actuelles, sert à empêcher le mélange trop rapide des liquides tout en maintenant une conductibilité suffisante.

VÉGÉTATION. Dégagement de l'électricité dans la végétation[1] (Becquerel, Buff) (***Elektricitätsentwickelung in dem Wachsthume* — Disengagement of electricity in vegetation**). Les végétaux étant constitués par des cellules contenant des liquides hétérogènes, sont le siège de phénomènes électriques divers d'origine chimique. Dans les fruits, par exemple, M. Donnée[2] a reconnu des états électriques différents, en explorant, avec un multiplicateur et une aiguille, à la queue et à l'œil. De même la sève ascendante et la sève corticale n'ayant pas la même composition réagissent l'une sur l'autre, produisent des effets marqués qui différencient les points de l'écorce et du ligneux. Depuis la moelle jusqu'au cambium, les enveloppes sont de moins en moins positives, tandis que depuis le cambium jusqu'à l'épiderme les couches corticales et parenchymateuses sont de plus en plus positives.

VÉGÉTATION. Influence de l'électricité sur la végétation (***Einfluss der Elektricität auf das Wachsthum der Pflanzen* — Influence of electricity on vegetation**). Les végétaux sont beaucoup moins sensibles que les animaux à l'influence de l'électricité. Cependant la *mimosa pudica* et la *mimosa sensitiva* démontrent ces effets en fermant leurs feuilles, sous l'influence d'une pile d'une certaine énergie. Le docteur Mimbray (1746) paraît être le premier qui se soit occupé de cette question. Becquerel et Dutrochet[3] ont fait diverses expériences sur les graines, d'où ils ont conclu que, dans la germination, l'action électrochimique du pôle négatif est avantageuse.

VÉGÉTATION. Influence de la lumière électrique sur la végétation[4] (***Einfluss des elektrischen Lichtes auf das Wachsthum* — Influence of electric light on vegetation**). Les principaux résultats auxquels M. Siemens a été conduit relativement à l'influence de la lumière électrique sur les plantes peuvent être résumés de la manière suivante : 1° La lumière électrique est efficace pour produire la chlorophylle dans les feuilles des plantes et pour avancer leur croissance ; 2° les plantes ne paraissent pas réclamer une période de repos pendant 24 heures de la journée, et peuvent progresser en vigueur.

---

1. *Mémoires de l'Académie des Sciences*, t. XXII, p. 30, 301, 379.
2. *Annales de chimie et de physique*, 1re série, t. LVII, p. 398.
3. *Comptes rendus de l'Académie des Sciences*, t. V, p. 784.
4. *Elektrotechnische Zeitschrift*, 1880, p. 133. — *Lumière électrique*, 1880, p. 117.

si elles sont soumises, pendant le jour, à la lumière du soleil et pendant la nuit à la lumière électrique.

VÉGÉTATION (*Vegetation* — **Vegetation**) (Berthelot). Dans la végétation, on a reconnu la fixation de l'azote par les effluves électriques et l'électricité atmosphérique. Becquerel a regardé la végétation comme l'une des sources de l'électricité atmosphérique; il admet comme probable que les plantes émettent, pendant le jour, de l'électricité négative, et pendant la nuit de l'électricité positive [1].

VENT électrique [2] (*Elektrischer Wind* — **Electrical wind**). Quand l'électricité s'écoule par une pointe, l'air au contact est assez fortement électrisé pour être repoussé violemment. Il donne naissance à un courant susceptible d'éteindre une flamme et qu'on nomme *vent électrique*. C'est un exemple de transport électrique par convection. Wilcke semble être le premier qui ait signalé le vent électrique.

VERDET (**Marcel-Émile**). Professeur français, né le 13 mars 1824, à Nîmes, et mort à Avignon, le 3 juin 1886. Ses travaux importants ont été réunis en 9 volumes et publiés. On lui doit surtout des recherches sur les courants induits d'ordre supérieur, sur l'induction des décharges électriques, sur les propriétés optiques développées par l'action du magnétisme et la polarisation rotatoire magnétique, etc.

VERDET. Constante de Verdet (*Verdet'sche constante* — **Verdet's constant**). La constante de Verdet est la rotation du plan de polarisation qui, pour la substance considérée, correspond à une différence de potentiel égale à l'unité et a, pour valeur, le rapport de ces deux quantités $\frac{A}{V^1-V^2}$ A étant l'angle de rotation, V^1 et V^2 les potentiels considérés.

VÉRIFICATEUR de pile (*Batterieprüfer* — **Quantity detector**). Galvanomètre à indications grossières.

VÉRIFICATION d'une ligne télégraphique lors de la réception (*Collaudirung* — **Verification**).

VERRE (*Glas* — **Glas**). Le verre est un diélectrique, mais dont le pouvoir isolant varie considérablement suivant la composition. Il a d'ailleurs l'inconvénient de se couvrir d'une couche d'humidité qui lui enlève dès lors toutes ses propriétés isolantes. On le recouvre, pour remédier à cet inconvénient, de plusieurs couches légères de vernis, sur les surfaces non soumises au frottement. Généralement, pour les expériences de cabinet, il importe d'opérer dans un air sec et tiède. La capacité inductive spécifique du verre est de 1,00, sa résistance spécifique de 91 millions de megohms, à 20°, pour les échantillons à base de soude et de chaux.

---

1. Becquerel, *Traité d'électricité et de magnétisme*, t. IV, p. 105.
2. Priestley, *History of electricity*, partie VIII, sec. 2, p. 573.

VIDE[1]. **Résistance électrique du vide** (*Elektrischer Widerstand des Vacuums* — **Electric resistance of vacuum**). La résistance d'un espace semble augmenter considérablement avec la diminution de pression, et il est un fait à peu près démontré, c'est l'impossibilité de transmettre un courant entre deux électrodes dans un vide absolu. La possibilité de transmettre au contraire des lueurs d'induction sans électrodes (expérience de Gassiot) a engagé M. Edlund à décomposer le phénomène en deux parties et à admettre, d'une part, une conductibilité du vide et en même temps une résistance au passage énorme entre le vide et la matière des électrodes. Cette conclusion aurait du moins l'avantage de simplifier l'explication des influences électriques cosmiques.

VIS de tension (*Spannschraube* — **Draw vice**). Vis appartenant aux tendeurs sur les lignes télégraphiques.

VIS à scellement (*Steinschraube* — **Fastening screw**). Vis pour river les consoles télégraphiques dans une maçonnerie.

VITESSE[2] (*Geschwindigkeit der Elektricität* — **Velocity of electricity**). On a trouvé les nombres les plus discordants pour ce que l'on a appelé *vitesse de l'électricité*. La rapidité des manifestations électriques dépendant du degré de sensibilité de l'appareil, de l'instant de la période variable où l'on observe, et d'autres causes, il devient difficile d'assigner un coefficient de vitesse à cette grandeur qui n'est pas suffisamment définie. Kirchhoff a admis, à la suite de considérations théoriques, que la vitesse de l'électricité devait être égale à celle de la lumière. (Voir *Quantité.*)

VITESSE de transmission sur les câbles[3] (*Geschwindigkeit des Telegraphirens auf Kabel* — **Speed of signalling through cables**). Les lois qui régissent la vitesse de transmission sur les câbles sont les suivantes : 1° La vitesse de propagation des ondes électriques à travers des câbles de même longueur varie en raison inverse du produit de la capacité inductive par la résistance du conducteur ; 2° Si deux câbles sont de longueurs différentes, mais semblables à tous autres égards, les vitesses de transmission dans ces câbles sont inversement proportionnelles aux carrés de leurs longueurs respectives. Ces lois sont résumées par la formule $V = \frac{1}{L^2RC}$ (R = résistance par mille exprimée en ohms ; L = la longueur ; C = la capacité du câble en microfarads) ; 3° Dans deux câbles composés des mêmes matières et de même longueur, mais qui diffèrent par les diamètres *d* et

1. Mascart, *Traité d'électricité statique*, t. II, p. 98. — *Annalen der Physik und Chemie*, 1882, p. 514.

2. *Comptes rendus de l'Académie des Sciences de Paris*, t. XXX, p. 437 et t. XXXIX, p. 330. — Faraday, *Experimental researches on electricity*, t. III, p. 514, 575. — Verdet, *Conférence de physique*, t. I, p. 315, 459.

3. *Philosophical Transactions*, 1834, p. 583. — Culley, *Manuel de télégraphie*, p. 498 (Traduction Berger et Bardonnaut). — Lat. Clark, *Mesure électrique*, p. 118.

d' des conducteurs et aussi par les diamètres D et D' des enveloppes isolantes, on a $\frac{V}{V'} = \frac{d^2 \log. \frac{D}{d}}{d'^2 \log. \frac{D'}{d'}}$. 4° Quand les longueurs l et l' diffèrent aussi, on a $\frac{V}{V'} = \frac{d^2 l' \times \log. \frac{D}{d}}{ld'^2 \times \log. \frac{D'}{d'}}$. La formule donnée par Lat. Clark pour calculer la vitesse de transmission est $V = \frac{d^2 \times \log. \frac{D}{d}}{l^2}$

VITESSE critique (*Kritische Geschwindigkeit* — **Critical speed**). La vitesse critique est la vitesse à laquelle, sur un circuit donné, une dynamo commence à produire un courant sensible. Dans ces conditions, une légère diminution de vitesse ramène pratiquement l'intensité du courant à zéro, tandis qu'un léger accroissement de vitesse produit une augmentation considérable de l'intensité du courant. La notion de cette vitesse a servi de base pour régler les dynamos et gouverner les moteurs. La vitesse critique est parfois désignée sous le nom de *tours morts*.

VITESSE critique (de Weber) (*Kritische Geschwindigkeit (von Weber)* — **Critical speed (of Weber)**). On appelle vitesse critique (de Weber) une vitesse concrète exprimée sous forme de rapport par deux nombres se rapportant aux deux espèces d'unités électrostatiques et électromagnétiques (C. G. S.). La valeur numérique de ce rapport, telle qu'elle est généralement admise, est 3×10^{10} cent., c'est-à-dire la même que la vitesse de la lumière.

VOIE (*Beförderungsweg, Weg* — **Way, Route, Via**). Chemin suivi par une dépêche télégraphique entre le bureau de départ et le point d'arrivée.

VOIE. Détournement de la voie (*Umleitung* — **Deviation from the normal route**). Pour un motif quelconque, dérangement sur les lignes, etc., une dépêche peut ne pas suivre sa voie normale.

VOITURE à bobines (*Rollenwagen* — **Wire wagon**). Voiture portant les bobines pour les lignes télégraphiques militaires.

VOITURE-poste [1] (*Stationswagen* — **Station wagon, Telegraph van**). Voiture contenant une station télégraphique installée pour les communications militaires.

---

1. MAY, *Geschichte der Kriegstelegraphie in Preussen.*

VOLETS[1]. **Système à volets** (*Klappensystem* — **Annunciator**). Petit appareil qui indique, par le déplacement d'un petit volet, servant de témoin, au bureau central téléphonique, qu'un abonné appelle et demande une communication.

VOLT (*Volt* — **Volt**). Sr Charles Bright et Sr Latimer Clark proposèrent à l'Association britannique, en 1861, de donner le nom de Volt à l'unité pratique de force électromotrice. Cette proposition, adoptée par la Commission, a été consacrée par le Congrès de Paris (1881). Le Volt est égal à 10^8 unités C. G. S. et à 0,89 de la force électromotrice d'un Daniel à diaphragme. Dimensions $M^{\frac{1}{2}} L^{\frac{3}{2}} T^{-2}$. C'est la force électromotrice qui maintient le courant d'un Ampère dans un conducteur dont la résistance est l'Ohm légal. L'unité C. G. S. est la force électromotrice nécessaire pour que l'unité C. G. S. de quantité développe, dans le circuit, un travail égal à un erg.

VOLTA (**Alexandre**). Professeur de physique italien, membre de l'Institut de France, de la Société royale de Londres, né le 18 février 1745, à Côme, et mort, dans la même ville, le 6 mars 1827. On lui doit l'électrophore (Voir *Wilcke*), le condensateur, l'eudiomètre, l'électromètre à paille, les recherches sur les origines de l'électricité galvanique et enfin sa pile dite à colonnes. Ses travaux, disséminés dans une foule de publications, lettres ou mémoires, comprennent, en outre, les deux ouvrages intitulés : *Novus ac simplicissimus electricorum tentaminum apparatus — seu de corporibus eleroelectricis quæ fiunt idioelectrica*, 1771. — *L'identita del fluido elettrico col cosi detto fluido galvanico*, 1814.

VOLTA[2]. **Théorie de Volta.** Volta émit une théorie opposée à celle de Galvani, pour l'explication des contractions de la grenouille. Il ne considérait dans ces expériences que les métaux conducteurs employés et nullement le fluide nerveux qu'admettait Galvani. Sa théorie se résume dans la phrase suivante : Deux corps hétérogènes au contact engendrent l'électricité. La force électromotrice provenant du contact s'oppose à la recomposition des fluides à travers la surface du contact ; cette force est limitée et produit instantanément une tension maximum.

VOLTA. Loi de Volta. La différence de potentiel entre deux métaux quelconques est égale à la somme des différences des potentiels entre les métaux intermédiaires dans la série de tension. (Voir ce mot.)

VOLTAÉLECTROMÈTRE (*Voltaelektrometer* — **Voltaelectrometer**). Nom que Faraday donna primitivement à l'appareil qui ne tarda pas à être appelé voltamètre. Cet appareil se composait d'un vase de verre contenant de l'acide sulfurique étendu recouvert d'un couvercle de verre pouvant fermer hermétiquement le vase. Le couvercle est percé de trois ouvertures, deux

---

1. Grawinkel, *Die Fernsprecheinrichtungen.*
2. Volta, *L'identita del fluido elettrico col cosi detto fluido galvanico.*

servent pour introduire les électrodes et une troisième, au milieu, amène les gaz produits dans un tube de verre calibré.

VOLTAGOMÈTRE[1] (Voir *Agomètre*) (***Voltagometer*** — **Voltagometer**). Espèce de rhéostat à mercure inventé par Jacobi et modifié par Müller. Il consistait primitivement en une colonne de mercure dans deux tubes communiquants; des fils de platine, qu'on plongeait dans chacun d'eux et dont on déterminait exactement la partie immergée, conduisaient le courant qui pouvait ainsi traverser une colonne de longueur variable. Müller remplaça les fils de platine par des tubes remplis de mercure que l'on pouvait élever ou abaisser.

VOLTAÏQUE. Électricité voltaïque (***Voltaische Elektricität*** — **Voltaic electricity**). Électricité produite, d'après la théorie de Volta, par le contact de corps hétérogènes, et attribuée aujourd'hui aux actions chimiques.

VOLTAÏQUE. Pile voltaïque (***Galvanisches Element, Galvanische Batterie*** — **Voltaic battery**). Pile dont l'électricité est due, d'après la théorie actuelle, aux actions chimiques.

VOLTAMÈTRE (***Voltameter*** — **Voltameter**). Vase au fond duquel aboutissent deux électrodes couvertes d'éprouvettes, et dans lequel on verse un liquide à décomposer par la pile; en se basant sur les lois de Faraday, on peut évaluer la quantité du courant par les équivalents des corps décomposés. La quantité de gaz dégagée par minute est une mesure absolue de l'intensité moyenne du courant pendant cette minute, et la quantité totale de gaz est une mesure de la quantité totale d'électricité. Les voltamètres, comme les galvanomètres, mesurent donc l'intensité du courant, les uns par les actions chimiques, les autres par les effets magnétiques. Faraday a démontré que les actions magnétiques d'un courant sont proportionnelles aux actions chimiques. Toutefois, on doit dire que le voltamètre nous indique la quantité qui a traversé l'appareil pendant l'expérience, plutôt que l'intensité à un moment donné.

VOLTAMÈTRE détonant (de Bertin) (***Knallvoltameter*** — **Exploding voltameter**). Appareil dans lequel on observe des phénomènes curieux, dus à la polarisation des électrodes. Le gaz dégagé dans une éprouvette renversée sur un tube en communication avec une éprouvette inférieure, détone, et on observe également des oscillations curieuses dans le niveau du liquide.

VOLTAMÈTRE à bascule (***Schaukelvoltameter*** — **Wipp voltameter**). Appareil dont on remplit les éprouvettes d'un liquide électrolytique, par un simple mouvement d'inclinaison de l'appareil.

VOLTASCOPE (Volta, σκοπῶ je regarde) (***Voltascop*** — **Voltascope**). Faraday a proposé un appareil simple, qu'il a appelé *Voltascope*, pour reconnaître le passage de l'électricité, en interposant du papier imprégné d'iodure de potassium sur du zinc plongé dans

1. POGGENDORFF, *Annalen der Physik und Chimie*, 1843, t. LIX.

un liquide acide et replié au dehors, et une tige en communication avec la lame de platine plongeant dans le même liquide. L'iode mis en liberté, au bout d'un temps indéterminé, produit une tache foncée sur le papier.

VOLTASTAT[1] (Volta, ϛατα idée de fixité) (Guthrie) (*Voltastat* — **Voltastat**). Régulateur du courant, par intercalation d'une résistance provenant d'une colonne de gaz accumulé au moment voulu par un système de siphon.

VOLTMÈTRE (*Voltmeter* — **Voltmeter**). Appareil donnant en volts et en multiples ou sous-multiples de volt la force électromotrice d'un générateur d'électricité. (Voir *Mètre*.)

VULCANITE (*Vulcanite* — **Vulcanite**). Ébonite à laquelle on ajoute des substances colorantes, telles que le sulfure d'antimoine ou le vermillon, qui donnent une couleur orange ou rouge. Le sulfure d'antimoine a, paraît-il, l'avantage d'empêcher les efflorescences de soufre à la surface de la vulcanite.

W

WALL. Médecin anglais qui publia, en 1698, dans les *Philosophical Transactions*, une étude où il compare à l'éclair et au tonnerre la décharge électrique sous forme d'étincelle.

WALSH (John). Membre de la Société royale de Londres, mort le 9 mars 1795; il étudia la secousse produite par la torpille et prouva qu'elle est d'origine électrique (*Philosophical Transactions*, 1773-1774).

WATSON (William). Pharmacien et médecin anglais, né en 1710 ou 1715, à Londres, et mort, dans la même ville, le 10 mai 1787. Watson a fait, avec le Dr Bevis, différentes expériences sur la bouteille de Leyde et a cherché à évaluer la vitesse de propagation de l'électricité. Ses travaux nombreux sont insérés d'une part dans une brochure : *Experiments and observations on electricity*, Londres 1745, et dans les *Philosophical Transactions*, de 1745 à 1767.

WATT (*Watt* — **Watt**). Nom du mécanicien anglais (1736-1819), donné à l'unité pratique d'activité ou de puissance proposée par M. Siemens, en 1882, et correspondant à l'activité d'un volt sous un ampère (10^7 unités d'énergie par seconde).

WAY-DUPLEX. (S. de *Phonoplex*.)

WEBER (*Weber* — **Weber**). On avait donné, antérieurement au

---

1. *Philosophical Magazine*, t. XXXV, p. 331.

Congrès international des Électriciens, le nom de Weber, en Angleterre, à une unité d'intensité (un volt dans un ohm) qui se trouvait ainsi dix fois plus forte que l'unité employée par Weber lui-même, et que l'on appelait aussi Weber en Allemagne. On avait même pris le mot de Weber, dans certains cas, pour l'unité de quantité désignant la quantité du courant produite par l'unité d'intensité par seconde. L'adoption de l'Ampère (Voir ce mot) comme unité d'intensité et du Coulomb comme unité de quantité a fait cesser cette confusion.

WHEATSTONE (Charles). Physicien anglais, né à Glowcester, en 1802, et mort à Paris, le 18 octobre 1875. On lui doit de nombreux travaux sur l'électricité dont il chercha à déterminer la vitesse au moyen du miroir tournant, le télégraphe électrique qui porte son nom (1858-1867) et rivalise encore aujourd'hui de rapidité avec les systèmes les plus perfectionnés, le système de mesure des résistances par la méthode dite du Pont, le rhéostat. Ses travaux ont été réunis par les soins de la Société de physique de Londres, en un volume, sous le nom de *Wheatstone's scientific papers*.

WILCKE (Johann-Karl). Physicien, né à Wismar (alors Mecklembourg suédois), le 6 septembre 1732, et mort, le 18 avril 1796, à Stockholm. Wilcke étudia, treize ans avant Volta (en 1762), les propriétés de l'électrophore, mais sans en faire un appareil spécial ; il émit, déjà en 1757, dans sa thèse inaugurale, une série analogue à la série de tension de Volta. Ses travaux sont contenus dans les *Comptes rendus de l'Académie suédoise*, de 1758 à 1790.

WILDE. Machine de Wilde (***Wilde'sche Maschine*** — **Wilde's machine**). M. Wilde a fait connaître, en 1865, une machine magnétoélectrique double, utilisant la bobine Siemens en face d'aimants, pour produire un courant qui fait fonctionner des électroaimants, dans le champ magnétique desquels se déplace une seconde bobine Siemens, produisant le courant induit utilisable.

WILSON (Benjamin). Peintre anglais, membre de la Société royale, né en 1708, et mort, à Londres, le 6 juin 1788. Il publia, en 1750, un traité d'électricité et concourut, par des articles intéressants insérés dans les *Philosophical Transactions*, de 1753 à 1779, au progrès de la science électrique. Il ajouta le peigne à la machine électrique, en 1746. Poggendorff lui attribue[1] (ainsi qu'à Gordon) l'invention du tourniquet électrique. En France et en Angleterre, c'est Hamilton qui est regardé comme l'inventeur de cet appareil.

WINKLER (Johann-Heinrich)[2]. Physicien allemand, né le 12 mars 1703, à Wingendorf (Lusace), et mort le 18 mai 1770, à Leipzig. Il inventa les frottoirs de la machine électrique, de concert avec le tourneur Giessing, de Leipzig, et publia, à

---

1. POGGENDORFF, *Geschichte der Physik*, p. 816, 860.
2. POGGENDORFF, *Histoire de la physique* (Traduction Bibart et G. de la Quesnerie)

Leipzig, de 1729 à 1754, un grand nombre de mémoires sur l'électricité.

WINTER. Anneau de Winter[1] (*Winter'scher Ring* — **Winter's ring**). On augmente la longueur des étincelles des machines électriques à frottement en armant le conducteur secondaire d'un fil de fer courbé en anneau recouvert de bois et qui augmente la surface du conducteur, en empêchant la déperdition du potentiel, grâce à son enveloppe.

WOLLASTON (William-Heyde). Médecin anglais, né le 6 août 1766, à East Dereham (Norfolksh), et mort à Londres, le 22 décembre 1828. Il fut l'un des fondateurs de la théorie chimique de la pile et inventa un élément à un seul liquide, dans lequel le cuivre a une surface à peu près double de celle du zinc.

WRAY. Composition Wray (*Wray'sche Komposition* — **Wray's compound**). Composition isolante pour les câbles dans laquelle il entre de la gomme-laque, du caoutchouc saupoudré de silice ou d'alumine et environ un neuvième de gutta-porcha.

XYLONITE (ξύλον bois). (Voir *Parkesine.*)

XYLOPHAGA (ξύλον bois, √φαγ manger (*Xylophaga* — **Xylophaga**). Animal destructeur des câbles.

ZAMBONI (Giuseppe). Abbé italien, professeur de physique au lycée de Vérone, né le 1er juin 1776, et mort le 25 juillet 1846, à Vérone. Inventeur de la pile sèche, dite de Zamboni (1812) et d'une horloge électrique (Voir *Ritter* et *Pile sèche*); il écrivit un grand nombre de mémoires de 1812 à 1843 et inséra différents de ses travaux dans les *Mémoires de la Société italienne*, 1821, 1828, 1844; dans les *Annales de physique d'Italie*, 1842, sur divers sujets.

ZAMBONI. (Voir *Balancier.*)

---

1. MULLER, *Lehrbuch der Physik*, t. III, p. 102. — *Journal de physique*, t. II, p. 39.

ZINC amalgamé[1] (*Amalgamirter Zink* — **Amalgamated zinc**). Le zinc impur est attaqué vivement dans une pile dont le circuit est ouvert ou fermé. Les particules de fer, que contient le zinc, constituent avec lui de petits couples locaux superficiels dont l'électricité n'a pour effet que de troubler le courant principal et d'user les zincs, même lorsque le circuit n'est pas fermé. Pour remédier à cet inconvénient, on amalgame la surface du zinc, dont tous les points sont dès lors également oxydables. Le zinc n'est plus attaqué quand le circuit est ouvert, tandis qu'il se dégage beaucoup d'électricité quand il est fermé, par suite de l'amalgamation qui, d'après Regnault, rendrait le zinc plus positif. Les propriétés du zinc amalgamé ont été découvertes par Davy, en 1826, et Kempe en fit l'application aux piles.

ZONE neutre ou **indifférente** (*Mittellinie* — **Neutral Zone**). Zone comprise entre les deux pôles d'un aimant, dans laquelle il n'existe que peu de magnétisme libre; il s'y forme une condensation successive qui annihile toute action extérieure.

---

1. Gavarret, *Traité d'électricité*, t. I, p. 555.

SYNONYMIE

ALLEMANDE – FRANÇAISE

Signes abréviatifs : m = masculin. — f = féminin. — n = neutre.

A

Aaronsstab, m. — Tube étincelant.

Abbrennen, n. — Carbonisation (des poteaux télégraphiques).

Abgeben. Eine Depesche abg. — Transmettre (une dépêche).

Abkürzungssender, m. — Apreil rapide.

Ablauf (*einer Feder*), m.—Épuisement (d'un ressort).

Ablaufen (*einer Feder*), n. — Épuisement (d'un ressort).

Ableiten. — Dériver, dévier.

Ableiter, m. — Électrode positive.

Ableitestange, f. — Chaine de paratonnerre.

Ableitung, f. — Dérivation, Déviation.
— Chaine de paratonnerre.

Ableitungsdraht, m. — Fil de dérivation.

Ablenken. — Dévier.

Ablenkung, f. — Déviation.
— ***Freiwillige Abl. eines astatischen Systems.*** — Déviation spontanée d'un système astatique.
— ***Doppelsinnige Abl. eines astatischen Systems.*** — Déviation double d'une aiguille astatique.

Ablenkungswinkel, m.—Angle de déviation.

Ablösung, f. — Changement de service.

Abnahme, f. — Réception du matériel.

Abpfählen, n. — Piquetage.

Abpfählung, f. — Piquetage.

Abreissfeder, f. — Ressort antagoniste ou de rappel.

Abrollen. Den Draht abr. — Développer (le fil de ligne).

Abschmelzdrähtchen, n. — Fil fusible (du paratonnerre).

Absenden. Eine Depesche abs. — Expédier (une dépêche au guichet).

Absorption, f. ***Elektrische Abs.*** — Absorption électrique, extrarésistance.

Abspannstange, f. — Poteau d'arrêt.

Abstand, m. — Portée (entre deux poteaux).

Abstimmungstelegraph, m. — Enregistreur électrique des votes.

Abstossen. — Repousser (au point de vue électrique et magnétique.)

Abstossung, f. — ***Elektrische Abstossung.***— Répulsion électrique.

Abstossung, f. — ***Magnetische Abstossung***. — Répulsion magnétique.

— ***Gesetz der elektrischen und magnetischen Abstossungen***. — Loi des répulsions électriques et magnétiques.

Abtelegraphiren. — Transmettre une dépêche.

Abtrieb, m. — Moû d'un câble.

Abwechslung, f. ***Voltaische Ab.*** — Alternative voltiane.

Abweichen. — Dérailler, Être en désaccord.

Abweichung, f. — Déclinaison, Déraillement d'un appareil synchronique.

Abweiser, m. — Système protecteur pour poteaux, Repoussoir.

Abwicklungskarre, f. — Brouette de déroulement.

Abzweigstange, f. — Poteau de bifurcation.

Abzweigung, f. — Dérivation, bifurcation.

Abzweigungsstange, f. — Poteau de bifurcation.

Accumulator, m. — Condensateur, Accumulateur.

Achse, f. — Arbre, Axe.

Aclinisch. — Aclinique ou acline.

Actinoelektricität, f. — Actinoélectricité.

Action, f. ***Sekundäre Action***. — Action secondaire.

Adressamt, n. — Bureau d'arrivée.

Adressat, m. — Destinataire.

Aequator, m. ***Magnetischer Aequator***. — Équateur magnétique.

Aequipotential. — Équipotentiel.

Aequivalent, n. ***Elektrochemisches Equivalent***. — Équivalent électrochimique.

Aether, m. ***Elektrischer Aether***. — Éther électrique.

Agometer, n. — Agomètre.

Alarm, m. — Sonnerie.

Allmälig (***entladen***). — (Décharger) par contacts successifs.

Alternirend. — (Installation des isolateurs) alternativement des deux côtés d'un poteau.

Aluminium, n. — Aluminium.

Amalgam, n. — Amalgame.

— ***von Kienmayer***. — Amalgame de Kienmayer.

Amalgamiren, n. — Action d'amalgamer.

Amalgamiren. — Amalgamer.

Amianth, m. — Amiante.

Ampere, n. — Ampère (unité pratique d'intensité de courant).

Amper's magnetische Theorie, f. — Théorie d'Ampère.

Ampere-Meter, m. — Ampèremètre.

Ampère-Stunde, f. — Ampère-heure.

Amperewindungen, f. — Ampère-tours.

Amt, n. ***Telegraphisches Amt***. — Bureau télégraphique (Voir *Station*).

— ***Demnächstzu eröffnendes Amt***. — Bureau à ouvrir.

Amtsdepesche, f. — Dépêche de service.

Amtslagernd. — Bureau restant.

Amtsverschwiegenheit, f. — Secret professionnel.

Amtsvorsteher, m. — Chef de bureau.

Analoge. ***Der analoge Pole***. — Pôle analogue.

Anemoskop. ***Elektrischer Ane.*** m. — Anémoscope électrique.

Anfangsstation, f. — Station tête de ligne.

Angabe. ***Dienstliche Angabe***, f. — Indication de service.

Anhäufung, f. — Encombrement.

Anionen, f. — Produits dégagés au pôle positif.

Anker, m. — Armature d'un électro-aimant. — Palette. — Hauban.

Ankerdraht, m. — Fil de hauban.

Ankerhaken, m. — Crochet qui retient le hauban sur le poteau.

Ankerklotz, m. — Point d'attache du hauban sur le poteau.

Ankerlos. — Sans armature.
Ankerpfahl, m. — Pieu d'attache du fil d'un hauban.
Ankerung, f. — Action de haubaner.
Ankleben, n. — ***Elektrisches An.*** Adhérence électrique.
Ankohlen, n. — Carbonisation des poteaux.
Annahmebeamte, m.—Employé de guichet.
Anode, f. — Électrode positive.
Anregen. — Amorcer (une machine de Holtz).
Anruf, m. — Attaque.
Anrufen. — Attaquer.
Ansammler, m. — Accumulateur.
Ansammlungsapparat, m. — Condensateur.
Anschlag. Der isolirte Anschlag. — Butoir isolé.
Anschlagstift, m. — Butoir en pointe.
Anspleissen, n. — Épissure.
Anstecken. — Amorcer.
Antiloge. Der antiloge Pole. — Pôle antilogue.
Antinom. — Antinome.
Antiphon. — Antiphone.
Antozon, n. — Ozone positif (Schœnbein)..
Antwort. Die bezahlte Antwort. — Réponse payée.
Anziehung. Die An. aus der-Ferne. — Attraction (à distance).
Aperiodisch. — Apériodique.
— ***Aperiodisches Galvanometer.*** — Galvanomètre apériodique.
Apparat. Der telegraphische Apparat. — Appareil télégraphique.
— ***Meyer's multiple Apparat***, m. — Appareil multiple Meyer.
— ***Auf Apparat legen.*** — Mettre sur appareil.
Apparatbeamte, m. — Employé manipulant du service actif des télégraphes.
Apparatfarbe, f.—Encre (oléique) pour appareil.
Apparattagebuch, n. — Procès-verbal.
Apparatverbindungen, f.—Communications dans les appareils.
Apparatzimmer, n. — Salle des appareils.
Aequivalent. Das elektrochemische Equivalent. — Équivalent électrochimique.
Arbeit. Die elektrische Arbeit. — Travail (électrique).
Arbeiten, n. — Transmission.
Arbeitmesser, m. — Ergmètre.
Arbeitskolonne, f. — Atelier, Équipe.
Arbeitskontakt, m. — Contact de transmission.
Arbeitsschiene, f. — Plaque de contact de transmission.
Arbeitsstrom, m. — Courant de transmission.
Armatur, f. — Armature (d'un aimant).
Armirung, f. — Armature d'un aimant.
Arretirung, f. — Pièce d'arrêt, Butoir.
Arretirungshebel, m. — Levier d'arrêt du mouvement d'horlogerie.
Asphaltiren. Einen Kabel asphaltiren. — Recouvrir un câble d'asphalte.
Asphaltirung, f. — Action de recouvrir un câble d'asphalte.
Assistent, m. — Employé des postes et télégraphes en Allemagne.
Astasie, f. — Instabilité.
Astasirung, f. — Diminution de la force directrice de la terre.
Astasiren. — Diminuer la force directrice de la terre.
Astatisch. — Astatique.
Audiometer, n. — Audiomètre.
Audiphon, n. — Audiphone.
Aufbringen, n. — Montage (du fil sur les poteaux).
Auffangefeder, f. — Ressort de réception (du Replenisher).
Auffangespitze, f. — Pointe du paratonnerre.
Auffangestange, f. — Tige du paratonnerre.

Aufforderung zum Geben, f. — Invitation à transmettre.

— ***zum Reguliren des Synchronismus***. — Invitation à régler le synchronisme.

— ***zur Regulirung des Elektromagnetes***. — Invitation à régler l'électro-aimant.

— ***zur Uebermittelung***. — Invitation à transmettre.

— ***zur Wiederholung***. — Invitation à répéter.

Aufgabe, f. — Dépôt d'une dépêche au guichet.

Aufgabeamt, n. — Bureau de départ.

Aufgabestation, f. — Bureau de départ.

Aufgabezeit, f. — Heure de dépôt.

Aufgabebescheinigung, f. — Certificat de dépôt.

Aufgabsrecepisse, n. — Certificat de dépôt, Reçu.

Aufgeben. Eine Depesche auf. — Expédier une dépêche.

Aufgeber, m. — Expéditeur.

Aufhängung. Die Cardan'sche Aufhängung. — Suspension de Cardan.

Aufheben. Eine Störung auf. — Relever un dérangement.

•***Auflegen. Den Draht auf.*** — Monter le fil sur poteaux.

Auflegen. Das Auflegen des Drahtes. — Montage du fil sur poteaux.

Aufnahme, f. — Réception.

Aufnahmevermerk, n. — Mention de réception.

Aufnehmen. Eine Depesche aufnehmen. — Recevoir une dépêche.

— ***Eine Depesche nach dem Gehör aufneh.*** — Recevoir une dépêche au son.

Aufruf, m. — Attaque.

Aufsichtsbeamte, m. — Employé responsable.

Aufzug. Der elektrische Aufzug. — Ascenseur électrique.

Aufzugcontrole, f. — Croix de Malte.

Aureole, f. — Auréole.

Ausbreiter, m. — Diffuseur.

Ausdehnung. Die galvanische Ausdehnung. — Dilatation galvanique.

Auseinandernehmen. Eine Batterie aus. — Démonter une pile.

Ausgangsbuch, n. — Livre de sortie.

Ausgleichen (sich). — Se recomposer, Se neutraliser.

Ausgleichung, f. — Recomposition, Neutralisation.

Ausgleichungsbatterie, f. — Pile de compensation.

Auslader, m. — Excitateur.

— ***Der allgemeine Auslader***. Excitateur universel.

Auslegen. Die Drahttadern auslegen. — Développer les couronnes de fil.

Auslösung, f. — Échappement.

Ausrecken, n. — Rectification du fil (de ligne télégraphique).

Ausreckerkolonne, f. — Équipe d'ouvriers chargés de la rectification du fil.

Ausrollen. — Dérouler.

Ausschalten. — Mettre hors du circuit.

Ausschalter, m. — Commutateur, Disjoncteur.

Ausschaltung, f. — Mise hors du circuit.

Ausschlag, m. — Déviation.

Ausschlagwinkel, m. — Angle de déviation.

Ausschlussfeder, f. — Ressort de dérivation (App. Hughes).

Ausströmung, f. — Efflux.

Ausströmungspunkt, m. — Point d'efflux.

Axe, f. — Axe.

B

Bad, n. ***Elektrisches Bad*** — Bain électrique.
Bahnhof, m. — Gare.
Bahnhoflagernd. — Gare restante.
Bahnlagernd. — Gare restante.
Bahntelegraphenleitung, f. — Ligne télégraphique de chemin de fer.
Bahntelegraphenlinie, f. — Ligne télégraphique de chemin de fer.
Bahntelegraphenstation, f. — Station télégraphique de chemin de fer.
Balata. — Balata.
Ballonelement, n. — Pile ou Élément à ballon.
Bandmagnet, m. — Aimant plat en lames.
Basis, f. — Plateau inférieur du condensateur.
Bathometer, n. — Bathomètre.
Batterie, f. — Pile.
— ***Die gemeinsame Batterie.*** Pile commune.
— ***Die gemeinschaftliche Bat.*** — Pile commune.
— ***Die Lokalbatterie.*** — Pile locale.
— ***Die Ortsbatterie*** (ou ***ortliche Batterie***). — Pile locale.
— ***Die sekundäre Batterie.*** — Pile secondaire.
— ***Die trockene Batterie.*** — Pile sèche.
— ***Die Verstärkungsbatterie.*** — Pile auxiliaire.
— ***Die Ausgleichungsbatterie.*** — Pile de compensation.
— ***Die Gegenbatterie.*** — Pile d'opposition.
— ***Die Polarisationsbatterie.*** — Pile de polarisation.
Batterie. Die elektrische Batterie. — Batterie électrique.
— ***Eine Batterie speisen.*** — Entretenir une pile.
— ***Eine Batterie zusammensetzen.*** — Monter une pile.
— ***Eine Batterie ansetzen.*** — Monter une pile.
— ***Eine Batterie auseinandernehmen.*** — Démonter une pile.
Batteriekontakt, m. — Contact de pile.
Batteriedraht, m. — Fil de pile.
Batterieprüfer, m. — Vérificateur de pile.
Batterieschaber, m. — Racloir de pile.
Batteriewähler, m. — Commutateur de pile.
Batteriewechsel, m. — Commutateur de pile.
Baudot. Der Baudot's mehrfache Apparat. — Appareil multiple Baudot.
Bauführer, m. — Conducteur des travaux.
Bauleiter, m. — Conducteur des travaux.
Baumisolator, m. — Isolateur à suspension.
Baumträger, m. — Support pour isolateur à suspension.
Beamte. Der verantwortliche Be. — Employé responsable.
Beatification, f. — Béatification.
Becherapparat. Der Volta'sche Becherapparat. — Pile à couronnes de tasses de Volta.
Bedienen. Einen Apparat be. — Desservir un appareil.
Befördern. Eine Depesche be. — Transmettre une dépêche.
Beförderung, f. — Transmission.

Beförderungsvermerk, n. — Mention de transmission.
Beförderungsweg, m. — Voie.
Begrenzungstift, m. — Butoir.
Beitreibung, f. ***Beitreibung einer Gebühr***. — Recouvrement d'une taxe.
Belegung. Die innere Belegung. — Armature intérieure d'une bouteille de Leyde.
— ***Die äussere Belegung***. — Armature extérieure d'une bouteille de Leyde.
Berichtigungsdepesche, f. — Dépêche rectificative.
Bernstein, m. — Ambre.
Beruhigungsstab, m. — Barreau modérateur.
Berührung, f. — Contact, mélange.
Bestellen. — Remettre (une dépêche) à domicile.
Bestellung, f. — Remise à domicile.
Bestimmungsstation, f. — Station destinataire.
Betrieb, m. — Exploitation. Service.
— ***In Betrieb setzen***. — Mettre en service.
Betriebsfähigkeit, f. — Bon fonctionnement.
Bewaffnung, f. — Armature d'un aimant.
Bidrome. — Bidrome.
Biegemaschine, f, (***zur Prüfung der Drähte***). — Machine à plier le fil pour contrôle.
Bifilarmagnetometer, n. — Magnétomètre bifilaire.
Bifilarrolle, f. — Bobine à deux fils.
Bild. Das elektrische Bild. — Image électrique.
Bildung. f. ***Bildung der Plante'schen Batterie***. — Formation de la pile Planté.
Bindedraht, m. — Fil à ligatures.
Binden. — Condenser.
Binden (***sich***). — Se neutraliser.
Bindung, f. — Installation, Ligature.
Bindung, Lose Bindung. — Installation mobile des fils sur les isolateurs.
— ***Feste Bindung***. — Installation fixe des fils sur les isolateurs.
Bindungsvermögen, n. — Force condensante.
Birnentaste, f. — Poire en ivoire.
Blasenexcitator, m. — Rhéophore vésical.
Blättercondensator, m. — Condensateur à feuilles.
Blättermagnet, m. — Aimant feuilleté (Jamin).
Blattfeder, f. — Ressort lame.
Blauschreiber, m. — Récepteur à molette.
Bleikabel, n. — Câble sous plomb.
Blitz, m. — Éclair.
— ***Der Blitz zwischen zwei Wolken***. — Éclair entre deux nuages.
— ***Der kugelförmige Blitz***. — Éclair en boule.
— ***Der schlangenförmige Blitz***. — Éclair arborescent.
Blitzableiter, m. — Paratonnerre.
— ***Blitzableiter mit Schutzdraht***. — Paratonnerre à fil préservateur.
— ***Spitzenblitzableiter***. — Paratonnerre à pointes.
— ***Stiftblitzableiter***. — Paratonnerre à pointes.
Blitzableiterisolator, m. — Isolateur à paratonnerre.
Blitzartig, f. ***Blitzartige Störung***. — Dérangement provenant d'orage.
Blitzkasten, m. — Boite à paratonnerre.
Blitzmesser, m. — Céraunomètre.
Blitzplatte, f. — Paratonnerre à plaques.
Blitzrad, n. — Roue de Neef.
Blitzröhre, f. — Fulgurite.
Blitzschlag, m. ***Fortschreitender und aufsteigender Blitzschlag***. — Foudre progressive et ascendante.

Blitztafel, f. — Tableau étincelant.
Blocksignalsystem, n. — Block-système.
Blocksystem, n. ***Bedingungsweise Blocksystem.*** — Block-système permissif.
Bock, m. — Poteaux jumelés.
Bogen. Der voltaische Bogen. — Arc voltaïque.
Bolometer, n. — Bolomètre.
Börsendrücker, m. — Appareil imprimeur pour transmettre la bourse.
Börsenzelle, f. — Cabine téléphonique en bourse.
Bosscha'sches Theorem, n. — Théorème de Bosscha.
Bote, m. — Facteur, Exprès.
Botenanwärter, m. — Facteur auxiliaire.
Botengebühr, f. — Taxe d'exprès.
Botenlohn, m. — Frais d'exprès.
Boussole, f. — Boussole.
Br (abréviation de « Bringen »). Transmettre.
Brabender'sche. Der Brabender'sche Hebel. — Levier écrivant de M. de Brabender.
Braunsteinelement, n. — Pile Leclanché.
Brecheisen, n. — Pince.
Brechung, (f.) ***der Elektricität.*** — Réfraction de l'électricité.
Brechung eines Drahtes. — Rupture d'un fil.
Bremsklotz, m. (Hughes). — Sabot du frein.
Bremsring, m. — Cylindre creux du frein.
Brenner. Galvanocaustischer Brenner, m. — Galvanocautère.
Brennmittel, n. ***Galvanisches Brennmittel.*** — Bouton de feu galvanique.
— ***Middeldorpf'sches Brennmittel.*** — Cautère de Middeldorpf.
Briquette-Batterie, f. — Briquette-pile.
Brom. — Brome.
Brook's Kabel, n. — Câble de Brooks.
Brückenschaltung, f. — Méthode du pont.
Buch. Das singende Buch. — Condensateur chantant.
Buchstabenapparat, m. — Appareil télégraphique à cadran.
Buchstabenblank, n. — Blanc des lettres.
Buchstabendrücker, m. ***Mehrfacher Buchstabendrücker.*** — Multiple imprimeur.
Buchstabentelegraph, m. — Appareil télégraphique à cadran.
Buchung, f. — Inscription au livre à souche.
Bügel, m. — Étrier.
— Bride à scellement.
Bund, m. ***Bund von Draht.*** — Botte de fil.
— Torsade.
Bunsen'sche Batterie, f. — Pile Bunsen.
Büschel. Der elektrische Büschel. — Aigrette électrique.
Büschelentladung, f. — Décharge sous forme d'aigrette.
Büschellicht, n. — Aigrette lumineuse.

C

Cabel, n. — Câble.
Calibermaassstab, m. — Calibre pour mesurer le diamètre des fils, Comparateur.
Callaud'sches Element, n. — Pile Callaud.
Calorimotor, m. — Pile de Offerhaus ou de Hare, Déflagrateur.

Canalisation der Elektricität, f. — Canalisation de l'électricité.
Candle. — Candle.
Caoutschuck, m. — Caoutchouc.
— ***Der gehärtete Caouts.*** — Caoutchouc durci.
— ***Der hornisirte Caoutschuck***. — Ébonite.
— ***Der vulkanisirte Caoutschuck***. — Caoutchouc vulcanisé.
Capacität, f. ***Elektrische Capacität***. — Capacité électrique.
Capacität Elektrostatische Ca. — Capacité électrostatique.
Capacitätseiche, f. — Étalon de capacité.
Capillarelektrometer, n. — Électromètre capillaire.
Capillaritätsstrom, m. — Courant électrocapillaire.
Carcel. — Carcel.
Cardan'sche Aufhängung, f. — Suspension de Cardan.
Cascadenbatterie, f. — Batterie en cascades.
Caselli. Der Caselli's chemische Apparat. — Appareil Caselli.
Cataphorische Wirkung, f. — Endosmose électrique.
Cathode, f. — Cathode.
Cation, f. — Cation.
Cavallo's Elektrometer, n. — Électromètre de Cavallo.
Celluloïd. — Celluloïde.
Champignon, m. — Champignon.
Charakteristik, f. — Caractéristique.
Charakteristische Curve, f. — Caractéristique.
Chatterton's Composition, f. — Composition Chatterton.
Chromelement, n. — Pile au bichromate de potasse.
Chronoscop, n. — Chronoscope.
Cinetisch (Voir *Kinetisch*). — Cinétique.
Circularstellung, f. — Installation des appareils télégraphiques en simultanée.
Clavier, n. — Clavier.
Coefficient, n. ***Oeconomisches Coefficient***. — Coefficient économique.
Coefficient elektrischer Elasticität des Mediums. — Coefficient d'élasticité électrique du milieu.
Coercitivkraft, f. — Force coercitive.
Collationniren. — Collationner.
Collationnirung, f. — Collationnement.
Collaudirung, f. — Vérification, Contrôle.
Collector, m. — Collecteur, Plateau supérieur du condensateur.
Commissionskopf, m. — Isolateur prussien de la Commission.
Communaltelegraphenstation, f. — Station municipale.
Commutator, m. — Commutateur.
Compensator, m. — Compensateur.
— ***Magnetischer Compensator***. — Compensateur magnétique.
Condensation, f. — Condensation.
Condensator, m. — Condensateur.
— ***Der singende Cond.*** — Condensateur chantant.
— ***Derelektrochemische Condensator***. — Condensateur électrochimique.
Condensator, m. ***Absoluter Condensator***. — Condensateur absolu.
— ***Luftcondensator***. — Condensateur à air.
— ***Eichcondensator***. — Condensateur étalon.
— ***mit festem Dielectricum***. — Condensateur à diélectrique solide.
Condensiren. — Condenser.
Conduction, f. — Conduction.
Conductor, m. — Conducteur.
— ***Der überzählige Conductor***. — Conducteur secondaire de la machine électrique.

Console, f. — Console.
Constant. — Constante.
Constante (f.) ***eines Galvanometers.*** — Constante d'un galvanomètre.
Constanten. Die galvanischen Constanten. — Constantes voltaïques.
Constante, f. ***Magnetische Constanten.*** — Éléments magnétiques.
Contakt, m. — Contact.
— ***Der isolirte Kontakt.*** — Contact isolé.
— ***Der gleitende Contakt.*** — Contact de glissement.
— ***Das blank scheuernde Contaktgleiten.*** — Contact par frottement revivifiant les surfaces.
— ***Der feste Contakt in der Mitte des Geleises.*** — Crocodile.
Contaktfeder, f. — Ressort de connexion (Replenischer).
Contaktknopf, m. — Goutte de suif.
Contakttheorie, f. — Théorie du contact.
Continuitätsprincip, n. — Principe de continuité.
Controle (f.) ***der Signalbeleuchtung.*** — Contrôle des signaux de nuit.
Convection, f. — Convection.
— ***Die elektrolytische Convection.*** — Convection électrolytique.
Copirtelegraph, m. — Télégraphe autographique.
Correctionsdaumen, m. — Came de correction.
Correctionsrad, n. — Roue de correction.
Coulomb, n. — Unité pratique de quantités électriques, Coulomb.
— ***Coulomb'sche magnetische Theorie.*** — Théorie magnétique de Coulomb.
Coulombmeter, n. — Coulombmètre.
Curbsender, m. — Curb Sender.
Curve, f. ***Magnetische Curve.*** — Courbe magnétique, Fantôme magnétique.
Cylinder, m. ***Elektrodynamischer Cy.*** — Solénoïde.
Cylinderinductor, m. — Machine magnétoélectrique de Siemens.
Cylindermaschine, f. ***Elektrische Cylindermaschine.*** — Machine à cylindre.

D

Dampfelektrisirmaschine, f. — Machine hydroélectrique.
Dämpfer, m. — Modérateur, amortisseur.
Dampfpfeife, f. ***Selbstthätige elektrische Dampfpfeife.*** — Sifflet automoteur.
Dämpfung, f. — Amortissement.
Daniell'sche Batterie, f. — Pile Daniell.
Daumen, m. — Came.
— ***Der Daumen der Auslösung des Einstellhebels.*** — Came de dégagement.
Daumenwelle, f. — Arbre à cames.
Deckel, m. — Plateau supérieur du condensateur, — de l'électrophore.
Declination, f. — Déclinaison.
Declinationsboussole, f. — Boussole de déclinaison.
Declinatorium, n. — Boussole de déclinaison.
Decrement. Das logarithmi-

sche Decrement. — Décroissance logarithmique.

Deflagrator, m. — Déflagrateur (de Hare).

Depesche, f. ***Telegraphische Depesche.*** — Dépêche télégraphique.
— ***Privatdepesche.*** — Dépêche privée.
— ***Ausgegebene Depesche.*** — Dépêche de départ.
— ***Angekommene Depesche.*** — Dépêche d'arrivée.
— ***Durchgangsdepesche.*** — Dépêche de passage.
— ***Transitirende Depesche.*** — Dépêche de passage.
— ***Amtsdepesche.*** — Dépêche de service, Activité.
— ***Dienstdepesche.*** — Dépêche de service, Activité.
— ***Staatsdepesche.*** — Dépêche officielle.
— ***Inländische Depesche.*** — Dépêche intérieure.
— ***Ausländische Depesche.*** — Dépêche internationale.
— ***Collationnirte Depesche.*** — Dépêche collationnée.
— ***Verglichene Depesche.*** — Dépêche collationnée.
— ***Recommandirte Depesche.*** — Dépêche recommandée.
— ***Dringende Depesche.*** — Dépeche urgente.
— ***Berichtigungsdepesche.*** — Dépêche rectificative.
— ***Ergänzende Depesche.*** — Dépêche complétive.
— ***Depesche in offener Sprache.*** — Dépêche en clair.
— ***Depesche in geheimer Sprache.*** — Dépêche en langage secret.
— ***Depesche in verabredeter Sprache.*** — Dépêche en langage convenu.
— ***Depesche mit verschiedenen Adressen.*** — Dépêche multiple.
— ***Zu vervielfältigende Depesche.*** — Dépêche multiple.

Depesche, f., ***Nachzusendende Depesche.*** — Dépêche faire suivre.
— ***Semaphorische Depesche.*** — Dépêche sémaphorique.
— ***Seedepesche.*** — Dépêche sémaphorique.
— ***Unbestellbare Depesche.*** Dépeche en dépôt.
— ***Zurückgebliebene Depesche.*** — Dépêche en souffrance.
— ***Offen zu bestellende Depesche.*** — Dépêche à remettre ouverte au destinataire.
— ***Eisenbahndienstdepesche*** — Dépêche de service de chemin de fer.
— ***Bezahlte Dienstdepesche.*** — Dépêche de service taxé.

Depeschenfreimarke, f. — Timbre dépêche.

Depeschentantieme, f. — Allocation par dépêche.

Depolarisation, f. — Dépolarisation.

Destilliren, n. ***Elektrisches Destilliren.*** — Distillation électrique.

Deviator, m. — Lampe électrique auxiliaire.

Diagnosticum, n. ***Elektrisches Diag. des Todes.*** — Diagnostic électrique de la mort.

Diagometer, n. — Diagomètre.

Diamagnet, m. — Substance diamagnétique.

Diamagneticum, n. — Substance diamagnétique.

Diamagnetisch. — Diamagnétique.

Diamagnetismus, m. — Diamagnétisme.

Diamagnetometer, n. — Diamagnétomètre.

Diametral. — Voir *Hülfsconductor.*

Diaphanoskopie, f. — Diaphanoscopie.

Diaphragma, n. Diaphragme.

Diaphragmenstrom, m. — Courant prenant naissance dans le passage d'un liquide à travers une paroi poreuse.

Dichte, f. ***Elektrische Dichte.*** — Densité électrique.

— ***Magnetische Dichte.*** — Densité magnétique.

Dichtigkeit, f. ***Elektrische Dich.*** — Densité électrique.

Dielektricität, f. — Diélectricité.

Dielektricitätsconstante, f. — Constante de diélectricité.

Dielektricum, n. — Substance diélectrique.

Dielektrisch. — Diélectrique.

Dielektrolyse, f. — Diélectrolyse.

Dienst, m. (Voir *Station.*) — Service (Voir *Station*).

— ***Ununterbrochener Dienst.*** — Service permanent.

— ***Diensthabender Beamte.*** — Employé de service.

Dienstablösung, f. — Changement de service.

Dienstalter, n. — Temps de service, Ancienneté.

Dienstdepesche, f. — Dépêche de service, Activité.

— ***Bezahlte Dienstdepesche.*** — Dépêche de service taxé.

Dienstnotiz, f. — Notice de service.

Dienstschluss, m. — Clôture.

Dienstübergabe, f. — Remise de service.

Dienstübergabebuch, n. — Livre de remise de service.

Dienstübernahme, f. — Reprise de service.

Differentialgalvanometer, n. — Galvanomètre différentiel.

Differentialinductor, m. — Inducteur différentiel.

Differentiallampe, f. — Lampe différentielle.

Differentialschaltung, f. — Méthode différentielle.

Diffusor, m. — Diffuseur.

Dimensionen (f.) ***der Einheiten.*** — Dimensions des unités.

Diplexsystem, n. — Système Diplex.

Directrix, f. — Directrice.

Directsprechen, n. — Communication directe.

Directstellung, f. — Installation en direct.

Disjunctionsstrom, m. — Courant de disjonction.

Distanzmesser, m. — Télémètre.

Donnerkeil, m. — Éclair en boule.

Doppelbock, m. — Monture double en fer pour porter les lignes et franchir les murs.

Doppelgestänge, n. — Poteau de ligne double.

Doppelglocke, f. — Double cloche.

Doppelinfluenz, f. — Double influence, Double condensation.

Doppelklemme, f. — Serre-fil à deux vis.

Doppelnadeltelegraph, m. — Télégraphe à deux aiguilles.

Doppelschläger, m. — Sonnerie à deux battements.

Doppelschreiber, m. — Appareil à double pointe.

Doppelsprechapparat, m. — Appareil pour transmettre en diplex.

Doppelsprechen. — Transmettre sur le même fil deux dépêches dans le même sens (diplex).

Doppelsprechen, n. — Transmission sur le même fil de deux dépêches dans le même sens (diplex).

Doppelständer, m. — Poteau jumelé.

Doppelstange, f. — Poteau double.

Doppelstiftapparat, m. — Appareil à double pointe.

Doppelstrich, m. — Double touche (Voir *Touche*).

Dosenrelais, n. — Relais à tabatière.

Dosometer, n. — Dosomètre.

Drachen, m. ***Elektrischer Drachen.*** — Cerf-volant électrique (de Franklin).

Draht, m. — Fil métallique.

— ***Primärer Draht einer Inductionsrolle.*** — Fil inducteur d'une bobine d'induction.

***Draht** Besponnener Draht.* — Fil recouvert.
— *Wachsdraht.* — Fil recouvert de coton trempé dans la cire.
— *Grüner Draht.* — Fil vert pour les communications avec la pile locale.
— *Rother Draht.* — Fil rouge pour les communications avec la pile de ligne.
— *Schwarzer Draht.* — Fil noir pour fil de terre.
— *Gelber Draht.* — Fil jaune pour les entrées de poste.

***Drahtader**,* f. — Couronne de fil.

***Drahtaufleger**,* m. — Monteur de fil (*Télégraphie militaire*).

***Drahtbefestigungsschraube**,* f. — Borne, Serre-fil.

***Drahtberührung**,* f. — Mélange.

***Drahtbund**,* m. — Couronne de fil.

***Drahtbündel**,* m. — Faisceau de fil.

***Drahtbürste**,* f. — Balai de fil.

***Drathgabel**,* f.—Lance à fourche (*Télégraphie militaire*).

***Drahthalter**,* m. — Serre-fil.

***Drahtkern**,* m.—Faisceau de fil.

***Drahtklemme**,* f. — Serre-fil, Borne métallique.

***Drahtklinke**,* f. — Calibre.

***Drahtlager**,* f. — Gorge de l'isolateur pour recevoir le fil.

***Drahtlehre**,* f. — Calibre.

***Drahtleitung**,* f. — Fil conducteur.

***Drahtmesser**,* n.—Cisailles pour fil.

***Drahtöse**,* f. — Cavalier.

***Drahtreiterklemme**,* f. — Pince à cavalier.

***Drahtrolle**,* f. — Bobine de fil.

***Drahtrollenträger**,* m. —Civière à bobines.

***Drahtrollenwagen**,* m.—Chariot à bobines.

***Drahtschraube**,* f. — Borne métallique.

***Drahtseil**,* n. — Corde de fil métallique.

***Drahtuntersucher**,* m.— Explorateur de fil.

***Drahtverbindung**,* f.—Ligature.

***Drahtverschlingung**,* f. — Mélange de fil.

***Drahtwinde**,* f. — Cric-tenseur.

***Drahtwindung**,* f. — Spire de fil.

***Drahtzieher**,* m. — Dresseur de fil, Monteur de fil.

***Dreher**,* m. — Axe de l'ailette métallique du Replenisher.

***Drehvermögen**,* n. *Magnetisches Drehvermögen.* — Pouvoir magnétique rotatoire.

***Drehwage**,* f. — Balance de torsion.

***Dreiecksverbindung**,* f. — Liaison triangulaire des poteaux au moyen d'une jambe de force, d'une tige et du poteau lui-même, le tout assemblé solidairement.

Drei Schillings. — Numéro du calibre westphalien pour fils correspondant au n° 14 du calibre anglais.

***Dreischläger**,* m. — Sonnerie à trois battements.

Dringend (Voir ***Depesche***).—Urgent (Voir *Dépêche*).

***Druckapparat**,* m. — *Hughes'scher Druckapparat.* — Appareil imprimeur Hughes.

***Druckcontact**,* m. — Contact par pression.

***Druckdaumen**,* m.—Came d'impression.

***Druckformular**,* n. — Imprimé.

***Druckknopf**,* m. *Birnenförmiger Druckknopf.* — Poire en ivoire contenant un bouton de sonnerie.

***Drucktelegraph**.* m. — Télégraphe imprimeur.

***Druckwelle**,* f. — Axe imprimeur.

***Dualisten**,* f. — Partisans de la théorie de Symmer.

***Duplex**,* m. — Système Duplex.
— *Ailhaud's Duplexsystem.* — Système Duplex Ailhaud.

***Duplikator**. Duplikator von Bennet.* — Doubleur de Bennet.

Durchbohrer (m.) ***des Kartenblattes.*** — Perce-carte.
— ***der Glasscheibe.*** — Perce-verre.
Durchgangsdepesche, f. — Dépêche de passage.
Durchgangsstation, f. — Station de passage.
Durchhang, m. — Flèche (de la chaînette).
Durchsprechen, n. — Transmission en direct.
Durchwachsen, n. ***Durchwachsen der porösen Thonzellen.*** — Incrustation des vases poreux.
Dynamisch. Dynamische Elektricität. — Électricité dynamique.
Dynamoelektrisch. Die dynamoelektrische Maschine. — Machine dynamoélectrique.
Dyn. — Unité de force C. G. S., Dyn.
Disthene. — Disthène.

E

Ebene, f. ***Schiefe Ebene.*** — Plan incliné d'échappement (Hughes).
Ebonit, n. — Ébonite.
Ecksäule, f. — Poteau cornier.
Eckschaltung, f. — Installation d'une station télégraphique en translation entre deux lignes, l'une à courant continu et l'autre à courant de transmission.
Eckstation, f. — Station isolée en dehors d'une grande ligne.
Ei, n. ***Elektrisches Ei.*** — Œuf électrique.
Eichapparat, m. — Jauge électrométrique.
Eichcondensator, n. — Condensateur étalon
Eiche f., ***elektromotorischer Kraft.*** — Étalon de force électromotrice.
— ***Capacitätseiche.*** — Étalon de capacité.
— ***Wiederstandseiche.*** — Étalon de résistance.
Eigenhändig. — Personnel (en main propre).
Eilbote, m. — Exprès.
Einaderig. Einaderiges Kabel. — Câble à un seul conducteur.
Einfallhaken, m. — Ressort à coches (Hughes).
Einführung, f. — Entrée de poste.
Einführungsträger, m. — Support d'entrée de poste.
Eingang m. ***Ein. einer Depesche.*** — Préambule d'une dépêche.
Eingangsbuch, n. — Livre d'entrée.
Eingipsen. — Sceller au gypse.
Einheit, f. ***Absolute Einheit.*** Unité absolue.
— ***Statische Einheit.*** — Unité statique.
— ***Abgeleitete Einheit.*** — Unité dérivée.
— ***Elektromagnetische Einheit.*** — Unité électromagnétique.
— ***Praktische Einheit.*** — Unité pratique.
— ***Einheit der Stromstärke.*** — Unité d'intensité.
— ***Einheit der Intensität des magnetischen Feldes.*** — Unité d'intensité de champ magnétique.
— ***Magnetische Einheit.*** — Unité magnétique.
— ***Einheit des magnetischen Momentes.*** — Unité de moment magnétique.

Einheit. Einheit der Britischen Association. — Unité de l'Association britannique.

— ***Elektrolytische Einheit.*** Unité électrolytique.

— ***Einheitsinduktionsröhre,*** f. — Tube unité d'induction.

— ***Einheistpol,*** m. — Pôle unité.

Einlegen, n. — Pose d'un câble souterrain.

Einlegung, f. — Pose d'un câble souterrain.

Einmal. Auf einmal entladen. — Décharger instantanément.

Einnadeltelegraph m. — Télégraphe à une aiguille.

Einnahmebuch, n. — Livre à souche.

Einnahmejournal, n. — Livre à souche.

Einsaugen. — Soutirer.

Einsauger, m. — Pointes collectrices soutirant l'électricité.

Einschalten. In den Stromkreis einschalten. — Mettre dans le circuit.

Einschalter, m. — Commutateur, Conjoncteur.

Einschaltung, f. — Mise dans le circuit.

Einschlagen, n. — Foudre entre la terre et un nuage.

Einschreiben, n. — Recommandation.

Einsenken, n. — Immersion d'un câble sous-marin.

Einstellhebel, m. — Levier de rappel au blanc.

Einströmen, n. — Afflux.

Einströmung, f. — Afflux.

Einströmungspunkt, m. — Point d'afflux.

Einzellicht, n. — Lumière provenant d'une lampe monophote.

Einzelschläger, m. — Sonnerie à un battement.

Einziehung, f. ***Einziehung einer Gebühr.*** — Recouvrement d'une taxe.

Eisen, n. ***Weiches Eisen.*** — Fer doux.

Eisenbahn, f. ***Elektrische Eisenbahn.*** — Chemin de fer électrique.

Eisenbahnbremse, f. ***Achard's elektrische Eisenbahnbremse.*** — Frein électrique de chemin de fer Achard.

Eisenbahndienstdepesche, f. — Dépêche de service du chemin de fer.

Eisenbahnläutewerk, n. — Sonnerie de chemin de fer.

Eisendraht, m. — Fil de fer.

Eisenelement, n. — Élément à fer (substitution du fer au platine dans l'élément Grove).

Eisenkern, m. — Noyaux de fer doux d'un électroaimant.

Eiweissstoff, m. — Albumine.

Elasticität, f. ***Elektrische Elasticität.*** — Élasticité électrique.

Elasticitätscoefficient, n. — ***Elektrisches Elasticitätsco.*** — Coefficient d'élasticité électrique.

Elektricität, f. — Électricité.

— ***Positive Elektricität.*** — Électricité positive.

— ***Negative Elektricität.*** — Électricité négative.

— ***Statische Elektricität.*** — Électricité statique.

— ***Reibungselektricität.*** — Électricité de frottement.

— ***Berührungselektricität.*** — Électricité de contact.

— ***Dynamische Elektricität.*** — Électricité dynamique.

— ***Gleichartige Elektricität.*** Électricité de même nom.

— ***Gleichnamige Elektricität.*** — Électricité de même nom.

— ***Ungleichartige Elektricität.*** — Électricité de nom contraire.

— ***Ungleichnamige Elektricität.*** — Électricité de nom contraire.

— ***Glaselektricität.*** — Électricité vitrée.

— ***Harzelektricität.*** — Électricité résineuse.

Elektricität. Gebundene Elektricität. — Électricité dissimulée.
— ***Verborgene Elektricität.*** — Électricité dissimulée.
— ***Induktionselektricität.*** — Électricité d'induction.
— ***Gespannte Elektricität.*** — Électricité de tension.
— ***Elektricität erzeugend.*** — Électrogène.
Elektricitätsanzeiger, m. — Électroscope.
Elektricitätsauffüller, m. — Replenisher ou restaurateur de charge.
Elektricitätsentwickelung (f.) ***in dem Wachsthum.*** — Dégagement de l'électricité dans la végétation.
Elektricitätsträger, m. — Électrophore.
Elektrisch. — Électrique.
Elektrisiren. — Électriser.
Elektrisirmaschine, f. — Machine électrique.
Elektrisirscheibe, f. — Plateau de la machine électrique.
Elektrisirung, f. — Électrisation.
Elektrition, f. — Électrition.
Elektrocapillare Erscheinung, f. — Phénomène électrocapillaire.
Elektrochemie, f. — Électrochimie.
Elektrochemisch. — Électrochimique.
Elektrode, f. — Électrode.
— ***Positive Elektrode.*** — Électrode positive.
— ***Negative Elektrode.*** — Électrode négative.
— ***für den Kehlkopf.*** — Rhéophore laryngien.
— ***Virtuelle Elektrode.*** — Électrode virtuelle.
Elektrodynamik, f. — Électrodynamisme.
Elektrodynamisch. — Électrodynamique.
— ***Elektrodynamische Gesetze.*** — Lois électrodynamiques.
Elektrodynamometer, n. — Électrodynamomètre.
Elektroendoskop, n. — Électroendoscope.
Elektroendoskopie, f. — Électroendoscopie.
Elektroendoskopisch. — Électroendoscopique.
Elektroharmonisch. — Électroharmonique.
Elektrolyse, f. — Électrolyse.
— ***Töne während der Elektrolyse.*** — Sons émis pendant l'électrolyse.
Elektrolyt, m. — Électrolyte.
Elektrolytisch. — Électrolytique.
Elektromagnet, m. — Électro-aimant.
— ***Hinkender Elektromagnet.*** — Électro-aimant boiteux.
— ***Dreischenkeliger Elektromagnet.*** — Électro-aimant trifurqué.
— ***Hughes'scher Elektromagnet.*** — Électro-aimant polarisé Hughes.
— ***Paracirculärer Elektromagnet.*** — Électro-aimant paracirculaire.
— ***abelektromagnet.*** — Électroaimant droit.
— ***Zweischenkeliger Elektromagnet.*** — Électro-aimant à deux branches (en fer à cheval).
Elektromagnetisch. — Électromagnétique.
Elektromagnetismus, m. — Électromagnétisme.
Elektromassage, f. — Électromassage.
Elektrometer, n. — Électromètre.
— ***Thomson'sches absolutes Elektrometer.*** — Électromètre absolu de Thomson.
— ***Saussure's Elek.*** — Électromètre de Saussure.
— ***Cavallo's Elek.*** — Électromètre de Cavallo.
— ***Strohhalmelektrometer.*** Électromètre de Volta.
— ***Goldblattelektrometer.*** —

Électromètre de Bennet à feuilles d'or.
Elektrometer, n. *Peltier'sches Elek.* — Électromètre de Peltier.
— *Symetrisches Elek.*—Électromètre symétrique.
— *mit angezogener Scheibe.* — Électromètre à disque attiré.
Elektromotograph, m. — Électromotographe.
Elektromotor, m. — Électromoteur.
Elektromotorisch. — Électromoteur.
Elektronegativ. — Électronégatif.
Elektrooptik, f.—Électrooptique.
Elektrophon, m.—Électrophone.
Elektrophor, n.— Électrophore.
Elektrophysiologie, f. — Électrophysiologie.
Elektropositiv. — Électropositif.
Elektropseudolyse, f.—Électropseudolyse.
Elektropunktur, f. — Électropuncture.
Elektroscop, n. — Électroscope.
— *Condensirendes Elek.* — Électroscope condensateur.
— *mit Condensator.* — Électroscope condensateur.
— *Schwimmendes Elek.* — Électroscope à flotteur, Aréomètre électrique.
Elektroscopisch. — Électroscopique.
Elektrostatik, f. — Électrostatique (science).
Elektrostatisch. — Électrostatique.
Elektrostriction, f. — Dilatation galvanique.
Elektrotherapie, f.—Électrothérapeutique.
Elektrotypie, f. — Électrotypie.
Elektrotonisch. — Électrotonique.
Elektrotonus, m.— État d'excitabilité spécial d'un nerf traversé par un courant en deux points rapprochés.
Elektroträger, m. — Électrophore.
Elektrovitalismus, m.—Électrovitalisme.
Element, n. — Élément.
— *Elemente nebeneinander verbinden.*—Monter une pile en quantité.
— *Elemente grossplattig verbinden.* — Monter une pile en quantité.
— *Elemente hintereinander verbinden.*—Monter une pile en tension.
— *Elemente zur Saule verbinden.* — Monter une pile en tension.
— *Flaschenelement*, n. — Pile-bouteille.
— *Magnetisches Element.* — Élément magnétique.
Elementarmagnet, m. — Aimant moléculaire.
Elm's Feuer, n. — Feu St Elme.
Empfangsanzeige, f. (*Depesche*). — Accusé de réception (Dépêche).
Empfangsbescheinigung, f. — Accusé de réception (imprimé).
Empfindlichkeitskoefficient, m. — Coefficient de sensibilité.
Endamt, n. — Bureau tête de ligne.
Endosmose, f. *Elektrische Endo.* — Endosmose électrique.
Endstation, f. — Bureau tête de ligne.
Energie, f. *Elektrische Ene.* — Énergie électrique.
— *Kinetische Energie.* — Énergie cinétique.
— *Potentielle Energie.* — Énergie potentielle.
Energiemesser, m. — Ergmètre.
Entladen. — Décharger.
— *Auf einmal entladen.* — Décharger instantanément un condensateur.
— *Allmäligentl.*—Décharger par contacts successifs.
Entladung, f. — Décharge, Effluve.
— *Conduktive Entladung.* — Décharge conductive.

Entladung. Continuirliche Entl. — Décharge continue.
— *Dunkle Entladung.* — Décharge obscure.
— *Intermittirende Entl.* — Décharge intermittente.
— *Allmälige Entladung.* — Décharge successive.
— *Successive Entladung.* — Décharge successive.
— *Oscillirende Entladung.* — Décharge oscillante.
— *Oscillatorische Entl.* — Décharge oscillante.
Entladungsröhre, f. — Tube de décharge (Geissler).
Entladungsschlüssel, m. — Clef de décharge.
Entladungsstrom, m. — Courant de décharge.
Entlastungssäule, f. — Poteau d'allègement.
Entmagnetisiren. — Désaimanter.
Entmagnetisirung, f. — Désaimantation.
Entrichtung, f. — Perception des taxes.
Equivalent (n) *der dynamischen Elektricität.* — Équivalent de l'électricité dynamique.
Erdbatterie, f. — Pile terrestre.
Erdbebenmesser. Elektrischer Erd. (m.) — Sismographe électrique.
Erdbohrer, m. — Tarière.
Erddraht, m. — Fil de terre.
Erdleitung, f. — Fil de terre.
Erdleitungsstange, f. — Piquet de terre.
Erdmagnetismus, m. — Magnétisme terrestre.
Erdplatte, f. — Plaque de terre.
Erdplattensstrom, m. — Courant tellurique.
Erdrohr, n. — Tube (ou fil) de terre.
Erdschluss, m. — Perte à la terre.
Erdschraube, f. — Tarière.
Erdstrom, m. — Courant terrestre.
Erg. — Erg (Unité de travail C. G. S.).
Ergänzungstaxe, f. — Taxe complémentaire.
Erhalten. Eine Depesche erhalten. — Recevoir une dépêche.
Erregerplatte, f. — Plaque excitatrice.
Erregung (f) *der Elektromagnete.* — Excitation des électroaimants.
Erscheinung, f. *Peltier'sche Er.* — Phénomène de Peltier.
Erschütterung, f. — Commotion.
Ergebniss, n. — Rendement.
Erzscheider, m. — Séparateur de minerais.
Erzeugung der Elektricität durch Muskelbänder. — Electrogenèse.
Ertrag, m. — Rendement.
Estienne'scher Doppelschreiber, m. — Appareil télégraphique Estienne.
Etappentelegraphenabtheilung, f. — Brigade de télégraphie d'étapes.
Eudiometer, n. — Eudiomètre.
Express, m. — Exprès.
Extrastrom, m. — Extracourant.

F

Fackelsignal, n. — Signal de flambeaux.
Fadentelephon, m. — Téléphone à ficelle.
Fallscheibe, f. — Disque indicateur.
Fallzeit, f. — Saison d'abatage des poteaux télégraphiques.

Fangspitze, f. — Pointe d'un paratonnerre.
Fangstange, f. — Tige de paratonnerre.
Farad, n. — Unité pratique de capacité.
Faraday's Würfel, m. — Cube ou cage de Faraday.
Faradisation, f. — Faradisation.
Farbgefäss, n. — Godet pour encre oléique.
Farbrolle, f. — Tampon.
Farbschreiber, m. — Morse écrivant.
Farbwalze, f. — Molette.
Fassung, f. *Eiserne Fass.* — Armature d'un aimant naturel.
Feder, f. *Elektrische Feder.* — Plume électrique.
Federcommutator, m. — Commutateur à ressort.
Federgehäuse, n. — Barillet.
Federharz, n. — Caoutchouc.
Federklemme, f. — Pince à ressort.
Federtrommel, f. — Barillet.
Fehler, m. — Dérangement.
Feilkloben, m. — Mâchoire à tordre.
Feindlich (Voir *Pôle*). — De nom opposé.
Feld, n. — Division d'un cadran, Champ.
— *Elektrisches Feld.* — Champ électrique.
— *Magnetisches Feld.* — Champ magnétique.
— *Um ein Feld vorspringen.* — Avancer d'une division.
Feldbatterie, f. — Pile pour appareil de campagne.
Feldlinie, f. *Fliegende Feldlinie.* — Ligne volante de télégraphie militaire.
Feldtelegraph, m. — Télégraphe de campagne.
Feldtelegraphenabtheilung, f. — Brigade de télégraphie militaire (1re ligne).
Feldtelegrapheninspection, f. — Brigade civile de télégraphie militaire.
Feldtelegraphenlinie, f. — Ligne de télégraphie militaire.
Feldtelegraphie, f. — Télégraphie de campagne.
Ferne. Aus der Ferne. — A distance.
Fernschreibekunst, f. — Télégraphie.
Fernschreiben, m. — Télégraphie.
Fernschreiber, n. — Télégraphe de M. Jaite.
Fernsprache, f. — Téléphonie.
Fernsprechamt, n. — Bureau téléphonique.
Fernsprecher, m. — Téléphone.
Festigkeitsmodul, n. — Coefficient de rupture.
Feststampfen, n. — Damage des terres.
Feueranzeiger-Elektrischer Feuer. — Indicateur électrique d'incendie.
Feuergarbe, f. — Gerbe de feu.
Feuermeldelinie, f. — Ligne pour annoncer les incendies.
Feuermelder. Elektrischer Feuermelder. — Avertisseur électrique d'incendie.
Feuerstrahl, m. — Jet de feu.
Feuerwehrkästchen, n. — Boîte à incendie.
Feuerwehrtelegraph, m. — Télégraphe pour annoncer les incendies.
Feuerzeug, n. *Elektrisches Feuerz.* — Briquet electrique.
Figur, f. *Magnetische Figur.* — Spectre magnétique, Fantôme magnétique.
— *Kundt'sche Figur.* — Figure de Kundt.
Figurenwechsel, m. — Inversion des caractères (lettres et chiffres).
Filiastation, f. — Station succursale.
Fingerhutapparat, m. — Pile à dés.
Firstleitung, f. — Circuit des faîtes.
Fisch, m. *Elektrischer Fisch.* — Poisson électrique.
Fisch. Goldener Fisch. — Pois-

son volant (de Franklin).
Fläche, f. ***Die gleichen elektrischen Potentials Flächen.*** — Surfaces équipotentielles.
Flächenblitz, m.—Éclair diffus.
Flachringarmatur, f. — Armature à anneau plat.
Flamme, f. ***Elektrische Eigenschaft der Flammen.*** — Propriétés électriques des flammes.
Flammenbogen, m. ***Elektrischer Flamm.***—Arc voltaïque.
Flamnenbogenlampe, f.—Lampe à arc voltaïque.
Flammenstrom, m. — Courant flammaire.
Flasche, f. ***Leydener Flasche.***— Bouteille de Leyde.
— ***Elektrische Flasche.*** — Bouteille de Leyde en cascade.
— ***Kleist'sche Flasche.*** — Bouteille de Kleist.
— ***Lane's Flasche.*** — Électromètre de Lane.
Flaschendraht, m. — Fil des lignes souterraines.
Flaschenelement, n. — Pile en forme de bouteille.
Flaschensäule, f. — Batterie en cascade.
Flimmerepithelium. — Epithelium prismatique.
Flucht (f.) ***der Pfosten.*** — Alignement de poteaux.
Flügelklemme, f. — Pince à oreilles.
Flugrad, n. ***Elektrisches Flugrad.*** — Tourniquet électrique.
Fluidum, n. — Fluide (Entité hypothétique).
Fluorescenz, f. — Fluorescence.
Flüssigkeit, f. ***Elastische Flüss.*** — Fluide gazeux.
— ***Tropfbare Flüssigkeit.*** — Fluide liquide.
Flusskabel, m. — Câble sous-fluvial.
Flussleitung, f. — Ligne sous-fluviale.
Folgepunkt, m. — Point conséquent.
Formel, n. ***Ampere'sches For.*** — Formule d'Ampère.
Formel. Laplace'sches Formel. — Formule de Laplace.
Fortpflanzung, f. ***Fortpflanzung der Elektricität.*** — Propagation de l'électricité.
Fortschellklingel, ***m.*** — Sonnerie à carillon.
Foucault'sche, m. ***Foucault'scher Interruptor.*** — Interrupteur de Foucault.
— ***Foucault'scher Strom.*** — Courant de Foucault.
Franklinisation, f. — Francklinisation.
Franklin'sche, f. ***Franklin'sche Tafel.*** — Tableau de Franklin.
Freundschaftlich. (Voir *Pole*,) — De même nom.
Friction, f. ***Magnetische Friction.*** — Frottement magnétique.
Friction, m. ***Elektrische Friction.*** — Friction électrique.
Frictionsrad, n.— Roue de frottement.
Frictionssperrklinke, f. — Cliquet de la roue de frottement.
Froschklemme, f. — Pince hollandaise.
Froschstrom, m. — Courant propre de la grenouille.
Fühlhebel, m. — Levier-palmer.
Füllapparat, m. — Replenisher.
Funken, m. ***Elektrischer Funken.*** — Étincelle électrique, Éclair.
— ***Schwacher Funken.*** — Étincelle faible.
— ***Starker Funken.*** — Étincelle forte.
— ***Zusammengesetzter Funken.*** — Étincelle composée.
— ***Zerreissender Funken.*** Étincelle disruptive.
Funken, m. ***Wandernder elektrischer Funken.*** — Étincelle électrique ambulante.
Funkenring, m. ***Winter'scher Funk.*** — Anneau de Winter.
Funkenmesser, m. — Micromètre à étincelles.
Funkenmikrometer, n. — Excitateur micrométrique.

Funkenzieher, m. — Excitateur.
Funkenzündpatrone, f. — Cartouche à inflammation par étincelle.
Funktion, f. ***Magnetisirende Funktion***. — Fonction magnétisante.
Fusscommutator, m. — Commutateur à pédale.

G

Galvanisch. — Galvanique.
Galvanisation, f. — Galvanisation.
Galvanismus, m. — Galvanisme.
Galvanochromie, f. — Métallochromie.
Galvanographie, f. — Galvanographie.
Galvanokaustik, f. — Galvanocaustique.
Galvanometer, n. — Galvanomètre.
— ***Verticales Galv.*** Galvanomètre-balance Bourbouze.
Galvanometer (Voir *Potential et Stromstärke*).
Galvanoplastik, f. — Galvanoplastie.
Galvanopyrometer, n. — Pyromètre magnétique.
Galvanoskop, n. — Galvanoscope.
Galvanothermometer, n.—Thermomètre électrique.
Galvanotropismus, m. — Galvanotropisme.
Gangbarkeit, f. — Bon fonctionnement.
Gangfeder, f. — Ressort antagoniste ou de rappel.
Garbe, f. ***Leuchtende Garbe***. — Gerbe de feu.
Gasbatterie, f. — Pile à gaz.
Gassäule, f. — Couple à gaz.
Gauss, n. — Gauss (Unité de champ magnétique).
Gazekegel, m. ***Faraday's Gazekegel***. — Cone de mousseline de Faraday.
Geben, n. — Transmission.
Gebühr, f. — Taxe.
— ***Einzufordernde Gebühr***. — Taxe à percevoir.
Gebühreneinnahme, f. — Perception des taxes.
Gebührenerstattung, f. — Remboursement des taxes.
Gefäll, n. — Chute (Ohm).
Gefüge, n. — Structure.
— ***Sehniges Gefüge***. — Structure nerveuse.
— ***Faseriges Gefüge***.—Structure fibreuse.
Gegenbatterie, f. — Pile d'opposition.
Gegenkraft, f. — Force opposée.
Gegenschaltung, f. — Installation des communications électriques par opposition.
Gegensprechapparat, m. — Appareil destiné à la transmission double dans les deux sens sur le même fil.
Gegensprechen. — Transmettre deux dépêches en sens contraire sur le même fil.
Gegensprechen, n. — Transmission simultanée de deux dépêches en sens contraire sur le même fil.
Gegensprechtaster, m. — Manipulateur pour transmettre deux dépêches en sens contraire simultanément sur le même fil.
Gegenstrom, m. — Extracourant, Courant de retour.
Gehänge, f. ***Astatische Gehänge***. — Equipage astatique.

Geheimsprechen, n. — Correspondance secrète.
Gehör. ***Nach dem Gehör aufnehmen***. — Lire au son.
Geläute, n. — Sonnerie.
Geldanweisung, f. — Mandat d'argent.
Gemeinsam (Voir *Batterie*). — Commun (Voir *Pile*).
Gemeinschaftlich (Voir *Batterie*). — Commun (Voir *Pile*).
Geradelegen, n. — Rectification du fil.
Geräusch, n. ***Knackendes und Gribbelndes Geräusch***, n. Bruit de friture.
Geruch, m. ***Elektrischer Geruch***. — Odeur électrique.
Gesammtwiderstand, m. — Résistance de tout un circuit.
Gesetz, n. ***Gesetz der verzweigten Ströme***. — Loi des courants dérivés (de Kirchhoff).
— ***Gesetz der inducirten Ströme***. — Loi des courants induits.
Geschwindigkeit (f.) ***der Elektricität***. — Vitesse de l'électricité.
Gestell, n. — Bâti.
— ***Amper'sches Gestell***. — Table d'Ampère.
Gestellplatte, f. — Platine.
Gewitter, n. — Orage.
— ***Magnetisches Gewitter***. — Orage magnétique.
Gewitterelektricität, f. — Électricité d'un temps orageux.
Gewitterstellung, f. — Position d'un appareil sur paratonnerre.
Gewitterwolke, f. — Nuage orageux.
Gl... (***gleich***). — Attente quelques instants (Abréviation usitée sur les lignes allemandes).
Glanzbrenne, f. — Eau forte à brillanter.
Glaselektricität, f. — Électricité vitrée.
Glassäule, f. — Pile de verre.
Glätteisen, n. — Fer à polir.
Gleichartig. — De même espèce.
Gleichbleiben, n. — Fixité.
Gleichgeneigt. — Isocline.
Gleichgewicht, n. ***Elektrisches Gleichgewicht***. — Équilibre électrique.
Gleichgewichtsgleichung, f. — Équation de l'équilibre électrique.
Gleichnamig. — De même nom.
Gleichstrommaschine, f. — Machine à courants redressés.
Gleichwinklig. — Isogone.
Gleichzeitiges Telephoniren und Telegraphiren auf demselben Drahte. — Transmission simultanée téléphonique et télégraphique sur le même fil.
Gleitdraht, m. — Fil d'un pont de Wheatstone à curseur.
Gleitstelle, f. — Point de glissement.
Gliederröhren, f. — Tubes articulés.
Glimmen. — Luire, S'illuminer sous l'apparence d'une lueur.
Glimmer, m. — Mica.
Glimmersäule, f. — Pile de mica.
Glimmlicht, n. — Lueur électrique.
Glocke, ***Sympathische Glocke***. — Cloche sympathique, Avertisseur téléphonique.
Glokenisolator, m. — Cloche isolante.
Glockenmagnet, m. — Aimant campanulé.
Glockenspiel, n. ***Elektrisches Glock***. — Carillon électrique.
Glühlicht, n. — Lumière par incandescence.
Glühlichtlampe, f. — Lampe à incandescence.
Glühzündpatrone, f. — Cartouche à inflammation par incandescence.
Glyphographie, f. — Glyphographie.
Goldblattelektrometer, n. — Électromètre à feuilles d'or.
Gramme'scher Ring. — Anneau de Gramme.
Graphitwiderstand, m. — Résistance de graphite.
Grossplattig. ***Eine Batterie***

grossplattig verbinden.—Monter une pile en quantité.
Grotthus'sche Theorie, f. — Théorie de Grotthus.
Grubengazanzeiger, m. — Méthanomètre.
Grundeinheit, f. — Unité fondamentale.
Grundplatte, f. — Plateau inférieur d'un condensateur.
Grundtaxe, f. — Taxe fixe.
Gummielasticum, n. — Caoutchouc.
Guttapercha, f. — Guttapercha.
Guttaperchapresse, f. — Presse pour la guttapercha.
Gyroscop, n. — Gyroscope.
Gyrotrop, m. — Gyrotrope.

H

Hagel, m. — Grêle.
Hahn, m. *Elektrischer Hahn.*— Robinet électrique.
Hakenöse, f. — Crochet du support (de l'isolateur).
Halbanker, m. — Demi-armature.
Halbleiter, m. — Corps moyennement conducteur.
Halloh. — Halloh.
Halseisen, n. — Collier.
Haltscheibe, f.— Disque d'arrêt.
Hammer, m. *Wagner'scher Hammer.* — Interrupteur à marteau de Wagner.
— *Deprez'scher elektrischer Ham.* — Marteau pilon électrique de M. Deprez.
Hand. Elektrische Hand, f. — Main électrique.
Handelscodex, m. — Code commercial.
Handschriftlocher, m. — Compositeur, Perforateur à main.
Hanftrensen, f. Guipage.
Hängeglocke, f. — Cloche à suspension.
Harmonisch. Harmonischer Apparat. — Appareil électro-harmonique.
Hartloth, n. — Soudure forte.
Harzelektricität, f. —Électricité résineuse.
Haspel, m. *Elektrischer Haspel.* — Tourniquet électrique.
Hauchbild, n. — Image rorique.
Hauchfigur, f.— Figure rorique.
Hauptaxe, f. — Axe principal.
Hauptdraht, m.—Fil inducteur.
Hauptkreis, m. — Circuit principal.
Hauptleitung, f. — Fil supérieur sur les poteaux télégraphiques.
Hauptleitungsisolator, m. —Isolateur du fil qui est à la partie supérieure du poteau télégraphique.
Hauptleitungsstütze, f. — Support du fil supérieur sur le poteau télégraphique.
Hauptstrom, m. — Courant inducteur.
Hauptuhr, f. —Régulateur d'une horloge électrique.
Heberschreibapparat, m. — Siphon Recorder.
Hebung, f. — Relèvement d'un câble.
Hemophon, n. — Hémophone.
Henley's Quadrant, m. — Électromètre de Henley.
— *Henley's allgemeiner Auslader.* — Excitateur universel de Henley.
Hintereinander. Die Elemente hintereinander verbinden. — Monter une pile en tension.
— *Die Elektromagnete hintereinander schalten.*— Mettre deux électroai-

mants l'un à la suite de l'autre dans un circuit.

Hintereinanderschaltung, f. — Montage d'une pile en tension.

Holtz'sche. Die Holtz'sche Maschine. — Machine à influence de Holtz.

Horizontalintensität, f. — Composante horizontale de l'intensité (magnétique terrestre).

Horngummi, n. — Caoutchouc durci.

Hughes. (Voir *Druckapparat.*)

Hufeisenmagnet, m. — Aimant en fer à cheval.

Hülfsbote, m. — Facteur auxiliaire.

Hülfsconductor, m. ***Diametraler Hülfsconductor.*** — Conducteur diamétral auxiliaire.

Hydroelektrisch. Hydroelektrisches Phänomen. — Phénomène hydroélectrique.

Hydroelektrisirmaschine, f. — Machine hydroélectrique.

Hydrophon, n. — Hydrophone.

Hydrostatimeter, n. — Hydrostatimètre.

Hygroelektrometer, n. — Hygroélectromètre.

I

Idioelektrisch. — Idioélectrique.

Idiostatische Methode. — Méthode idiostatique.

Imprägniren. — Injecter.

Imprägnirung, f. — Injection.

Incandescenz, f. — Incandescence.

Incandescenzlampe, f. — Lampe à incandescence.

Inclination, f. — Inclinaison.

Inclinationsboussole, f. — Boussole d'inclinaison.

Inclinatorium, m. — Boussole d'inclinaison.

India Rubber. — Caoutchouc.

Indifferenzpunkt, m. — Ligne neutre.

Indifferenzzone, f. — Zône neutre.

Induciren. — Induire.

Inducirt. — Induit.

Induktion. — Induction dynamique.

— *Statische Induktion.* — Induction statique.

— *Magnetische Induktion.* — Induction magnétique, Aimantation.

— *Molecularinduktion.* — Induction moléculaire.

Induktion. Magnetoelektrische Induktion. — Induction magnéto-électrique.

Induktion, f. *Unipolare Induktion.* — Induction unipolaire.

Induktionsapparat, m. — Appareil d'induction dynamique.

Induktions Brücke, f. — Pont d'induction.

Induktionselektricität, f. — Électricité d'induction.

Induktionsrelais, n. — Relais Siemen's à courants d'induction.

Induktionsrolle, f. — Bobine d'induction.

Induktionsstrom, m. — Courant d'induction.

Induktionsvermögen, n. — Capacité inductrice.

— *Specifisches Induktionsvermögen.* — Capacité inductrice spécifique.

Induktionswage, f. — Balance d'induction.

Induktor, m. *Siemens'scher Induktor.* — Armature ou bobine Siemens.

Influenz, f. — Induction statique.

Inhibiren. Eine Depesche inhibiren.—Retirer une dépêche.
Instradeur, m. — Employé chargé de la direction des dépêches dans un grand bureau.
Instradiren. Eine Depesche instradiren. — Diriger une dépêche (après l'avoir enregistrée).
Instradirung, f. — Direction donnée à une dépêche (après l'avoir enregistrée).
Insulite, f. — Insulite.
Integraph. — Intégraphe.
Integrator, m. — Intégrateur.
Intensität, f. — Intensité.
— *Horizontalintensität.* — Composante horizontale de l'intensité magnétique.
— *Verticalintensität.*— Composante verticale de l'intensité magnétique.
Interruptor, m.— Interrupteur.
— *Foucault'scher Inter.* — Interrupteur Foucault.
Inversor, m. — Inverseur.
Ionen, f. — Produits électrolytiques, Ions.
Isoclinisch. — Isocline.
Isodynamisch.— Isodynamique.
Isoelektrisch. — Équipotentiel.
— *Isoelektrische Fläche.* — Surface équipotentielle.
Isogonisch. — Isogone.
Isolation, f. — Isolement.
Isolationsvermögen, n. — Pouvoir isolant.
Isolationswiderstand, m. — Résistance d'isolement.
Isolator, m. — Isolateur.
Isoliranschlag, m. — Contact isolé (Récepteur Morse).
Isoliren. — Isoler.
Isolirglocke, f. — Cloche isolante.
Isolirkopf, m. — Isolateur cloche.
Isolirschemel, m. — Tabouret isolant.
Isolirtülle, f. — Cloche isolante.

J

Joule. — Joule.
Joule'sches Gesetz der Erwärmung des Stromkreises. — Loi de Joule.
Jute, m. — Jute, Chanvre des Indes.
Juxtastrom, m. — Juxta-courant.

K

KK. (Abréviation de Klammer). — Parenthèse (signal dans les transmissions télégraphiques).
Kabel, n. — Câble.
— *Ein unterirdisches Kabel einlegen.* — Poser un câble souterrain.
Kabel. Ein Seekabelversenken. Immerger un câble sous-marin.
Kabelader, f. — Ame de câble.
Kabelhalter, m.—Appareil pour retenir les câbles sur les côtes.
Kabellegung, f. — Pose d'un câble.

Kabellegungstheorie, f. — Théorie de la pose des câbles.
Kabelleitung, f. — Ligne de câbles.
Kabellitze, f. — Cordon conducteur des câbles.
Kabelschiff, n. — Bâtiment pour la pose des câbles.
Kabelschutzmuffe, f. — Manchon protecteur pour câble.
Kabelsonde, f. — Sonde pour (l'immersion d'un) câble.
Kabeltranslator, m. — Translateur de câble.
Kameelform, f. — Chameau.
Kamm, m. ***Corrections Kamm.*** — Came de correction.
Kammasse, f. — Ébonite.
Kanthaken, m. — Grappin pour retourner les poteaux sur place.
Kästchen für Fallscheibe, n. — Relais de sonnerie.
Kataphorische Wirkung. — Endosmose électrique.
Kathode, f. — Électrode négative, Cathode.
Kationen, f. — Produits dégagés au pôle négatif de la pile.
Kennzeichen, n. — Point de repère.
Kerite, f. — Kérite.
Kerr's, Erscheinung, f. — Phénomène de Kerr.
Kerze, f. ***Elektrische Kerze.*** — Bougie électrique.
Kerzenhalter, m. — Chandelier.
Kesselpräparatur, f. — Procédé d'injection en vase clos.
Kette, f. ***Die Kette bilden.*** — Former la chaîne.
— ***Elektrodynamische Kette.*** — Chaînette électrodynamique.
Kettenlinie, f. — Chaînette.
Kiemfisch, m. ***Elektrischer Kiemfisch.*** — Trichiurus electricus.
Kiesellicht, n. ***Elektrisches Kiesellicht.*** — Lumière électrosilicique.
Kinetisch. — Cinétique.
Kink, f. — Coque ou nœud des câbles.
Kinnersley. Kinnersley'sches Luftthermometer. — Thermomètre de Kinnersley.
Kirchhof. Das Gesetz von Kirchhof. — Loi de Kirchhof.
Klanke, f. — Nœud d'un câble.
Klappenschrank, m. — Tableau téléphonique indicateur.
Klappensystem, n. — Annonciateur téléphonique.
Kleben, n. (Voir *Klebenbleiben*). — Adhérence de la palette d'un électroaimant.
Klebenbleiben, n. — Adhérence continue de la palette d'un électroaimant (Dérangement).
Klebpfosten, m. — Eclisse, Assemblage de petits poteaux.
Klemmbacke, f. — Pince plate.
Klemme, f. — Pince.
— ***Dreiarmige Klemme.*** — Pince à trois branches.
— ***Dreifache Klemme.*** — Pince à trois branches.
— ***Drahtverbindungsklemme.*** — Pince de raccordement.
Klinkenumschalter, m. — Commutateur à ressorts.
Klopfer, m. — Parleur.
Klopfzeug, n. — Taquoir.
Klumpen (m.) ***Thon.*** Colombin.
Knick, m. — Bosse.
Knickhebel, m. — Levier brisé écrivant de l'appareil Morse.
Knierohr, n. — Tuyau coudé.
Knopf, m. ***Elektrischer Knopf.*** — Bouton électrique.
Knopfleiste, f. — Planchette à borne.
Knoten, m. ***Ungehöriger Knoten.*** — Nœud (des câbles).
Knotenbund, m. — Ligature.
Knotenhalter, m. — Serre-nœud.
Knotenstation, f. — Station de bifurcation.
Kohle, f. — Charbon.
Kohlenelektrode, f. — Rhéophore à charbon.
Kohlenfernsprecher, m. — Téléphone à charbon.
Kohlenrheostat, m. — Régulateur à charbons.

Kombinateur, m. — Combinateur.
Kombination, f. — Combinaison.
Kontaktglühlichtlampe, f. — Lampe à incandescence à contact imparfait.
Kontaktknopf, m. — Bouton de contact.
Kontaktstift, m. — Goujon.
Kontaktstosslampe, f. — Lampe à écart fixe.
Kontrolrad, n. —Croix de Malte.
Kontrolzahn, m. — Doigt d'arrêt (de la croix de Malte).
Kopf, m. ***Kopf einer Depesche***. — Préambule d'une dépêche.
Körper, m. — Plaque du milieu du manipulateur Morse.
Korkkugelelektroskop, n. — Électroscope à balle de liège.
Kraft, f. — Effort.
— ***Elektromotorische Kraft***. — Force électromotrice.
Kraftlinie, f. — Ligne de force
Kraftröhre, f. — Tube de force.
Kraftübertragung, f. — Transport de la force.
Kramme, f. — Cavalier, Crochet de support télégraphique.
Kratzbürste, f. — Gratte bosse (nom d'un balai employé en galvanoplastie).
Kreis, m. ***Beschützter Kreis***.— Espace protégé.
Kreislauf, m. — Circuit.
— ***Einen Kreislauf öffnen***.— Ouvrir un circuit.
— ***Einen Kreislauf schliessen***. — Fermer un circuit.
Kreisstrich, m. — Touche circulaire.
Kreisstrom,m. — Courant d'Ampère.
Kreosotirung, f. — Injection à la créosote.
Kreuz, m. ***Kreuz von Peltier***. — Pince de Peltier.
Kriegstelegraph, m. — Télégraphe de campagne.
Kriegstelegraphie, f. — Télégraphie militaire.
Kritisch. — Critique.
Krone, f. ***Krone des Nordlichts***. — Couronne d'aurore boréale.
Krotophon. — Krotophone.
Kugelblitz, m. — Éclair en boule.
Kugelelektrisirmaschine, f. — Machine électrique à globe de soufre.
Kugelschrifttelegraph, m. — Télégraphe électroglobotype.
Kuhfuss, m. — Pince.
Kundt. ***Kundt'sche Figur***. — Figure électrique de Kundt sur plateau conducteur.
Kupfer, n. — Cuivre.
Kupferdraht, m. — Fil de cuivre.
Kupferstahldraht, m. — Fil compound.
Kurbelumschalter, m. — Commutateur à manivelle.
Küstenbeobachtungsstation, f. — Poste d'observation sur les côtes.
Küstenkabel, n. — Câble des côtes.
Kyanisiren. — Injecter au bichlorure de mercure.
Kyanisirung, f. — Injection au bichlorure de mercure.

L

Ladd's Maschine, f. — Machine de Ladd.
Ladung, f. — Charge.
— ***Moleculare Ladung***. — Charge moléculaire.
Ladungscoefficient, m. — Coefficient de charge.
Ladungsrückstand, m. ***Gebun-***

dener Ladungsrückstand. — Charge résiduelle latente.
Ladungssäule, f. — Pile secondaire.
Ladungsstrom, m. — Courant de charge.
Lagenwickelung, f. — Enroulement par couches successives.
Lagerplatz, m. *Der Transport nach den Lagerplätzen.* — Transport à pied d'œuvre.
Lamellarmagnet, m. — Aimant feuilleté, Aimant en lames ou lamellaire.
Lamellenmagnet, m. — Aimant feuilleté, Aimant lamellaire ou en lames.
Lampe, f. Elektrische Lampe. — Lampe électrique.
Lane, f. *Lane's Flasche.* — Électromètre de Lane.
Länge, f. *Reducirte Länge.* — Longueur réduite.
Läppchen, n. *Elektrisches Läppchen.* — Lobe électrique.
Läufer, m. Chariot.
Läuferwelle, f.—Axe de chariot.
Läutesäule, f. — Poteau de sonnerie.
Läutestellung, f. — Position sur sonnerie.
Läutetaste, f. — Bouton de sonnerie.
— *mit Rücksignal.* — Bouton de sonnerie à répétition.
Läutewerk, n. — Sonnerie.
Läutewerklinie, f. — Ligne de sonnerie.
Lehre, f. *Washburn Lehre.* — Jauge de Washburn.
Leistungsfähigkeit, f. — Rendement.
Leiten. — Conduire.
Leiter, m. — Conducteur.
— *Guter Leiter.* — Bon conducteur.
— *Mittelmässiger Leiter.* — Moyennement conducteur.
— *Schlechter Leiter.*— Mauvais conducteur.
— *Leiter erster Klasse.* — Conducteur dans lequel il n'y a pas de décomposition électrolytique.
Leiter zweiter Klasse. — Conducteur où il y a des décompositions électrolytiques.
Leitkraft, f. — Conductibilité.
Leitung. Die telegraphische Leitung. — Ligne télégraphique.
— *Luftleitung.* — Ligne aérienne.
— *Oberirdische Leitung.* — Ligne aérienne.
— *Stadtleitung.* — Ligne urbaine.
— *Submarine Leitung.* — Ligne sous-marine.
— *Unterirdische Leitung.* — Ligne souterraine.
— *Unterseeische Leitung.*— Ligne sous-marine.
— *Versenkte Leitung.*— Ligne sous-marine.
— *In die Leitung wiedergehen.* — Rentrer sur un fil.
Leitungsaufseher, m. — Surveillant.
Leitungsblitzableiter, m. — Paratonnerre de ligne.
Leitungsdraht, m.—Fil de ligne.
— *Schwerer Leitungsdraht.* Fil de ligne lourd (entre $2^{mm},7$ et $5^{mm},5$ de diamètre en Allemagne).
— *Leichter Leitungsdrath.* — Fil de ligne léger (de $2^{mm},7$ de diamètre).
Leitungsfähigkeit. f. — Conductibilité.
— *Magnetische Leitungsfähigkeit.* — Conductibilité magnétique.
Leitungslitze, f. — Cordon conducteur.
Leitungsrevisionsbezirk, m. — Circonscription de surveillance des lignes.
Leitungsrevisor, m. — Reviseur des lignes.
Leitungsschnur, f.—Cordon conducteur.
Leitungsuntersucher, m. — Explorateur de fil.

Leitungsvermögen, n. — Pouvoir conducteur.
— ***Specifisches Leitungsvermogen***. — Conductibilité spécifique.
Leitungswiderstand, m. — Résistance à la conductibilité.
Leuchtthurm, m. ***Elektrischer Leuchtthurm***. — Phare électrique.
Lenz. Lenz'sches Gesetz. — Loi de Lenz.
Licht, n. ***Elektrisches Licht***. — Lumière électrique.
— ***Einzellicht***. — Lumière provenant d'une lampe monophote.
— ***Getheiltes Licht***. — Lumière provenant d'une lampe polyphote.
— ***Kaltes Licht***. — Lumière froide, Psychrophos.
— ***Elektrisches Licht in vacuo***. — Lumière électrique dans le vide.
Lichtbogen, m. ***Elektrischer Lichtbogen***. — Arc lumineux.
Lichtenberg. Lichtenberg'sche Figur. — Figure de Lichtenberg.
Lichthülle, f. — Auréole, Gaine lumineuse, Nappe de feu.
Lichtmagnet, m. — Aimant lumineux.
Lichtmühle, f. ***Elektrische Lichtmühle***. — Radiomètre électrique.
Limnoria lignorum. — Limnoria lignorum.
— ***terebrans***. — Limnoria terebrans.
Linie, f. ***Telegraphische Linie***. — Ligne télégraphique.
— ***Linie an der Strasse***. — Ligne télégraphique sur route.
— ***Neutrale Linie***. — Ligne neutre (Aimantation).
Linienbatterie, f.—Pile de ligne.
Linienblitz, m.—Eclair en sillons.
Linienblitzableiter, m. — Paratonnerre de ligne.
Linienexponent, m.— Exposant de ligne (Nystrœm).
Linieninspector, m. — Inspecteur des lignes.
Linieninspicient, m. — Inspecteur des lignes.
Linienwechsel, m. — Permutateur.
Lippe, f. ***Reibungs Lippe***. — Lèvre de frottement.
Local. Locale Schaltung. —Installation en local.
Localbatterie, f. — Pile locale.
Log, n. ***Elektrisches Log***.—Loch électrique.
Löffelbohrer, m. — Cuillère, Curette.
Lorenz'sches Gesetz, n. — Loi de Lorentz.
Löthbahn, m. — Porte-goutte.
Löthbock, m.— Chevalet à souder.
Lötheisen, n. — Fer à souder.
— Instrument pour opérer le joint par étranglement.
Löthkluppe, f. — Mordache à souder.
Löthkolben, m. — Fer à souder.
Löthstelle, f. — Soudure, Point de raccordement des fils.
— ***Spanische Löthstelle***. — Soudure espagnole.
— ***Prüfung der Löthstellen***. — Essai des soudures.
Löthung. Elektrische Löthung. — Soudure électrique.
Löthwasser, n. — Esprit de sel.
Luftcondensator, m. — Condensateur à air.
Luftelektricität, f. — Électricité atmosphérique.
Luftkabel, n. — Câble aérien.
Luftlamelle, f.—Plaque de ligne.
Luftleitung, f.—Ligne aérienne.
Luftpistole, f.—Pistolet de Volta.
Luftplatte, f. — Plaque de ligne.
Luftthermometer, n. — Thermomètre à air.
Lullin. Lullin'scher Versuch. — Perce-carte, Expérience de Lullin.

M

Magazin, n. *Magnetisches Magazin.*—Faisceau magnétique.
Magnekrystallaxe, f.—Axe magnécristallin.
Magnekrystallkraft, f. — Force magnécristalline.
Magnet, m. — Aimant.
— *Bleibender Magnet.* — Aimant permanent.
— *Zusammengesetzter Magnet.*—Aimant composé.
— *Geschlossener Magnet.* — Aimant fermé.
— *Nicht geschlossener Magnet.* — Aimant non fermé.
— *Gleichbedeutender Magnet.* — Aimant équivalent.
— *Megapolarer Magnet.* — Aimant mégapolaire.
— *Brachypolarer Magnet.*— Aimant brachypolaire.
— *Metripolarer Magnet.* — Aimant métripolaire.
— *Galilee'scher Magnet.* — Aimant de Galilée.
— *Blättermagnet.* — Aimant feuilleté.
— *Lamellarmagnet.* — Aimant feuilleté, Aimant en lamelles.
— *Elementarmagnet.* —Élément magnétique.
— *Molecularmagnet.* — Aimant moléculaire.
— *Normalmagnet.*—Aimant Jamin normal.
— *Bandmagnet.* — Aimant plat en une seule lame.
— *Lichtmagnet.* — Aimant lumineux.
Magnetbündel, m. — Faisceau aimanté.
Magneteisenstein, m. — Pierre d'aimant.
Magnetelektrisirmaschine, f. — Machine magnétoélectrique.
Magnetinduction, m. — Induction moléculaire magnétique.
Magnetinductionsstrom, m. — Courant magnétoélectrique.
Magnetisch. — Magnétique.
— *Magnetische Figur.* — Spectre ou fantôme magnétique.
Magnetisirbar. — Susceptible de s'aimanter.
Magnetisirbarkeit, f.— Susceptibilité de s'aimanter.
Magnetisiren. — Aimanter.
— *Durch Streichen magnetisiren.* — Aimanter par les méthodes de la touche.
Magnetisirung, f. — Aimantation.
— *durch Vertheilung.*— Aimantation par influence.
— *Lamellare Magnetisirung.* — Aimantation lamellaire.
Magnetisirungsconstante, f. — Constante d'aimantation.
Magnetismus, m.—Magnétisme.
— *Zurückbleibender Magnetismus.*—Magnétisme rémanent.
— *Remanenter Magnetismus.* — Magnétisme rémanent.
— *Gebundener Magnetismus.*—Magnétisme condensé.
— *Freier Magnetismus.* — Magnétisme libre.
— *Magnetismus der Lage.*— Magnétisme de position.
— *Specifischer Magnetismus.* — Magnétisme spécifique.
Magnetkiess, m. — Pierre d'aimant.

Magnetnadel, f. — Aiguille aimantée.
Magnetoelektrisirmaschine, f. — Machine magnétoélectrique.
Magnetoelektrisch. — Magnéto-électrique.
Magnetograph, m. — Magnétographe.
Magnetometer, n. — Magnétomètre.
Magnetophone, n. — Magnétophone.
Magnetspiegel, m. — Miroir d'aimant.
Magnetstab, m. — Barreau aimanté.
Maiche'sche Batterie. — Pile Maiche.
Malgen. — Numéro du calibre des fils westphaliens correspondant au numéro 7 anglais.
Manipulator, m. — Manipulateur.
Markirpfählchen, n. — Fiche, Jalon.
Maschine, f. *Unipolare Maschine*. — Machine unipolaire.
— *mit continuirlichem Strome*. — Machine à courant continu.
— *Wechselstrommaschine*. — Machine à courants alternés.
Masse, f. *Magnetische Masse*. — Masse magnétique.
— *Elektrische Masse*. — Masse électrique.
Massflasche, f. — Bouteille électrométrique.
— *Elektrische Massflasche*. — Bouteille électrométrique.
Massstab, m. — Calibre pour la mesure des diamètres des fils.
Matbrenne, f. — Eau forte à mater ou rendre mat (galvanoplastie).
Materialiendepot, n. — Dépôt de matériel.
Materialienmagazin, n. — Dépôt de matériel.
Materie. *Strahlende Materie*. — Matière radiante.
Mauerbock, m. — Construction en fer pour soutenir une ligne au-dessus d'un mur.
Mauerbügel, m. — Console en fer, Bride à scellement.
Mause-mühle, f. — Mouse-mil.
Maximum der Anziehung eines Elektromagnetes. — Maximum d'attraction d'un électro-aimant.
Mehraderig. *Mehraderiges Kabel*. — Câble à plusieurs conducteurs.
Meilengeld, n. — Allocation kilométrique.
Melograph, m. — Mélographe.
Membrane, f. *Membrane bei dem Fernsprechapparat*. — Membrane phonique du téléphone.
Memel. *Grob Memel*. — Numéro du calibre des fils westphaliens correspondant au numéro 8 anglais.
— *Fein Memel*. — Numéro du calibre des fils westphaliens correspondant au numéro 10 anglais.
— *Klink Memel*. — Numéro du calibre des fils westphaliens correspondant au numéro 11 anglais.
Menge, f. *Elektrische Menge*. — Quantité électrique.
Meridian, m. *Magnetischer Meridian*. — Méridien magnétique.
Merkzeichen, n. — Point de repère.
Messer, n. — *Galvanokaustisches Messer*. — Couteau galvanocaustique.
Messbrücke, f. — Pont de Wheatstone.
Messingbogen, m. *Messingbogen des Replenishers*. — Ailette métallique du Replenisher.
Messkunde, f. *Elektrische Messkunde*. — Électrométrie.

Metallisirung (f.) ***der Kohlen.*** — Métallisation des charbons.
Metallotherapie, f. — Métallothérapie.
Metallurgie, f. — Métallurgie.
Meterbrücke, f. — Pont métrique.
Methode, f. ***Null Methode.*** — Méthode de réduction à zéro.
Meyer's mehrfacher Apparat. — Appareil multiple Meyer.
Mho, n. — Mho.
Mikrotasimeter, n. — Microtasimètre.
Mikrometerschraube, f. — Vis micrométrique.
Mikrophon, n. — Microphone.
Millimetertaster, m. — Jauge micrométrique.
Minenzünder, m. — Exploseur de mine.
Missweichung, f. ***Magnetische Missweichung.*** — Déclinaison magnétique.
Mitlesen. — Lire au passage pour contrôle.
Mitsprechen. — Être affecté de mélange.
Mitsprechen, n. — Mélange.
Mittel. — Numéro du calibre des fils westphaliens correspondant au numéro 13 anglais.
Mittellinie, f. — Ligne ou Zone indifférente.
Mittelschiene, f. — Plaque de point d'appui du levier du manipulateur Morse.
Mittheilung, f. — Conduction, Communication par contact.
Modul, m. — Coefficient.
Molecularinduktion, f. — Induction magnétique moléculaire.
Molecularmagnet, m. — Élément magnétique, Aimant moléculaire.
Molecularstrom, m. — Courant d'Ampère.
Moment, n. ***Moment des Magnetes.*** — Moment magnétique.
Monocneme. — Monocnème.
Monophote. — Monophote.
Monostichograph, m. — Télégraphe écrivant sur une ligne.
Morse, m. ***Morseschreibapparat.*** — Appareil Morse écrivant.
Mörser, m. ***Elektrischer Mörser.*** — Mortier électrique.
Morsestreif, m. — Bande (de papier) Morse.
Motus stoechiagus. — Motus stoechiagus, Endosmose électrique.
Muffenverbindung, f. — Communication à manchons.
Multidrome. — Multidrome.
Multiplicator, m. — Boussole, Multiplicateur.
Multiplicatorrolle, f. — Bobine de multiplicateur.
Muskelstrom, m. — Courant des muscles.
Mutator, m. — Commutateur.

N

N (***Null***). — Abréviation transmise sur les lignes télégraphiques allemandes et correspondant au « zéro » des lignes françaises et anglaises.
Nachcollaudirung, f. — Contre-vérification.
Nachglühen. — Luire après une décharge.
Nachglühen, n. — Lueur après une décharge.
Nachleuchten. — Briller après une décharge.
Nachleuchten, n. — Lueur après une décharge.
Nachsenden. — Faire suivre, Réexpédier une dépêche.
Nachsenden. Nachzusendendes

Telegramm. — Télégramme à faire suivre.

Nachsendung, f. — Réexpédition par « faire suivre ».

Nadel, f. ***Elektrische Nadel.*** — Aiguille électroscopique.

— ***Magnetnadel.*** — Aiguille aimantée.

— ***Schwingende Nadel.*** — Aiguille folle.

— ***Tripolare Nadel.*** — Aiguille tripolaire.

Nadelapparat, m. — Appareil à aiguille.

Nadeltelegraph, m. — Télégraphe à aiguille.

— ***Einfacher Nadeltelegraph*** — Télégraphe à une aiguille.

— ***Doppelnadeltelegraph.*** — Télégraphe à deux aiguilles.

Natel. — Numéro du calibre des fils westphaliens correspondant au numéro 12 anglais.

Nebelartig. — Sous l'apparence de lueur cendrée.

Nebenaxe, f. — Axe secondaire.

Nebeneinander. Elemente nebeneinander verbinden. — Monter les éléments d'une pile en quantité.

— ***Elektromagnete nebeneinander schalten.*** — Bifurquer le courant dans deux électroaimants.

Nebeneinanderschaltung, f. — Montage d'une pile en quantité, Bifurcation dans des électroaimants.

Nebenleitung, f. — Fil qui n'est pas le premier sur les poteaux.

Nebenleitungsisolator, m. — Isolateur d'un fil qui n'est pas le premier sur le poteau.

Nebenschliessung, f. — Dérivation.

Nebenschluss, m. — Dérivation, Shunt.

Nebenschlusslampe, f. — Lampe à dérivation.

Nebenschlussmaschine, f. — Machine à excitation en dérivation.

Nebenstation, f. — Bureau télégraphique privé.

Nebenstrom, m. — Courant induit.

Nebenuhr, f. — Cadran commandé par une pendule électrique.

Nebenweg, m. — Dérivation.

Negativ. — Négatif.

Nehmen. Eine Depesche nehmen. — Recevoir une dépêche.

Neigung, f. — Inclinaison.

Nervenstrom, m. — Courant des nerfs.

Neusilberdraht, m. — Fil de maillechort.

Neutrale. Neutrale Linie. — Ligne neutre.

Neutralisiren (sich). — Se neutraliser.

Newmann. Newmann'sches Gesetz. — Loi de Newmann.

Nichtelektrolyte, m. — Corps non décomposable par l'électricité.

Nichtleiter, m. — Corps non conducteur, Mauvais conducteur.

Nigrite, f. — Nigrite.

Niveaufläche, f. — Surface de niveau.

Niveaulinie, f. — Ligne de niveau.

Niveauständig. Die niveauständige Stellung. — Installation de deux isolateurs au même niveau sur le poteau.

Nordlicht, n. — Lumière polaire. Aurore boréale.

Nordlichtstrom, m. — Courant d'aurore boréale.

Nordpol, m. — Pôle nord.

Normaldraht, m. — Fil normal.

Normalelektricität, f. — Électricité d'un temps serein.

Normalmagnet, m. — Aimant normal (Jamin).

Normaluhr, f. — Pendule régulatrice.

Nothbund, m. — Torsade provisoire.

Nothsignal, n. — Signal de détresse.

Nothstange, f. — Poteau provisoire.
Notizweise. — Sous forme de notice.
Nullablesung, f. — Méthode de réduction à zéro.
Null Methode, f. — Méthode de réduction à zéro.
Nullpotential, n. — Potentiel zéro.
Nullstrich, m.— Trait correspondant au zéro, Point de repère.

O

O (***Ost***). — Est (Abréviation dans la désignation d'un tronçon de fil).
Oberirdisch. — Aérien.
Oese, f. — Cavalier.
Oeffnen. ***Einen Stromkreis öffnen***. — Ouvrir un circuit.
Oeffnen, n. ***Das Oeffnen eines Stromkreises***. — Ouverture d'un circuit.
Oeffnungsinduktionsstrom, m. — Courant d'induction d'ouverture.
Oeffnungsfunken, m.—Étincelle d'ouverture.
Ohm, n. — Nom de l'unité pratique de résistance Ohm.
Ohmmeter, n. — Ohmmètre.
Ohm'sche. ***Ohm'sches Gesetz***. — Loi de Ohm.
Ohrenelektrode, f.— Rhéophore pour le conduit auditif.
Oeltinte, f. — Encre oléique.
Omnibusleitung, f. — Fil omnibus.
Orthorheonom. — Orthorhéonome.
Ortlich. — Local.
Ortsbatterie, f. — Pile locale.
Ortsbestellbezirk, m. — Circonscription de remise gratuite.
Osacneme. — Osacnème.
Oscillograph, m.—Oscillographe

P

Pachytrop, m. — Pachytrope.
Papier, n. ***Elektrisches Papier***. — Papier électrique.
Papierbelegung, f. — Armature de papier de la machine de Holtz.
Papierbrücke, f. — Glissière de papier (App. Hughes).
Papierbüschel, m. — Aigrette de papier.
Papiercondensator, m. — Condensateur à papier.
Papierführung, f. — Système d'entraînement du papier.
Papierrolle. ***Eine neue Papierrolle aufziehen***. — Mettre un nouveau rouleau de papier.
Papierstreif, m. — Bande de papier.
Pappelelement, n. — Élément à diaphragme de papier mâché.
Parallelkreise, m. — Parallèle terrestre.
Parallelschalten. ***Die Elektromagnete parallelschalten***. — Installer la bifurcation du courant dans les bobines des électroaimants.

Parallelschaltung, f. —Installation d'une bifurcation du courant dans les bobines des électroaimants.
— Montage d'une pile en quantité.
Parkesin, n. — Parkesine.
Parliamentskerze, f. — Candle anglaise.
Passiv. — Passif.
Passivität. f. — Passivité.
Pausen, f. *Elektrische Pausen*. — Pauses électriques.
Pausendistanz, f. —Éloignement des corps nécessaire à la démonstration des pauses.
Pausenkegel, m. —Cône émoussé servant à la démonstration des pauses.
Peltier. *Peltier'sches Elektrometer*. — Électromètre de Peltier.
Pendel, n. *Konisches Pendel*. — Pendule conique (Hughes).
Pendelchen, n. *Elektrisches Pendelchen*. — Pendule électrique.
Pendelisolator, m. — Isolateur à suspension.
Pendelkugel, f. — Pendule conique.
Permeabilität, f. *Magnetische Permeabilität*. — Perméabilité magnétique.
Perpetuum mobile. — Balancier de Zamboni.
Pfahlkappe, f. —Chapiteau d'un poteau.
Pfeil, m. — Flèche (de la chaînette).
Pferdekraft, f. *Elektrische Pferdekraft*. — Cheval électrique.
Pfosten, m. — Poteau.
— *Kleiner Pfosten*. — Potelet.
Phänomen, n. *Peltier'sches Phänomen*. — Phénomène de Peltier.
Philipp'scher Elektricitätsanzeiger, m. — Électrophore de Philipps.
Phonograph, n. —Phonographe.
Phonophor, n. —Phonophore.
Phonoskop, n. — Phonoscope.
Phosphorbronze, n. — Bronze phosphoreux.
Phosphorbronzedraht, m. — Fil de bronze phosphoreux.
Phosphorescenz, f. — Phosphorescence.
— *des magnetischen Feldes*. — Phosphorescence du champ magnétique.
Photometer, n. *Elektrisches Photometer*. — Photomètre électrique.
Photoscop, n. — Photoscope.
Phototelegraph, m. — Phototélégraphe.
Piepe, f. — Robignole.
Pinsel. *Elektrischer Pinsel*, m. — Pinceau électrique.
Pistole, f. *Elektrische Pistole*. — Pistolet de Volta.
Platin, f. *Platin platiniren*. — Platiner du platine.
Platinoïd. — Platinoïde.
Plattenblitzableiter, m. — Paratonnerre à plaques.
Platymeter, n. — Platymètre.
Pleocnème. — Pleocnème.
Pol, m. — Pôle d'un aimant ou d'une pile.
— *Magnetischer Pol*. — Pôle magnétique.
— *Positiver Pol*. — Pôle positif.
— *Negativer Pol*. — Pôle négatif.
— *Feindlicher Pol*. — Pôle de même nom.
— *Freundschaftlicher Pol*. —Pôle de nom contraire.
— *Gleichnamiger Pol*. —Pôle de même nom.
— *Ungleichnamiger Pol*. — Pôle de nom contraire.
— *Analoger Pol*. — Pôle analogue (Pyroélectricité).
— *Antiloger Pol*. — Pôle antilogue (*id.*).
— *Einheitspol*. — Pôle unité.
Polardraht, m. — Électrode.
Polarisation, f. — Polarisation.
— *des Lichtes*. — Polarisation lumineuse.
— *Elektrolytische Polarisa-*

tion. — Polarisation électrolytique.
Polarisation. Elektrische Polarisation. — Polarisation d'un diélectrique.
Polarisationsbatterie, f. — Pile de polarisation, Pile secondaire.
Polarisationsebene, f. *Die Drehung der Polarisationsebene durch den Magnetismus.* — Rotation du plan de polarisation par le magnétisme.
Polarisirbar. — Susceptible de se polariser.
Polarisirbarkeit, f. — Susceptibilité de se polariser.
Polarisiren (sich). — Se polariser.
Polarität, f. — Polarité.
— *Diamagnetische Polarität.* — Polarité diamagnétique.
Polarlicht, n. — Lumière polaire, Aurore boréale.
Pol Armatur, f. — Armature polaire.
Poldraht, m. — Électrode.
Polklemme, f. — Pince pour les pôles d'une pile.
Polwechsel, m. — Commutateur des pôles d'une pile.
Polycneme. — Polycnème.
Polyphote. — Polyphote.
Polyrheolysator, m. — Polyrhéolyseur.
Polyskop, n. — Polyscope.
Porzellanbrenner, m. *Middeldorpf'scher Porzellanbrenner.* — Cautère de Middeldorpf.
Positiv. — Positif.
Post, f. *Elektrische Post.* — — Poste aux lettres électrique.
Postlagernd. — Poste-restante.
Potential, n. — Potentiel.
— *Eines Körpers auf sich selbst.* — Potentiel d'un conducteur sur lui-même.
— *in einem Punkte.* — Potentiel en un point.
— *Magnetisches Potential.* — Potentiel magnétique.
— *Nullpotential.* — Potentiel zéro.
Potentialfunktion, f. — Fonction potentielle.
Potentialgalvanometer, n. *Thomson's Potentialgalvanometer.* — Voltmètre de Thomson.
Potentialniveau, n. — Niveau potentiel.
Potentialniveaudifferenz, f. — Différence de niveau potentiel.
Potentialtheorie, f. — Théorie du potentiel.
Potentiometer, n. — Potentiomètre.
Präparatur, f. — Injection.
— *Vollkommene Präparatur.* — Injection incomplète.
— *Unvollkommene Präparatur.* — Injection complète.
Präparіranstalt, f. — Chantier d'injection pour poteaux.
Prellpfahl, m. — Boute-roue.
Prellstein, m. — Borne pour écarter les roues des voitures de la base des poteaux.
Primär. — Courant primaire, Courant inducteur.
Privatdepesche, f. — Dépêche privée.
Probescheibe, f. — Plan d'épreuve, Disque d'épreuve.
Probirnadel, f. — Plan ou disque d'épreuve.
Probirscheibchen, n. — Plan ou disque d'épreuve.
Probirscheibe, f. — Plan ou disque d'épreuve.
Prüfelektrometer, n. — Jauge électrométrique.
Prüfung (f.) *der Linien, der Isolatoren, der Imprägnation.* — Contrôle des lignes, des appareils, des isolateurs, de l'injection.
Prüfungskugel, f. — Disque d'épreuve.
Prüfungsscheibe, f. — Disque d'épreuve.
Prüfungsstation, f. — Guérite de coupure.
Psychrophos, n. — Lumière froide.

Pulsationen, f. — Pulsations.

Pumpe, f. ***Voltaische Pumpe***. — Pompe voltaïque.

Pulsmesser, m. — Sphygmographe.

Punkt, m. ***Correspondirende Punkte***. — Points correspondants.

Puppentanz, m. — Danse des pantins.

Pyroelektricität, f. — Pyroélectricité.

Pyroelektrisch. — Pyroélectrique.

Pyromenite, m. — Pyroménite.

Pyrophon, n. — Pyrophone.

Q

Quadrant, m. ***Henley'scher Quadrant***. — Électromètre de Henley.

Quadrantelektrometer, n. ***Thomson'sches Quadrant***. — Électromètre de Thomson.

Quadruplex. ***Quadruplexsystem***. — Système quadruplex.

Quantität, f. — Quantité.

Quecksilber, n. — Mercure.

Quecksilberagometer, n. — Agomètre à mercure (de Müller).

Quecksilbercontact, m. — Contact de mercure.

Quecksilberelement, n. — Élément Marié Davy.

Quecksilberwippe, f. — Interrupteur à mercure.

Querverbindung, f. — Entretoise.

Querwand, f. — Diaphragme.

R

R. — R (signal Morse de réception sur les lignes télégraphiques allemandes).

Rad, n. ***Barlow'sches Rad***. — Roue de Barlow.

— ***Phonisches Rad***. — Roue phonique.

Radian. — Radian.

Radiometer, n. — Radiomètre.

Radiophone, n. — Radiophone.

Radiophonie, f. — Radiophonie.

Reactionsrad, n. ***Elektrisches Reactionsrad***. — Tourniquet électrique.

Receptor, m. — Récepteur.

Recken, n. ***Recken des Drahtes***. — Traction du fil, Rectification du fil.

Recommandation, f. — Recommandation.

Recommandiren. — Recommander.

Reducirt. ***Reducirte Länge***. — Longueur réduite.

Reductionsfaktor, m. — Coefficient de réduction.

Reflexgalvanometer, n. — Galvanomètre à miroir.

Regenschreiber. ***Elektrischer Regenschreiber***, m. — Udographe électrique.

Registrirgalvanometer, n. — Galvanomètre enregistreur.

Regulirapparat, m. — Régulateur.

Reguliren, n. ***Reguliren der***

Drähte. — Réglage des fils.
Reiber, m. — Lèvre de frottement (Hughes).
Reibkissen, n.—Coussin frotteur.
Reibklotz, m. — Sabot du frein (Hughes).
Reibstück, n. — Frottoir.
Reibung, f. ***Magnetische Reibung.*** — Frottement magnétique (pour arracher l'armature en tirant parallèlement à la surface des pôles de l'aimant).
Reibungselektricität, f. — Électricité de frottement.
Reibzeug, n. — Frottoir.
Relais, n. — Relais.
— ***Liegendes Relais.*** — Relais à bobines horizontales.
— ***Stehendes Relais.***—Relais à bobines verticales.
— ***Ankerloses Relais.*** — Relais sans armature.
— ***Induktionsrelais.***—Relais à courant d'induction.
— ***Radiophonisches Relais,*** n. — Relais radiophonique.
Reliefschreiber, m. — Récepteur à pointe sèche.
Replenisher, m. — Replenisher, Restaurateur de charge, Rechargeur.
Requisitenwagen, m. — Chariot télégraphique (Télégraphie militaire).
Reserveisolator, m. — Isolateur de rechange.
Residuum, n. ***Residuum der Leydner Flasche.*** — Charge résiduelle latente de la bouteille de Leyde.
Retentionsfähigkeit, f. — Force coercitive.
Revisionsnotizbuch, n. — Livre d'ordres.
Rheelektrometer, n. — Rhéélectromètre.
Rheocord, m.— Rhéocorde.
Rheolysator, m. — Rhéolyseur.
Rheometer, n. — Rhéomètre.
Rheonom. — Rhéonome.
Rheopeter, m. — Commutateur de ligne spécial.
Rheophor, n. — Rhéophore.
Rheostat, m. — Rhéostat.
— ***Continuirlicher Rheostat.*** — Rhéostat continu.
Richtkraft, f. ***Richtkraft der Erde.*** — Force directrice de la terre.
Richtmagnet, m. — Aimant directeur.
Richtung, f. ***Richtung der Stangen.*** — Alignement des poteaux (télégraphiques).
Richtungswechsel, m. — Alternat dans la transmission des dépêches.
Ring, m. ***Divided Ring.***— (Électromètre à) anneau divisé.
— ***Priestley'scher Ring.*** — Anneau de Priestley.
— ***Nobili'scher Ring.*** — Anneau de Nobili.
— ***Paccinotti'scher Ring.*** — Anneau de Paccinotti.
— ***Gramme'scher Ring.*** — Anneau de Gramme.
— ***Winter'scher Ring.***—Anneau de Winter.
Ringarmatur, f. — Armature en anneau.
Rinken. Grob Rinken.—Numéro du calibre westphalien correspondant au N° 5 du calibre anglais.
— ***Fein Rinken.*** — Numéro du calibre westphalien correspondant au N° 6 du calibre anglais.
Rinne, f. ***Rinne in einer Rolle.*** — Gorge d'une poulie.
Roget's Spirale, f. — Spirale de Roget.
Rohr, n. — Tuyau.
— ***Gliederröhre.*** — Tuyaux articulés.
Röhre, f. ***Entladungsröhre.*** — Tube de décharge.
— ***Geissler'sche Röhre.*** — Tube de Geissler.
— ***Spectrale Röhre.*** — Tube spectral.
— ***Holtz'sche Röhre mit trichterförmigen Glaseinsätzen.*** — Tube à entonnoirs.

Röhre. Einheitsinduktionsröhre. Tube unité d'induction.
— ***Kraftröhre***, f. — Tube de force.
Röhrenkabel, n.—Câble en conduite.
Röhrennetz, n. — Réseau de tubes.
— ***Pneumatisches Röhrennetz.*** — Réseau de tubes pneumatiques.
Rohrpost, f. — Télégraphie pneumatique, Poste tubulaire.
Rolle, f. — Bobine, Rouleau.
— ***Rolle mit doppelter Drahtumwindung.*** — Bobine à deux fils.
— ***Eine neue Rolle aufziehen.*** Mettre un nouveau rouleau (Morse).
Rollenwagen, m. — Voiture à bobines.
Rotationsmagnetismus, m. — Magnétisme de rotation.
Rotationsmoment, n. — Moment de rotation.
Rückleiter, m. — Fil de retour.
Rückleitung, f. — Fil de retour.
Rückschlag, m.—Choc en retour.
Rücksignal, n. — Signal de retour.
Rückstand, m. ***Der verbogene Rückstand.*** — Charge résiduelle latente.
Rückstrom, m. — Courant de retour.
Rückzahlung, f. ***Rückzahlung einer Gebühr.*** — Remboursement d'une taxe.
Rufer, m. ***Telephonischer Rufer.*** — Avertisseur téléphonique.
Ruftaste, f. — Bouton de sonnerie.
Rufzeichen, n. — Indicatifs (signal télégraphique).
Ruhecontact, m. — Contact de réception (Manipulateur Morse).
Ruheschiene, f. — Plaque de contact de repos (Manipulateur Morse).
Ruhestellung, f. — Position de repos.
Ruhestrom, m. — Courant continu.
— ***Deutscher Ruhestrom.*** — Courant continu système allemand.
— ***Amerikanischer Ruhestrom.*** — Courant continu système américain.
Ruhestromtaste, f. — Bouton de sonnerie à courant continu.
Ruhezustand, m. — État de repos d'un appareil.
Russdendrite, m. — Dépôt arborescent de charbon dans une flamme traversée par deux électrodes.
Russschreiber, m. — Récepteur à noir de fumée.

S

Saint-Elmsfeuer, n. — Feu Saint-Elme.
Sammelamt, n. — Bureau télégraphique centre de dépôt.
Sammelapparat, m. — Collecteur du condensateur.
Sandhose, f. — Trombe de sable.
Sandwirbel, m. — Trombe de sable.
Sättigung, f. ***Megnetische Sätti.*** —Saturation magnétique.
Sättigungspunkt, m. — Point de saturation.
Saugkamm, m. — Peigne collecteur.
Saugspitze, f. — Pointe collec-

trice soutirant l'électricité.

Saugwirkung (f) ***der Spitzen.*** — Pouvoir des pointes.

Säule, f. — Poteau.

— Pile à colonne de Volta.

— ***Trockene Säule.*** — Pile sèche.

— ***Secundäre Säule.*** — Pile secondaire.

— ***Thermoelektrische Säule.*** — Pile thermoélectrique.

— ***Thermosäule.*** — Pile thermoélectrique.

— ***Elemente zur Säule verbinden.*** — Monter une pile en tension.

Säulenelektroskop, n. — Électroscope de Behrens à pile sèche.

Schälchen, n. — Godet.

Schale, f. ***Magnetische Schale.*** — Feuillet magnétique.

— ***Einfache magnetische Schale.*** — Feuillet magnétique simple.

— ***Complexe magnetische Schale.*** — Feuillet magnétique composé.

— ***Stromschale.*** — Feuillet électrique.

Schalldämpfer. — Sourdine.

Schalten. — Mettre en circuit.

Schalter, m. — Conjoncteur.

Schaltung, f. — Mise en circuit.

— ***Maschine mit separirter Schaltung.*** — Machine à excitation séparée.

— ***Maschine mit Hintereinanderschaltung.*** — Machine à excitation en série.

— ***Maschine mit gemischter Schaltung.*** — Machine à double excitation.

Schatten, m. ***Elektrischer Schatten.*** — Ombre électrique.

Schaufenlinie, f. — Ligne bouclée.

Schaukelvoltameter, n. — Voltamètre à bascule.

Scheibchen, n. ***Probescheibchen.*** — Disque d'épreuve.

Scheibe, f. — Disque.

Scheibenarmatur, f. — Armature en disque.

Scheibenelektrisirmaschine, f. — Machine électrique à plateau.

Scheibenmaschine, f. — Dynamo à disques.

Scheibenumschalter, m. — Commutateur à plaques.

Scheibenwickelung. — Enroulement des bobines d'induction fractionnées ou en disques successifs.

Scheidewand, f. — Diaphragme.

Scheidungskraft, f. ***Elektromagnetische Scheidungskraft.*** — Force d'induction électromagnétique.

Schelle, f. — Collier.

Schenkel, m. ***Schenkel eines Hufeisenelektromagnetes.*** — Branche d'un électroaimant en fer à cheval.

Scheuerbock, m. — Épouvantail.

Schicht, f. — Strate.

Schichtung, f. — Stratification (de la lumière).

Schiebring, m. — Curseur.

Schiff, n. ***Elektrisches Schiff.*** — Bateau électrique.

Schiffchen, n. — Étrier, Mode de suspension.

Schild, n. — Plateau de l'électrophore.

Schirm, m. ***Elektrischer Schirm.*** — Écran électrique.

Schlackenwolle, f. — Laine minérale.

Schlag, m. ***Kalter Schlag.*** — Choc en retour.

Schlagloth, n. — Soudure forte.

Schlagraum, m. — Portée explosive.

Schlagweite, f. — Portée explosive.

Schlangenblitz, m. — Éclair arborescent.

Schleife, f. — Pont de Wheatstone, Coque.

— ***Mittels Schleife angeschlossene Station.*** — Station intercalée par embrochage.

Schleifenprobe, f. — Épreuve de la boucle.

Schleifenschaltung, f. — Embrochage.

Schleifenstation, f. — Station à embrochage.
Schleifleitung, f. — Ligne à embrochage.
Schleiflinie, f. — Ligne à embrochage.
Schliessen. Einen Stromkreis schliessen. — Fermer un circuit.
— ***Den Dienst schliessen.*** — Prendre clôture.
Schliessen, n. — Fermeture.
Schliessung, f. — Fermeture.
— ***des Stromkreises.*** — Fermeture du circuit.
Schliessungsbogen, m. — Arc de clôture.
Schliessungsdraht, m. — Fil conjonctif.
Schliessungsfunken, m. — Étincelle de fermeture.
Schliessungsinduktionsstrom, m. — Courant induit de fermeture.
Schlitten, m. — Chariot (Hughes).
Schlittenapparat, m. — Appareil d'induction à curseur.
Schlittenaxe, f. — Axe du chariot.
Schlittenwiderstand, m. — Résistance à curseur.
Schlossstation, f. — Station de château.
Schluss, m. — Fermeture.
Schlüssel, m. — Manipulateur.
— ***zum Ausschliessen.*** — Clef de court circuit.
Schmelzofen, m. ***Elektrischer Schmelzofen.*** — Fourneau à fusion électrique.
Schnabelmaas, m. — Pied à bec.
Schnarren, n. — Friture (Bruit de) dans le téléphone.
Schneide, f. ***Spiralförmige Schneide.*** — Hélice (de Meyer).
Schneidenblitzableiter, m. — Paratonnerre à plaques tranchantes.
Schneideschlinge. Galvanische Schneideschlinge, f. — Anse galvanique.
Schnelloth, n. — Soudure fondante.
Schnellschreiber, m. — Tachygraphe.
Schraubendraht, m. — Solénoïde.
Schraubenstütze, f. — Support à vis.
Schreibapparat, m. — Récepteur écrivant.
— ***Morse'scher Schreibapparat.*** — Appareil Morse écrivant.
Schreibfeder, f. — Ressort écrivant.
Schreibfernsprecher, m. — Phonotélégraphe.
Schreibhebel, m. — Levier écrivant (de l'appareil Morse).
Schreibmagnet, m. — Aimant écrivant (Siemens).
Schreibrädchen, n. — Molette.
Schreibstiftapparat, m. — Appareil à pointe sèche.
Schreibtelegraph, m. — Télégraphe écrivant.
Schriftlocher, m. — Compositeur-perforateur.
Schublehre, f. — Étalon à coulisse.
Schubwechsel, m. — Commutateur à glissement.
Schutzblech, m. ***Schutzblech für den Anker.*** — Ressort protecteur pour amortir le choc du levier d'échappement contre la palette (Hughes).
Schutzdraht, m. — Fil préservateur.
Schutzhülle, f. — Enveloppe protectrice d'un câble.
Schutzkreis, m. — Cercle préservé.
Schutzpfosten, m. — Poteau de protection.
Schutzplatte, f. — Anneau ou plaque de garde.
Schutzring, m. — Anneau de garde.
Schwächungsanker, m. — Fer doux mobile (Hughes).
Schwankung, f. ***Negative Schwankung***, f. — Variation négative.
Schwärzrolle, f. — Tampon.
Schwimmer. Schwimmer von De la Rive. — Flotteur de De la Rive.

Schwimmer. Ampere's Schwimmerregel. — Loi du nageur d'Ampère.
Schwingung, f. ***Elektrische Schwingungen.*** — Oscillations électriques.
Schwungradwelle, f. — Axe du volant.
Secundär. — Induit, Secondaire.
Seedepesche, f. — Dépêche sémaphorique.
Seekabel, n. — Câble sous-marin.
Seetelegraph, m. — Sémaphore.
Seitenbefestigung, f. — Consolidation latérale des poteaux.
Seitenentladung, f. — Décharge latérale.
Selbstauslösung, f. — Déclenchement automatique (Appareil Morse).
Selbstelektrisch. — Idioélectrique.
Selbsterregung, f. — Autoexcitation.
Selbstinduktion, f. — Selfinduction.
Selbstunterbrecher, m. — Interrupteur automatique.
Selbstunterbrechung, f. — Interruption automatique.
Semaphorisch. — Sémaphorique.
Sensophon, n. — Sensophone.
Separator, m. — Couche de séparation, Separator.
Shunt, m. — Shunt.
Sichel, f. ***Elektrische Sichel.*** — Tourniquet électrique.
Sicherheitsmodul, m. — Module pratique ou d'immersion.
Sicherheitsschluss, m. — Coupe circuit.
Sicherheitsvorrichtung, f. — Appareil de sûreté.
Sicherungsmittel, n. — Système de protection.
Sideroskop, n. — Sidéroscope (de Lebaillif).
Signalapparat, m. ***Elektrischer Signalapparat.*** — Avertisseur électrique.
Signalbeleuchtung, f. — Signal de nuit.
Signalbeleuchtung. Controle der Signalbeleuchtung. — Contrôle des signaux de nuit (sur les voies ferrées).
Silbervoltameter, n. — Voltamètre de Poggendorff à azotate d'argent et électrode d'argent.
Siliciumbronze, n. — Bronze silicieux.
Sinusboussole, f. — Boussole des sinus.
Sinuselektrometer, n. — Électromètre à sinus.
Sinustangentenboussole, f. — Boussole des sinus et des tangentes.
Siphon Recorder, m. — Siphon Recorder.
Sismograph. Elektrischer Sismograph, m. — Sismographe électrique.
Soleillampe, f. — Lampe soleil.
Solenoïd, n. — Solénoïde.
Sonometer, n. — Sonomètre.
Sonstiges. — Particulier.
Spanner, m. — Tendeur.
Spannisolator, m. — Isolateur muni de tendeur.
Spannkappe, f. — Chapiteau tendeur.
Spannschraube, f. — Vis de tension (pour tendre les fils dans les bureaux).
Spannung, f. — Tension.
— ***Freie Spannung.*** — Tension libre.
Spannungsdifferenz, f. — Différence de tension.
Spannungsreihe, f. — Série de tension.
Spannvorrichtung, f. — Tendeur.
Spannweite, f. — Portée de la chaînette.
Spectralrohr, n. — Tube spectral.
Speisen. Eine Batterie speisen. — Entretenir une pile.
Sperrzahn, m. — Dent d'arrêt.
Sphondyloïd, m. — Sphondyloïde.
Sphygmograph, m. — Sphygmographe.
Sphygmophon, n. — Sphygmophone.

Spiegelablesung, f. — Lecture au miroir.
Spiegelgalvanometer, n. — Galvanomètre à miroir.
Spindelblitzableiter, m. — Paratonnerre à fil préservateur.
Spinne, f. ***Elektrische Spinne.*** — Araignée électrique (de Franklin).
Spirale, f. ***Elias'sche Spirale.*** — Spirale d'Elias.
— ***Roget's Spirale.*** — Spirale de Roget.
Spiralfeder, f. — Ressort à boudins.
Spitzenblitzableiter, m. — Paratonnerre à pointes.
Spitzenwirkung, f. — Pouvoir des pointes.
Spleiss, m. — Épissure.
Spleissen. Zwei Kabelenden spleissen. — Épisser deux bouts de câble.
Spleissstelle, f. — Point d'épissure, Point de soudure.
Spliss, m. — Épissure, Soudure.
Sprachblättchen, n. — Membrane phonique.
Sprechtelegraph, m. — Téléphone.
Springfluth, m. ***Elektrischer Springfluth.*** — Mascaret électrique.
Spule, f. ***Magnetische Spule.*** — Électroaimant circulaire.
Staatsdepesche, f. — Dépêche officielle.
Staatstelegraph, m. ***Französischer Staatstelegraph.*** — Appareil français.
Stabmagnet, m. — Barreau aimanté.
Stadtleitung, f. — Ligne urbaine.
Stahlmagnet, m. — Barreau d'acier aimanté.
Ständer, m. — Poteau de fortes dimensions.
— ***Kleiner Ständer.*** — Potelet.
Standweite, f. — Portée de poteaux.
Stange, f. — Poteau.
— ***Angeschuhte Stange.*** — Poteau à semelles.
Stange. Gekuppelte Stange. — Poteau couplé.
— ***Verkuppelte Stange.*** — Poteau couplé.
— ***Stange mit Streben.*** — Poteau à contrefiches.
Stangenabstand, m. — Portée de poteaux.
Stangenblitzableiter, m. — Paratonnerre de poteau.
Stangenentfernung, f. — Portée des poteaux.
Stangenkappe, f. — Chapiteau.
Stangenleitung, f. — Ligne sur poteaux.
Stangenschuh, m. — Semelle en bois pour poteau.
Stangenzubereitungsanstalt, f. — Chantier d'injection de poteaux.
Stanniol, m. — Étain en feuilles.
Stathamzünder, m. — Fusée de Statham.
Stätigkeit, f. — Fixité (de la lumière électrique).
Station, f. (Voir *Amt.*) — Station.
— ***Anfangstation.*** — Station tête de ligne.
— ***Endstation.*** — Station tête de ligne.
— ***Zwischenstation.*** — Station intermédiaire.
— ***Durchgangsstation.*** — Station de passage.
— ***Aufgabestation.*** — Station de dépôt, Station de départ.
— ***Bestimmungstation.*** — Station d'arrivée.
— ***Adressstation.*** — Station d'arrivée.
— ***Communaltelegraphenstation.*** — Station municipale.
— ***Schlossstation.*** — Station de château.
— ***Küstenbeobachtungsstation.*** — Poste d'observation sur les côtes.
— ***Filialstation.*** — Station succursale.
— ***Nebenstation.*** — Bureau privé.
— ***Eckstation.*** — Station éta-

blie latéralement sur une grande ligne.

Station. Knotenstation. — Station établie en un point de croisement de plusieurs lignes.

— *Bahntelegraphenstation.* — Station télégraphique de chemin de fer.

— *Mit beschränktem Tagesdienst.* — Station à service limité.

— *Mit vollem Tagesdienst.* — Station à service complet.

— *Mit verlängertem Dienst bis Mitternacht.* — Station de service de demi-nuit.

— *Mit ununterbrochenem Dienst.* — Station à service permanent.

Stationseinführung, f. — Entrée de poste.

Stationseinführungsbrett, n. — Planchette d'entrée de poste.

Stationseinrichtung, f. — Installation d'une station.

Stationsstellung, f. — Position de réception.

Stationswagen, m. — Voiture-poste (Télégraphie militaire).

Statisch, f. *Statische Elektricität.* — Électricité statique.

Staubbild, n. Image électrique accusée par de la poussière.

Staubfigur, f. Figure de Lichtenberg.

Stearns. Stearn'sches Duplexsystem. — Système duplex Stearns.

Steigeisen, n. — Étrier.

Steinschraube, f. — Vis à scellement.

Stellrad, n. — Croix de Malte.

Stellung, f. — Position, Installation.

— *Alternirende Stellung.* — Installation des isolateurs en alternant de part et d'autre du poteau.

— *Niveauständige Stellung.* — Installation des isolateurs au même niveau sur le poteau.

Stellung der Bürsten. — Calage des balais.

Stift, m. — Goujon, Pointe.

Stiftapparat, m. — Appareil à pointe sèche.

Stiftbüchse, f. — Boîte aux goujons.

Stiftblitzableiter, m. — Paratonnerre à pointes.

Stiftschreiber, m. — Appareil à pointe sèche.

Stimmezählapparat, m. — Appareil enregistreur des votes.

Stimmgabel, f. *Elektrische Stimmgabel.* — Diapason électrique.

Stöpsel, m. — Fiche, Bouchon, Cheville.

— Jack-Knife.

Stöpselcommutator, m. — Commutateur à cheville.

Stöpselfehler, m. Erreur de bouton dans un commutateur.

Stöpselumschalter, m. — Permutateur à cheville.

Stöpselung, f. *Falsche Stöpselung.* — Erreur de bouton dans un commutateur.

Störung, f. — Dérangement.

— *Magnetische Störung.* — Irrégularité, Perturbation dans la position du méridien magnétique.

— *Blitzartige Störung.* — Dérangement provenant d'orage.

Störungstagebuch, n. — Journal des dérangements.

Störungsscheibe, f. — Disque de dérangement.

Stösser, *m.* — Pièce isolée, Patin du chariot (App. Hughes).

Stossheber, m. *Rheostatischer Stossheber.* — Bélier rhéostatique.

Strahlende Materie, f. — Matière radiante.

Strebe, f. — Jambe de force, Contrefiche.

Strebeholtz, n. — Jambe de force, Contrefiche.

Strebeklotz, n. — Taquet pour arrêter la jambe de force contre le poteau.

Streckenbegehung, f. — Tournée (d'un surveillant).
Streichen. — Aimanter par la méthode de touche.
Streichpole, m. — Pôle d'aimantation.
Streckentelegraph, m. — Télégraphe portatif. (Ch. de f.)
Strich, m. — Touche.
— *Einfacher Strich.* — Simple touche.
— *Doppelstrich mit getrennten Magneten.* — Touche séparée.
— *Doppelstrich mit vereinten Magneten.* — Double touche.
— *Kreisstrich.* — Touche circulaire.
Strohhalmelektrometer, n. — Électromètre de Volta.
Strom, m. — Courant.
— *Galvanischer Strom.* — Courant voltaïque.
— *Elektrischer Strom.* — Courant électrique.
— *Primärer Strom.* — Courant inducteur.
— *Oeffnungsinduktionsstrom.* — Courant induit d'ouverture.
— *Direkter Strom.* — Courant direct (ou induit d'ouverture).
— *Schliessungsinduktionsstrom.* — Courant induit de fermeture.
— *Umgekehrter Strom.* — Courant inverse (ou induit de fermeture).
— *Tellurischer Strom.* — Courant terrestre.
— *Nordlichtstrom.* — Courant d'aurore boréale.
— *Triboelektrischer Strom.* — Courant triboélectrique.
— *Photochemischer Strom.* — Courant produit par la lumière agissant chimiquement.
— *Disjunctionsstrom.* — Courant de disjonction.
— *Intermittirender Strom.* — Courant intermittent.
Strom, Undulirender Strom. — Courant ondulatoire.
— *Undulatorischer Strom.* — Courant ondulatoire.
— *Pulsatorischer Strom.* — Courant pulsatoire.
— *Aufsteigender Strom*, m. Courant ascendant.
— *Absteigender Strom*, m. — Courant descendant.
Stromableitung, f. — Dérivation.
Stromabnehmer, m. — Collecteur, Balai.
Strombrecher, m. — Brise-courant.
Stromcurve, f. — Caractéristique (Fröhlich).
Stromdichte, f. — Densité du courant.
Stromfähigkeit, f. — Conductibilité.
Stromintensität, f. — Intensité du courant.
Stromkreis, m. — Circuit.
Stromlauf, m. — Marche du courant.
— *Einen Stromlauf schliessen.* — Fermer un circuit.
Stromlos. — Sans courant.
Stromlosigkeit, f. — Absence de courant.
Stromprüfend. — Électroscopique.
Stromregulator, m. — Régulateur de courant.
Stromschale, f. — Feuillet électrique.
Stromschwächer, m. — Régulateur du courant (galvanoplastie).
Stromstärke, f. — Intensité du courant.
— *Thomson's Stromstärkegalvanometer.* — Ampèremètre de Thomson.
Stromsteller, m. — Régulateur de courant, Rhéostat.
Strömung, f. — Flux.
Strömungskurve, f. — Ligne de force électrique.

***Stromverlust** (f.) **durch Ableitung in den Stützpunkten**.* — Perte par les supports.
***Stromwender**,* m. — Rhéotrope.
Sturm**,* m. ***Magnetischer Sturm. — Tempête magnétique.
***Stütze**,* f. — Support, Appui.
***Stützenverlust**,* f. — Perte par les supports.
***Stützpunkt**,* m. — Point d'appui.
***Stützpunktnachweis**,* m. — Carnet d'inscription des poteaux télégraphiques.
Submarin. — Sous-marin.
***Südlicht**,* n. — Aurore australe.
***Südpol**,* m. — Pôle sud.
Summen**,* n. ***Summen der Drähte. — Bourdonnement des fils.
***Switch**,* m. — Translateur de câble.
Symperielektrisch. — Anélectrique.
Synchronismus**,* m. ***Elektrischer Synchronismus. — Synchronisme électrique.
System**,* n. ***Astatisches System. — Système astatique.

T

Einfach und doppelt T förmig. — En T simple et en T double.
Tafel**,* f. ***Franklin'sche Tafel. — Tableau de Franklin.
***Tangentenboussole**,* f. — Boussole des tangentes.
***Taschengalvanoskop**,* n. — Galvanomètre de poche.
***Taste**,* f. — Touche.
— ***Weisse Taste***. — Blanc des lettres (Hughes).
— ***Ziffertaste***. — Blanc des chiffres (Hughes).
***Taster**,* m. — Manipulateur (Morse).
***Tauchbatterie**,* f. — Pile à immersion.
Taxe**,* f. ***Telegraphische Taxe. — Taxe télégraphique.
— ***Höhere Taxe***. — Surtaxe.
Taxiren. — Taxer.
Taxpflichtig. — A taxer.
Telegraph**,* m. ***Elektrischer Telegraph. — Télégraphe électrique.
— ***Französischer Staatstelegraph***. — Appareil télégraphique français.
— ***Nadeltelegraph***. — Télégraphe à aiguille.
Telegraph**, **Zeigertelegraph. — Télégraphe à cadran.
— ***Drucktelegraph***. — Télégraphe imprimeur.
— ***Chemischer Telegraph***. — Télégraphe électro-chimique.
— ***Copirtelegraph***. — Télégraphe autographique.
— ***Mehrfacher Telegraph***. — Télégraphe multiple.
***Telegraphenamt**,* n. — Bureau télégraphique.
***Telegraphenanwärter**,* m. — Surnuméraire des télégraphes.
***Telegraphenassistent**,* m. — Employé des télégraphes.
***Telegraphenbeamte**,* m. — Employé des télégraphes.
***Telegraphenbote**,* m. — Facteur télégraphique.
***Telegraphendirector**,* m. — Chef d'un bureau télégraphique de 1re classe (Allemagne).
***Telegraphenfreimarke**,* f. — Timbre télégraphique.
***Telegraphenkrampf**,* m. — Crampe télégraphique.
***Telegraphenleitung**,* f. — Ligne télégraphique.

Telegraphenlinie, f. — Ligne télégraphique.
Telegraphennetz, m. — Employé du service actif des télégraphes.
Telegraphenmanipulant, n. — Réseau télégraphique.
Telegraphenverwalter, m. — Chef d'un bureau télégraphique de 3ᵉ classe (Allemagne).
Telegraphenvorsteher, m. — Chef d'un bureau télégraphique de 2ᵉ classe (Allemagne).
Telegraphie, f. — Télégraphie.
Telegraphirbatterie, f. — Pile de ligne.
Telegraphirstrom, m. — Courant de transmission.
Telegraphirung (f.) ***ohne Drath***. — Transmission télégraphique sans fil.
Telemikrophon, n. — Télémicrophone.
Telelog, m. — Télélogue.
Telephon, n. — Téléphone.
Telephondraht, m. — Fil téléphonique.
Telephonie, f. — Téléphonie.
Telephonisch, n. — Téléphonique.
Telephonkabel, n. — Câble téléphonique.
Telephonograph, m. — Téléphonographe.
Telephote, m. — Téléphote.
Telephotograph, m. — Téléphotographe.
Teleradiophonie, f. — Téléradiophonie.
Telpherage, m. — Telphérage.
Temperatur. Neutraltemperatur. — Point neutre.
Teredo navalis, f. — Teredo navalis.
— ***norvegica***, f. — Teredo norvegica.
Thätigkeit, f. ***In Thätigkeit setzen***. — Mettre en service, Mettre en activité.
Theil. Unterer Theil des Condensators. — Plateau inférieur du condensateur.
Theilbarkeit (f.) ***des elektrischen Lichtes***. — Divisibilité de la lumière électrique.
Theilungszeichen, n. — Point de repère.
Theorie, f. (Voir ***Ampere, Galvani, Volta, Coulomb, Magnetisme, Chemisch***). — Théorie (Voir *Ampère, Galvani, Volta, Coulomb, Magnétisme, Chimique*).
Thermoelektricität, f. — Thermoélectricité.
Thermoelektrisch. — Thermoélectrique.
Thermoelektrisches Vermögen, n. — Pouvoir thermoélectrique.
Thermoelement, n. — Élément thermoélectrique.
Thermometer. Elektrisches Ther. — Thermomètre électrique.
Thermometrograph, m. ***Elektrischer Thermome***. — Thermométrographe électrique.
Thermophon, n. — Thermophone.
Thermophonie, f. — Thermophonie.
Thermorheometer, m. — Thermorhéomètre.
Thermosäule, f. — Pile thermoélectrique.
Thermostrom, m. — Courant thermoélectrique.
Thomson's Wirkung, f. — Effet Thomson.
Thonzelle, f. ***Poröse Thonzelle***. — Vase poreux.
Thürkontakt, m. — Contact de porte.
Tiefersetzen, n. — Remplacement de la base d'un poteau sur pied.
Tiefseekabel, n. — Câble des mers profondes.
Tischklemme, f. — Pince pour saisir le fil sur le bord d'une table.
Tischleitung, f. — Communication sur les tables des appareils.
Tonrad, n. — Roue phonique (De la Cour).
Topfmaschine, f. — Machine Pot (Siemens).
Torsion. Prüfung des Drahtes

auf Torsion. — Essai du fil au point de vue de sa torsion.
Torsionsgalvanometer, n. — Galvanomètre de torsion.
Torsionsgleichwage, f. — Balance de torsion.
Torsionswage, f. — Balance de torsion.
Torsionswinkel, m. — Angle de torsion.
Touren. Todte Touren. — Tours morts.
Tourenzähler, m.—Tachymètre.
Tragebock, m. — Monture en fer pour franchir les murs et porter les lignes télég.
Träger, m. — Support de fil télégraphique.
Trägheit. Magnetische Trägheit. — Inertie magnétique.
Trägheitsmoment, m. — Moment d'inertie.
Tragkraft, f. — Force portante.
Tragleiste, f. — Console pour supporter les fils nus dans les bureaux.
Tragmodul, n. — Module d'immersion.
Tragstange, f. — Poteau.
Tränken. — Injecter.
Tränkung, f. — Injection.
Translator, m. — Translateur.
Translatorlage, f. — Position de translation.
Translation. f. — Translation. — *Translationstellung.* — Position en translation.
Transport nach den Lagerplätzen. — Transport à pied d'œuvre.
Transversalelektromagnet, m. — Électroaimant transversal de Paccinotti.
Treiber, m. — Boîte piston (Tubes pneumatiques).
Trennamt, n. — Bureau intermédiaire sur les lignes omnibus.
Trennschicht, f. — Couche de séparation, Séparateur.
Trensen, f. — Guipage (des fils de chanvre pour combler les intervalles des fils de guttapercha dans les câbles).
Tretkontakt, m. — Contact à pédale.
Triboelektrisch. — Triboélectrique.
Tripolar. Tripolare Nadel. — Aiguille tripolaire.
Tristichograph, m. — Appareil écrivant sur trois lignes.
Trittcommutator, m. — Commutateur à pédale.
Trittumschalter, m. — Commutateur à pédale.
Trocken. Trockene Batterie. — Pile sèche.
Trogapparat, m. — Pile à auges.
Trommelarmatur, f. — Armature à cylindre.
Trommelmaschine, f.—Machine à cylindre (Siemens).
Turmalin, m. — Tourmaline.
Typenmultiplex, m. — Appareil multiple imprimeur.
Typenrad, n. — Roue des types.
Typenscheibe, f. — Roue des types.
Typenschnellschreiber, m. — Tachygraphe (de Siemens).

U

Ueberführungssäule, f. — Poteau de jonction, Poteau de raccordement.
Ueberführungsstange, f. — Poteau de jonction, Poteau de raccordement.
Uebergangswiderstand, m. — Résistance au passage.

Uebernahmstation, f. — Station de dépôt.
Uebersättigung, f. — Sursaturation.
Ueberschreibung, f. — Surcharge.
Ueberträger, m. — Translateur.
Uebertragung, f. — Translation.
Uebertragungsstellung, f. — Installation en translation.
Ueberwurf, m. — Crochet (de l'isolateur).
Ueberzählig. Ueberzähliger Conduktor. — Conducteur secondaire.
Uhr, f. *Elektrische Uhr.* — Pendule électrique.
— *Hauptuhr.* — Régulateur d'une horloge électrique.
— *Normaluhr.* — Régulateur d'une horloge électrique.
— *Nebenuhr.* — Cadran commandé par le régulateur.
Umhüllung, f. *Umhüllung eines Kabels.* — Armature d'un câble.
Umkehrbar. — Réversible.
Umkehrbarkeit, f. — Réversibilité.
Umkehrungsapparat, m. — Inverseur de marche.
Umlegen, n. *Die Methode des Umlegens.* — Méthode de retournement.
Umleiten. — Détourner.
Umleitung, f. — Détournement (de la voie), Détour (fait par une dépêche).
Umschalten. — Permutation des communications.
Umschalter, m. — Permutateur.
— *Kurbelumschalter.* — Commutateur à manivelle.
— *Stöpselumschalter.* — Commutateur à cheville.
Umschliessen. Einen Fehler umschliessen. — Circonscrire un dérangement.
Umspinnung, f. *Jute Umspinnung.* — Enveloppe de jute pour câble.
Umtelegraphirung, f. — Détour (éprouvé par une dépêche télégraphique).
Unauffindbarkeit, f. — Impossibilité de trouver (Expl. télég.)
Unbestellbar. — En dépôt.
— *Die Depeschen als unbestellbar behandeln.* — — Mettre les dépêches en dépôt.
Unbestellbarkeit, f. — Impossibilité de remettre la dépêche au destinataire.
Undulatorisch. — Ondulatoire.
Ungleichartige Elektricität. — Electricité de nom opposé.
Ungleichnamig. Ungleichnamige Elektricität. — Electricité de nom opposé.
Unidrom. — Unidrome.
Unipolar. — Unipolaire.
Unipolarität, f. — Unipolarité.
Unitarien, f. — Partisans de la théorie électrique de Franklin.
Universalgalvanometer, n. — Galvanomètre universel.
Unpolarisirbar. — Susceptible de ne pas se polariser.
Unpolarisirbarkeit, f. — Propriété de ne pas se polariser.
Unterbrecher, m. — Interrupteur
— *Selbstunterbrecher.* — Interrupteur automatique.
Unterbrechung, f. — Interruption.
Unterführungsstange, f. — Poteau de jonction.
Unterirdisch. — Souterrain.
Unterpflügen, n. — Enfouissement (d'un câble souterrain) au moyen de la charrue.
Unterseeisch. — Sous-marin.
Untersuchungsbrunnen, m. — Regard (des lignes souterraines), Boîte d'affleurement.
Untersuchungsgalvanometer, n. — Boussole d'inspecteur.
Untersuchungsisolator, m. — Isolateur double-arrêt.
Untersuchungssäule, f. — Poteau à isolateur double-arrêt, Poteau de coupure.
Untersuchungsstange, f. — Poteau à isolateur double-arrêt, Poteau de coupure.

Untersuchungsstation, f. — Point de coupure, Guérite.

Uteruselektrode, f. — Rhéophore utérin.

V

Vacuum, n. *Elektrischer Widerstand des Vacuums.* — Résistance électrique du vide.

Vacuumblitzableiter, m. — Paratonnerre à air raréfié.

Vacuumkohlenlampe, f. — Lampe à incandescence.

Vacuumprozess, m. — Procédé d'injection dans le vide.

Valata. — Valata (Substance isolante).

Variation (f.) *der Declination und Inclination.* — Variation (annuelle, diurne, séculaire) de la déclinaison ou de l'inclinaison.

Variationsnadel, f. — Boussole des variations.

Vegetation, f. — Végétation.

Ventil, *n. Elektrisches Ventil.* — Soupape électrique.

Ventilei, n. — Œuf soupape.

Ventilröhre, f. — Tube à soupapes (Poggendorff).

Verankern. — Mettre un hauban.

Verankerung, f. — Action de mettre un hauban.

Verbinden mit. — Mettre en communication avec.

— *Die Elektricität verbinden.* — Condenser l'électricité.

Verbindung, f. *Verbindung der Elemente einer Batterie.* — Association des éléments d'une pile.

— *Britanniaverbindung.* — Soudure anglaise.

— *zweier Kabel.* — Épissure de deux câbles.

Verbindungsklemme, f. — Pince de raccordement.

Verborgen-e Elektricität. — Électricité condensée.

Verdet'sche Constante, f. — Constante de Verdet.

Verdichten. — Condenser.

Verdichter, m. — Condensateur.

Verdünstung, f. — Évaporation.

Vereinigung, f. — Recomposition.

Vergleichen. — Collationner.

Vergleichung, f. — Collationnement.

Verglichen-es Telegramm. — Télégramme collationné.

Vergoldung, f. *Galvanische Vergoldung.* — Dorure galvanique.

Verklärung, f. *Elektrische Verk.* — Béatification électrique.

Verkohlen. — Carboniser.

Verkohlung, f. — Carbonisation.

Verkupferung, f. *Galvanische Verkupferung.* — Cuivrage galvanique.

Verkuppeln. Stangen verkuppeln. — Coupler des poteaux.

Verkuppelung, f. — Action de coupler des poteaux.

Verlegen eines Kabels, n. — Pose d'un câble (souterrain).

Vermerk, n. — Mention (sur les dépêches).

— *Beförderungsvermerk.* — Mention de transmission.

— *Aufnahmevermerk.* — Mention de réception.

— *Dienstvermerk.* — Mention de service.

Vernickelung, f. *Galvanische Vernickelung.* — Nickelage galvanique.

Versagen. Den Dienst versagen. — Refuser le service.

Verschiebung, f. — Répulsion. — *Elektrische Verschiebung.* — Déplacement électrique.
Versenken. Ein Kabel versenken.—Immerger un câble.
Versilberung, f. *Galvanische Vers.*—Argenture galvanique.
Verstärkung, f. — Consolidation des poteaux.
— *Verstärkungsbatterie.* — Pile auxiliaire.
Verstärkungsmittel, n. — Système de consolidation.
Verstärkungszahl, f.— Pouvoir multiplicateur.
— *eines Zweigwiederstandes.* — Pouvoir multiplicateur d'un shunt.
Verstellung (f.) *der Bürsten.* — Calage des balais.
Verstreben. Eine Stange verstreben. — Mettre une contrefiche à un poteau.
Verstreben, n. — Action de mettre une contrefiche.
Verstrebung, f. — Action de mettre une contrefiche.
Verstümmelung, f. — Altération (d'une dépêche télégraphique).
Versuch, m. *Lullin'scher Versuch.* — Expérience de Lullin, Perce-carte.
Vertheilen. —Décomposer, Distribuer.
Vertheiler, m. — Distributeur (Appareil Meyer).
Vertheilung, f. — Décomposition d'un fluide neutre par influence, Induction statique.
Vertheilung. Magnetisirung durch Vertheilung. — Aimantation par influence.
— *der Elektricität.* — Distribution de l'électricité.
Vertheilungsapparat, m. — Appareil d'induction statique.
Vertheilungskraft, f. — Force condensante.
Vertheilungsvermögen, n. — Capacité inductrice, Pouvoir inducteur.
Verticalgalvanometer, n.—Galvanomètre balance de M. Bourbouze.
Verwandler, m. — Coefficient réducteur.
Volt, m. — Unité pratique de force électromotrice, Volt.
Volta. — Volta.
Voltaelektrometer, n. — Volta-électromètre.
Voltagometer, n. — Agomètre (de Jacobi).
Voltaïsch. — Voltaïque.
Voltameter, n. — Voltamètre.
Voltaskop, n. — Voltascope.
Voltastat, m. — Voltastat.
Voltmeter, n. — Voltmètre.
Vorbereitung, f. — Formation de la pile Planté.
Vorschlageisen, n. — Pieu en fer.
Vorschlagpfahl, f. — Pieu ferré.
Vorspringen. Um ein Feld vorspringen.— Avancer d'une division (d'un cadran).
Vorsprung, m. — Mentonnet, Épaulement.
Vorsteher, m. — Chef.

W

W (*West*). — Ouest (Abréviation pour désigner un tronçon de fil).
Wachsdraht, m. — Fil recouvert de coton trempé dans la cire.
Wadelzeit, f.—Saison d'abatage (des poteaux télégraphiques).

Wage, f. ***Elektromagnetische Wage***. — Balance électromagnétique.
— ***Galvanoplastische Wage***. — Balance argyrométrique.
Wagen, m. — Chariot.
Wagner'scher Hammer. — Marteau de Wagner.
— ***Wagner'sche Zunge***. — Interrupteur à marteau de Wagner.
Wahlpunkt, m. — Point d'élection.
Walzdraht, m. — Fil dégrossi au laminoir.
Walzenumschalter, m. — Commutateur à cylindre.
Walzenwechsel, m. — Commutateur à cylindre.
Wandern, n. ***Wandern der Drähte***. — Glissement des fils télégraphiques.
Wandernder Funken. — Étincelle ambulante.
Wanderstöpsel, m. — Bouton de commutateur mobile.
Wanderung, f. ***Wanderung der Ionen***. — Transport des produits électrolytiques.
Wärme. ***Specifische Wärme der Elektricität***. — Chaleur spécifique de l'électricité.
Warnungsapparat, m. — Avertisseur (électrique).
Warnungstafel, f. — Tableau indicateur (électrique).
Wärterbudentelegraph, m. — Télégraphe des guérites des garde-lignes (Ch. de fer).
Warten, n. — Attente.
Washburn Lehre, f. — Calibre de Washburn.
Wasserhose, f. — Trombe marine.
Wasserstandsanzeiger, m. — Indicateur (électrique) de niveau d'eau, Hydrostatimètre.
Wassertropfencollector, m. — Collecteur à gouttes d'eau.
Weber, n. — Weber.
Webestuhl, m. — Métier (électrique) à tisser.
Wechsel, m. — Commutateur.
Wechselapparat, m. — Commutateur inverseur.
Wechselhebel, m. — Levier inverseur (Hughes).
Wechselmännchen, n. — Manette d'un commutateur à manivelle.
Wechselplatte, f. — Levier inverseur.
Wechselschlüssel, m. — Clef d'inversion.
Wechselstrom, m. — Courant inverse.
Wechselstrommaschine, f. — Machine à courants alternés.
Wechselstromtaste, f. — Manipulateur à inversion de courant.
Wechselweibchen, n. — Plot de contact d'un commutateur à manette.
Wecker, m. — Sonnerie.
— ***Wecker mit Selbstunterbrechung***. — Sonnerie à trembleur.
— ***Auf Wecker legen***. — Mettre sur sonnerie.
Weckerleitung, f. — Fil de sonnerie.
Weckertaste, f. — Bouton de sonnerie.
— ***mit Rücksignal***. — Bouton de sonnerie à répétition.
Weichencontrolapparat, m. — Appareil de contrôle des aiguilles (Ch. de fer).
Weichloth, n. — Soudure fondante.
Weiterbeförderung, f. — Réexpédition (en dehors des lignes télégraphiques).
Weiterbeförderungsgebühr, f. — Taxe de réexpédition.
Weitergeben, n. — Réexpédition télégraphique.
Weitergeben. — Réexpédier télégraphiquement.
Weitertelegraphiren. — Réexpédier télégraphiquement.
Welle, f. — Axe.
Wellenzahn, m. — Came.
Wendehaken, m. — Grappin.
Wendepunkt, m. — Point d'inflexion.

Wendescheibe, f. — Disque.

Werthfactor, m. — Formule de mérite.

Wetterleuchten, n. — Éclair de chaleur.

Wetterprognose, f. — Pronostic de l'état atmosphérique.

Wheatstone's Apparat, m. — Appareil Wheatstone.

Wheatstone's Brücke, f. — Pont de Wheatstone.

Wickelbund, m. — Ligature de deux fils télégraphiques.

Wickeldraht, m. — Fil à torsade, Fil à ligature.

Wickeleisen, n. — Instrument pour faire les torsades.

Wickellöthstelle, f. — Ligature soudée.

Wickelungsraum, m. — Espace d'enroulement (d'une bobine).

Widder. Rheostatisches Widder, n. — Bélier électrique.

Wideraufnahme, f. ***Wideraufnahme eines Kabels.*** — Relèvement d'un câble.

Widerholung, f. ***Amtliche Widerho.*** — Répétition d'office.

Widerstand, m. ***Elektrischer Widerstand.*** — Résistance électrique.

— ***Wesentlicher Widerstand.*** — Résistance essentielle (de la pile).

— ***Aeusserwesentlicher Wi.*** — Résistance du circuit extérieur (de la pile).

— ***Specifischer Wi.*** — Résistance spécifique.

— ***Kritischer Widerstand.*** — Résistance critique.

Widerstandseiche, f. — Étalon de résistance.

Widerstandsmessapparat, m. — Rhéostat, Empodiomètre.

Widerstandsrolle, f. — Bobine de résistance.

Widerstandssäule, m. — Bobine de résistance.

Wilde'sche Maschine. — Machine de Wilde.

Wind, m. ***Elektrischer Wind.*** — Vent électrique.

Windbeschreiber. Elektrischer Windbeschreiber, m. — Anémographe électrique.

Windeeisen, n. — Mâchoire à tordre, Fer à torsades.

Windfang, m. — Volant.

Windflügel, m. — Volant à ailettes.

Winkelstange, f. — Poteau cornier.

Winkelstütze, f. — Appui cornier.

Wippe, f. Commutateur à bascule.

Wirbeltheorie, f. ***Elektromagnetische Wirbeltheorie.*** — Théorie électromagnétique des tourbillons.

Wirkung, f. — Action.

— ***Chemische Wirkung.*** — Action chimique.

— ***Cataphorische Wirkung.*** — Endosmose électrique, Action cataphorique.

— ***Secundäre Wirkung.*** — Action secondaire.

— ***Wirkung aus der Ferne.*** — Action à distance.

— ***Thomson's Wirkung.*** — Effet Thomson.

Wirkungsfeld, n. — Champ d'action ou de force.

— ***Gleichförmiges Wirkungsfeld.*** — Champ uniforme de force.

Wirkungskreis, m. — Champ de force.

— ***Gleichförmiger Wirkungskreis.*** — Champ uniforme de force.

Witterungsanzeiger. Elektrischer Witterungsanzeiger, m. — Météorographe électrique.

Worttaxe, f. — Taxe par mot.

Wray. Wray'sche Composition. — Composition de Wray.

Würgelöthstelle, f. — Torsade soudée.

Würgezange, f. — Pince à torsades.

Würgung, f. — Action de faire une torsade.

X

Xylonit. — Xylonite ou Parkesine.

Xylophaga, f. — Xylophaga.

Z

Zahlenblank, n. — Blanc des chiffres.
Zahlungsliste, f. — Feuille d'attachement.
Zahnlücke, f. — Intervalle de deux dents d'une roue.
Zahnrad, n. — Roue dentée.
Zange. Galvanokaustische Zange, f. — Pince galvanocaustique.
Zauberscheibe, f. — Carreau magique.
Zeichenempfänger, m. — Récepteur.
Zeichengeber, m. — Manipulateur.
Zeichenscheibe, f. — Cadran.
Zeigerapparat, m. — Récepteur à cadran.
Zeigertelegraph, m. — Télégraphe à cadran.
Zelle, f. *Pörose Zelle.* — Vase poreux.
Zerreissend. — Disruptif.
Zersetzen. — Décomposer (Électrochimie).
Zersetzung, f. — Décomposition (Électrochimie).
Zersetzungswiderstand, m. — Résistance électrolytique.
Zerstreuung, f. — Dispersion.
Zerstreuungscoefficient, m. — Coefficient de dispersion.
Zifferblatt, n. — Cadran.
Ziffertaste, f. — Blanc des chiffres (Hughes).
Zimmerleitung, f. — Fil de poste.
Zink, m. *Amalgamirter Zink.* — Zinc amalgamé.
Zitteraal, m. — Gymnotus electricus, Gymnote.
Zitterroche, f. — Torpille.
Zitterwels, m. — Malaptérure électrique ou Silure électrique.
Zonenreflector, m. — Réflecteur à armilles.
Zuckungsgesetz, n. — Loi des secousses.
Zuganker, m. — Hauban de traction.
Zugcontact, m. — Contact par traction.
Zugdeckungssignal, n. — Signal de protection d'un train.
Zuggeschwindigkeitsmesser, m. — Indicateur de la vitesse (d'un train).
Zuglinie, f. — Ligne télégraphique d'un train (en marche).
Zugsdraht, m. — Fil de traction de disque.
Zugstelegraph, m. — Télégraphe d'un train.
Zuleiter, m. — Électrode positive.
Zuleitungsklemme, f. — Borne, Serre-fil.
Zunge, f. *Wagner'sche Zunge.* — Interrupteur à marteau de Wagner.
Zurückgeblieben. Die zurückgebliebene Depesche. — Dépêche en souffrance.

Zurückziehen. Eine Depesche zurückziehen. — Retirer une dépêche.
Zusammendrehen, n. — Torsade.
Zusammensetzen. Eine Batterie zusammensetzen. — Monter une pile.
Zusammensprechen. — Être affecté de mélange.
Zusammensprechen, n. — Mélange.
Zusatz, m. *Dienstlicher Zusatz.* — Mention de service.
Zuschlagsgebühr, f. — Surtaxe.
Zustand, m. — État.
— *Dauernder Zustand.* — État permanent (élect.).
— *Veränderlicher Zustand.* État variable (élect.).
Zustellen. — Remettre au destinataire.
Zustellung, f. — Remise au destinataire.
Zweigdraht, m. — Fil dérivé.
Zweigleitung, m. — Ligne en dérivation.
Zweigleitungsdraht, m. — Fil dérivé.
Zweigrolle, f. — Bobine de dérivation (de rhéostat).
Zweigsprechen. — Transmettre en simultanée par dérivation.
Zweigsprechen, n. — Transmission en simultanée par dérivation.
Zweigstrom, m. — Courant dérivé.
Zweigwiderstand, m. — Résistance dérivée, Shunt.
Zwischenisolator, m. — Isolateur non pourvu de tendeur.
Zwischenleiter, m. — Corps moyennement conducteur.
Zwischenplatte, f. — Diaphragme métallique.
Zwischenstation, f. — Station intermédiaire.

SYNONYMIE

ANGLAISE – FRANÇAISE

A

Accumulator. — Condensateur.
— Accumulateur électrique.
Acknowledgement. — Réception.
— **of receipt of message.** — Accusé de réception.
Acline line. — Ligne acline ou aclinique.
Actinoelectricity. — Actinoélectricité.
Action. Chemical action. — Action chimique.
— **Secondary action.** — Action secondaire.
— **at a distance.** — Action à distance.
Activity. — Activité.
Addressee. — Destinataire (d'une dépêche).
— **Delivery to the addressee.** — Remise (d'une dépêche) au destinataire.
— **To deliver a message to the addressee.** — Remettre (une dépêche) au destinataire.
Adherence. Electric adherence. — Adhérence électrique.
Adjustment of wire brushes. — Calage des balais.
Afflux. Point of afflux. — Point d'afflux.
Agometer. — Agomètre.
— **Mercury agometer.** — Agomètre à mercure.
Alarm. (Voir *Bell* et *Fire alarm box.*)
Albumine. — Albumine.
Allowance by distance. — Allocation kilométrique.
— **by message.** — Allocation par dépêche.
Alteration of message. — Altération d'une dépêche.
Alternation. Volta's alternation. — Alternative voltiane.
Aluminium. — Aluminium.
Amalgam. Kienmayer's electrical amalgam. — Amalgame de Kienmayer.
Amalgamate. To amalgamate. — Amalgamer.
Amalgamation. — Action d'amalgamer.
Amber. — Ambre.
Amianthus (S. **Asbestos**). — Amiante.
Ampere. — Ampère.
Amperemetre. — Ampèremètre.
Ampere's formula. — Formule d'Ampère.
Ampere hour. — Ampère-heure.
Ampere's rule. — Règle d'Ampère.
Ampere's table. — Table d'Ampère.
Ampere's theory. — Théorie d'Ampère.
Ampere turn. — Ampère-tour.

Analogous. — (Voir *Pôle.*)
Anemograph. Electric anemograph. — Anémographe électrique.
Anion. — Anion.
Annunciator. — (Voir *Telephone.*)
Anode. — Anode.
Antilogous. — (Voir *Pôle.*)
Antinome. — Antinome.
Antiphone. — Antiphone.
Antozon. — Antozone.
Anvil. Sending anvil. — Contact de transmission.
— **Receiving anvil.** — Contact de réception.
Aperiodic. — Apériodique.
Arc. Closing arc. — Arc de clôture.
— **Voltaïc arc.** — Arc voltaïque.
Area of free delivery of messages. — Circonscription de remise gratuite.
— **of district for maintenance of telegraph lines.** — Circonscription de revision de ligne.
— **of protection.** — Cercle de protection.
Arm of an horseshoe electromagnet. — Branche d'un électroaimant en fer à cheval.
Armature of natural magnet. — Armature d'un aimant naturel.
— **of electromagnet.** — Armature d'électroaimant.
— **Half armature.** — Demi-armature ou semelle d'électroaimant.
— **Paper armature.** — Armature de la machine de Holtz.
— **Siemens's longitudinal armature.** — Armature ou bobine de Siemens.
— **Without armature.** — Sans armature.
— **Disk armature.** — Armature en disques.
— **Drum armature.** — Armature cylindrique.
Armature. Ring armature. — Armature en anneau.
— **Pole armature.** — Armature polaire.
Armour. Iron armour of a cable. — Armature d'un câble.
Arrangement on land to hold the shore ends of cables. — Crampon pour arrêter les câbles sur les rives d'une masse d'eau.
Asphalt. To coat a cable with asphalt. — Recouvrir un câble d'asphalte.
— **Act of coating a cable with asphalt.** — Action de recouvrir un câble d'asphalte.
Assistent. — Assistent.
Astatic. — Astatique.
Astaticity. — Diminution de la force directrice de la terre.
Attachment of the keeper or armature of electromagnet. — Collement de la palette contre le fer doux de l'électroaimant.
Attraction at a distance. — Attraction à distance.
— **Law of electric attractions.** — Loi des attractions électriques.
Audiometer (S. **Sonometer**). — Audiomètre ou Sonomètre.
Audiphone. — Audiphone.
Aureole. — Auréole.
Aurora borealis. — Aurore boréale.
— **Austral aurora.** — Aurore australe.
Autoexciting. — Autoexcitation.
Axis. Chief axis. — Axe principal.
— **Secondary axis.** — Axe secondaire.
— **Vertical axis of chariot.** — Axe du chariot.
— **Fly wheel axis.** — Axe du volant.
— **Magnecrystalline axis.** — Axe magnécristallin.

B

Bag. Faraday's muslin bag. — Cône de mousseline de Faraday.
Balance. Torsion balance. — Balance de torsion.
— **Electromagnetic balance.** — Balance électromagnétique.
— **Induction balance.** — Balance d'induction.
Ball of elder pith. — Pendule électrique.
Barometrograph. Electric baro. — Barométrographe électrique.
Barrow for uncoiling wires. — Brouette de déroulement.
— **Wire barrow.** — Chariot à bobines.
— **Handbarrow for wire drums.** — Civière à bobines.
Bath. Electric bath. — Bain électrique.
Bathometer. Siemens' electric bathometer. — Bathomètre électrique de Siemens.
Battery. Electrical battery. — Batterie électrique.
— **Cascade battery.** — Batterie en cascades.
— **Voltaic battery.** — Pile voltaïque.
— **Constant battery.** — Pile constante.
— **Trough battery.** — Pile à auge.
— **Daniell's battery.** — Pile Daniell.
— **Bunsen's battery.** — Pile Bunsen.
— **Spiral battery.** — Pile de Hare ou Offershaus.
— **Gas battery.** — Pile à gaz.
— **Bottle battery.** — Pile bouteille.
— **Bichromate of potash battery.** — Pile au bichromate de potasse.
Battery. Marie Davy's battery. — Pile Marié Davy.
— **Leclanche's battery.** — Pile Leclanche.
— **Callaud's gravity battery.** — Pile Callaud.
— **Maiche's battery.** — Pile Maiche.
— **Thermoelectric battery.** — Pile thermoélectrique.
— **Dry battery.** — Pile sèche.
— **Polarisation battery.** — Pile de polarisation.
— **Secondary battery.** — Pile secondaire.
— **Storage battery.** — Accumulateur, Pile secondaire.
— **Compensating battery.** — Pile de compensation.
— **Gravity battery.** — Pile à densité ou de gravité.
— **Immersion battery.** — Pile à immersion.
— **Plunge battery.** — Pile à immersion.
— **Universal battery.** — Pile commune à plusieurs circuits.
— **Subsidiary battery.** — Pile auxiliaire.
— **Thimble battery.** — Pile à dès.
— **Local battery.** — Pile locale.
— **Earth battery.** — Pile terrestre.
— **Line battery.** — Pile de ligne.
— **opposed to another.** — Pile opposée.
— **Field battery.** — Pile (pour lignes) de campagne.
— **Battery knife.** — Racloir de pile.
— **To mount a battery.** — Monter une pile.
— **To make up a battery.** — Monter une pile.

Battery. To break up a battery. — Démonter une pile.
— **To maintain a battery.** — Entretenir une pile.
Baudot's multiple type printer. — Appareil multiple imprimeur Baudot.
Bell. Electric bell. — Sonnerie électrique.
— **key.**— Bouton de sonnerie.
— **push.** — Bouton de sonnerie.
— **Pear shaped bell push.** — Poire contenant un bouton de sonnerie.
— **Repeating bell push.**—Bouton de sonnerie à répétition.
— **Constant current bell push.** — Bouton de sonnerie à courant continu.
— **Trembling bell.** — Sonnerie à trembleur, Trembleuse.
— **Railway bell.** — Sonnerie de chemin de fer.
— **Single stroke bell.** — Sonnerie à un battement.
— **Double stroke bell.** — Sonnerie à deux battements.
— **Treble stroke bell.** — Sonnerie à trois battements.
— **Constant action bell.**—Sonnerie à carillon.
— **To put a bell in circuit.** — Mettre sur sonnerie.
Bellhanger's joint. — (Voir *Joint.*)
Bennet's doubler. — Doubleur ou Duplicateur Bennet.
Bevel of the soldering iron.—Porte-goutte.
Bidrome. — Bidrome.
Binder. Connection binder.—Pince pour les pôles d'une pile.
Binding. — Liaison (au moyen d'une ligature) de deux extrémités d'un fil de ligne.
— **Loose binding.** — Installation lâche (d'un conducteur télégraphique sur l'isolateur).
— **Fixed binding.** — Installation fixe (d'un conducteur télégraphique sur l'isolateur).
Binding. Soldered binding. — Ligature soudée.
— **Clamp.** — (Voir *Clamp.*)
Block system. — Block system.
— **Permissive block-system.**— Système permissif.
Board with terminals. — Planchette à bornes.
— **for leading wires into a station.** — Planchette d'entrée de poste.
— **Wire board inside a station.** — Planchette pour supporter les fils nus dans un bureau télégraphique
Boat. Electric boat. — Bateau électrique.
Bobbin. Siemens' bobbin. —Bobine Siemens.
Bolometer. — Bolomètre.
Bolt. — Console.
Book. Counterfoil book. — Livre à souche.
— **Entry book.**—Livre d'entrée
— **Issue ou exit book.** — Livre de sortie.
— **Order book.** — Livre d'ordres.
Boss of gang ou party (Amér.). — Chef d'équipe.
Bosscha's theorem. — Théorème de Bosscha.
Boucherising. — Injection au sulfate de cuivre.
Bound. — (Voir *Electricity.*)
Box. Fire alarm box. — Boîte à incendie.
— **Draw box ou flush box.** — Regard (lignes souterraines).
— **Electric tinder box.** — Briquet de Saturne.
Boze's beatification. — Béatification de Boze.
Brace. — Entretoise.
Bracket. — Support, Console, Tige à scellement, Étrier.
— **Wall bracket.** — Console en fer pour franchir les murs.
— **Double wall bracket.**—Chevalet double.

Bracket. Screw bracket. — Support à vis.
— **Angle bracket.** — Support cornier.
Branch. — Bifurcation.
Branch. To branch off a current in electromagnets joined up in quantity. — Bifurquer le courant dans les bobines d'un électroaimant.
Break. Achard's electric break. — Frein électrique Achard.
— **Fly wheel break.** — Sabot du frein (Hughes).
— **Hollow circular disc of break.** — Cylindre creux du frein (Hughes).
— **of a wire.** — Rupture d'un fil.
Breaker. Mercury breaker. — Interrupteur à mercure.
— **Mercury selfacting breaker.** Interrupteur Foucault.
Breath figure. — Figure rorique.
Bridge.—(Voir *System* et *Wheatstone's parallelogram* ou *bridge*.)
Briquette battery. — Briquette pile.
Briquet de Saturne. — Briquet de Saturne.
Britannia joint. — (Voir *Joint*.)
Bronze. Phosphor bronze.—Bronze phosphoreux.
— **Silicious bronze.** — Bronze siliciеux.
Brush. Electric brush.— Aigrette électrique, Pinceau électrique.
— **Paper brush.** — Aigrette de papier.
— **Wire brush.** — Balai de fils métalliques, Frotteur.
Bundle of wire. — Botte de fil.
Burnettising. — Injection au chlorure de zinc.
Butterfly net. — Filet à papillons.
Button. Electric button (S. **Push**). — Bouton électrique.
— **Burning galvanic button.** — Bouton de feu galvanique.

C

Cable. Telegraph cable. — Câble télégraphique.
— **Underground cable.**— Câble souterrain.
— **Brooks's cable.** — Câble de Brooks.
— **Overhead cable.** — Câble aérien.
— **Subfluvial cable.** — Câble sous-fluvial.
— **Sea cable.** — Câble sous-marin.
— **Deap sea cable.** — Câble des grandes profondeurs.
— **Shallow water cable.** — Câble d'atterrissement.
— **Telephone cable.** — Câble téléphonique.
— **Core of cable.** — Ame de câble.
Câble. Stranded copper conductor for cable. — Cordon conducteur d'un câble.
— **Cable ship.** — Bâtiment destiné à la pose des câbles.
— **Pipe for underground cables.** — Tuyau pour câbles souterrains.
— **To lay a cable.** — Immerger un câble sous-marin.
— **To pay out a cable.** — Laisser dérouler un câble sous-marin.
— **To lay on underground cable.** — Poser un câble souterrain.
— **To grapple a sea cable.** — Pêcher un câble sous-marin.

Câble. To pick up a sea cable. — Relever un câble sous-marin.
— **To haul in a sea cable.** — Relever un câble sous-marin.
— **Intermediate cable.**— Câble mixte.
— **Shore end cable.** — Câble des côtes.
— **Cable hut.** — Guérite d'atterrissement.
— **Cable tank.** — Cuve des câbles.
— **Cable hand.** — Escouade chargée du déroulement.
— **Single wire cable.** — Câble à un seul fil conducteur.
— **Compound cable.** — Câble à plusieurs conducteurs.

Call. Electric call. — Avertisseur électrique.
— **Telephone call (Siemens).** — Avertisseur téléphonique (de Siemens).
— **Signal.** — Attaque, Signal d'appel.
— **to regulate synchronism.** — Invitation à régler le synchronisme.
— **to repeat.** — Invitation à répéter.
— **to forward a message.** — Invitation à transmettre.
— **to adjust the electromagnet.** — Invitation à régler l'électroaimant.
— **To call up an office.** — Attaquer, Appeler.
— **To be called for.** — Bureau restant.
— **To be called for at the station.** — Gare restante.

Calorimotor. — Calorimoteur.

Carbon rheophorus. — Rhéophore à charbon.

Cam. Correcting cam. — Came de correction ou correctrice.
— **Printing cam.** — Came d'impression.
— **Detent cam.** — Came de dégagement.

Cam. Paper moving cam. — Came d'entrainement du papier.
— **shaft.** -- Arbre à cames.
— **of spring stop.** — Doigt d'arrêt de la croix de Malte

Camel. — Chameau.

Candle. — Bougie.
— **Electrical candle.** — Bougie électrique.
— **Electrical candle holder.** — Chandelier électrique.

Canthook. — Grappin.

Cap. Pole cap. — Chapiteau pour poteau.
— **Straining cap.** — Chapiteau tendeur.

Capacity. Electric capacity. — Capacité électrique.
— **Inductive capacity.** — Capacité inductrice.
— **Specific inductive capacity.** — Capacité inductrice spécifique.
— **Standard of capacity.** — Étalon de capacité.
— **Electrostatic capacity.** — — Capacité électrostatique.

Carbon. — Charbon.
— **regulator.** — Régulateur à charbon.

Carcel. — Carcel.

Cardan's mode of suspending compass. — Suspension de Cardan.

Carrier of replenisher. — Ailette métallique du Replenisher.
— **for wire drums.** — Civière à bobines.

Caselli's chemical instrument. — Appareil Caselli.

Catch of friction wheel.— Cliquet de la roue de frottement.
— **Free detent catch.**—Cliquet d'échappement.
— **of fly wheel.**— Levier d'arrêt du mouvement d'horlogerie.

Catenary. — Chainette.
— **Electrodynamic catenary.**— Chainette électrodynamique.

Cathode. — Cathode.
Cation. — Cation.
Cell. — Élément de pile.
— **Porous cell.**—Vase poreux.
Celluloïd. — Celluloïde.
Ceraunometer. — Ceraunomètre
Chain. To form an electric chain. — Faire la chaine.
Change of communications.—Permutation des communications.
Char. To char. — Carboniser.
Characteristic curve. — Caractéristique.
Charge. — Charge, Taxe.
— **Coefficient of charge.**—Coefficient de charge.
— **Bound residual charge.** — Charge résiduelle latente.
— **Molecular charge.**—Charge moléculaire.
— **Fixed charge.** — Taxe fixe.
— **Payment of charges.**— Perception des taxes.
— **Extracharge.** — Surtaxe.
— **Completing charge.** —Taxe complémentaire.
— **To be collected.** — (Taxe) à percevoir.
Charge. To charge. — Taxer.
— **Words to be charged for.**— Mots à taxer.
Chariot. — Chariot.
Charring the end of poles.—Carbonisation de la base des poteaux.
Chatterton's compound. — Composition Chatterton.
Chime. Electric chime. — Carillon électrique.
Circuit of a current. — Circuit d'un courant.
— **The putting in circuit.** — Mise en circuit.
— **The putting out of circuit.** — Mise hors du circuit.
— **To put in circuit.** — Mettre en circuit.
— **To put out of circuit.** — Mettre hors du circuit.
— **The closing of a circuit.** — Fermeture d'un circuit.
— **The opening of a circuit.**— Ouverture d'un circuit.
— **To close a circuit.**— Fermer un circuit.
Circuit. To open a circuit. — Ouvrir un circuit.
— **closer.** — Conjoncteur.
— **changer.** — Commutateur.
— **with intermediate receiving stations.**— Embrochage.
— **Short circuit.** — Circuit local, Court circuit.
— **Ridge circuit.**—Circuit des faîtes.
— **Receiver in circuit.**—Position de réception.
— **Lightning protector in circuit.** — Position sur paratonnerre.
— **Alarum bell in circuit.** — Position sur sonnerie.
— **To cut into circuit.** —Rentrer sur un fil.
— **To break into circuit.**—Rentrer sur un fil.
— **To connect a battery in parallel circuit or quantity.** — Monter une pile en quantité.
— **To cut out of circuit.**— Sortir du circuit.
— **Main circuit.**—Circuit principal.
— **To short circuit a faulty battery cell.** — Réunir les électrodes par un fil de chaque côté de l'élément mauvais.
— **an instrument.** — Mettre au moyen d'un fil un appareil hors de circuit.
Circuiting. Short circuiting.—Installation en local, en court circuit.
Clamp. Binding clamp. — Serre-fil, Pince de raccordement.
— **Twist clamp.** — Mâchoire à torsades.
Claw. Devil's claw. — Pince à grenouille.
Clay. Lump of plastic clay. — Colombin.
Clerk. — (Voir *Duty, Staff.*)
— **of works.** — Conducteur des travaux.
— **Telegraph clerk.** — Employé des télégraphes.

Clerk. Counter-clerk. — Employé de guichet.
— **Instrument clerk.** — Employé manipulant.
— **in charge.** — Employé responsable.
Cleaning of insulators. — Nettoyage des isolateurs.
Click. Magnetic click (Voir *Tick*). — Bruit produit par l'aimantation et la désaimantation.
Climber pole. — Étrier.
Clock. Electric clock. — Horloge électrique.
— **Regulator of an electric clock.**—Régulateur d'une horloge électrique.
Cloud. Lightning cloud ou **Thunder cloud** ou **Storm cloud.** — Nuage orageux.
Clutch lamp. — Lampe à écart fixe.
Coating. Internal coating (of a Leyden jar). — Armature intérieure (d'une bouteille de Leyde).
— **Outer coating (of a Leyden jar).** — Armature extérieure (d'une bouteille de Leyde).
Cock. Electrical cock. — Robinet électrique.
Code. Commercial code. — Code commercial des signaux.
— **name (of stations).** — Indicatifs (des stations).
— **time.** — (Voir *Time.*)
Coefficient of electric dispersion. — Coefficient de dispersion électrique.
— **Reduction coefficient.** — Coefficient de réduction.
— **Poisson's magnetic coefficient.** —Densité magnétique.
— **Economic coefficient.**—Coefficient économique.
— **of electric elasticity of the medium.** — Coefficient d'élasticité électrique du milieu.
Coercitive force ou **coercive force.** — Force coercitive.
Coibent. — Diélectrique.
Coil (of wire). — Bobine (de fil métallique).
— **Differential coil.** — Bobine différentielle.
— **Resistance coil.** — Bobine de résistance.
— **Shunt coil.** — Bobine de dérivation.
— **Multiplicator coil.**—Bobine de multiplicateur.
— **Induction coil.** — Bobine d'induction.
— **Siemens' longitudinal coil.** — Bobine Siemens.
— **To coil a cable.** — Lover un câble.
Collar band. — Collier, Bride.
Collate (to). — Collationner.
Collecting point of electrical machine. — Pointe collectrice.
Collection of charges. — Perception des taxes.
Collector. — Collecteur, Plateau supérieur d'un condensateur.
— **Water dropping collector.**—Collecteur à gouttes d'eau.
Colombin. — Colombin.
Combination. — Combinaison.
Combinator.—Traducteur Baudot.
Comb protector. — Paratonnerre à pointes.
Communication. — Communication.
— **Direct communication.** — Communication directe.
— **Pneumatic communication.** — Communication pneumatique.
— **To put into communication with...**—Mettre en communication avec...
— **Section of communication.** —Brigade de télégraphie d'étapes.
Commutator. — Commutateur.
— **for making contact.** — Conjoncteur.
— **for breaking contact.** — Disjoncteur.
— **Peg commutator.** — Commutateur à chevilles.
— **Spring commutator.**—Commutateur à ressort.

Commutator. Plate commutator. — Commutateur à plaques.
— **Pedal commutator.** — Commutateur à pédale.
— **Handle of a commutator.** — Manette ou Manivelle d'un commutateur.
Compass. — Boussole.
Compensating. Magnetic compensating plate. — (Voir *Plate.*)
— **Current (Wheatstone).** — Courant de compensation.
Compensator. — Compensateur.
Compound dynamo. — Machine à double excitation.
Condensation. — Condensation.
— **Double condensation.** — Double condensation.
Condense (to). — Condenser.
Condenser. — Condensateur.
— **Air condenser.** — Condensateur à air.
— **Plate (of a condenser).** — Armature (d'un condensateur).
— **Paper condenser.** — Condensateur à papier.
— **Electrochemical condenser.** Condensateur électrochimique.
— **Solid dielectric condenser.** Condensateur à diélectrique solide.
— **Singing condenser.** — Condensateur chantant.
— **Mica condenser.** — Condensateur à armature de mica.
— **Standard condenser.** — Condensateur étalon.
— **Absolute condenser.** — Condensateur absolu.
Condensing electroscope. — Électroscope condensateur.
— **force.** — Force condensante.
Conduct. To conduct. — Conduire.
Conduction. Electric conduction — Conduction électrique.
— **Electrolytic conduction.** — — Conduction électrolytique.

Conductivity. Electric conductivity. — Conductibilité électrique.
— **Specific conductivity.** — Conductibilité spécifique.
— **Magnetic conductivity.** — Conductibilité magnétique.
— **resistance.** — Résistance à la conductibilité.
Conductor. — Corps conducteur de l'électricité.
— **Good conductor.** — Corps bon conducteur.
— **Semi conductor.** — Corps moyennement conducteur.
— **Fair conductor.** — Corps moyennement conducteur.
— **Non conductor.** — Corps non conducteur.
— **Diametral conductor.** — Conducteur diamétral.
— **Prime conductor.** — Conducteur secondaire (Machine électrique).
— **of a lightning protector.** — Chaîne d'un paratonnerre.
— **Astatic conductor.** — Conducteur astatique.
Connection. Electric connection in an instrument. — Communication dans un appareil.
— **binder.** — Pince pour les pôles d'une pile.
Connector. Double connector. — Serre-fil à deux vis.
Consecutive pole. — Point conséquent.
Consequent pole. — Point conséquent.
Consolidation. — Consolidation.
— **Triangular consolidation.** — Consolidation triangulaire d'un poteau télégraphique.
Constant of magnetisation. — Constante d'aimantation.
— **Dielectric constant.** — Constante de diélectricité.

Constant of a galvanometer. — Constante d'un galvanomètre.
— **Voltaïc constants.** — Constantes voltaïques.
— **battery.** — Pile constante.
Contact. — Contact.
— **of telegraph wires.** — Mélange (des fils télégraphiques).
— **Partial contact.** — Perte à la terre.
— **Weather contact.** — Mélange par suite d'humidité.
— **To be in contact.** — Être affecté de mélange.
— **Sliding contact.** — Contact par glissement.
— **Treading contact.** — Contact à pédale.
— **Cylindrical contact.** — Contact à cylindre.
— **Mercury contact.** — Contact à mercure.
— **stud.** — Plot de contact, Goutte de suif.
— **piece.** — Goutte de suif.
— **knob.** — Bouton de contact.
— **Floor contact.** — Contact à pédale.
— **Rubbing contact.** — Contact par frottement.
— **Pull contact.** — Contact par traction.
— **Push contact.** — Contact par pression.
— **fixed between rails (Lartigue's system).** — Crocodile.
— **theory.** — Théorie du contact.
— **Earth contact.** — Perte complète à la terre.
Continuity. Principle of continuity. — Principe de continuité.
Contraction. Muscular contraction. — Contraction musculaire.
Convection. — Convection.
— **Electrolytic convection.** — Convection électrolytique.
Copper. — Cuivre.
Core of an electromagnet. — Noyau de l'électroaimant.
Core. — (Voir *Câble.*)
Cork hung by a thread. — Pendule électrique.
Corona of an aurora borealis. — Couronne d'aurore boréale.
Corps civil of telegraphists. — Brigade civile de télégraphie militaire.
Correcting cam. — (Voir *Cam.*)
Correspondence. Cypher correspondence. — Correspondance secrète.
— **Secret correspondence.** — Correspondance secrète.
Coulomb. — Coulomb.
— **Coulomb's magnetic theory.** — Théorie magnétique de Coulomb.
Coulombmeter. — Coulombmètre.
Cramp. Telegraph cramp. — Crampe télégraphique.
Creosoting. — Injection à la créosote.
Crowbar. — Pince.
Cubical. Faraday's cubical electric chamber. — Cage de Faraday.
Cup. — Godet.
Curb sender (of Thomson). — Curb sender.
Current. Electrical current. — Courant électrique.
— **Voltaïc current.** — Courant voltaïque.
— **Transmitting current.** — Courant de transmission.
— **Derived current.** — Courant dérivé.
— **Inducing current.** — Courant inducteur.
— **Primary current.** — Courant inducteur.
— **Induction current.** — Courant induit.
— **Induced current on making contact ou induced current at closing.** — Courant induit de fermeture.
— **Induced current ou breaking contact ou induced current at opening.** — Courant induit d'ouverture.

Current. Law of induced currents. — Loi des courants induits.
— **Kirchhoff's law of derived currents.** — Loi des courants dérivés de Kirchhoff.
— **Foucault's current.** — Courant de Foucault.
— **Magneto electric current.** — Courant magnétoélectrique.
— **Ampere's solenoidic current.** — Courant d'Ampère.
— **Thermoelectric current.** — Courant thermoélectrique.
— **Earthplate current.** — Courant tellurique.
— **Earth current.** — Courant terrestre.
— **Current produced by an aurora borealis.** — Courant d'aurore boréale.
— **Frog's natural current.** — Courant propre de la grenouille.
— **Photochemical current.** — Courant photochimique.
— **Electrocapillary current.** — Courant électrocapillaire.
— **Flame current.** — Courant flammaire.
— **Triboelectric current.** — Courant triboélectrique.
— **taking place by the passage of a liquid through a diaphragm.** — Courant prenant naissance dans le passage d'un liquide à travers un diaphragme poreux.
— **Electric disjunction current.** —Courant de disjonction.
— **Undulatory current.**—Courant ondulatoire.
— **Intermittent current.**—Courant intermittent.

Current. Pulsatory current.—Courant d'impulsion ou pulsatoire.
— **Muscular current.** — Courant des muscles.
— **Nervous current.** — Courant des nerfs.
— **Continuous current.**—Courant continu.
— **Closed circuit current** ou **continuous current.** — Courant continu.
— **Continuous current** ou **closed circuit current (German system).** — Courant continu (système allemand).
— **Continuous current** ou **closed circuit (American system).** —Courant continu (système américain).
— **reverser.** — Commutateur inverseur.
— **breaker.** — Brise-courant.
— **galvanometer.** — Amperemètre (de Wm Thomson).
— **potentialgalvanometer.** — — Voltmètre (de Wm Thomson).
— **Path of current.** — Marche du courant.
— **Absence of current.** — Absence du courant dans un conducteur.
— **Without current.** — Sans courant.

Curve. Magnetic curve. — Courbe magnétique, Fantôme magnétique.
Cushion. Friction cushion.—Coussin frotteur.
Cut into (to). — (Voir *Circuit.*)
Cut out. — Disjoncteur.
Cut out (to) a fault. — Supprimer un dérangement dans un câble.

D

Damper. — Appareil ou Cadre modérateur, Sourdine.
Damping. — Amortissement.
Dancing toy. — Danse des pantins.
Danse. Electric danse. — Danse des pantins.
Dead beat galvanometer. — Galvanomètre apériodique (à battement amorti).
Dead earth. — (Ligne) à terre (Voir *Earth*).
Dead message office. To send a message to the dead message office. — Mettre une dépêche au rebut.
Dead resistance. — Résistance d'un circuit où ne se développe aucune force électromotrice.
Declination magnet. — Boussole de déclinaison.
— **magnetic declination.** — Déclinaison magnétique.
Declinometer. — (Voir *Déclinomètre.*)
Decompose. To decompose. — Décomposer.
Decomposition. — Décomposition d'une substance.
Decrement. Logarithmic decrement. — Décroissance logarithmique.
Deflagrator. — Déflagrateur.
Deflection of the magnetised needle. — Déviation de l'aiguille aimantée.
— **Spontaneous deflection of an astatic system.** — Déviation spontanée d'un système astatique.
— **Double deflection of a needle.** — Déviation double d'une aiguille.
Deliver. To deliver. — Remettre à destination ou au destinataire.
Demagnetisation. — Désaimantation.
Demagnetise. To demagnetise. — Désaimanter.
Dendritis of lamp black. — Dépôt arborescent de noir de fumée.
Density. Electric density. — Densité électrique.
— **Current density.** — Densité du courant.
Depolarisation. — Dépolarisation.
Depot. Central depot. — Centre de dépôt.
Derivation. — Dérivation.
Derive. To derive. — Dériver.
Derived current. — (Voir *Current.*)
— **wire.** — (Voir *Wire.*)
Detector. — Galvanoscope peu précis.
Detent. — Échappement.
Detent cam. — (Voir *Cam.*)
Deviation from the normal route. Détournement de la voie.
Diagnostics of the death. — Diagnostique de la mort.
Diagometer. — Diagomètre.
Dial. — Cadran.
— (Voir *Instrument.*)
— **indicator.** — Récepteur à cadran.
— **controlled by an electric regulator.** — Cadran commandé par un régulateur électrique.
Diamagnetic. — Diamagnétique.
Diamagnetic substance. — Substance diamagnétique.
Diamagnetism. — Diamagnétisme.
Diamagnetometer. — Diamagnétomètre.
Diaphanoscopy. — Diaphanoscopie.
Diaphote. — Diaphote.

Diaphragm. Porous diaphragm. — Diaphragme poreux.
— **Vibrating diaphragm.** — Membrane phonique.
Dicneme. — Dicnème.
Dielectric. — Diélectrique.
— **substance.** — Diélectrique.
Dielectricity. — Diélectricité.
— **Constant of dielectricity.** — Constante de diélectricité.
Dielectrolysis. — Diélectrolyse.
Differential galvanometer. — (Voir *Galvanometer.*)
— **lamp.** — (Voir *Lamp.*)
— **system.** — (Voir *System.*)
Diffuser. — Diffuseur.
Dimensions of units. — Dimensions des unités.
Dip. — Inclinaison.
— Flèche (de la chaînette).
Diplex system. — Système diplex.
— **instrument.** — Instrument destiné à la transmission double dans le même sens.
Dipping needle. — Boussole d'inclinaison.
Directrice. — Directrice.
Disc. — Disque (signal).
— **Printing disc.** — Molette.
Discharge. — Décharge.
— **Conductive discharge.** — Décharge conductrice.
— **Dark discharge.** — Décharge obscure.
— **Oscillatory discharge.** — Décharge oscillante.
— **Continued discharge.** — Décharge continue.
— **Intermittent discharge.** — Décharge intermittente.
— **Convective discharge.** — Décharge convective.
— **Successive discharge.** — Décharge successive.
— **Lateral discharge.** — Décharge latérale.
— **To discharge.** — Décharger.
— **To discharge instantaneously.** — Décharger instantanément un condensateur.

Discharge. To discharge gradually. — Décharger par contacts successifs (un condensateur).
Discharger. — Excitateur.
— **Henley's universal discharger.** — Excitateur universel de Henley.
— **Micrometer discharger.** — Excitateur micrométrique.
Disguised. — (Voir *Electricity.*)
Disk armature. — (Voir *Armature.*)
Dismantle (to) a battery. — Démonter une pile.
Dispatch. — Dépêche.
— **To forward a dispatch.** — Expédier une dépêche (au guichet).
— **To send a dispatch.** — Expédier une dépêche (au guichet).
Displacement. Electric displ. — Déplacement électrique.
Dissimulated. — (Voir *Electricity.*)
Dissipation. Electric dissipation. — Déperdition électrique, Dispersion électrique.
Distance. Striking distance. — Distance explosive.
Disthene. — Disthène.
Distillation. Electric distillation. — Distillation de l'électricité.
Distributer. — Distributeur.
Distribution of electricity. — Distribution, Canalisation de l'électricité.
Disturb. To disturb. — Décomposer (un fluide composé en ses éléments.
Disturbance. Magnetic disturbance. — Irrégularités dans la position du méridien magnétique.
Diversion of a telegram. — Détour subi par un télégramme en dehors de sa voie normale.
Divert. To divert. — Détourner.
Division of arc scale of a dial instrument. — Division d'un cadran.
— **of current for light.** — Di-

visibilité de la lumière électrique.

Division. To move forward a division. — Avancer d'une division.

Dosometer. — Dosomètre.

Draw. To draw off electricity. — Soutirer l'électricité.

Drawing up of an underground cable. — Relèvement d'un câble souterrain.

Drop of indicator. — Disque indicateur.

Drum dynamo machine. — Machine dynamo Siemens à cylindre.

Drum for uncoiling wires. — Bobine de déroulement.

Duplex system. — Système duplex.

— **instrument.** — Appareil destiné à la transmission simultanée dans les deux sens.

Dust figure. — Figure de Lichtenberg.

Duty. Change of duty. — Changement de service.

Duty. Clerk on duty. — Employé de service.

Dynamic. — (Voir *Electricity*.)

Dynamo. — Dynamo.

Dynamoelectric machine. — Machine dynamoélectrique.

— **Continuous current dynamo electric machine.** — Machine dynamoélectrique à courant continu.

— **Alternating currents dynamo electric machine.** — Machine à courants alternés.

— **Siemens'drum armature machine.** — Machine dynamo Siemens.

— **Separately excited dynamo.** — Machine dynamo à excitation séparée.

— **Shunt dynamo electric machine.** — Machine dynamo à dérivation.

— **Series dynamoelectric machine.** — Dynamo en série.

E

Earth. — Terre.

— **Partial earth.** — Perte à la terre (grande résistance).

— **Full earth ou dead earth.** — Perte à la terre (très faible résistance).

— **Bad earth.** — Mauvaise terre.

— **bohrer.** — Tarière, Pieu en fer.

— **communication.** — (Voir *Derivation*.)

— **wire.** — (Voir *Wire*.)

Ebonite. — Ébonite.

Eddy. Electric eddy. — Mascaret électrique.

Eel. Electric eel. — Gymnote électrique.

Effect. Thomson effect. — Effet Thomson.

— **Peltier's effect.** — Phénomène de Peltier.

Efficiency. — Rendement d'un appareil.

— **Gross efficiency.** — Rendement brut.

— **Nett efficiency.** — Rendement net.

Effluvium. — Effluve.

Efflux. — Efflux.

— **Point of efflux.** — Point d'efflux.

Egg. Electrical egg. — Œuf électrique.

— **plug.** — Œuf soupape.

Elasticity. Electric elasticity. — Élasticité électrique.
Election point. — Point d'élection.
Electric. — Électrique.
— **Non electric.** — Anélectrique.
— **motograph.**—Électromotographe.
Electricity. — Électricité.
— **of the same name ou kind.** — Électricité de même nom.
— **of an opposite name ou kind.** — Électricité de nom contraire.
— **Positive electricity.**—Électricité positive.
— **Negative electricity.**—Électricité négative.
— **Vitreous electricity.**—Électricité vitrée.
— **Resinous electricity.**—Électricité résineuse.
— **Frictional electricity.** — Électricité de frottement.
— **Tension electricity.**—Électricité de tension.
— **of contact.** — Électricité de contact.
— **Static electricity.** — Électricité statique.
— **Dynamic electricity.**—Électricité dynamique.
— **Voltaic electricity.** — Électricité voltaïque.
— **Dissimulated ou bound ou disguised electricity.** — Électricité dissimulée.
— **Induced electricity.**—Électricité induite.
— **Animal electricity.** — Électricité animale.
— **Atmospheric electricity.** — Électricité atmosphérique.
— **of clear weather.** — Électricité d'un temps serein.
— **of thunder weather.**—Électricité d'un temps d'orage.
— **Velocity of electricity.** — Vitesse de l'électricité.
Electrification. — Absorption électrique.
Electrify (to). — Électriser.
Electrifying. — Électrisation.
Electrocapillary phenomenon. — Phénomène électrocapillaire.
Electrochemical order of the elements. — Série de tension.
Electrochemistry. — Électrochimie.
Electrocoppering. — Cuivrage galvanique.
Electrode. — Électrode.
— **Positive electrode.** — Électrode positive, Anode.
— **Negative electrode.** — Électrode négative, Cathode.
— **Soluble electrode.** — Électrode soluble.
— **Virtual electrode.** — Électrode virtuelle.
Electrodeposition. — Galvanoplastie.
Electrodiapason. Continuous electrodiap. — Électrodiapason.
Electrodynamic. — Électrodynamique.
Electrodynamics. — Électrodynamique.
Electrodynamometer. — Électrodynamomètre.
Electroendoscope. — Électroendoscope.
Electroendoscopic. — Électroendoscopique.
Electroendoscopy. — Électroendoscopie.
Electrogen. — Électrogène.
Electrogenesis. — Électrogenèse ou électrogénie.
Electrogilding. — Dorure galvanique.
Electrography. — Électrographie.
Electroharmonic. — Électroharmonique.
Electrolyse. To electrolyse. — Décomposer.
Electrolysis. — Électrolyse.
— **Sounds emitted during electrolysis.** — Son émis pendant l'électrolyse.
Electrolyte. — Électrolyte.
— **Non electrolyte.** — Substance non électrolyte.
Electrolytic. — Électrolytique.
Electromagnet. — Électroaimant.

Electromagnet. Horseshoe electromagnet. — Électroaimant en fer à cheval.
— **One legged electromagnet.** Électroaimant boiteux.
— **Tubulated electromagnet.** — Électroaimant campanulé ou tubulaire.
— **Trifurcated electromagnet.** Électroaimant trifurqué.
— **Circular electromagnet.** — Électroaimant circulaire.
— **Paracircular electromagnet.** — Électroaimant paracirculaire.
— **Hughes' electromagnet.** — Électroaimant Hughes.
— **Paccinotti's transversal electromagnet.** — Électroaimant transversal de Paccinotti.
Electromagnetism. — Électromagnétisme.
Electrometallurgy. — Électrométallurgie.
Electrometer. — Électromètre.
— **Capillary electrometer.** — Électromètre capillaire.
— **Volta's electrometer.** — Électromètre de Volta.
— **Henley's quadrant electrometer.** — Électromètre de Henley.
— **Behrens' electrometer.** — Électromètre de Behrens.
— **Sine electrometer.** — Électromètre à sinus.
— **Saussure's electrometer.** — — Électromètre de Saussure.
— **Peltier's electrometer.** — Électromètre de Peltier.
— **Thomson's quadrant electrometer.** — Électromètre à quadrant de W. Thomson.
— **Thomson's absolute electrometer.** — Électromètre absolu de W. Thomson.
— **Portable electrometer.** — Électromètre portatif de W. Thomson.
— **Standard electrometer.** — Électromètre étalon.
Electrometer. Long range electrometer. — Électromètre à grande portée (de W. Thomson).
— **Cavallo's electrometer.** — Électromètre de Cavallo.
— **Attracted disc electrometer.** — Électromètre à disque attiré.
— **Symetric electrometer.** — Électromètre symétrique.
Electromotor. — Électromoteur.
Electronegativ. — Électronégatif.
Electrooptics. — Électrooptique.
Electrophone. — Électrophone.
Electrophore. — Électrophore.
Electrophysiology. — Électrophysiologie.
Electropositive. — Électropositif.
Electropunctur. — Électropuncture.
Electropseudolysis. — Électropseudolyse.
Electroscope. — Électroscope.
— **Pith ball electroscope.** — Électroscope à balles de sureau.
— **Condensing electroscope.** — Électroscope condensateur.
— **Floating electroscope.** — Électroscope à flotteur.
— **Gold leaf electroscope.** — Électroscope de Bennet ou à feuilles d'or.
— **Straw needle electroscope.** — Aiguille électroscopique.
Electroscopic. — Électroscopique.
Electrosilicic light. — Lumière électrosilicique.
Electrosilvering. — Argenture galvanique.
Electrostatic. — Électrostatique.
Electrostatics. — Électrostatique.
Electrotherapeutics. — Électrothérapeutique.
Electrothermometer. — Thermomètre électrique à air.
Electrotonic. — Électrotonique.
— **state.** — État électrotonique.
Electrotonus. — Électrotonus.

Electrotypy. — Électrotypie.
Element. Magnetic element. — Élément magnétique.
— **Magnetic elements.** — Éléments magnétiques.
— **of a battery.** — Élément de pile.
— **of a thermoelectric battery.** — Élément de pile thermoélectrique.
— **Iron element.** — Élément à fer.
— **with a papier maché diaphragm.** — Élément à diaphragme de papier mâché.
— **with a ballon.** — Élément à ballon.
Eleven year period. — Période de onze ans.
Elias' cylindre. — Spirale d'Élias.
Embosser. — (Voir *Morse.*)
Empodiometer. — Empodiomètre.
Enallèle. — Enallèle.
Endosmose. Electric endosmose. — Endosmose électrique.
Energy. Potential energy. — Énergie potentielle.
— **Kinetic energy.** — Énergie actuelle ou cynétique.
Epallèle. — Épallèle.
Epithelium. Columnar epithelium. — Épithelium prismatique.
Equation. Personal equation. — Coefficient de sensibilité.
Equator. Magnetic equator. — — Ligne neutre.
Equilibrium. Electric equilibrium. — Équilibre électrique.
— **Equation of electric equilibrium.** — Équation de l'équilibre électrique.
Equipotential. — Équipotentiel.
— **surface.** — Surface de niveau ou équipotentielle.
Equivalent. Electrochemical equivalent. — Équivalent électrochimique.
— **of dynamical electricity.** — Équivalent d'électricité dynamique.
Erg. — Erg.
Ergmeter. — Ergmètre.
Essocnème. — Essocnème.
Establishment of a telegraph office. — Installation d'un bureau télégraphique.
— **of direct communication.** — Installation en direct.
Estienne's telegraph instrument. — Appareil télégraphique Estienne.
Ether. Electric ether. — Éther électrique.
Eudiometer. — Eudiomètre.
Evaporation. — Évaporation.
Excitation of magnets. — Excitation des électroaimants.
Expansion. Electric expansion. — Dilatation galvanique.
Experiment. Lullin's experiment. — Perce-carte.
Exploder. Mine exploder. — Exploseur de mines.
Exponent of line. — Exposant de ligne.
Express. — Exprès.
— **porterage charge.** — Taxe d'exprès.
— **cost of porterage.** — Frais d'exprès.
Extracurrent. — Extracourant.
Eyelet hole. — Œillet du crochet de l'isolateur.

F

Factor. Reducing factor. — Facteur de réduction.
Fagot. Magnetised fagot. — Faisceau aimanté.
Fagot of wires for core of an electromagnet. — Faisceau de fils de fer pour noyau d'électroaimant.

Fall. Electric fall. — Chute électrique.
— **of potential.** — Chute de potentiel.
Farad. — Farad.
Faradisation. — Faradisation.
Faucet. — Robignole.
Fault. — Dérangement.
— **To localise a fault.** — Circonscrire un dérangement.
— **To remove a fault.** — Relever un dérangement.
Fee. Redirection fee. — Taxe de réexpédition.
Fender. — Boute-roues.
— **to prevent vehicles striking the base of a pole.**—Borne protectrice en pierre.
Field of action. — Champ d'action.
— **Electric field.** — Champ électrique.
— **Magnetic field.** — Champ magnétique.
— **Unit of magnetic field.** — Unité d'intensité d'un champ magnétique.
— **Uniform field of force.** — Champ uniforme de force.
Figure of merit. — Formule de mérite.
— **Breath figure.** — Figure rorique.
— **Lichtenberg's dust figur.** — Figure de Lichtenberg.
— **Kundt's electrical figure on a conductor.** — Figure de Kundt.
— **changing.** — Inversion des caractères (Hughes).
— **key.** — Blanc des chiffres.
— **changing key.** — Levier inverseur.
Find. Impossibility to find the addressee. — Impossibilité de trouver le destinataire.
Finder. Wire finder. — Explorateur de fil.
Fire alarm. Electric fire alarm. — Avertisseur électrique d'incendie.
— **alarm box.** — (Voir *Box.*)
Fire telegraph. — (Voir *Telegraph.*)
— **ball.** — Globe fulminant.
Fish. Electric fish. — Poisson électrique.
— **Franklin's golden fish.** — Poisson volant de Franklin.
Flame. Electric property of flames. — Propriétés électriques des flammes.
Flash of fire. — Gerbe de feu.
Flat ring armatur. — Armature à anneau plat.
Fluid. — Fluide.
— **Liquid fluid.** — Fluide liquide.
— **Gaseous fluid.** — Fluide gazeux.
— **Negative fluid.** — Fluide négatif.
— **Positive fluide.** — Fluide positif.
— **Neutral fluid.** — Fluide neutre.
Fluorescence. — Fluorescence.
Fly. Electric fly. — Tourniquet électrique.
Force of electromagnetic induction. — Force d'aimantation ou d'induction électromagnétique.
— **Coercive ou coercitive force.** Force coercitive.
— **Carrying force.** — Force portante.
— **Electromotive force.**—Force électromotrice.
— **Magnecristallic force.** — Force magnécristalline.
— **Directing force.** — Force directrice.
— **Condensing force.** — Force condensante.
— **Line of force.** — Ligne de force.
— **Transport of force.**—Transport de la force.
Foreman. — Chef d'équipe.
Fork for carrying the needle of a compass. — Etrier pour aiguilles de boussole.
Form. Printed receipt form. — Accusé de réception.

Formation. — Formation (pile Planté).
Forward. To forward a message to the house of the addressee. — Remettre une dépêche à destination.
Forwarding on beyond the telegraph system. — Réexpédition en dehors des lignes télégraphiques.
— **of a message to the house of the addressee.** — Remise d'une dépêche à domicile.
Frame. To frame poles together. — Coupler des poteaux.
Framing poles. — Action de coupler des poteaux.
Franklin's plate. — Plateau de Franklin.
Friction. Electric friction. — Friction électrique.
Frying sound. — Bruit de friture.
Fulgurite. — Fulgurite.
Function. Magnetic function. — Fonction magnétique.
— **Potential function.** — Fonction potentielle.
Furnace. Electric furnace. — Four à fusion électrique.
Fuse. Incandescent fuse. — Cartouche à inflammation par incandescence.
— **Spark fuse.** — Cartouche à inflammation par étincelle.
— **Statham's electric fuse.** — Fusée de Statham.
— **Abel's fuse.** — Fusée d'Abel.

G

Galilee. Magnet of Galilee. — Aimant de Galilée.
Galvanisation. — Galvanisation.
Galvanism. — Galvanisme.
Galvani's theory. — Théorie de Galvani.
Galvanocaustics. — Galvanocaustique.
Galvanography. — Galvanographie.
Galvanometer. — Galvanomètre.
— **Differential galvanometer.** — Galvanomètre différentiel.
— **Registering galvanometer.** — Galvanomètre enregistreur.
— **Sine galvanometer.** — Boussole des sinus.
— **Tangent galvanometer.** — Boussole des tangentes.
— **Sine and tangent galvanometer.** — Boussole des sinus et des tangentes.
— **Thomson's reflecting galvanometer.** — Galvanomètre à miroir Thomson.
Galvanometer. Ballistic galvanometer. — Galvanomètre balistique.
— **Torsion galvanometer.** — Galvanomètre de torsion.
— **Inspector's galvanometer.** — Boussole d'inspecteur.
— **Universal galvanometer.** — Galvanomètre universel.
— **Bourbouze's balance galvanometer.** — Boussole de Bourbouze.
— **Dead beat galvanometer.** — Galvanomètre à indications rapides.
— **Marine galvanometer.** — Galvanomètre marin.
— **Thomson's current galvanometer.** — Ampèremètre de W. Thomson.
— **Potential galvanometer.** — Voltmètre de W. Thomson.

Galvanoplastic. — Galvanoplastie.
Galvanoscope. — Galvanoscope.
— **Portative galvanoscope.** — Galvanoscope de poche.
Galvanoscopic. — Galvanoscopique.
Galvanotropism. — Galvanotropisme.
Gauge. Wire gauge. — Calibre.
— **Washburn gauge.** — Calibre de Washburn.
— **Electrometer gauge.** — Jauge électrométrique.
— **Micrometrical gauge.** — Jauge micrométrique.
Gauss. — Gauss.
Gear. Inversing gear. — Inverseur de marche.
Gimbals. — Mode de suspension de Cardan.
Glas. — Verre.
— **perforator.** — Perce-verre.
Glow. — Lueur.
— **after a discharge.** — Lueur après une décharge.
— **Ashy glow.** — Lueur cendrée.
Glow Lamp. — Lampe à incandescence.
Glow (to). — S'illuminer sous l'apparence d'une lueur.
— **after a discharge.** — Luire après une décharge.
Gramme's ring. — Anneau ou machine Gramme.
Grappling. The grappling of a submarine cable. — Relèvement d'un câble sous-marin.
Grotthuss' theory of electrolysis. — Théorie de l'électrolyse de Grotthuss.
Grouping of the cells of a battery. — Association ou groupement des éléments d'une pile.
Guard. Hook guard. — Crochet protecteur pour fil, en cas de rupture, sur les lignes télégraphiques anglaises.
Guard ring ou plate. — Anneau ou plaque de garde.
Guttapercha. — Gutta-percha.
Gymnotus. — Gymnote.
Gyroscope. — Gyroscope.
Gyrotrop. — Gyrotrope.

H

Hail. — Grêle.
Halloh. — Halloh.
Hall's phenomenon. — Phénomène de Hall.
Hammer. Wagner's magnetic hammer. — Interrupteur à marteau de Wagner (ou de Neef).
— **Deprez's electric hammer.** — Marteau pilon de Deprez.
Hauy's needle. — Aiguille d'Hauy.
Heat. Specific heat of electricity. — Chaleur spécifique de l'électricité.
Helix. Right handed ou dextrorsal helix. — Hélice dextrorsum.
Helix lefthanded ou sinistrorsal helix. — Hélice sinistrorsum.
Heterostatic methode. — Méthode hétérostatique.
Hissing of the voltaïc arc. — Sifflement de l'arc voltaïque.
Holder or recipient. — Godet.
Holtz's machine. — Machine de Holtz.
Hook of insulator. — Crochet de l'isolateur télégraphique.
— **for attaching the stay to the pole.** — Crochet destiné à fixer le hauban sur le poteau.
Horizontal intensity. — (Voir *Intensity.*)

Horsepower. Electric horsepower. — Cheval électrique.
Hughes' type printer. — Appareil imprimeur Hughes.
Humming of the telegraph wires. — Bourdonnement des fils métalliques.
Hydroelectric phenomenon. — Phénomène hydroélectrique.
Hydrophone. — Hydrophone.
Hydrostatimeter. Electric hydrostatimeter. — Hydrostatimètre électrique.
Hygroelectrometer.— Hygroélectromètre.

I

Idioelectric. — Idioélectrique.
Idiostatic methode. — Méthode idiostatique.
Idle. Idle wire. — Fil (d'une dynamo) ne produisant aucun effet électromoteur.
Illumination. Prolongated illumination. — Illumination prolongée.
Image. Electric image. — Image électrique.
Incandescence.— Incandescence.
Inclination. — Inclinaison.
Incrustation in porous cell. — Incrustation (des éléments).
India rubber. — Caoutchouc, India rubber.
Indicator.—(Voir *Angleindicator.*)
— **Electric indicator.** — Avertisseur électrique.
Induce. To induce. — Induire.
Induced. — Induit.
Induction. — Induction.
— **Statical induction.** — Induction statique.
— **Voltaelectric induction.** — Induction dynamique.
— **Magnetoelectric induction.** — Induction magnéto-électrique.
— **Molecular induction.** — Induction moléculaire.
— (Voir *Balance.*)
— **bridge.** Pont d'induction.
Inductive. — (Voir *Capacity.*)
Inductophone. — Inductophone.
Inductor. Differential inductor.— Inducteur différentiel.
Inductor. Static inductor.—Appareil d'induction statique.
Inertia. Magnetic inertia. — Inertie magnétique.
Influence. Double influence. — Double influence.
Inject. To inject telegraph poles. Injecter les poteaux télégraphiques.
Injection. — Action d'injecter.
— **in vacuum.** — Injection dans le vide.
— **in closed vessels.** — Injection en vase clos.
— **Complete injection.** — Injection complète.
— **Incomplete injection.** — Injection incomplète.
Ink. Telegraph printing ink. — Encre oléique (pour appareils télégraphiques).
— **recorder ou writer.** Appareil écrivant.
Inspector of lines. — Inspecteur des lignes.
Instability. — Instabilité (de l'aiguille aimantée).
Installation. Alternative installation of isolators.—Installation alternative des isolateurs (sur les poteaux).
— **Opposite installation of isolators.**— Installation des isolateurs au même niveau sur les côtés des poteaux.
Instrument. Needle instrument. — Appareil à aiguilles.

Instrument. French needle instrument. — Appareil télégraphique français.
— **Dial instrument.** — Appareil à cadran.
— **Caselli's chemical instrument.** — Appareil Caselli.
— **Double style instrument.** — Appareil à double pointe.
— **Exchange telegraph instrument.** — Appareil pour transmettre la bourse.
— **Diplex instrument.** — (Voir *Diplex*.)
— **Duplex instrument.** — (Voir *Duplex*.)
— **Slide induction instrument.** — Appareil d'induction à curseur.
— **Telegraphic instrument room.** — Salle des appareils télégraphiques.
— **Derangement of a synchronical instrument.** — Déraillement d'un appareil synchronique.
— **To switch in speaking instrument.** — Mettre sur appareil.
— **To work an instrument.** — Desservir un appareil.

Insulate. To insulate. — Isoler.

Insulating property. — Pouvoir isolant.

Insulation. — Isolement.
— **test of guttapercha covered wires.** — Contrôle de la couche de gutta-percha des fils recouverts.
— **resistance.** — Résistance d'isolement.

Insulator. — Isolateur.
— **Mushroom insulator.** — Isolateur champignon.
— **Bell shaped insulator** ou **cup insulator.** — Cloche isolante.
— **Double bell shed insulator.** — Isolateur double cloche.
— **Double cup insulator.** — Isolateur double cloche.
— **Straining insulator.** — Isolateur tendeur.

Insulator. Window insulator. — Isolateur d'entrée de poste.
— **Lightning insulator.** — Isolateur à paratonnerre.
— **Spare insulator.** — Isolateur de rechange.
— **of german commission.** — Isolateur de la commission allemande.
— **Saddle insulator.** — Isolateur au haut du poteau.
— **which is not the first on the pole.** — Isolateur qui n'est pas le premier sur le poteau.
— **without stretcher.** — Isolateur non pourvu de tendeur.
— **Shackle insulator.** — Isolateur à poulie.
— **Double shackle insulator.** — Isolateur double arrêt.
— **Suspended insulator.** — Isolateur à suspension.
— **Swinging insulator with suspending hook.** — Isolateur à suspension.
— **slot.** — Gorge de l'isolateur.

Insulite. — Insulite.

Integraph. — Intégraphe.

Integrator. — Intégrateur.

Intensity. — Intensité d'un courant.
— **Unit of intensity.** — Unité d'intensité.
— **Horizontal intensity.** — Composante horizontale de l'intensité magnétique.
— **Vertical intensity.** — Composante verticale de l'intensité magnétique.

Intercommunication in trains. — Ligne d'appel dans les trains de chemin de fer.

Interruption. — Interruption d'un circuit.
— **Automatic interruption.** — Interruption automatique.

Interruptor. — Interrupteur.
— **Automatic interruptor.** — Interrupteur automatique.

Invert. — Isolateur cloche.
Ions. — Ions.
Iron. Polishing iron. — Fer à polir (la gutta-percha).
— **Soldering iron.** — Fer à souder.
Iron. Soft iron. — Fer doux.
— **wire.** — Fil de fer.
Isoclinic line.— Ligne isoclinique
Isodynamic line. — Ligne isodynamique.
Isogonic line. — Ligne isogone.

J

Jack knife or plug. — Jack knife.
Jar. Leyden jar. — Bouteille de Leyde.
— **Measuring jar.** — Micromètre à étincelle.
— **Unit jar.** — Bouteille électrométrique.
— **Lane's unit jar.** — Électromètre de Lane.
— **Jars arranged in cascade.** — Bouteilles de Leyde en cascades.
Jaws. Twisting screw jaws. — Mâchoire à tordre.
Joining of two wires. — Raccordement de deux fils.
— **up a battery in parallel circuit.** — Montage d'une pile en quantité.
— **in series.**— Montage d'une pile en série.
Joint. — Joint ou ligature de deux fils.
Joint. Simple twist joint. — Joint par torsade simple.
— **Britannia joint.** — Joint anglais.
— **Twisted joint ou Bell hangers' joint.** — Joint espagnol ou par étranglement.
— **hook.** — Instrument pour enrouler le fil dans le joint anglais.
— **lever.** — Instrument pour opérer le joint par étranglement.
— **soldered.** — Joint soudé.
— **Temporary joint.** — Joint ou torsade provisoire.
— **testing.** — Essai des soudures.
Joule. — Joule.
— **Joule's law.**— Loi de Joule.
Jute. — Jute.
Juxtacurrent. — Juxtacourant.

K

Keeper of an artificial magnet. — Armature d'un aimant artificiel. Portant.
— **of an electromagnet.** — Armature d'un électroaimant.
Kerite. — Kerite.
Kerr's experiment. — Expérience de Kerr.
Key. — Manipulateur. (Voir *Bell Key.*)
— **board.**— Plaque du milieu du manipulateur.
— **bridge.** — Plaque du milieu du manipulateur Morse sur laquelle est monté le pivot du levier transmetteur.

Key. Double current key. — Manipulateur à inversion de courant.
— **Duplex key.** — Manipulateur pour transmission en duplex.
— **Reversing key.** — Clef d'inversion.
— **Short circuit key.** — Clef de court circuit.
— **Discharge key.** — Clef de décharge.

Kill. To kill the wire. — Assouplir le fil.

Killing of wire. — Assouplissement du fil.

Kinetic. — Cinétique.

Kink. — Coque.

Kinnersley's electrothermometer. — Thermomètre de Kinnersley.

Kite. Franklin's electric kite. — Cerf-volant électrique de Franklin.

Kleist phial. — (Voir *Phial.*)

Knife. Galvanocaustic knife. — Couteau galvanocaustique.

Krotophone. — Krotophone.

Kyanise. To kyanise. — Injecter au bichlorure de mercure.

Kyanising. — Injection au bichlorure de mercure.

L

Ladder man. — Monteur du fil.

Ladd's machine. — Machine de Ladd.

Lamellar magnet. — (Voir *Magnet.*)

Lamp. Voltaic arc lamp. — Lampe à arc voltaïque.
— **Incandescent lamp.** — Lampe à incandescence.
— **by incandescence.** — Lampe à incandescence.
— **Subsidiary lamp.** — Lampe électrique auxiliaire.
— **shunt lamp.** — Lampe à dérivation.
— **Differential lamp.** — Lampe différentielle.
— **Soleil lamp.** — Lampe soleil.
— **in simple circuit.** — Lampe monophote.
— **Monophote lamp.** — Lampe monophote.
— **Polyphote lamp.** — Lampe polyphote.
— **Semi-incandescent lamp.** — Lampe à incandescence par contact imparfait.
— **Glow lamp.** — Lampe à incandescence.

Lamp lighter. Electric lamp lighter. — Allumoir électrique.

Lance. Forked lance. — Lance à fourche.

Law. — (Voir *Kirchhof, Lenz, Magnetism, Lorenz, Magnus.*)

Lay. To lay a cable. — (Voir *Cable.*)

Laying an underground cable. — Pose d'un câble souterrain.
— **a submarine cable.** — Pose d'un cable sous-marin.
— **Theory of cable laying.** — Théorie de la pose des câbles.

Leads entering a station. — Entrée de poste.

Leading in cup. — Isolateur d'entrée de poste.
— **wire.** — Fil de communication des appareils.

Leakage. — Courant de perte.

Learner. — Surnuméraire.

Left handed helix. — Hélice sinistrorsum.

Leg of an horseshoe electromagnet. — Branche d'un électroaimant en fer à cheval.

Length. Reduced length. — Longueur réduite.
Lenz's law. — Loi de Lenz.
Letter key. — Blanc des lettres.
Lever. Writing lever. — Levier écrivant.
— **Palmer lever.** — Levier palmer.
Lift. Electrical lift. — Ascenseur électrique.
Lifting power. — Force portante.
Light. Electric light. — Lumière électrique.
— **Cold light.** — Lumière froide.
— **from electric arc.** — Lumière à arc voltaïque.
— **by incandescence.** — Lumière par incandescence.
— **Electrosilicic light.** — Lumière électrosilicique.
— **Electric light in vacuo.** — Lumière électrique dans le vide.
Light house. Electric light house. — Phare électrique.
Lightning. — Éclair.
— **Forked lightning.** — Éclair en sillon.
— **Sheet lightning.** — Éclair diffus.
— **Globular lightning.**— Éclair en boule.
— **Ball lightning.** — Éclair en boule.
— **Summer lightning.** — Éclair de chaleur.
— **Branching lightning.** — Éclair arborescent.
— **Punctuated lightning.** — Éclair en chapelet.
— **Progressive and ascendant ligthning.** — Foudre progressive et ascendante.
— **rod.** — Paratonnerre pour habitations.
— **arrester.** — Paratonnerre ou parafoudre pour appareil télégraphique.
— **protector.** — Paratonnerre ou parafoudre pour appareil télégraphique.
— **Plate lightning protector.** — Paratonnerre à plaques.
Ligthning protector with serrated plates. — Paratonnerre à plaques striées.
— **protector with opposing points.** — Paratonnerre à pointes.
— **protector with fusible wire.** — Paratonnerre à fil préservateur.
— **Pole lightning protector.** — — Paratonnerre de poteau.
— **line lightning protector.** — Paratonnerre de ligne.
— **contact.** — Dérangement provenant d'orages.
— **stem ou stalk ou conductor's rod.** — Tige de paratonnerre.
— **Position on lightning protector.** — Position sur paratonnerre.
— **Case of lightning protector.** — Boîte à paratonnerre.
— **hole.** — Fulgurite.
Limnoria lignorum. — Limnoria lignorum.
Limnoria terebrans. — Limnoria terebrans.
Line. Telegraphic line. — Ligne télégraphique.
— **Overground line.** — Ligne aérienne.
— **Overhead line.** — Ligne aérienne.
— **Aerial line.** — Ligne aérienne.
— **Underground line.** — Ligne souterraine.
— **Subfluvial line.** — Ligne sous-fluviale.
— **Submarine line.** — Ligne sous-marine.
— **Railway line.** — Ligne télégraphique de chemin de fer.
— **Town line.** — Ligne urbaine.
— **Road line.** — Ligne sur route.
— **Pole line.** — Ligne sur poteaux.
— **Cable line.** — Ligne de câbles.

Line. Bell line. — Ligne de sonnerie.
— **with intermediate stations.** — Ligne à embrochage, Ligne omnibus.
— **Field telegraph line.** — Ligne de télégraphie militaire.
— **Field flying line.** — Ligne volante de télégraphie militaire.
— **Intermediate field line.** — Ligne d'étapes.
— **Stage line.** — Ligne d'étapes.
— **Fire alarm line.** — Ligne pour annoncer les incendies.
— **Superintendent.** — Contrôleur des lignes.
— **man.** — Surveillant des lignes télégraphiques.
— **wire.** — Fil de ligne.

Line. Main line. — Ligne principale.
— **of force.** — Ligne de force.

Loadstone ou **Lodestone. Natural loadstone.** — Pierre d'aimant.

Lobe. Electric lobe. — Lobe électrique.

Lodestone. — (Voir *Loadstone.*)

Log. Electric log. — Loch électrique.

Loom. Electrical loom. — Métier électrique.

Loop test. — Épreuve de la boucle.

Loop. Galvanic loop. — Anse galvanique.

Lorenz. Law of Lorenz. — Loi de Lorenz.

Louvre like. — (Voir *Reflector.*)

Lug. Lug of insulator (for wire). — Oreille de l'isolateur.

Lullin's experiment. — Perce-carte.

M

Machine. Sulphur ball electrical machine. — Machine électrique à globe de soufre.
— **Cylinder electrical machine.** — Machine électrique à cylindre.
— **Plate electrical machine.** — Machine électrique à plateau.
— **Hydroelectrical ma.** — Machine hydroélectrique.
— **Magnetoelectrical machine.** — Machine magnétoélectrique.
— **Exciting machine.** — Machine excitatrice.
— **Dynamoelectric machine.** — Machine dynamoélectrique.
— **Drum armature ma.** — Machine dynamo Siemens.

Machine. Longitudinal inductor machine. — Machine Siemens à inducteur longitudinal.
— **Rheostatic machine.** — Machine rhéostatique.
— **Covering machine.** — Machine pour recouvrir les fils de gutta-percha, Presse pour la gutta-percha.
— **Bending machine for the testing of wires.** — Machine à plier le fil pour contrôle.
— **Closing machine.** — Machine pour appliquer l'armature sur les câbles.
— **Cabling machine.** — Machine à câbler.
— **Piking up machine.** — Machine de relèvement.

Machine. Paying out machine. — Machine pour l'immersion.
Magnecrystallic axis. — Axe magnecristallin.
Magnet. — Aimant.
— **Plate magnet.**—Aimant plat.
— **Straight magnet.** — Barreau aimanté.
— **Fagot magnet.** — Aimant composé.
— **Compound magnet.** — Aimant composé.
— **Permanent magnet.** — Aimant permanent.
— **Horseshoe magnet.** — Aimant en fer à cheval.
— **Bell shaped magnet.** — Aimant campanulé.
— **Molecular magnet.** — Aimant moléculaire.
— **Lamellar magnet.**— Aimant feuilleté.
— **Normal magnet.** — Aimant normal.
— **Writing magnet.** — Aimant écrivant.
— **Light magnet.** — Aimant lumineux.
— **carrying a mirror.** — Aimant à miroir.
— **Natural magnet.** — Aimant naturel.
— **Equivalent magnet.** — Aimant équivalent.
— **Megapolar magnet.** — Aimant mégapolaire.
— **Brachypolar magnet.** — Aimant brachypolaire.
— **Metripolar magnet.** — Aimant métripolaire.
Magnetic. — Magnétique.
— **induction.** — (Voir *Induction.*)
— **influence.**—(Voir *Influence.*)
Magnetisability. — Susceptibilité d'être aimanté.
Magnetisation. — Aimantation.
— **by induction.** — Aimantation par influence.
— **Constant of magnetisation.** — Constante d'aimantation.
— **by contact.** — Aimantation par la touche.
Magnetisation. Lamellare magnetisation. Aimantation lamellaire
Magnetise (to). — Aimanter.
— **To magnetise by contact.**— Aimantation par la méthode de la touche.
Magnetism. — Magnétisme.
— **Free magnetism.** — Magnétisme libre.
— **Bound magnetism.** — Magnétisme condensé.
— **Terrestrial magnetism.** — Magnétisme terrestre.
— **Residual magnetism.** — Magnétisme rémanent.
— **from the earth.** — Magnétisme de position.
— **of rotation.** — Magnétisme de rotation.
— **Rotation of the plan of polarisation of light by magnetism.** — Rotation du plan de polarisation de la lumière par le magnétisme.
— **Law of magnetism.** — Loi du magnétisme.
— **Theory of magnetism.** — Théorie du magnétisme.
Magnetoelectric. — Magnétoélectrique.
Magnetograph. — Magnétographe.
Magnetometer. — Magnétomètre.
— **Bifilar magnetometer.** — Magnétomètre bifilaire.
Magnetophone. — Magnétophone.
Magnus. Law of Magnus. — Loi de Magnus.
Mahomet's tomb. — Tombeau de Mahomet.
Main office. — (Voir *Office.*)
— **line ou circuit.** — Ligne ou circuit principal.
Mark. Guiding mark. — Repère.
Marked pole (of a needle). — (Voir *Pole.*)
Mass. Magnetic mass. — Masse magnétique.
— **Electric mass.**—Masse électrique.
Matter. Radiant matter. — Matière radiante.

Measurement. Electrical measurement. — Mesure électrique.
Melograph. — Mélographe.
Memorandum of work done. — Feuille d'attachement.
Meridian. Magnetic meridian. — Méridien magnétique.
Merit. — (Voir *Figur.*)
Message. Telegraphic message. — Dépêche télégraphique.
— **Privat message.** — Dépêche privée.
— **Service message.** — Dépêche de service, Activité.
— **Official message.** — Dépêche officielle.
— **Urgent message.** — Dépêche urgente.
— **Original forwarded message.** — Dépêche de départ.
— **Received message.** — Dépêche d'arrivée.
— **Paid service message.** — Dépêche de service taxé.
— **Repeated message.** — Dépêche collationnée.
— **Inland message.** — Dépêche intérieure.
— **Foreign message.** — Dépêche internationale.
— **Transit message.** — Dépêche de passage.
— **Semaphoric message.** — Dépêche sémaphorique.
— **in plain language.** — Dépêche en clair.
— **Code message.** — Dépêche en langage convenu.
— **Cipher message.** — Dépêche en langage secret.
— **waiting instructions.** — Dépêche en dépôt.
— **Multiple message.** — Dépêche multiple.
— **Rectifying message.** — Dépêche rectificative.
— **Completing message.** — Dépêche complétive.
— **Delayed message.** — Dépêche en souffrance.
— **Railway message.** — Dépêche de service de chemin de fer.
Message to follow. — Dépêche à faire suivre.
— **to be delivered open.** — Dépêche à remettre ouverte au destinataire.
— **Preamble of a message.** — Préambule d'une dépêche.
— **Register of messages.** — Enregistrement des dépêches.
— **To keep a message in depot.** — Mettre une dépêche en dépôt.
— **To withdraw a message.** — Retirer une dépêche.
— **Text of a message.** — Texte d'une dépêche
— **Address of a message.** — Adresse d'une dépêche.
Messenger. Telegraph messenger. Facteur du télégraphe.
— **Temporary telegraph messenger.** — Facteur auxiliaire.
Metallisation of carbons. — Métallisation des charbons.
Metallochromy. — Métallochromie.
Metallotherapy. — Métallothérapie.
Metallurgy. Electric metallurgy. — Électrométallurgie.
Meteorograph. Electric meteorograph. — Météorographe électrique.
Meter. — Mètre.
Meter bridge. — Pont métrique (de Wheatstone).
Methanometer. — Méthanomètre.
Method. Zero method. — Méthode de réduction à zéro.
Meyer's multiple apparatus. — Appareil multiple Meyer.
Mho. — Mho.
Mica. — Mica.
Micro. — Micro.
Microphone. — Microphone.
Microtasimeter. — Microtasimètre
Migration of the ions to the poles. — Transport des ions aux pôles.
Mill. Electric reaction mill. — Tourniquet électrique.

Mirror reading. — Lecture au miroir.
— **instrument.** — Appareil à miroir.
Modulus. Breaking modulus. — Module de rupture.
— **Practical modulus.** — Module pratique.
Molecular. — (Voir *Magnet.*)
Moment. Magnetic moment. — Moment magnétique.
— **Unit of magnetic moment.** — Unité de moment magnétique.
— **of rotation.** — Moment de rotation.
Monocneme. — Monocnème.
Monophot lamp. — Lampe monophote.
Morse embosser. — Morse à pointe sèche.
— **ink writer.** — Morse à molette.
Mortar. Electric mortar. — Mortier électrique.
Motograph. — (Voir *Electric motograph.*)
Mouse mill. — Mouse mill.
Multidrome. — Multidrome.
Multiplier. — Multiplicateur.
— **Varley's multiplier.** — Multiplicateur de Varley.
Muscle. — Muscle.
Myophone. — Myophone.

N

Needle. — (Voir *Instrument.*)
— **Electric needle.** — Aiguille électroscopique.
— **Magnetised needle.** — Aiguille aimantée.
— **Vibrating needle.** — Aiguille folle.
— **Straw needle electroscope.** — Électroscope de Volta.
Neutralise. To be neutralised. — Se neutraliser.
Newmann's law. — Loi de Newmann.
Nickel electroplating. — Nickelage électrique.
Nigrite. — Nigrite.
Niveau line. — Ligne de niveau.
Nobili's ring. — Anneau de Nobili.
Notch of isolator. — Gorge de l'isolateur.
Notice of transmission. — Mention de transmission.
— **of reception.** — Mention de réception.
— **Under the form of notice.** Sous forme de notice.

O

Odour. Electric odour. — Odeur électrique.
Office. Telegraph office. — Bureau télégraphique.
— **Private telegraph office.** — Bureau télégraph. privé.
— **Sending office.** — Bureau de départ.
Office. Receiving office. — Bureau d'arrivée.
— **Main office.** — Centre de dépôt.
— **to be opened.** — Bureau à ouvrir.
— **superintendent.** — Chef de bureau.

Office manager. — Chef de bureau.
Ohm. — Ohm.
— **'s law.** — Loi de Ohm.
Ohmmeter. — Ohmmètre.
Opposition method. — Méthode d'opposition.
Order. Telegraphic money order. — Mandat télégraphique.
Orrery. — Orrerie.
Orthorheonom. — Orthorhéonome.
Osacneme. — Osacnème.
Oscillations. Electric oscillations. — Oscillations électriques.
Oscillograph. — Oscillographe.
Osmose. Electric osmose. — Action cataphorique, Endosmose électrique.
Ozokerite. — Ozokérite.
Ozone. — Ozone.

P

Pachytrope. — Pachytrope.
Pad. — Coussin frotteur.
Pair. Peltier's thermo test pair. — Pince de Peltier.
Pallet. Divided writing pallet. — Levier brisé écrivant.
Palmer lever. — Levier palmer.
Pane. Spangled pane. — Carreau étincelant.
— **Magic pane.** — Carreau magique.
— **Fulminating pane.** — Carreau magique.
— **Franklin's pane.** — Tableau de Franklin.
Paper. Advancing system. — Entraînement du papier.
— **moving cam.** — (Voir *Cam.*)
— **To put on roll of paper.** — Mettre un nouveau rouleau de papier.
— **tassel.** — Aigrette de papier.
Paradox. Magnetic paradox. — Paradoxe magnétique.
Parallel. Magnetic parallel. — Parallèle magnétique.
Parallelogram. — (Voir *Wheatstone parallelogram.*)
Paramagnetic. — Paramagnétique.
Parelectronomic. — Parélectronomique.
Parkesin. — Parkesine.
Partisan of Franklin's theory. — Partisan de la théorie de Franklin.
Passive iron. — Fer passif.
Passivity of iron. — Passivité du fer.
Pause. Electric pause. — Pause électrique.
— **Pause distance.** — Eloignement des corps nécessaire à la production des pauses.
— **Pause cone.** — Cône servant à la démonstration des pauses.
Pay. To pay out a cable. — (Voir *Câble.*)
Peg switch. — Commutateur à cheville.
Pen. Electric pen. — Plume électrique.
Pendulum. Conic pendulum. — Pendule conique de l'appareil Hughes, Régulateur.
Permeability. Magnetic permea. — Perméabilité magnétique.
Phial. Kleist phial. Bouteille de Kleist.
Phonophore. — Phonophore.
Phonoplex. — Phonoplex.
Phonoscope. — Phonoscope.
Phosphore bronze. — Bronze phosphoreux.
Phosphorescence. — Phosphorescence.
— **of magnetic field.** — Phos-

phorescence du champ magnétique.
Photometer. — Photomètre.
Photophore. — Photophore.
Photoscope. — Photoscope.
Phototelegraph. — Phototélégraphe.
Picket. Earth picket.— Piquet de terre.
Picketting. — Piquetage (d'une ligne télégraphique).
Picking up of a submarine cable. — Relèvement d'un câble.
Pin. — Goujon.
— **box.** — Boîte aux goujons.
— **Top pin.** — Support de l'isolateur.
Pincers. Soldering pincers.— Mordache à souder.
Pincette. Galvanocaustic pincette. — Pince galvanocaustique.
Pipe.— Articulated pipe.—Tuyau articulé.
Pistol. Electric pistol. — Pistolet de Volta.
Plan. Inclined plan. — Plan incliné.
Plaster. To fix down with plaster. — Sceller au plâtre.
Plate. Magnetic compensating plate. — Compensateur magnétique.
— **Earth plate.** — Plaque de terre.
— **Transmission plate.**— Plaque de transmission.
— **Contact plate at rest.** — Plaque de contact de repos.
— **Upper plate of a condenser.** —Plateau supérieur d'un condensateur.
— **Lower plate of a condenser.** — Plateau inférieur d'un condensateur.
— **Rejecting plate.**— Patin du chariot.
— **Exciting plate.** — Plaque excitatrice.
— **Line plate.** — Plaque de ligne aérienne.
— **Glas plate of electrical machine.** — Plateau de la machine électrique.
Plate. Conducting plate of an electrophorus. — Plateau de l'électrophore.
— **Side plates.** — La platine d'un appareil.
Platinise. To platinise.— Platiner.
Platinoïde. — Platinoïde.
Platymeter. — Platymètre.
Pleocneme. — Pléocnème.
Plough. Laying an underground cable with a plough.—Enfouissement d'un câble souterrain avec une charrue.
Plug. Electric plug. — Soupape électrique.
— **Fusible plug.** — Coupe circuit.
— **of switch.** — Cheville de commutateur.
Plunger. Electric plunger.— Bouton de sonnerie électrique.
Plyers. Flat plyers. — Pince plate.
— **Spring plyers.** — Pince à ressort.
— **Splicing plyers.** — Pince de raccordement.
— **Round nosed plyers.** — Pince à oreilles.
— **Staple plyers.** — Pince à cavaliers.
— **Wire plyers.**—Pince pour fil
Point. Collecting points.— Pointes collectrices.
— **of terminal rod.** — Pointe d'un paratonnerre.
— **Action of points.** — Pouvoir des pointes.
— **of saturation.** — Point de saturation.
— **Inclination point.** — Point d'inflexion.
— **Neutral point.** — Point neutre.
— **Corresponding points.** — Points correspondants.
Polarisable. — Susceptible de se polariser.
— **state.** — Susceptibilité de se polariser.
Polarisation. Galvanic polarisation. Polarisation des piles.
— **Dielectric pola.** — Polarisation d'un diélectrique.

Polarisation. Electrolytic pola. — Polarisation électrolytique.
— **of the light.**— Polarisation de la lumière.
Polarise. To be polarised. — Se polariser.
Polarity. — Polarité.
— **Magnetic polarity.** — Polarité magnétique.
— **Diamagnetic polarity.**— Polarité diamagnétique.
Pole. — Poteau, Pôle.
— **Heavy pole.** — Poteau de fortes dimensions.
— **Double pole.** — Poteau double.
— **Strutted pole.** — Poteau à contre-fiche.
— **Temporary pole.** — Poteau provisoire.
— **Bolted pole.**— Poteaux jumelés.
— **A shaped pole.** — Poteaux couplés.
— **Junction pole.**— Poteau de jonction.
— **Angle pole.** — Poteau cornier.
— **Relief pole.** — Poteau d'allégement.
— **Terminal pole.** — Poteau d'arrêt.
— **Double shackle pole.** — Poteau à isolateur arrêt double.
— **Forking pole** ou **bifurcation pole.** — Poteau de bifurcation.
— **Bell pole.** — Poteau de sonnerie.
— **Register of telegraph poles.** — Registre d'inscription des poteaux télégraphiques.
— **Braces to prop a pole.** — Assemblage de petits poteaux pour remplacer une base pourrie.
— **pike.** — Pieu ferré.
— **climber.** — Monteur de fil.
— **Analogous pole.** — Pole analogue.
Pole. Antilogous pole. — Pôle antilogue.
— **changer.** — Commutateur des pôles d'une pile.
— **Consequent** ou **consecutive pole.**—Point conséquent.
— **magnetic pole.** — Pôle magnétique.
— **Marked pole (of a needle).** — Pôle nord.
— **North seeking pole.** — Pôle nord.
— **Red pole.** — Pôle nord.
— **Unmarked pole (of a needle).** — Pôle sud.
— **South seeking pole.** — Pôle sud.
— **Blue pole.** — Pôle sud.
— **Touch pole.** — Pôle d'aimantation.
— **Like pole.**— Pôle de même nom.
— **Unlike pole.**— Pôle de nom contraire.
— **Positive** ou **negative pole.** — Pôle positif ou négatif.
— **Unit pole.** — Pôle unité.
— **armature.** — (Voir *Armature.*)
Polyceneme. — Polycenème.
Polyphote. — (Voir *Lamp.*)
Polyrheolyser. — Polyrhéolyseur.
Polyscope. — Polyscope.
Pomp. Voltaic pomp. — Pompe voltaïque.
Portfire. Electric portfire. — Lampe électrique d'allumage.
Position. Receiving position. — Position de réception.
— **Sending position.** — Position de transmission.
— **of repose.** — Position de repos.
Post. — Poteau.
— **Station post.** — Potelet.
— **Electric post.** — Boîte aux lettres électrique.
— **Tube post.** — Poste tubulaire.
Potential. — Potentiel.
— **null.** — Potentiel zéro.
— **level.** — Niveau potentiel.

Potential. Difference of potential. — Différence de potentiel.
— **nul.** — Potentiel nul.
— **Fall of potential.** — Chute de potentiel.
— **Magnetic potential.** — Potentiel magnétique.
— **Galvanometer.** — Voltmètre (de V. Thomson).
— **at a point.** — Potentiel en un point.
— **of a conductor on itself.** — Potentiel d'un conducteur sur lui-même.
Potentiometer. — Potentiomètre.
Power. Rotating magnetic power. — Pouvoir magnétique rotatoire.
— **Multiplying power of a shunt.** — Pouvoir multiplicateur d'un shunt.
— **Thermoelectric power.** — Pouvoir thermoélectrique.
Preamble. — (Voir *Message.*)
Preparation. — Formation.
Press mould for guttapercha. — Presse pour la gutta-percha.
Priestley's ring. — Anneau de Priestley.
Primary. — (Voir *Wire* et *Current.*)
Prime (to). — Amorcer.
Printing cam. — (Voir *Cam.*)
Private. — Particulier, Personnel. (Voir *Wire, Station.*)
Proof plane. — Disque ou plan d'épreuve.
Propagation of electricity. — Propagation de l'électricité.
Protection. — (Voir *Area of protection.*)
Protector. — (Voir *Lightning protector.*)
— **Vacuum protector.** — Paratonnerre à air raréfié.
Pulsations. — Pulsations.
Puncher. — Compositeur perforateur.
— **Hand puncher.** — Perforateur à main.
— **Air puncher.** — Perforateur à air.
Pyroelectric. — Pyroélectrique.
Pyroelectricity. — Pyroélectricité.
Pyromenite. — Pyroménite.
Pyrometer. Magnetic pyrometer. — Pyromètre magnétique.
Pyrophon. — Pyrophone.

Q

Quadruplex system. — Système quadruplex.
Quantity. Electric quantity. — Quantité électrique.
— **Unit of quantity.** — Unité de quantité.
— **detector.** — Vérificateur de pile.
Quantity. To make up a battery in quantity. — Monter une pile en quantité.
— **Join up the electromagnets in quantity.** — (Voir *Branch.*)

R

Radian. — Radian.
Radiometer. — Radiomètre.
Radiophone. — Radiophone.
Radiophonic relay. — Relais ra-

diophonique.
Railway. Electric railway. — Chemin de fer électrique.
Ram. Rheostatic ram. — Belier rhéostatique.
Ramming. — (Voir *Damage*.)
Rate. — Taxe (télégraphique).
— **Word ra.** — Taxe par mot.
Ray. Fire ray of light. — Jet de feu.
Read. To read by sound. — Lire au son.
— **To read through messages in order to check them.** — Lire au passage pour contrôle.
Receipt of depot. — Certificat de dépôt d'une dépêche.
— **of material.** — Réception du matériel.
— **for message.** — Reçu de dépêche.
Receive. To receive a telegram.— Recevoir un télégramme.
Receiver. — Récepteur télégraphique.
— **Needle receiver.** — Récepteur à aiguille.
— **Single needle receiver.** — Récepteur à une aiguille.
— **Double needle re.** — Récepteur à deux aiguilles.
— **Double style re.** — Récepteur à double pointe.
— **To put receiver in circuit.** — Mettre sur récepteur.
Recompose. To be recomposed. — Se recomposer.
Recomposition. — Recomposition.
Recovery of a charge. — Recouvrement d'une taxe.
Reflector. Circular louvre like reflector. — Réflecteur à armilles.
Refraction of electricity. — Réfraction de l'électricité.
Register of messages. — Enregistrement des dépêches.
— **of faults.** — Registre des dérangements.
— **with counterfoil.** — Journal à souche.
Register (to). — Enregistrer.
Register. Apparatus for registering votes. — Enregistreur des votes.
— **Registered telegram.** — Dépêche recommandée.
Registeration.—Recommandation
Registrar (of messages). — Enregistreur (des dépêches).
Regulator. Current regulator. — Régulateur du courant.
— **Electric light regulator.** — Régulateur de la lumière électrique.
— (Voir *Clock, Dial, Carbon*.)
Relay. — Relais.
— **Siemens' relay.** — Relais Siemens.
— **Box relay.** — Relais tabatière.
— **without armature.** — Relais sans armature.
— **with horizontal coils.** — Relais à bobines horizontales.
— **Mercury relay.** — Relais à mercure.
— **Radiophonic relay.** — Relais radiophonique.
— **with vertical coils.** — Relais à bobines verticales.
— **Bell relay.** — Relais de sonnerie.
— **Mandroux's relay.** — Relais Mandroux.
— **Polarised relay.** — Relais polarisé.
— **Duplex relay.** — Relais pour convertir un appareil en duplex.
Repeat (to). — Collationner.
Repetition. — Collationnement.
— **Free repetition.** — Répétition d'office.
Replacing the decayed but end of a pole. — Remplacement de la base pourrie d'un poteau.
Replenisher. — Restaurateur de charge.
Reply paid. — Réponse payée.
— **Prepaid reply.** — Réponse payée.
Report. — Procès-verbal.
— **Service report.** — Mention de service.

Repose. State of repose. — Repos d'un appar...
— **Position of repose.** — Position d'un appareil en repos.
Repulse (to). — Repousser.
Repulsion. Electric repulsion. — Répulsion électrique.
— **Law of electric repulsions.** Loi des répulsions électriques.
Resilience. — Réaction élastique.
Resistance. Electric resistance. — Résistance électrique.
— **column.** — Colonne de résistance.
— **Battery resistance.** — Résistance de la pile, Résistance essentielle.
— **External re.** — Résistance du circuit extérieur.
— **of a whole circuit.** — Résistance de tout un circuit.
— **Intermediate resistance.** — Résistance au passage.
— **Shunt** ou **derived resistance.** — Résistance dérivée.
— **Specific resistance.** — Résistance spécifique.
— **Electrolytic resistance.** — Résistance électrolytique.
— **Graphit resistance.** — Résistance en graphite.
— **Compensating resistance.** — Résistance de compensation.
— **Inductive resistance.** — Résistance inductive.
— **Dead resistance.** — Résistance d'un circuit dans lequel il ne se développe pas de force électromotrice.
Retransmission of a message. — Retransmission d'une dépêche.
Retransmit (to) a message. — Retransmettre une dépêche.
Return shock ou **stroke.** — Choc en retour.
— **wire or circuit.** — Fil de retour.
Return current. — Courant de retour.
Reversals. — Courants induits provoqués dans une bobine par le déplacement de l'armature.
Reversibility. — Réversibilité.
Reversible. — Réversible.
Reversing gear. — Inverseur de marche.
Rheelectrometer. — Rhéélectromètre.
Rheocord. — Rhéocorde.
Rheometer. — Rhéomètre.
Rheophorus. — Rhéophore.
— **Carbon rheophorus.** — Rhéophore à charbon.
— **Laryngeal rheophorus.** — Rhéophore laryngien.
— **Uterine rheophorus.** — Rhéophore utérin.
— **Vesical rheophorus.** — Rhéophore vésical.
— **Ear rheophorus.** — Rhéophore pour le conduit auditif.
Rheostat. — Rhéostat.
— **Mistake made in the resistance introduced by a rheostat.** — Erreur commise dans la résistance introduite dans le circuit au moyen des chevilles d'un rhéostat.
— **Continuous rheostat.** — Rhéostat continu.
Rheotome. — Rhéotome.
Rheotrope. — Rhéotrope.
Right handed helix. — Hélice dextrorsum.
Ring. Winter's ring. — Anneau de Winter.
— (Voir *Nobili, Priestley, Armature.*)
Roget's spiral. — Spirale de Roget.
Roller. Ink roller. — Tampon encreur.
Rot. Dry-rot. — Pourriture sèche (des poteaux).
— **Wet-rot.** — Pourriture humide (des poteaux).
Route. — (Voir *Way* et *Via.*)
Rubber. India rubber. — India rubber, Caoutchouc.

Rubber. Hard rubber. — Caoutchouc durci.
— **Vulcanised rubber.**— Caoutchouc vulcanisé.
— Frotteur, Coussin frotteur.
Rule. Ampere's rule. — Règle d'Ampère.
Run. Tu run the wire. — Développer le fil.
— **To run out.** — Dérailler.
— **To run out an underground cable.** — Dérouler un câble souterrain.
Running down of a main spring. — Épuisement d'un ressort.

Saddle insulator. — Isolateur du fil qui est au haut du poteau.
Sag (of a wire). — Flèche (de la chaînette).
Saint Elmo's fire. — Feu Saint-Elme.
Saturation. Magnetic saturation. — Saturation magnétique.
Saturn's tinder box. — Briquet de Saturne.
Scale. Sliding scale. — Étalon à coulisse.
Scarecrow. — Épouvantail.
Schaeffler's multiple printing instrument. — Appareil multiple imprimeur de Schæffler.
Scratch brush. — Gratte-bosse (nom d'un balai employé en galvanoplastie).
— **brush lathe.** — Tour à gratte-bosser (Galvanoplastie).
Screen. Electrical screen.—Écran électrique.
— **Magnetic screen.** — Écran magnétique.
Screw. Binding screw. — Borne métallique.
— **Wall screw.** — Vis à scellement.
Season for felling trees for poles. — Saison d'abatage des poteaux.
Secrecy. Professional secrecy. — Secret professionnel.
Selenium. — Sélénium.
Self-induction. — Self-induction.
Semaphore. — Sémaphore.
Semaphoric. — Sémaphorique.
Semiincandescent. —(Voir *Lamp.*)
Sender. — Expéditeur.
Sensibility. Coefficient of sensibility. — Coefficient de sensibilité.
Sensitive state. — Etat sensitif.
Sensophone. — Sensophone.
Separately excited machine. — Machine à excitation séparée.
Separator. — Couche de séparation.
Series dynamo. — Machine dynamo à excitation en série.
Serre-nœud. — Serre-nœud.
Service. — (Voir *Message.*)
— **Paid service.**—Service taxé.
— **notice.** — Avis de service.
— **Permanent service.** — Service permanent.
— **handing over the service.** Remise de service.
— **Taking over the service.** — Reprise de service.
— **To put in service.**— Mettre en service.
Shackle (to) a wire. — Couper un fil et relier les deux extrémités à un isolateur.
Shadow. Electric shadow.—Ombre électrique.
Shaft. Turning vertical schaft of Replenisher. — Axe de l'ailette métallique du Replenisher.
— **Cam shaft.** — (Voir *Cam.*)

Shampooing. Electric shampooing. — Électromassage.
Sheath. Light sheath. — Gaine lumineuse.
Sheating. Iron sheating of a cable. — Armature d'un câble.
— **Protecting sheating.** — Enveloppe protectrice des câbles.
Sheet. Current sheet. — Feuillet électrique.
— **of fire.** — Nappe de feu.
Shell. Magnetic shell. — Feuillet magnétique.
— **Simple magnetic shell.** — Feuillet magnétique simple.
— **Complex magnetic shell.** — Feuillet magnétique composé.
Shock. Electric shock. — Commotion électrique.
Shore end. — Câble des côtes.
— **Arrangement to hold the shore end of a cable.** — Instrument destiné à arrêter un câble sur le bord d'une masse d'eau.
Shoulder. — Épaulement.
Shunt. — Bifurcation, Shunt.
— (Voir *Lamp, Dynamo.*)
— **wound dynamo.** — Machine dynamo à excitation dérivée.
— **electromagnetic shunt.** — Électroaimant en dérivation et muni d'une armature dans certains relais télégraphiques.
Shunt. To shunt. — Dériver.
Sideroscope. — Sidéroscope.
Signal. Flame signal. — Signal de flambeaux.
— **Return signal.** — Signal de retour.
— **Back signal.** — Signal de retour.
— **Control of night signals.** — Contrôle des signaux de nuit.
— **Railway signal in case of telegraph derangement.** — Disque des dérangements télégraphiques sur chemin de fer.
Signal. Covering signal of a train. — Signal de protection d'un train.
— **Succession of signals.** — Succession des signaux.
— **To signal two messages in opposite direction along the same wire at the same time.** — Transmettre simultanément deux dépêches en sens contraire sur le même fil.
— **To signal in derived circuit.** — Transmettre en dérivation.
Silicious bronze. — Bronze siliceux.
Silurus. — Silure.
Silver. — Argent.
— **German silver wire.** — Fil de maillechort.
Simultaneous communication. — Communication simultanée.
Sine galvanometer. — (Voir *Galvanometer.*)
Siphon recorder. — Siphon recorder.
Sismograph. Electric sismograph. — Sismographe électrique.
Slab. — **Electrogenerative slab.** — Briquette pile.
Slack of a cable. — Mou d'un câble.
Slag. — Laine minérale, Scorie.
Sleeper for a pole. — Semelle pour poteau.
Slide. — Curseur.
— **resistance.** — Résistance à curseur.
Sliding. Magnetic sliding. — Frottement magnétique.
— **contact.** — Contact à glissement.
— **scale.** — (Voir *Scale.*)
Slip of paper. — Bande de papier.
Slot of a pulley. — Gorge d'une poulie.
Soakage. — Absorption électrique.
Solder. — Soudure.
— **Soft solder.** — Soudure fondante.

Solder. Hard solder. — Soudure forte.
Soldering support. — Chevalet à souder.
Soleil. — (Voir *Lamp.*)
Solenoide. — Solénoïde.
Sound damper. — Sourdine.
Sound. To read by sound. — Lire au son.
— **Lead sound.** — Sonde de câbles.
— **Cable sound.** — Sonde de câbles.
Sounder. — Parleur.
Span of a catenary. — Portée d'une chaînette.
— **of poles.** — Portée de poteaux.
Spark. Electric spark. — Étincelle électrique.
— **at breaking contact.** — Étincelle d'ouverture.
— **before contact.** — Étincelle de fermeture.
— **Disruptive spark.** — Étincelle disruptive.
— **Feeble spark.** — Étincelle faible.
— **Strong spark.** — Étincelle forte.
— **Composite electric spark.**— Étincelle composée.
— **Wandering electric spark.** — Étincelle électrique ambulante.
Speed. Electric speed indicator.— Indicateur électrique de vitesse.
— **of signalling through cables.** — Vitesse de transmission sur les câbles.
Sphondyloid. — Sphondyloïde.
Sphygmograph. — Sphygmographe.
Sphygmophone. — Sphygmophone.
Spider. Franklin's electric spider. —Araignée électrique de Franklin.
Spiral. — (Voir *Roget.*)
— **wire.** — Spirale de fil.
Spirit of salt. — Esprit de sel.
Splice. — Épissure, Soudure de câbles.
Splice. To splice a cable. — Épisser un câble.
Spoon. — Cuillère.
— **Earth spoon.** — Cuillère à forage.
Spot. Sun spot.—Tache du soleil.
— **Light spot.** — Point lumineux (App. à miroir).
Spring. Antagonistic spring. — Ressort de rappel.
— **Insulated spring (of Hughes instrument).** — Ressort de dérivation.
— **Spiral spring.** — Ressort à boudins.
— **Protective spring (of Hughes instrument).** — Ressort protecteur.
— **Catch spring.**—Ressort lame
— **Notched spring.** — Ressort à coches.
— **Receiving spring.** — Ressort de réception (Replenisher).
— **Connecting spring.** — Ressort de connexion (Replenisher).
— **Drum of main spring.** — Barillet.
— **stop.** — Croix de Malte.
Staff. Clerk of working staff. — Employé du service actif des télégraphes.
Stake. Surveyor's stake. — Fiche d'arpentage.
Stamp. Telegraph stamp. — Timbre-dépêche.
Standard of capacity. — Étalon de capacité.
— **of electromotive force.** — Étalon de force électromotrice.
— **of resistance.** — Étalon de résistance.
Staple. — Cavalier.
State. Variable state. — État variable.
— **Permanent state.** — État permanent.
— **Sensitive state.** — État sensitif.
— **Neuter state.**—État neutre.
— **Positive and negative state.** — État positif et négatif.

Station. Telegraph station. — Station télégraphique.
— **Terminal station.** — Station tête de ligne.
— **Intermediate station.** — Station intermédiaire.
— **Forwarding station.** — Station de départ.
— **Receiving station.** — Station d'arrivée.
— **Transit station.** — Station de transit.
— **Mansion station.** — Station de château.
— **Testing station.** — Point de coupure.
— **Municipal station.** — Station municipale.
— **Branch station.** — Station succursale.
— **Branching off station.** — Station de bifurcation.
— **Telephonic station.** — Station téléphonique.
— **Disconnecting sta.**—Station point de coupure.
— **Central station** — Centre de dépôt.
— **Main station.** — Centre de dépôt.
— **Intermediate receiving station.** — Station à embrochage.
— **Look out station on the coast.** — Poste d'observation sur les côtes.
— (Voir *Office*.)
— **Railway telegraph station.** — Station télégraphique de chemin de fer.

Stay. — Hauban.
— **wire.** — Fil de hauban.
— **Straining** ou **pulling stay.** — Hauban de traction.
— **block.** — Pieu d'attache du hauban dans le sol.
— **Loop for connecting the stay to the pole.** — Boucle d'attache du hauban sur le poteau.
— **To stay.** — Mettre un hauban.

Staying. — Action de mettre un hauban.

Steadiness. — Fixité (de la lumière électrique).

Stearns' duplex system. — Système Stearns.

Steel rider. — Lèvre de frottement.

Sticking of the keeper of electromagnet. — Collement de la palette de l'électroaimant.

Stock indicator. — Appareil propre à transmettre la bourse.

Stool. Insulating stool. — Tabouret isolant.

Stop. Battery stop. — Contact de pile.
— **Back stop of key.** — Contact isolé du manipulateur.
— **Spring stop.** — Croix de Malte.

Stop. — Taquet.
— **pin.** — Butoir.

Store. Telegraphic store house. — Dépôt de matériel.

Storm. — Orage.
— **Magnetic storm.** — Orage magnétique.

Strain. — Déformation (changement de figure ou de volume d'un corps).
— **Immersion strain.** — Module pratique.
— **Breaking strain.** — Module de rupture.
— **Regulating strain of wires.** — Réglage des fils.

Stratification. — Stratification.

Stress. — Effort.

Stria. — Strate.

Striking distance. — Portée explosive.

String telephone. — Téléphone à ficelle.

String. To string the wire. — Développer le fil.

Strip of paper. — Bande de papier.

Structure. Nerve structure. — Structure nerveuse.
— **Fibre structure.** — Structure fibreuse.

Strut. — Contre-fiche, jambe de force.
— **To strut a pole.** — Mettre

une contre-fiche à un poteau.
Strutting. — Action de mettre une contre-fiche.
Style. Double style instrument. — Appareil à double pointe.
Superintendent. — (Voir *Office* et *Line.*)
Supersaturation. — Sursaturation.
Supervision of instruments. — Contrôle des appareils télégraphiques.
— **of lines.** — Contrôle des lignes.
— **of night signals.** — Contrôle des signaux de nuit.
Support. Telegraphic support. — Appui télégraphique.
— **Corner support.** — Appui cornier.
Susceptibility. Magnetic suscep. — Susceptibilité magnétique.
Switch board. — Tableau (téléphonique) indicateur.
— **Peg switch.** — Commutateur à cheville.
Symmer. Follower of Symmer's theory. — Partisans de la théorie de Symmer.
Synchronismus. Electric synchro. — Synchronisme électrique.
System. Differential system. — Méthode différentielle.
— **Bridge system.** — Méthode du Pont de Wheatstone.
— **Ailhaud's duplex system.** — Méthode duplex Ailhaud.
— **Telegraph system.** — Réseau télégraphique.
— **Tube system.** — Réseau pneumatique.
— **Reversing system.** — Méthode de retournement.
— **Astatic system.** — Système astatique.
Swift. — Taquoir.
Switch (to) in speaking instrument. — Mettre sur appareil.
Switch. — Commutateur.
— **Universal switch.** — Permutateur.
— **Tumbler switch.** — Commutateur à bascule.
— **Plug switch.** — Commutateur à cheville.
— **Lever switch.** — Commutateur à manette.
— **Line switch.** — Commutateur de ligne.
— **Controling system for railway switches.** — Appareil de contrôle du jeu des aiguilles de chemin de fer.

T

Table. Ampere's table. — Table d'Ampère.
Tablet check. — Procès-verbal.
— **Indicating tablet.** — Indicateur (de sonnerie).
Tachygraph. — Tachygraphe.
Tachymeter. — Tachymètre.
Take. To take out a fault. — Relever un dérangement.
Tangent galvanometer. — (Voir *Galvanomètre.*)
Tap. Electric tap. — Organe soutireur de l'électricité.
Tap. To tap electricity. — Soutirer l'électricité.
— **To tap a wire.** — Intercepter les dépêches au passage (Télég. militaire).
Tapeing. — Guipage.
Tassel. — (Voir *Paper tassel.*)
Telectroscope. — Télectroscope.
Teledynamic. — Télédynamique.
Telegram. — Télégramme.
Telegraph. Electric telegraph. — Télégraphe électrique.
— **Single needle telegraph.** —

Télégraphe à une aiguille.

Telegraph. Double needle telegraph. — Télégraphe à deux aiguilles.

— **Writing telegraph.** — Télégraphe écrivant.

— **writing on one line.** — Télégraphe écrivant sur une ligne.

— **writing on three lines.** — Télégraphe écrivant sur trois lignes.

— **Printing telegraph.** — Télégraphe imprimeur.

— **Electrochemical telegraph.** — Télégraphe électrochimique.

— **Copying** ou **autographic telegraph.** — Télégraphe autographique.

— **Electroharmonic telegraph.** — Télégraphe électroharmonique.

— **Multiple telegraph.** — Télégraphe multiple.

— **Field telegraph.** — Télégraphe de campagne.

— **Train telegraph.** — Télégraphe d'un train en marche.

— **Fire alarm telegraph.** — Télégraphe avertisseur pour les incendies.

— **learner.** — Surnuméraire des télégraphes.

— **ship.** — (Voir *Cable ship.*)

— **clerk.** — Employé des télégraphes.

— **Telegraph manager 1st class in Germany.** — Chef d'un bureau télégraphique de 1re classe en Allemagne.

— **Telegraph manager 2d class in Germany.** — Chef d'un bureau télégraphique de 2e classe en Allemagne.

— **Telegraph manager 3d class in Germany.** — Chef d'un bureau télégraphique de 3e classe en Allemagne.

— **To telegraph.** — Télégraphier.

Telegraphic. — Télégraphique.

Telegraphing. — Transmission télégraphique.

Telegraphist. Corps of civil telegraphists. — Brigade civile de télégraphie militaire.

— **Section of communication telegraphists.** — Brigade de télégraphie d'étapes.

— **Section of field telegraphists.** — Brigade de télégraphie militaire.

Telegraphy. — Télégraphie.

— **Field telegraphy.** — Télégraphie de campagne.

Telelog. — Télélogue.

Telemeter. Electric telemeter. — Télémètre électrique.

Telemicrophone. — Télémicrophone.

Telephone annunciator. — Indicateur téléphonique.

— **call.** — (Voir *Call.*)

— **Public telephone station.** — Cabine téléphonique.

— **Carbon telephon.** — Téléphone à charbon.

— **String telephon.** — Téléphone à ficelle.

Telephonic. — Téléphonique.

Telephonograph. — Téléphonographe.

Telephony. — Téléphonie.

Telephote. — Téléphote.

Teleradiophone. — Téléradiophone.

Teleradiophony. — Téléradiophonie.

Telpherage. Electric telpherage. — Telphérage électrique.

Tenacity of wires. — Tenacité des fils métalliques.

Tension. — Tension.

— **Tension electricity.** — Électricité de tension.

— **Free tension.** — Tension libre

— **To join up a battery in tension.** — Monter une pile en tension.

— **Making up of a battery for electromotive force** ou **in tension.** — Montage d'une pile en tension.

Teredo navalis. — Teredo navalis, taret.
Teredo norvegica. — Teredo norvegica.
Terminal. — Borne métallique.
Test hut. — Guérite d'essais.
— **of isolators.** — Contrôle des isolateurs télégraphiques
— **Galvanising test.** — Contrôle de l'épaisseur du zinc sur les fils télégraphiques.
— **Injection test.** — Contrôle de l'injection des poteaux.
— **of soldering of cables.** — Essai des soudures de câbles.
— **To test.** — Essayer, contrôler.
Theory. Ampere's theory. — Théorie d'Ampère.
— **Galvani's theory.** — Théorie de Galvani.
— **Chemical theory of the battery.** — Théorie chimique de la pile.
Thermoelectric. — Thermoélectrique.
Thermoelectricity. — Thermoélectricité.
Thermometer. Electric thermometer. — Thermomètre électrique.
Thermometrograph. Electric thermometrograph. — Thermométrographe électrique.
Thermophone. — Thermophone.
Thermophony. — Thermophonie.
Thermorheometer. — Thermorhéomètre.
Thomson effect. — Effet Thomson.
Thunderbolt. — Foudre.
Tick. Magnetic tick. — (Voir *Click.*)
Tide wave. Electric tide wave. — Mascaret électrique.
Tie rod. — Entretoise.
Tightener. — (Voir *Wire tightener.*)
Time of deposit. — Heure du dépôt d'une dépêche.
— **Code time.** — Heure de dépôt d'une dépêche.
Tinder box. — (Voir *Box.*)
Tin foil. — Étain en feuilles, Feuille d'étain.
Tongs. Three legged tongs. - Pince à trois branches.
— **Dutch tongs.** — Pince à grenouille.
Torpedo. — Torpille.
Touch. — **Simple touch.** — Touche simple.
— **Separated touch.** — Touche séparée.
— **Double touch.** — Double touche.
— **Circular touch.** — Touche circulaire.
— **sounder.** — Sensophone.
Tour of a surveying lineman. — Tournée d'un surveillant.
Tourmalin. — Tourmaline.
Toy. — (Voir *Dancing toy.*)
— **head.** — Aigrette de papier.
Translation. — Translation.
— **between a wire with closed system and an ordinary wire.** — Translation d'un courant continu sur une ligne à courant de transmission.
— **Position on translation.** — Position de translation.
Translator. — Translateur.
— **Cable translator.** — Translateur de câble.
Transmission. — Transmission.
— **Direct transmission.** — Transmission en direct.
— **Derived transmission.** — Transmission en dérivation.
— **of two messages in the same direction.** — Transmission de deux dépêches dans le même sens.
— **of two messages in opposite directions.** — Transmission de deux dépêches en sens contraire.
— **without wires.** — Transmission sans fil.
— **Alternate transmission of messages from both ends of the line.** — Alternat dans la transmission télégraphique.

Transmit. To transmit a message. — Transmettre une dépêche.
— **To transmit two messages along a single wire in the same direction at the same time.**—Transmettre en duplex.
Trembler. — Sonnerie à trembleur.
Trembling bell. — Sonnerie à trembleur.
Trichiurus electricus. — Trichiurus electricus.
Tube. Geissler tube.— Tube Geissler.
Tube plug. — Tube à soupape.
— **Holtz tube.** — Tube à entonnoir.
— **Ozonising tube.** — Tube étincelant.
— **Spangled tube.** — Tube étincelant.
— **Bended tube.** — Tuyau coudé.
— **of force.** — Tube de force.
Tweezer. — Pince à ressort.
Type printer. — (Voir *Hughes* et *Baudot.*)
— **wheel detent of Hughes instrument**. — Levier de rappel au blanc.

U

Underground cable. — Câble souterrain.
— **line.** — Ligne souterraine.
Unidrome. — Unidrome.
Unmarked pole.— Pôle sud (d'une aiguille aimantée).
Unipolar. — Unipolaire.
Unipolarity. — Unipolarité.
Unit. Absolute unit. — Unité absolue.
— **Fundamental unit.** — Unité fondamentale.
— **Derived unit.** — Unité dérivée.
— **Electrostatic unit.** — Unité électrostatique.
— **Electromagnetic unit.** — Unité électromagnétique
Unit. Practical unit. — Unité pratique.
— **of the British Association.** — Unité de l'Association Britannique.
— **Siemens unit.** — Unité Siemens.
— **Electrolytic unit.** — Unité électrolytique.
Udograph. Electric udograph. — Udographe électrique.
Unmarked pole. — Pôle sud (d'une aiguille aimantée).
Unpolarisable.— Impolarisable.
— **state.** — Susceptibilité de ne pas se polariser.

V

Vacuum. Electric resistance of vacuum. — Résistance électrique du vide.
Valata. — Valata.
Van. Telegraph van. — Voiture-poste. (Télég. mil.)
Vane. Electric vane.—Tourniquet électrique.

Variation. Annual variation of the declination. — Variation annuelle de la déclinaison.
— **Daily variation of the declination.** — Variation diurne de la déclinaison.
— **Secular variation of the declination.** — Variation séculaire de la déclinaison.
— **of the dip.** — Variation de l'inclinaison.
— **Negative variation.** — Variation négative.
Vegetation. — Végétation.
— **Disengagement of electricity in vegetation.** — Dégagement électrique dans la végétation.
Verdet's constant. — Constante de Verdet.
Verification. Final verification of a line. — Vérification définitive d'une ligne.
Vertical. — (Voir *Intensity.*)
Via. — Voie.
Vice. Draw vice. — Vis de tension.
Volt. — Volt.
Voltaelectrometer. — Voltaélectromètre.
Voltagometer. — Voltagomètre.
Voltameter. — Voltamètre.
— **Exploding voltameter.** — Voltamètre détonant.
— **Wipp voltameter.** — Voltamètre à bascule.
Voltascope. — Voltascope.
Volta's couronne de tasses. — Pile à couronne de tasses.
Voltastat. — Voltastat.
Voltmeter. — Voltmètre.
Vortices. Electromagnetic theory of vortices. — Théorie électromagnétique des tourbillons.
Vulcanite. — Vulcanite.

W

Wagon. — **Telegraph wagon.** — Chariot télégraphique.
— **Wire wagon.** — Chariot à bobines.
— **Station wagon.** — Voiture poste.
Wait signal. — Attente.
Wall attachment. — Bride à scellement.
— **Support for over wall line.** — Chevalet pour faire franchir un mur à une ligne télégraphique aérienne.
Water dropping collector. — Collecteur à gouttes d'eau.
Water spout. — Trombe d'eau.
Watt. — Watt.
Wave. Electric tide wave. — Mascaret électrique.
Way. — Voie.
Way duplex. — Way duplex ou phonoplex.
Weaken. To weaken the directive force of the earth. — Diminuer la force directrice de la terre.
Weather indications. — Pronostics de l'état atmosphérique.
Weber. — Weber.
Wedger keeper. — Fer doux mobile.
Welding. Electric welding. — Soudure électrique.
Wheatstone's automatic apparatus. — Appareil Wheatstone automatique.
— **parallelogram ou bridge.** — Pont de Wheatstone.
— **sliding bridge.** — Pont à curseur de Wheatstone.
Wheel. Barlow's wheel. — Roue de Barlow.
— **Neef's wheel.** — Roue de Neef.
— **Friction wheel.** — Roue de frottement.

Wheel. Correcting wheel. — Roue correctrice.
— **Type wheel.** — Roue des types.
— **Sonorous wheel.** — Roue phonique.
— **Fly wheel.** — Volant.
Whirl. Electric whirl. — Tourniquet électrique.
Whistle. Electric self acting whistle. — Sifflet automoteur.
Wilde's machine. — Machine de Wilde.
Wind. Electrical wind. — Vent électrique.
Winter's ring. — Anneau de Winter.
Wire. — Fil métallique.
— **Nacked wire.** — Fil nu (non recouvert).
— **Coil of wire.** — Bobine de fil ou couronne de fil.
— **Derived wire.** — Fil dérivé.
— **Telegraph line wire.** — Fil de ligne télégraphique.
— **Return wire.** — Fil de retour.
— **Covered wire.** — Fil recouvert.
— **Coton covered wire.** — Fil recouvert de coton.
— **Battery wire.** — Fil de pile.
— **Earth wire.** — Fil de terre.
— **Office wire.** — Fil de poste.
— **Branch wire.** — Fil omnibus.
— **Deriving wire.** — Fil dérivé.
— **stretcher.** — Tendeur.
— **tightener.** — Cric tenseur.
— **Fusible wire.** — Fil fusible pour paratonnerre.
— **Loop wire.** — Fil conjonctif.
— **of a lightning protector.** — Fil préservateur.
— **Binding wire.** — Fil à ligature.
— **Stay wire.** — Fil de hauban.
— **Twist wire.** — Fil à torsade.
— **Normal wire.** — Fil normal.

Wire. Primary wire. — Fil inducteur ou primaire.
— **Bell line wire.** — Fil de sonnerie.
— **Underground wire.** — Fil souterrain.
— **Saddle wire.** — Fil qui est à la partie supérieure du poteau.
— **Lower wire.** — Fil qui n'est pas le premier au-dessus du poteau.
— **Telephone wire.** — Fil téléphonique.
— **Compound wire.** — Fil compound.
— **Phosphor bronze wire.** — Fil de bronze phosphoreux.
— **Die drawn wire.** — Fil dégrossi à la filière.
— **Distance signal wire.** — Fil de disque.
— **Heavy wire.** — Fil lourd de 3mm2 à 5mm5 en Allemagne.
— **Light wire.** — Fil léger de 2mm en Allemagne.
— **Yellow wire.** — Fil jaune.
— **Black wire.** — Fil noir.
— **Red wire.** — Fil rouge.
— **Green wire.** — Fil vert.
— **brush.** — Balai de fils, Collecteur.
— **cutters.** — Cisailles pour fil.
— **gauge.** — Comparateur. Jauge pour fil, Pied à bec.
— **rope.** — Corde de fil.
— **bending test.** — Essai de flexion du fil.
— **Man taking up the wire on poles.** — Monteur de fil.
— **Idle wire.** — Fil (d'une dynamo) ne produisant aucun effet électromoteur.
Work. — Travail.
— **Electric work.** — Travail électrique.
— **Block of work.** — Encombrement.
— **To work an instrument.** — Desservir un appareil.

Working. — Fonctionnement.
— **Simultaneous working.** — Installation en simultanée.
— **with relay in circuit.** — Installation en translation.

Working. Transport to the working place. — Transport à pied d'œuvre.

Wray's compound. — Composition Wray.

X

Xylophaga. — Xylophaga.

Y

Yard for injecting and preparing timber poles. — Chantier d'injection pour poteaux.

Yarn. Tarred yarn. — Étoupe goudronnée.

Z

Zamboni's beam. — Balancier de Zamboni.

Zinc. Amalgamated zinc. — Zinc amalgamé.

Zone. Neutral zone.— Zône neutre, Ligne neutre.

Imprimerie polyglotte Alph. Le Roy, imprimeur breveté, Rennes.

tous les points de vue, il en a indiqué la formation verbale par l'étymologie raisonnée, l'histoire par l'indication de l'inventeur, la biographie des électriciens et la date de l'invention avec renvoi aux sources originales, la théorie par l'exposé aussi bref que possible des points principaux qui servent à l'expliquer et la pratique par des formules et des renseignements d'une exactitude rigoureuse. L'étendue de ce nouvel ouvrage, qui comprend plus de quatre cents expressions nouvelles, est considérablement plus vaste que celle de la première, et il se recommande, d'une manière toute spéciale, à toutes les personnes, électriciens ou amateurs, qui s'occupent, à des titres divers, des questions électriques. Pour donner une idée de la valeur du livre, nous ne pouvons mieux faire que d'en citer quelques passages en y joignant le jugement qui avait été porté par la presse scientifique, en 1883, sur la première édition.

AIMANT en fer à cheval (***Hufeisenmagnet*** — **Horseshoe magnet**). Barreau aimanté, recourbé en forme de fer à cheval, de manière que les deux pôles soient rapprochés et qu'il en résulte une modification dans la forme du champ magnétique. Les lignes de force unissant les deux pôles étant raccourcies, le champ de force est diminué, comme dimensions, mais augmenté proportionnellement en intensité. On regarde Bazin (Voir ce mot), comme l'inventeur de cette disposition avantageuse[1]. Le Dr Rosenberger en attribue le mérite à Johann Dietrich de Bâle[2], etc., etc., etc.

ÉQUILIBRE électrique. Équation de l'équilibre électrique. (***Elektrische Gleichgewichtsgleichung*** — **Equation of electric equilibrium**)[3]. Si un corps est chargé d'une quantité Q d'électricité au potentiel V, sa capacité est $\frac{Q}{V}$. Soient deux conducteurs de capacité c et c', chargés de quantités électriques q et q', les potentiels seront, d'après la relation précédente, $V = \frac{q}{c}$ et $v' = \frac{q'}{c'}$. L'équilibre s'établira par l'égalisation de leurs potentiels, s'ils sont mis en communication par un long fil pour éviter leur influence mutuelle. Soit V' le potentiel commun, la quantité totale d'électricité dans les deux corps est $q + q' = cV + c'v'$, puisqu'elle n'a pas changé et que les deux corps ont le même potentiel, on aura donc pour équation de l'équilibre électrique $V'(c + c') = cV + c'v'$ ou $V' = \frac{cV + c'v'}{c + c'}$.

PILE secondaire[4] (***Sekundäre Säule*** — **Secondary battery**). Gautherot, physicien français, observa le premier, en 1801, un *courant secondaire* produit par des fils de platine ou d'argent qui avaient servi à la décomposition de l'eau salée par la pile.

---

1. Brisson, *Principes de physique*, t. III, p. 226 (an VIII).
2. Rosenberger, *Die Geschichte der Physik*, vol. II, p. 297.
3. Blavier, *Des Grandeurs électriques*, p. 78.
4. Planté, *Recherches sur l'électricité*. — *Congrès international des électriciens*, *Comptes rendus*, p. 117. — Gavarret, *Traité d'électricité*, t. I, p. 500.

Ritter fit, à Iéna, en 1802, la même observation avec des fils d'or et de cuivre, et construisit une pile disposée en colonne, comme la pile voltaïque elle-même, mais formée de disques de même métal séparés par des rondelles de drap imbibées d'une solution saline. Cette pile, que Ritter désigna d'abord sous le nom de *Ladungssäule* (pile à charger), reçut définitivement le nom de *pile secondaire* (expression qui aurait été proposée par Izarn. Voir *Manuel du galvanisme,* p. 249), mais comme elle exigeait, pour être chargée, un nombre d'éléments à peu près double de celui dont elle était composée elle-même, et qu'elle ne donnait qu'un courant de courte durée, elle resta sans usage et ne put être l'objet d'applications à la science et à l'industrie. Volta expliqua l'effet de la pile secondaire par la production de dépôts acides et basiques sur les électrodes, lors de l'action de la pile primaire. Cette explication fut confirmée par les travaux de Marianini et de Becquerel.

En 1826, De la Rive observa la production d'un courant secondaire avec des électrodes de platine immergées dans l'eau distillée, et admit que les électrodes, subissant une modification physique particulière, étaient *polarisées;* de là le nom de *courant de polarisation,* donné à ce phénomène. Mais Matteucci reconnut que la présence des gaz autour des électrodes était la cause de ce courant, car des lames de platine plongées dans des éprouvettes de gaz oxygène et hydrogène faisaient dévier le galvanomètre et Grove en forma une pile à gaz. La polarisation voltaïque a été l'objet des travaux d'un grand nombre de physiciens, tels que Faraday, Wheatstone, Schœnbein, Poggendorff, Buff, von Beetz, Sinsteden, Svanberg, Lenz et Sawelger, Edmond Becquerel, Du Moncel, Gaugain, etc...

Mais c'est particulièrement aux études persévérantes de M. Gaston Planté, pendant vingt ans, de 1859 à 1879, résumées dans son ouvrage *Recherches sur l'électricité,* que l'on doit d'avoir pu utiliser les courants secondaires pour accumuler et emmagasiner l'électricité voltaïque et d'en avoir tiré un parti important soit pour les recherches scientifiques, soit pour les applications industrielles. (Voir *Accumulateur.*)

Ayant étudié, dans un travail publié en 1859, les forces électromotrices des courants secondaires produits par divers voltamètres, M. Planté reconnut que, de tous les métaux, le plomb dans l'eau acidulée par l'acide sulfurique était celui qui donnait la force électromotrice la plus énergique (2 volts 1/2 environ) et fut conduit ainsi à construire, en 1860 (Voir *Comptes rendus de l'Académie des Sciences,* 26 mars 1860), un couple secondaire d'une grande puissance, en roulant en spirales deux longues et larges lames de plomb séparées par une toile grossière ou des bandelettes de caoutchouc, et en les plongeant dans de l'eau acidulée au 1/10 par l'acide sulfurique. On pouvait obtenir, de cette manière, des effets temporaires d'une énergie très supérieure à ceux de la pile primaire servant à charger le couple secondaire.

Pour augmenter la durée de ces effets, M. Planté imagina ensuite de préparer le couple d'une manière particulière, par une opération à laquelle il donna le nom de *formation* (Voir ce mot). M. Planté a expliqué en détail les actions chimiques qui se passent pendant cette opération (Voir *Comptes rendus de l'Académie des Sciences. Les Mondes,* 1873), et reconnu que la charge prise par un couple secondaire bien formé pouvait se conserver plusieurs jours et même plusieurs mois, par suite de l'inaltérabilité presque complète du peroxyde de plomb dans l'eau acidulée. Cette conservation de la charge constitue une des propriétés les plus utiles des couples secondaires, etc., etc., etc.

On comprend l'importance d'un Dictionnaire technologique pour chaque science et en particulier pour celle de l'Électricité qui a pris en peu de temps un si grand développement...

C'est ce travail que M. Ernest Jacquez vient de faire avec un succès complet : nous n'avons pas besoin d'insister sur son incontestable utilité pour tous ceux qui s'occupent d'électricité...

Le côté historique a été étudié avec soin par l'auteur, qui s'est appliqué à fixer avec précision les dates et les auteurs des principales découvertes.

Le livre de M. Jacquez sera accueilli avec la plus grande faveur par tous les électriciens et en particulier par les télégraphistes, qui y trouveront la mention de tous les termes en usage dans leur service.

(*Annales télégraphiques, 1883.*)

... M. Jacquez, le savant et infatigable bibliothécaire du Ministère des Postes et Télégraphes, vient de publier le résultat méthodique des patientes recherches qu'il faisait depuis plusieurs années pour débrouiller le chaos (dont nous venons de parler)...

Il y avait à éviter un double écueil : celui de tomber dans l'archéologie proprement dite, et celui de faire, au lieu d'un dictionnaire, un traité d'électricité et de magnétisme, pour lequel vingt volumes n'eussent pas suffi. Il a réussi à son honneur dans cette tâche épineuse.

(*Génie civil*, novembre 1883.)

C'est une approbation sans réserve que mérite M. Jacquez. Il fallait avoir sous la main les richesses de la bibliothèque du Ministère des Postes et des Télégraphes pour oser l'entreprendre, mais il fallait aussi réunir les qualités d'un savant et d'un bénédictin pour la mener à bonne fin. Nous apprécions l'importance du service rendu à la science électrique par M. Jacquez, et nous l'en remercions très sincèrement.....

Tous ceux qui s'intéressent à l'électricité devront avoir le dictionnaire de M. Jacquez non pas dans leur bibliothèque, mais sur leur table de travail...

(*Electricien*, novembre 1883.)

Les expressions électriques sont étudiées dans ce Dictionnaire au point de vue historique chaque fois que l'occasion s'en présente, et rien ne saurait donner une idée de la somme de travail considérable que ces recherches ont nécessité...

Les renseignements techniques et théoriques, très exacts, sont présentés avec un caractère tout personnel et de bon aloi...

... Son livre est donc une œuvre recommandable à tous les titres, pour le succès certain de laquelle nous ne pouvons que former des vœux.

(*Cosmos*, novembre 1883.)

Le Dictionnaire de M. Jacquez..... est destiné à rendre de réels services et répond vraiment à un desideratum.

... Nous ne pouvons que féliciter l'auteur du soin et de la patience qu'il a apportés à la confection de son livre, et nous n'hésitons pas à le recommander à nos lecteurs.

(*Lumière électrique*, AUG. GUÉROUT.)

Chargé du service de la Bibliothèque technique du Ministère des Postes et Télégraphes de France, M. Jacquez était bien placé pour utiliser les nombreuses ressources confiées à ses soins en vue d'une publication correspondant à ses aptitudes et à ses goûts. Ce n'est pas une sèche nomenclature que ce dictionnaire. L'auteur est philologue et non seulement il nous donne les étymologies...

En outre, pour les principales expressions, il fait suivre les définitions, qui nous ont paru généralement exactes et précises, d'un résumé historique et théorique reproduisant les renseignements indispensables à connaître, et pour plus de détails, renvoyant par des notes aux ouvrages où chacun de ces sujets a été approfondi...

(*Journal télégraphique du Bureau international des Administrations télégraphiques*, novembre 1883.)

Tel est le titre d'un excellent ouvrage dans lequel l'auteur a trouvé le moyen de donner toutes les définitions, si utiles et si nécessaires à tous les électriciens, des nombreux mots employés dans les ouvrages d'électricité et de magnétisme.

Les développements techniques et théoriques qui constituent la partie principale de cet ouvrage en font une œuvre de mérite qui sera favorablement accueillie par tout le monde électricien, et d'une incontestable utilité pour tous ceux qui s'occupent d'électricité.

(*Électricité*, 1883, p. 514.)

Le Dictionnaire d'Électricité et de Magnétisme de M. Jacquez ne s'adresse pas seulement aux gens du monde, il est destiné aux électriciens, aux spécialistes, aux érudits également. L'auteur lui-même a fait preuve d'une érudition profonde en consignant dans son travail un très grand nombre de renseignements linguistiques, historiques et techniques. Il fallait, pour mener une telle œuvre à bonne fin, être comme lui au courant de tous les progrès en électricité; avoir la patience de consulter d'innombrables documents; être doué enfin de cette âpre persistance au travail qui a fait la légendaire réputation du bénédictin.

... Ce *travail* est la clef de voûte de tout électricien sérieux, etc.

(*Revue internationale de l'électricité*, août 1885.)

Imprimerie polyglotte Alph. LE ROY, imprimeur breveté, Rennes.

www.ingramcontent.com/pod-product-compliance
Ingram Content Group UK Ltd.
Pitfield, Milton Keynes, MK11 3LW, UK
UKHW022322190726
13856UKWH00001B/151

9 782013 585163